第一次用Word寫論文就上手！

應用ChatGPT如虎添翼

黃聰明／著

第二版

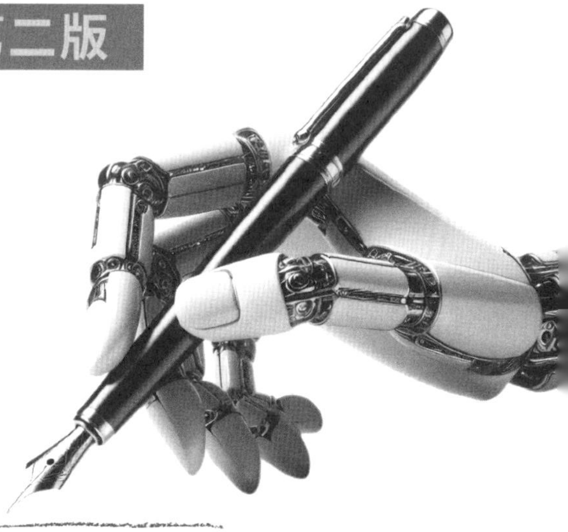

PART I 論文編輯心法 12 招

PART II 論文組成

第 1 章 相關功能快速瀏覽

第 2 章 論文樣式清單參考

PART III 整體結構

第 3 章 紙張設定與邊界

第 4 章 多層次清單階層

第 5 章 論文詳目與簡目

第 13 章 常用操作技能

第 14 章 ChatGPT 的應用

線上下載

本書學習資源請至碁峰網站

http://books.gotop.com.tw/download/ACI037200

下載。其內容僅供合法持有本書的讀者使用，未經授權不得抄襲、轉載或任意散佈。

PART

I

論文編輯心法 12 招

標題樣式要先設好
內文樣式也不可少
大綱模式標題先行
節間聯結關係畫好
分頁分節就沒煩惱
不需聯結切斷不留
頁碼格式順序搞定
自動校正立馬就做
追蹤修訂想好再上
圖表標號目錄配好
加入參照自動對好
功能變數更新才交

標題樣式要先設好	章節標題除了是論文結構外，同時也是自動產生目錄的基礎。各校要求很不同，設定前宜先查找一下學校的規定。
內文樣式也不可少	論文係由一段一段的論述所成，而內文樣式預設為其格式，避免後續的修改不一致且易牽一髮動全身費時費力，事前就要設好內文樣式。
大綱模式標題先行	先架好各章節標題的大綱，除方便引導蒐集資料及聚焦外，亦利測試標題樣式及產生目錄。
節間聯結關係畫好	不同頁面會有不同的結構需求，利用「節」的概念把各結構間的關係擬妥。
分頁分節就沒煩惱	「節」的結構關係擬妥後，不同節格式的設定就會節省很多的修改的時間。
不需聯結切斷不留	Word 預設「節間關係」是一脈相承的，倘不同「節」其格式有不同時，就要切斷。
頁碼格式順序搞定	Word 預設頁碼會連續，論文同時使用羅馬數字及阿拉伯數字，要調整格式以分別套用。
自動校正立馬就做	類似片語輸入法，但可包含格式化的圖文表資料，建立後可節省後續的撰寫時間。
追蹤修訂想好再上	註解與追蹤修訂可隨時進行，並隨時檢視不同版本的見解，待確定後再行接受或拒絕。
圖表標號目錄配好	圖表標號與圖目錄或表目次是連動關係，標號格式要先想好如何搭配目次頁。
加入參照自動對好	圖表標號及名稱在段落文字中引用時，便可在圖表移動後由 Word 自動來修改參照的文字。
功能變數更新才交	有用到功能變數時，這類變數不見得會自動更新，交稿之前要 F9 手動更新。

PART

II

論文組成

Chapter

1 相關功能快速瀏覽

1.1 論文的結構

一本論文要包含哪些結構組成的內容，每所學校的論文規範有所不同，甚至同一校不同系所也有自己的專屬規範，撰寫時要先看看所上有沒有自訂的規範喔！

攤開國立屏東大學特教系學位論文格式規範，關於論文組成，從「封面」開始到「參考文獻」計有 8 項，這 8 項形成論文的整體結構：

1. 封面
2. 國立政治大學博碩士論文全文上網授權書
3. 論文口試委員會審定書（不需要附在電子論文上傳）
4. 謝辭
5. 中（英）摘要及關鍵詞
6. 目次（含圖、表目次）
7. 論文正文
8. 參考文獻

再看看師範大學，其紙本論文的結構從「封面」到「封底」有 14 項：

1. 封面 Front Cover
2. 書名頁 Inside Cover
3. 學位論文授權書 Power of Attorney Form
4. 論文通過簽名表 Thesis Approval Form
5. 謝辭 Acknowledgements
6. 中文摘要 Chinese Abstract
7. 英文摘要 English Abstract
8. 目次 Table of Chontents
9. 表次 List of Tables
10. 圖次 List of Figures
11. 本文（依第一章排序）Main Text of Thesis (starting from Chapter 1)
12. 參考文獻 References
13. 附錄 Appendixes
14. 封面 Back Cover

至於中央大學論文紙本的結構又相對而言多了「延後公開 / 下架申請書」、「論文指導教授推薦書」及「符號說明」計有 17 項：

1. 封面 Front Cover
2. 書名頁 Inside Cover
3. 授權書 Power of Attorney
4. 延後公開 / 下架申請書 Thesis Postponement of Publication Request Form
5. 論文指導教授推薦書 Advisor's recommendation letter
6. 論文口試委員審定書 Verification letter from the Oral Examination Committee
7. 中文摘要 Chinese Abstract
8. 英文摘要 English Abstract
9. 序言或誌謝辭 Preface or Acknowledgments
10. 目錄 Table of Contents
11. 圖目錄 List of figures
12. 表目錄 List of tables
13. 符號說明 Explanation of Symbols
14. 論文本文 Main text of the thesis
15. 參考文獻 Bibliographies
16. 附錄 Appendixes
17. 封底 Back cover

比較特別的有二間學校訂有特殊的規定：

- 索引頁

  中興大學法律系碩士專班的公版論文（公版碩士論文 111-03-03 修訂 .doc，下載位置 https://law.nchu.edu.tw/download.php?dir=archive&filename=00d616bfbca1b3df40078c6143389fb2.pdf&title= 公版碩士論文（1110303）.doc）在參考文獻的後面還有「索引」，這是一般學校所無者，不過，索引的製作在 Word 也可以自動化處理，因此本書亦會交代這個部分，不管是單欄或是雙欄，甚至一般書籍常用的以筆劃做成的索引。

- 作者介紹

  中正大學電機 / 通訊工程研究所碩、博士學位論文－中文論文範本規定在論文最後一頁是「作者介紹」。

從各校的論文撰寫格式看來，除組成項目多寡不一外，其結構上大致上是相同的。不管有幾項，大體來看，就是前中後三區塊，以國立屏東大學特教系學位論文格式規範為例，三區塊如下：

篇首	1. 封面 Front Cover 2. 謝辭 Acknowledgments 3. 中文摘要 Chinese Abstract 4. 英文摘要 English Abstract 5. 目次 Table of Contents 6. 表次 List of Tables 7. 圖次 List of Figures 8. 符號說明 Explanation of Symbols
正文	9. 本文依第一章排序 Main Text of Thesis (starting from Chapter 1)
參證	10. 參考文獻 References 11. 索引 Index 12. 附錄 Appendixes

這樣層次不同的結構，就是未來撰寫論文要處理的。

此三個區塊在撰寫時，彼此間的關聯及 Word 所須技能大致說明如下。

一、 1~4 項雖然排在最前面，不過應該會在論文寫作的後段才進行處理，而且這個部分通常都是單頁為主且各校有範本可供直接套用，製作上相對而言技術性較低，準備起來並不費力。

二、 目次的建立可以透過 Word 來自動產生，目次頁的內容主要是由論文本文所形成的「章節標題」結構而來：

（一） 對於論文本文的結構，各系所通常會有其固定的章節結構設定，因此，章節架構的梗概在撰寫之初通常會先知悉，所以會建議先列出各章節的大綱，接著再以 Word 的「多層次清單」先架起來，最後才開始進行各章節論文本文的撰寫，撰寫過程中，如有結構須調整者，只要用滑鼠拖曳方式進行即可，小事一樁並不囉嗦。

（二）論文本文中的圖表，除了會影響圖目次與表目次的製作外，由於，論文本文的撰寫過程中，圖或表可能會隨時加入，因此，論文本文撰寫時可以使用 Word 的交互引註的方式，如此論文本文引用到的圖或表會就會自行因應圖或表的增減或是移動而自動地調整。

三、參考文獻會與論文本文的註腳相關，就 Word 處理來說，格式設定只要學會論文本文格式的設定，關於參考文獻的格式就手到擒來。但是每一筆文獻的組成如何編排，常見的寫法有 APA、MLA 或者其他自訂的格式。例如，以 APA 而言，其論文本文引用文獻時並不會搭以當頁註的方式處理，參考文獻與註腳的關係薄弱；但若以法律系所為例，則二者則有相當的關聯，因此，撰寫本文時對於註腳使用的同時，就需要同時考量其於參考文獻的格式，如此，參考文獻的內容即可由註腳直接複製其內容而省下大量的時間。

以國立臺北大學王雪君碩士論文《電腦詐欺之規範—以自動付款設備為中心》一文第 5 頁的註腳為例：

關於何種情況下會發生銀行同意移轉，肯定見解認為是限於「合法權利人」操作提款機時，但對此未有更細緻的論述，且事實上似非如此解釋。因在自動提款機的作業過程中，雖然銀行沒有具體的對行為人表示同意使其提取現金，但是銀行透過自動提款機的設計，基本上就是概括的對不特定的人表示，只要持卡，而且密碼相符，並且是在帳戶存款餘額或信用額度內，就可以提取現金[9]。

雖然我們透過機器取代人力進行許多作業，但機器仍有其限制，面對人與人之間複雜無比的法律關係，自動提款機本身就是沒有辦法去判斷這樣的使用提款卡到底是有權還是無權，故其無意過問提款人與其他人之間的法律關係如何[10]，凡是提款卡與密碼均正確者，銀行就是同意付款，即使是所謂的無權提款，亦不構成竊盜罪。至於行為人未經存戶同意而擅自使用其提款卡與密碼，此乃屬其間之內部關係問題，與竊盜罪之判斷無關[11]。

6 法務部(82)法檢(二)字第 154 號之討論意見乙說(未被採用)。
7 僅參閱林山田，刑法各論罪(上冊)，第 5 版，頁 311，2006 年 10 月。
8 甘添貴，刑法之重要理念，頁 381-384，1996 年 6 月。
9 黃榮堅，親愛的我把一萬元變大了，月旦法學雜誌，第 12 期，頁 52，1996 年 4 月。
10 黃榮堅，同註 1，頁 184-185。
11 黃常仁，「困頓新法」—論刑法第三三九條之一、第三三九條之二與第三三九條之三，台灣本

5

其中註腳 9 係採「作者，章名，來源，期數，頁數，日期」的格式：

> 黃榮堅，親愛的我把一萬元變大了，月旦法學雜誌，第 12 期，頁 52，1996 年 4 月。

對照該篇論文的參考文獻頁，該篇文章係採「作者，章名，來源，期數，日期」的格式：

> 黃榮堅，電腦的心事，月旦法學雜誌，第 37 期，1998 年 6 月。
>
> 黃榮堅，親愛的我把一萬元變大了，月旦法學雜誌，第 12 期，1996 年 4 月。
>
> 廖宗聖、鄭心翰，從網路犯罪公約談我國妨害電腦使用罪章的增訂，科技法學評論，第 7 卷第 2 期，2010 年 12 月。
>
> 蔡聖偉，所有權犯罪與侵害整體財產之犯罪(上)，月旦法學教室，第 69 期，2008 年 7 月。
>
> 蔡聖偉，所有權犯罪與侵害整體財產之犯罪(下)，月旦法學雜誌，第 70 期，2008 年 8 月。

可見，二者除了註腳有標註頁碼而參考文獻無頁碼外，其格式都是相同的，正因如此，撰寫論文本文時，寫到該篇文章的註腳時就必須使用正確格式，如此一來，最後在準備參考文獻該頁時，透過複製貼上後再來調整時就可省下可觀的製作時間。

1.2 紙張方向與邊界的設定

各校規定的方式不一，用文字表達有之，用圖示方式表達亦有之。前者，以國立臺中教育大學教師專業碩士學位學程學位論文格式規範為例，其紙張大小的規定僅有精簡的二句話：

> 裝訂後之長 × 寬為 29.7cm x 21cm（A4 規格）。…用 A4 大小，上下左右分別以距離頁緣 3 公分為原則。

大部分學校則會以圖示方式說明論文紙張大小及其相關邊界的設定，例如，我們翻開臺南大學的規定，該校以圖示的方式來呈現其紙張大小的設定，除定義紙張大小為 A4 外，也規定了 4 個邊界及因此形成的打字版面範圍的區域：

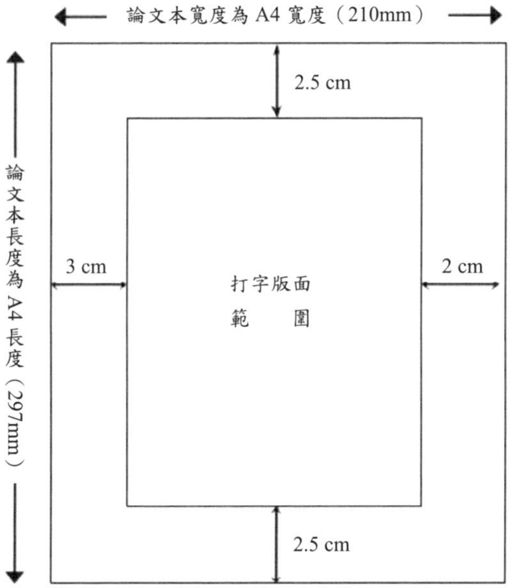

邊界與紙張是基本的規定，不過有些學校除了規定紙張與 4 個邊界之外，也會同時規定頁碼距離下邊界的距離，例如，臺北科技大學在頁尾部分多了頁碼位置的標示：

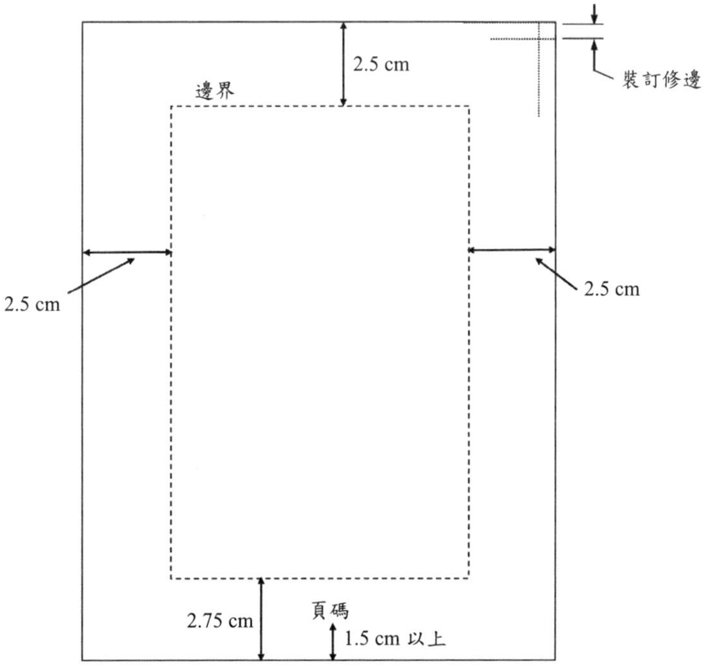

關於紙張大小與方向及邊界的設定，Word 提供對應的功能在版面配置索引標籤的**版面設定**↘群組中：

1.3 目錄與多層次清單設定

不管是「目錄」或「目次」，其結構就是多層次結構，基本上該結構會與穿著「標題○」樣式套裝的「章節標題」的多層次結構相同。Word 預設有「標題 1」、「標題 2」、「標題 3」。

以臺北大學 - 公共行政暨政策學系為例，其關於論文本文的「章節標題」結構所訂的層次如右，此結構從章節以降共有 10 個層次，不同的層次關於標題數字的類型、字型大小、段落對齊、縮排及標題間的間距都有不同的規定：

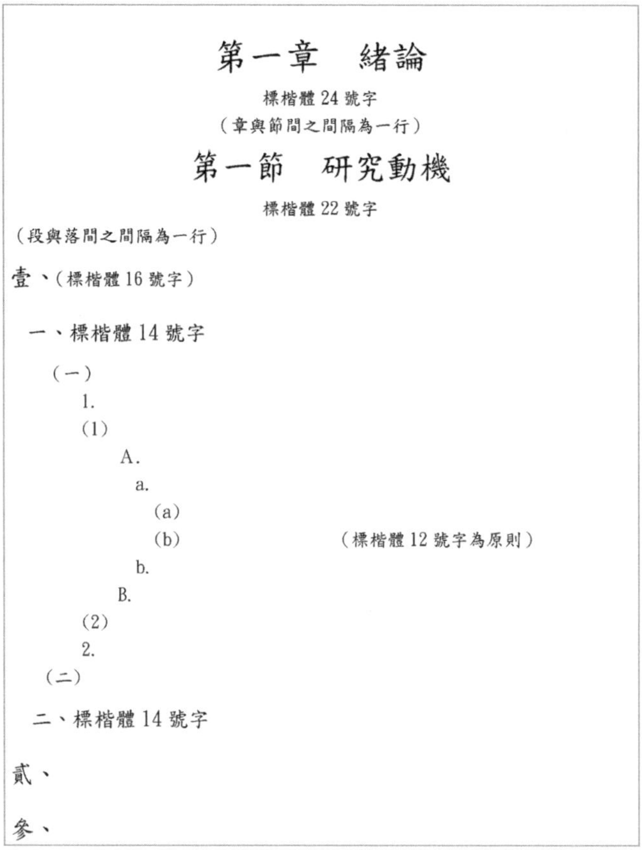
第一章　緒論
標楷體 24 號字
（章與節間之間隔為一行）
第一節　研究動機
標楷體 22 號字
（段與落間之間隔為一行）
壹、（標楷體 16 號字）
一、標楷體 14 號字
（一）
1.
(1)
A.
a.
(a)
(b)　（標楷體 12 號字為原則）
b.
B.
(2)
2.
（二）
二、標楷體 14 號字
貳、
參、

下面是交通大學關於章節、段落、文字層次的設定，從章名稱到細目共有 6 層，除了層次上與臺北大學 - 公共行政暨政策學系不同外，對於標題所使用的數字格式及標題本身的層次編碼都是不相同的：

一、章名稱：標題中的數字前後沒有「第」及「章」。

二、節名稱：使用數字的組合，例如，2.1 而非「第一節」，而且數字後與節名稱之間有「2」個「全型的空白」。

三、小節名稱：使用數字的組合，例如，2.1.1 而非「壹、」，而且數字後與小節名稱之間有「1」個「全型的空白」。

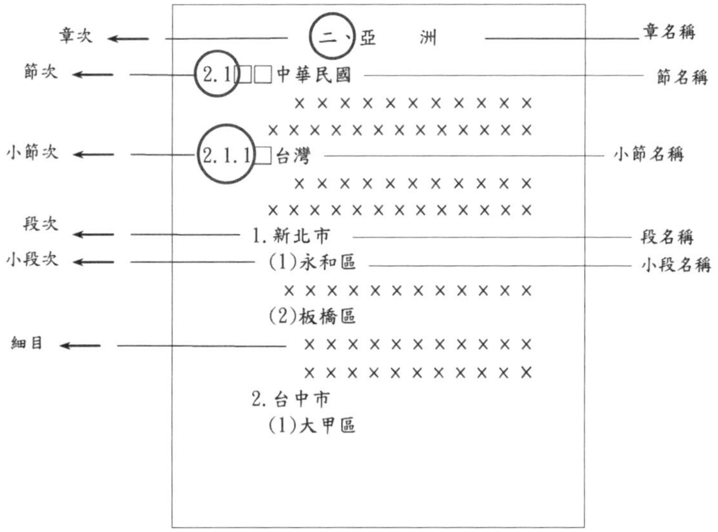

關於全型與半型空白，可參閱「練習 - 全型與半型空白 -1100120.docx」，其差異圖解如下：

1 個全型空白就等於 1 個中文字，2 個半型的數字及標點符號才會與 1 個中文字相當：

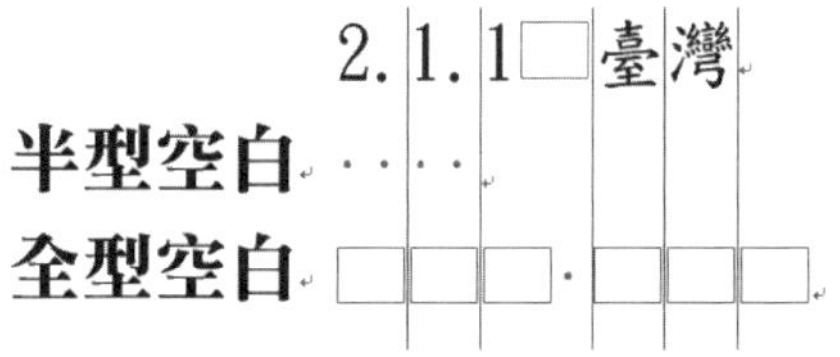

通常在在鍵盤「英數」模式下，英文字母、數字、標點符號及「按 1 下空間棒」所產生的字完會是「半型」，不過，按下【shift + 空間棒】可以切換全型或半型的輸入狀態。

不論標題編碼的格式可能採「章節」結構也可能以「數字成組編碼」而有不同外，共通的部分以 Word 來說就是「多層次清單」。這樣的「多層次清單」在文件編輯區可以搭配 Word 的功能窗格來管理。

例如，中興大學法律系提供碩士專班的公版論文的 6 個層次形成的章節階層結構，於功能窗格時呈現如右。

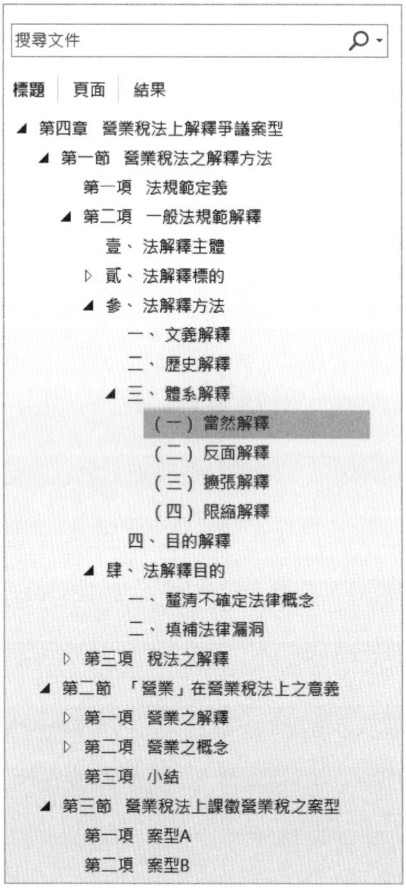

從結構來看，各校的論文結構都是多層次的，不過各層次的「編號」都有不同，這個部分，可以利用搭配內建「標題○」及「多層次清單」建立「目錄」來客制化，Word 可以建立的層次最多有 9 層，即下圖左側的 1 ~ 9：

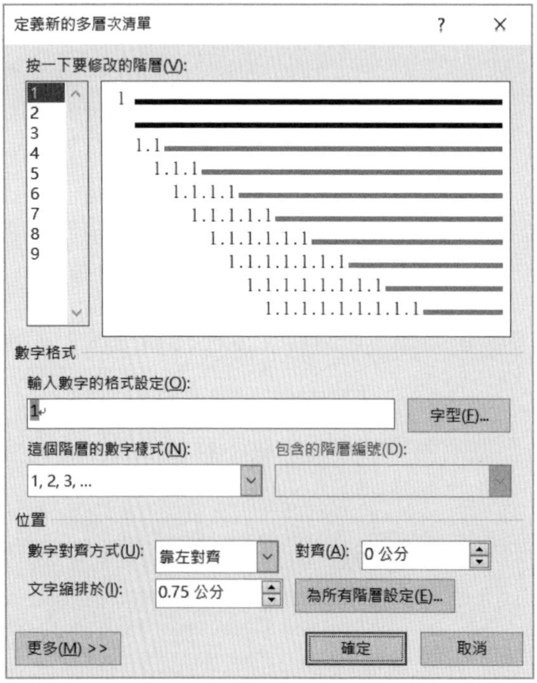

一旦形成「多層次清單」的結構，一切依此結構為基礎的目錄就可以自動完成，三者間的關係如下：

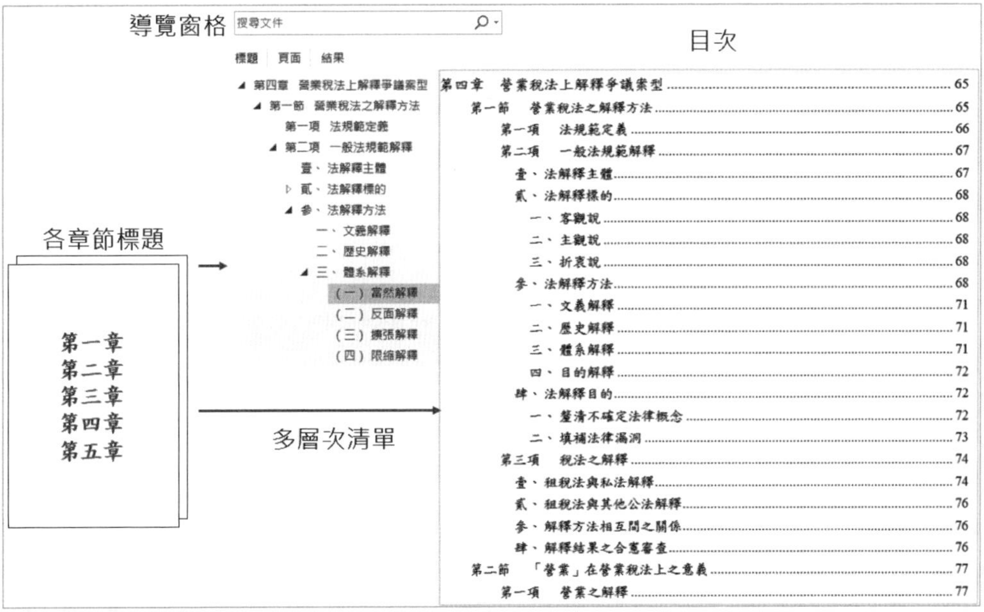

本書會在第二篇中建立一個 6 層的「多層次清單」結構。搭配多層次清單形成的結構是「標題」，而這個「標題」的層次形成製作目錄的基礎。

從這個角度來看，臺南大學學位論文格式規範中關於「段」及「小段」會比較像是在論文本文中使用 Word 項目編號形成的格式，而非用來製作目錄的標題樣式，況且該校的目錄僅有 3 層，不似中興大學法律系提供碩士專班的「詳目」共有 6 層，因此以「項目編號形成」的段及小段並不會造成後續自動化產生目錄時困擾：

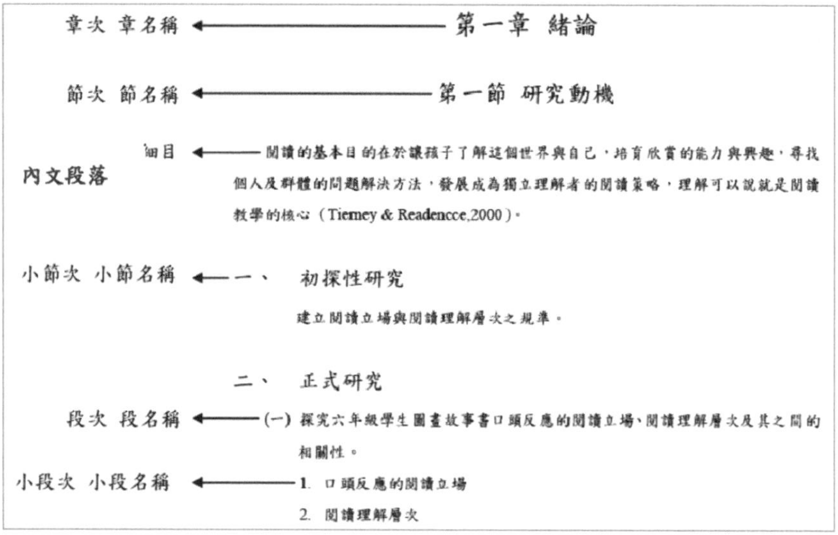

其實交通大學的第 6 個層次「細目」似乎也不是用來做為目錄標題之用，接近臺南大學學位論文格式規範中關於「段」及「小段」的格式。

1.4 頁面結構的「節」規劃

以師範大學為例，其頁碼格式如下 3 種：

1. 不標示頁碼：封面、授權書、論文通過簽名表。
2. 羅馬數字頁碼：謝辭、中英摘要、目次、表圖。
3. 阿拉伯數字頁碼：正文開始至參考文獻、附錄等。

以 Word 的技術來說，「節」規劃妥善後，便可為不同頁面的需求而設以其獨特的頁碼格式：

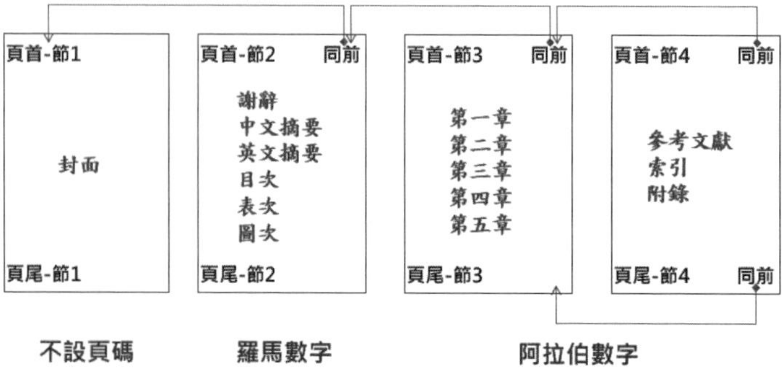

頁首如果要帶上章名時，也會用同樣的技巧。下面是中興大學法律碩專班的論文格式中針對頁首的設定：奇數頁要代入章名，因此每一章頁首顯然要有不同的設定，至於偶數頁則僅代入論文名稱，那就表示全本論文的偶數頁不須要特別設定：

Word 對應的功能在**版面配置**索引標籤中的**版面設定**↘群組中的【分隔設定▼】下拉清單：

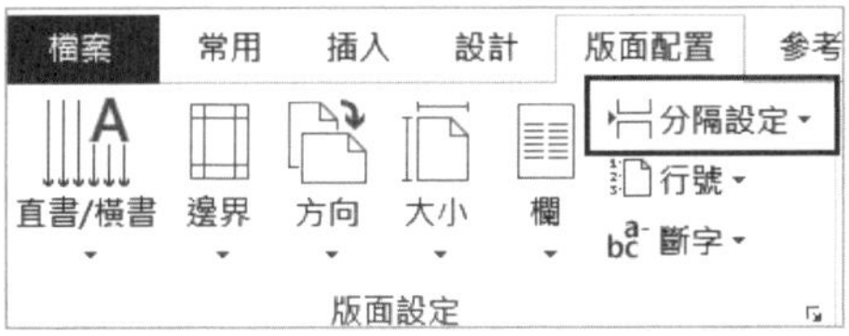

1.5 註腳

註腳（Footnote）的使用，以高雄科技大學科技法律研究所為例，註腳會針對某句或整段進行註釋時使用：

例：某句註釋-置於該文句標點符號之前

○○○○○○○，○○○○○○○○ ●，○○○○○○○○○○○○○○○○○。

整段註釋-置於該段落標點符號之後

○○○○○○○○，○○○○○○○○○○○○，○○○○○○○○○○○○○○○，○○○○○○○○○○○○○○○○，○○○。●

Word 提供的註腳功能在**參考資料**索引標籤中的**註腳**↘群組中的【插入註腳】按鈕：

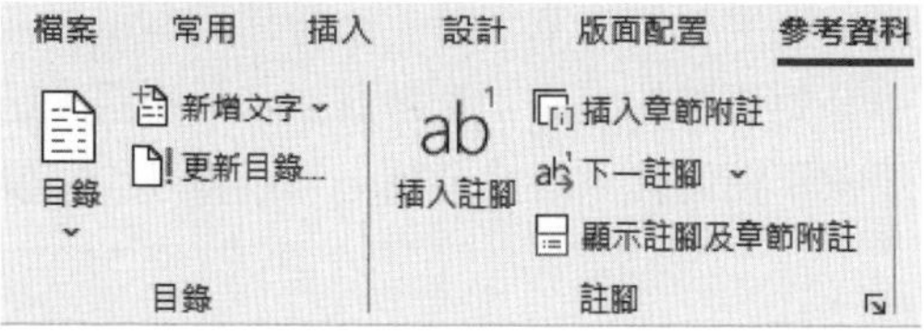

1.6 圖表公式標號自動化

論文本文中難免會用到圖或表來整理或進行補充，而且這些圖或表要各自形成所屬的圖目錄或圖次、表目錄或表次。為了能夠利用 Word 來自動產製圖表目次或圖表目錄頁的內容，論文本文中就必須為圖或表加上 Word 所謂的「標號」供其自動化建構圖表目次或圖表目錄之用。

什麼是標號，以臺北科技大學為例，其表格名稱係由數字「表 3.1」及表名稱所構成，其中的「表 3.1」這個部分即是應該透過 Word 所謂的「標號」來自動生成的，**千萬不要**用「手動」的方式自行添加喔：

表3.1　子公司區域成長曲線

	第一季	第二季	第三季	第四季
臺北	20.4	27.4	90	20.4
臺中	30.6	38.6	34.6	31.6
臺南	45.9	46.9	45	43.9

下圖中該圖的名稱為「圖 3.2　每季累計金額」，其中的「圖 3.2」也是一樣的情況：

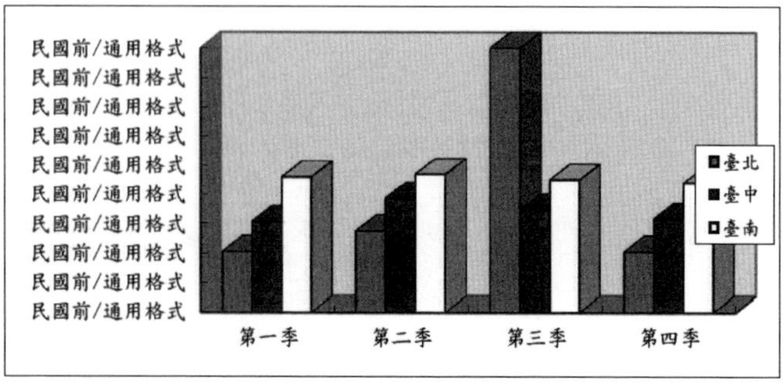

圖3.2　每季累計金額

經過以 Word 提供的「標號」功能設定後，相關的表目錄及圖目錄就可以自動產生：

表目錄

圖目錄

不過，似乎這個範例沒有將內容的圖表與目錄圖表的舉例做一致的處理，所以出現相同編號表 3.1 而有不同的名稱（子公司區域成長曲線 vs. 典型的銅基鑄造合金），圖 3.2 也是（每季累計金額 vs. 連續鑄造成型的程續，喔喔，「程續」或是「程序」呢？）。

圖或表標號及目錄的製作時，關於標號的設定在**參考資料**索引標籤中的**標號**群組中的【插入標號】按鈕，至於自動產生的圖表目錄功能則會使用同群組中的【插入圖表目錄】按鈕：

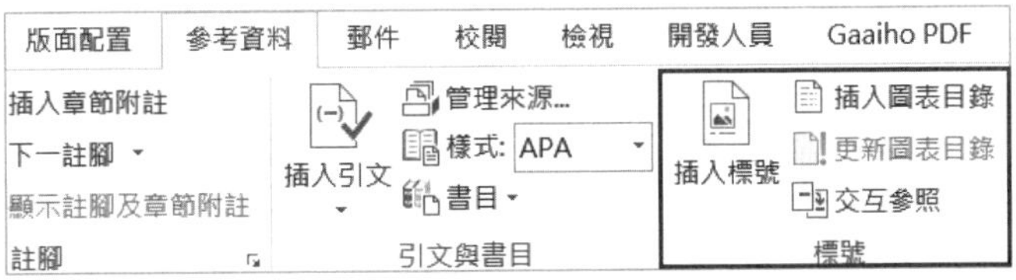

1.7 詞語標記生成索引

下圖即為利用 Word 自動產生的索引：

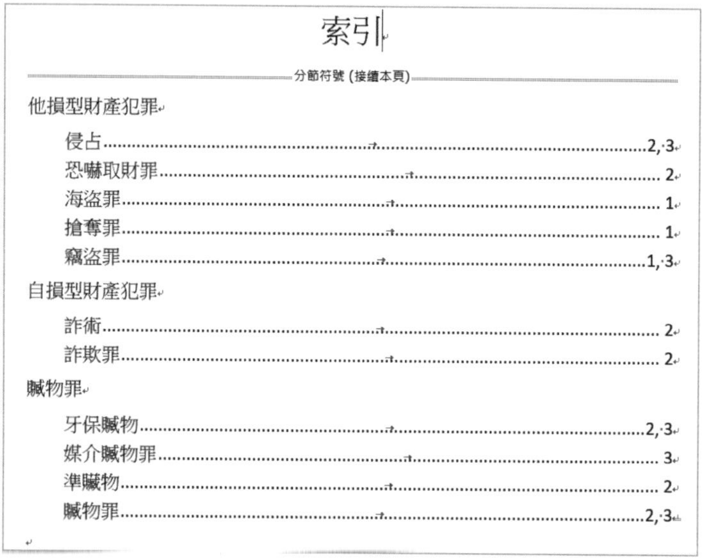
索引

分節符號 (接續本頁)

他損型財產犯罪
　侵占……2, 3
　恐嚇取財罪……2
　海盜罪……1
　搶奪罪……1
　竊盜罪……1, 3
自損型財產犯罪
　詐術……2
　詐欺罪……2
贓物罪
　牙保贓物……2, 3
　媒介贓物罪……3
　準贓物……2
　贓物罪……2, 3

索引的做成是利用 Word 的參考資料索引標籤中的索引群組中的【插入索引】選項及【更新索引】按鈕：

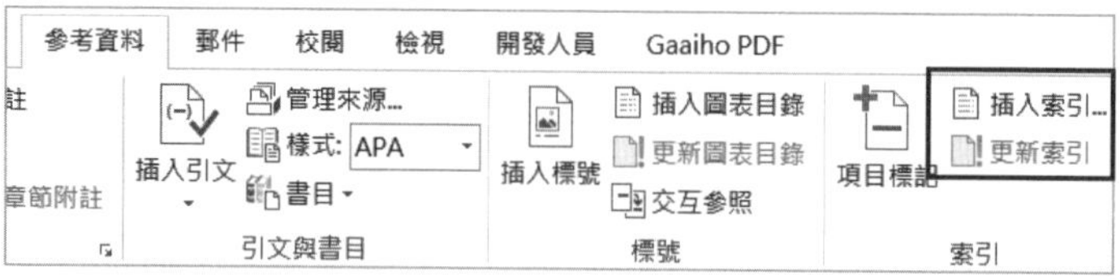

為了能夠自動生成索引，論文本文中還需藉助上述索引群組中的【項目標記】按鈕先行就需要列入索引的關鍵字予以標記，例如下圖中的關鍵字「竊盜罪」與「搶奪罪」就是被標記後的外觀，其中 Word 使用的是 XE 功能變數：

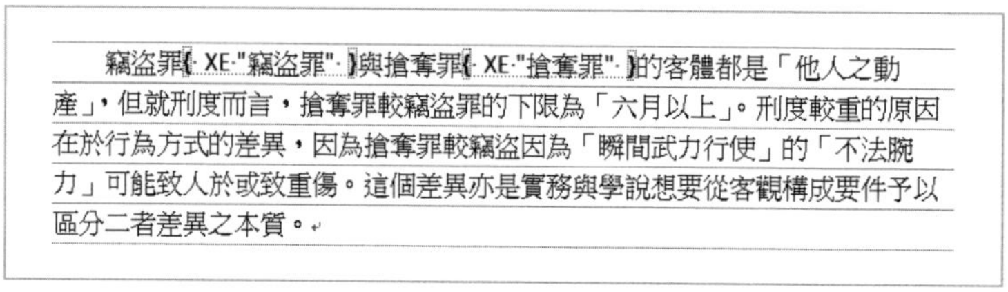
竊盜罪{ XE "竊盜罪" }與搶奪罪{ XE "搶奪罪" }的客體都是「他人之動產」，但就刑度而言，搶奪罪較竊盜罪的下限為「六月以上」。刑度較重的原因在於行為方式的差異，因為搶奪罪較竊盜因為「瞬間武力行使」的「不法腕力」可能致人於或致重傷。這個差異亦是實務與學說想要從客觀構成要件予以區分二者差異之本質。

1.8 交互參照自動對好內容

論文本文可能會在論述時，直接提到要讀者對照的圖或表，此時會參照到圖或表的標號，此時會產生如何讓本文與圖或表標號自動連結的需求，例如：下圖是中興大學法律系碩士專班的公版論文第 9 頁的內容，其中論文內容有參照到「圖二 1」：

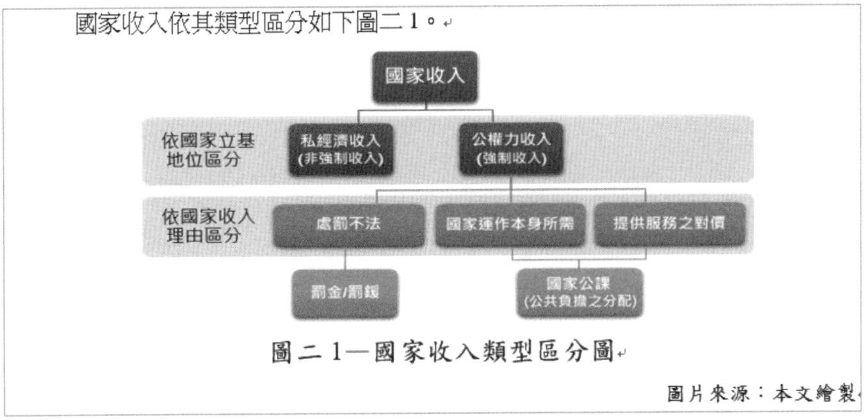

生成自動連結的目的在於，一旦圖或表移動位置時，參照的文字會自行更改，我們不用手動去更新圖或表的最新位置，以上圖為例，在撰寫論文的過程中有可能在該圖前面又插入另一張圖，因此原本的「圖二 1」就會自動編號為「圖二 2」，那麼論文內文中所有原先參照到「圖二 1」的部分就會自動更新到「圖二 2」，此即交互參照。

交互參照的做成是利用 Word 的**參考資料**索引標籤中的標號群組中的【交互參照】按鈕：

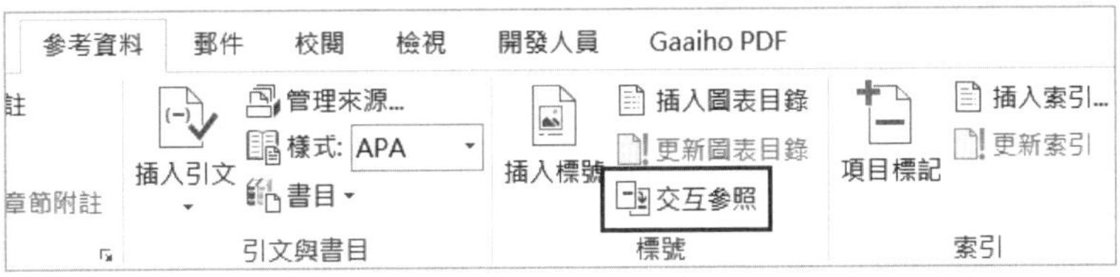

1.9 頁首頁尾頁碼設計

文件中的頁首頁尾指的位置是在編輯區上方或下方，亦即前面關於紙張設定的上邊界與下邊界中，例如：

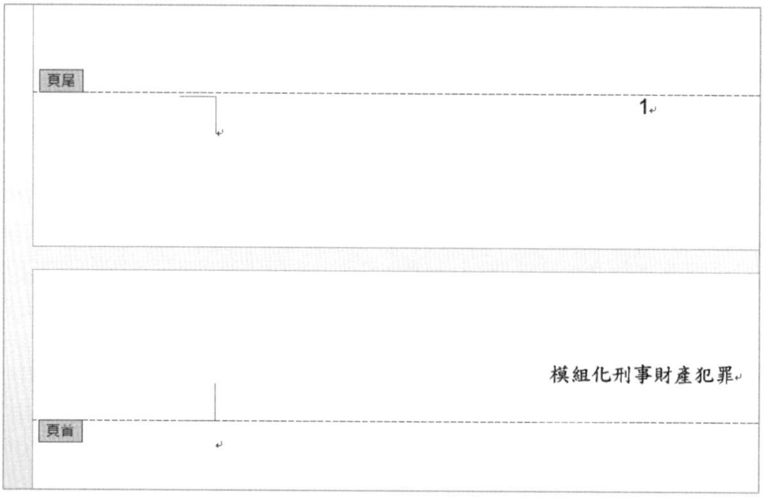

論文中一定會用到頁尾來放置頁碼及設定頁碼與下邊界的距離，至於頁首則用於是否要加入論文名稱或者是章標題時。

進入首頁尾設定的狀態或者說開啟了頁首頁尾的編輯狀態之後，功能表中會多出**頁首及頁尾**索引標籤，如果要關閉此種狀態回到論文本文的編輯，則可藉由點選的**關閉**群組中的【關閉頁尾及頁尾】按鈕來結束頁首頁尾的狀態：

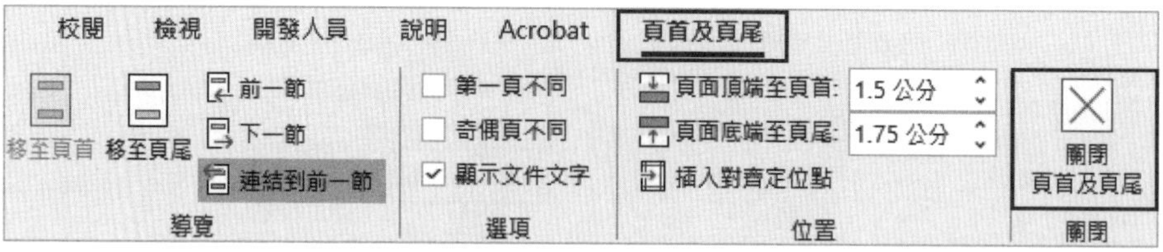

設定頁首頁尾時，要特別注意是有無前面提到的「分節」需求及節與節之間的關聯要不要切斷，例如，以下即依據論文各組成要求的不同對論文所做的分節與節間聯結關係的調整，其中劃有「x」記號者，表示此節要斷絕與前節的關係：

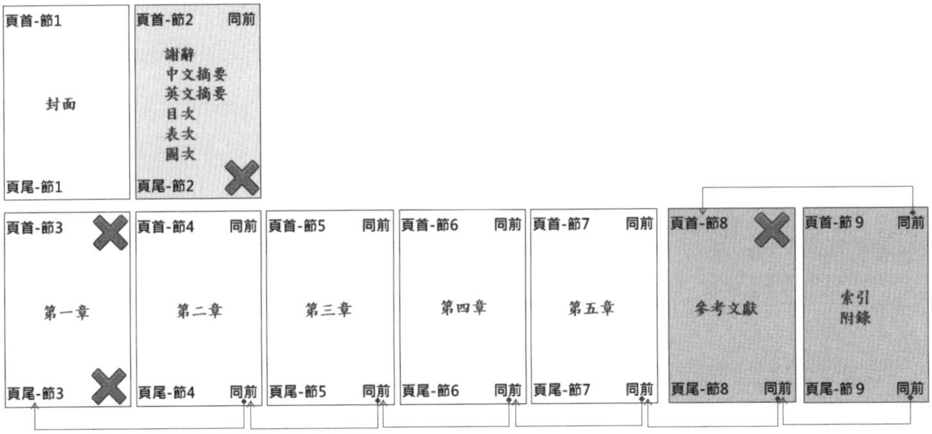

1.10 浮水印

學校通常會要求上傳的論文電子檔要有浮水印，Word 提供浮水印設置的功能位在**設計**索引標籤中的**頁面背景**↘群組中的【浮水印▼】下拉清單中；除了預設提供的浮水印外，通常我們會點選其中的【自定浮水印】來設置符合學校規定的設定值。不過也有學校會要求上傳論文檢查格式，並於格式符合規定時自動套上浮水印。

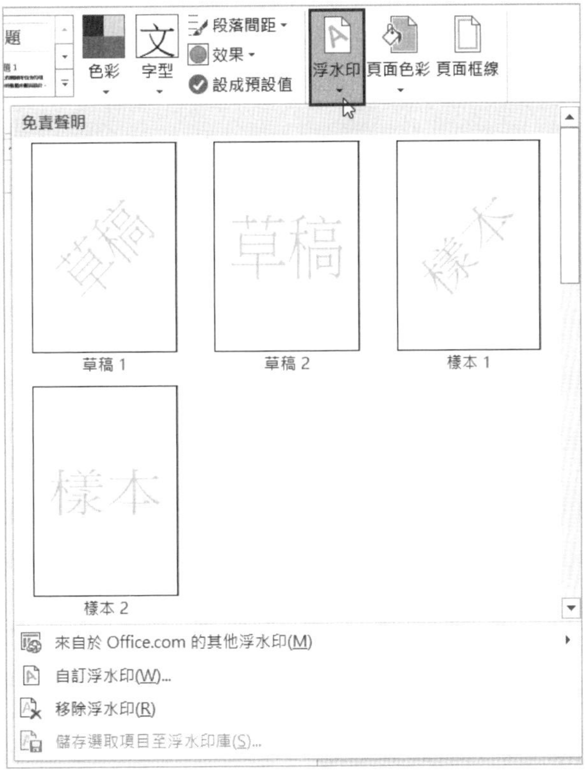

1.11 快捷鍵組

不想記憶只想用滑鼠點點的方式來操作的話，可能會很討厭這節，不過，為了能命令 Word 快速執行指定的功能，試著記一些常用的快捷鍵會讓你有意想不到的方便喔！

類型	快捷鍵	功能
文件	Ctrl + N	開新檔案 , new
	Ctrl + O	開啟舊檔 , open
	Ctrl + S	儲存檔案 , save
	Ctrl + W	關閉檔案
	F12	另存新檔
段落對齊	Ctrl + L	靠左對齊 , left
	Ctrl + R	靠右對齊 , right
	Ctrl + E	置中對齊 , center
字型效果	Ctrl + B	粗體 , bold
	Ctrl + I	斜體 , italic
	Ctrl + U	底線 , underline
取消設定	Ctrl + Q	取消段落設定
	Ctrl + Shift + N	取消該段落或對選取的文字的所有格式設定
	Ctrl + Z 或 Backspace 鍵	輸入網址之後，Word 會自動套用超連結格式，如果不想要套用的話，可利用此快捷鍵
	Backspace 鍵或 Enter 鍵	輸入數字清單資料而按下 Enter 鍵時，Word 會自動套用相關的格式編號，如果不想要的話，可利用此快捷鍵
剪貼簿	Ctrl + X	剪下 , 劃叉
	Ctrl + C	複製 , copy
	Ctrl + V	貼上，插入符號
	Ctrl + Shift + C	複製格式
	Ctrl + Shift + V	貼上格式
操作	Ctrl + Z	復原（上一操作），亦即回到上一步驟操作前的狀態
	Ctrl + Y	重複（上一操作）
	Ctrl + A	全選 , all
	Ctrl +【Enter】	分頁符號
文字選取	Shift + ← 或 →	往左或往右選取一個字元
	Shift + ↑ 或 ↓	往上或往下選取一列

類型	快捷鍵	功能
文字字級	Ctrl + Shift + <	對選取的文字「縮小字級 1 點」
	Ctrl + Shift + >	對選取的文字「放大字級 1 點」
尋找取代	Ctrl + F	尋找 , find
	Ctrl + H	取代視窗
畫面捲動	Ctrl +【Page Up】	捲動畫面到頁前
	Ctrl +【Page Down】	捲動畫面到頁後
	Ctrl +【Home】	捲動畫面到文件第 1 頁
	Ctrl +【End】	捲動畫面到文件最後 1 頁
移動插入點	【Home】	移至該列之首
	【End】	移至該列之尾
	Ctrl + ↑	移至該「段落」之首
	Ctrl + ↓	移至「下一段落」之首
	Ctrl + G	到 , go
行高	Ctrl + 1	單行間距
	Ctrl + 2	2 倍行高
	Ctrl + 5	1.5 倍行高
多層次清單	Tab	降階
	Shift + Tab	升階
樣式窗格	Alt + Ctrl + Shift + S	開啟樣式窗格
編輯標記	Ctrl + Shift + 8	開啟或關閉**常用**索引標籤中的**段落**群組中的【顯示 / 隱藏編輯標記】

NOTE

Chapter

2 論文樣式

清單參考

由於各校使用的結構大致相當，但是在相同的結構下，造成差異的是格式的大同小異。以 Word 來說，格式的設定如果要「標準化」而供特定情境使用時，我們會以「樣式」的方式來操作。

樣式就像是套裝，文字可以穿著不同套裝而展現不同的功能與風貌，也就是說，同一份論文，只要「穿上」不同的樣式「套裝」，那麼就能符合不同的規定：

以寫論文而言，預設的情況下，每一章的標題會穿「標題 1」的套裝，而每一節則會著「標題 2」的套裝，最佔篇幅的論文本文會披上最普通的「內文」套裝。

套裝要擺在專櫃才好選，樣式也是。Word 將這些樣式放在最容易接觸到的**常用**索引標籤中的**樣式** ↘ 群組這個專櫃：

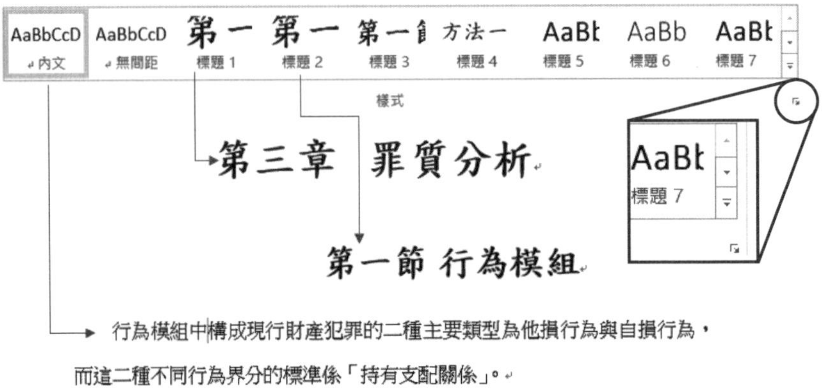

點選了**樣式** ↘ 群組這個專欄右側捲動軸下方的鈕（上圖圈起來的位置），就能夠看到其他樣式及建立清除與套用樣式的選項：

另外，透過點選了**樣式** ↘ 群組這個專欄右下角的【↘】按鈕可以開啟**樣式** x 設定視窗。

開啟後的**樣式** x 設定視窗可能看起來像下圖左，也可能看起來像下圖右，二者的差異端視該視窗中【顯示預覽】核取方塊是否有打勾而定：

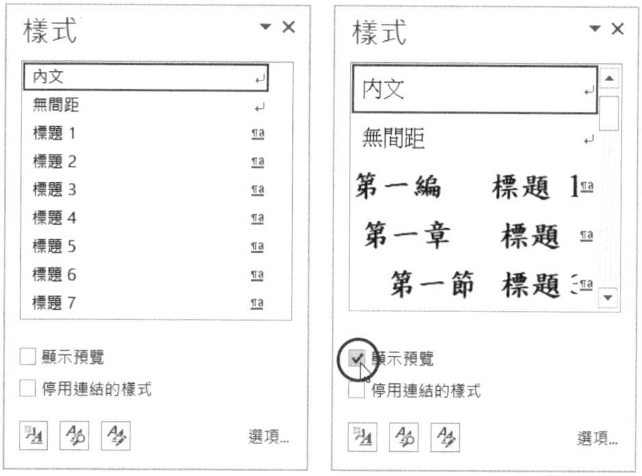

既然是套裝，當然是不同外觀所構成，是整組的觀點；樣式也是一樣，未來在修改樣式時，我們最常用到的就是**修改樣式** x 設定視窗，點選其左下角的【格式 ▾】下拉清單可以看見各式可供我們美妝文字用的格式化類型，像是位居首位的「字型」選項及也是常常使用的「段落」選項：

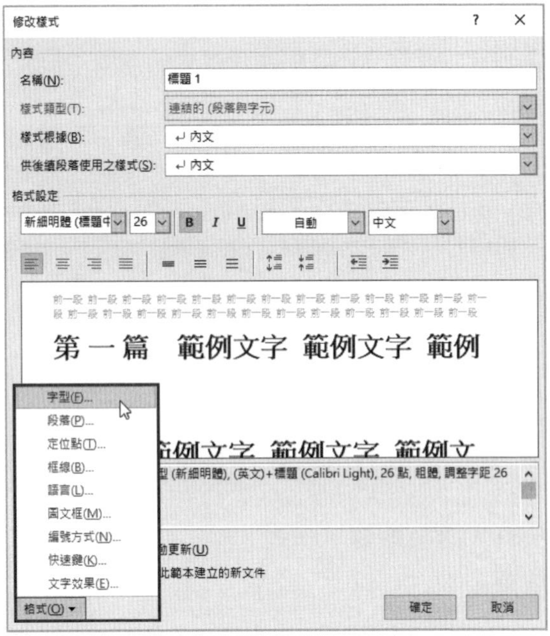
修改樣式
內容
名稱(N):
標題 1
樣式類型(T):
連結的 (段落與字元)
樣式根據(B):
內文
供後續段落使用之樣式(S):
內文
格式設定
新細明體 (標題中
26
自動
中文
第一篇　範例文字 範例文字 範例
字型(F)...
段落(P)...
定位點(T)...
框線(B)...
語言(L)...
圖文框(M)...
編號方式(N)...
快速鍵(K)...
文字效果(E)...
格式(O)
確定
取消

除了整組調整樣式來啟動外，這二個選項所開啟的設定視窗在「個別」調整某些文字或某幾段文字時也能藉由**常用**索引標籤中的**字型**↘群組與**字型**↘群組右下角的【↘】按鈕開啟：

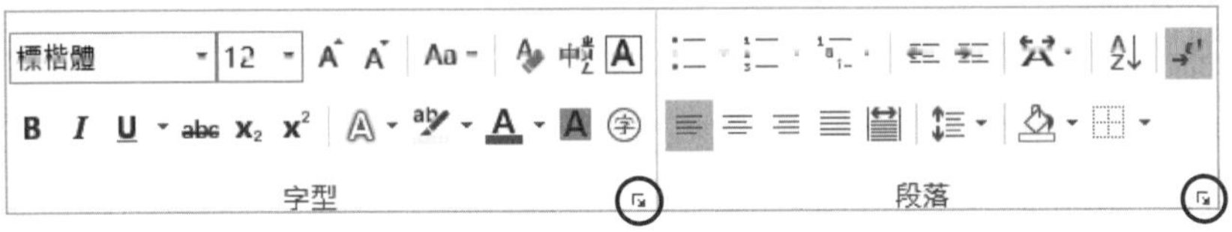
標楷體
12
字型
段落

整合在是**修改樣式** x 設定視窗的規則是「一體適用」的樣式套裝，各別開啟並設定是「特定情況」時，下圖請參考「練習 - 樣式與各自格式 -1100120.docx」：

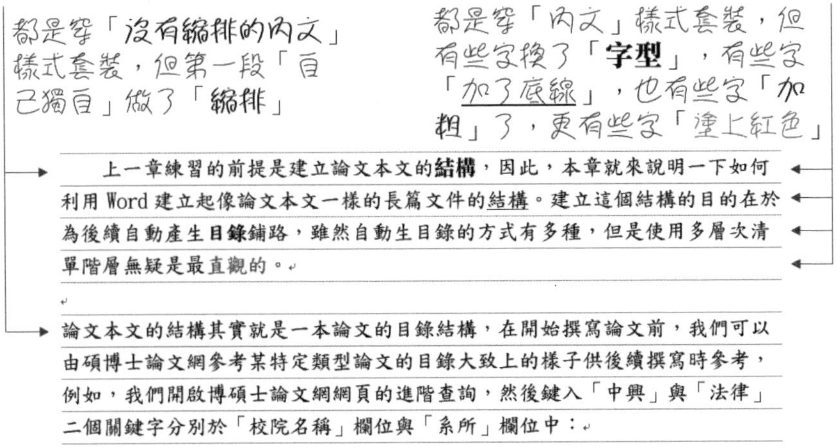
都是穿「沒有縮排的內文」樣式套裝，但第一段「自己獨自」做了「縮排」
都是穿「內文」樣式套裝，但有些字換了「字型」，有些字「加了底線」，也有些字「加粗」了，更有些字「塗上紅色」
上一章練習的前提是建立論文本文的結構，因此，本章就來說明一下如何利用 Word 建立起像論文本文一樣的長篇文件的結構。建立這個結構的目的在於為後續自動產生目錄鋪路，雖然自動生目錄的方式有多種，但是使用多層次清單階層無疑是最直觀的。
論文本文的結構其實就是一本論文的目錄結構，在開始撰寫論文前，我們可以由碩博士論文網參考某特定類型論文的目錄大致上的樣子供後續撰寫時參考，例如，我們開啟博碩士論文網網頁的進階查詢，然後鍵入「中興」與「法律」二個關鍵字分別於「校院名稱」欄位與「系所」欄位中：

整本論文的文字就會為這些格式賦與不同的設定值來進行美美的呈現，這樣文字可以穿著不同套裝而呈現不同的功能與風貌。

最後，讓我們練習一下，實際來感受 Word 樣式這樣的套裝所帶來的效率。同時藉由這個練習來說明一下樣式的第一種修改方法，至於第二種使用**修改樣式 x** 設定視窗的方式則留待後續章節時再說明。

Step 1 開啟「練習 - 樣式套裝 -1100120.docx」練習檔。練習檔中共有 6 段字，其中前五段穿的是「標題 1」的套裝，而最後的空白段則是著「內文」套裝：

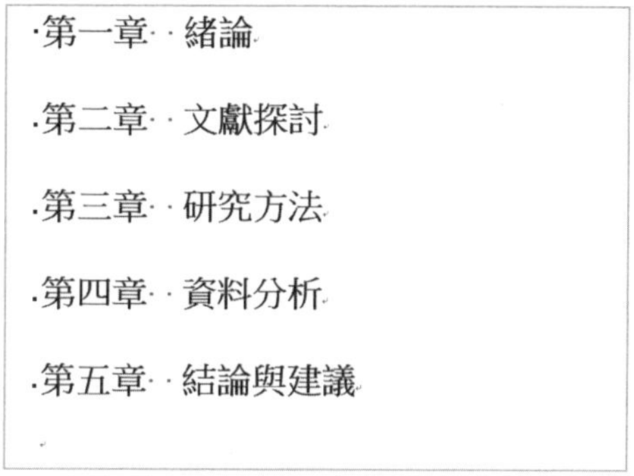

Step 2 將滑鼠游標移到第一段左側後點一下左鍵選取該文字：

Step 3 點選**常用**索引標籤中的**字型** ↘ 群組中的【字型 ▾】下拉清單點選其中的「標楷體」：

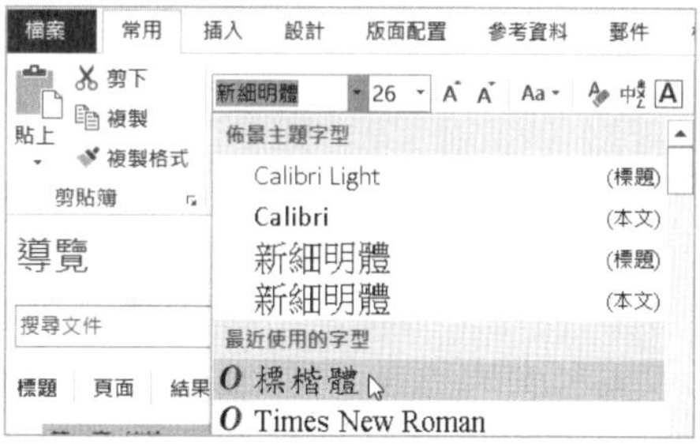

Step 4 點選**常用**索引標籤中的**字型** ↘ 群組中的【字型大小 ▾】下拉清單點選其中的「20」：

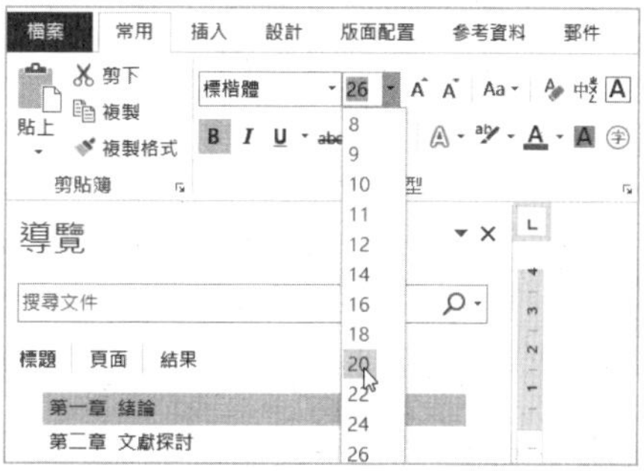

經過字型設定與字型大小的調整之後，雖然原先的 5 個段落本來都是穿相同的「標題 1」套裝，但是目前僅有第一段被調整而造成格式的不一致。

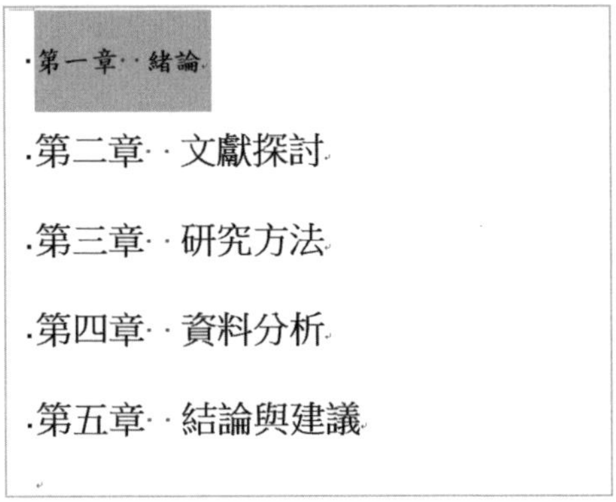

因此，為了讓相同的套裝有相同的格式，我們可以這麼做：

Step 1 將滑鼠游標移到**常用**索引標籤中的**樣式**↘群組中的【標題 1】上：

Step 2 點選滑鼠「右」鍵開啟選單，然後再從選單中點選「更新標題 1 以符合選取範圍」：

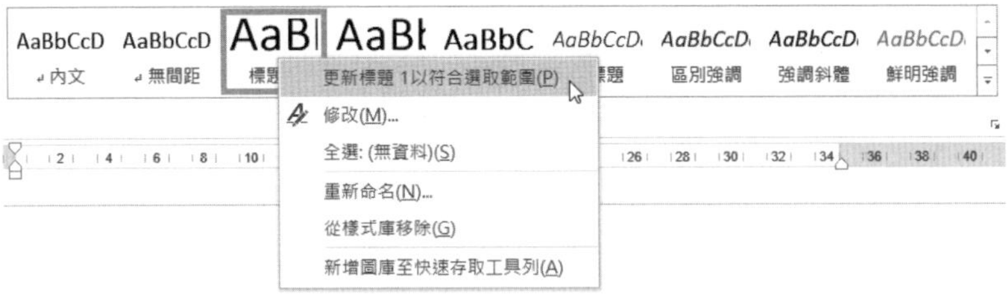

經過這樣操作之後，原先與第一段穿同樣是「標題 1」套裝的餘下 4 段都也一併調整而有相同格式了。所以，在 Word 中，我們對格式的調整原則上會以「整組」的樣式為單位，因此，如果有相同格式要求的文字就必須讓她們穿相同的樣式，這樣子才會有如同本例一般具有「千一髮而動全身」的連動而產生一致性效果（完成檔請參閱「開啟「練習 - 樣式套裝 - 完成檔 -1100120.docx」)：

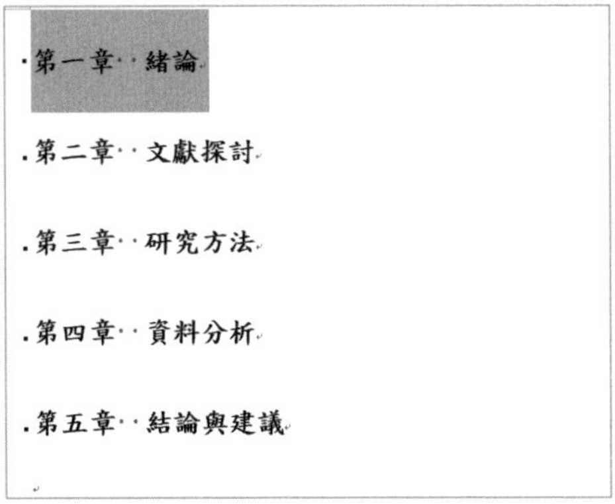

上面這個例子是利用手動的方式將更新後的格式套裝套用給原來穿同一樣式的其他文字。

如果要讓 Word 自動完成這件事，其實可以跟 Word 事先講好，這樣子一旦套裝樣式的格式有變化，其他穿同樣套裝的文字就會「自動套用」。

Step 1 開啟「練習 - 樣式套裝 - 自動更新 -1100120.docx」練習檔。

Step 2 將插入點移到第一段的任何位置，例如第一段的最後：

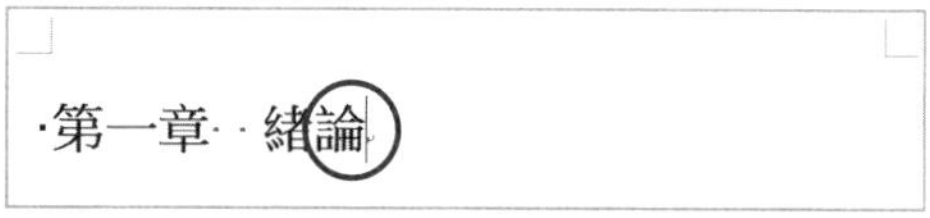

Step 3 滑鼠移到**常用**索引標籤中的**樣式**↘群組中的【標題 1】的位置時按下滑鼠「右」鍵開啟選單，然後點選【修改】選項：

Step 4 點選開啟的**修改樣式 x** 設定視窗中的【自動更新】核取方塊，這個操作整體的意思就是「當我們對樣式修改時，啟動為自動更新的模式」：

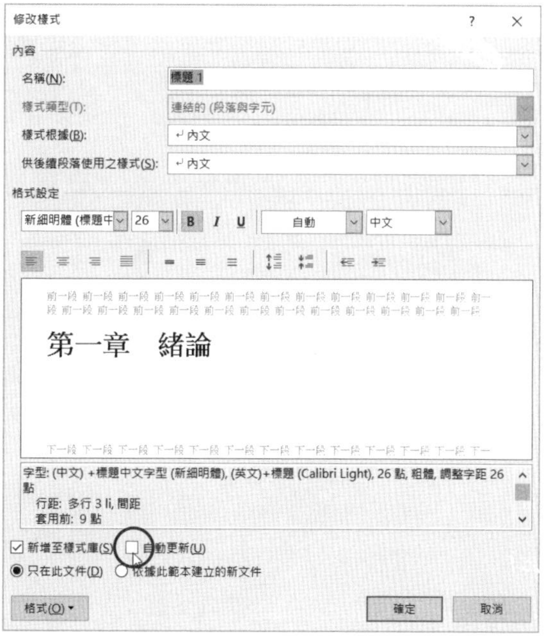

接下來的操作與前面是一樣的，只是我勾選自動更新後，我們再執行一次看看這個設定的效果。

Step 1 將滑鼠游標移到第一段左側後點一下左鍵選取該文字。

Step 2 點選**常用**索引標籤中的**字型**↘群組中的【字型▼】下拉清單點選其中的「標楷體」：

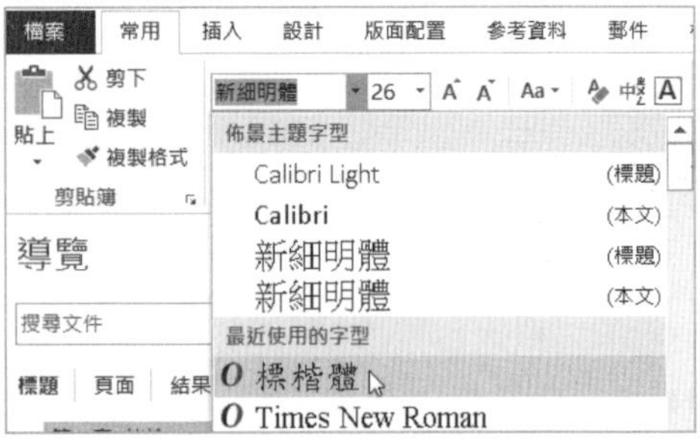

這時候，觀察一下文件的變化，你會發現我們雖然是針對第一段做字型的調整，但是因為這個調整動到了「標題 1」這個樣式套裝，因此，Word 將所有穿同樣套裝的段落也一併修改囉。各位不妨再調整一下**字型大小**及**置中對齊**試試。

請參閱完成檔「練習 - 樣式套裝 - 自動更新 - 完成檔 -1100120.docx」。

一旦我們使用預設的樣式後有所調整，這些細節可以透過樣式檢查的功能來查詢。請開啟「練習 - 樣式檢查 -1100120.docx」檔案，然後將插入點置入圖的資料來源的最後，我們想檢查其樣式的設定，接著再開啟**樣式 x** 設定視窗並點選左下角第 2 個【樣式檢查】按鈕開啟**樣式檢查 x** 設定視窗：

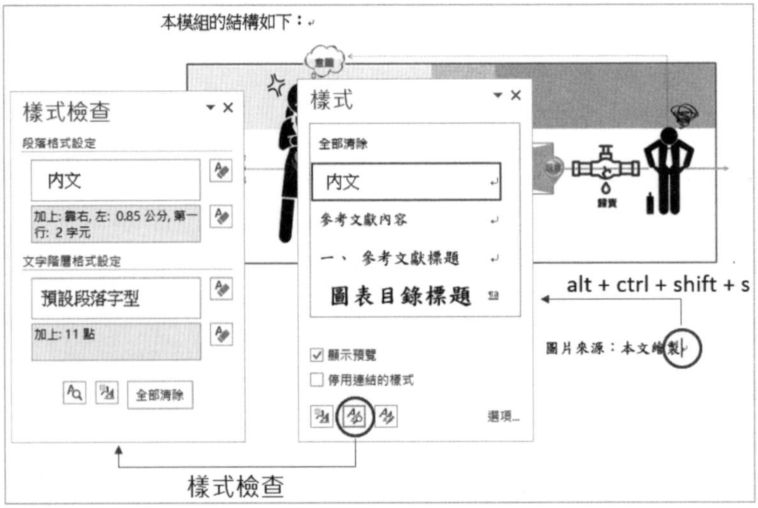

從**樣式檢查** x 設定視窗中的「內文」，我們知道了，插入點所在位置的格式是在 Word 預設的「內文」樣式外，「加上」了「靠右 , 左 : 0.85 公分 , 第一行 : 2 字元」的設定。

由於一本論文要符合相當多的撰寫上的需求，而這些需求則須透過各式的樣式設定來達成，因此會建議先將撰寫上的需求所須的樣式先集中在一處臚列出來，這樣一來會有集中查詢省時省力的效果。由於沒有學校有完整列出，因此以下會就各校有要求的部份彙總起來，並列出可能會用到的樣式，各位需自行將樣式的「設定值」替換成自己學校的要求，至於自己學校沒有特別要求的話，釋例的設定僅供各位參考。

2.1 紙張

	釋例的設定值	學校的設定值
大小	A4	
方向	縱向	
邊界	紙張四方邊界：上邊界，頂端留邊 2.5 公分，左邊界，左側留邊 3 公分，右邊界，右側留邊 2 公分，下邊界，底端留邊 2.5 公分	
頁碼位置	頁面底端至頁尾：1.5 公分	
雙面列印	標準，左右對稱」(**版面設定** x 設定視窗中**邊**界頁籤中的【多頁 ▾】下拉清單)	

2.2 目錄

	釋例的設定值	學校的設定值
標題前空白列	12pt，1.5 倍行高	
標題	20pt、標楷體、1.5 倍行高，粗體	
標題後空白列	12pt，1.5 倍行高	
內容	12pt，1.5 倍行高，粗體，「目錄 1」樣式	
頁碼	Times New Roman、12pt	
標題名稱	目錄、圖目錄、表目錄 國立暨南國際大學規定不能用「目錄」「表目錄」「圖目錄」，而要用「目次」、「表目次」及「圖目次」	
另起新頁	是	

Word 使用的樣式名稱：目錄標題、目錄 1~ 目錄 9、圖表目錄

2.3 標題

	標題							
樣式名稱	1	2	3	4	5	6	7	8
字型	標楷體							
字型大小	26	24	22	20	18	16	14	13
字型樣式	粗體			正常				
段落對齊	置中			靠左				
與前段距離	0	0	0	0	0	0	0	0
與後段距離	0	0	0	0	0	0	0	0
行距	單行間距							
縮排位移點數	不縮字				縮 1 字	縮 2 字	縮 3 字	縮 4 字
段落前分頁	是	否						
其他	做為章標題時，須從奇數頁開始							

Word 使用的樣式名稱：標題 1~ 標題 9

2.4 頁碼

	釋例的設定值	學校的設定值
本文前數字	小寫羅馬數字	
本文後數字	阿拉伯數字	
字體	Times New Roman	
大小	12pt	
行距	單行間距	
對齊	置中對齊	
與前段距離	0	
與後段距離	0	
距下邊界	1.5cm	

Word 使用的樣式名稱：目錄 1~ 目錄 9，釋例如下：

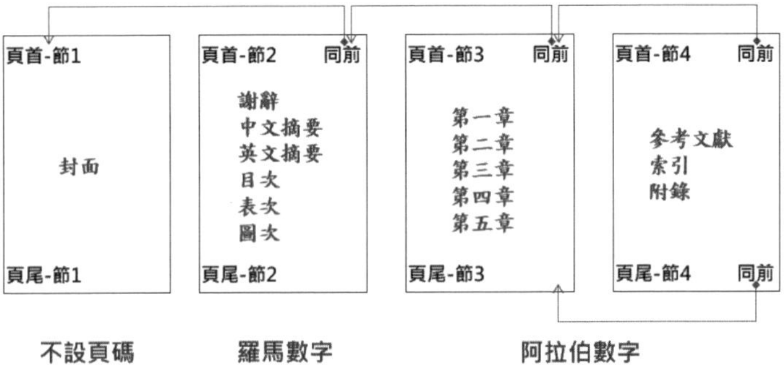
頁首-節1
封面
頁尾-節1
頁首-節2
同前
謝辭
中文摘要
英文摘要
目次
表次
圖次
頁尾-節2
頁首-節3
同前
第一章
第二章
第三章
第四章
第五章
頁尾-節3
頁首-節4
同前
參考文獻
索引
附錄
頁尾-節4
同前
不設頁碼
羅馬數字
阿拉伯數字

2.5 內文

	釋例的設定值	學校的設定值
字體	新細明體 / 標楷體、Times New Roman	
大小	12pt	
行距	單行間距	
縮排	2 字元	
對齊	左右對齊	
與前段距離	0	
與後段距離	0	
特殊符號	Symbol 字型，如果 Symbol 字型找不到就使用 Word 的方程式來編輯	
其他	遺落字串控制 單列不成頁、單字不成列	

Word 使用的樣式名稱：內文，釋例如下：

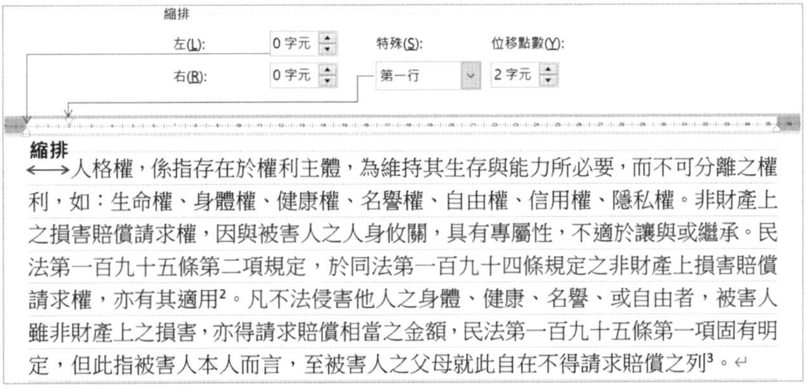
縮排
左(L):
0 字元
右(R):
0 字元
特殊(S):
第一行
位移點數(Y):
2 字元
縮排
人格權，係指存在於權利主體，為維持其生存與能力所必要，而不可分離之權利，如：生命權、身體權、健康權、名譽權、自由權、信用權、隱私權。非財產上之損害賠償請求權，因與被害人之人身攸關，具有專屬性，不適於讓與或繼承。民法第一百九十五條第二項規定，於同法第一百九十四條規定之非財產上損害賠償請求權，亦有其適用[2]。凡不法侵害他人之身體、健康、名譽、或自由者，被害人雖非財產上之損害，亦得請求賠償相當之金額，民法第一百九十五條第一項固有明定，但此指被害人本人而言，至被害人之父母就此自在不得請求賠償之列[3]。

2.6 圖表

	釋例的設定值	學校的設定值
字體	新細明體 / 標楷體、Times New Roman	
大小	10pt	
行距	單行間距 /1.5 倍行高	
對齊	置中對齊	
行距	單行間距	
與前段距離	0	
與後段距離	0	
其他	1. 表號及表名列於表上方，圖號及圖名置於圖下方。資料來源及說明，一律置於表圖下方 2. 表標題號與名稱分兩行，置於表的上方。 3. 表長超出一頁而分列兩頁時，第一頁表不必畫底線；右下方加註（續），次頁不必再寫標題	

Word 使用的樣式名稱：標號，釋例如下：

本模組的結構如下：

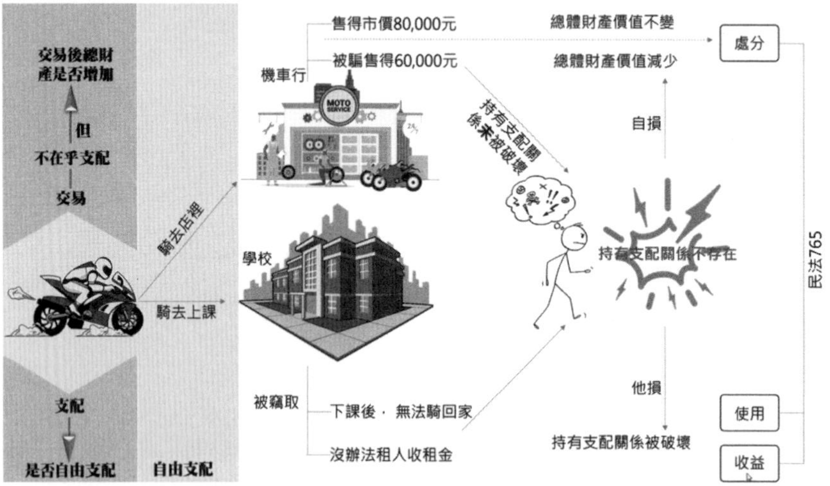

圖 7 財產利益

圖片來源：本文繪製

2.7 引文

	釋例的設定值	學校的設定值
字體	新細明體 / 標楷體、Times New Roman	
大小	11pt	
行距	單行間距 /1.5 倍行高	
對齊	左右對齊	
行距	單行間距	
與前段距離	1 行	
與後段距離	1 行	
左邊界	較本文內縮 0.5 公分	
右邊界	較本文內縮 0.5 公分	

釋例如下：

被害人雖非財產上之損害，亦得請求賠償相當之金額，民法第一百九十五條第一項固有明定，但此指被害人本人而言，至被害人之父母就此自在不得請求賠償之列[3]。96 年公務人員特種考試原住民族五等法學大意曾有選擇問「法益為刑法所保護之利益，下列何種個人法益，非個人一身專屬法益？」，其解答為「財產權」。↵

刑法的財產犯罪是否也是非專屬的保護呢？依周易[4]等之見解，對刑法財產犯罪罪章的侵害法益亦視為非專屬法柵，其見解與民法無殊。↵

如果是這樣，是否會有保護不周？如上所述，非財產損害都可求償，更何況同時還因專屬法益帶來更大的侵害。接下來就現行刑法典舉數例以觀。↵

2.8 註腳

	釋例的設定值	學校的設定值
字體	新細明體 / 標楷體、Times New Roman	
大小	10pt	
行距	單行間距 /1.5 倍行高	
對齊	凸排 0.6cm	
行距	單行間距	
與前段距離	0 行	
與後段距離	0 行	
左邊界	較本文內縮 0.5 公分	
其他	1. 正文之間以橫線區隔 2. 同前註、前揭註〇	

Word 使用的樣式名稱：註腳文字，釋例如下：

[1] 黃翰義，刑法總則新論，元照出版公司，1 版，2010，頁 28，註 16。關於個人法益的類型列舉，可參考民法第 195 條第 1 項：「不法侵害他人之身體、健康、名譽、自由、信用、隱私、貞操，或不法侵害其他人格法益而情節重大者，被害人雖非財產上之損害，亦得請求賠償相當之金額。其名譽被侵害者，並得請求回復名譽之適當處分。」

[2] 84 年台上字第 2934 號判例。

[3] 56 年台上字第 1016 號。

[4] 周易、黃堯，上榜模板刑法分則，學稔出版社，第 2 版，目錄。

2.9 文獻

	釋例的設定值	學校的設定值
字體	新細明體 / 標楷體、Times New Roman	
大小	14pt	
行距	25pt 固定行高	
縮排	首行凸排 2 字元	
對齊	左右對齊	
與前段距離	0	
與後段距離	0	
排序方式	1. 中文部分英文部分分隔排列 2. 書籍、期刊報章論文、會議論文集、研究計畫、學位論文、網際網路	
項目排序	1. 文學院之中文文獻依分類及年代，其他學院所依中文姓氏筆劃由少到多、英文姓氏第 1 個字由 A 到 Z 及年代 2. 若無著者，以書名或篇名，若英文字首為 A、An、The 則跳過該字以下一字為準 3. 依序編號	

這個部分各校的差異頗大，一定要特別注意。

2.10 浮水印

	釋例的設定值	學校的設定值
縮放比例	100%	
刷淡	是	

經驗分享 論文預設的資料夾

為了方便開啟 Word 之後能夠存取論文檔案及集中管理論文本文中使用到的圖檔，Word 提供了讓我們可以設定每次開啟文件及插入圖片時時能夠指定到特定的資料夾。

Step 1 點選**檔案**索引標籤中展開功表後再點選【選項】來開啟 Word **選項** x 設定視窗。

Step 2 點選 Word **選項** x 設定視窗左側的【儲存】選項，再點選右側的【預設本機檔案位置】右側的【瀏覽】按鈕：

Step 3 從**修改位置** x 設定視窗中選定論文預設的資料夾後點選【確定】按鈕，本例為主機 C 碟下的「!! 我的碩士論文」資料夾：

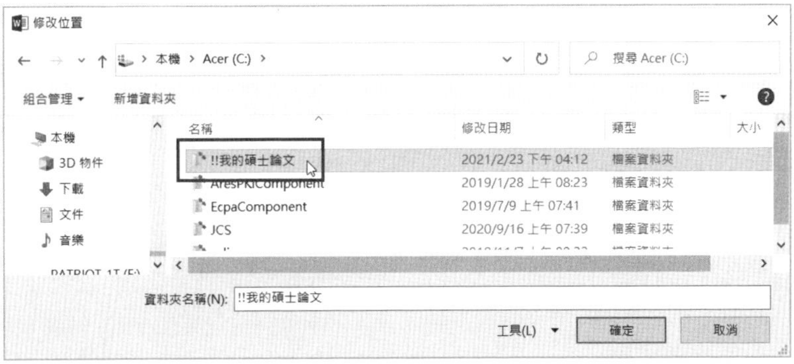

Step 4 點選 Word 選項 x 設定視窗左側的【進階】選項，往下捲動右側視窗後，再點選【檔案位置】按鈕：

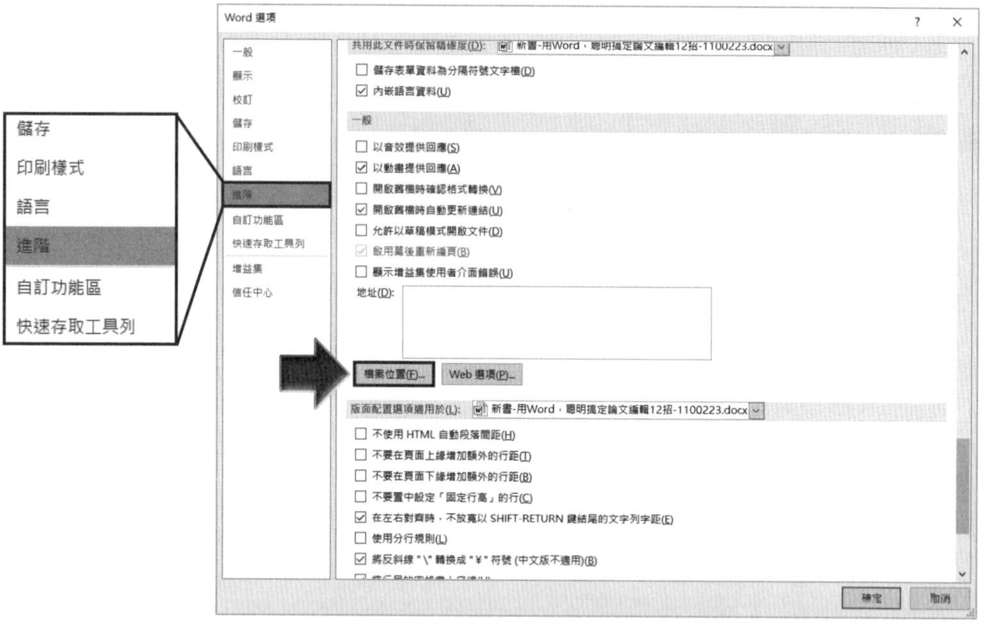

Step 5 點選檔案位置 x 設定視窗中【檔案類型】清單中的【圖像】選項，最後，再點選清單下方的【修改】按鈕：

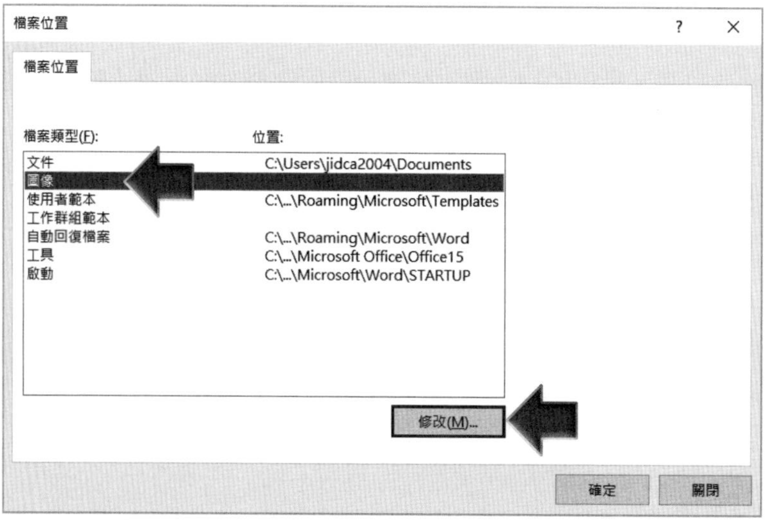

Step 6 從**修改位置** x 設定視窗中選定論文預設的資料夾後點選【確定】按鈕，本例為主機 C 碟下的「!! 我的碩士論文」資料夾內的「!! 圖表資料」：

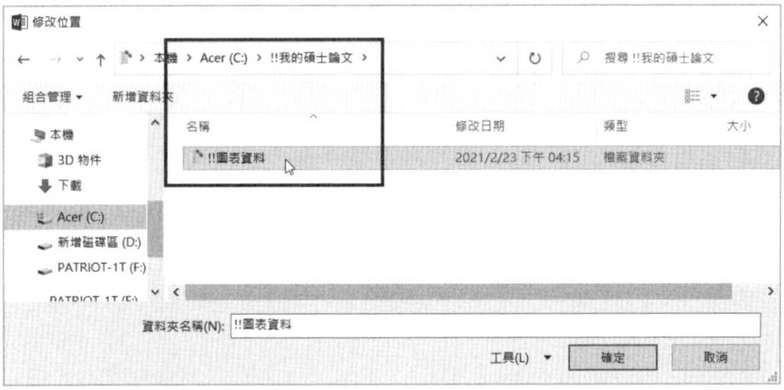

Step 7 返回從**修改位置** x 設定視窗中後點選【確定】按鈕返回 Word **選項** x 設定視窗，最後，點選【確定】按鈕關閉 Word **選項** x 設定視窗，返回文件編輯狀態。

接下來測試一下插入圖檔時是否真的會開啟指定的資料夾。首先，點選**插入**索引標籤中的**圖例**群組中的【圖片】：

接著從**插入圖片** x 設定視窗中最上方的位置顯示即可得知此位置即為我們在上面所做的設定無誤：

NOTE

PART III

整體結構

Chapter

3 紙張設定與邊界

3.1　紙張大小的設定

3.2　四個邊界的設定

3.3　頁碼位置的設定

3.4　設定每頁的行數

經驗分享：上傳必做浮水印

經驗分享：導覽與功能窗格

大多數學校，例如臺南大學關於論文使用的紙張大小及打字版面範圍的區域多僅規定到上下左右四個邊界：

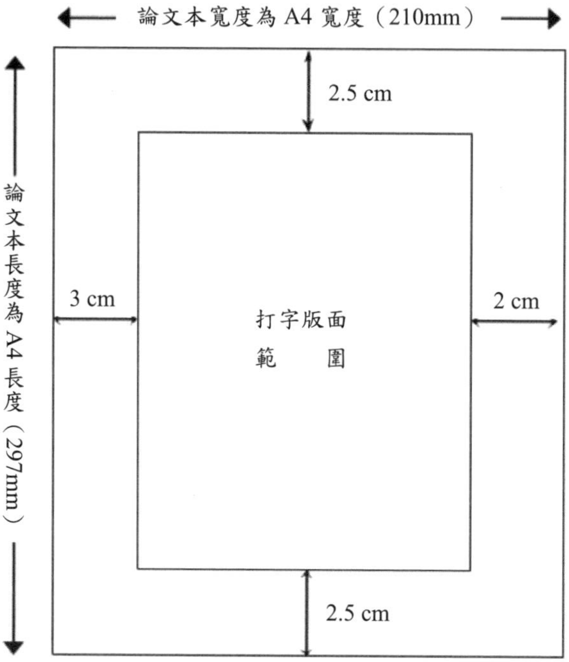

不過，有些學校像是佛光大學額外規定版面底端 1 公分處中央繕打頁碼：

五、論文規格：【第一～五項為規定規格，第六～十三項為參考規格】

（一）封面、推薦書、審定書等由學校製發。

（二）內頁：A 4 規格、80 磅白色影印紙（本頁為空白頁，置於封面之後及封底之前各一張）。

（三）首頁：A 4 規格、80 磅白色模造紙或白色影印紙。

（四）版面：以 21cm x 29.7cm 之 A4 白色紙張繕製。每頁上方空白 3 公分，下方空白 2 公分，左右兩邊均空白 3.17 公分。版面底端 1 公分處中央繕打頁碼。

（五）封皮裝訂規格（平裝）：碩士論文為紅色雲彩紙、博士論文為淺綠色雲彩紙，字體黑色，務必「上亮 P」。（教務處有雲彩紙樣本供參考）

中山大學亦有同樣的規定：

十四、論文頁面規格：

1. 紙張：除封面、封底外，均採用白色 A4 規格，80 磅之白色模造紙裝訂。
2. 字體：
   - 原則上中文以 12 號楷書（細明體及標楷體為主），字體行距以 1.5 倍行高為主。
   - 原則上英文以 12 號 Times New Roman 字型為主，字體行距以 2 倍行高為主。
3. 邊界留白上 2.54 公分、下 2.54 公分、左右各 3 公分，字體顏色為黑色，文內要加標點，全文不得塗汙刪節，各頁正下方 1.5 公分應置中註明頁碼。
4. 論文以中文或英文撰寫為原則，為響應環保愛地球以雙面印刷，但頁數為 80 頁以下得以單面印刷（彩色圖片亦可單面印刷）。

這樣的規定以視覺化來看，就會像是國立高雄科技大學科技法律研究所、中央大學、臺北科技大學在規定邊界時多設定頁碼的位置，以臺北科技大學為例，其頁碼距頁面底端的距離是 1.5 公分以上：

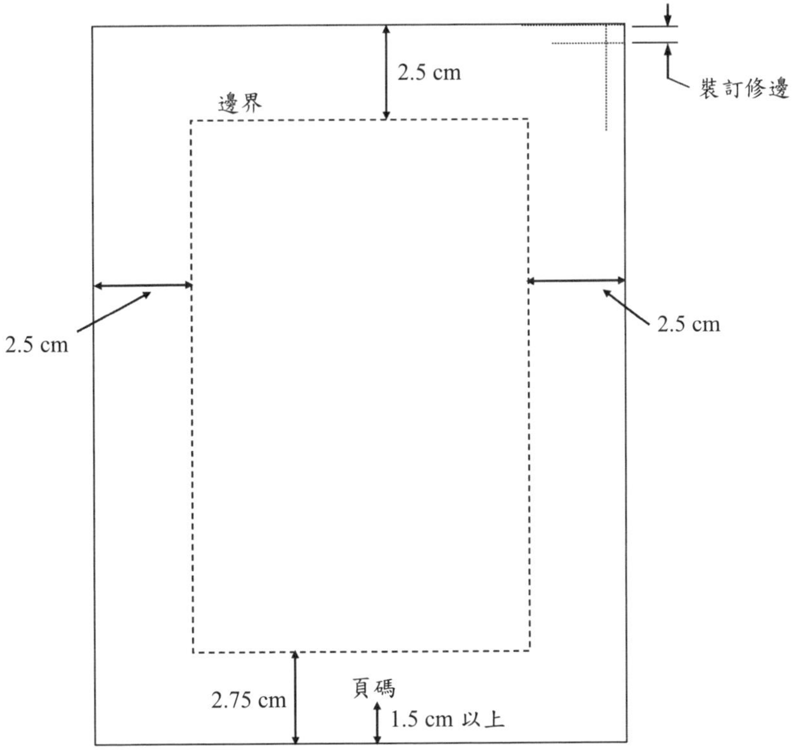

除了上面二種最常見的規定外，有些學校有比較特別的規定，例如：

一、 針對雙面印刷特別的設定，例如，嘉義學電物系：

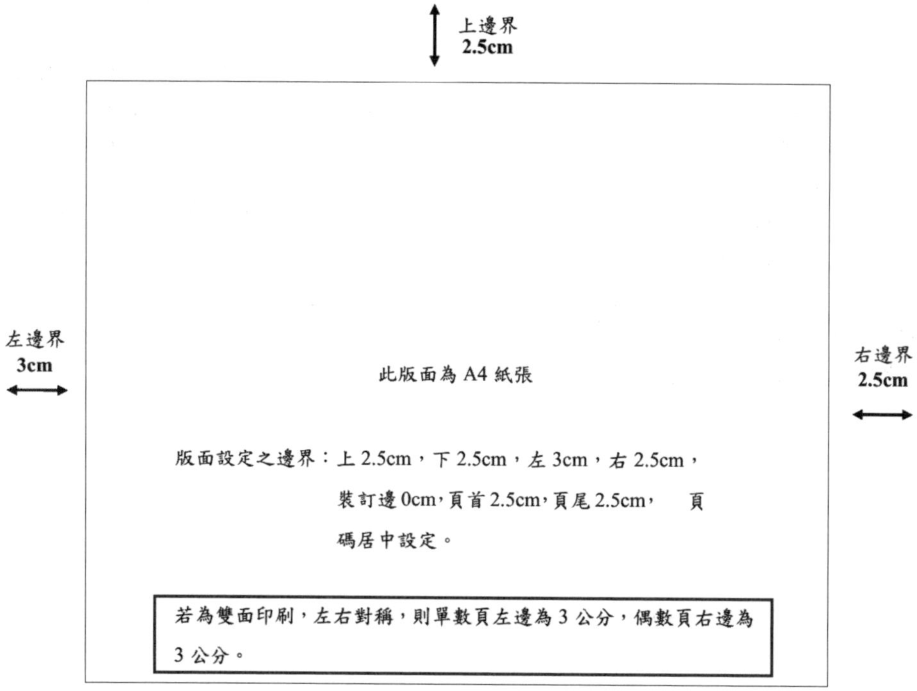
上邊界
2.5cm
左邊界
3cm
右邊界
2.5cm
此版面為 A4 紙張
版面設定之邊界：上 2.5cm，下 2.5cm，左 3cm，右 2.5cm，
裝訂邊 0cm，頁首 2.5cm，頁尾 2.5cm， 頁
碼居中設定。
若為雙面印刷，左右對稱，則單數頁左邊為 3 公分，偶數頁右邊為
3 公分。

臺北科技大學亦是如此：

3.8 邊界空白

每頁論文版面應考慮精裝修邊，故左側邊緣應空2.5公分以供裝訂，右側邊緣應空2.5公分以供裝訂，上側邊緣應空 2.5公分，下側邊緣應空 2.75公分，邊緣空白可容許 +3mm, -2mm 之誤差。使用Microsoft Word時，可在「檔案」選擇「版面設定」之「邊界」，並如圖3.1 規定之邊界尺寸，分別設定上、下、左、右四邊之邊界即可。另可同時於「與頁緣距離」處將頁碼與頁緣之距離設定：於「頁尾」鍵入"1.75cm"或"1.5cm"即可。

※ 採雙面列印時，請在版面設定下勾選「左右對稱」。

二、每頁行數與字數限制，例如，勤益科技大學要求每頁最少 32 行，每列最少 32 字，因此也要特別設定：

> 3) 行距：中文間隔一行，每頁最少 32 行，英文間隔 1.5 或 2（Double Space）,每頁最少 28 行，章名下留雙倍行距。
> 4) 字距：中文爲密集字距，如本規範使用字距，每行最少 32 字。英文不拘。

因此，關於「紙張大小」與「邊界設定」這裡涉及到四個設定值：

1. 紙張大小。
2. 頁面的上下左右等四個邊界的設定。
3. 頁碼的位置。
4. 每頁最少行數及最少字數。

3.1 紙張大小的設定

Step 1 點選**版面配置**索引標籤。

Step 2 從**版面設定** ↘ 群組中點選**大小** ▾ 下拉清單：

Step 3 點選其中的「A4 21 公分 ×29.7 公分」選項。

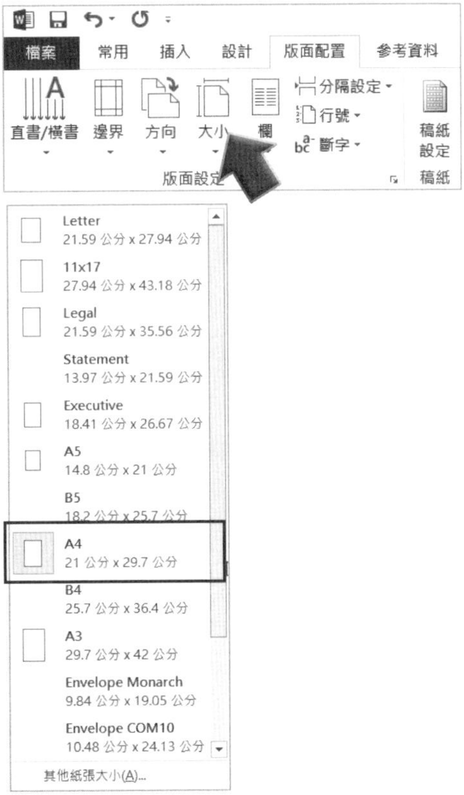

3.2 四個邊界的設定

Step ① 點選**版面配置**索引標籤。

Step ② 從**版面設定** ↘ 群組中點選**邊界** ▼ 下拉清單：

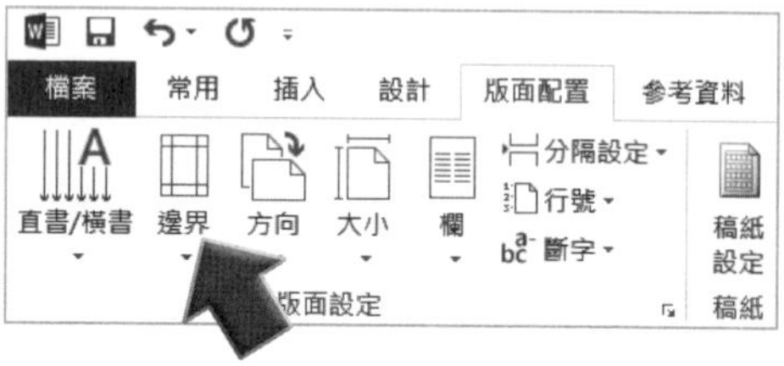

Step ③ 點選其中的「自訂」選項後開啟**版面設定** x 設定視窗，其中第一個「邊界」區塊即是設定的所在：

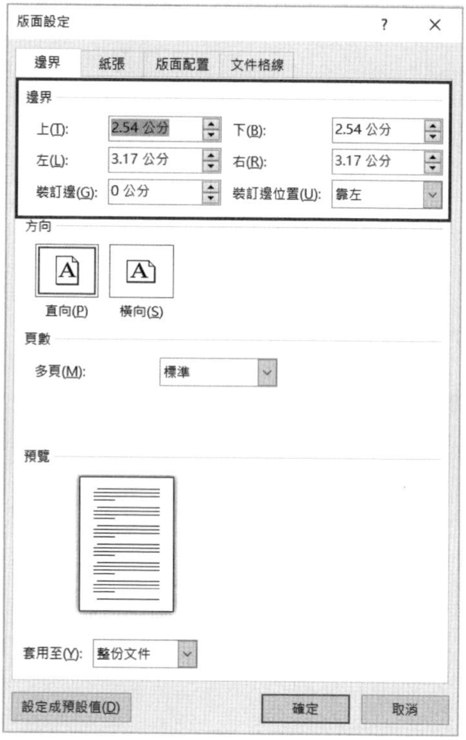

以下即是依據臺北科技大學的規定所做的四個邊界設定：

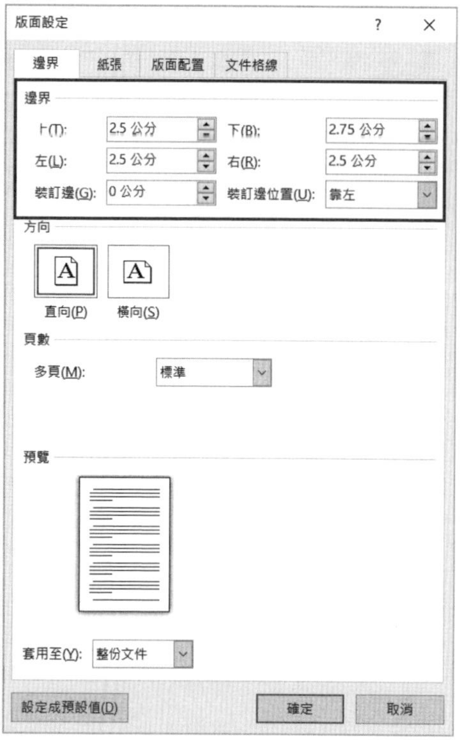

如果是臺北技大學或是嘉義大學電物系，針對「雙面列印」時有特別交待還要設定**頁數**群組中【多頁】選項為「左右對稱」，這樣子奇偶頁邊距就會左右互相交替為設定值，以下面設定為例：若以雙面印製時，奇數頁的左邊界是 3，右邊界是 2，但偶數頁則交替為左邊界是 2，右邊界是 3。

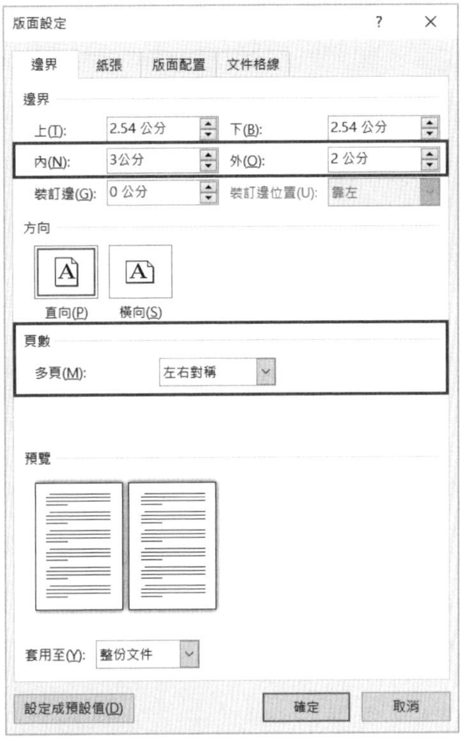

當然，如果原先的左右邊界都相同，就算沒有這樣設定，奇偶頁的左右邊界都相同，但是，如果像是東海大學公共事務碩士在職專班有特別規定的話，那麼就會有差異了。下面即是該所的規定，這規定有說明雙面列印的效果，雖然規定中所附的截圖有【多頁】選項為「左右對稱」的設定，但沒有說明這個設定才能顯示出雙面列印時所求的邊界效果：

二、撰寫方式採由左而右橫寫。頁行字數及版面設計如下：

1. 論文一律以 A4 大小的六十磅白報紙打印。
2. 字行排列格式，以上邊界 3 公分，下邊界 3 公分，左邊界 3 公分，右邊界 2 公分為準。**若以雙面印製，每章以奇數頁起排，奇數頁字行排列同前規定；偶數頁左邊界 2 公分，右邊界 3 公分。**

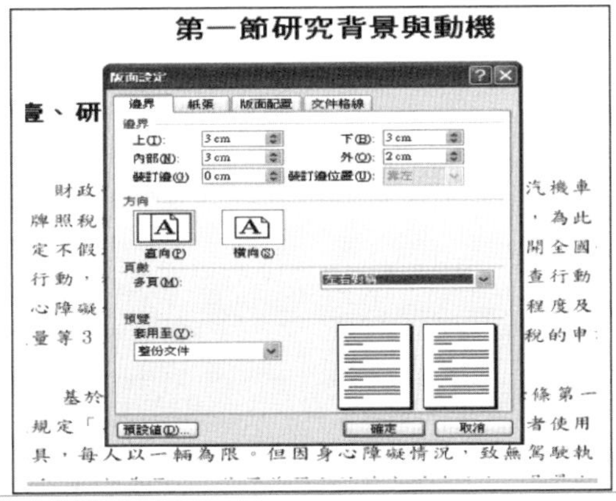

臺南大學的規定也是一樣，但僅有文字，連設定的截圖都沒有，這其實很容易被忽略，會建議有嘉義大學電物系的文字說明外再補充東海大學公共事務碩士在職專班的截圖，這樣子會讓整個規範的要求容易被遵守及落實：

> 2. **版面規格：**
>
> (1) **封面邊界：**紙張左邊為 3cm、右邊為 2cm、上下邊為 2.5cm，且須加入臺南大學 logo 浮水印，如**圖 1**。浮水印製作方式請參見本校「博碩士論文檔案製作與上傳說明」：請至本校圖書館網頁查詢。
>
> (2) **內頁邊界：**採單面方式印刷者，紙張左邊為 3cm、右邊為 2cm、上下邊為 2.5cm，如**圖 2**。採雙面方式印刷者，單數頁左邊預留 3 cm、雙數頁右邊預留 3cm。

基本上這樣子就完成了紙張邊界的設定囉，不過，如果學校有規定頁碼距離下邊界的位置的話，就請往下繼續設定吧！

3.3 頁碼位置的設定

Step 4 延續上一節的設定，點選其中的「自訂」選項後開啟**版面設定** x 設定視窗，其中的第二個區塊「頁首及頁尾」最後的「與頁距離」中的「頁尾」即是用來設定頁碼出現的位置：

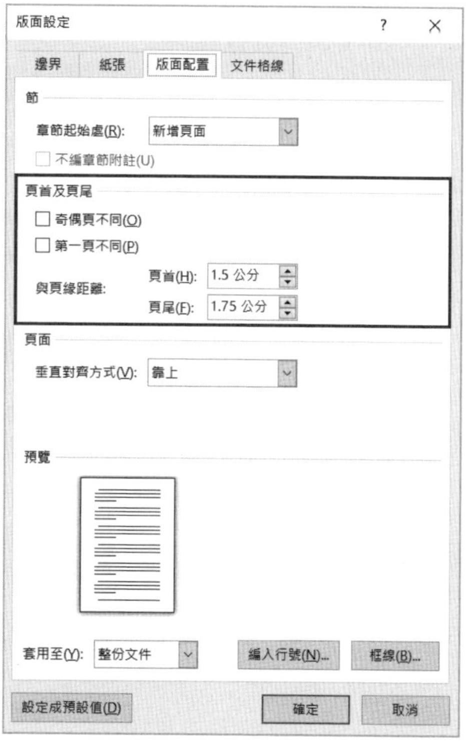

以臺北科技大學的「1.5 公分以上」規定，設定 1.5 的結果如下：

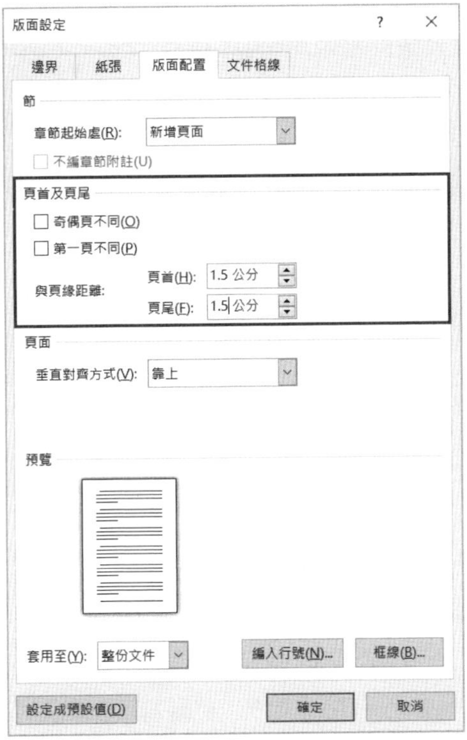

Step 5 點選【確定】按鈕完成設定作業。

3.4 設定每頁的行數

Step 1 點選**版面配置**索引標籤。

Step 2 從**版面設定** ↘ 群組中點選**邊界** ▾ 下拉清單：

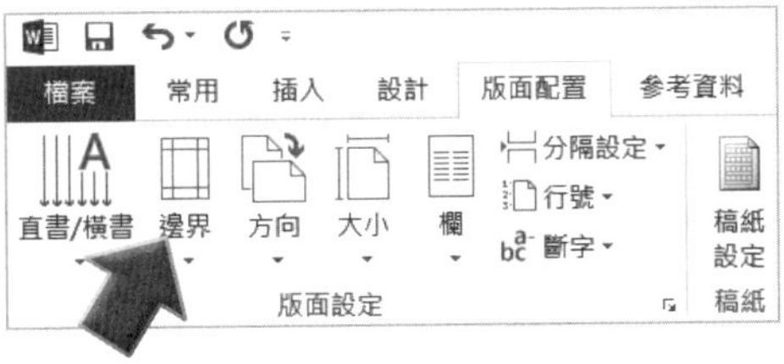

Step 3 點選其中的「自訂」選項後開啟**版面設定** x 設定視窗，其中「文件格線」標籤中的**字元數**群組中的【每行字數】選項**行數**群組中的【每頁行數】選項即是設定的所在：

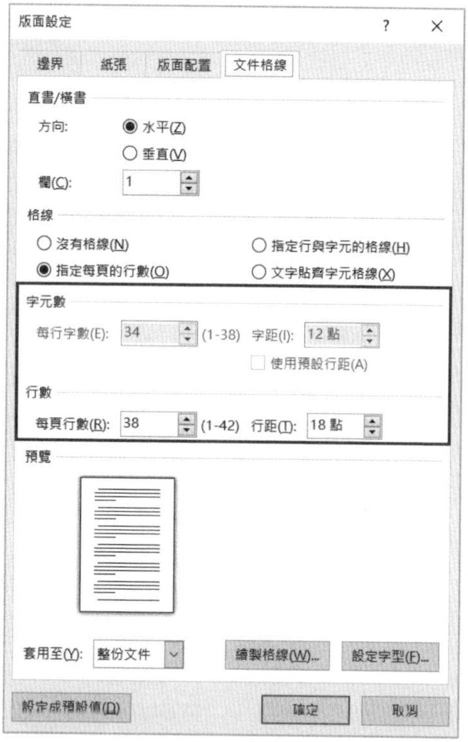

Step 4 設定「每頁最少 32 行」與「每行最少 32 字」。

如果只是要設定「每頁最少 32 行」，那麼設定前要點選**格線**群組中的【指定每行的行數】選項。

如果是要設定「每行最少 32 字」，那麼設定前要點選**格線**群組中的【指定行與字元的格線】選項。

右圖即是依據勤益科技大學的「每行最少 32 字」及「每頁最少 32 行」規定所做的設定，因此，要先點選**格線**群組中的【指定行與字元的格線】選項後，再接著指定【每行字數】與【每頁行數】：

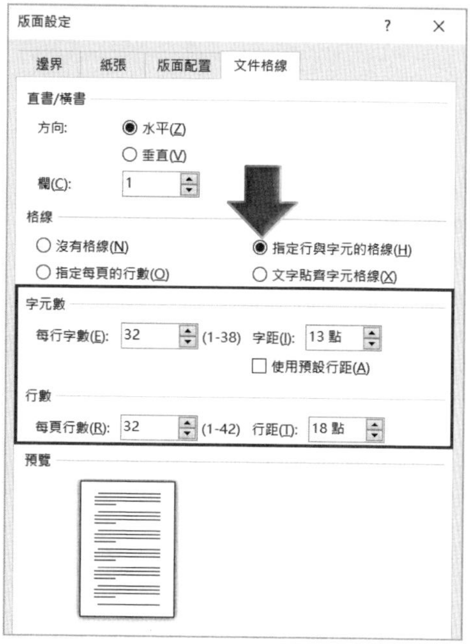

經驗分享 上傳必做浮水印

論文完成後，學校會要求上傳，此時會要求為論文加上浮水印，例如，中正大學的繳交規範中的「插入浮水印」：

> **繳交規範**
> 為維護電子論文保存的完整性，請將論文封面、 謝誌、摘要、目次、正文、圖表、參考文獻、附錄等要件 ，插入浮水印後，全部轉檔成單一 **PDF** 檔案後再完整上傳。

至於如何插入浮水印，雖然 Word 可以做得到，例如，國立陽明大學圖書館博碩士學位論文上傳手冊即是以 Word 介紹其操作：

> **三、論文插入浮水印及轉 PDF 檔說明**
>
> **(一) 插入浮水印**
>
> 1. 請先下載浮水印圖檔至電腦(於浮水印圖檔按右鍵另存新檔)。
> 2. 論文電子全文自書名頁開始至最後一頁，每一頁皆須加入浮水印。
> 3. Microsoft Word 插入浮水印方法：

不過，各校的規定如有不同，則請依各校的規定，例如，臺灣大學 2020 年 6 月的臺大電子學位論文上傳手冊中規定要使用 Adobe Acrobat Pro 製作：

> **肆、電子學位論文 PDF 檔加入浮水印、DOI 碼及設定保全**
>
> 請使用 Adobe Acrobat Pro 軟體將論文 PDF 檔加入浮水印、DOI 數位物件辨識碼及設定保全（總圖書館、醫學院圖書館備有電腦，或連線至計中提供之雲端桌面 http://vdiga.ntu.edu.tw/使用，其 DC 版操作說明請見 p.15），此三項為電子學位論文審查必備要件，且紙本論文亦應加入浮水印及 DOI 碼，請務必依以下步驟正確設定。
>
> **一、加入浮水印（計中 VDI 之 DC 版操作說明請見 p.15）**
>
> （一）浮水印下載連結：http://www.lib.ntu.edu.tw/doc/CL/watermark.pdf
>
> （二）設定步驟：
>
> ❶開啟 PDF 文件後，點選工具→頁面→水印→新增水印。

以下將例用 Word 2016 以上的版本說明浮水印的設定步驟。

Step ① 請依學校規定下載指定的浮水印圖檔至電腦。例如，國立陽明交通大學提供的網頁 https://web.lib.nycu.edu.tw/webdata/Theses/Thesis_mark.pdf 即有下載該校浮水印的超連結，如下圖中序號為 1 的「浮水印圖檔」：

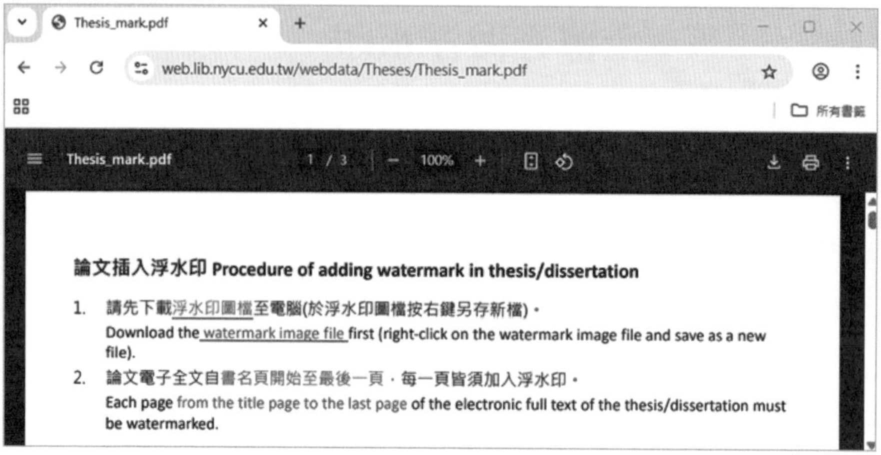

國立臺北市立大學提供的網頁 http://lib.utaipei.edu.tw/UTWeb/wSite/lp?ctNode=273&mp=1 亦有提供該校浮水印的超連結：

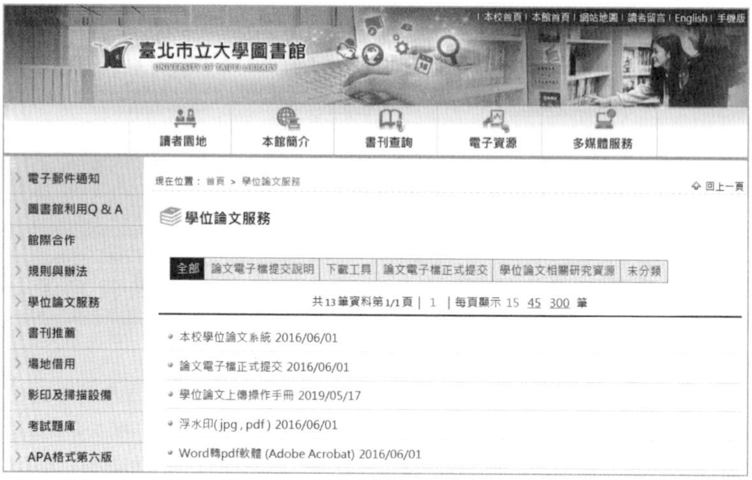

本例將使用國立陽明大學的浮水印做為示範，因此，下載了該校的浮水印圖檔並儲存於電腦。

Step 2 開啟「練習 - 浮水印 -1100120.docx」檔案做為練習之用。

Step 3 點選**設計**索引標籤。

Step 4 點選**頁面背景** ↘ 群組中的【浮水印 ▾】下拉清單：

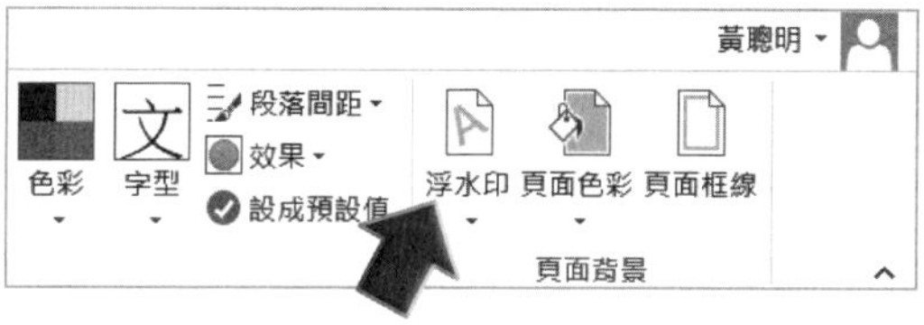

展開清單後點選【自訂浮水印】。開啟**列印浮水印** x 設定視窗：

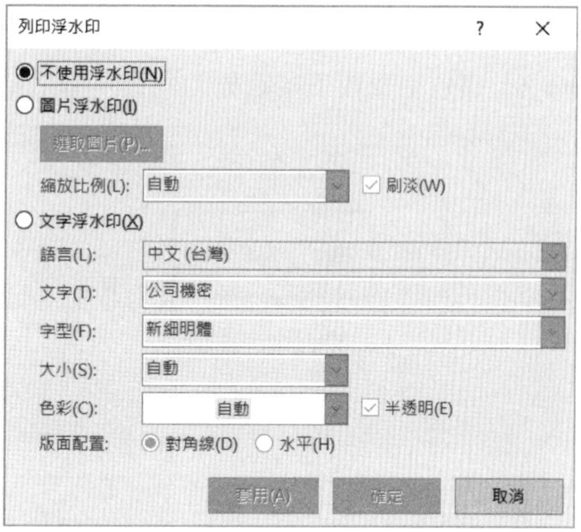

Step 5 點選【圖片浮水印】後再點選【選取圖片】按鈕。

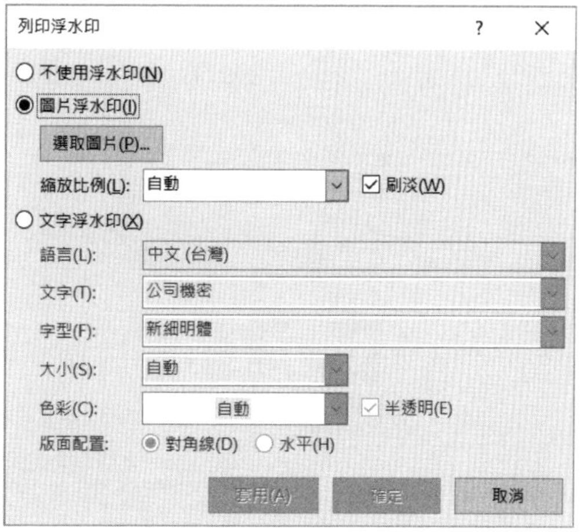

如果出現底下畫面，可直接點選右下角的【離線工作】：

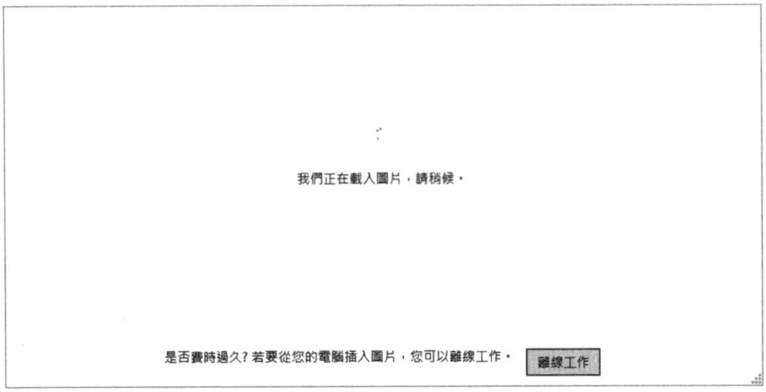

Step 6 選取從學校下載圖檔的位置，本例點選【從檔案】。

選取要插入的檔案後，點選【插入】按鈕：

完成後，【選取圖片】按鈕右側會出現選定的檔案名稱：

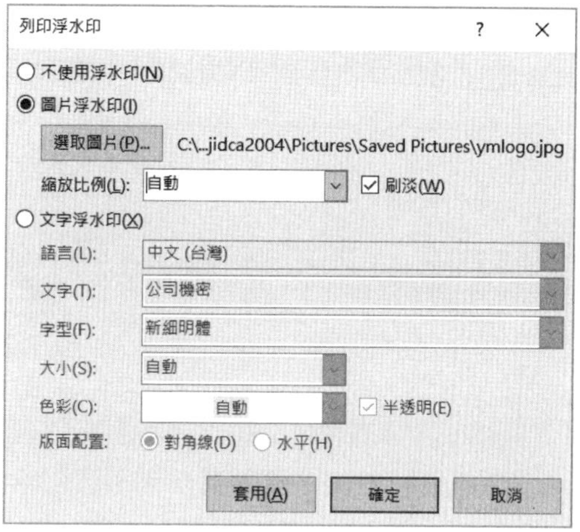

Step 7 【縮放比例】與【刷淡】的設定

預設的情況下【縮放比例】的值是「自動」而【☑刷淡】是「勾選」的狀態，不過這個選項請依各校規定自行調整，例如，國立陽明大學要求【縮放比例】的值是「100%」，而「不允許」刷淡，因此就要額外做設定：

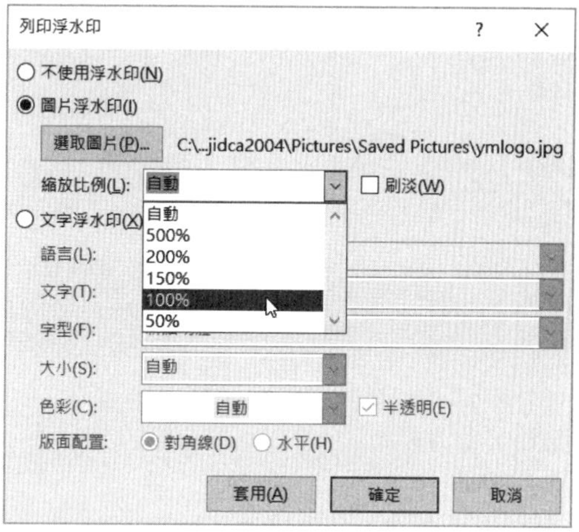

Step 8 【確定】按鈕。

你可能會問，如果選錯圖，想要刪掉要怎麼做呢？這裡有 2 種方法：一種是點選**頁面背景** ↘ 群組中的【浮水印 ▾】下拉清單中的【移除浮水印】選項：

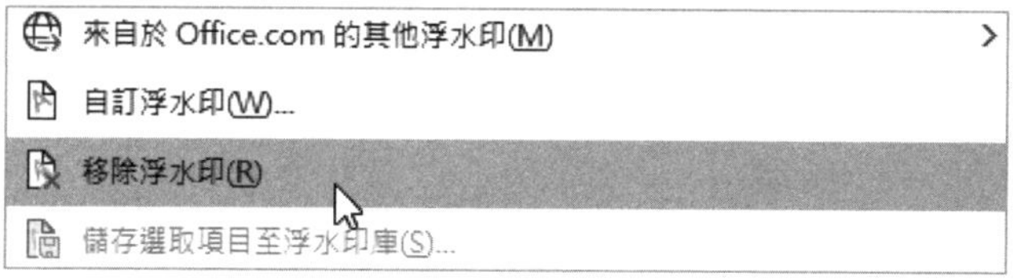

另外一種就是從其所在的根本位置中找到它幹掉它！首先，點選頁面的下緣 2 下進入浮水印所在的位置，例如：

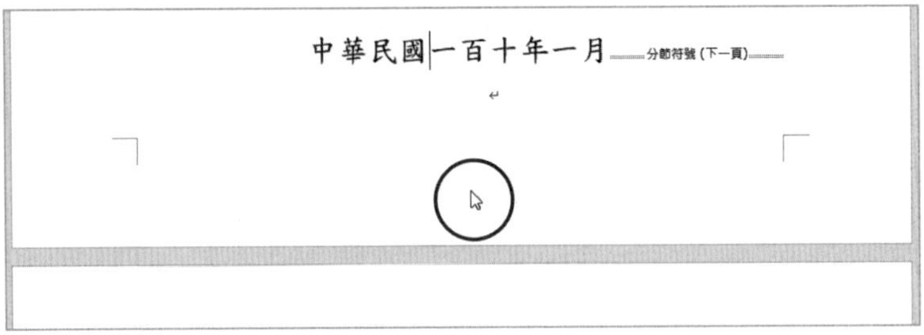

然後將滑鼠游標移到浮水印這張圖的位置。你可能會問怎麼知道已經移到圖的位置？如果滑鼠游標的外觀如同下面這般，那就是了：

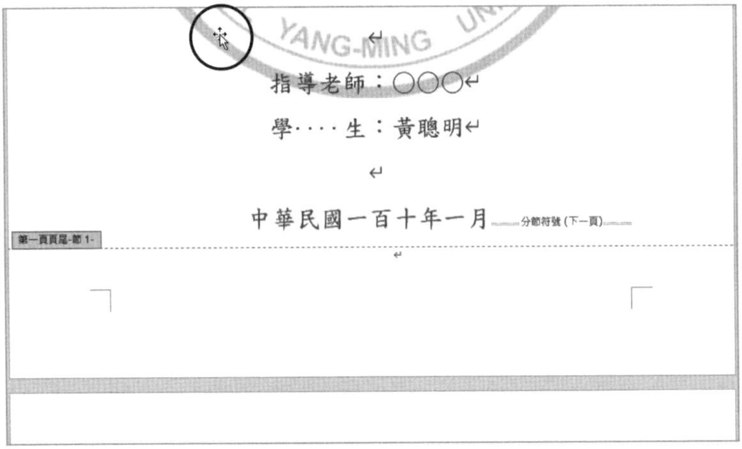

最後，按鍵盤上的【Delete】鍵，這樣也可以移除。移除後要返回文件的編輯狀態，請點選**頁首及頁尾**索引標籤中的**關閉**群組中的【關閉頁首及頁尾】：

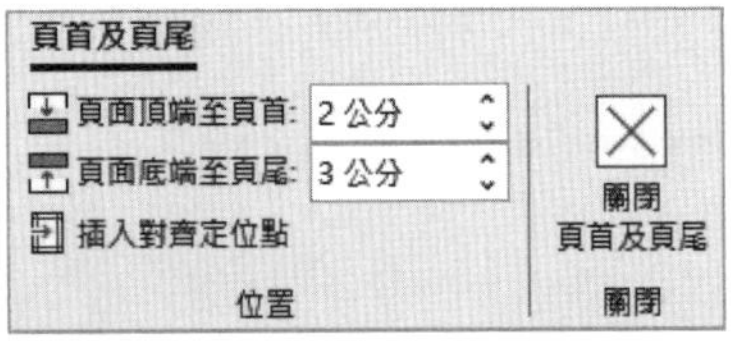

經驗分享 導覽與功能窗格

在往下進行論文本文結構的設定前，特別在本章先行說明與該結構相關的一個功能：功能窗格。根據 Word 本身的說明，透過功能窗格，方便我們建立文件的互動框架結構，除非常方便我們用來追縱所在位置外，同時也可以快速移動內容，

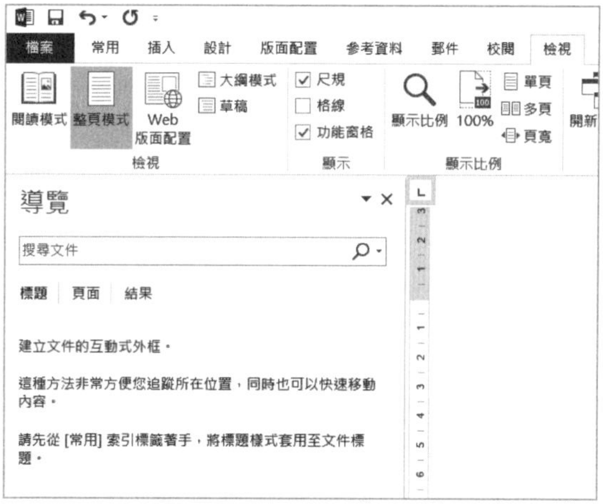

右圖是開啟「練習 - 功能窗格 -1100120.docx」檔案後可以看到目前文件的結構：

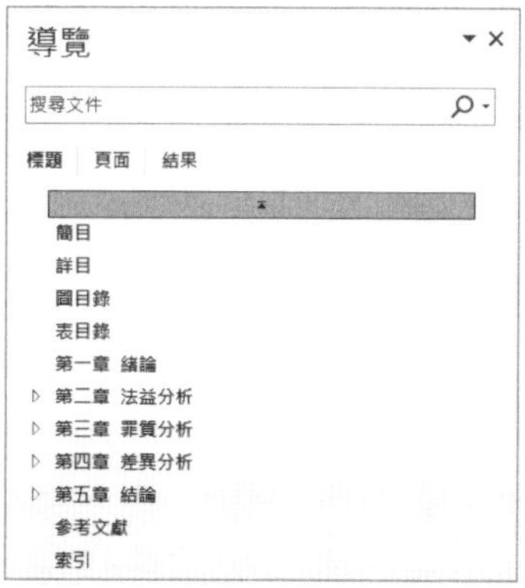

撰寫像是論文此種長篇文件時，藉由功能窗格的使用，可以有效地完成下列事情：

一、可以很方便地檢視目前文件的結構。

二、關於結構的移動或是結構的調整都會比僅用複製、剪下與貼上的功能更快更有效率。

三、可以快速地切換與檢視特定章節的內容而不用滑鼠或捲動軸一直一直的滾動，例如，目前位在有 168 頁的論文中的第一章緒論的第 1 頁，就可以直接點選第五章結論而迅速將頁面切換到位在第 150 頁的第五章的第 1 頁。

Step 1 開啟「練習 - 功能窗格 -1100120.docx」檔案做為練習之用。

Step 2 點選**檢視**索引標籤。

Step 3 確認點選**顯示**群組中的【功能窗格】是否已勾選，如果像上圖一樣沒有勾選的話，請直接勾選，勾選之後，在畫面的左側即會出現以「導覽」為名的窗格。如果文件還未經過結構設定時，此時導覽窗格會看到如下的內容：

由於我們在 Step 1 是開啟「練習 - 功能窗格 -1100120.docx」檔案，而此檔案作者已經做了結構的設定，因此，可以在此導覽中看到 Word 所謂的互動式外框及文件本身的結構：

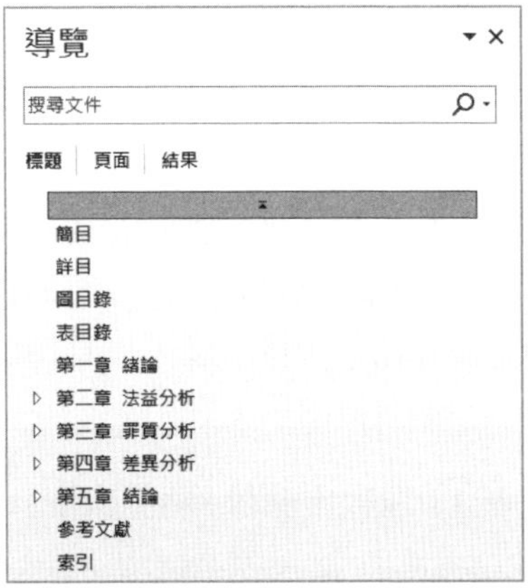

最後，補充一下快速切換功能窗格的方式。除了使用前述功能表之外，倘直接點選狀態列左側關於頁數的位置，然後點選標題頁籤亦可得到相同的效果喔：

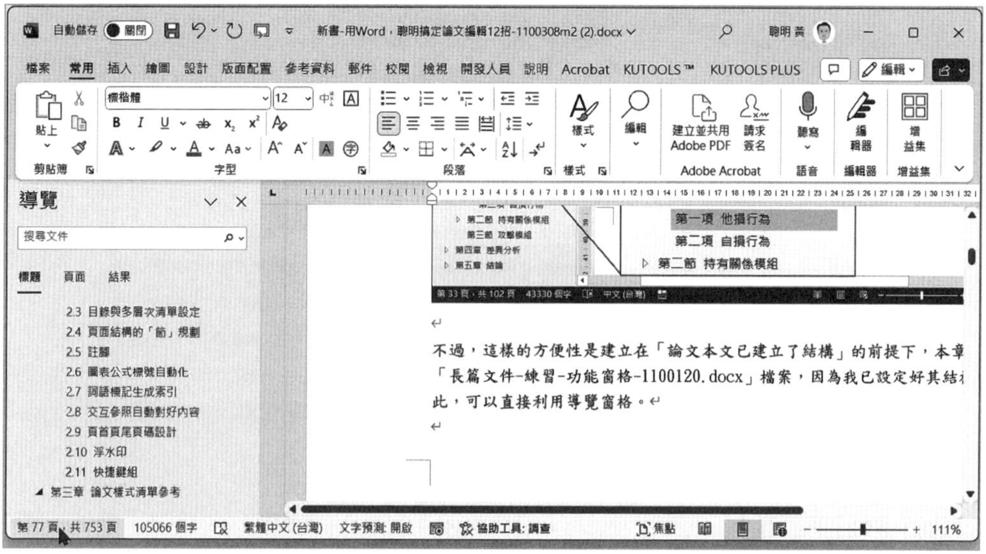

通常一篇論文本文至少百頁以上，如果要一頁一頁找，那是不經濟的做法，因此，接著就來練習一下如何利用導覽窗格「快速」切換到指定的位置，只要使用滑鼠左鍵點選，不需要利用捲動軸或是一頁一頁往下翻。

Step 1 從依序點選左側導覽窗格中的「第三章」。

Step 2 此時會展開「第三章」以下的內容，請點選其中的「第一節 行為模組」。

Step 3 此時會再展開「第一節 行為模組」的內容，請點選其中的「第一項 他損行為」。

透過論文本文的結構及功能窗格所開啟的導覽窗格，就可以「迅速地」切換到該內容：

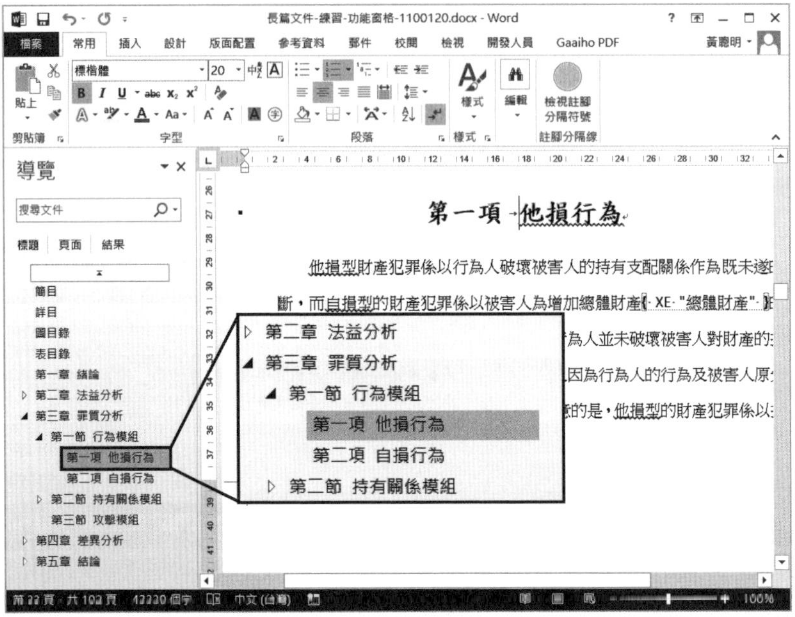

不過，這樣的方便性是建立在「論文本文已建立了結構」的前提下，本章練習「練習 - 功能窗格 -1100120.docx」檔案，因為我已設定好其結構，因此，可以直接利用導覽窗格。

至於如何建立論文本文的結構，我會在下一章中說明。

Chapter

4 多層次清單階層

4.1 本文結構與標題

4.2 標題樣式的微調

4.3 套用多層次清單

4.4 其他考量的設定

4.5 加強篇一：運用大綱模式建立架構

4.6 加強篇二：標題樣式的自訂

4.7 加強篇三：自訂的範本檔

4.1 本文結構與標題

上一章最後的經驗分享所做的練習的前提是建立論文本文的結構，因此，本章就來說明一下如何利用 Word 建立起像論文本文一樣的長篇文件的結構。建立這個結構的目的在於為後續自動產生目錄鋪路，雖然自動生成目錄的方式有多種，但是使用多層次清單階層無疑是最直觀的。

論文本文的結構其實就是一本論文的目錄結構，在開始撰寫論文前，我們可以由碩博士論文網參考某特定類型論文的目錄大致上的樣子供後續撰寫時參考，例如，我們開啟博碩士論文網網頁的進階查詢，然後鍵入「中興」與「法律」二個關鍵字分別於「校院名稱」欄位與「系所」欄位中：

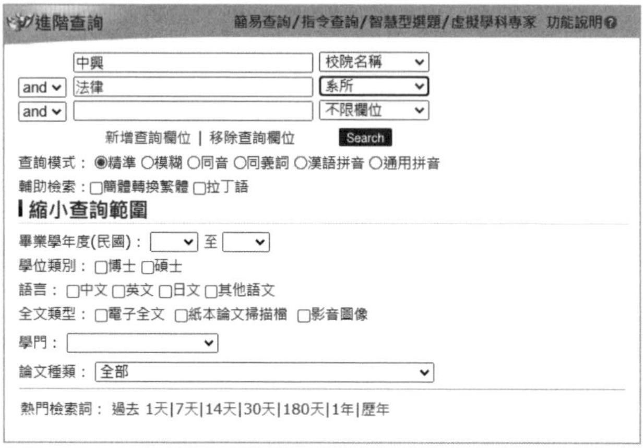

按下 Search 按鈕後從查詢到的論文挑選一篇可能跟各位要研究的主題相關者，例如，點選第二篇的「漂流木之法律研究」：

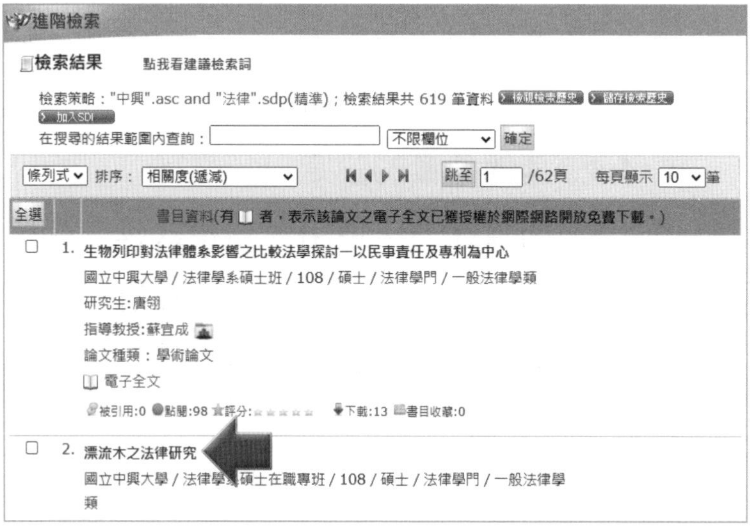

接著再從切換後的頁面中點選「目次」頁籤」，如此就可能查閱該論文的目錄，而這樣的目錄除了提供撰寫的參考架構外，這樣的目錄結構將會是思考我們如何架構整本論文設定的起點：

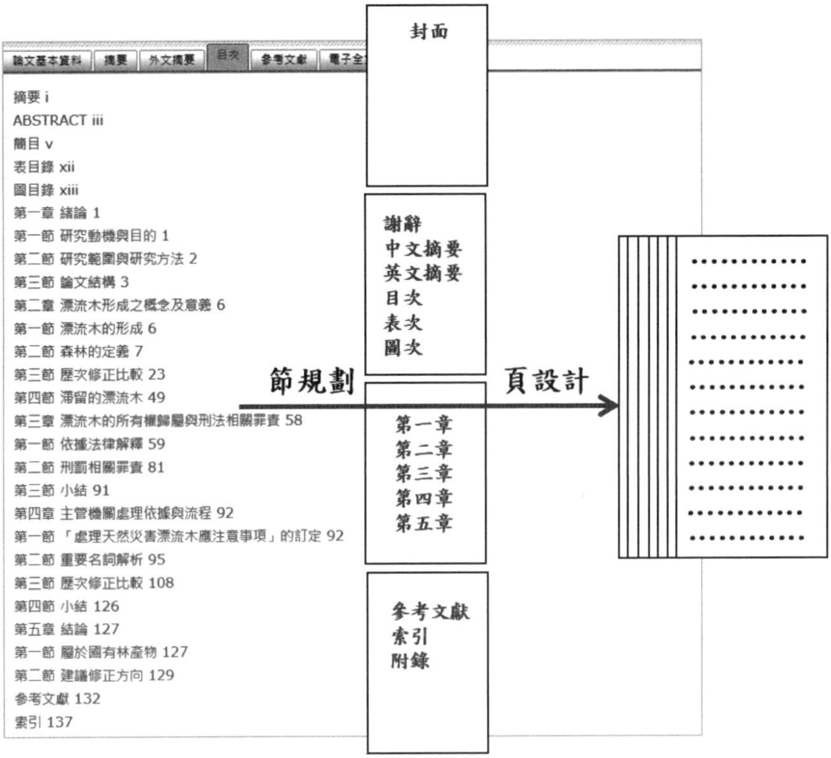

接下來我們就開始來練習如何將文件中的某些段落文字設定為「標題○」系列的樣式套裝而為論文本文的結構以供後續作為自動產生目錄的前提。

Step 1 開啟「練習 - 長篇文件結構 - 不含圖 -1100119- 未設定顏色 .docx」。這支檔案的內容係假設我們平時已經一步一步地將可能要使用到的目錄標題都已建好的初稿。

為了快速將這些內容分別套用到不同的標題格式，我們可以為在平時建立這些可能的標題時就為其指定不同的顏色來表示其標題的層次。

假設，我們分別為標題一到標題六分別使用**常用**索引標籤中的**字型**↘群組中的**字型色彩**▼下拉清單中【標準色彩】由左到右分別指定顏色：

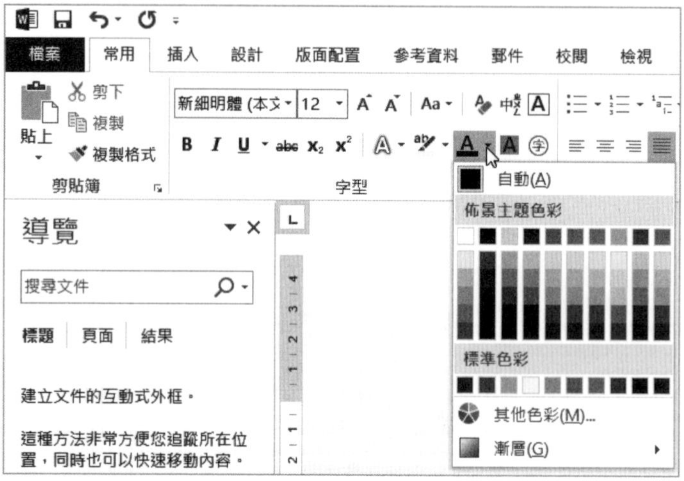

顏色與標題的設定，依下述規則分別設定：

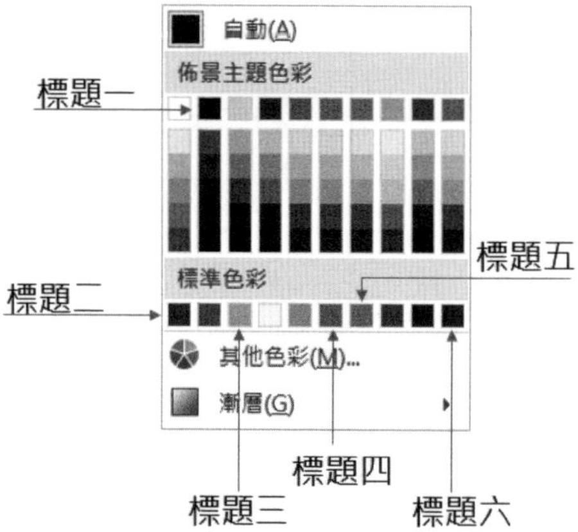

完成後的檔案是「練習 - 長篇文件結構 - 不含圖 -1100119- 已設定顏色 .docx」。接下來就會利用這支已經利用顏色標出不同標題層次的設定下快速完成論文本文的結構。

Step 2 開啟「練習 - 長篇文件結構 - 不含圖 -1100119- 已設定顏色 .docx」。

Step 3 開啟**尋找及取代 x** 設定視窗。有 3 種方式可以開啟：

1. 在導覽窗格存在的情況下，我們可以從功能窗格右側下拉清單中點選【取代】：

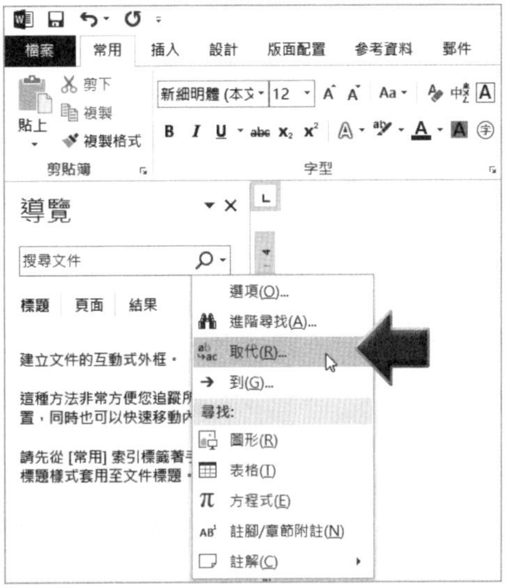

2. **常用**索引標籤中的編輯群組中的【取代】：

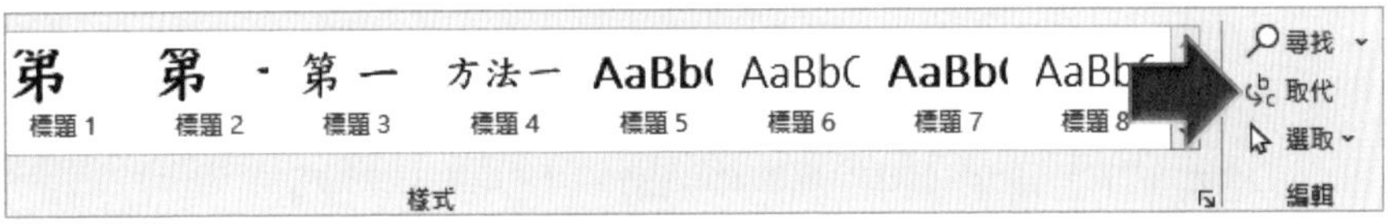

3. 點選鍵盤上的【Ctrl + H】。

Step 4 開啟**尋找及取代 x** 設定視窗後，點選設定視窗左下角的【更多】按鈕：

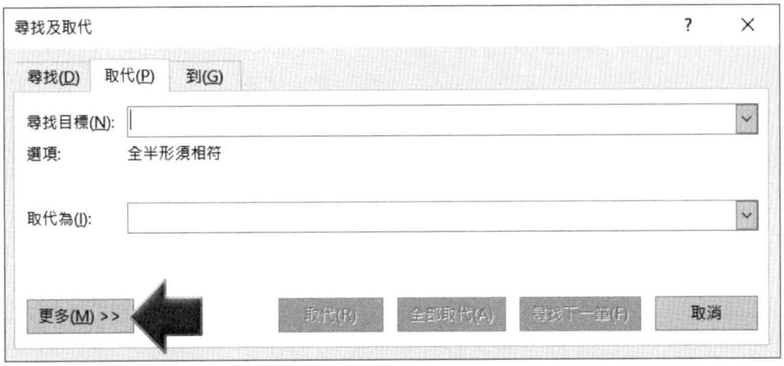

點選之後，會展開更多的【搜尋選項】及【格式 ▾】下拉清單與【指定方式 ▾】下拉清單可供設定，原本的【更多】按鈕會變成【較少】按鈕：

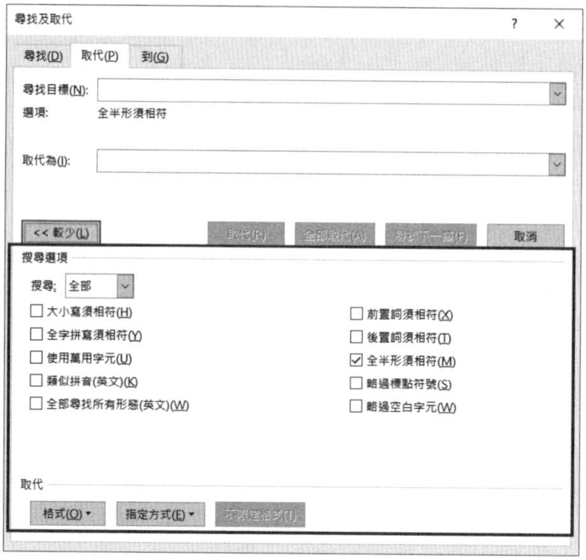

Step 5 確認目前插入點位在【尋找目標】右側的文字方塊中，此時，其下方的【選項】右側會是【全半型相符】。接下來，點選**尋找及取代 x** 設定視窗左下角的**格式 ▾** 下拉清單，再從展開中的清單中點選【字型】。

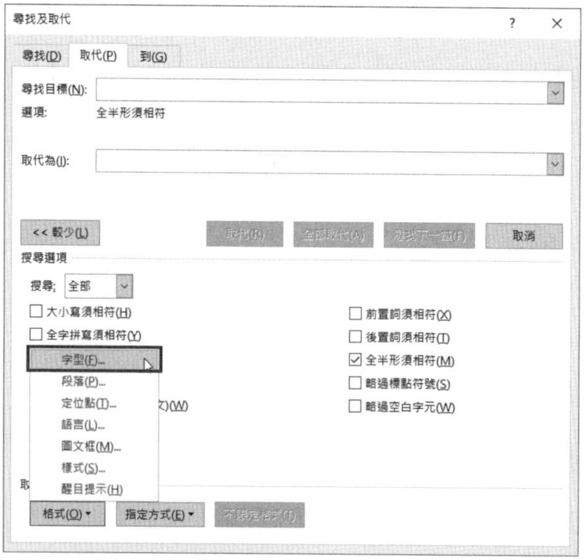

Step ⑥ 展開**尋找字型 x** 設定視窗中的字型色彩中**無色彩 ▾** 下拉清單，再從展開中的清單中點選【黑色】。

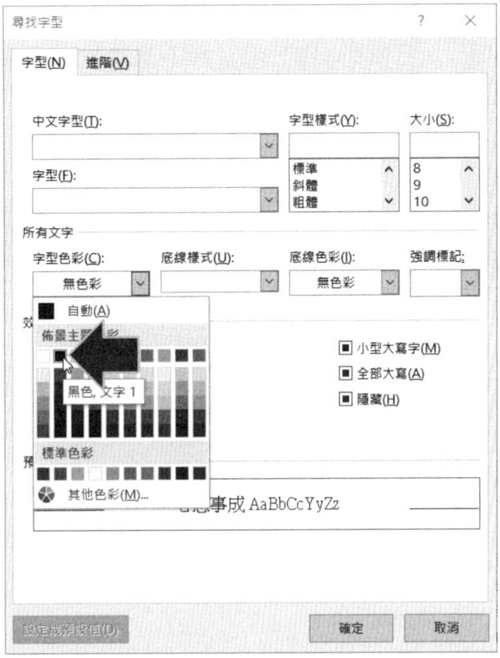

完成後，字型色彩中**無色彩 ▾** 下拉清單會轉換成剛才指定為【黑色】的下拉清單：

如果設定無誤，請點選【確定】按鈕。回到**尋找及取代 x** 設定視窗後，原先【尋找目標】下方的【選項】下方會再出現【格式】，而其右側的【字型色彩：文字 1】即為剛才的設定結果。

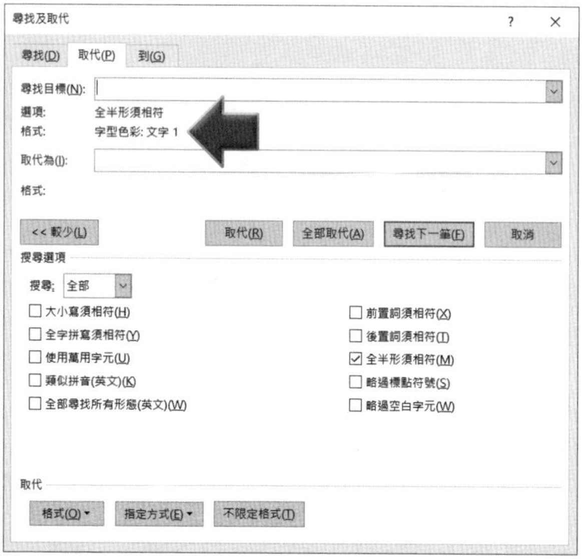

Step 7 利用滑鼠左鍵點選【取代為】右側的文字方塊中，接下來，點選**尋找及取代 x** 設定視窗左下角的**格式 ▾** 下拉清單，再從展開中的清單中點選【樣式】。

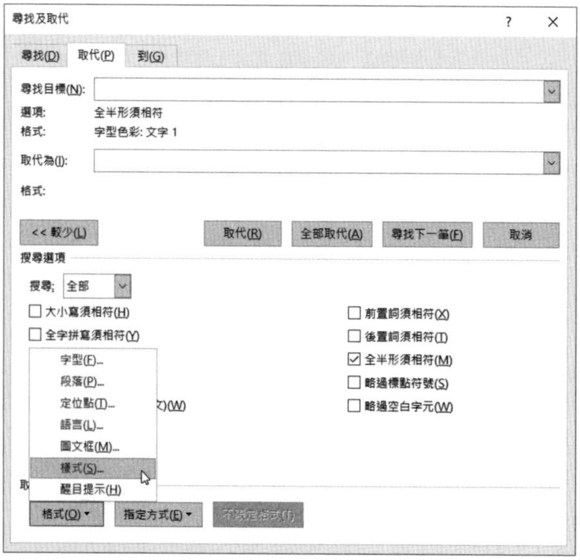

此時畫面會再出現**尋找樣式 x** 設定視窗，請選擇其中的【標題 1】，最後再點選【確定】按鈕：

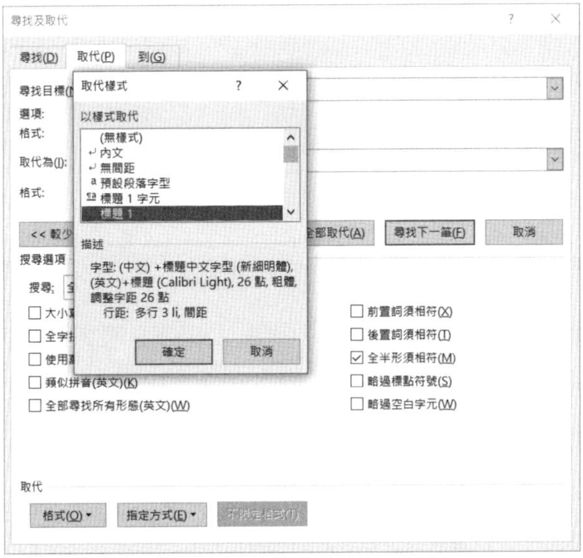

此時【取代為】下方的【格式】右側會出現【樣式：標題 1】即為剛才的設定結果。

截至目前為止，對於要被替換掉的「來源」格式及將取而代之的「目標」格式設定無誤後，請按下【全部取代】按鈕，此時會將完成取代作業後的結果顯示出來：

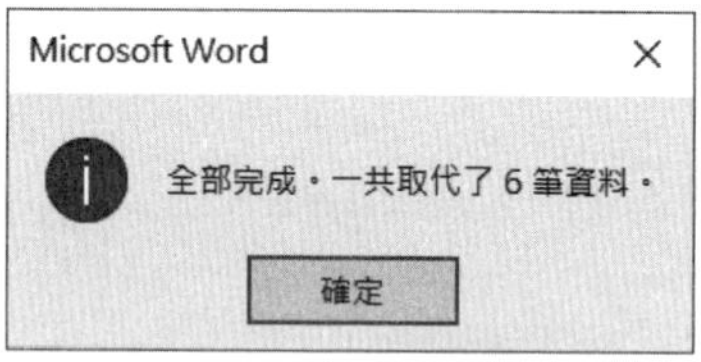

最後點選【確定】按鈕，返回文件編輯狀態。

完成後，原來檔案中以黑色表示的文字，其樣式就會由原先的「內文」套用「標題 1」，而且原先導覽窗格也會呈現目前的結構：

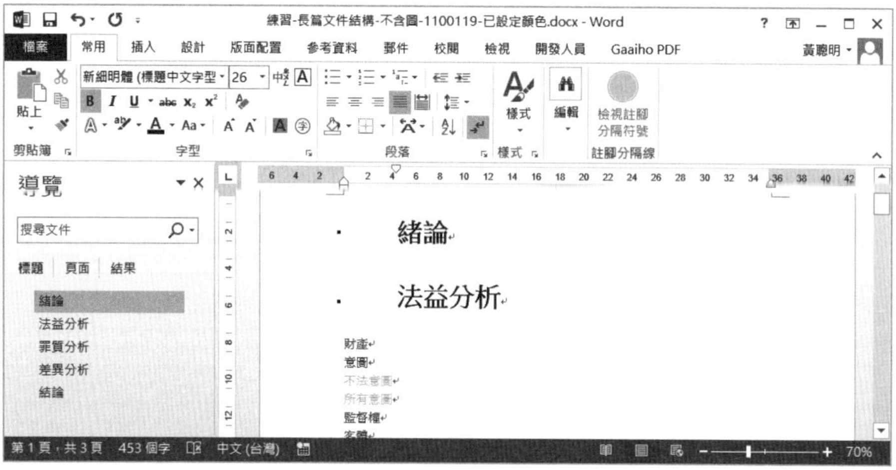

完成檔案請閱「練習 - 長篇文件結構 - 不含圖 -1100119- 已設定顏色 - 標題 1.docx」。

接下來關於標題 2 以下的套用，就不再贅述其細節，僅將設定所需的**尋找及取代 x** 設定視窗呈現如下：

設定值：

尋找目標：字型色彩：深紅	取代為：樣式：標題 2
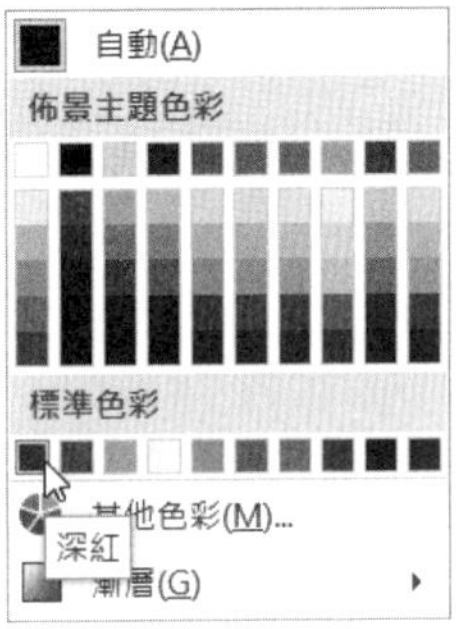	

如果一切設定無誤，一樣按下【全部取代】按鈕，此時會將完成取代的結果顯示出來：

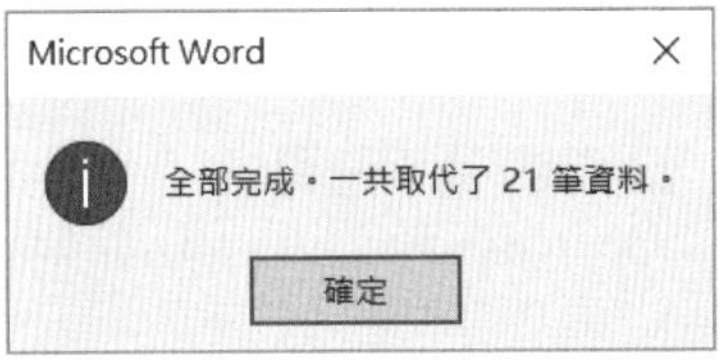

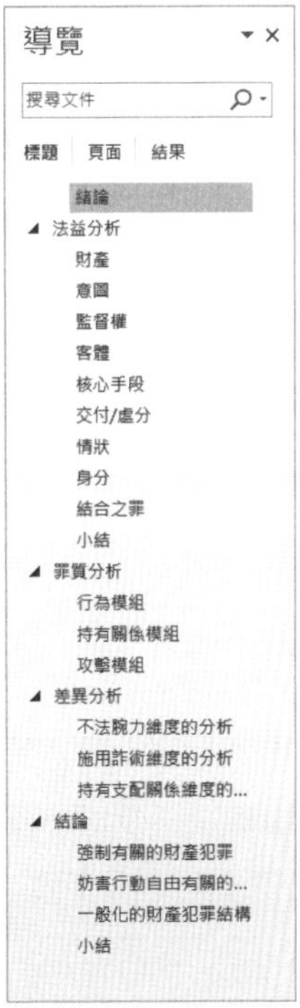

完成後，原來檔案以深紅色表示的文字，其樣式就會由原先的「內文」套用「標題 2」，而且原先導覽窗格也會呈現如右圖具有 2 層次的結構：

完成檔請參閱「練習 - 長篇文件結構 - 不含圖 -1100119- 已設定顏色 - 標題 2.docx」。

標題 3 的套用，完成檔請參閱「練習 - 長篇文件結構 - 不含圖 -1100119- 已設定顏色 - 標題 3.docx」：

設定值：

尋找目標： **字型色彩：橙色**	取代為： **樣式：標題 3**

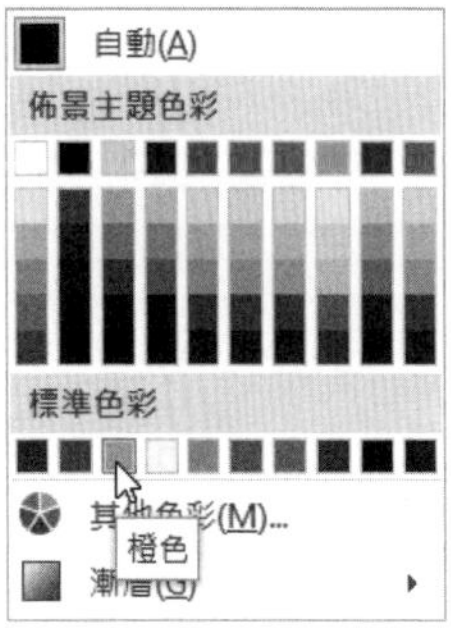

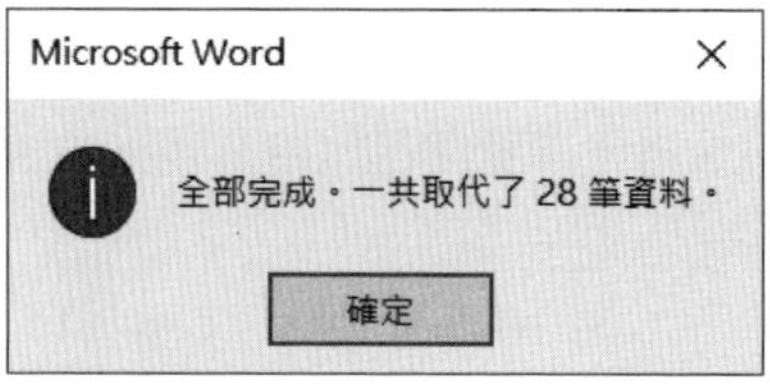

標題 4 的套用，完成檔請參閱「練習 - 長篇文件結構 - 不含圖 -1100119- 已設定顏色 - 標題 4.docx」：

設定值：

尋找目標： **字型色彩：綠色**	取代為： **樣式：標題 4**
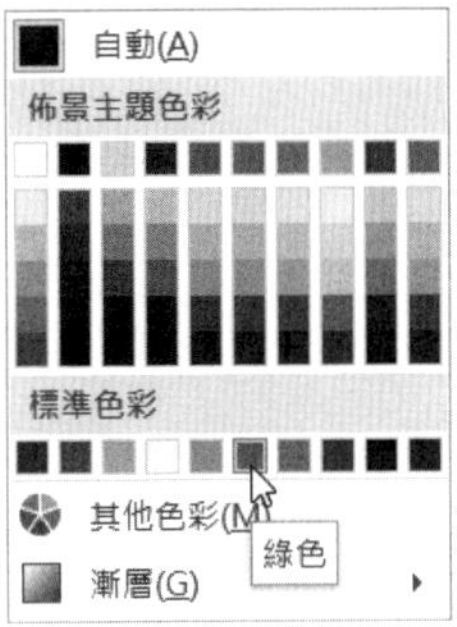	

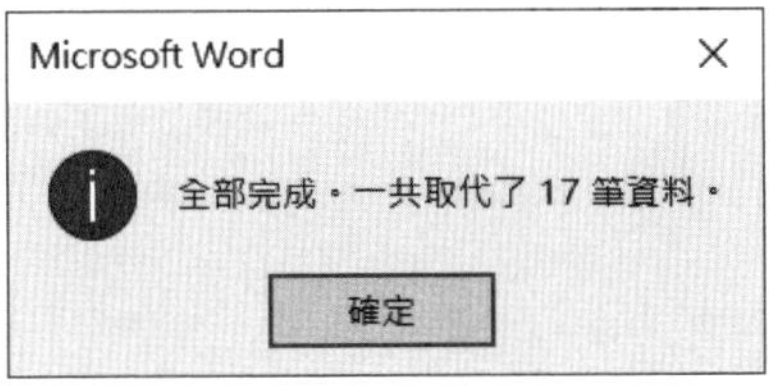

標題 5 的套用，完成檔請參閱「練習 - 長篇文件結構 - 不含圖 -1100119- 已設定顏色 - 標題 5.docx」：

設定值：

尋找目標： 字型色彩：淺藍色	取代為： 樣式：標題 5
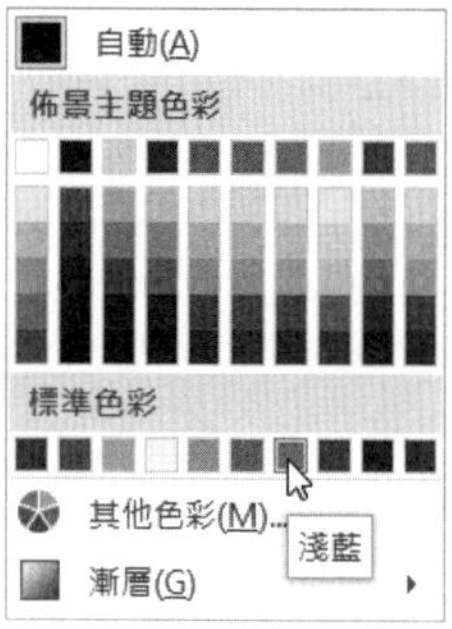	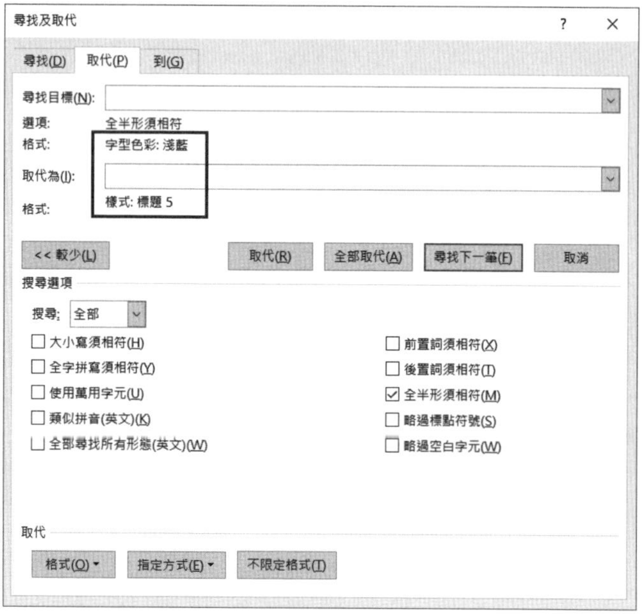

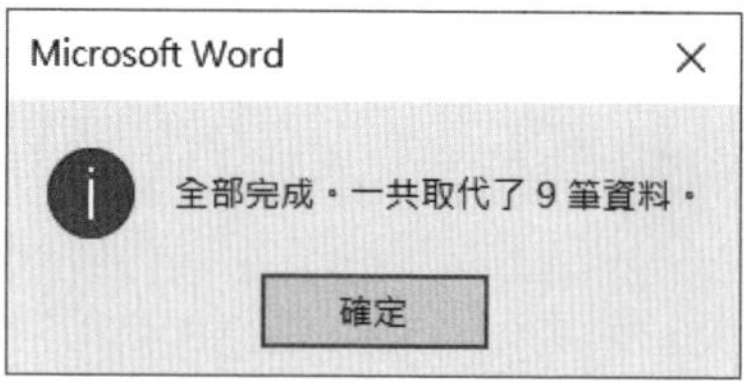

標題 6 的套用，完成檔請參閱「練習 - 長篇文件結構 - 不含圖 -1100119- 已設定顏色 - 標題 6.docx」：

設定值：

尋找目標： 字型色彩：紫色	取代為： 樣式：標題 6
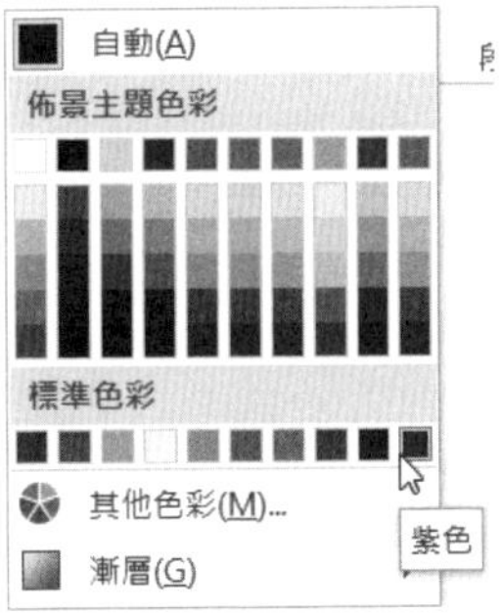	

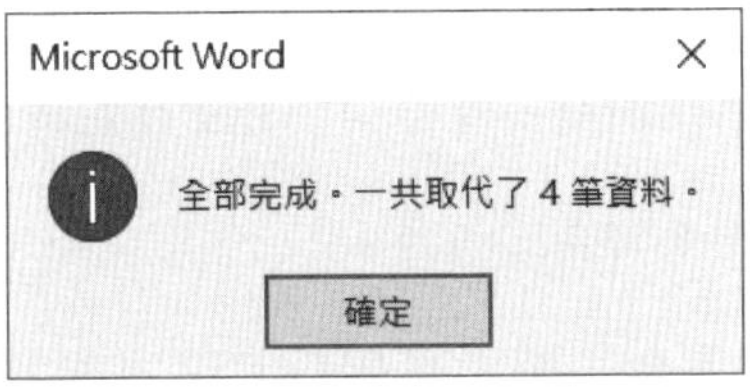

完成所有標題樣式套裝後，導覽窗格便會呈現含有共 6 層的結構層次：

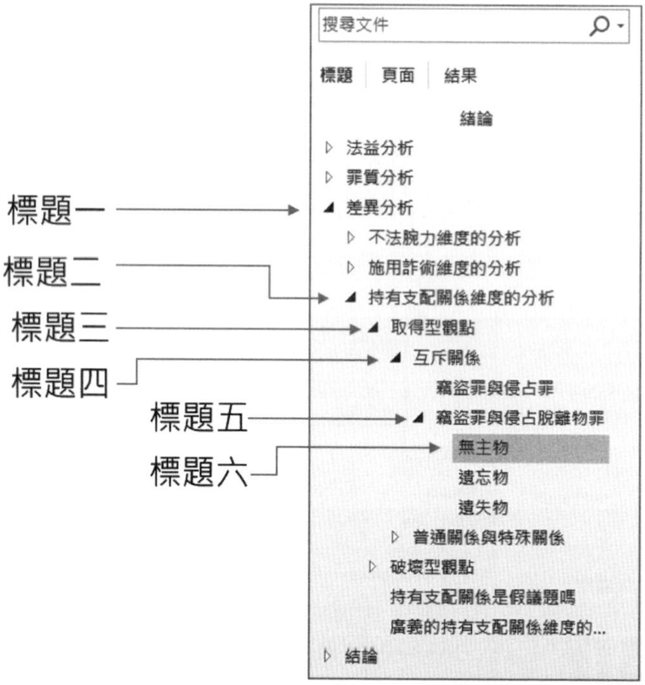

從最後的完成檔「練習 - 長篇文件結構 - 不含圖 -1100119- 已設定顏色 - 標題 6.docx」的內容看來，原先用來標示不同標題層級的顏色在「取代」作業後仍然存在，若要去除這些顏色，有 3 種方式可供選擇：

一、只要利用鍵盤上的【Ctrl + A】全選所有文字後，再從**常用**索引標籤中的**字型** ↘ 群組中的**字型色彩** ▾ 下拉清單中【標準色彩】指定顏色即可。

二、重新修改標題 1 到標題 6 的樣式內容。

三、在最開始利用取代功能套用時，直接設定文字的顏色，例如，在設定標題 2 時，除了設定取代的樣式外，再額外設定字型的顏色：

完成檔請參閱「練習 - 長篇文件結構 - 不含圖 -1100119- 已設定顏色 - 標題 2- 同時設定文字顏色 .docx」。

到目前為止，論文的本文結構已建立完成，這樣的結構除了找內容及查看方便外，對於結構的移動、標題的升降階及增加刪除新的標題也都很方便。

練習一：利用滑鼠拖曳，將「法益分析」項下的「財產」移到「緒論」項下：

Step 1 開啟「練習 - 長篇文件結構 - 不含圖 -1100119- 結構移動 .docx」。

Step 2 點選「法益分析」項下的「財產」，並以滑鼠左鍵進行拖曳。

Step 3 拖曳到「緒論」項下放開滑鼠左鍵。

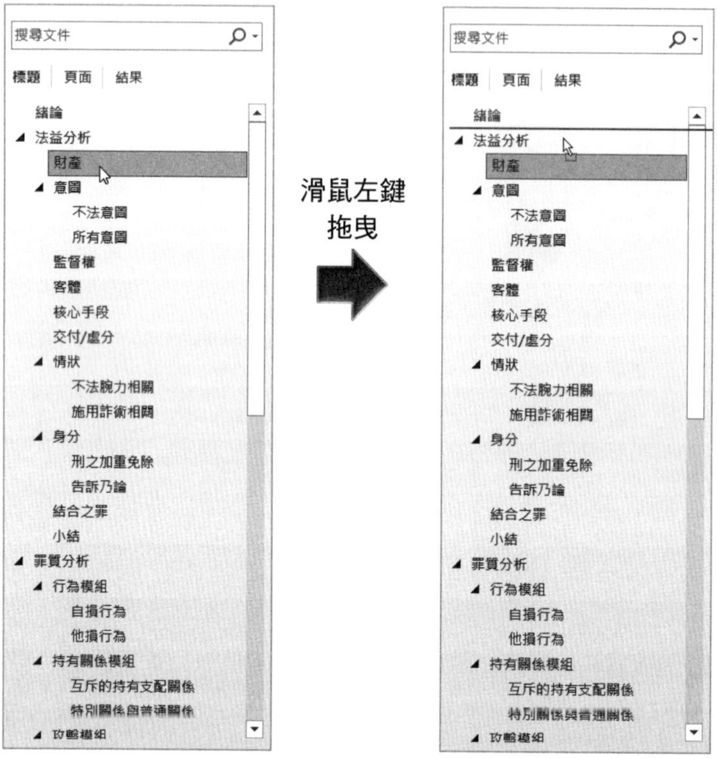

放開滑鼠左鍵後即完成了結構的移動，完成檔請參閱「練習 - 長篇文件結構 - 不含圖 -1100119- 結構移動 - 完成檔 .docx」：

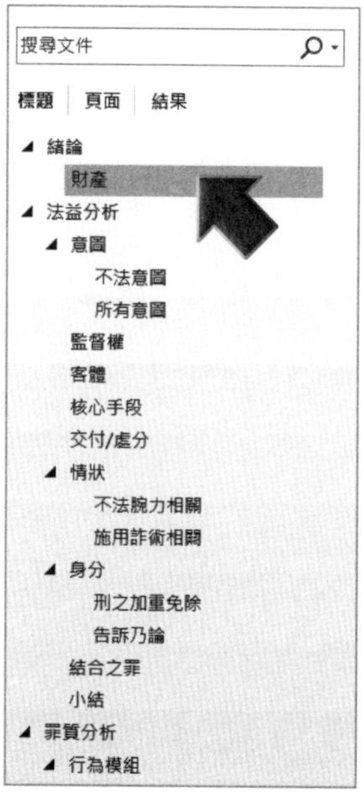

練習二：利用導覽窗的【右鍵選單】，將「法益分析」項下的「身分」刪除，並將原先其項下的「刑之加重免除」及「告訴乃論」往上層升。此練習的重點在於操作的順序，如果先選取「身分」進行刪除，那麼其項下的內容也會一併被刪除，因此，要先對其項下的標題升階，最後才是刪除：

Step 1 開啟「練習 - 長篇文件結構 - 不含圖 -1100119- 結構層升與刪除 .docx」。

Step 2 點選「法益分析」項下的「刑之加重免除」，並將滑鼠游標停留在上並點擊滑鼠「右」鍵開啟「選單」：

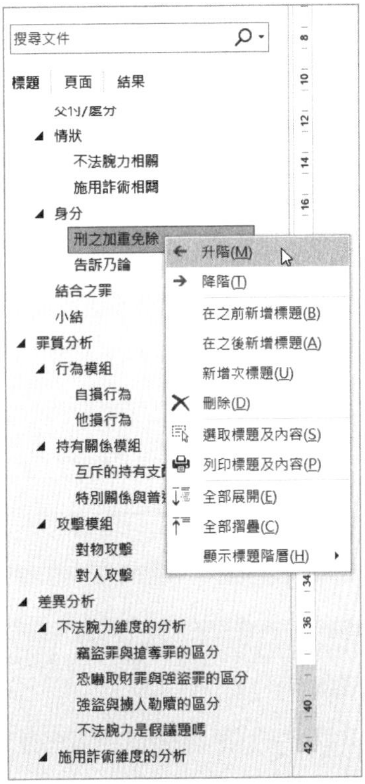

Step 3 點選選單中的【升階】選項。

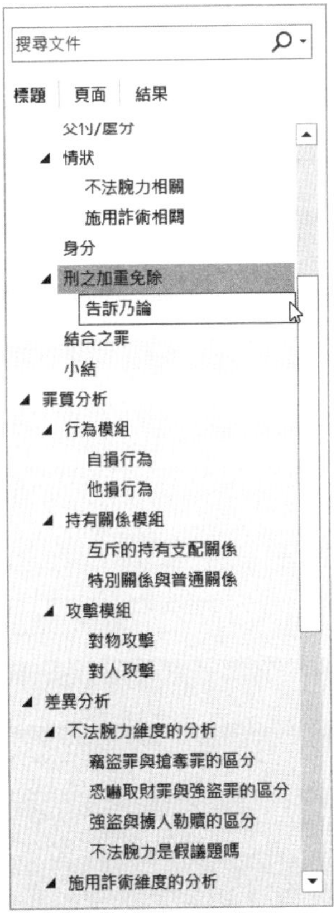

Step 4 點選升階後的「刑之加重免除」項下的「告訴乃論」，以同樣的方式進行「升階」：

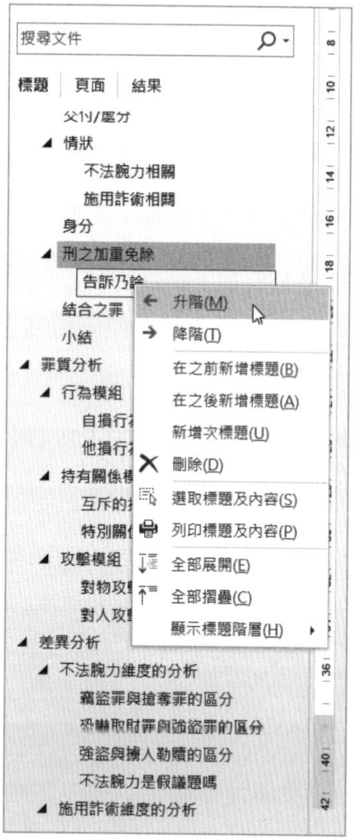

完成後的結構形成「身分」與升階後的「刑之加重免除」與「告訴乃論」位在同一層次：

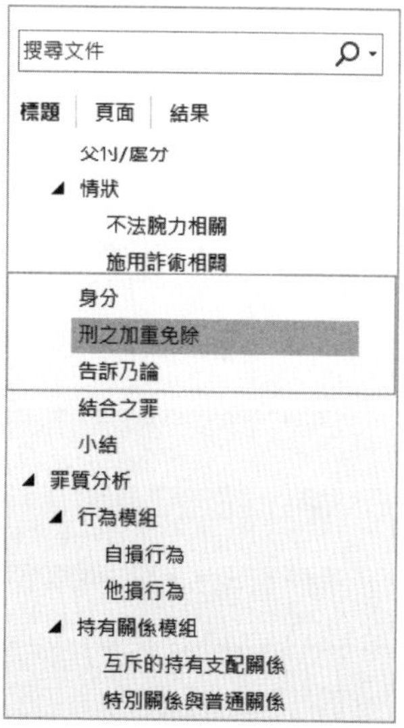

Step 5 點選「身分」，並將滑鼠游標停留在上並點擊滑鼠「右」鍵開啟「選單」，點選選單中的【刪除】：

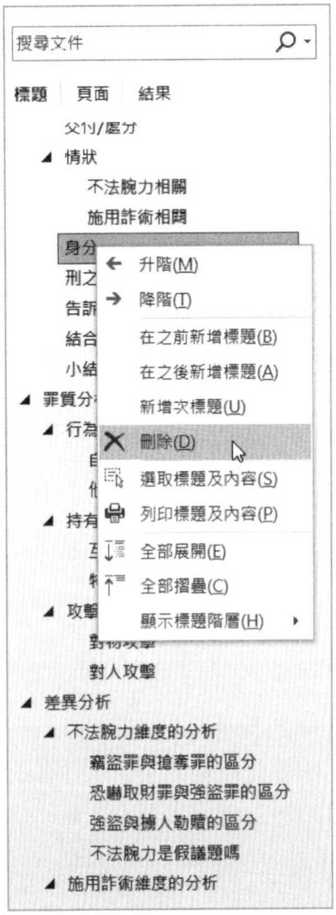

Step 6 完成後的結構，請參閱「練習 - 長篇文件結構 - 不含圖 -1100119- 結構層升與刪除 - 完成檔 .docx」：

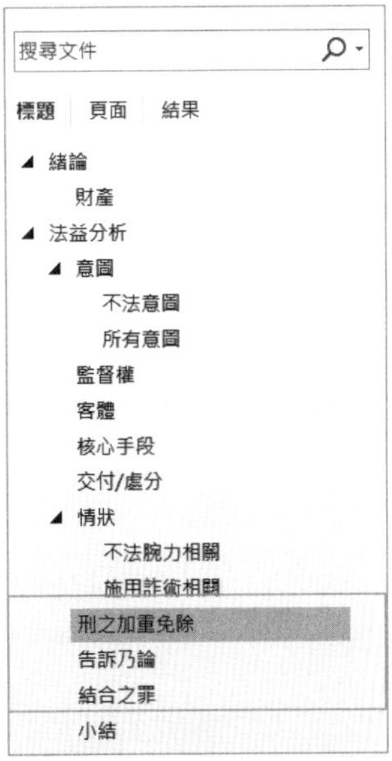

練習三：在「升階」時，有時要注意調整的順序，例如，下圖的論文本文結構中，不小心將第二階的標題 2 略過而直接用了第三階的標題 3，因此，必須將目前第三階的部分「升階」為第二階。

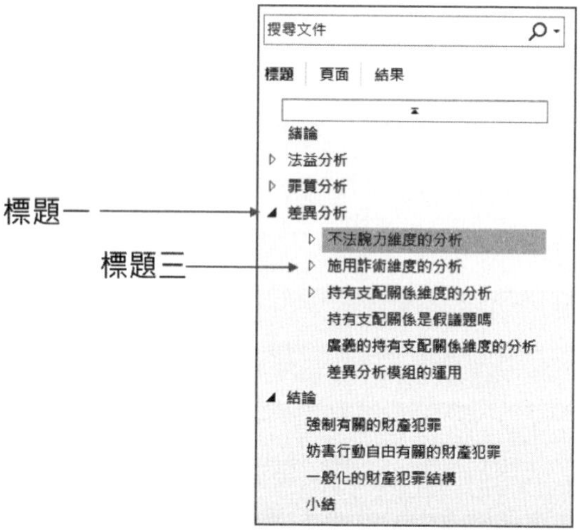

如果直接在「第一個第三階」的「不法腕力維度的分析」利用右鍵選單的【升階】選項。

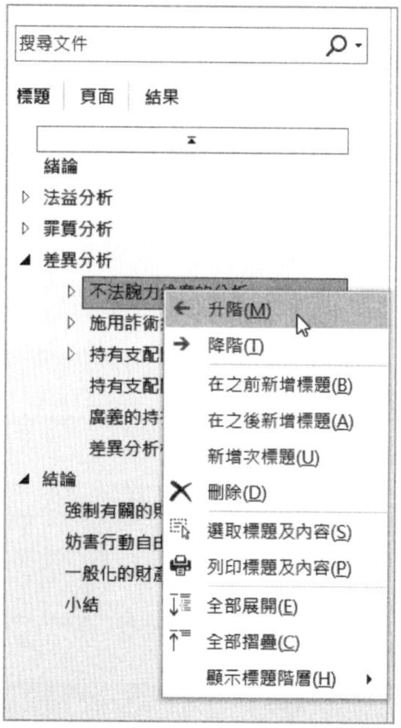

此時，原先與「不法腕力維度的分析」位在同階的其他標題及其內容都會被納入「不法腕力維度的分析」：

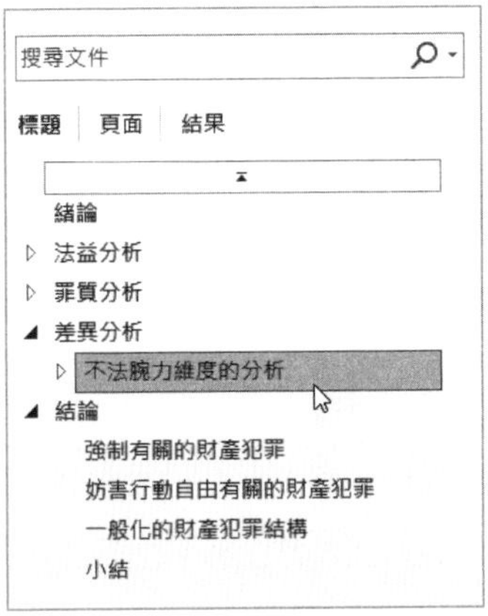

此時若展開「不法腕力維度的分析」就可以看到原先的標題：

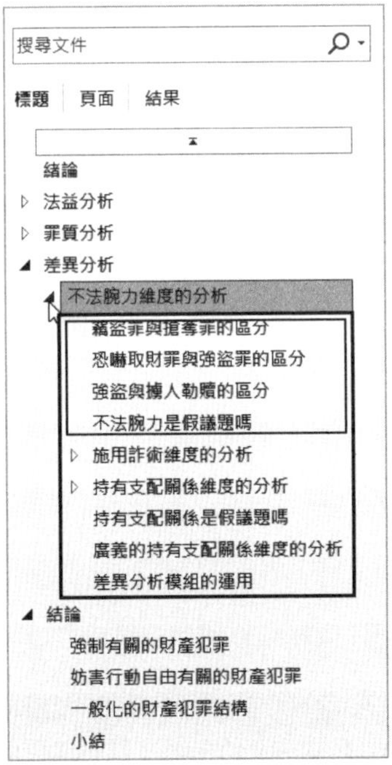

當然，此時亦可以一項一項地將各標題做升降階來調整，只是目前已將原先位在「不法腕力維度的分析」項下的其他各項標題（上圖內框部分）與「不法腕力維度的分析」同階的標題「混」成同一階了（上圖外框的部分），這會造成後續在調整時，識別上比較不方便而容易出錯，例如，要對照原先的未改變前的結構才知道目前的「施用詐術維度的分析」要升階成與「不法腕力維度的分析」相同階層，例如：

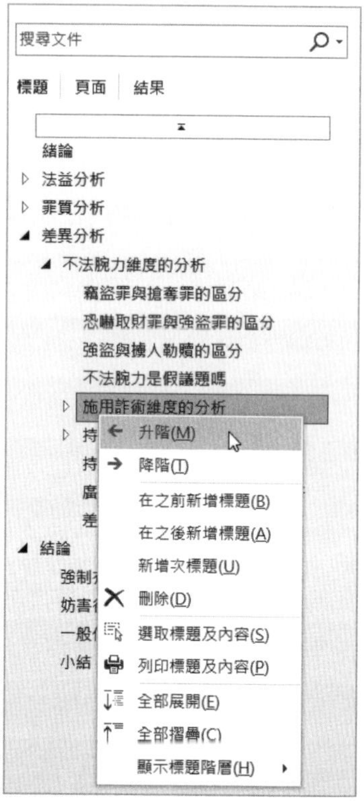

點擊【升階】後，結構如右：

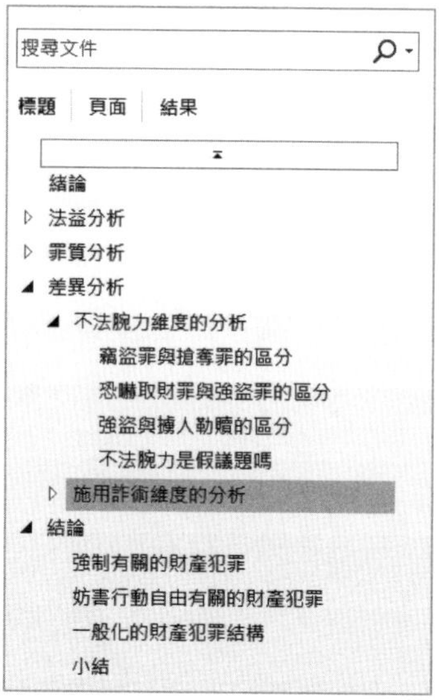

竟然造成其後的各項標題被納入「施用詐術維度的分析」，此時又要展開「施用詐術維度的分析」再依序調整，這樣是不是很麻煩呢，特別是「施用詐術維度的分析」原先的階層很複雜時，展開後的結構就會看起來更雜亂：

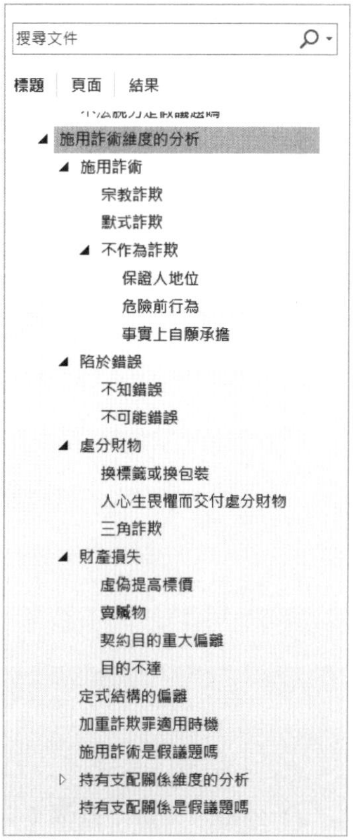

但是，如果一開始就以某種順序來調整的話，情況可能會好一些。所以，接下來就是要練習這個部分。其中的順序就是由排序較後的標題依序往排序較前的標題逐步升階。

Step 1 開啟「練習 - 長篇文件 - 非多層次 -1100120.docx」。

Step 2 點選導覽窗格中的「差異分析」下的「差異分析模組的運用」：

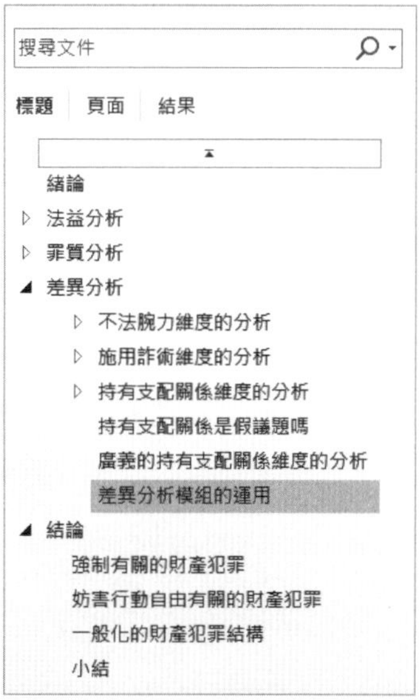

Step 3 滑鼠「右鍵」開啟選單後，指向【升階】選項：

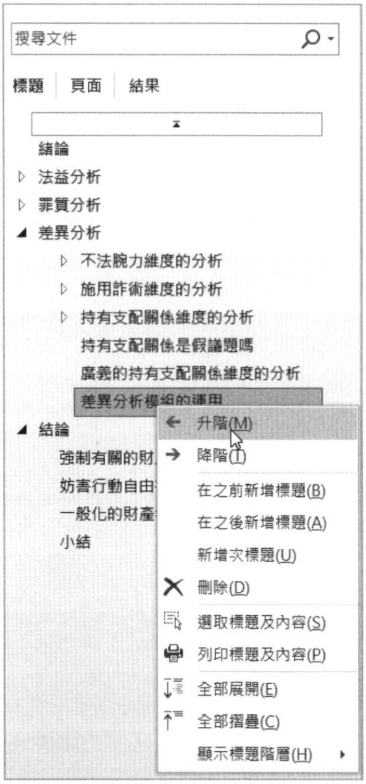

Step 4 滑鼠「左鍵」點選【升階】選項，此時會將「差異分析模組的運用」進行升階，而原先導覽窗格中的「差異分析」下的結構調整如右：

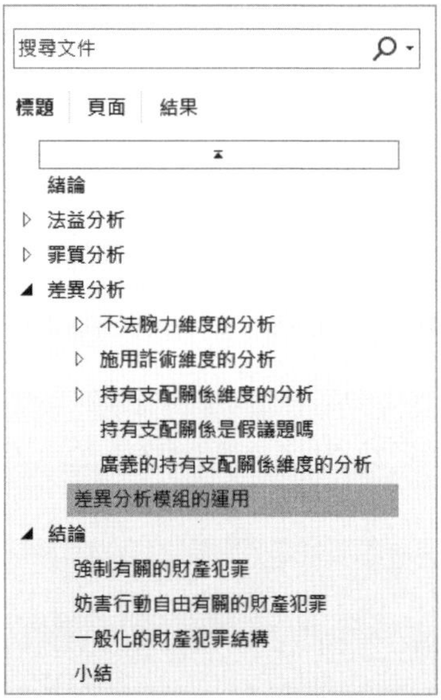

Step 5 利用同樣的方式，依序將「差異分析模組的運用」前面的「廣義的持有支配關係維度的分析」及「持有支配關係是假議題嗎」都「升階」，完成後原先導覽窗格中的「差異分析」下的結構調整如右：

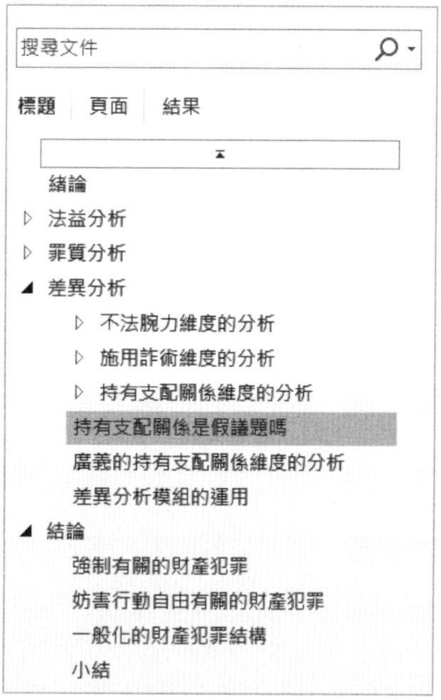

Step 6 利用同樣的方式，將「持有支配關係維度的分析」進行「升階」：

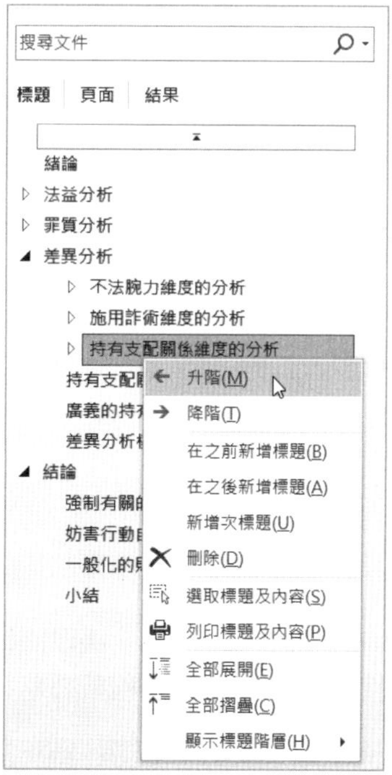

完成後原先導覽窗格中的「差異分析」下的結構調整如右：

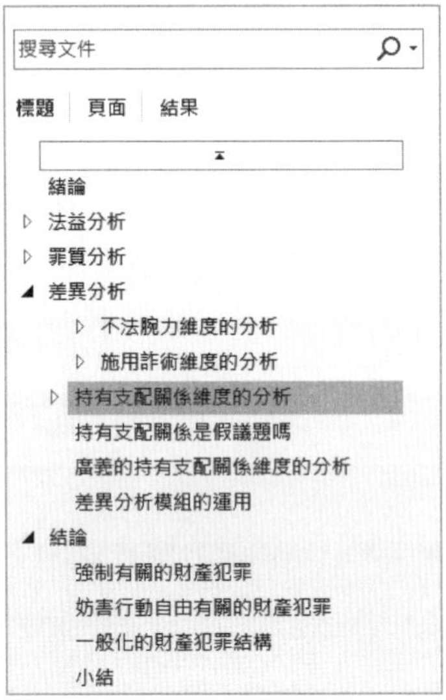

Step 7 利用同樣的方式，依序將「施用詐術維度的分析」及「不法腕力維度的分析」都「升階」，完成後原先導覽窗格中的「差異分析」下的結構調整如右：

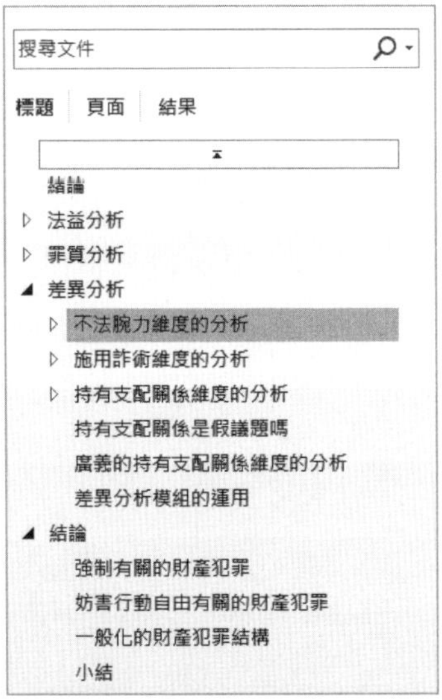

完成檔請參閱「練習 - 長篇文件 - 非多層次 - 完成檔 -1100120.docx」。

顯然，練習三的「升階」採取此種「倒序」的方式，讓調整時比較方便識別不同層級的標題，讓升階的調整相對容易一些。

但是，如果要將練習三完成檔「練習 - 長篇文件 - 非多層次 - 完成檔 -1100120.docx」利用「降階」來還原時，「降階」是否也有順序呢？由於「降階」是將目前標題「內含」在「其上」標題之內，因此，降階時，就不能採此「倒序」喔，請各位開啟「練習 - 長篇文件 - 非多層次 - 降階 -1100120.docx」試著練習一下，如果採用「倒序」時，是否方便呢？

練習四：在「緒論」項下新增「財產犯罪的類型化」。

Step 1 開啟「練習 - 長篇文件結構 - 不含圖 -1100119- 加入新的結構 .docx」。

Step 2 點選導覽窗格中的「緒論」快速將插入點移至該處：

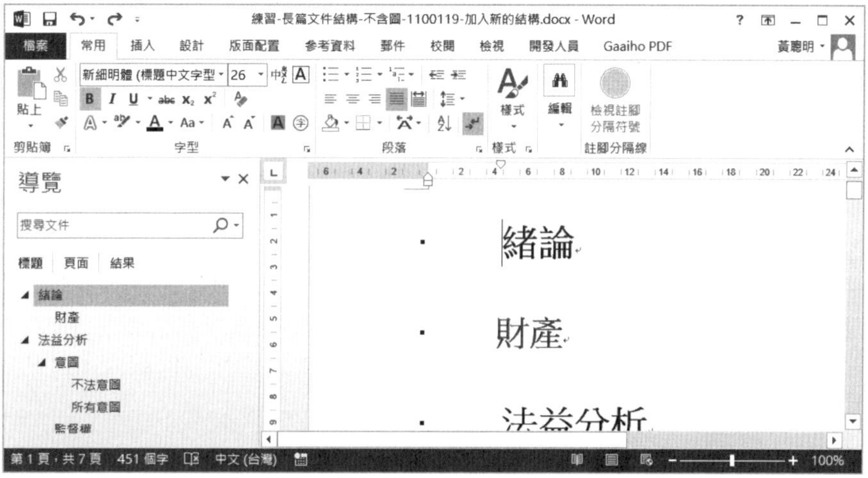

Step 3 插入點移到「緒論」的最後，按下【Enter】鍵新增一個段落：

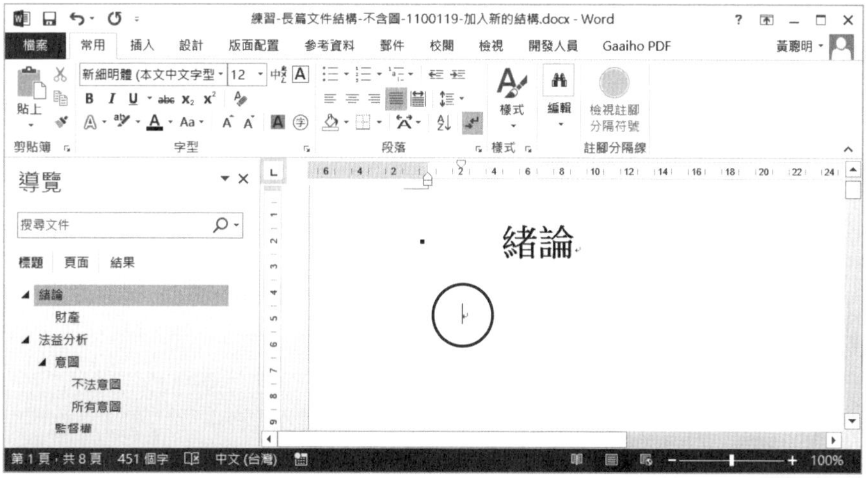

Step 4 輸入層級的內容，即「財產犯罪的類型化」：

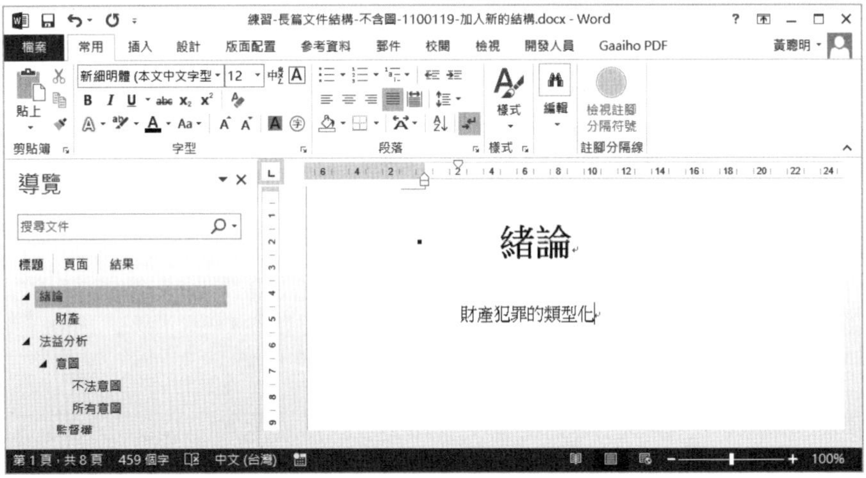

Step 5 點選**常用**索引標籤中的**樣式**群組中的【標題 2】進行套用「標題 2」的樣式：

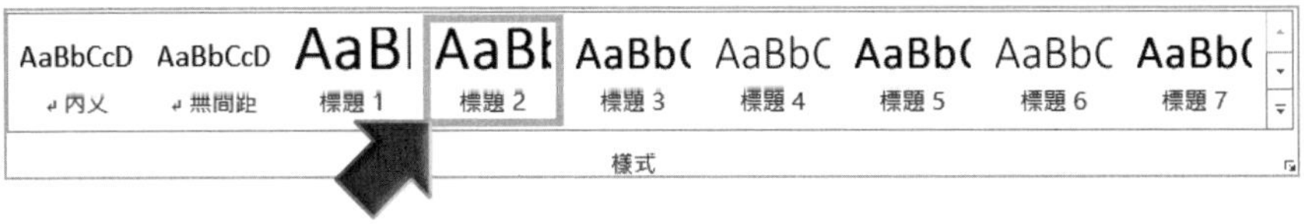

完成後的結構，請參閱完成檔「練習 - 長篇文件結構 - 不含圖 -1100119- 加入新的結構 - 完成檔 .docx」：

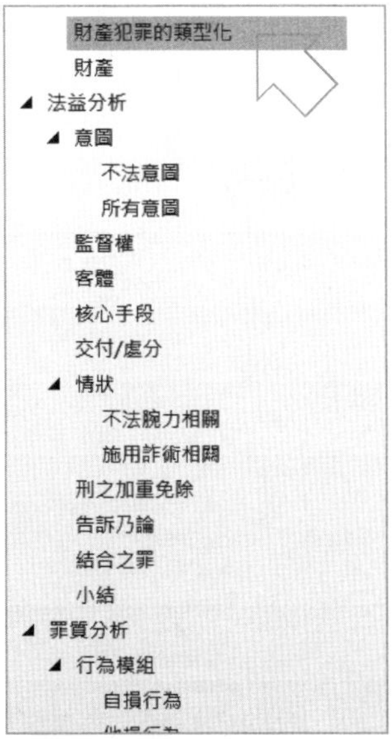

練習五：前面的練習檔僅有標題而無內容，調整後感受可能不夠深刻強烈，因此，我特別準備了一支含有本文及結構的「練習 - 長篇文件 - 非多層次 - 含內容 -1100120.docx」檔，請各位依利用「顏色取代為標題」的方式完成論文本文結構的練習。

4.2 標題樣式的微調

截至目前為止，我們使用的都是 Word 中預設的標題樣式，例如，標題 1，其預設的內容像是字型是「新細明體」，字型大小是「26」，使用「粗體」：

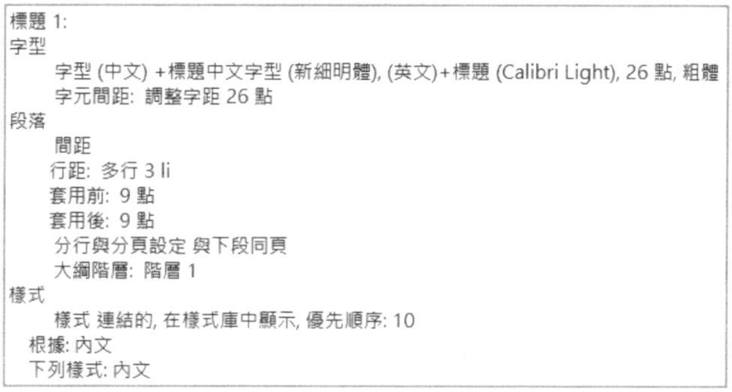
標題 1:
字型
字型 (中文) +標題中文字型 (新細明體), (英文)+標題 (Calibri Light), 26 點, 粗體
字元間距: 調整字距 26 點
段落
間距
行距: 多行 3 li
套用前: 9 點
套用後: 9 點
分行與分頁設定 與下段同頁
大綱階層: 階層 1
樣式
樣式 連結的, 在樣式庫中顯示, 優先順序: 10
根據: 內文
下列樣式: 內文

但是各校的要求不儘相同，例如，東吳大學哲學系規定「各章標題使用至少 20 點字以上之字體」，此時 Word 的預設字型大小就不用特別設定，但是如果是輔仁大學資管系的規定「主（章）標題為 20 點的粗體字」，那這個預設的套裝格式內容就不能直接用 Word 的預設值了。

補充說明一下，如何知道 Word 預設樣式的設定值為何？有二種方式，一種是點選**常用**索引標籤中的**樣式** ↘ 群組右下角的【↘】展開「樣式」窗格：

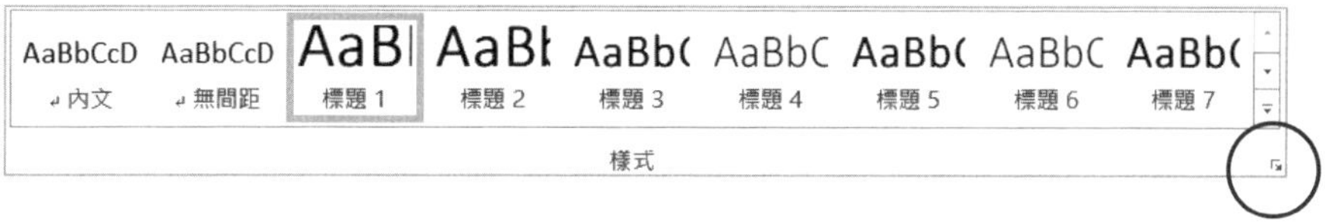

接著再從樣式窗格中點選想要查詢的樣式名稱，例如，點選其中的「標題 1」，那麼就會出現本節一開始看到的預設值：

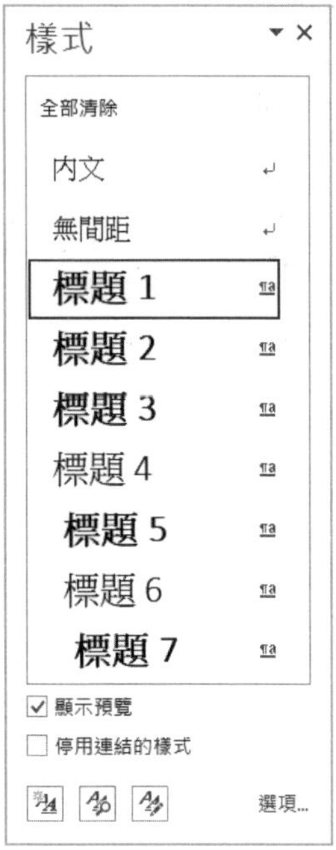

另外一種叫出「樣式」窗格的方式是按下鍵盤上的【Alt + Ctrl + Shift + S】這四個鍵，要一次按四個鍵有點麻煩，我習慣右手按【Alt + Ctrl】後，再用左手按【Shift + S】。

下表是本節各標題會需要設定的樣式設定值，空白部分表示採原樣式設定值未予更動：

	標題							
樣式類型	1	2	3	4	5	6	7	8
字型	標楷體							
字型大小	26	24	22	20	18	16	14	13
字型樣式	粗體			正常				
段落對齊	置中			靠左				
與前段距離								
與後段距離								
行距								
縮排位移點數	不縮字				縮 1 字	縮 2 字	縮 3 字	縮 4 字
段落前分頁	是	否						

各位可依自己學校的需要自行調整，像臺北科技大學就只要標題 1 的段落對齊採置中對齊，其餘都採正常的由左而右的對齊方式：

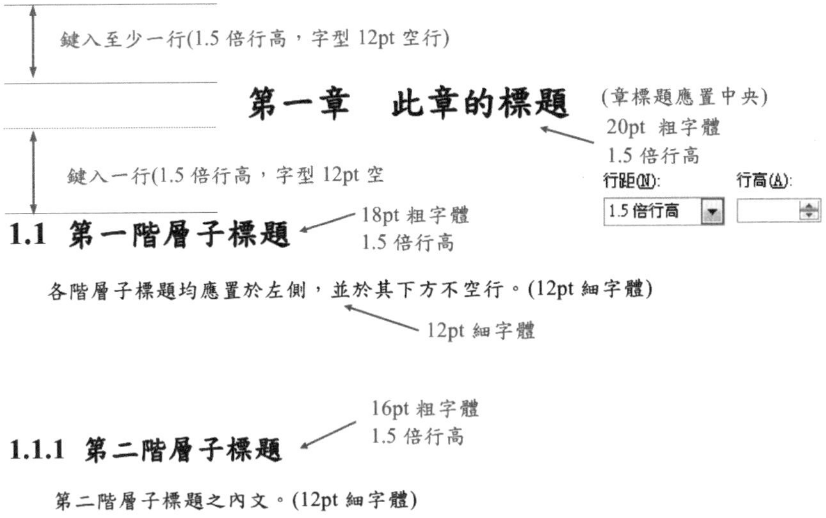

接下來就以「標題 1」字型與字型大小及段落對齊進行修改。

Step 1 開啟「練習 - 長篇文件結構 - 不含圖 -1100119- 標題樣式微整型 .docx」檔案做為練習之用。

Step 2 滑鼠左鍵點選任何一個樣式為「標題 1」的標題，例如，檔案中的第一個標題「緒論」。

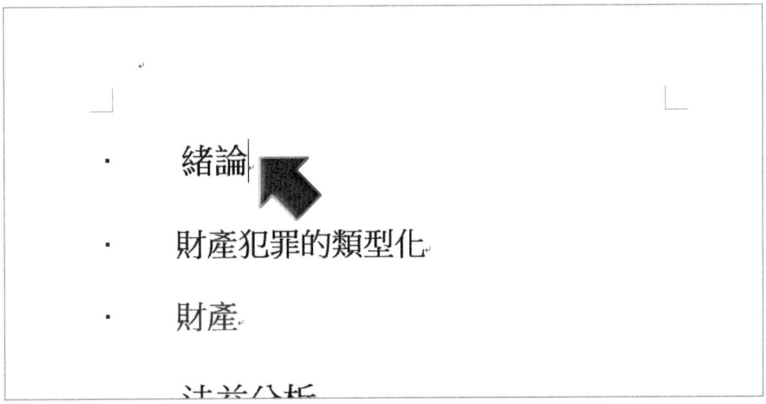

此時**常用**索引標籤中的**樣式**↘群組右的【標題 1】會呈現選取的狀態，接著將滑鼠游標移至其上並按下滑鼠「右」鍵，此時會展開右鍵選單，請點選其中的【修改】:

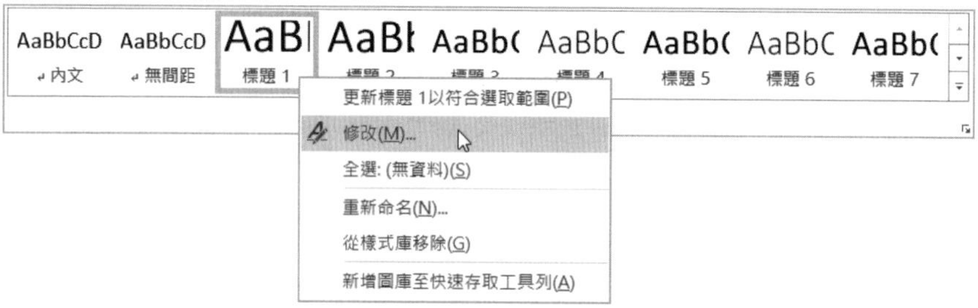

或者也可以在「樣式」窗格中，一樣利用將滑鼠游標移至「標題 1」右側，此時會出現下拉的箭頭，點選後開啟選單，請點選其中的【修改】:

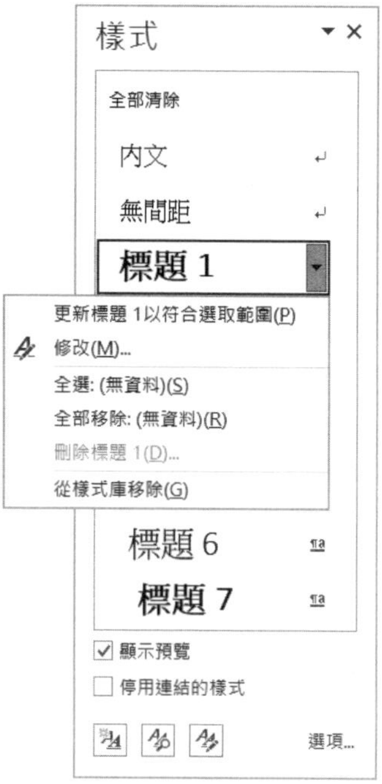

接下來就會出現**修改樣式** x 設定視窗供後續設定之用：

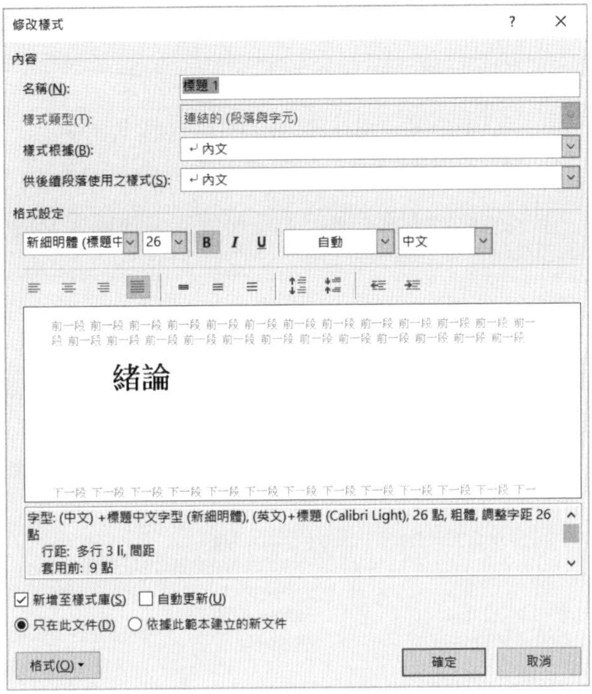

Step 3 點選右下角的【格式▼】下拉清單展開選單並從選單中點選【字型】選項。

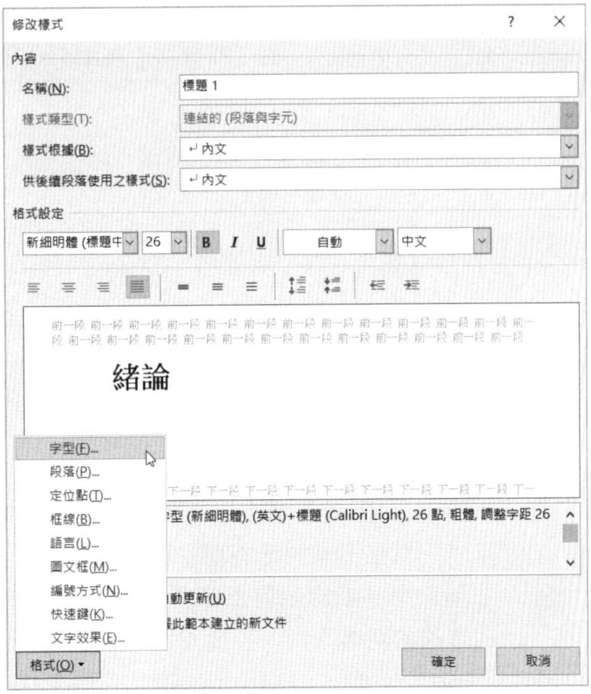

Step 4 在**字型** x 設定視窗的**字型**頁籤中，相關設定如下：

1. 請將【中文字型】設為標楷體。
2. 【英文字型】設為 Times New Roman。
3. 【字型樣式】為粗體而【大小】設為 26。

完成後點選【確定】按鈕返回**修改樣式** x 設定視窗。

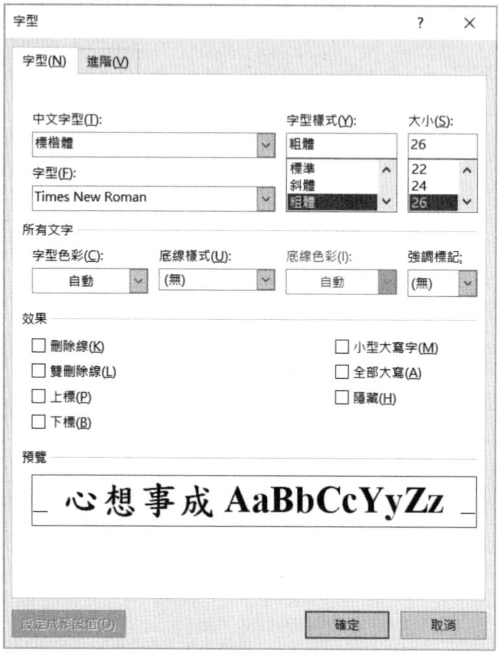

Step 5 回到**修改樣式** x 設定視窗後，點選右下角的【格式 ▾】按鈕展開選單並從選單中點選【段落】選項。

Step 6 在**段落** x 設定視窗的**縮排與行距**頁籤中，相關設定如下：

1. 請將【對齊方式】設為置中對齊。
2. 至於【段落間距】中關於【與前段距離】、【與後段距離】、【行距】與【行高】，目前保留預設值，請各位依各校要求自行調整，例如，臺南大學要求「章名下留雙倍行距」而臺北科技大學則要求「1.5 倍行高」而且因為要求第一章標題前後要有「1.5 倍行高，字型 12pt 空行」，因此與前段跟後段的距離「宜」設為 0：

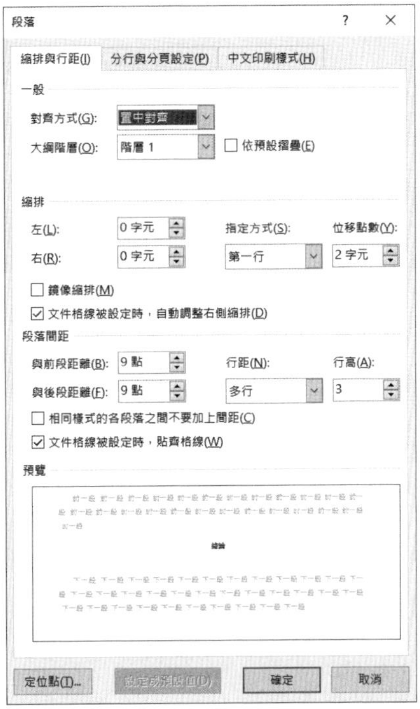

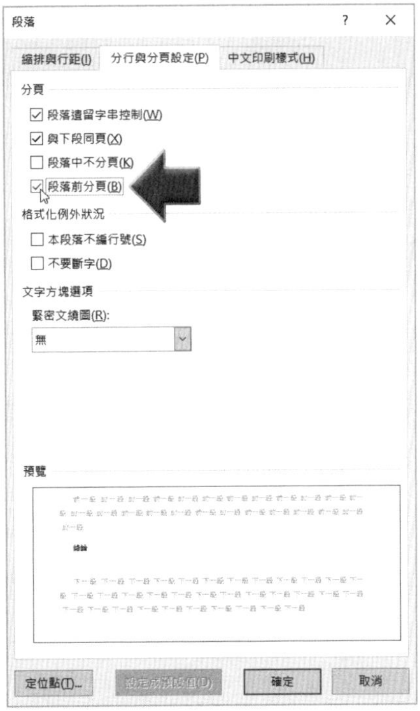

由於論文本文中的每一章都會獨自在新的頁面中，因此，接下來切換到**分行與分頁設定**頁籤中，請將【分頁群組】中的【段落前分頁】設為「勾選」的狀態。注意：臺北科技大學研究生論文撰寫規範書，要求標題1前面要有空白列，因此，這個部分就不要設定。

Step 7 完成後點選【確定】按鈕返回**修改樣式** x 設定視窗，再點選【確定】按鈕完成所有的設定，此時原先「緒論」的樣式即調整完成：

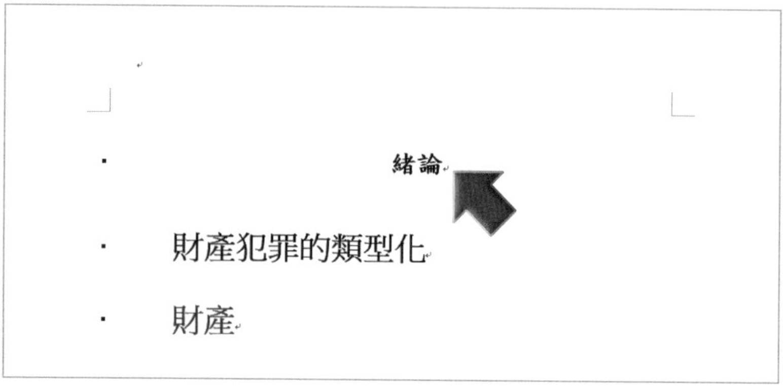

截至目前為止已完成標題 1 的修改：

	標題							
樣式類型	1	2	3	4	5	6	7	8
字型	標楷體							
字型大小	26	24	22	20	18	16	14	13
字型樣式	粗體			正常				
段落對齊	置中			靠左				
與前段距離								
與後段距離								
行距								
縮排位移點數	不縮字				縮 1 字	縮 2 字	縮 3 字	縮 4 字
段落前分頁	是	否						

其餘標題 2 至標題 6，與標題 1 在設定上的差異：

一、 標題 4 以下，字型樣式不採粗體，而段落對齊亦恢復到一般的靠左對齊。

二、 標題 1 要特別注意【段落前分頁】要勾選，但標題 2 以下的【段落前分頁】則不勾選。

三、 標題 5 以下有【縮排位移點數】的設定，其設定的位置在**段落** x 設定視窗的**縮排與行距**頁籤中，請將縮排群組中的【左】設定為 1 字元，【指定方式】為「無」：

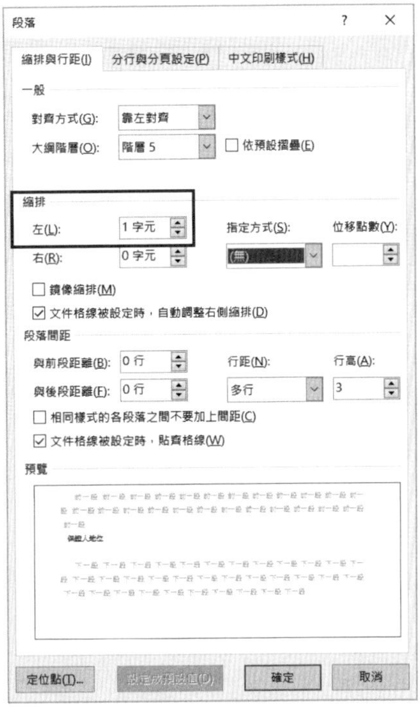

標題 6 有與標題 5 差異之處在於縮排群組中的【左】設定為 2 字元：

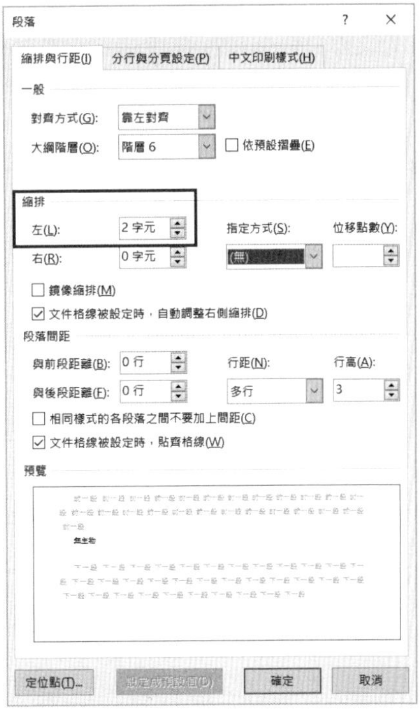

就這樣完成了標題 1 至標題 6 的微調囉，完成檔請參閱「練習 - 長篇文件結構 - 不含圖 -1100119- 標題樣式微整型 - 完成檔 .docx」。

4.3 套用多層次清單

其實到目前為止，論文的本文結構已透過指定不同的標題樣式的外觀時建立完成，此時也已經可以直接產生目錄了，不過以目前各校論文對論文格式的要求，通常會在標題 1 的內容加上「第一章」，而標題 2 的內容加上「第二節」，例如，國立臺南大學、國立高雄科技大學科技法律研究所論文格式規範：

詳　目

又或者有些學校會在標題加上數字的編號，像是國立交通大學、清華大學 - 工程與系統科學系、元智大學論文格式規範，下面是元智大學的範例：

大部分的學校都會選擇其中的一種作為標準，不過，也有像中山大學，可以同時接受二者的任一種：

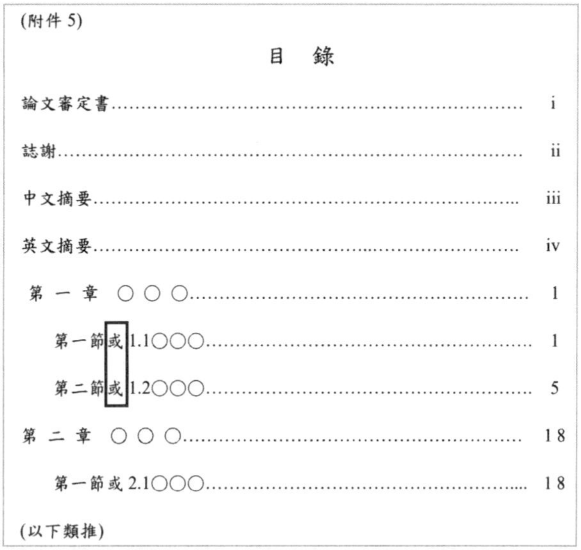
(附件 5)

目　錄

(以下類推)

諸如此類格式上的要求，我們都可以利用「多層次清單」的設計來達成。首先，我們先就使用章節為標題名稱的設定，完成後的論文本文結構採如下的層次關係：

章 → 節 → 項 → 壹 →（一）

完成後的效果：

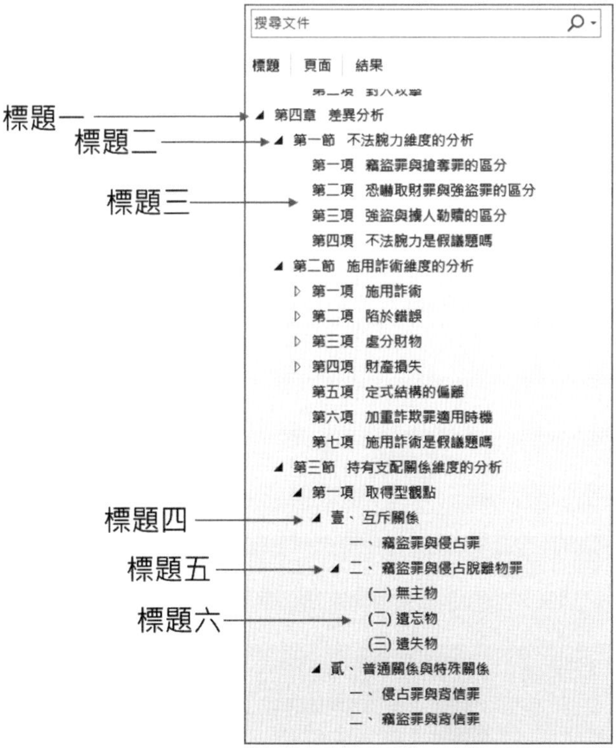

Step 1 開啟「練習 - 長篇文件結構 - 不含圖 -1100119- 多層次清單 .docx」做為練習之用。這支檔案是上一節「練習 - 長篇文件結構 - 不含圖 -1100119- 標題樣式微整型 .docx」的完成檔案。

Step 2 點選**常用**索引標籤中的**段落**群組中右的**多層次 ▾** 下拉清單：

Step 3 展開的選單中有多個已定義好的清單可供使用，不過，論文本文所要使用的多層次清單格式需要客制化，因此我們需要點選選單中【定義新的多層次清單】這個選項：

Step 4 這個步驟很重要很重要很重要。請點選**定義新的多層次清單 x** 設定視窗左下角的【更多】按鈕：

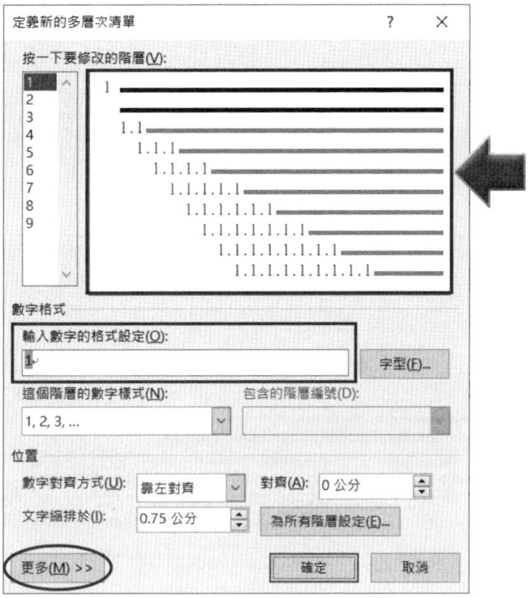

或者各位的畫面跟上面不一樣，像是下面這樣：

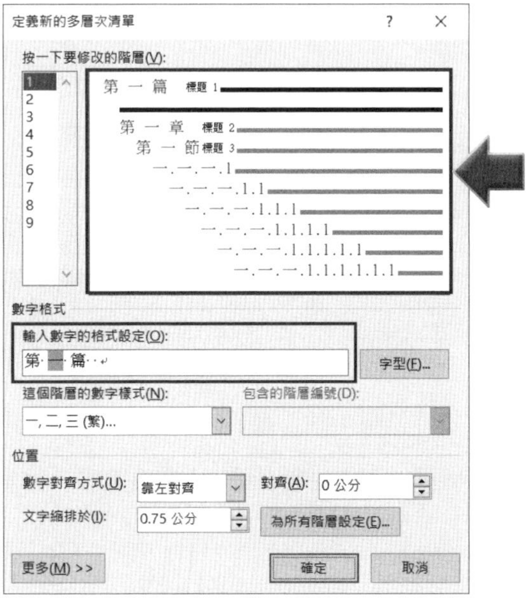

又或者是其他的格式。這是因為在開啟練習檔之前，如果有載入其他檔案，而其中有套用到多層次清單時，接著開啟的檔案在定義新的多層次清單時就會看到其他檔案中已套定義的多層次清單。不同的畫面影響所及的是【輸入數字的格式設定】下面文字框的內容，不過，這不會影響到後續的操作。

下圖右側用框線框起來的部分就是按下【更多】按鈕後展開出來的內容，特別注意下列二個選項：

1. 將階層連結至樣式。
2. 法律樣式編號。這個選項與本節一開始所提到的第二種標題的設定有關。

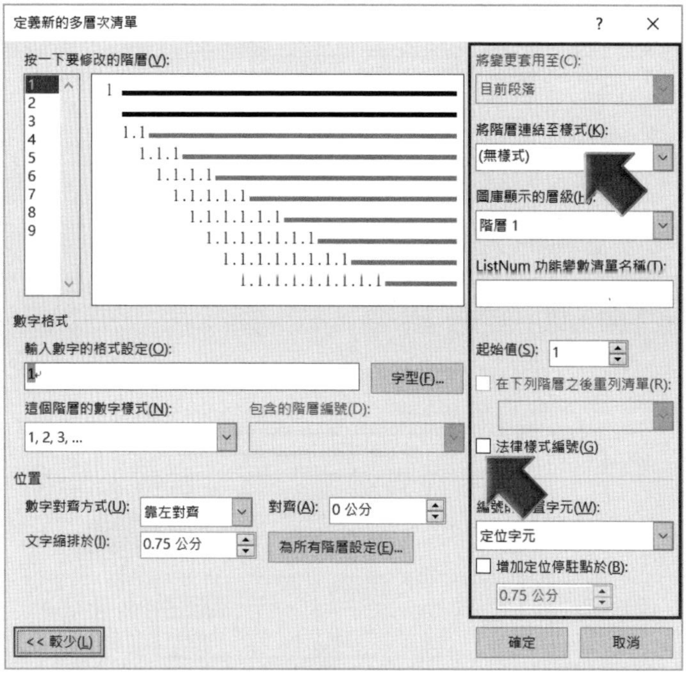

接下來設定階層 1，亦即「第〇章」的部分：

Step 5 設定標題 1 在論文本文結構中的「章」的層次。共有五個設定：

1. 【按一下要修改的階層】是指要設定的標題階層，以本步驟來說，這個要選其中 1 至 9 中的 1。

2. 由於本步驟要設定的是標題 1，而其在論文本文中是整構結構層次的第一層，因此【將階層連結至樣式】要設為「標題 1」。
3. 因為標題 1 對應到論文本文的標題是「第一章」，因此，其中的「數字樣式」是「一」，因此，【數字格式】群組中的【這個階層的數字**樣式** ↘】下拉清單的選項裡要選「一、二、三（繁）」：

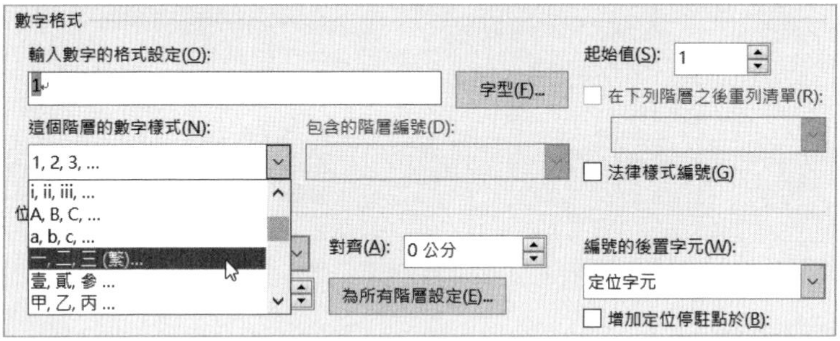

完成後，【輸入數字的格式設定】下面文字框內容中原先灰底的數值部分就會被替換掉：

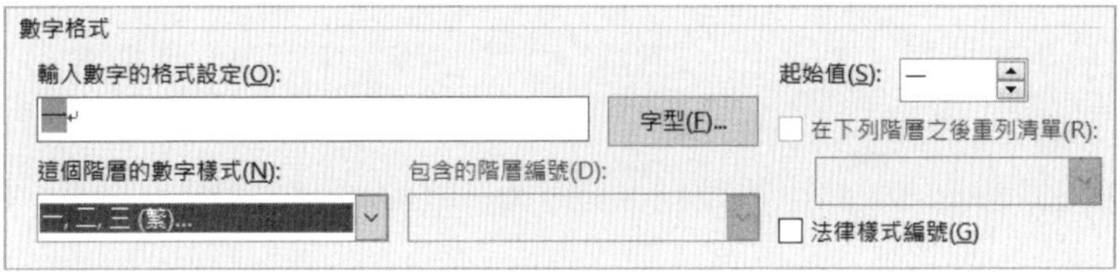

由於「標題 1」對應到論文本文的標題是「第一章」，接著輸入灰底數字的前綴與後綴，注意，千萬不要動到灰底的數值部分喔：

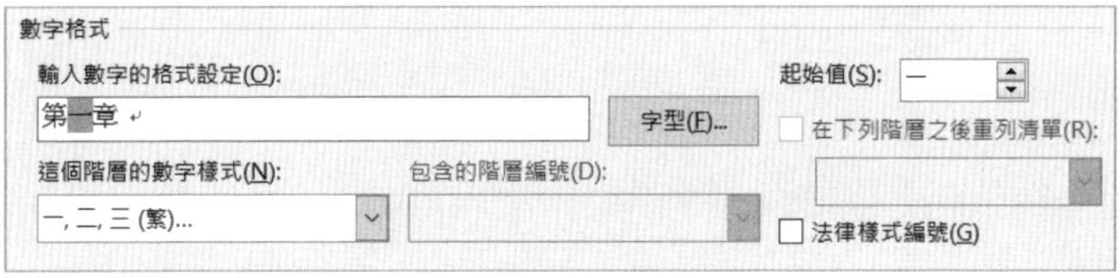

如果要變更標題的中文字型為「標楷體」及英文字型為「Times New Roman」，請按下【字型】按鈕開啟**字型** x 設定視窗，剛開啟時，**字型**索引標籤中的【中文字型 ▾】與英文【字型 ▾】皆為空白：

為了設定標楷體，請於【中文字型 ▾】下拉清單中選擇「標楷體」：

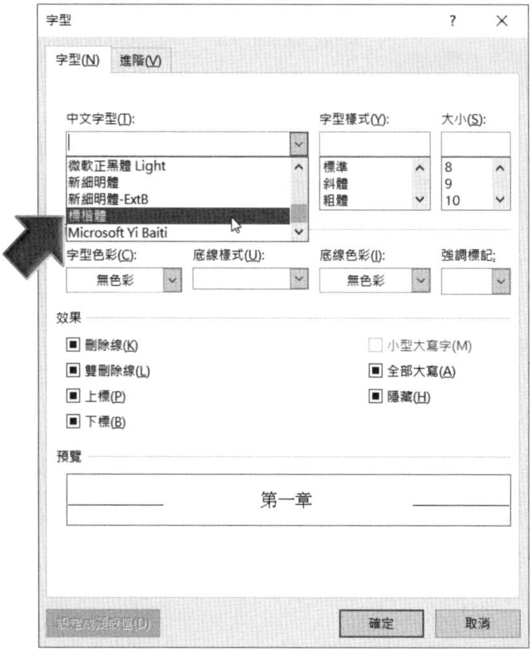

接著在【字型 ▾】下拉清單中輸入「times」：

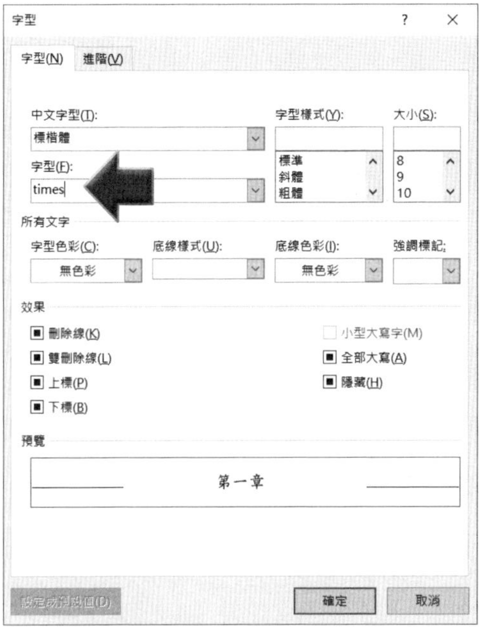

按下鍵盤上的向下的方向鍵選取「Times New Roman」即完成英文字型的選定：

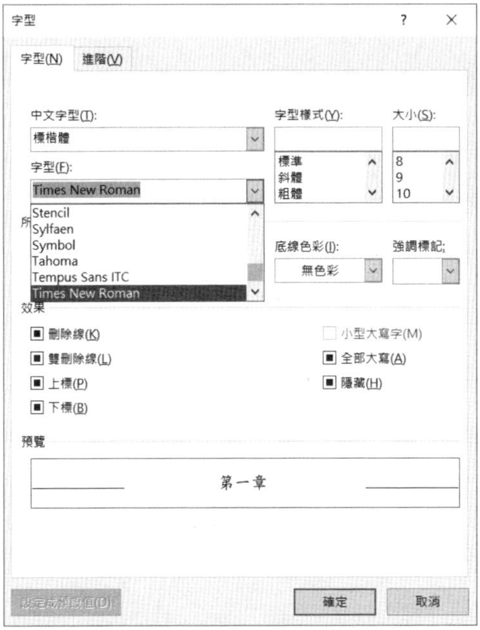

完成後點選【確定】按鈕關閉**字型 x** 設定視窗返回到**定義新的多層次清單 x** 設定視窗，而【輸入數字的格式設定】下面文字框內容中「第一章 」即會以標楷體呈現：

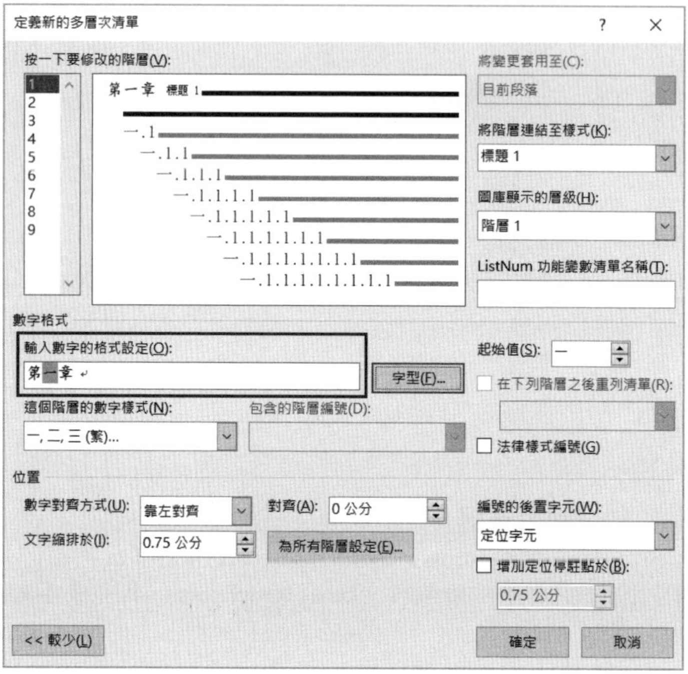

接下來設定階層 2，亦即「第〇節」的部分：

Step 6 設定標題 2 在論文本文結構中的「節」的層次。共有五個設定：

1. 【按一下要修改的階層】是指要設定的標題階層，以本步驟來說，這個要選其中 1 至 9 中的 2。
2. 由於本步驟要設定的是標題 1，而其在論文本文中是整構結構層次的第一層，因此【將階層連結至樣式】要設為「標題 2」。

此時【輸入數字的格式設定】下面文字框內容中出現「一 .1」，而且「一」與「1」皆是灰底的數值，第一個「一」是剛才標題 1 設定的數字格式，而第二個「1」則是目前標題 2 的數值格式，以本例來說，第一個「一」等一下要被刪掉，至於第二個「1」，因為要使用國字的「一」，因此要重新設定。

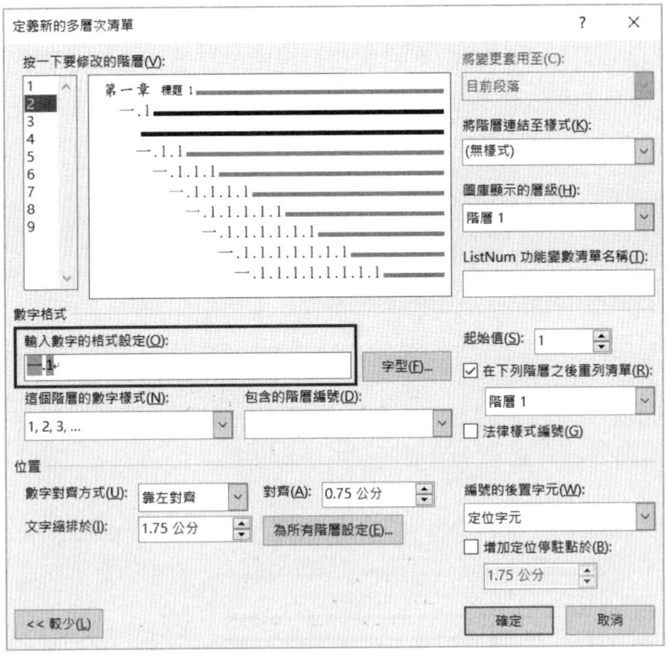

3. 因為標題 2 對應到論文本文的標題是「第一節」，因此，其中的「數字樣式」是「一」，因此，【數字格式】群組中的【這個階層的數字樣式 ▾】下拉清單中要選「一、二、三（繁）」。這裡可設定的樣式可從其右側的下拉清單中按下後進行挑選：

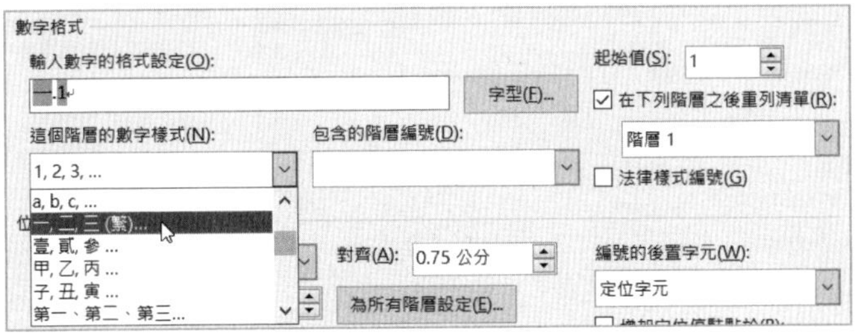

完成後，【輸入數字的格式設定】下面文字框內容中原先灰底的數值部分就被替換掉：

由於標題 2 對應到論文本文的標題是「第一節」，於是，接下來要先刪除「一.」，接著再輸入灰底數字的前綴與後綴，注意，千萬不要動到灰底的數值部分喔，最後再點選【字型】按鈕完成「標楷體」的設定，完成後【輸入數字的格式設定】下面文字框內容：

這樣就完成了標題 2 的設定，而從**定義新的多層次清單 x** 設定視窗也能夠看到截至目前「第一章」及「第一節」的結構：

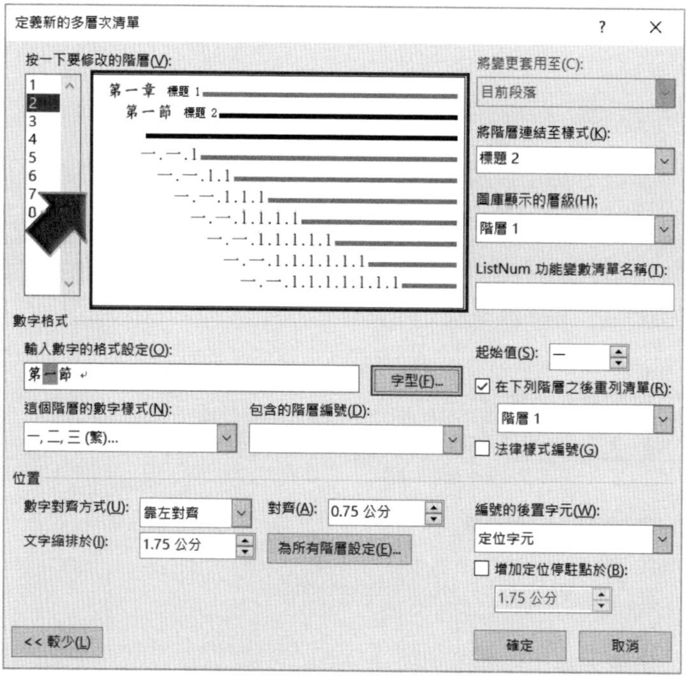

餘下的標題 3 至標題 6 的設定方式與上面大致相同，下面僅以截圖方式呈現，就不再細述。

階層 3，亦即「第○項」的部分：

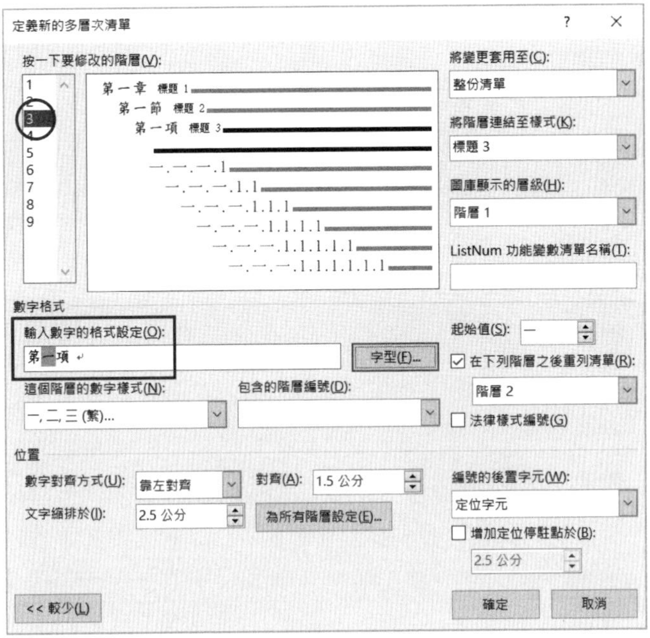

階層 4，亦即「壹、」的部分：

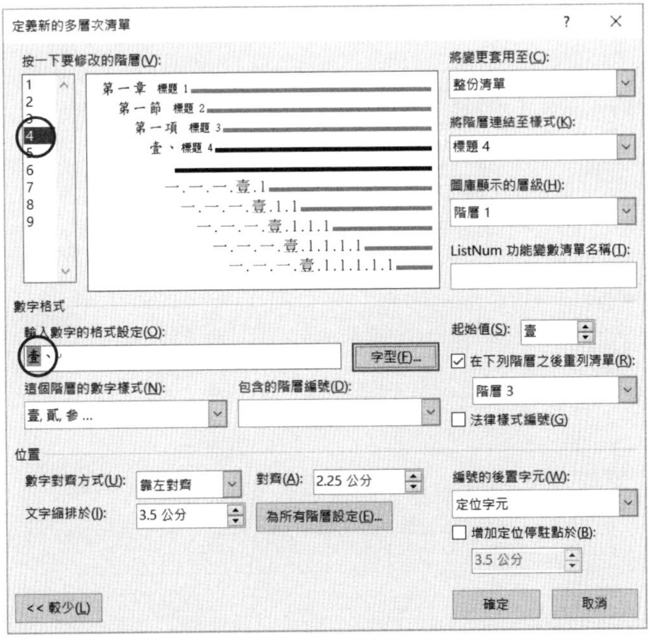

階層 5，亦即「一、」的部分：

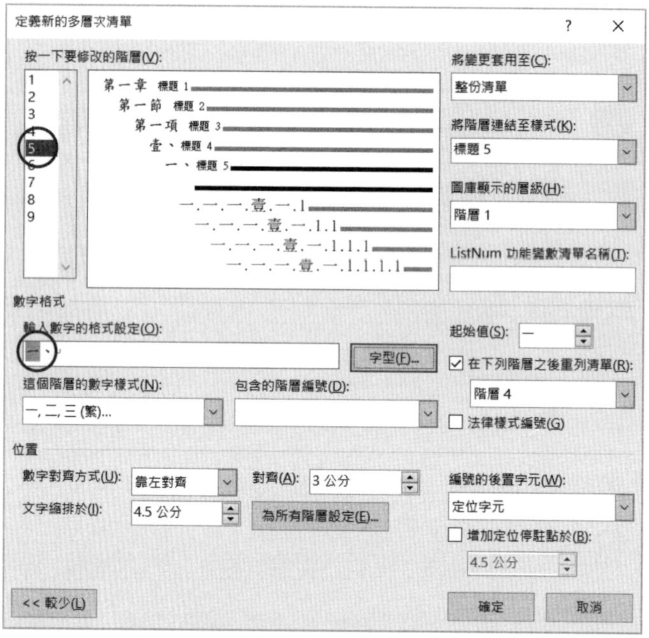

階層 6，亦即「(一)」的部分：

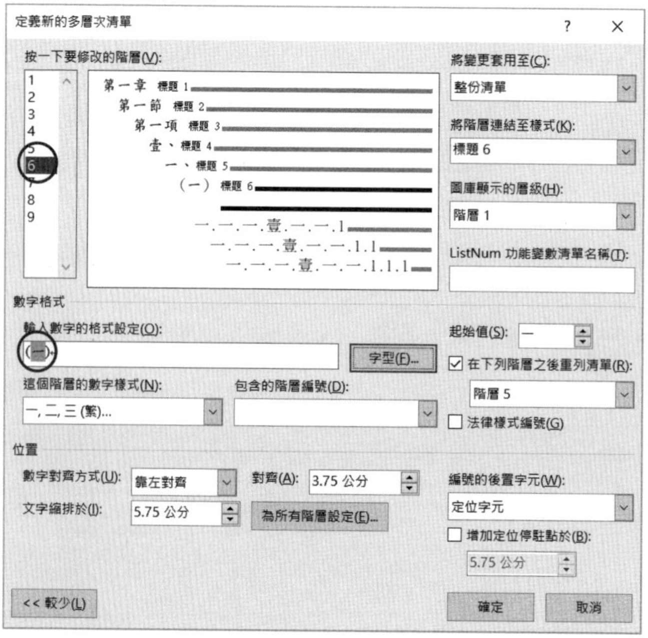

完成後，導覽窗格即能看到完整的論文本文結構囉，完成檔請參閱「練習 - 長篇文件結構 - 不含圖 -1100119- 多層次清單 - 完成檔 .docx」：

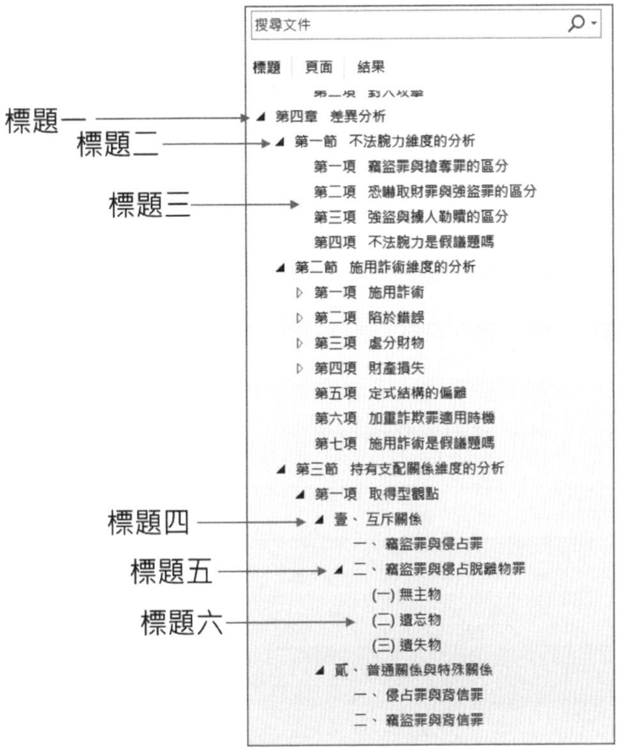

接下來，我們要來練習清華大學 - 工程與系統科學系下面這種論文格式的多層次清單：

這種編碼方式，第一階層一樣是「第○章」，不同點在後續的第二階層以下改採數字表示的「章」及數字的「節」，例如，上例的「第三章 第一節 第一項」就會變成「第三章 3.1 3.1.1」。

Step 1 開啟「練習 - 長篇文件結構 - 不含圖 -1100119- 多層次清單 - 數字編碼 .docx」。

Step 2 點選**常用**索引標籤中的**段落** ↘ 群組中右的**多層次** ▾ 下拉清單：

Step 3 展開的選單中有多個已定義好的清單可供使用，不過，論文本文所要使用的多層次清單格式需要客制化，因此我們需要點選選單中【定義新的多層次清單】這個選項：

Step 4 設定階層 1，亦即「第〇章」的部分，請參考上一節。

Step 5 接下來設定階層 2，亦即「數字組的第 1 個數字」的部分：

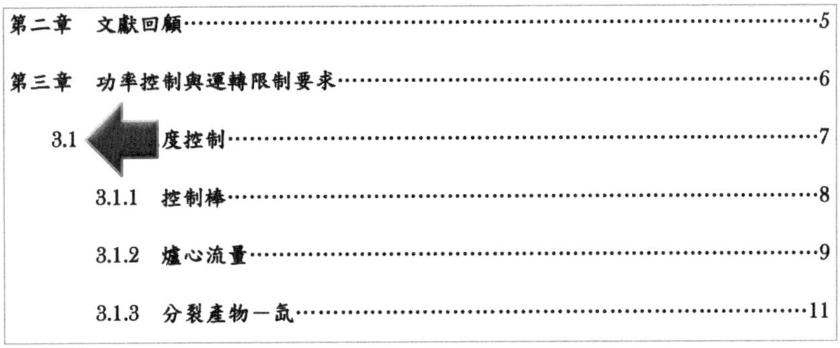
第二章　文獻回顧……………………………………………………5
第三章　功率控制與運轉限制要求……………………………………6
3.1 度控制…………………………………………………………7
3.1.1　控制棒……………………………………………………8
3.1.2　爐心流量…………………………………………………9
3.1.3　分裂產物－氙……………………………………………11

設定標題 2。共有五個設定：

1. 【按一下要修改的階層】是指要設定的標題階層，以本步驟來說，這個要選其中 1 至 9 中的 2。
2. 由於本步驟要設定的是標題 1，而其在論文本文中是整構結構層次的第一層，因此【將階層連結至樣式】要設為「標題 2」。

此時【輸入數字的格式設定】下面文字框內容中出現「一.1」，而且「一」與「1」皆是灰底的數值，第一個「一」是剛才標題 1 設定的數字格式，而第二個「1」則是目前標題 2 的數值格式，以本例來說，第一個「一」等一下要被重設，至於第二個「1」則不須重新設定。

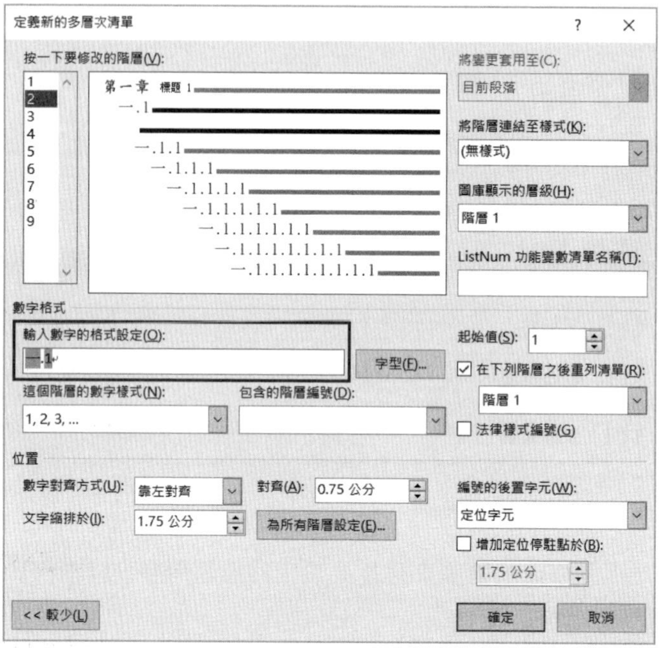

3. 勾選【法律樣式編號】，此時【輸入數字的格式設定】下面文字框內容中出現「1.1」：

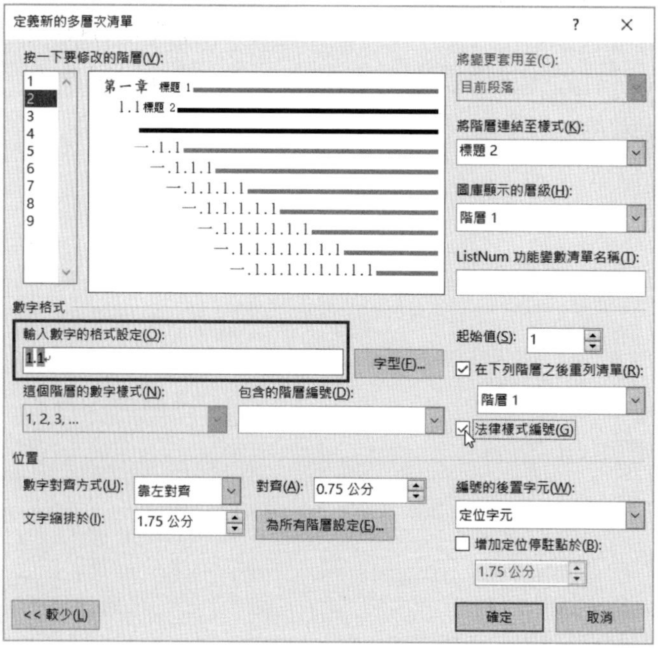

如果像是嘉義大學電物系的規定，那就要將上述的「預設英文句點」換成「-」：

（一）位置與字體

1. 各章標題位於正中央，加黑（16 號字體）：例 **第一章**
2. 各節標題靠左切齊，加黑（14 號字體）：例 **1-1 或 1.1**
3. 節次以下次標題均靠左切齊，加黑（12 號字體）：例 **(一) 或 1-1.1 或 1.1.1**
4. 各章開頭應另起新頁。

接下來設定階層 3，亦即「數字組的第 2 個數字」的部分：

第二章　文獻回顧……5

第三章　功率控制與運轉限制要求……6

3.1 **度控制**……7

3.1.1 **控制棒**……8

3.1.2 **爐心流量**……9

3.1.3 **分裂產物一氙**……11

Step 6 設定標題 3。共有五個設定：

1. 【按一下要修改的階層】是指要設定的標題階層，以本步驟來說，這個要選其中 1 至 9 中的 3。
2. 由於本步驟要設定的是標題 1，而其在論文本文中是整構結構層次的第一層，因此【將階層連結至樣式】要設為「標題 3」。

此時【輸入數字的格式設定】下面文字框內容中出現「一 .1.1」，而且「一」與後面二個「1」皆是灰底的數值，第一個「一」是剛才標題 1 設定的數字格式，而第二個「1」則是目前標題 2 的數值格式，第三個「1」則是目前標題 33 的數值格式，以本例來說，第一個「一」等一下要被重設，至於後面二個「1」則不須重新設定。

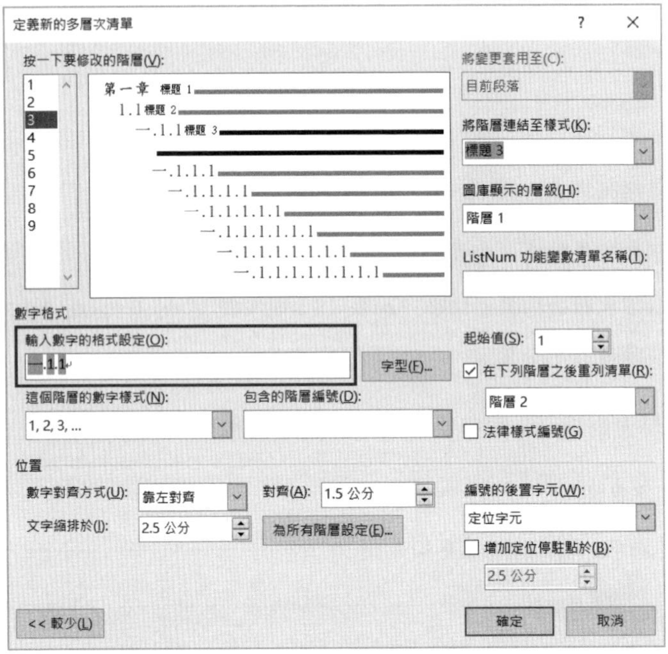

3. 勾選【法律樣式編號】，此時【輸入數字的格式設定】下面文字框內容中出現「1.1」：

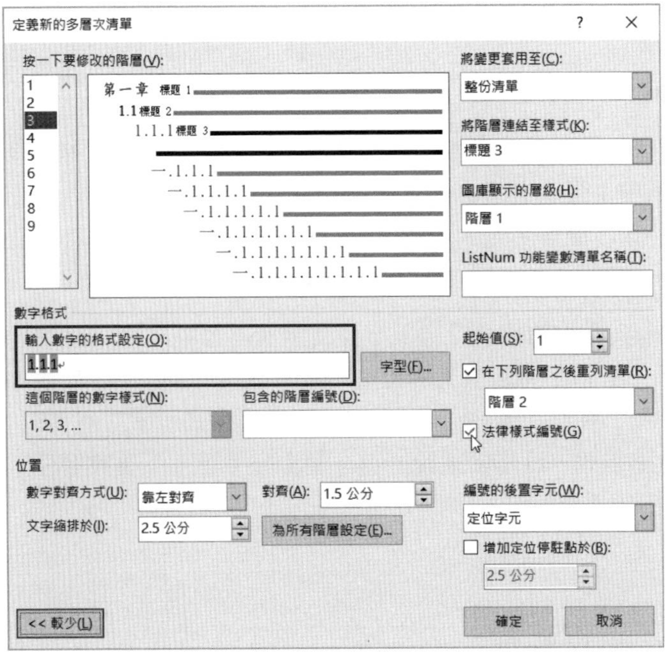

最後點選【確定】按鈕返回文件編輯狀態，右圖即是完成後，導覽窗格呈現的結果，其中章以下改以數字編組的層次：

```
導覽
搜尋文件

標題  頁面  結果

▲ 第一章 緒論
    1.1 財產犯罪的類型化
    1.2 財產
▲ 第二章 法益分析
  ▲ 2.1 意圖
        2.1.1 不法意圖
        2.1.2 所有意圖
    2.2 監督權
    2.3 客體
    2.4 核心手段
    2.5 交付/處分
  ▲ 2.6 情狀
        2.6.1 不法腕力相關
        2.6.2 施用詐術相關
    2.7 刑之加重免除
    2.8 告訴乃論
    2.9 結合之罪
    2.10 小結
▲ 第三章 罪質分析
  ▲ 3.1 行為模組
        3.1.1 自損行為
        3.1.2 他損行為
  ▲ 3.2 持有關係模組
        3.2.1 互斥的持有支配關係
        3.2.2 特別關係與普通關係
  ▲ 3.3 攻擊模組
```

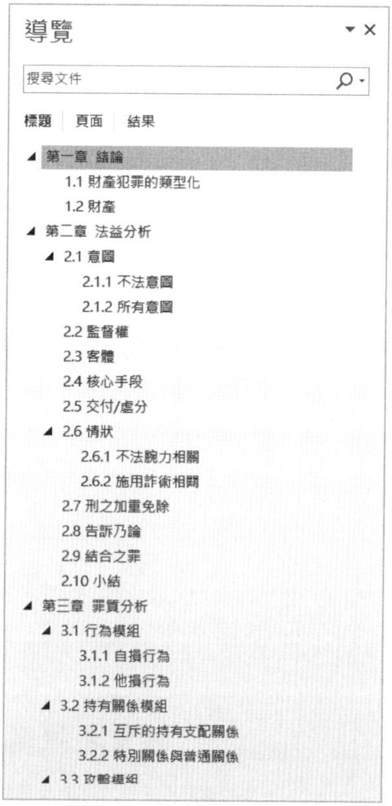

4.4 其他考量的設定

原則上，截至上節為止，我們已經完成了論文本文的結構，但可能各校有其他考量需額外設定，就像高雄科技大學科技法律碩士研究所的論文規範中的範例 5 中各標題之間是連續的，標題之間並未規定是否有額外的空白列隔開或者是要設定標題與前後段的距離，而僅規定標題的字體大小與段落對齊：

範例 5：

第一章〇〇〇〇〇（置中）#24
第一節〇〇〇〇〇 （置中）#22
第一項〇〇〇〇〇 （置中）#20
壹、〇〇〇〇〇〇〇(18 號)(靠左)
一、〇〇〇〇〇〇(16 號)(靠左)
（一）〇〇〇〇〇〇(15 號)(靠左)
    1.〇〇〇〇〇〇(14 號)(靠左)
    （1）〇〇〇〇〇〇(13 號)(靠左)
〇〇〇〇〇〇〇〇〇〇〇〇

因此在論文本文結構完成後，一般而言，接下來就是論文本文內容的撰寫。不過，在正式撰寫之前，各位有需要再看一下貴校對於章節的格式有無特別的規定要再進一步微調的地方。

例如，臺北科技大學研究生論文撰寫規範書，對於章節規定，要求標題的前後要再加上字型大小為 12 點及 1.5 倍行高的「空白列」:

2.10.1 章

本文一般由章所構成。各章均應重新開始新的一頁，並至少於該頁加入一空白行(1.5倍行高，字型12pt空行)後，開始鍵入。英文章標題應全部大寫，但Chapter不應全部大寫；標題應置於中央，下方鍵入一空行(1.5倍行高，字型12pt空行)，字型使用20pt。如果標題太長，可依文意將其分為數行編排，字型採用粗標楷體。例：

Chapter 1　Introduction

或

第二章

該章之標題太長論文報告規範書之排列

章之標題均不得有標點或英譯對照。各章節起始頁一律加入頁碼。

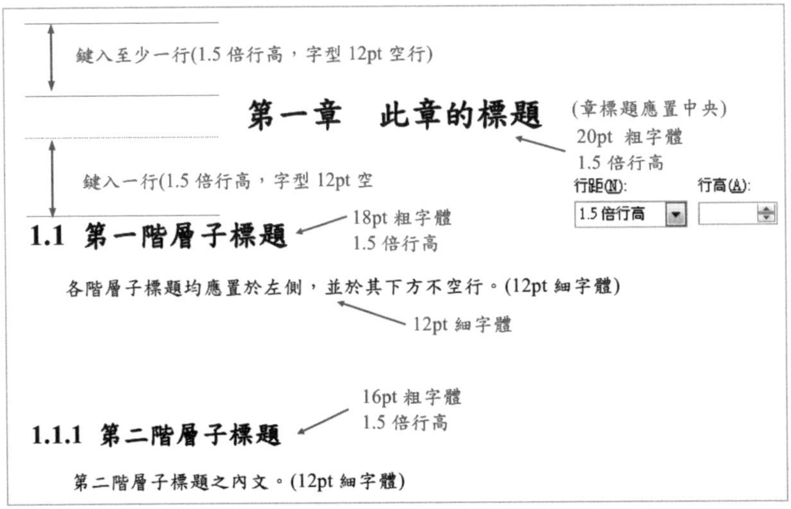

像勤益科技大學就僅要求章名下方要留「雙倍行距」：

> 3) 行距：中文間隔一行，每頁最少 32 行，英文間隔 1.5 或 2（Double Space）,每頁最少 28 行，章名下留雙倍行距。

如果遵循臺北科技大學研究生論文撰寫規範書，那麼前面在設定標題 1 是有設定「段落前分頁」就要取消，否則無法在其前面加上「12 點、1.5 倍行高」的空白列。由於取消了「段落前分頁」，Word 就不會自動跳到新頁，因此，每章以「新頁」開始的規定，就要自行處理。

4.5 加強篇一：運用大綱模式建立架構

雖然我們已經學會利用標題樣式套裝來建立論文本文的結構的層次，接著又利用了多層次清單的設計完成符合學校論文規範的要求。不過，Word 有提供一個稱為「大綱模式」的介面讓我們也可以建立論文本文的結構。

Step 1 開一支新檔案。

Step 2 想要使用大綱模式，我們必須進行切換，點選**檢視**索引標籤，然後可以再**檢視**群組中看到【整頁模式】選項有底色，這表示目前的編輯模式處於「整頁模式」的狀態：

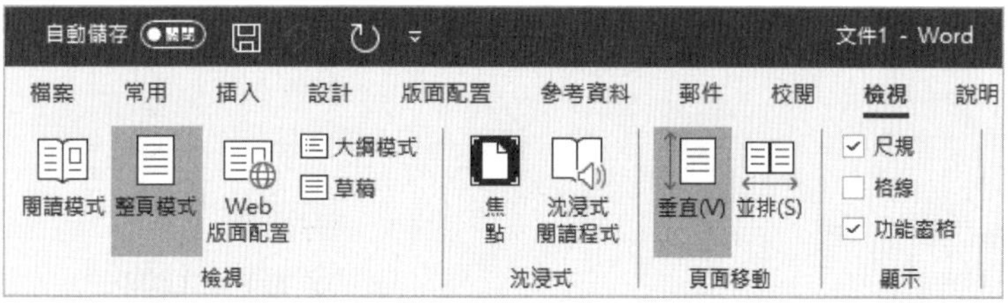

Step 3 點選【大綱模式】就可以切換編輯模式，此時也會自動切換到**大綱**索引標籤的狀態。

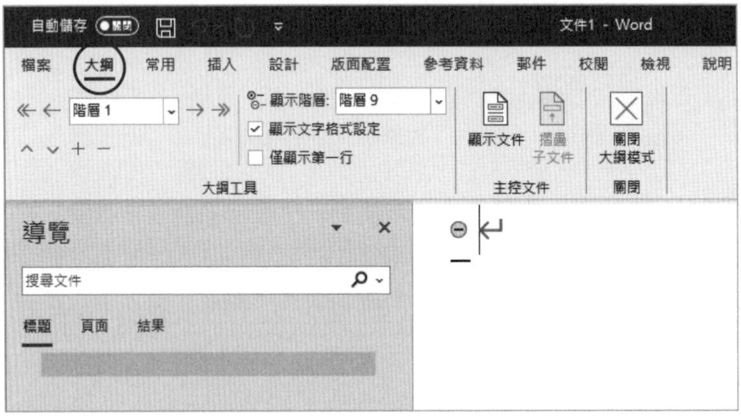

在大綱模式下，有二點提醒注意：

1. 我們可以利用**大綱工具** ↘ 群組提供的功能完成前面提到的升階與降低以及標題的移動。
2. 在插入點輸入的文字預設都是「階層 1」，換句話說，就會是論文本文結構的「標題 1」或者說是「章標題」。

Step 1 試著輸入一些文字，看看目前編輯區的樣子，例如，下面二段文字都是階層 1 的結構：

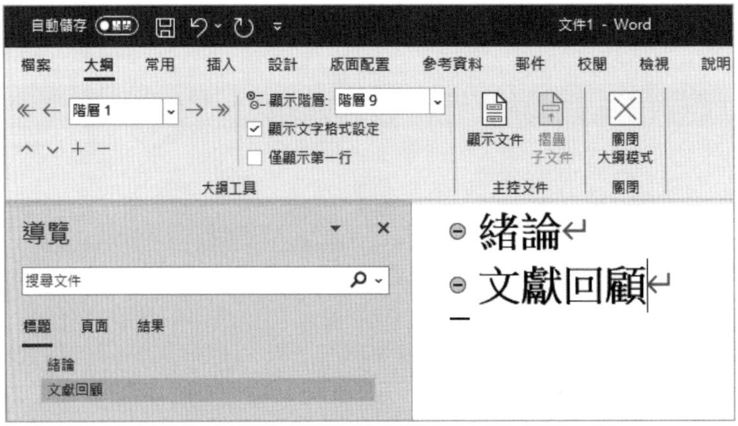

有了這樣的感覺之後，我們接下來就利用我準備好的檔案做練習，練習檔中有標註顏色只是為了讓各位在練習層次的調整時比較方便識別而已。

Step 1 開啟「練習 - 長篇文件結構 - 不含圖 -1100119- 大綱模式 .docx」做為練習之用。這支檔案的內容其實與「練習 - 長篇文件結構 - 不含圖 -1100119- 已設定顏色 .docx」的內容是相同的。

Step 2 點選**檢視**索引標籤中**檢視** ↘ 群組裡的【大綱模式】切換編輯模式。

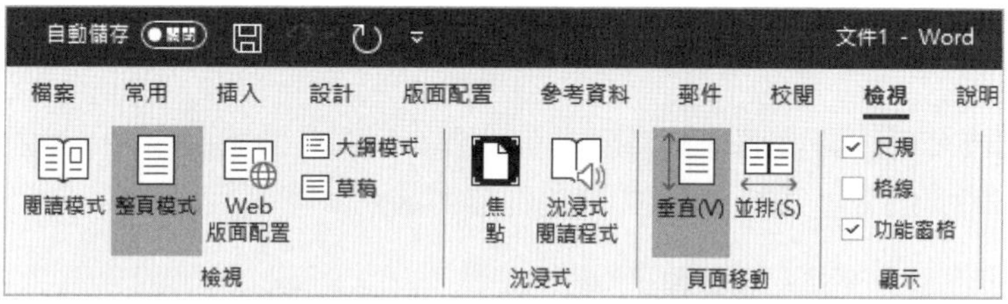

Step 3 選取標示為紅色的下面二文字：

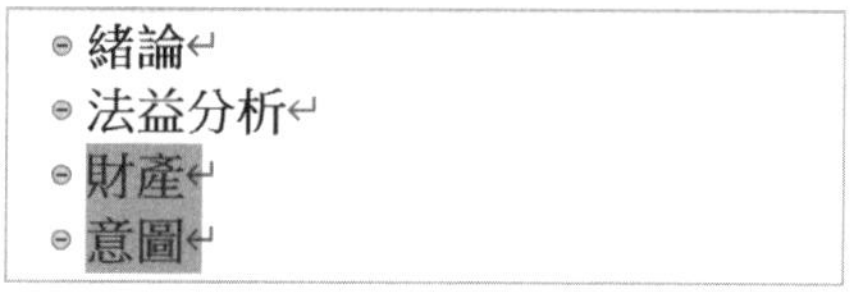
緒論
法益分析
財產
意圖

Step 4 按住鍵盤上的【Ctrl】鍵「不要放」，接著再選取標識為紅色的下面文字：

緒論
法益分析
財產
意圖
不法意圖
所有意圖
監督權
客體
核心手段
交付/處分
情狀
不法腕力相關
施用詐術相關
身分
刑之加重免除
告訴乃論
結合之罪
小結

Step 5 按住**大綱工具**群組的【→】按鈕進行降階：

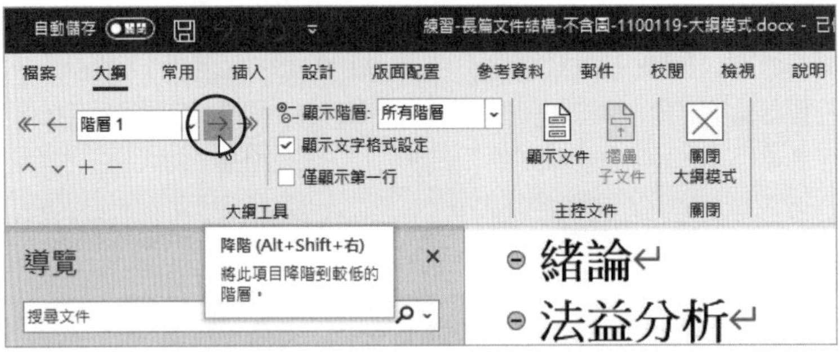

完成後，可以發現導覽結構已經有了層次，而且編輯區中，「法益分析」的前面多了一個「+」號，而原先紅色的落內縮到其下：

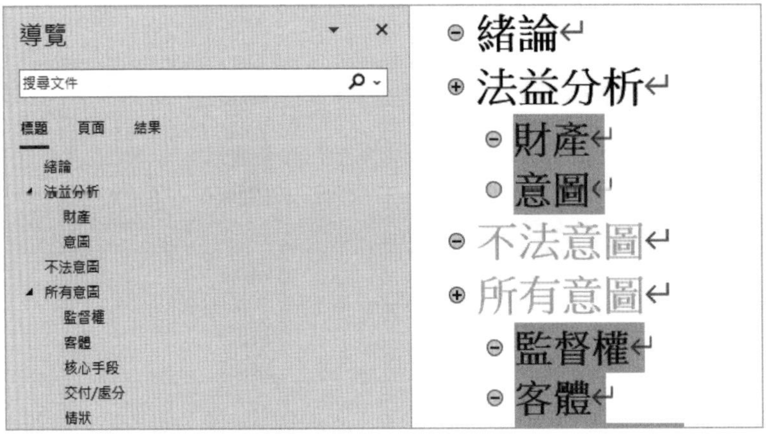

Step 6 選取標識為紅色的下面二文字：

Step 7 按住鍵盤上的【Ctrl】鍵「不要放」，接著再選取標識為黃色的下面文字：

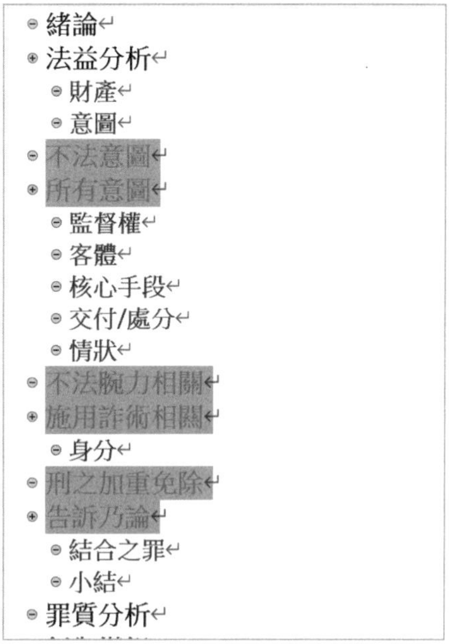

Step 8 按住**大綱工具**群組的【→】按鈕「2 次」進行降階：

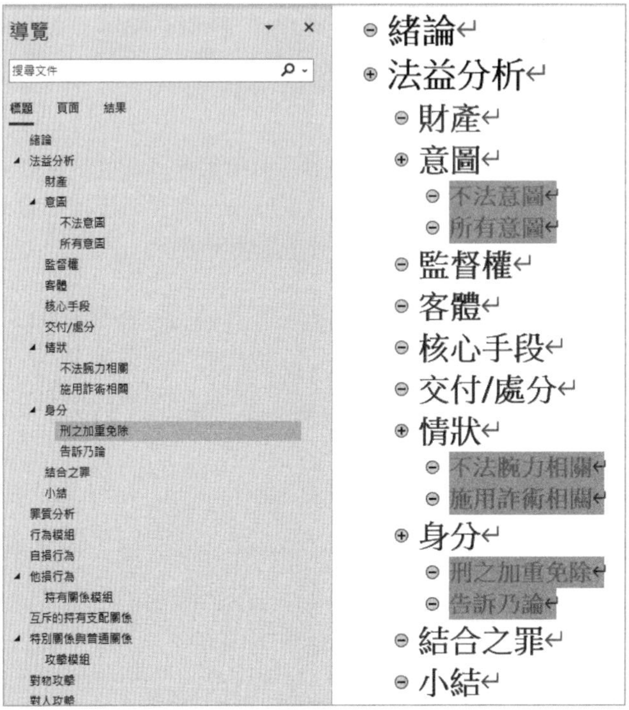

或者也可以直接指定階層，例如：

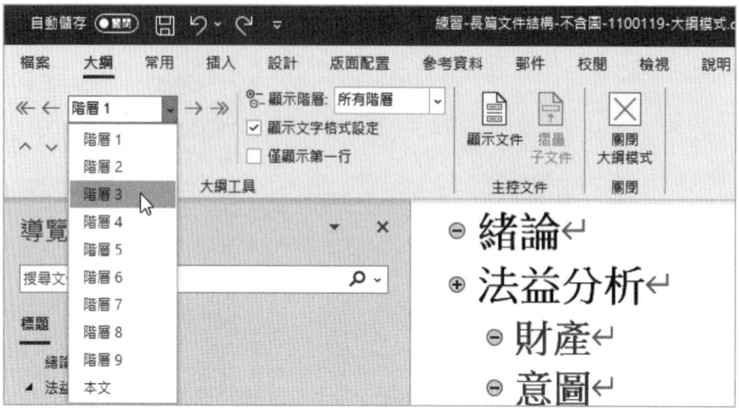

此時，如果將編輯模式切換為「整頁模式」，可以看到在**常用**索引標籤中的**樣式**群組清單中的【標題 3】會是選取的狀態，因此可知，利用大綱模式相當於「邊打資料，再利用升降階幫我們間接地套用標題樣式」，而在整頁模式則是「邊打資料，再自己直接套用標題樣式」：

> 截至目前為止，都是利用我提供的檔案習，而檔案中用來製結構的標題都已事先完成，這並不符合我們自己在寫論文的真實情況。真實的情況可能會是利用大綱模式寫下標題，然後隨時視需要進行標題的階層調整。

關於大綱模式下的降低與移動只是利用工具的不同而已，就不再贅述，煩請各位參考前面的說明。

4.6 加強篇二：標題樣式的自訂

在建立標題目錄結構時，本章使用預設的標題 1 做為章標題，標題 2 作為節標題並以標題 3 做為項標題，雖然使用上並不費力。如果以「章標題」來重新命名「標題 1」，以「節標題」來重新命名「標題 2」，以「項標題」來重新命名「標題 3」是不是更容易理解呢？

預設樣式的名稱在 Word 中是無法重新命名的，但是就像物件導向程式設計的「繼承」一般，我們可以將自訂的樣式「繼承」自原有的樣式來達成這樣的效果，也就是說，「章標題」將繼承「標題 1」並客製化成我們想要的格式，「節標題」將繼承「標題 2」並客製化成我們想要的格式，「項標題」將繼承「標題 3」並客製化成我們想要的格式。

由於這樣的「繼承」方式的設定都是一樣的方式，接下來的操作僅就以「章標題」繼承「標題 1」並客製化成我們想要的格式為例，至於「節標題」與「項標題」的做法是一樣的，就留給各位在跟著做完「章標題」之後自行練習囉！

開始吧！

Step 1 開啟「練習 - 長篇文件結構 - 不含圖 -1100119- 自訂標題樣式 .docx」做為練習之用。這支檔案其實是「練習 - 長篇文件結構 - 不含圖 -1100119- 標題樣式微整型 - 完成檔 .docx」的內容。

Step 2 點選導覽窗格中的「差異分析」切換到該內容，

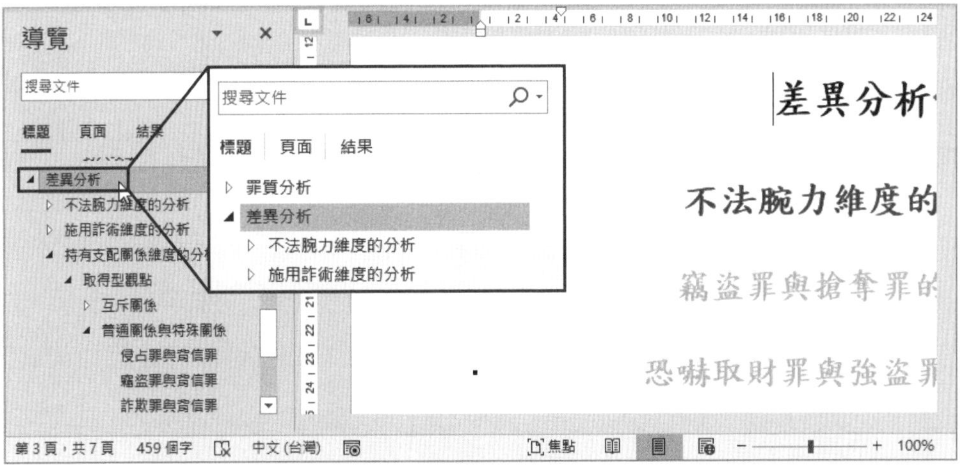

如果操作正確的話，**常用**索引標籤中的**樣式**↘群組清單中的【標題 1】會是選取的狀態：

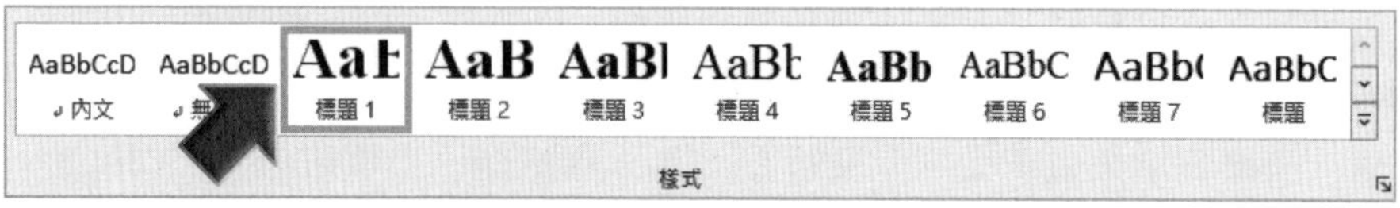

為什麼選擇點選導覽窗格中的「差異分析」？其實只要是有「標題 1」樣式的內容都可以，選擇位置是因為這個標題底下含有所有 6 個階層的標題樣式，從這裡開始會方便後續其他 5 個階層標題的設定。

Step 3 點選**常用**索引標籤中的**樣式**↘群組清單中的向下【箭頭】展開「清單」內容：

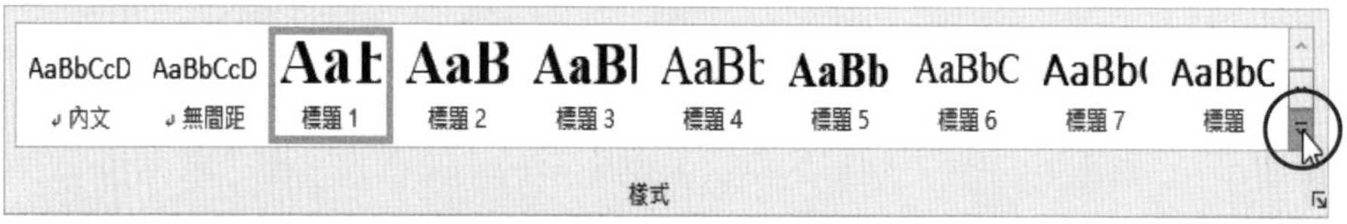

然後再從展開的清單中點選【建立樣式】選項：

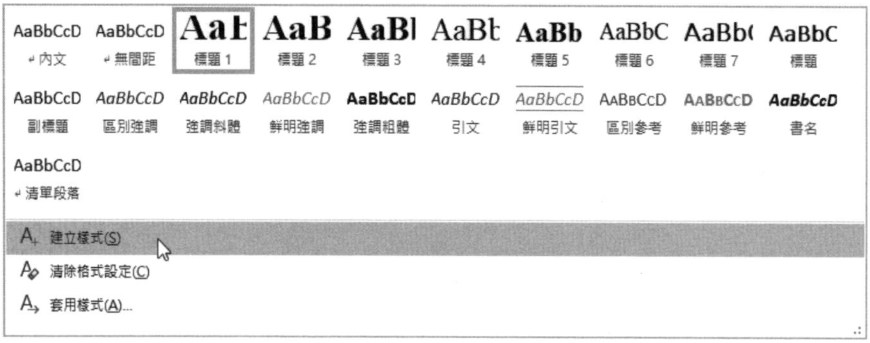

Step 4 接著會開啟**從格式建立新樣式** x 設定視窗，其中【名稱】下方 字框預設的名稱是「樣式 1」：

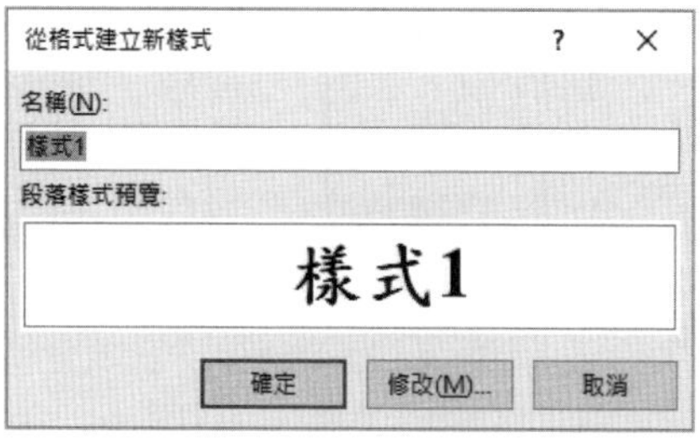

請重新入名稱為「章標題」：

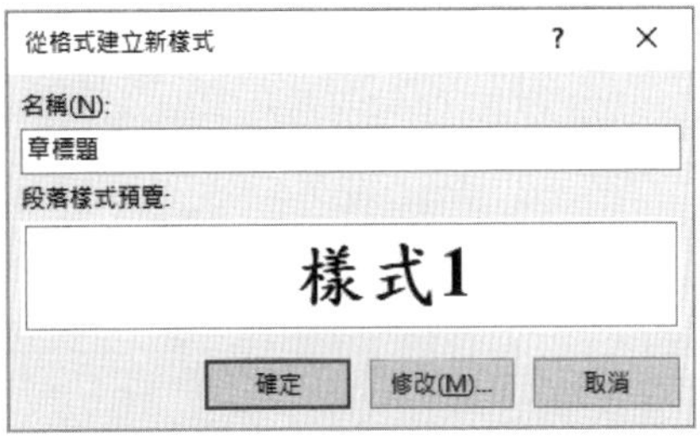

完成後，以滑鼠左鍵【確定】按鈕「不放」即可看到設定的預覽：

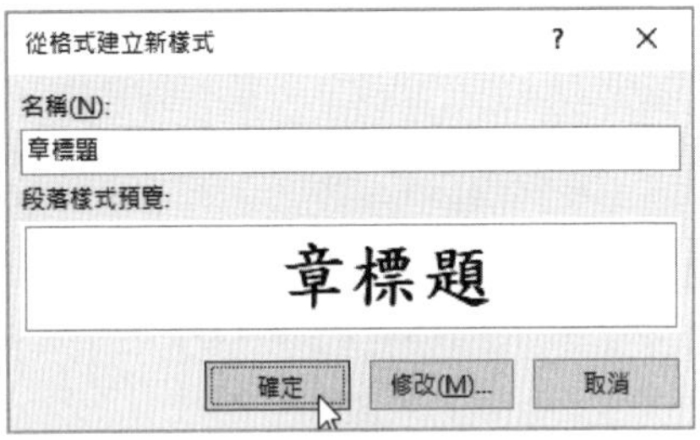

完成後，**常用**索引標籤中的**樣式**↘群組清單中即可看到【章標題】：

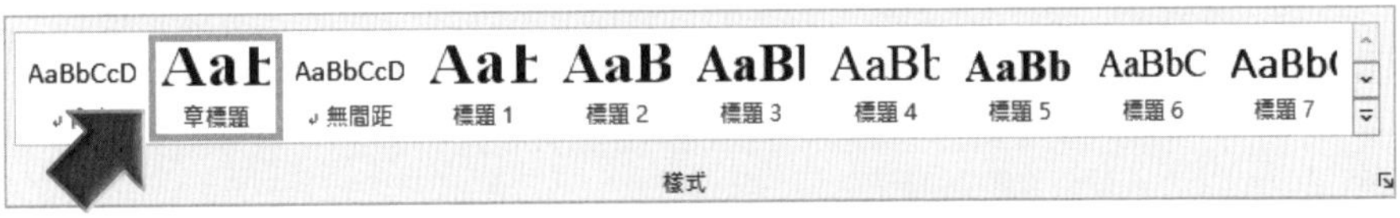

接下來，請自行依下說明完成餘下的 5 個標題的自訂：

一、點選導覽窗中的「持有支配關係維度的分析」。

原樣式名稱：標題 2

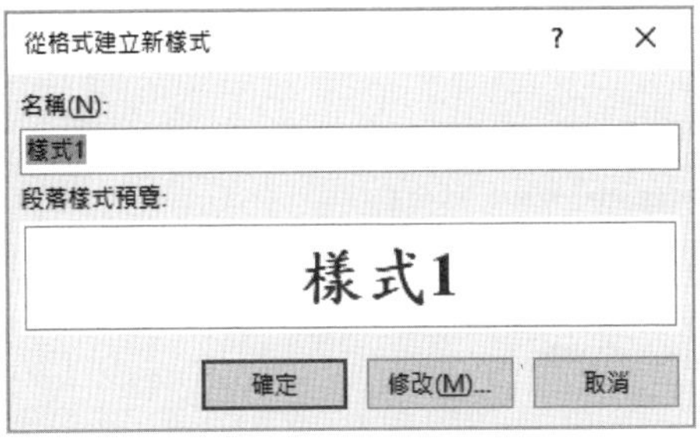

新樣式名稱：節標題

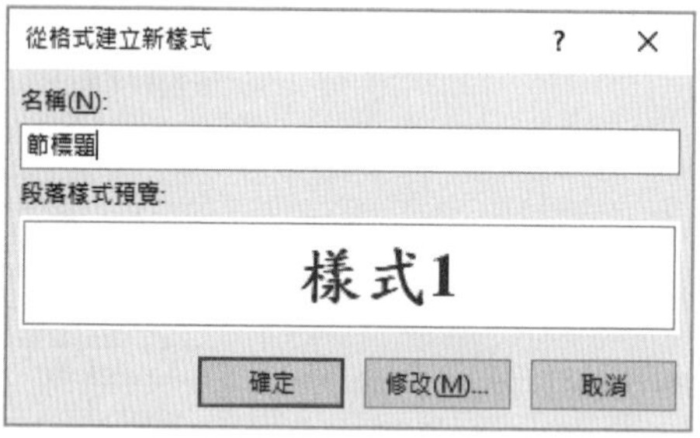

完成後：

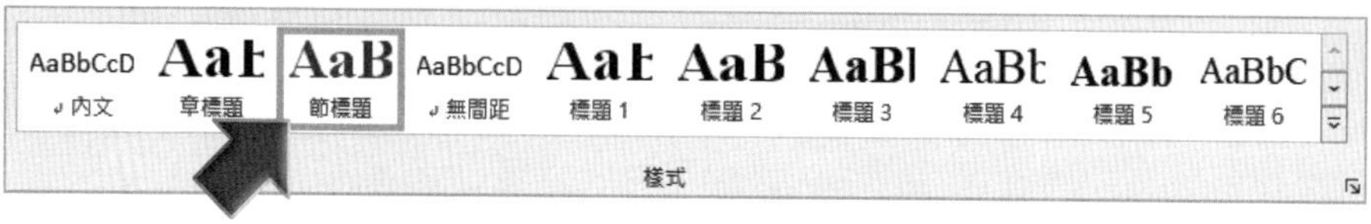

二、 點選導覽窗中的「取得型觀點」。

原樣式名稱：標題 3

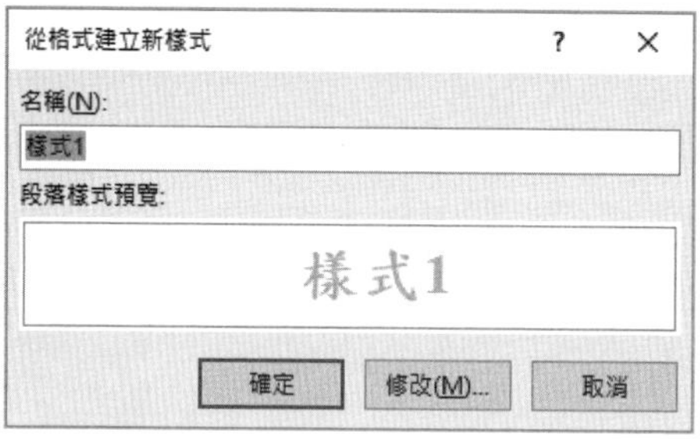

新樣式名稱：項標題

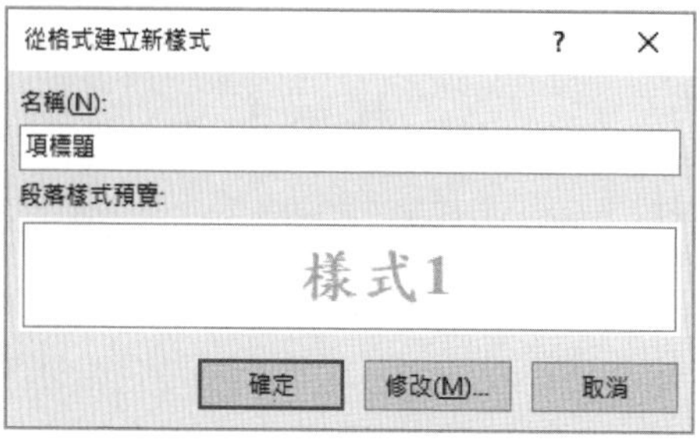

完成後：

三、 點選導覽窗中的「互斥關係」。

原樣式名稱：標題 4

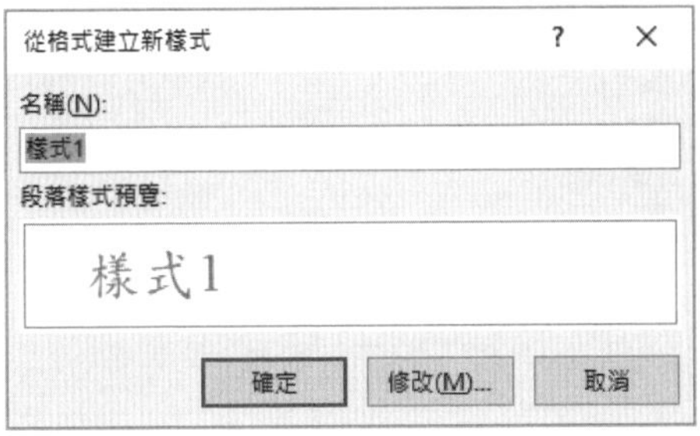

新樣式名稱：大壹

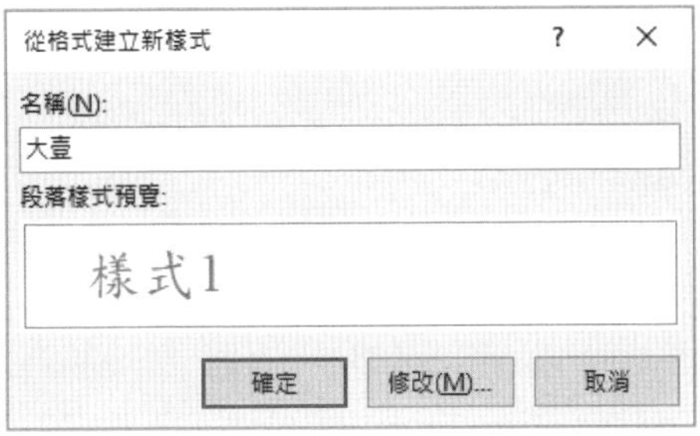

完成後：

四、點選導覽窗中的「竊盜罪與侵占脫離物罪」。

原樣式名稱：標題 5

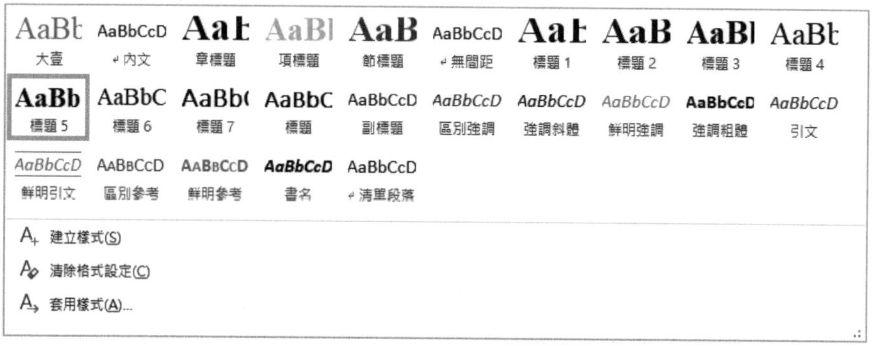

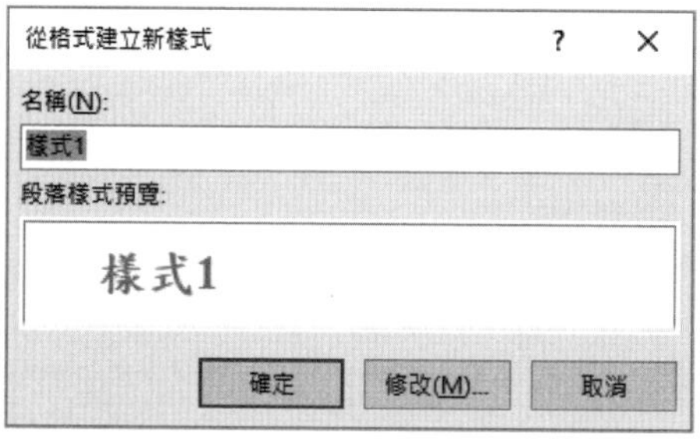

新樣式名稱：國一

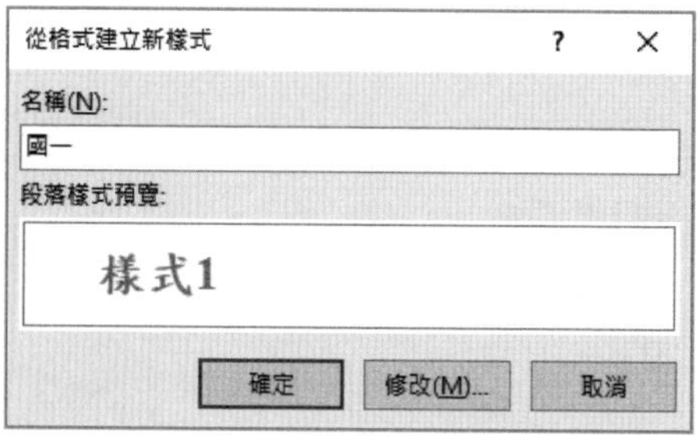

完成後：

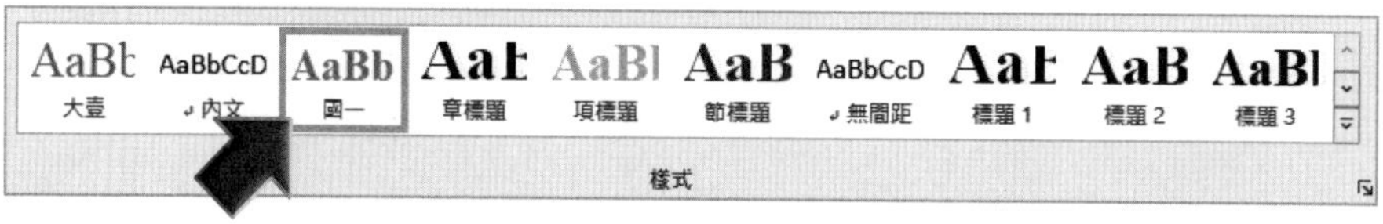

五、點選導覽窗中的「無主物」。

原樣式名稱：標題 6

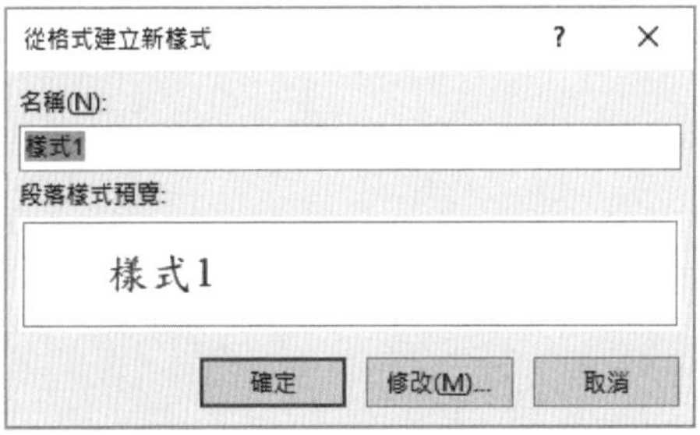

新樣式名稱：括弧一

完成後：

到此為止，所有標題所完成新建的作業，請儲存並關閉檔案。

接下來，開啟「練習 - 長篇文件結構 - 不含圖 -1100119- 已設定顏色 - 自訂標題樣式 .docx」來重新以我們自訂的標題來練習論文本文結構的設定。

所以，接下來的操作就如同當時的練習一樣，只是原先「取代為」的值由內建的標題 1 變成章標題、標題 2 變成節標題、標題 3 變成項標題、標題 4 變成大壹標題、標題 5 變成國一標題，最後，標題 6 變成括弧一標題。

由於這些自訂的標題並不存在於現在的檔案中，因此，首要的工作就是將含有訂標題的檔案樣式「複製」到目前的檔案中。

Step 1 開啟「練習 - 長篇文件結構 - 不含圖 -1100119- 已設定顏色 - 使用自訂標題 .docx」。這份文件的內容係我們練習利用顏色的不同替換不同標題一模一樣的檔—「練習 - 長篇文件結構 - 不含圖 -1100119- 已設定顏色 .docx」。

Step 2 點選**常用**索引標籤中的**樣式**群組右下角的【↘】展開「樣式」窗格：

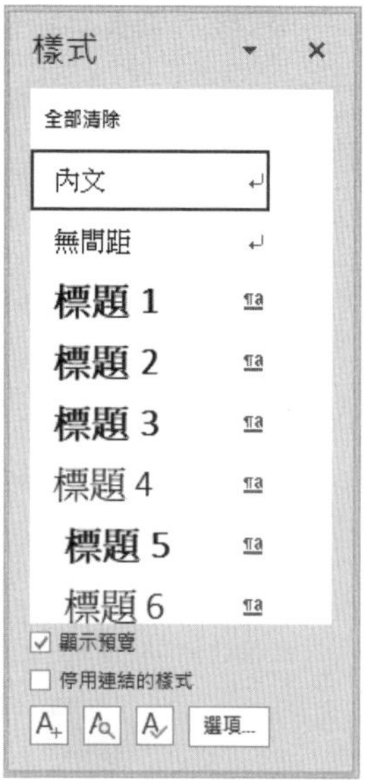

另外一種叫出「樣式」窗格的方式是按下鍵盤上的【Alt + Ctrl + Shift + S】這 4 個鍵。

Step 3 先點選下由左算起來第 3 個按鈕：

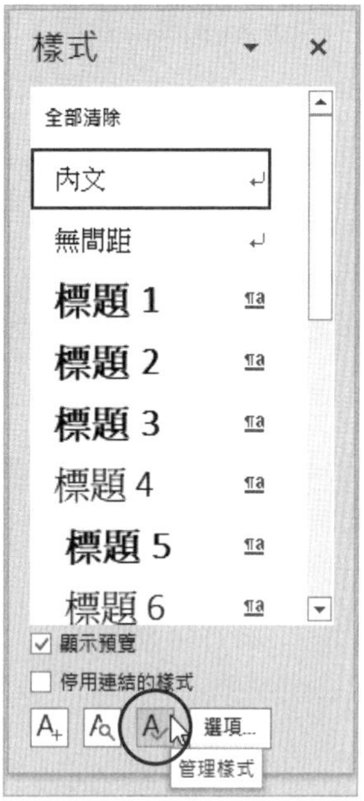

Step 4 點選**管理樣式** x 設定視窗左下角的【匯入 / 匯出】按鈕：

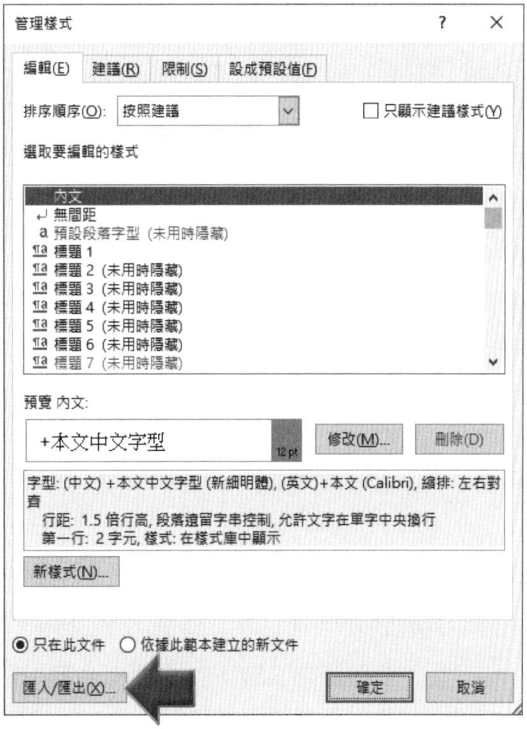

Step 5 點選**組合管理** x 設定視窗右側的【關閉檔案】按鈕：

按下之後，其上方清單中的所有樣式都會被清除，而【關閉檔案】按鈕則變成【開啟檔案】按鈕：

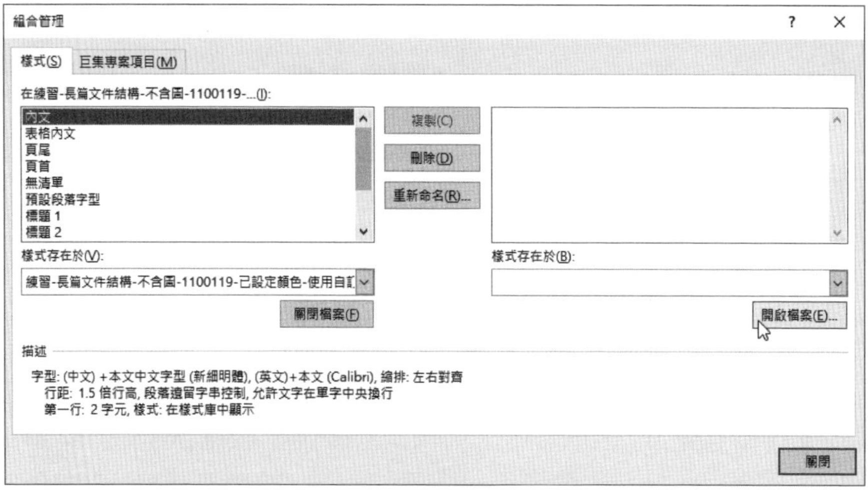

請按下【開啟檔案】按鈕，接下來就會出現**開啟舊檔** x 設定視窗。接下來請依序開啟舊檔：

1. 請將設定視窗下方【檔案名稱】右側的下拉清單改為「所有檔案」，因為原先只會顯示出特定副檔名的檔案，而我們的標題樣式範本是諸存在副名為 docx 的檔案中，此副檔名並不符合預定的副檔名，因此，我們必須設定為「所有檔案」才能看到我們的標題樣式範本檔。

2. 指定檔案所在的資料夾。
3. 用滑鼠左鍵點一下我們準備要開啟的「練習 - 長篇文件結構 - 不含圖 -1100119- 自訂標題樣式 .docx」。
4. 點選右下角的【開啟】按鈕。

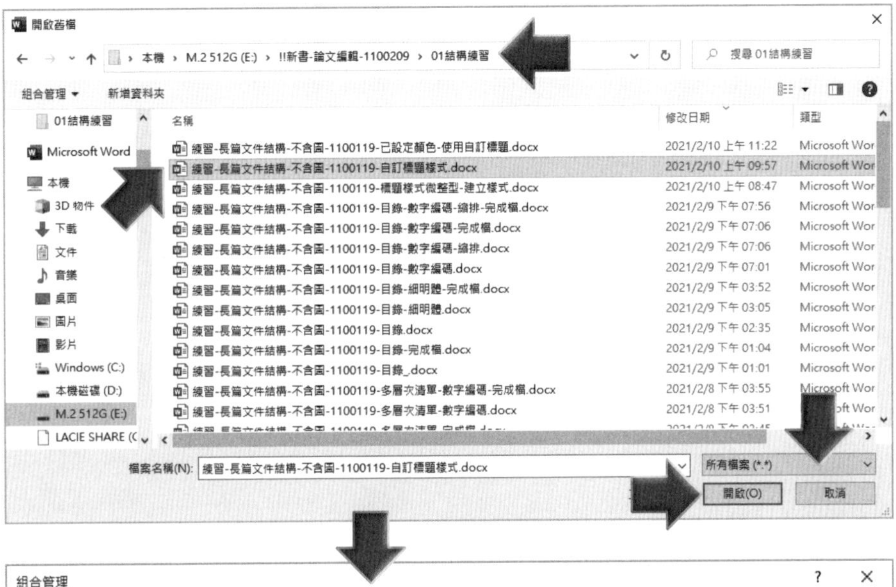

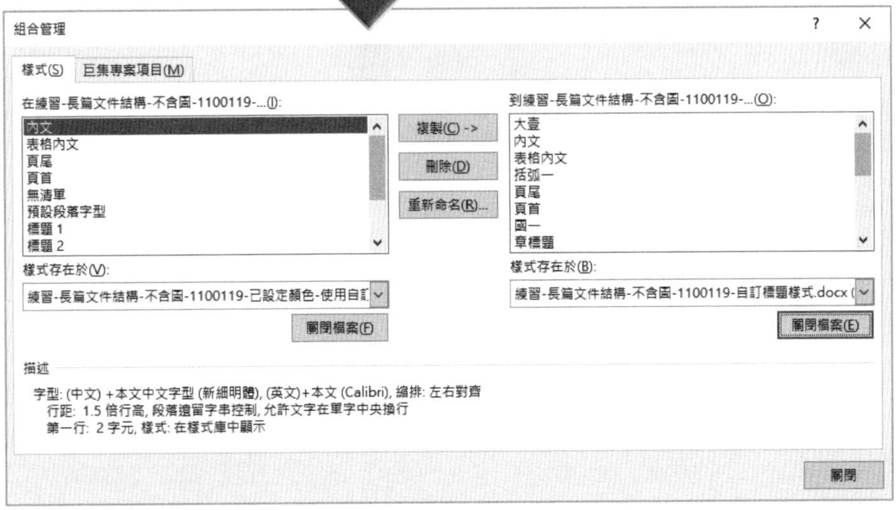

Step 6 返回**組合管理 x** 設定視窗右側清單中第一個樣式名稱，以本例而言就是【大壹】：

然後按下鍵盤上的【Shift】鍵「不要放開」，再捲動右側的捲動軸至下方的位置：

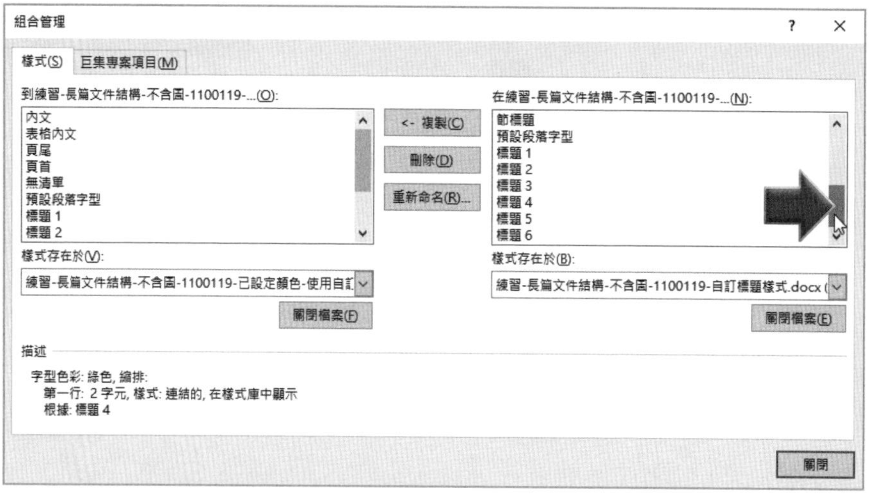

最後，點選清單中的最後一個樣式名稱，以本例而言就是「標題 6」，此時可以放開鍵盤上的【Shift】鍵了，而右側清單會呈現被選取的狀態：

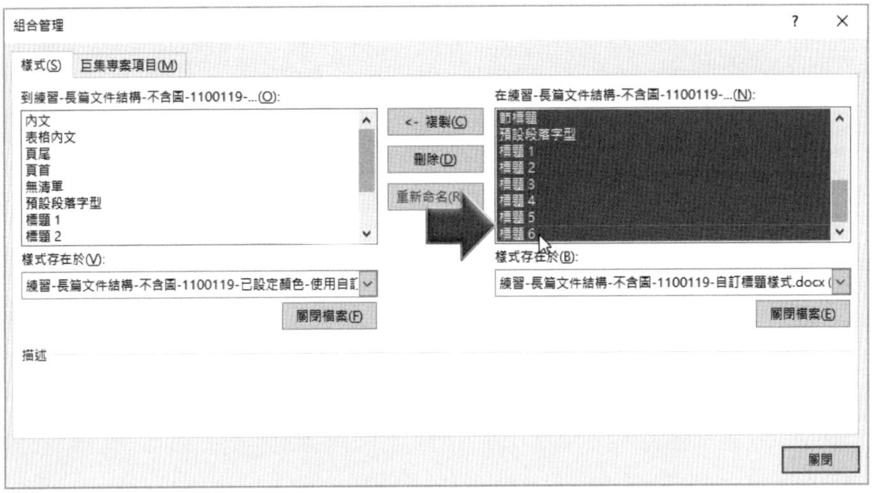

確定沒問題之後，點選位在**組合管理** x 設定視窗中間的第一個按鈕，【複製】：

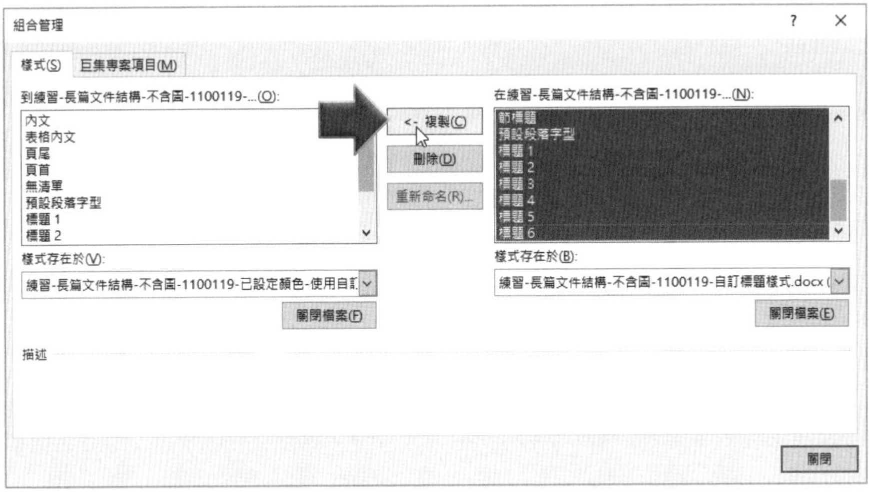

由於目前檔案中有「內文」樣式，而標題範本檔中也有「內文」樣式，因此出現了是否覆寫的視窗，請點選【全部皆是】按鈕：

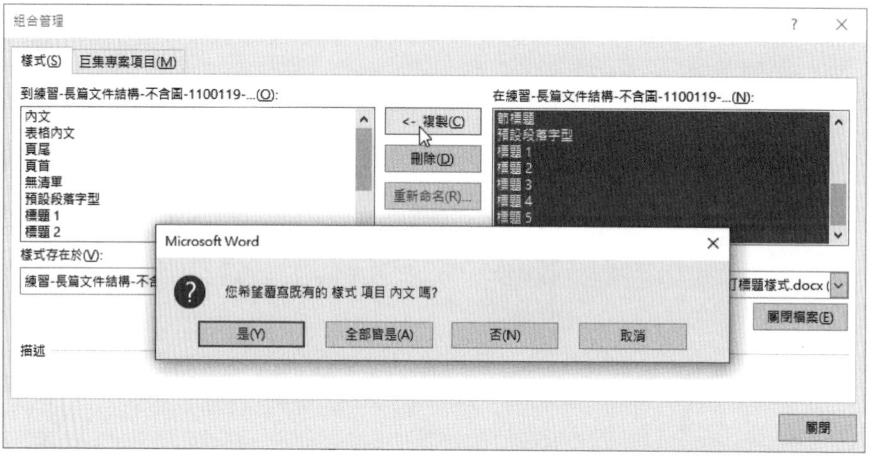

這樣子就完成了樣式的複製了，此時可以從左側的清單中看到原先沒有的樣式名稱，例如，「大壹」。最後按下【關閉】按鈕：

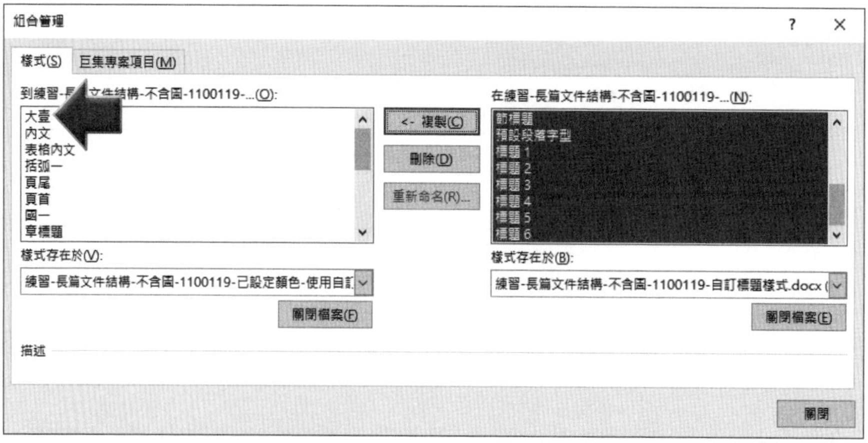

最後回到文件，此時**常用**索引標籤中的**樣式**↘群組中就出現了原先在標題樣式範本檔中的樣式了：

如果從樣式設定視窗中來看，也同樣看得到這些複製過來的樣式：

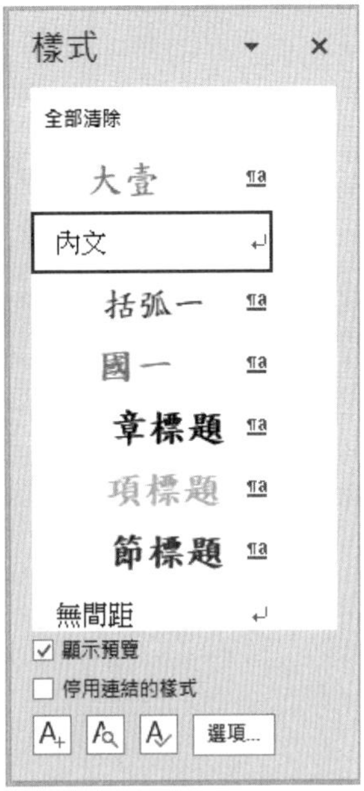

Step 7 接下來就請各位自行依前面講過的取代方法將代表不同標題顏色的文字分別替換為「章標題」樣式、「節標題」樣式、「項標題」樣式⋯，下面僅提供截圖供參。完成檔為「練習 - 長篇文件結構 - 不含圖 -1100119- 已設定顏色 - 使用自訂標題 - 完成檔 .docx」。

「章標題」樣式：

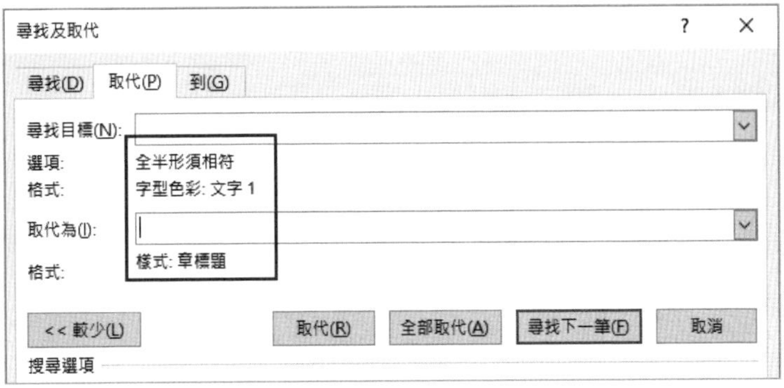

「節標題」樣式：

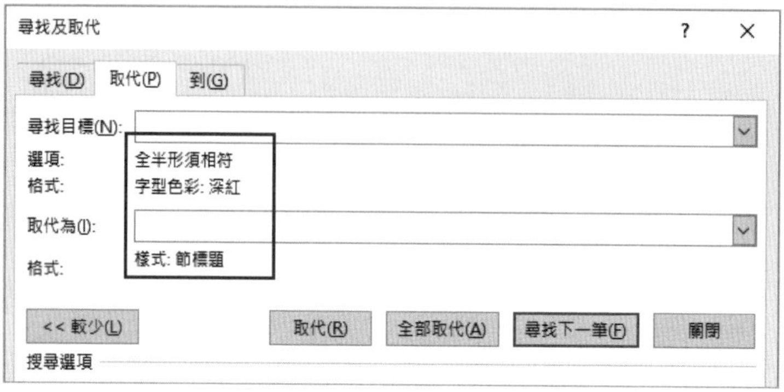

「項標題」樣式：

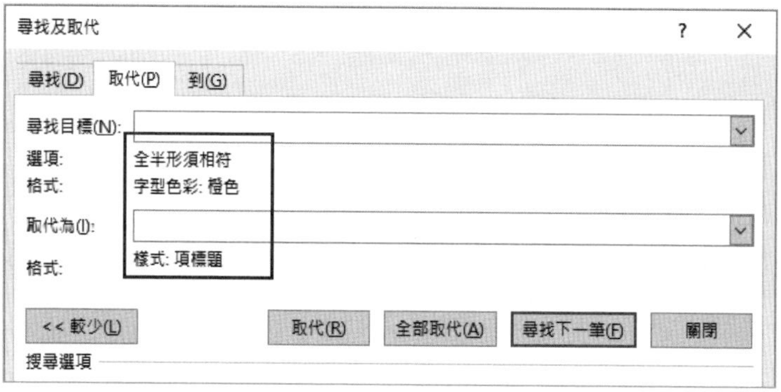

「大壹」標題樣式：

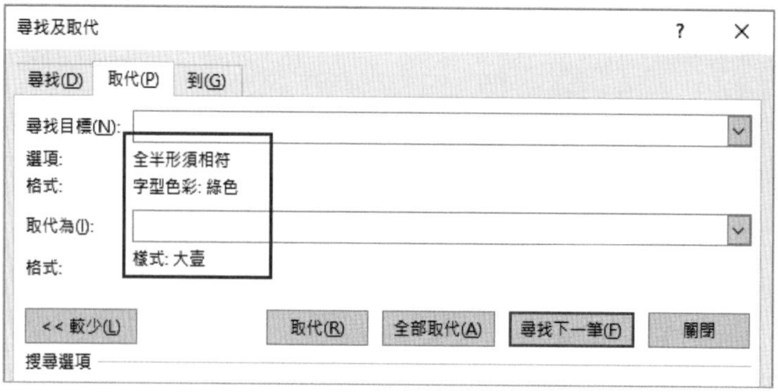

「國一」標題樣式：

「括弧一」標題樣式：

4.7 加強篇三：自訂的範本檔

上一篇係利用複製的方式將某一檔案中的樣式導入其他文件使用。雖然一樣能夠讓樣式可以被重複使用，但是操作上的步驟會多一些。

假設有某一學校想將原先的規定的各種格式的要求，例如，章標題的是「第〇章」，大小是 20pt，置中對齊…等都做好成樣式後交給研究生撰寫論文可以直接套用，讓研究生們可以用更多的時間精神做研究而不用在想要在有限時間畢業的時間壓力下去處理這些非學術研究的格式規矩的話，除了使用上一節的方式外，最好的方式就是將上一節的那支有各式樣式的檔案直接做成 Word 的範本檔。

做成範本檔的好處是，研究生們只要用該支範本檔來開新檔案，那麼該新檔案就可以直使用範本檔中所有的樣式套裝了，甚至可以將常用的功能製作成本書最後一節會說明的 VBA 巨集，讓研究生們可以使用那就更好了。

不過，在學校未能做成這件事前，我們可以自己來做屬於自己的範本檔，這除了可以讓你自己用之外，也可以做好之後提供給系上或班上同學、學長姐或學弟妹使用。

由於是要將已經含有自訂樣式的某一支檔案做成範本檔，由於如何自訂樣式，我在前面已經做過說明，在此就不再贅述，因此，接下來我們會直接利用已經內含自訂標題樣式的「練習 - 範本用文件 -1100120.docx」這支檔案來練習，這支檔案的內容與「練習 - 長篇文件結構 - 不含圖 -1100119- 自訂標題樣式 .docx」是相同的。

Step 1 開啟上述檔案。

Step 2 按下鍵盤上的【Ctrl + A】全選檔案中所有內容之後再按下【Delete】鍵來清空文件而成為一支空白的檔案。當然，如果你希望樣本檔中有一些固定要出現的內容，那麼這些內容也可以留在範本檔中，為了示範起見，我在月空內容後，加入下列文字：「公用的內容」來測試一下做成範本檔之後，是不是以後利用這支檔範本開啟的檔案都儲有這些文字：

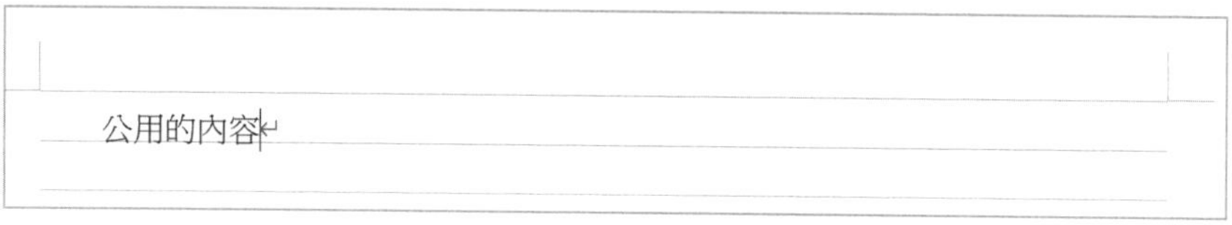

Step 3 點選**檔案**索引標籤，然後從開啟的功能表中點選【另存新檔】：

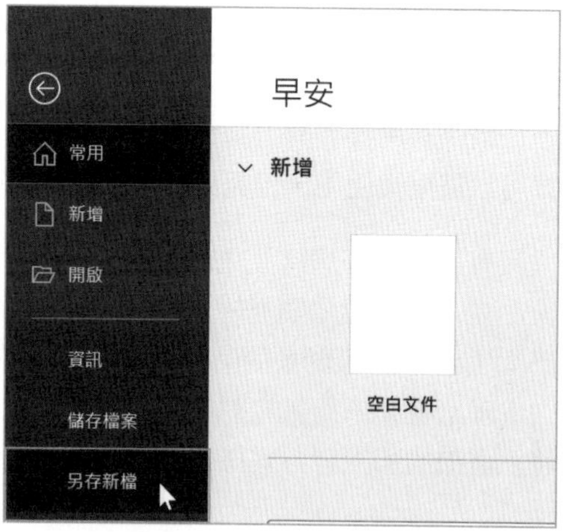

Step 4 點選**檔案**索引標籤，然後從開啟的功能表中點選【另存新檔】，接著再設定檔案的類型為【Word 範本 (*.dotx)】：

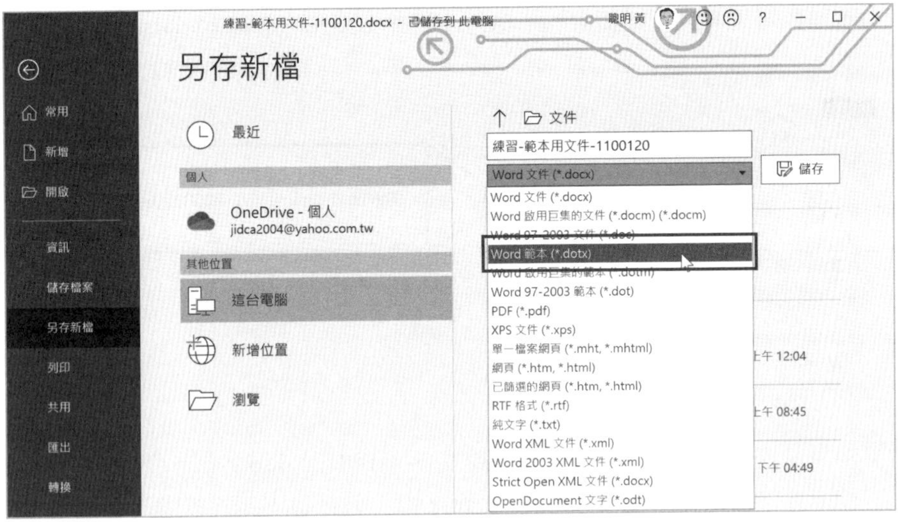

以我的 Word 版本來說，挑選了【Word 範本 (*.dotx)】之後，我將會在我的電腦中的「文件」資料夾中的「自訂 Office 範本」資料夾內建立「練習 - 範本用文件 -1100120.dotx」：

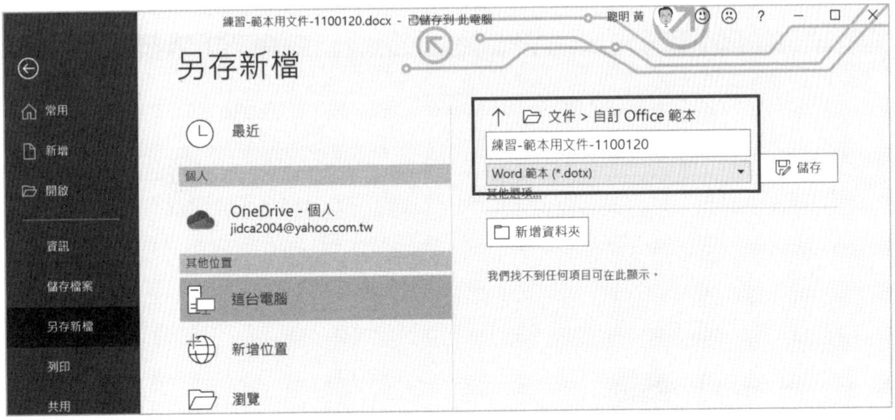

這樣就可以點選【儲存】按鈕了。

Step 5 回到文件編輯狀態後，請關閉檔案。

Step 6 開啟檔案總管並切換到「文件」資料夾中的「自訂 Office 範本」資料夾，在資料內可以看到剛才建立的「練習 - 範本用文件 -1100120.dotx」：

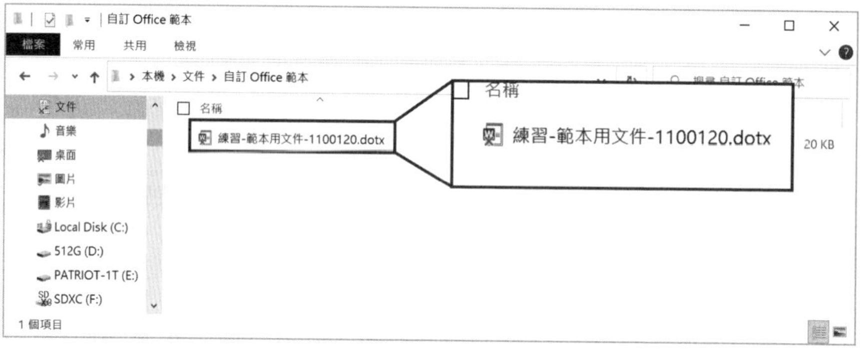

Step 7 利用滑鼠左鍵點擊「練習 - 範本用文件 -1100120.dotx」「2」下建立新的 .docx 檔。以下圖來說，雖然點擊的是 .dotx 檔，但是這支新的檔案是「文件 1」，也就是一般的 .docx，除此之外，這支檔案的**常用**索引標籤中的**樣式** ↘ 群組中的樣式不是以前我們利用 Word 內建範本檔開啟的樣式，而是我們自訂的樣式，最後，這支新的檔案並不是「空」的文件，文件中有著我們在建立範本時留下的「公用的內容」這些預設文字：

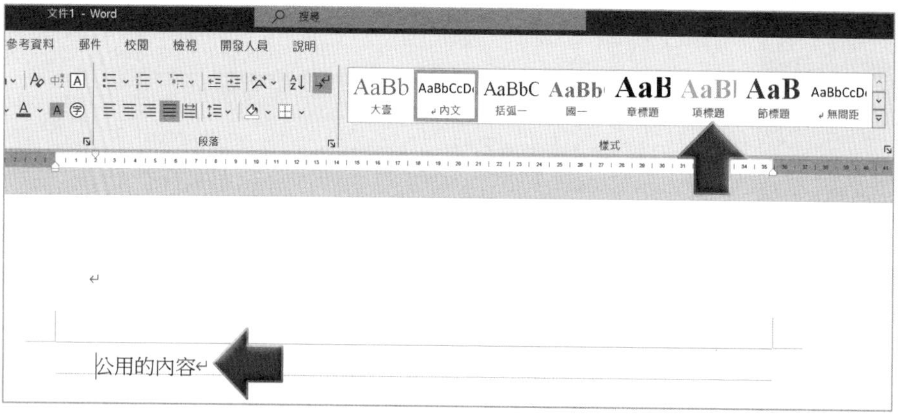

除了這種利用滑鼠左鍵點擊「.dotx」檔「2」下建立新的 .docx 檔外，也可以利用點選**檔案**索引標籤，然後從開啟的功能表頁面中點選【更多範本】：

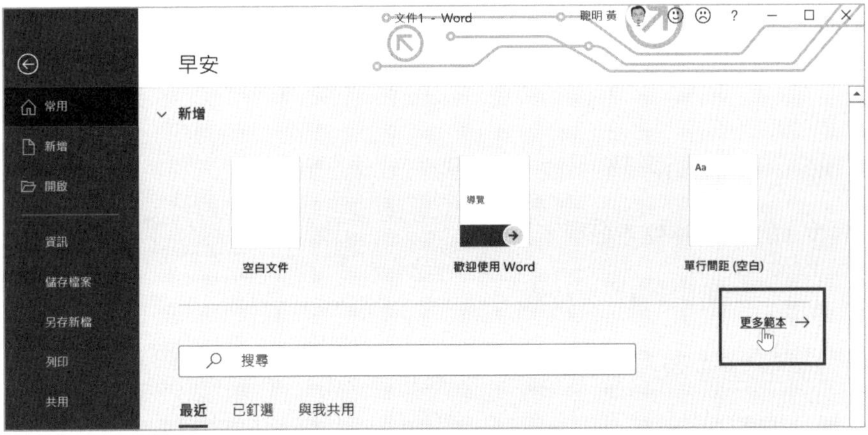

接下來再從切換後的畫面中，點選【個人】來挑選我們自訂的範本檔，由於是第 1 次自訂，因此，點選後只會看到剛才我們建立的「練習 - 範本用文件 -1100120」。此時利用滑鼠點選「練習 - 範本用文件 -1100120」一樣可以開新檔案。

這種方式的操作步驟似乎多了些，但好處是不用開啟檔案總管及切換到指定資料夾，所以也就不用記憶到底新增的範本檔位置。

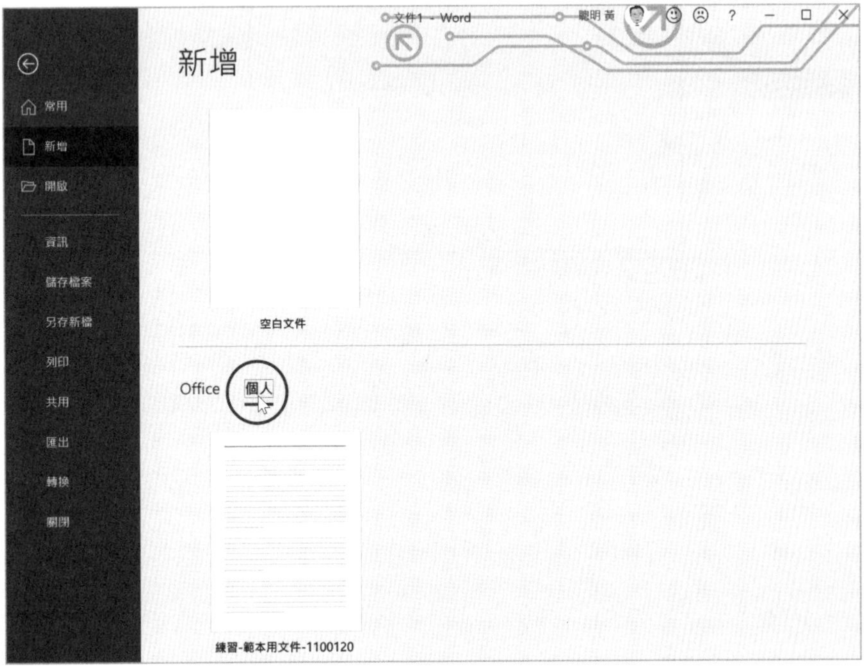

如果，這 2 種方式都覺得麻煩的話，還有一種更簡單的方式，那就是用我們的自訂範本檔做為 Word 開新檔案預設的範本檔，也就是說，我們要把 Word 的預設範本檔「換掉」。

為了「換掉」Word 的預設範本檔，我們要先知道 2 件事：

一、 Word 的預設範本檔的名稱。

二、 預設範本檔的預設資料夾位置。

想要得到這 2 件事的答案，請繼續跟著這麼做：

Step 1 點選**檔案**索引標籤，然後從開啟的功能表中點選【選項】，再從開啟的 **Word 選項** x 設定視窗中的左側點選【進階】選項，最後在進階選項右側捲動畫面到【一般】群組：

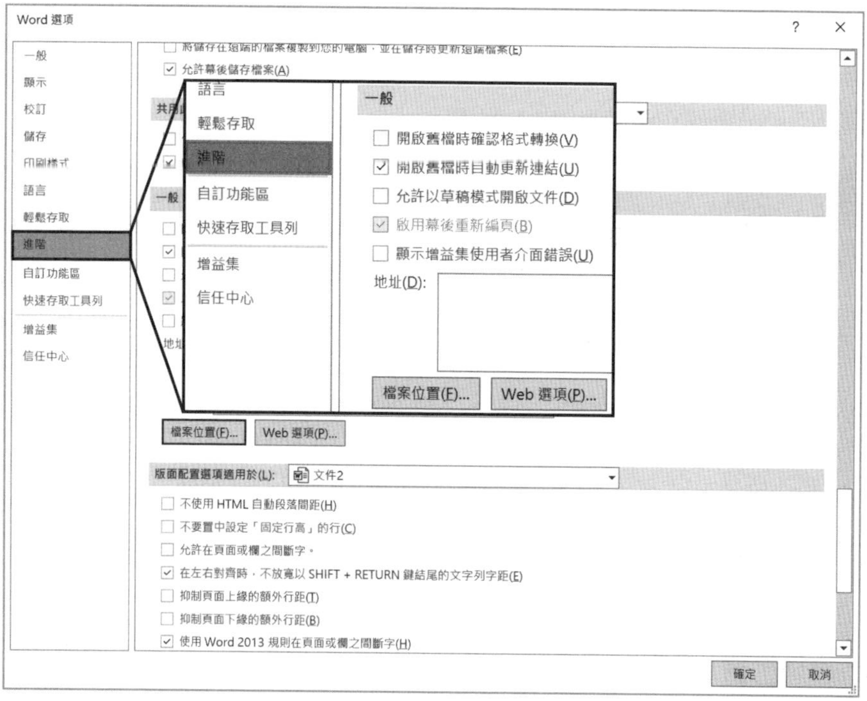

Step 2 點選【一般】群組中的【檔案位置】按鈕開啟**檔案位置**x設定視窗，再從【檔案類型】清單中點選【使用者範本】，最後點選下方的【修改】按鈕：

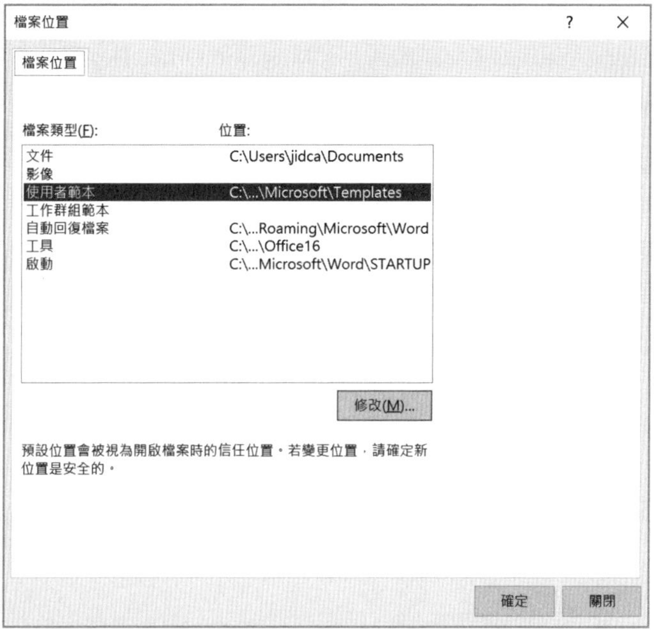

此時會開啟**修改位置**x設定視窗，請點選其中的網址列並按下滑鼠右鍵開啟選單，並從選單中點選【複製】選項：

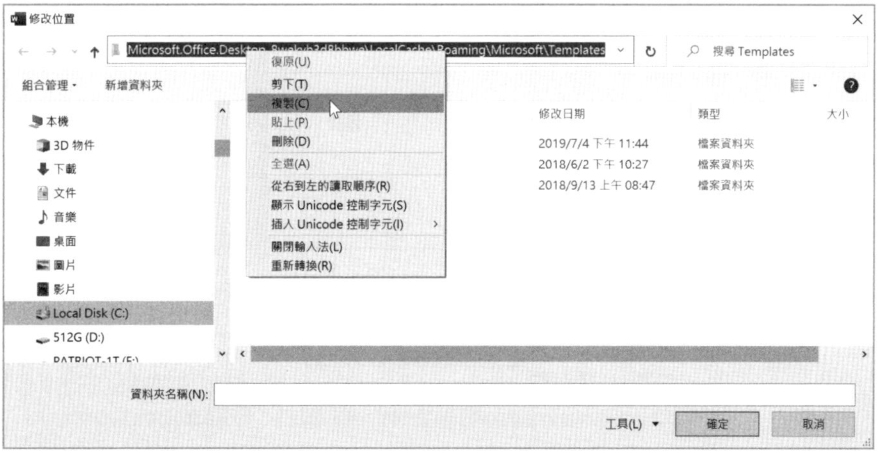

這個操作的目的在於取得 Word 預設範本檔的位置，由於這個位置的資料夾層次很深，為了方便操作，所以用複製的方式取得該位置，以我的電腦的操作為例，取得的位置是：

C:\Users\jidca\AppData\Local\Packages\Microsoft.Office.Desktop_8wekyb3d8bbwe\LocalCache\Roaming\Microsoft\Templates

點選【複製】後，請點選【取消】按鈕關閉**修改位置** x 設定視窗並返回**檔案位置** x 設定視窗，再點選【關閉】按鈕關閉**檔案位置** x 設定視窗並返回 Word **選項** x 設定視窗，最後，點選【取消】按鈕關閉 Word **選項** x 設定視窗，返回文件編輯狀態。

開啟檔案總管，並於網址列貼上剛才複製下來的位置：

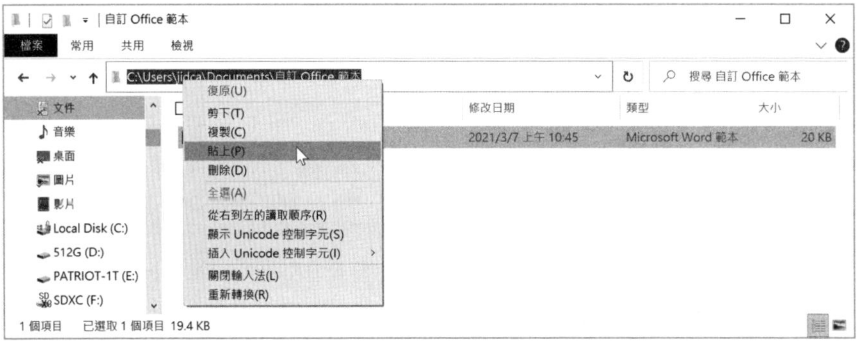

貼上後按下鍵盤上的【Enter】鍵即可切換到該資料夾，其中的 Normal.dotm 就是預設的範本檔：

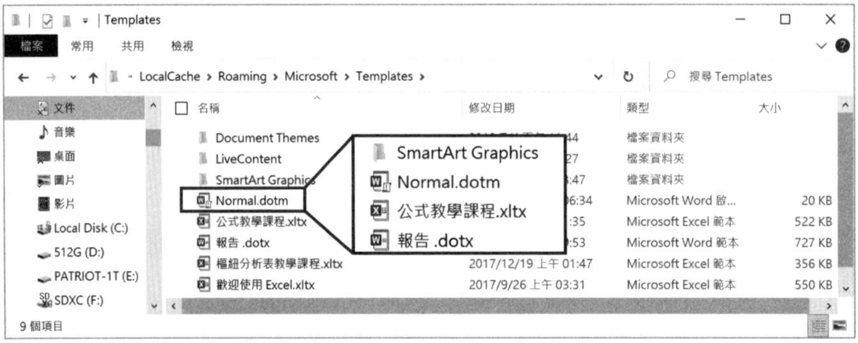

Normal.dotm 中的 m 表示「macro 巨集」，而我們自訂的範本檔為 .docx，二者的文件格式並不相同，所以，請開啟「練習 - 範本用文件 -1100120.dotx」，並點選**檔案**索引標籤，然後從開啟的功能表中點選【另存新檔】，接著再設定檔案的類型為【Word 啟用巨集的範本 (*.dotm)】，最後按下【儲存】按鈕：

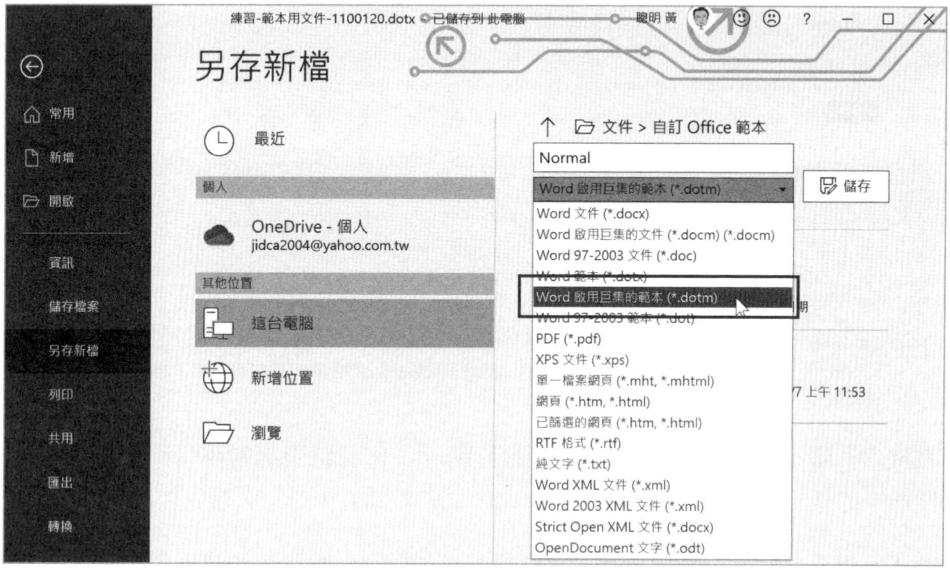

以我的 Word 版本來說，另存新檔案，我將會在我的電腦中的「文件」資料夾中的「自訂 Office 範本」資料夾內建立「Normal.dotm」：

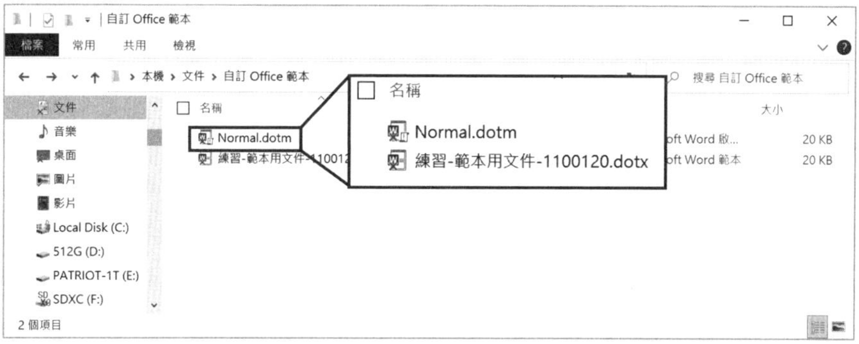

為了將我們的 Normal.dotm 取代 Word 預設的 Normal.dotm 範本，請關閉所有的 Word 文件離開 Word。

最後，再將 Normal.dotm 複製到 Word 預設範本所在的資料夾取代原先的 Normal.dotm，不過，在真的取代前，為防萬一「建議」將原始的 Normal.dotm 先複製一份加以備份。

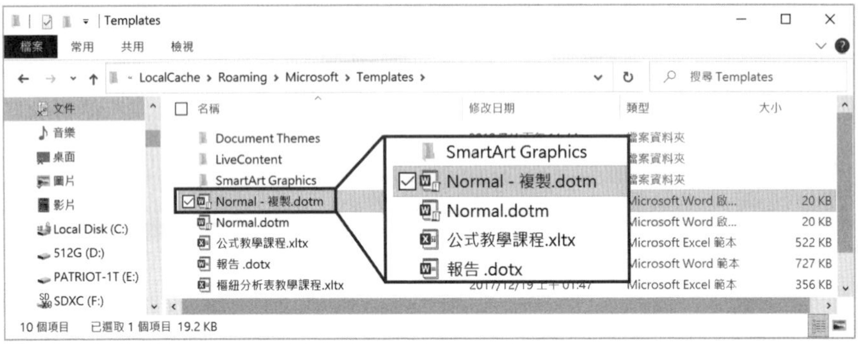

完成「真假王子」的替換後，再度開啟 Word，你就會看到**常用**索引標籤中的**樣式**群組中的樣式不是 Word 內建 Normal.dotm 範本檔的樣式，而是我們自訂的樣式了。

哪一天想要恢復原來的樣子時，只要將 Normal.dotm 刪除，並將原先複製下來的備份檔重新命名為 Normal.dotm 就可以了。

Chapter

5

論文
詳目與簡目

建立論文本文的標題結構之後，即使還沒任何的論文本文的內容，但已經可以開始建立目錄了，因為 Word 建立目錄的機制係利用「標題○」系列的樣式中關於階層的預設值。

目次 ← 16 號字，標楷體

第一章　緒論......5
第一節　○○○......5
第二節　○○○......10
第三節　○○○......15
第四節　○○○......20
第五節　○○○......25
第二章　文獻探討......30
第一節　○○○......30
第二節　○○○......35
第三節　○○○......40

目錄的結構層次各校規定不一，例如，政治大學與臺南大學的目錄結構有二層：章名與節名，而這個結構就只有論文各章的標題而已，並不包含謝辭、中英文要、圖目次、表目次等。

也有像中興大學法律系提供碩士專班的公版論文這種由 5 個層次形成的目錄階層結構：

第四章　營業稅法上解釋爭議案型......65
第一節　營業稅法之解釋方法......65
第一項　法規範定義......66
第二項　一般法規範解釋......67
壹、法解釋主體......67
貳、法解釋標的......68
一、客觀說......68
二、主觀說......68
三、折衷說......68
參、法解釋方法......68
一、文義解釋......71
二、歷史解釋......71
三、體系解釋......71
四、目的解釋......72
肆、法解釋目的......72
一、釐清不確定法律概念......72
二、填補法律漏洞......73
第三項　稅法之解釋......74
壹、租稅法與私法解釋......74
貳、租稅法與其他公法解釋......76
參、解釋方法相互間之關係......76
肆、解釋結果之合憲審查......76
第二節　「營業」在營業稅法上之意義......77
第一項　營業之解釋......77

有些學校則同時要求簡目與詳目，簡目用的就像政治大學的「章節二層結構」，而且只要列出論文本文結構即可，詳目用的就像中興大學法律碩士專班的「章節項五層結構」，而且除了論文本文的章節結構外，還包括其他項目，例如，高雄科技大學科技法律碩士研究所的論文規範中的範例 1 與範例 2：

範例 1：

簡　目

範例 2：

詳 目

除使用目次、簡目、詳目外，也有像義守大學，名稱使用總目錄，包括的項目與上述的詳目差不多：

總目錄

5.1 標題樣式與目錄

在製作目錄之前，先簡單練習一下在 Word 中，套用「標題○」系列的樣式套裝與目錄製作自動化之間的關鍵機制。

Step 1 開啟「練習 - 標題樣式與目錄 -1100120.docx」。這支檔案的結構如下：第一章到第五章用的是「標題 1」樣式，而章底下的第一節與第二節則是套用「標題 2」樣式，為了區辨方便，我刻意將節的部分用新細明體來跟章標題做區隔：

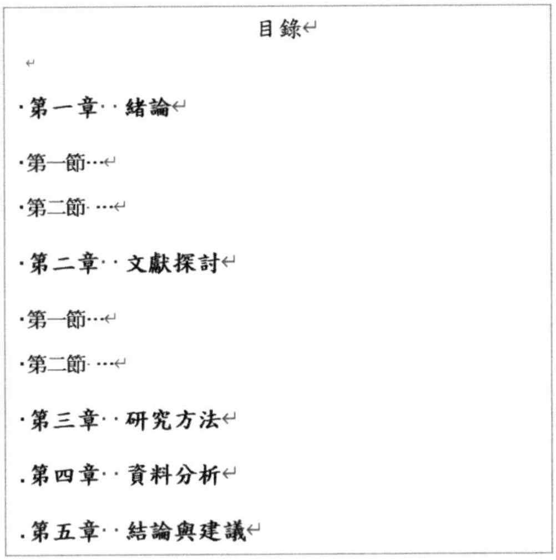
目錄

·第一章··緒論

·第一節···

·第二節····

·第二章··文獻探討

·第一節···

·第二節····

·第三章··研究方法

.第四章··資料分析

.第五章··結論與建議

Step 2 點選**參考資料**索引標籤中**目錄**群組的**目錄**▼下拉清單：

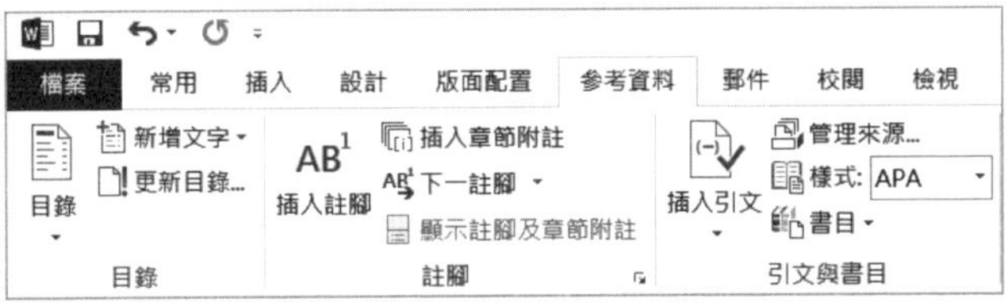

接著從開啟的清單中選取【自訂目錄】選項（從展開的選單可知，內建的那些樣式會在生成目錄時自動帶上「目錄」、「內容」的標題，而本練習檔中已經有標題了，所以，就沒選擇這些預設的內建目錄）：

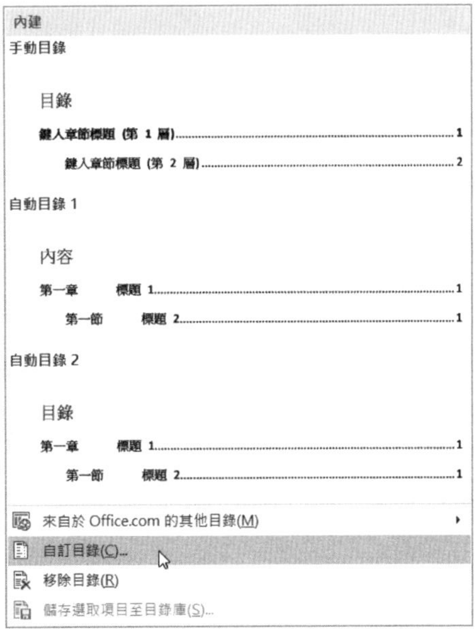

Step 3 預設會開啟**目錄 x** 設定視窗的**目錄**頁籤，關於頁籤中的其他項目的意義與設定後面會說明，這裡會先略過不談。

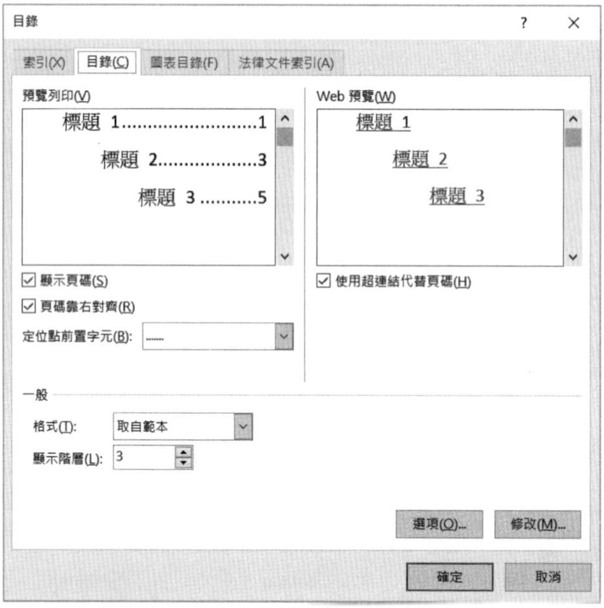

Step 4 不做任何設定，直接點選【確定】按鈕關閉**目錄 x** 設定視窗，返回文件編輯狀態，這樣就完成了目錄的製作。

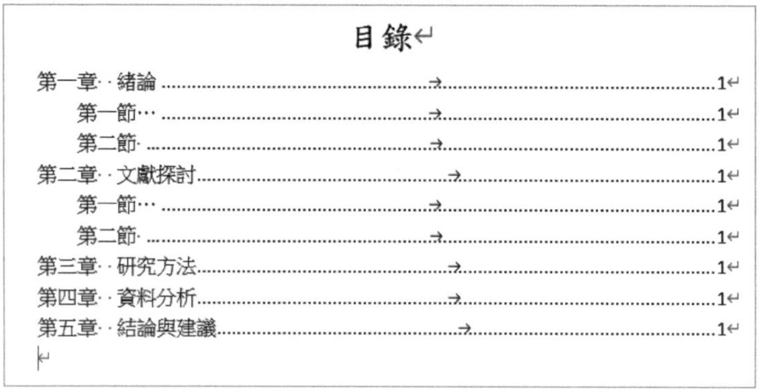

目錄

比對一下 Word 自動生成的目錄及練習檔中的各章節段落內容，可判斷二者間的關係如下：

文件中的標題樣式階層，預設對應成為自動化目錄的階層。

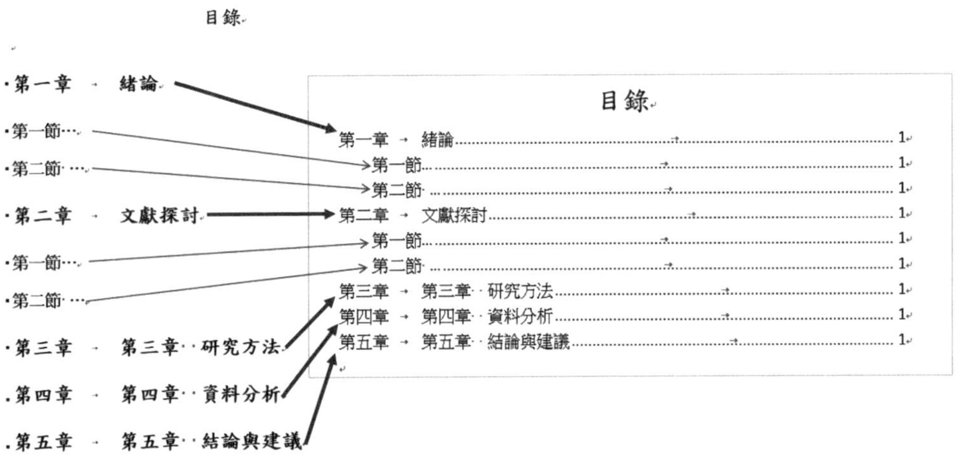

Word 這個規矩可以透過點選**目錄 x** 設定視窗右下角的【確定】按鈕顯示的**目錄選項 x** 設定視窗中看到標題樣式與目錄階層二者之間的聯繫關係。

從這樣的關係，就保證了我們在上一章利用「標題○」所建立的「多層次清單」的論文本文的「章節」標題會在建立目錄時形成目錄的對應層次了，至於是簡目的層次或是詳目的層次，只要在**目錄 x** 設定視窗中加以設定即可。

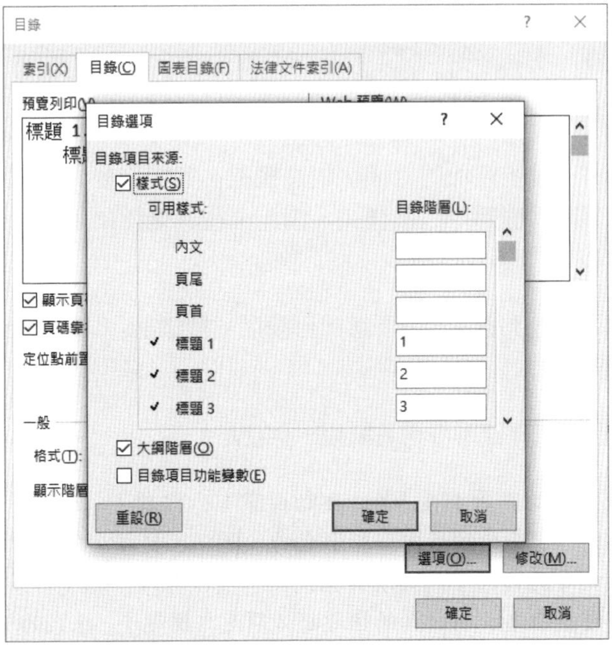

5.2「章節型」標題目錄

接下來，我以義守大學的總目錄結構來說明如何進行對章節結構的目錄的第一次製作。

Step 1 開啟「練習 - 長篇文件結構 - 不含圖 -1100119- 目錄 .docx」。這份文件是「練習 - 長篇文件結構 - 不含圖 -1100119- 多層次清單 - 完成檔 .docx」檔為基礎並事先在論文本文結構前增加了與義守大學總目錄結構一樣的相關頁面，從導覽窗格看起來，這支檔案的結構如下：

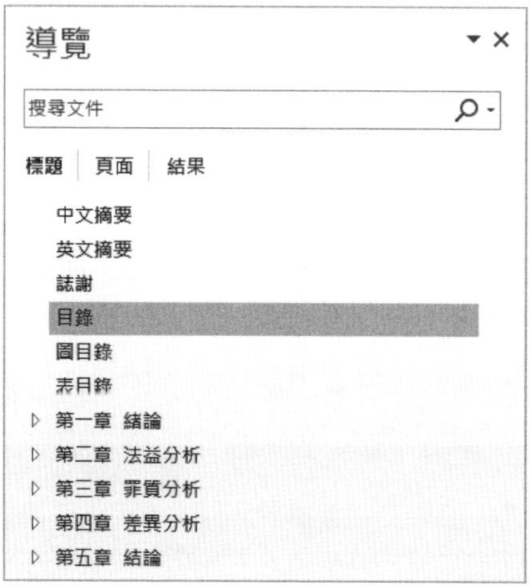

從結構可知，這些添加的頁面（中文摘要、英文摘要、誌謝、目錄、圖目錄及表目錄）都以標題 1 作為樣式，因此，在導覽窗格中，其位階的層次與各章的層次是相同的。

你可能會問，為什麼中文摘要等項目要以「標題 1」作為樣式，她們又不是論文本文的標題？

這是因為上一節練習所得到的結論，也就是：

> 形成目錄中的階層都是 Word 自動由穿有「標題 1」到「標題 9」套裝的段落自動抓出來的段落內容所形成的，所以，要成為目錄中的一項，在沒有其他設定的情況下，那麼其樣式就一定得套用標題 1 到標題 9，這也是為什麼這些新添加的新頁的標題都必須是「標題 1」樣式的緣故。

由於如何添加「新頁」及什麼時候需要設定不同的「節」在下一章才會說明，因此，這個練習檔中就先行把結構做成。

Step 2 點選導覽窗格中的「目錄」切換到該頁，並將插入點移到該頁「目錄」標題的下一列：

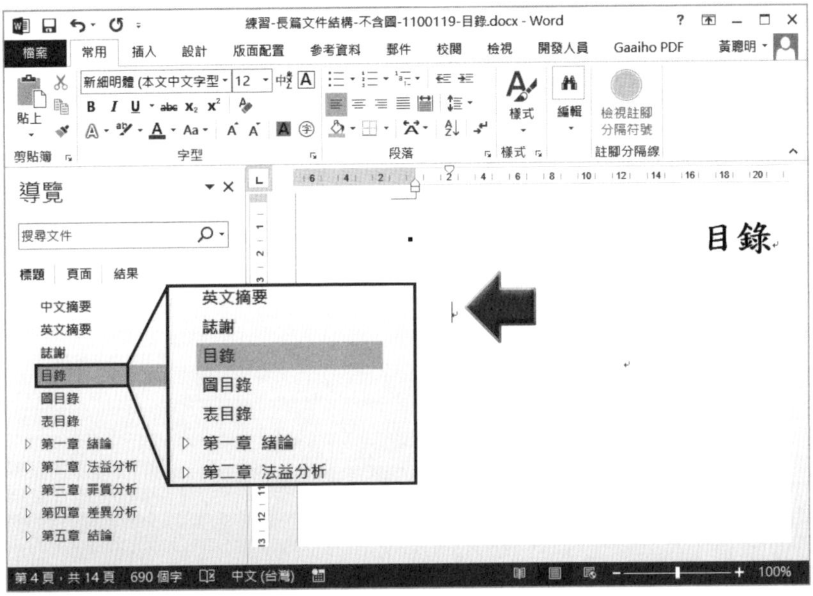

Step 3 點選**參考資料**索引標籤中**目錄** ↘ 群組的**目錄** ▼ 下拉清單：

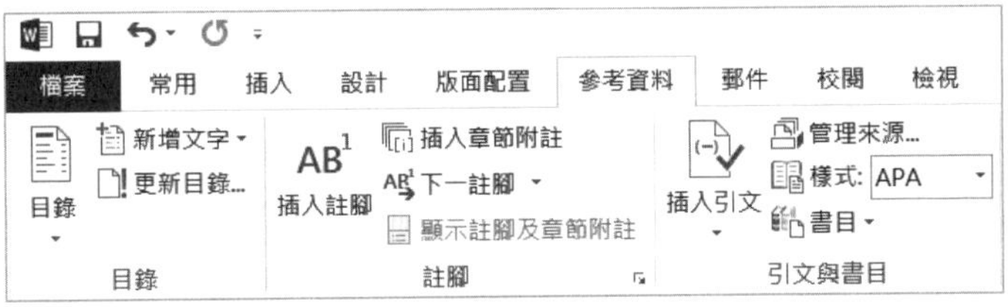

接著從開啟的清單中選取【自訂目錄】選項：

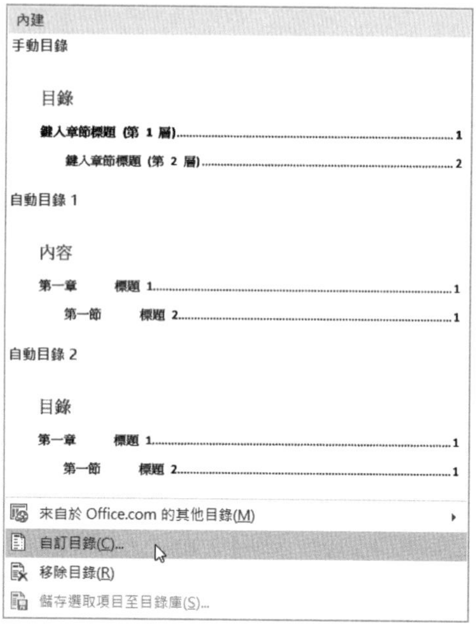

Step 4 預設會開啟目錄設定視窗的目錄頁籤：

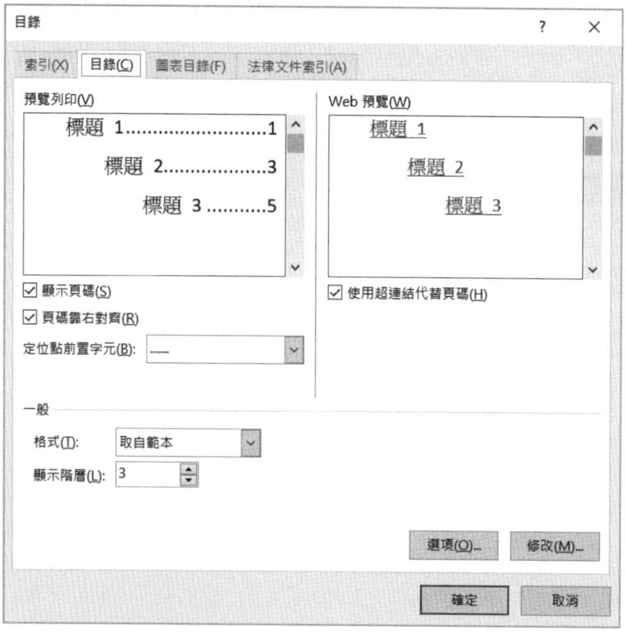

1. 顯示頁碼：預設是勾選的狀態，請確認。
2. 頁碼靠頁對齊，定位點前置字元，可自行設定，但使用預設值即可，這個設定就是我們常在目次中看到的標題與頁間之間的「…」符號。
3. 格式：預設是「取自範本」，可自行設定，但使用預設值即可。
4. 顯示階層：預設是 3，這個指的是目錄的層次，由於我們要建立的詳目有 5 個不同標題所成的階層，因此，要改成 5。
5. 按下右下角的【修改】按鈕修改目錄中各階層文字所使用的中文字型、文字的大小…等。按下後開啟的**樣式 x** 設定視窗中共有「目錄 1」到「目錄 9」這些樣式可供設定，如果這裡漏未設定，未來也可以透【樣式】窗格來做：

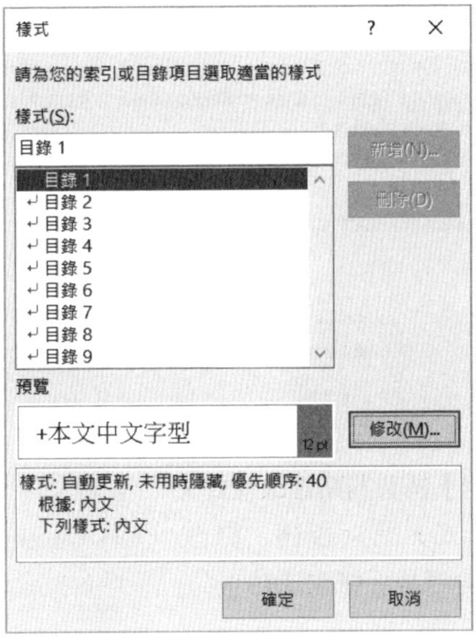

預覽下方會顯示選定目錄的格式，例如，預設的目錄 1，其中文字型為細明體，字型是 12pt：

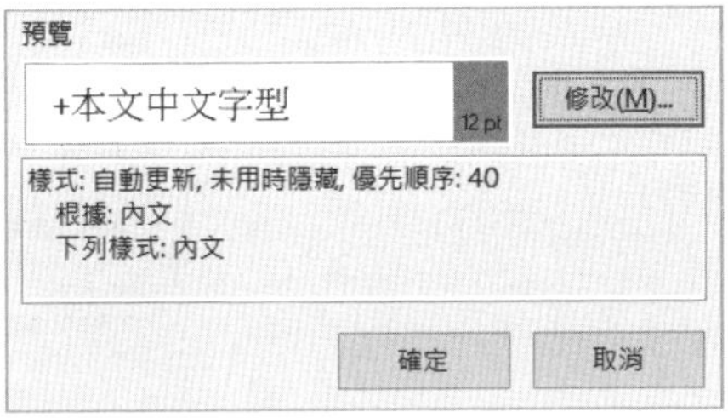

假設我們要使用「標楷體」，所以，要點選【修改】按鈕開啟我們的老朋友**修改樣式 x** 設定視窗：

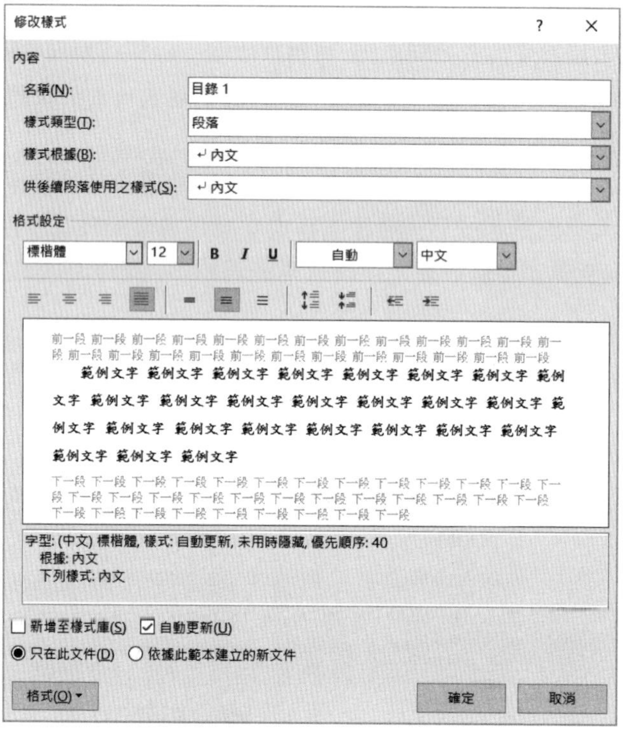

完成後點選【確定】按鈕關閉**修改樣式 x** 設定視窗返回**樣式 x** 設定視窗，修改後，從預覽可以看到是否修改成功：

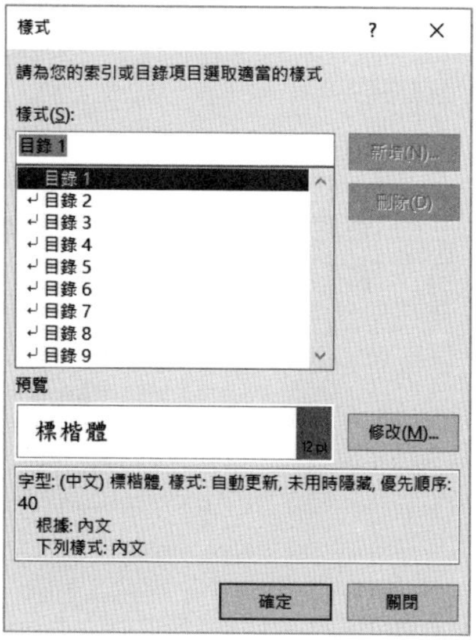

請重複相同的操作將餘下的目錄 2 至目錄 5 的修改。全部修後完成即可點選【確定】按鈕返回**樣式 x** 設定視窗，再按一下**樣式 x** 設定視窗中的【確定】按鈕完成目錄的製作。

完成後的結果如下，請參閱完成檔「練習 - 長篇文件結構 - 不含圖 -1100119-目錄 - 完成檔 .docx」：

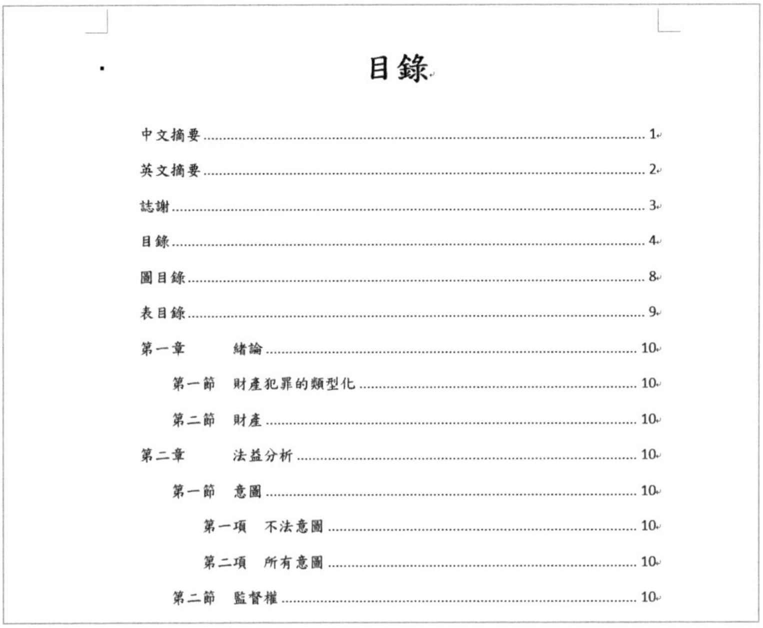

目錄

中文摘要 1
英文摘要 2
誌謝 3
目錄 4
圖目錄 8
表目錄 9
第一章　緒論 10
第一節　財產犯罪的類型化 10
第二節　財產 10
第二章　法益分析 10
第一節　意圖 10
第一項　不法意圖 10
第二項　所有意圖 10
第二節　監督權 10

Step 5　修改「目錄」標題的字體。為了讓「目錄」這個標題會出現在詳目中，因此，範本檔使用標題 1 作為「目錄」的樣式，由於標題 1 的格式係配合論文本文結構的設定而來，但是對於目錄頁的格式可以會有不同的要求，因此，完成後可以進行部分文字的局部修改，例如，改成字型大小為 20pt，因為在「套用樣式」後的格式修改，其本質仍是原先套用的樣式，因此在改變字型為 20pt 雖然與論文本文「章標題」為標題 1 預設的 26pt 不同，但因為二者仍為「標題 1」樣式，所以，目錄頁中的「目錄」這二個字的標題仍會構成詳目中的一項。

當然，如果你會使用本章加強篇二所說的機制，那麼就不一定要使用標題 1 的樣式，即使使用與論文本文相同的「內文」樣式也是可以的，這個部份請各位在閱讀完加強篇二之後再自行練習本修改。

5.3「數字型」標題目錄

接下來，我以義守大學的總目錄結構及清華大學 - 工程與系統科學系數字編碼目錄結構來說明如何進行下面目錄的製作。

Step 1 開啟「練習 - 長篇文件結構 - 不含圖 -1100119- 目錄 - 數字編碼 .docx」。這份文件是「練習 - 長篇文件結構 - 不含圖 -1100119- 多層次清單 - 數字編碼 - 完成檔」檔為基礎並事先在論文本文結構前增加了與義守大學總目錄結構一樣的相關頁面，從導覽窗格看起來，這支檔案的結構如下：

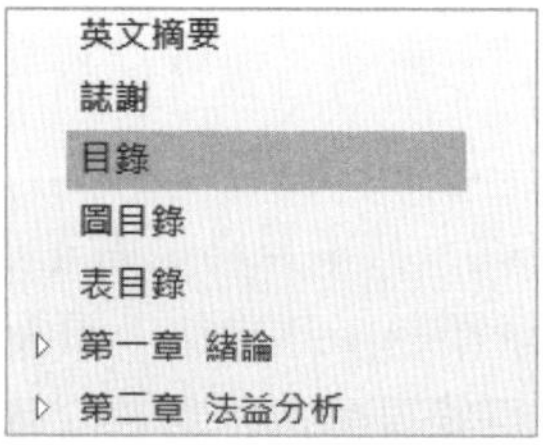

Step 2 點選導覽窗格中的「目錄」切換到該頁，並將插入點移到該頁「目錄」標題的下一列：

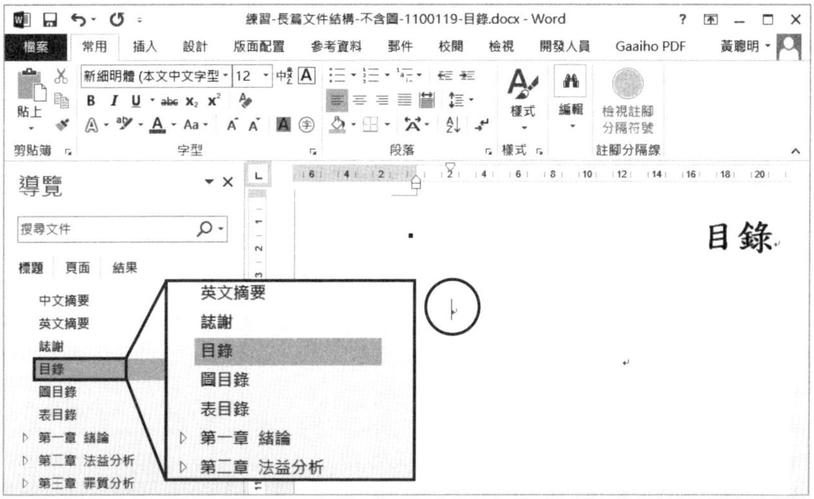

Step 3 點選**參考資料**索引標籤中**目錄**群組的**目錄▼**下拉清單：

接著從開啟的清單中選取【自訂目錄】選項：

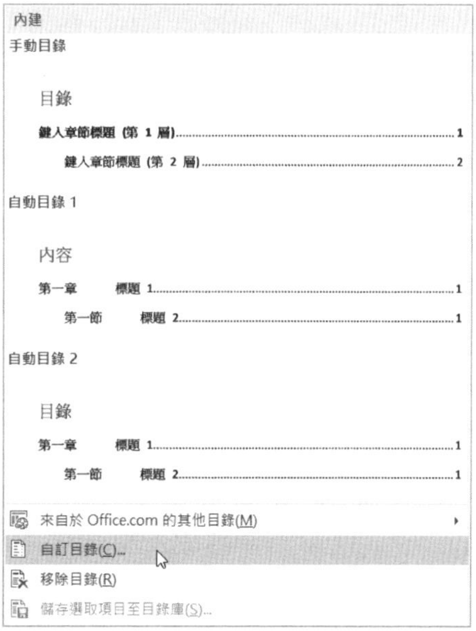

Step 4 預設會開啟**目錄** x 設定視窗的**目錄**頁籤：

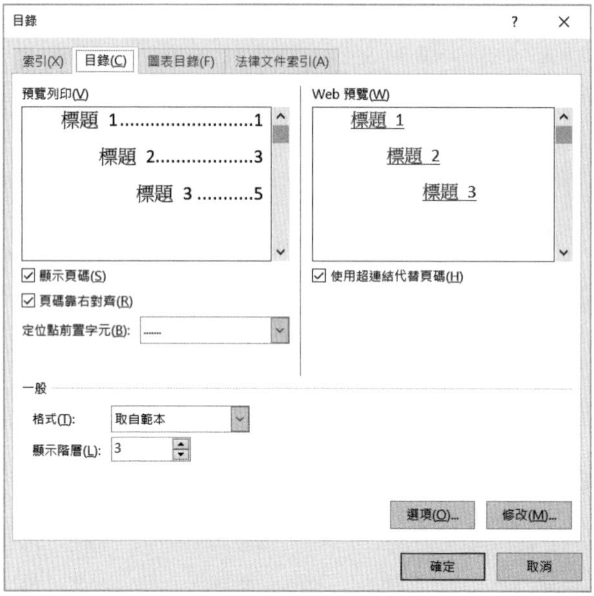

1. 顯示頁碼：預設是勾選的狀態，請確認。
2. 頁碼靠頁對齊，定位點前置字元，可自行設定，但使用預設值即可，這個設定就是我們常在目次中看到的標題與頁間之間的「…」符號。
3. 格式：預設是「取自範本」，可自行設定，但使用預設值即可。
4. 顯示階層：預設是 3，這個指的是目錄的層次，由於我們要建立的詳目有 5 個不同標題所成的階層，因此，要改成 5。
5. 按下右下角的【修改】按鈕修改目錄中各階層文字所使用的中文字型、文字的大小…等。按下後開啟的**樣式** x 設定視窗中共有「目錄 1」到「目錄 9」這些樣式可供設定，如果這裡漏未設定，未來也可以透過【樣式】窗格來做：

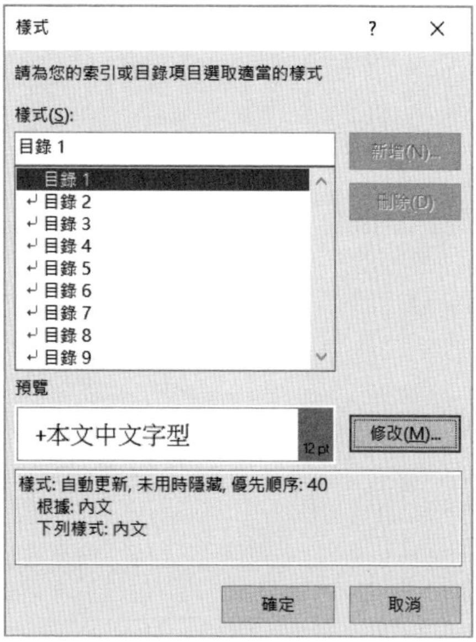

預覽下方會顯示選定目錄的格式，例如，預設的目錄 1，其中文字型為細明體，字型是 12pt：

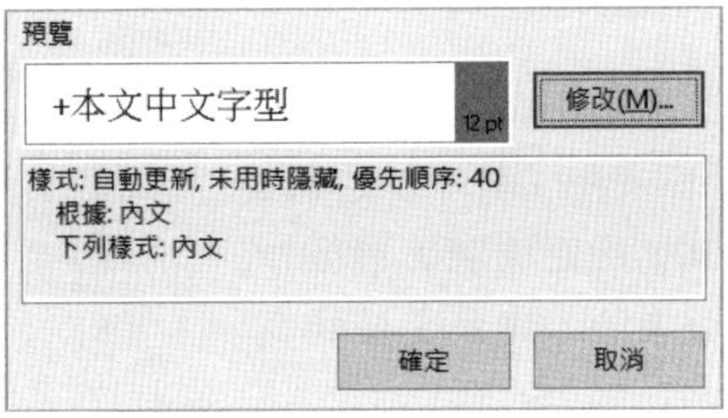

假設我們要使用「標楷體」，所以，要點選【修改】按鈕開啟我們的老朋友**修改樣式 x** 設定視窗：

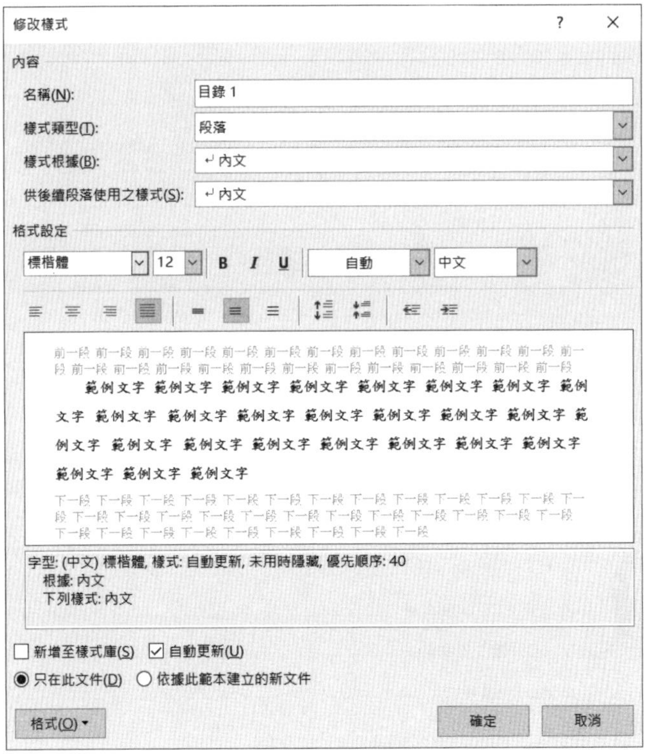

完成後點選【確定】按鈕關閉**修改樣式** x 設定視窗返回**樣式** x 設定視窗。修改後，從預覽可以看到是否修改成功：

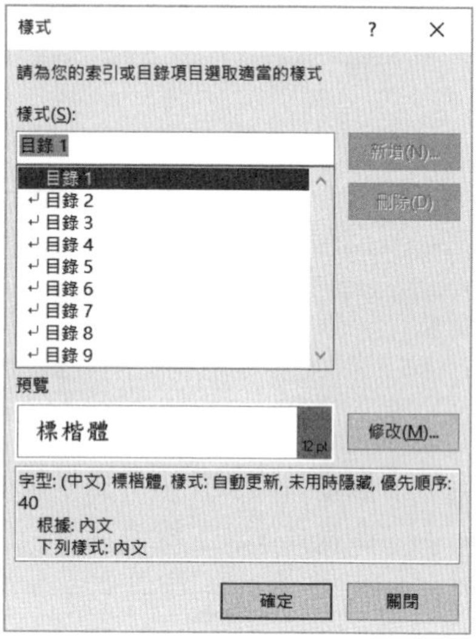

請重複相同的操作將餘下的目錄 2 至目錄 5 的修改。全部修後完成即可點選【確定】按鈕返回**樣式** x 設定視窗，再按一下**樣式** x 設定視窗中的【確定】按鈕完成目錄的製作。

完成後的結果如下，完成檔請參閱「練習 - 長篇文件結構 - 不含圖 -1100119- 目錄 - 數字編碼 - 完成檔 .docx」：

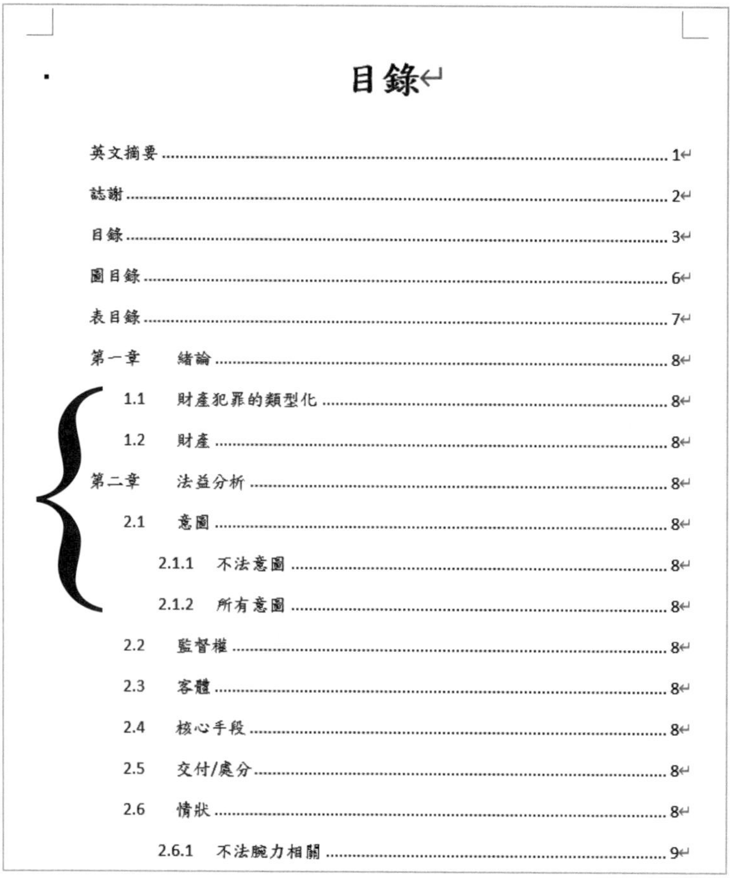

目錄

Step 5 修改「目錄」標題的字體。為了讓「目錄」這個標題會出現在詳目中，因此，範本檔使用標題 1 作為「目錄」的樣式，由於標題 1 的格式係配合論文本文結構的設定而來，但是對於目錄頁的格式可以會有不同的要求，因此，完成後可以進行部分文字的局部修改，例如，改成字型大小為 20pt，因為在「套用樣式」後的格式修改，其本質仍是原先套用的樣式，因此在改變字型為 20pt 雖然與論文本文「章標題」為標題 1 預設的 26pt 不同，但因為二者仍為「標題 1」樣式，所以，目錄頁中的「目錄」這二個字的標題仍會構成詳目中的一項。

當然，如果你會使用本章加強篇二所說的機制，那麼就不一定要使用標題 1 的樣式，即使使用與論文本文相同的「內文」樣式也是可以的，這個部份請各位在閱讀完加強篇二之後再自行練習本修改。

5.4 預設目錄樣式的修改

前二節的操作中，我們同步完成目錄各層次關於「中文字型」為「標楷體」的修改。如果，目錄製作時少了這個動作呢？

如何在已完成的目錄下做同樣的樣式設定？例如，下面是預設使用「新細明體」完成的目錄：

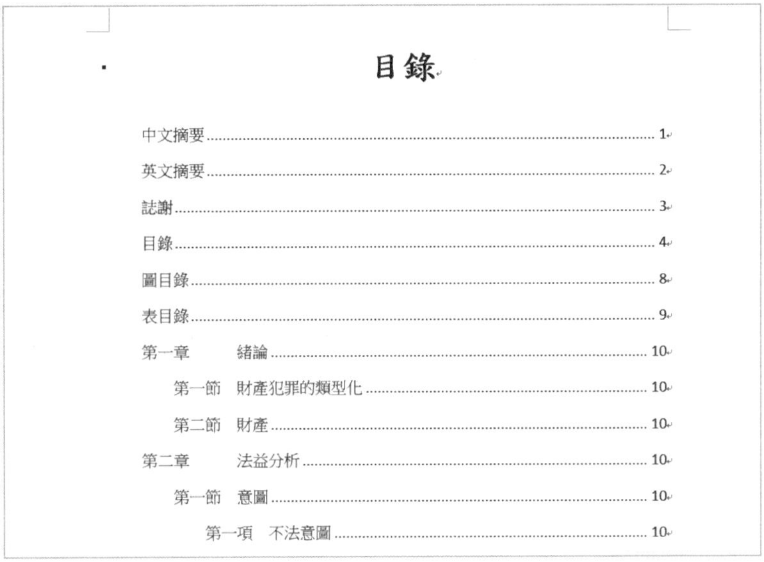

目錄

當我們製作好目錄之後，樣式中會看得到 Word 預設的「目錄 1」到「目錄 9」的樣式，因此，如果建立目錄後有任何需要進行格式修改的地方都可以從這邊著手。接下來我們便利用前面修改標題樣式的方法來修改目錄的樣式。

Step 1 開啟「練習 - 長篇文件結構 - 不含圖 -1100119- 目錄 - 細明體 .docx」做為練習之用。

Step 2 點選**常用**索引標籤中的**樣式** ↘ 群組右下角的【↘】展開「樣式」窗格：

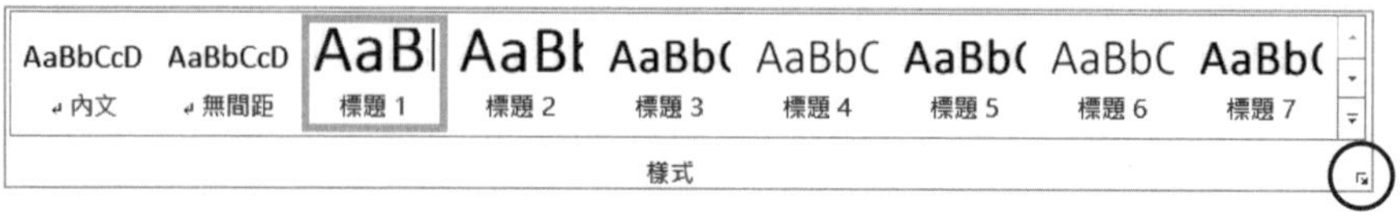

接著再從**樣式**窗格中找到與目錄相關的樣式，由於我們建立的目錄只有 5 個層次，因此，自動產生的樣式只有「目錄 1」到「目錄 5」：

另外一種叫出「樣式」窗格的方式是按下鍵盤上的【Alt + Ctrl + Shift + S】這 4 個鍵。

Step 3 先來修改「目錄 1」。從「目錄 1▾」下拉清單中點選【修改】選項：

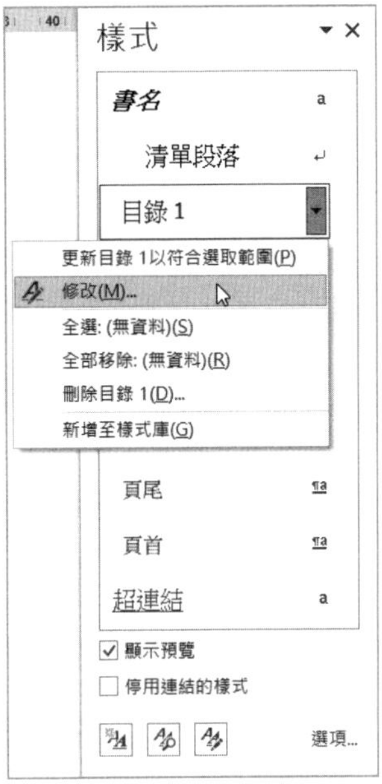

Step 4 由設定視窗中進行必要的修改。以本例而言只要修改格式群組中的中文字型即可，其餘部分各位視學校的規定自行處理。

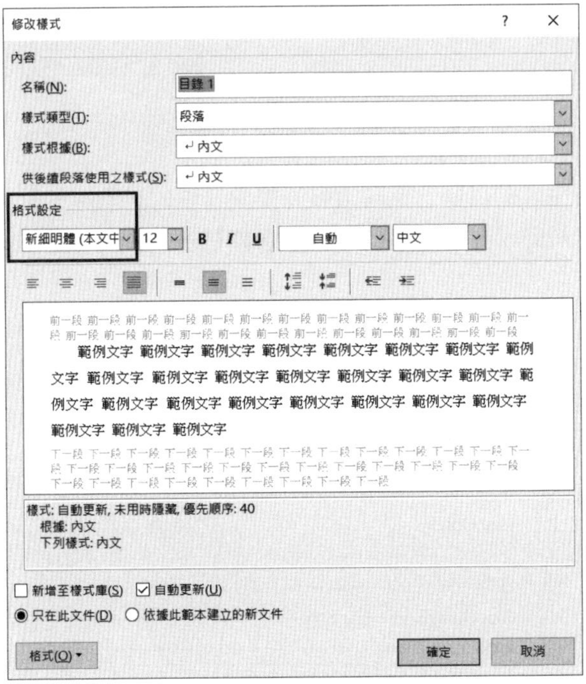

Step 5 完成後點選【確定】按鈕關閉**修改樣式 x** 設定視窗，返回文件編輯狀態。修改完「目錄 1」之後，目錄相對的位置就會同步更新，完成檔請參閱「練習 - 長篇文件結構 - 不含圖 -1100119- 目錄 - 細明體 - 完成檔 .docx」：

目錄

Step 6 請自行依此方式完成其餘各層次目錄樣式的修改。

前面完成的操作所完成的目錄，不同階層的標題呈現的是階層的配置，但是如果像下面元智大學的目錄規範，在「章」以下的階層都是一樣，沒有縮排，那麼對於縮排也要跟著修改：

Step 1 開啟「練習 - 長篇文件結構 - 不含圖 -1100119- 目錄 - 數字編碼 - 縮排 .docx」做為練習之用。

Step 2 點選**常用**索引標籤中的**樣式** ↘ 群組右下角的【↘】展開「樣式」窗格：

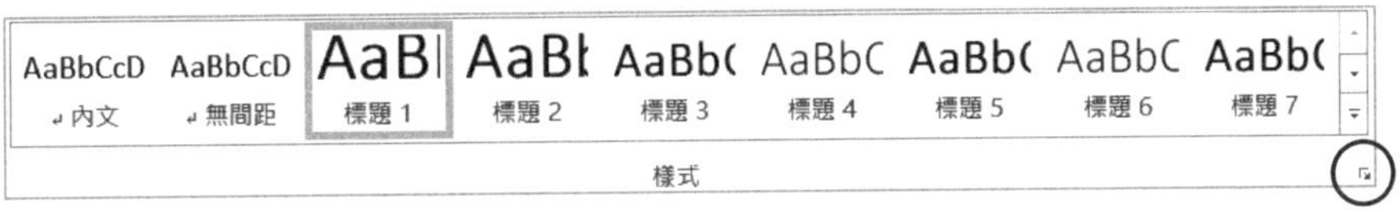

接著再從**樣式**窗格中找到與目錄相關的樣式，由於我們建立的這支檔案的目錄只有 3 個層次，因此，自動產生的樣式只有「目錄 1」到「目錄 3」：

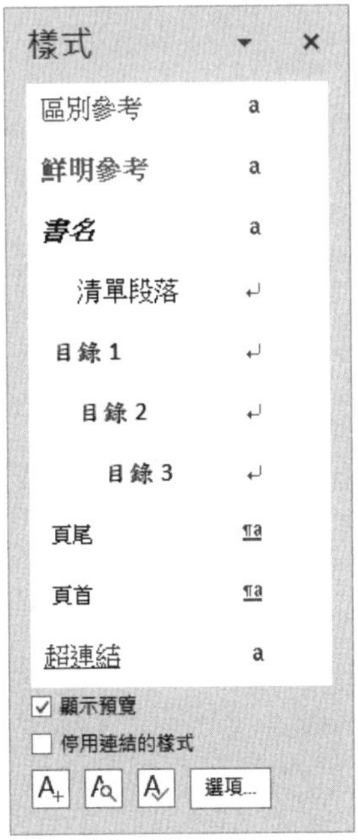

另外一種叫出「樣式」窗格的方式是按下鍵盤上的【Alt + Ctrl + Shift + S】這 4 個鍵。

Step 3 由於要變更的是第 3 層的標題，因此從「目錄 3▾」下拉清單中點選【修改】選項：

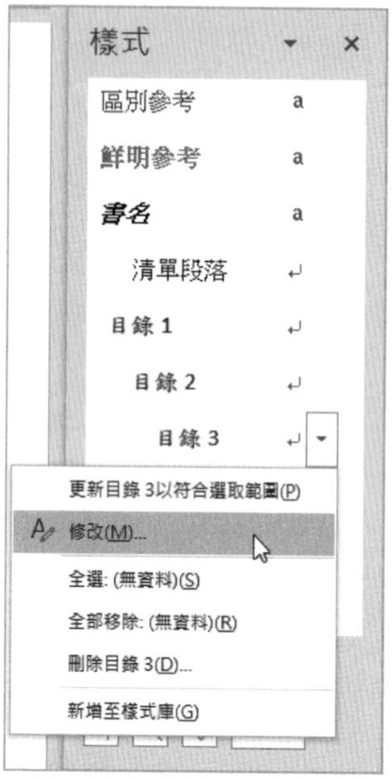

Step 4 由開啟的**修改樣式 x** 設定視窗中進行必要的修改。以本例而言，點選右下角的【格式 ▾】下拉清單，接著再從展開的選單點選【段落】選項。

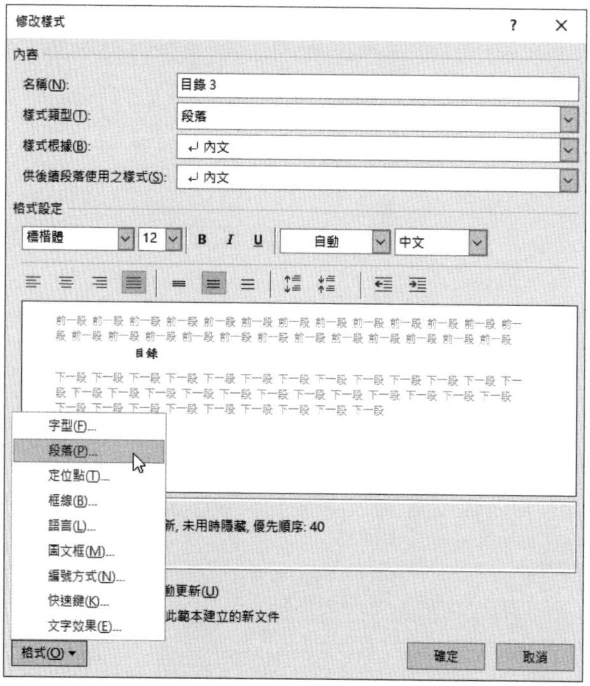

Step 5 接著開啟來的是**段落** x 設定視窗的**縮排與行距**頁籤：

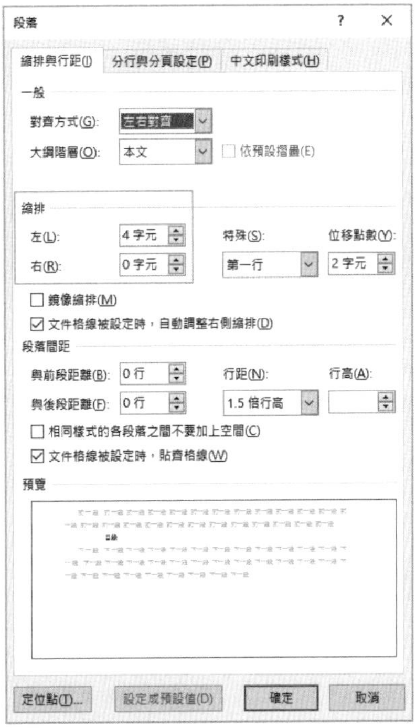

從設定視窗可知，預設的左邊縮排是「4 字元」，請修改成「2 字元」：

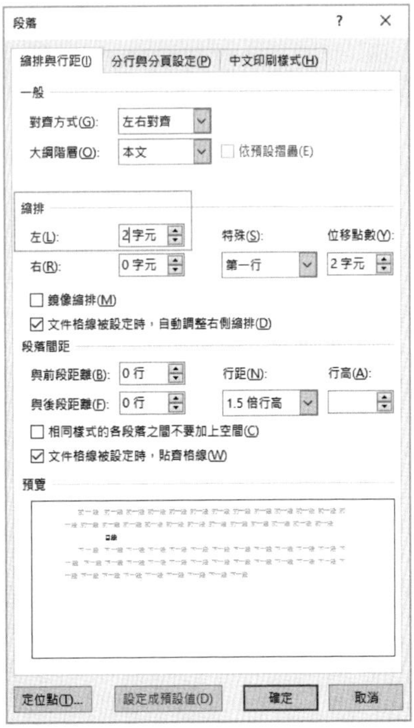

完成後點選【確定】按鈕關閉**段落** x 設定視窗返回**修改樣式** x 設定視窗，點選右下角的【格式 ▾】下拉清單，接著再從展開的選單點選【定位點】選項。

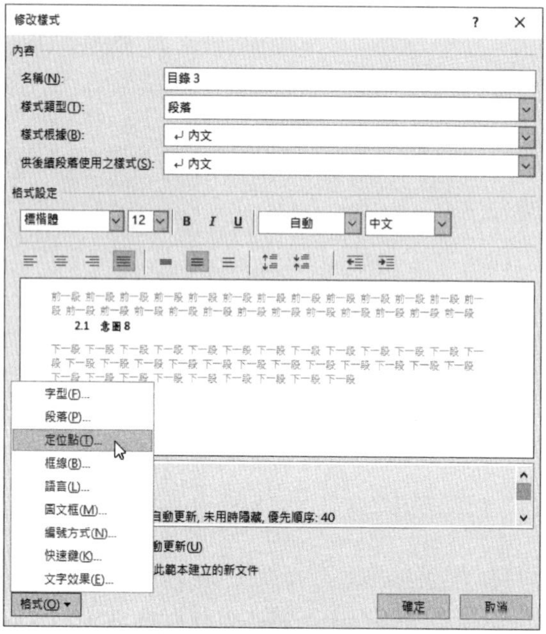

預設的情況下，開啟的**定位點** x 設定視窗中【定位停駐點位置】清單是空白的：

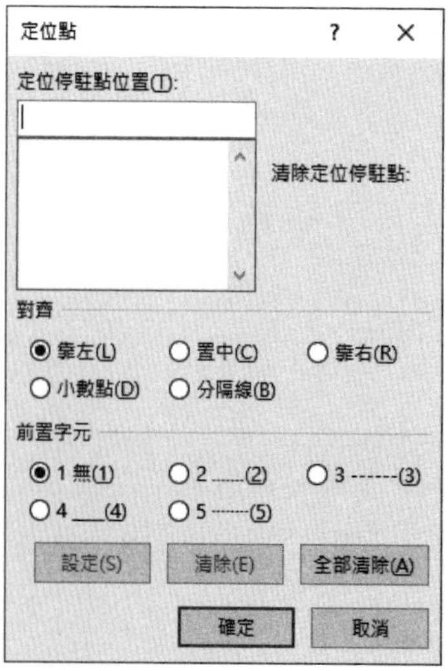

請填入「7」後，認按**對齊**群組的【靠左】是選取的狀態，而前置字元群組的【無】是選取的狀態後，點選【設定】按鈕：

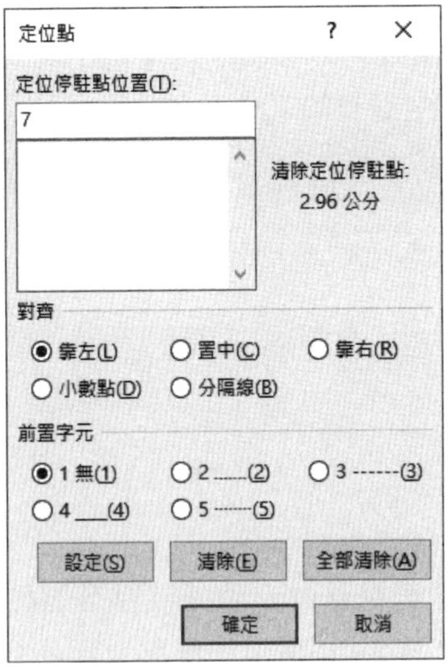

完成後，**定位點 x** 設定視窗中【定位停駐點】清單內容如下，操作過程中有數字設定錯誤，可以按【全部清除】按鈕來清空【定位停駐點位置】清單：

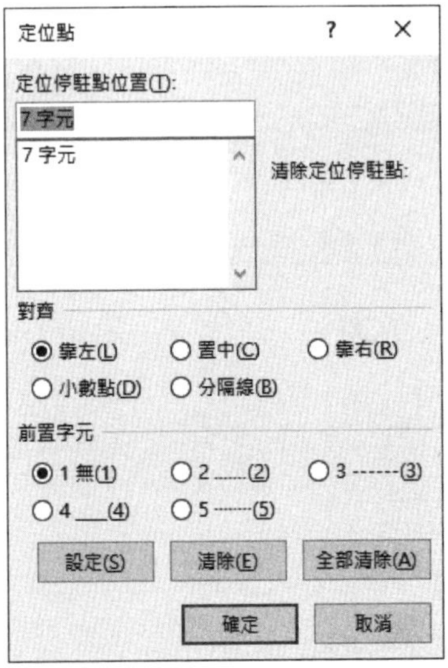

完成後點選【確定】按鈕，關閉**定位點 x** 設定視窗返回**修改樣式 x** 設定視窗。

你可能會問，為什麼是「7」？其實很簡單，因為我想要將目錄 3 改成跟目錄 2 一樣，因此，我開啟了目錄 2 的修改，然後依前面的方面進入**定位點 x** 設定視窗，從【定位停駐點位置】清單中看到如下的內容，所以，我知道要填入的數字是「7」:

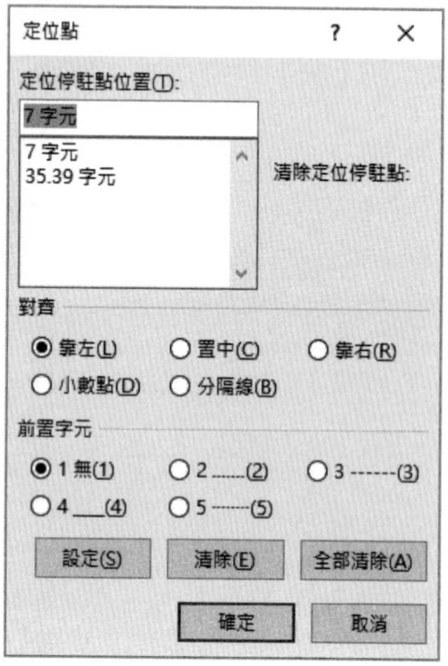

你可能還會問，為什麼是修改定位停駐點？例如「2.1」與「意圖」中間有空白，而這個空白是 Word 用定位停駐點所形成的，因此，比對「2.1」後的「意圖」:

與「2.1.1」後的「不法意圖」，二者的定位點是不相同的：

最後，你可能還會問，為什麼**對齊**群組的【靠左】是選取的狀態下才去設定？這是因為從上圖的尺規中「L」符號是「靠左」的意思。

Step 6 最後，點選【確定】按鈕關閉**定位點** x 設定視窗返回**修改樣式** x 設定視窗，再點選【確定】按鈕關閉**修改樣式** x 設定視窗返回文件編輯狀態，完成修改作業。

修改後的目錄如下，完成檔請參閱「練習 - 長篇文件結構 - 不含圖 -1100119- 目錄 - 數字編碼 - 縮排 - 完成檔 .docx」檔。

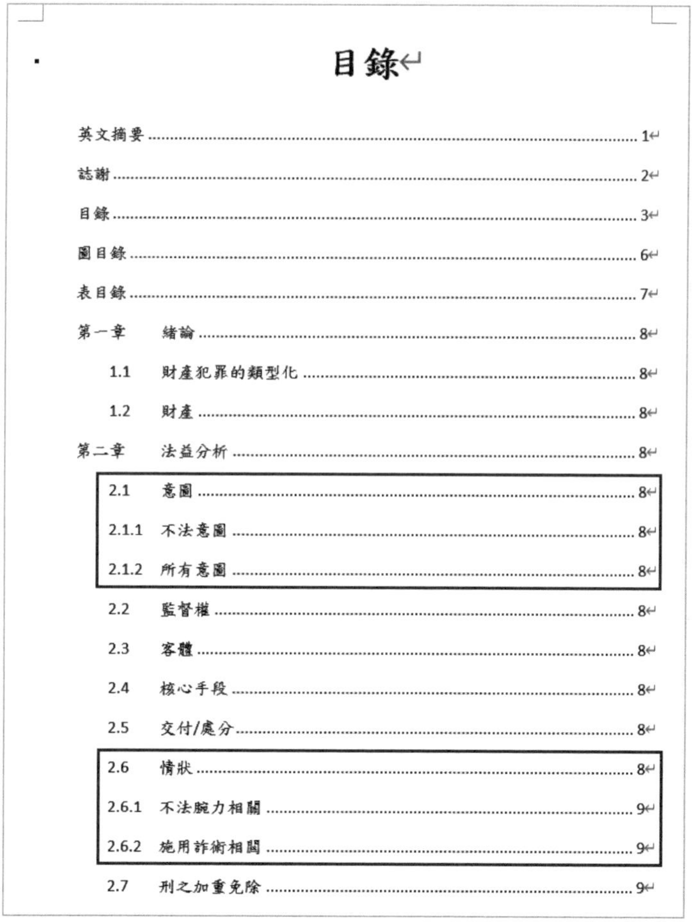

目錄

英文摘要 1
誌謝 2
目錄 3
圖目錄 6
表目錄 7
第一章 緒論 8
1.1 財產犯罪的類型化 8
1.2 財產 8
第二章 法益分析 8
2.1 意圖 8
2.1.1 不法意圖 8
2.1.2 所有意圖 8
2.2 監督權 8
2.3 客體 8
2.4 核心手段 8
2.5 交付/處分 8
2.6 情狀 8
2.6.1 不法腕力相關 9
2.6.2 施用詐術相關 9
2.7 刑之加重免除 9

5.5 目錄移除與定位點

新建立的目錄可能會出現「虛線不足」的情況，也可能你想要打掉重練，因此，本節就針對這二種情形加以說明。

Step 1 開啟「練習 - 長篇文件 - 頁錄及定位點 -1100120.docx」。

Step 2 點選導覽窗格中的「頁次」切換到該頁，並將插入點移到該頁「分頁符號」的前面：

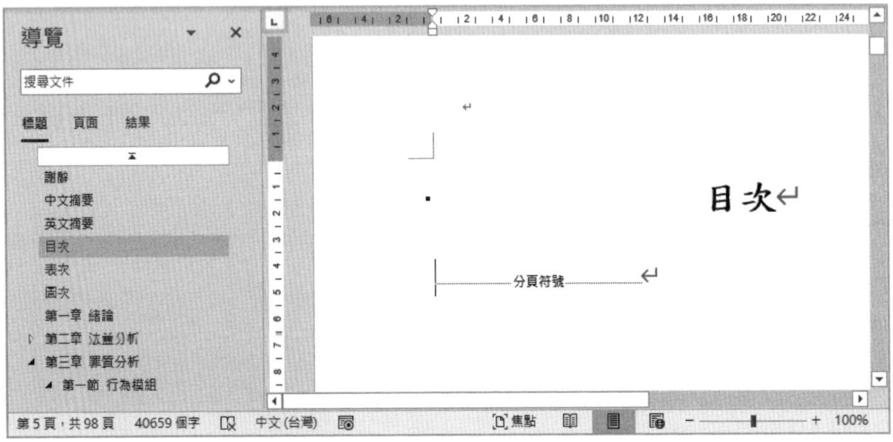

Step 3 點選**參考資料**索引標籤中**目錄**↘群組的**目錄**▼下拉清單：

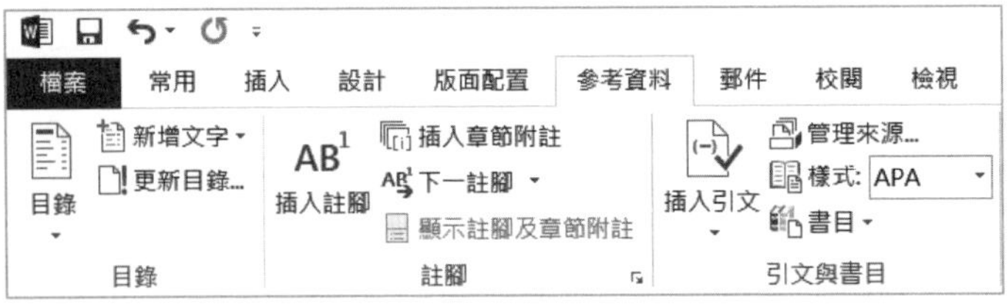

接著從開啟的清單中選取【自訂目錄】選項：

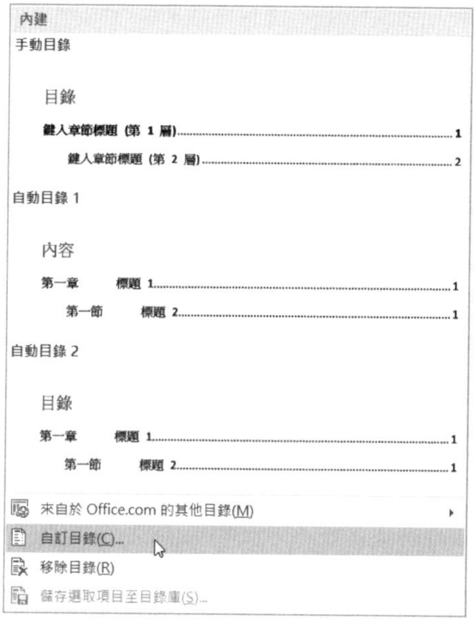

Step 4 預設會開啟**目錄** x 設定視窗的**目錄**頁籤：

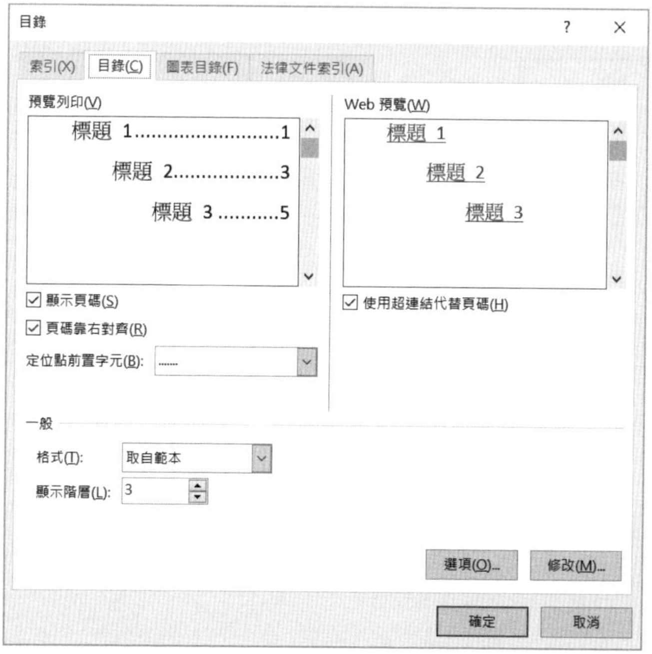

Step 5 其中的設定在前面已經說明過了，就不再贅述，請直接點選【確定】按鈕，完成後，你會發現「索引」及「附錄」後面頁碼都沒有直接切齊文件右側：

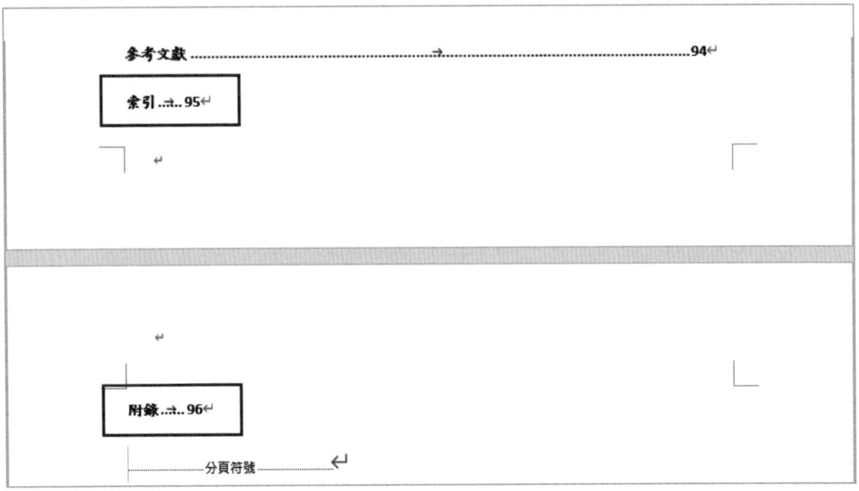

參考文獻 → 94
索引 → 95
附錄 → 96
分頁符號

而且捲動頁面到看到目次的位置，你會發現「謝辭」、「目次」、「表次」、「圖次」也是一樣的情形：

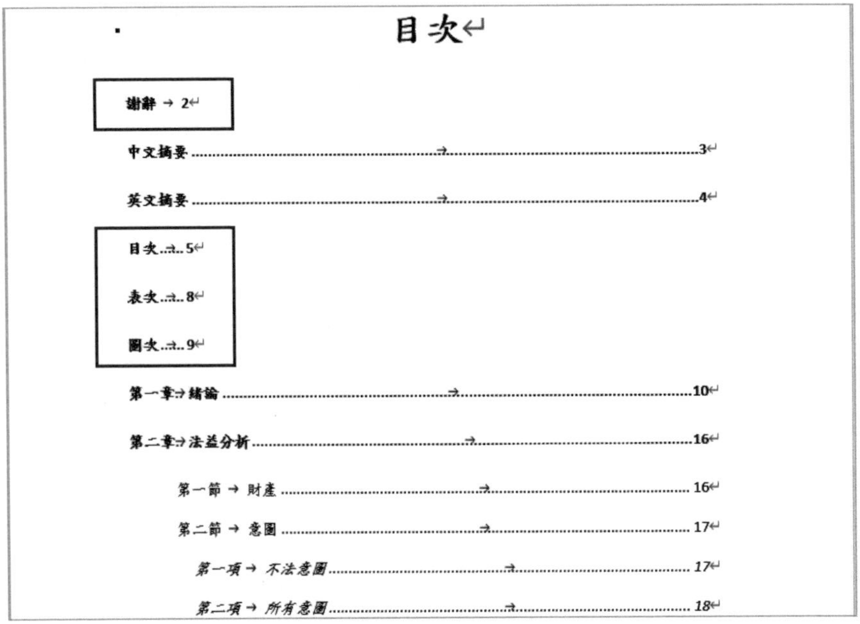

目次

謝辭 → 2
中文摘要 → 3
英文摘要 → 4
目次 → 5
表次 → 8
圖次 → 9
第一章 → 緒論 → 10
第二章 → 法益分析 → 16
第一節 → 財產 → 16
第二節 → 意圖 → 17
第一項 → 不法意圖 → 17
第二項 → 所有意圖 → 18

Step 6 請將插入點移到謝辭頁碼「2」的前面，然後按下鍵盤上的【Tab】鍵一次，如果數字 2 還是沒有切齊右側，那就再按一次：

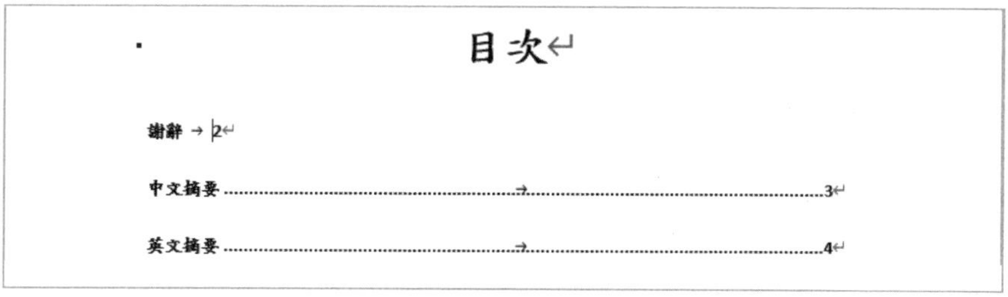

順利的話，就會完成如下的結果：

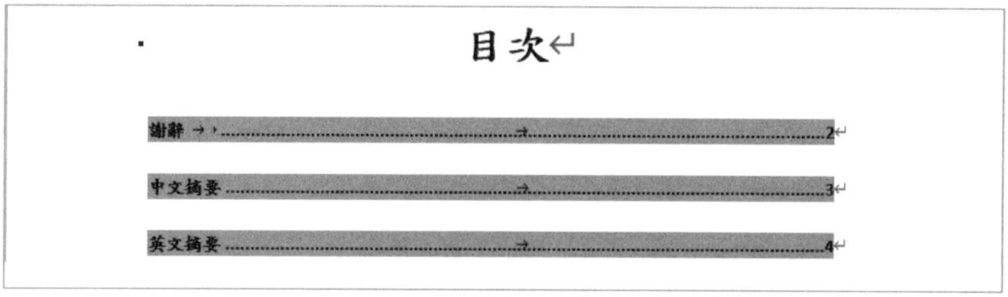

其餘的部份也是如此操作，就請自行練習，完成檔請參閱「練習 - 長篇文件 - 頁錄及定位點 - 完成檔 -1100120.docx」。

如果想要將現存的目錄刪除，只要點選**參考資料**索引標籤中**目錄** ↘ 群組的**目錄** ▾ 下拉清單中的【移除目錄】選項即可：

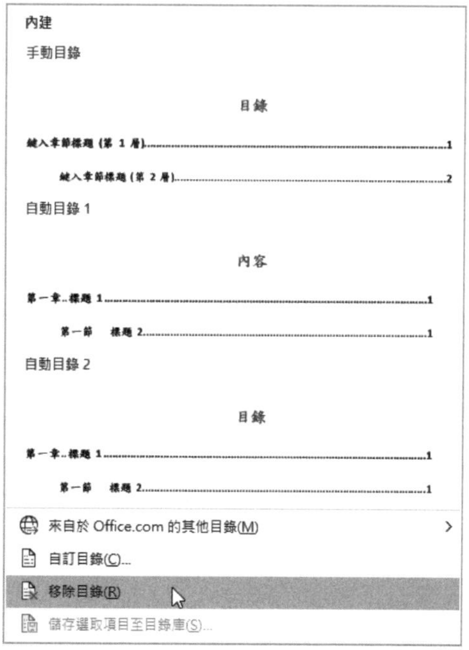

5.6 加強篇一：定位停駐點

由於目錄的製作，Word 預設會使用到定位點或稱定位停駐點，因此，本加強篇就針對這個功能加以補充說明。

下圖的上方是原始資料，下方則是利用定位點所完成的結果，這個結果係將每一列的資料區分成 5 個欄位，分別是中文的課程名稱、英文課程名稱、學分數、上課時間與授課教師。

最後一欄特別增加了關於「…」的設計，這個效果就是目錄完成後頁碼之前的符號，至於完成的結果中，在學分數與上課時間所加上的分隔線效果僅是示範說明定位點的符號而已：

行政法 Administrative Law2656 李惠宗↵
民法物權 Civil Law : Property Right21AB 劉昭辰↵
民事訴訟法 Civil Procedure Law22CD 陳啟垂↵
刑事訴訟法 Criminal Procedure Law23AB 陳俊偉↵
契約法案例研究 Seminar on Contract Law24AB 廖緯民↵
↵
↵

行政法	Administrative Law	2	656 -------------------	李惠宗↵
民法物權	Civil Law : Property Right	2	1AB -------------------	劉昭辰↵
民事訴訟法	Civil Procedure Law	2	2CD -------------------	陳啟垂↵
刑事訴訟法	Criminal Procedure Law	2	3AB -------------------	陳俊偉↵
契約法案例研究	Seminar on Contract Law	2	4AB -------------------	廖緯民↵

設定定位點時，方便起見，要把文件上方的「尺規」顯示出來：

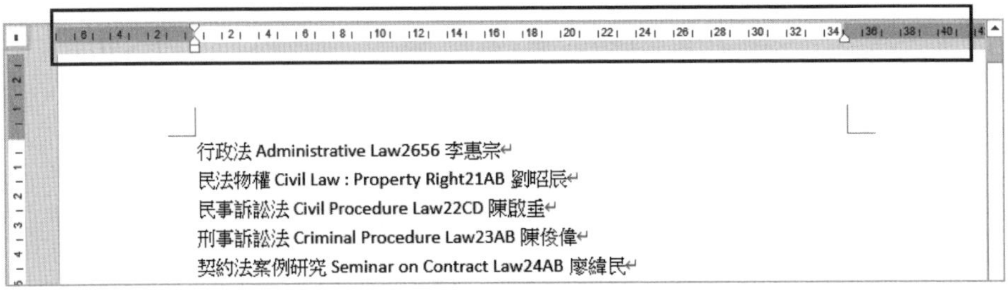

開啟或關閉的方式是勾選或取消勾選**檢視**索引標籤中的**顯示**群組中的【尺規】:

在開始練習之前，先來簡單說明一下尺規顯示出來之後，要如何利用滑鼠在這個尺規上的一些操作及代表的作用及對到**定位點 x** 設定視窗中相應的設定值選項：

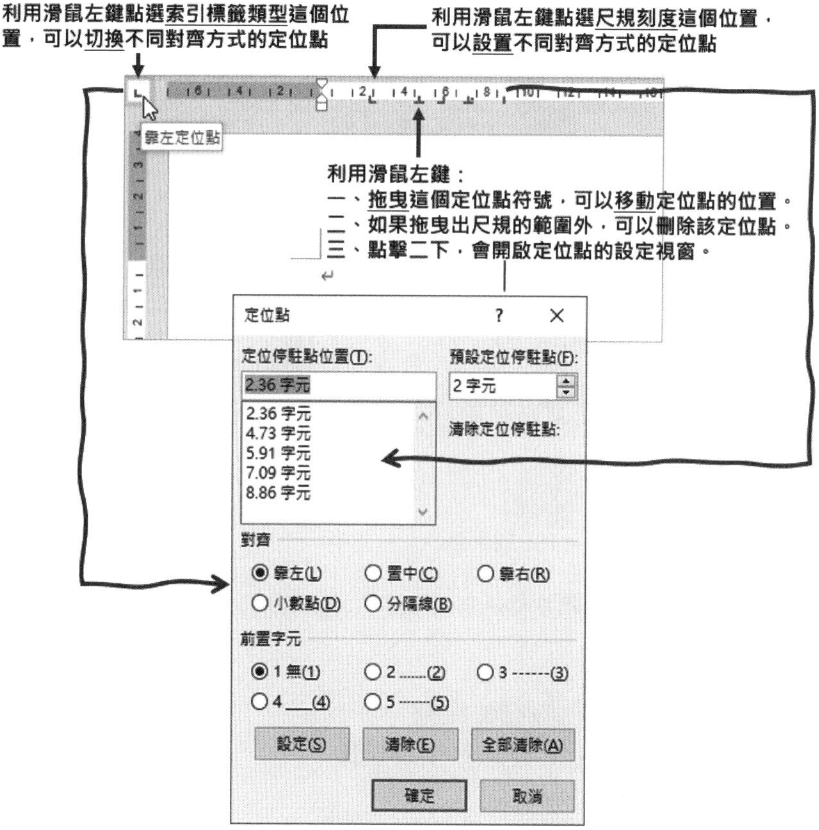

根據微軟的官方文件，尺規左側的索引標籤類型方塊中可變更的定位點及其相應的符號如下：

- 左對齊定位停駐點設定文字行的最左邊。 當您輸入文字時，文字會向右填滿。
- 置中定位停駐點] 會設定文字行中間的位置。 當您輸入時，文字會在此位置居中。
- 右對齊定位停駐點設定文字行的右端。 當您輸入文字時，文字會向左填滿。
- 小數點對齊定位停駐點將數位以小數點對齊。 不考慮位數，小數點會保持在相同的位置。 請參閱使用小數點定位點，以小數點對齊數位。
- [橫條圖] 索引標籤不會放置文字。 它會在定位點位置插入垂直軸。 [其他] 索引標籤，只要您按一下尺規，就會將 [橫條圖] 索引標籤新增至文字。 如果您在列印檔案前沒有清除 [橫條圖] 定位停駐點，則會列印垂直線。

這次的練習預計使用的 5 個定位點圖示如下：

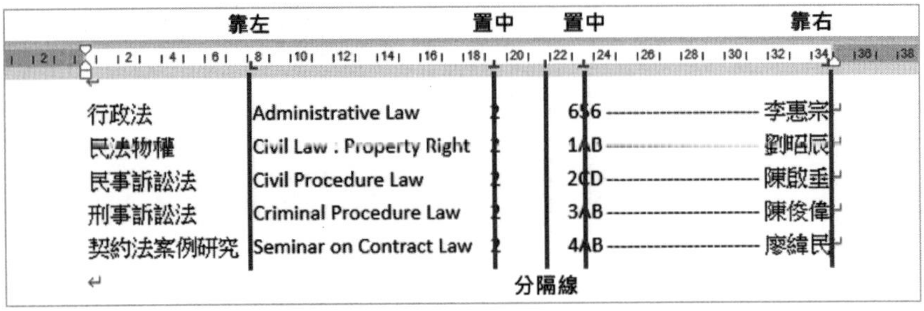

Step 1 開啟「練習 - 定位點 -1100120.docx」。

Step 2 利用滑鼠拖曳的方式將文件中要設置定位點的段落選取起來：

Step 3 第 1 個定位點是「靠左對齊」，請利用滑鼠左鍵切換尺規左的側索引標籤類型方塊變更為「靠左對齊 ⌞」，然後依上圖示的結果，約略在靠近「8」的位置點一下滑鼠左鍵，約略就可以，因為設定後還可以刪除或拖曳調整：

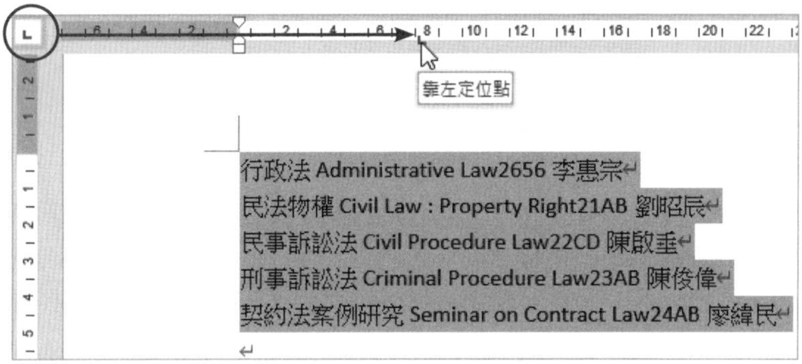

Step 4 第 2 個定位點與第 2 個定位點是「置中對齊」，請利用滑鼠左鍵切換尺規左的側索引標籤類型方塊變更為「置中對齊 ⊥」，然後依上圖示的結果，約略在靠近「18」右側及「22」右側的位置「各」點一下滑鼠左鍵，約略就可以，因為設定後還可以刪除或拖曳調整：

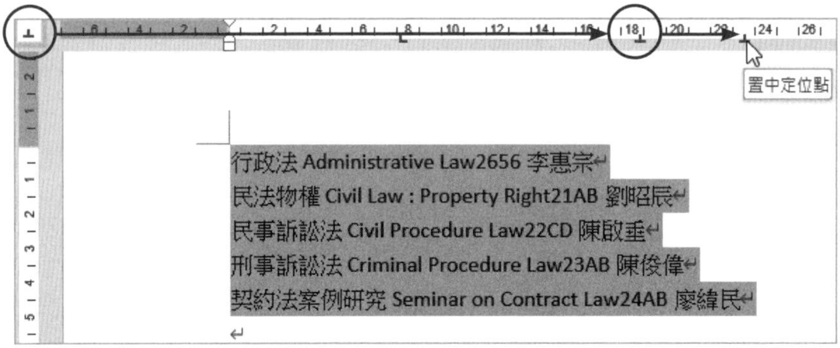

Step 5 第 4 個定位點是「靠右對齊」，請利用滑鼠左鍵切換尺規左的側索引標籤類型方塊變更為「靠右對齊 ⌟」，然後依上圖示的結果，原先應該要約略在文件右邊界的位置點一下滑鼠左鍵，不過可能會不好點，因此，請在右邊界左側點一下之後再往右拖曳調整，一直到右邊界再放開滑鼠左鍵，拖曳的過程中，會有一條垂直的線引導喔：

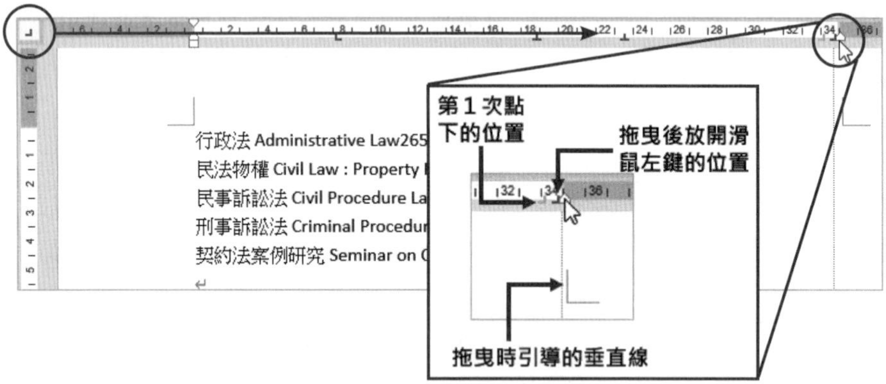

Step 6 將插入點置於第 1 列的行政法的英文課程名稱之前按鍵盤上的【Tab】鍵：

Step 7 依 Step 5 的操作，將插入點置於第 1 列的「2」之前按鍵盤上的【Tab】鍵，再置於「6」之前按鍵盤上的【Tab】鍵，再置於「李」之前按鍵盤上的【Tab】鍵，這樣立完成了第 1 列的各欄位資料的定位囉：

Step 8 請利用滑鼠拖曳的方式將文件中要設置定位點的「所有」段落選取起來並利用手拖曳的方式調一下中間那二個「置中對齊」的定位點，例如：

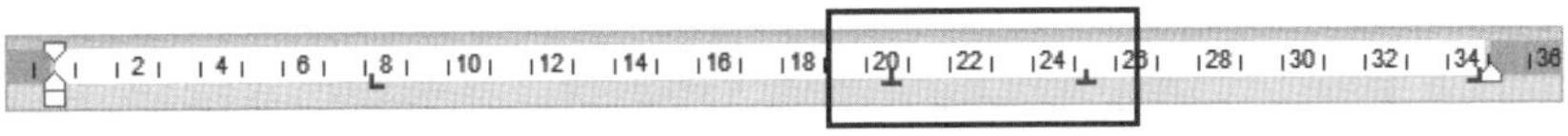

Step 9 依 Step 5 及 Step 6 的操作，完成了所有列的各欄位資料的定位，最後我將**常用**索引標籤中的**段落** ↘ 群組中的【顯示 / 隱藏編輯標記】打開，此時各欄位之間的每 1 個「向右箭頭」表示 1 個【Tab】鍵按下的意思：

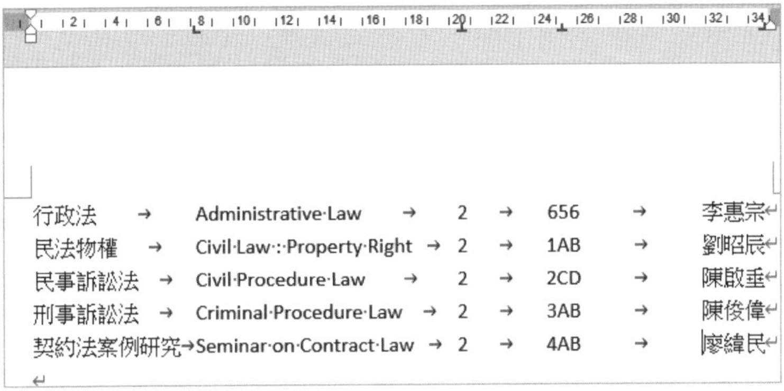

行政法	→	Administrative Law	→	2	→	656	→	李惠宗
民法物權	→	Civil Law :: Property Right	→	2	→	1AB	→	劉昭辰
民事訴訟法	→	Civil Procedure Law	→	2	→	2CD	→	陳啟垂
刑事訴訟法	→	Criminal Procedure Law	→	2	→	3AB	→	陳俊偉
契約法案例研究	→	Seminar on Contract Law	→	2	→	4AB	→	廖緯民

Step 10 請利用滑鼠拖曳的方式，將文件中要設置定位點的「所有」段落選取起來，並用滑鼠左鍵點擊尺規上定位點，例如下圖的「中對齊」定位點：

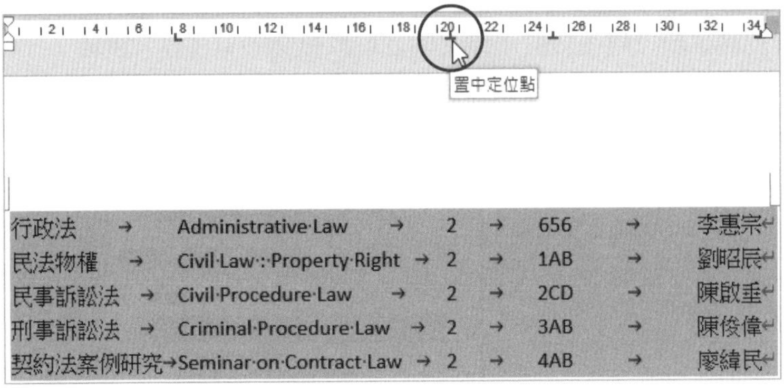

Step 11 開啟**定位點** x 設定視窗後，請點選【定位停駐點位置】清單中的「34.26 字元」，這是我們設置的第 4 個定位點，然後點選【前置字元選項群】中的「------」，這表示，最後 1 欄資料會有前置字元來取代目前老師資料前的空白，這個設定就相當於為目次的頁碼前加上的符號：

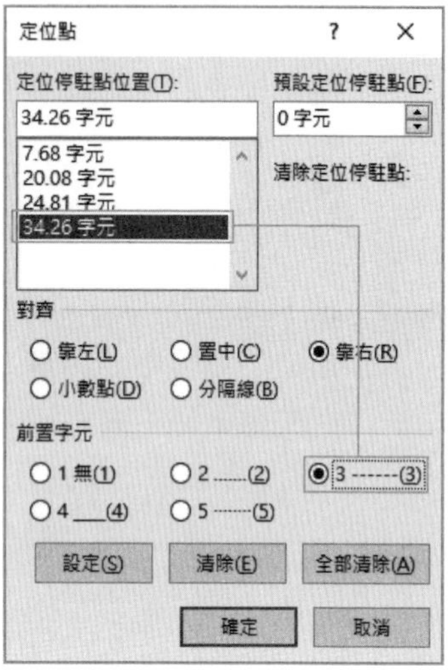

設定後，點選【確定】按鈕關閉**定位點** x 設定視窗返回文件編輯狀態，文件中的結果如下：

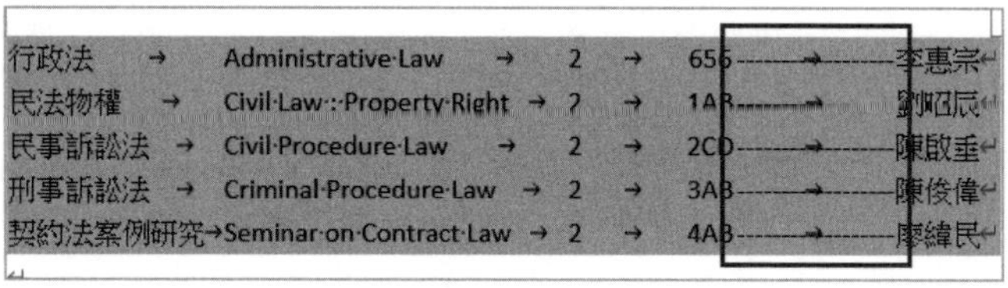

完成檔請參閱「練習 - 定位點 - 完成檔 -1100120.docx」。如果某些定位點不再需要了，拖曳定位點離開尺規後放開滑鼠左鍵就可以移除該定位點，例如：

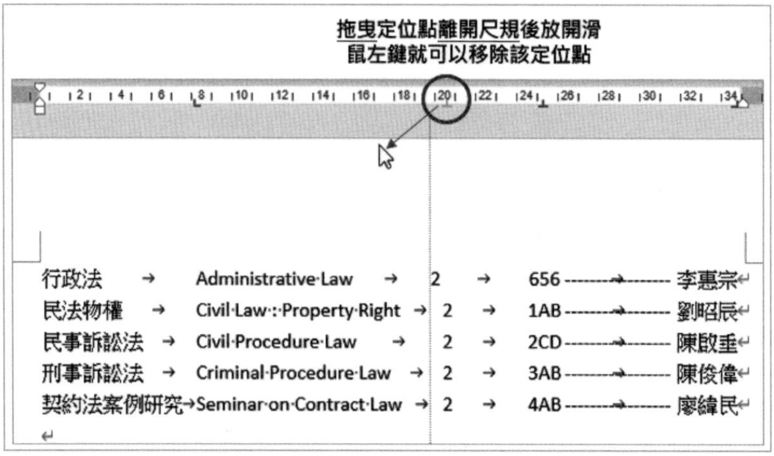

如果想要清除所有定位點的話，利用**定位點** x 設定視窗中的【全部清除】按鈕會比較簡便些喔：

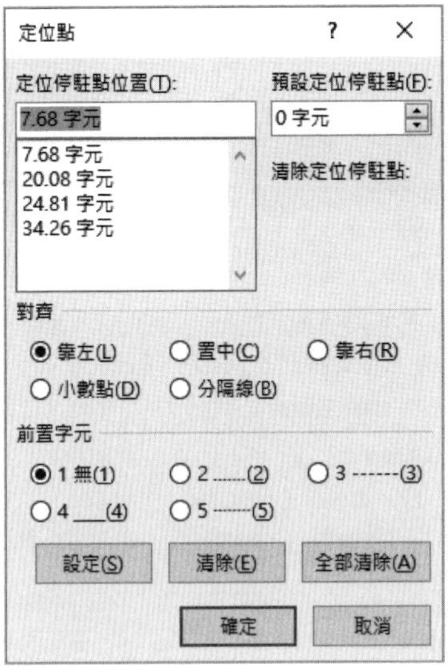

如果你想把目前含有定位點的資料轉換成表格的話，請點選**插入**索引標籤中的**表格**群組中的【表格 ▾】下拉清單中的【文字轉換為表格】：

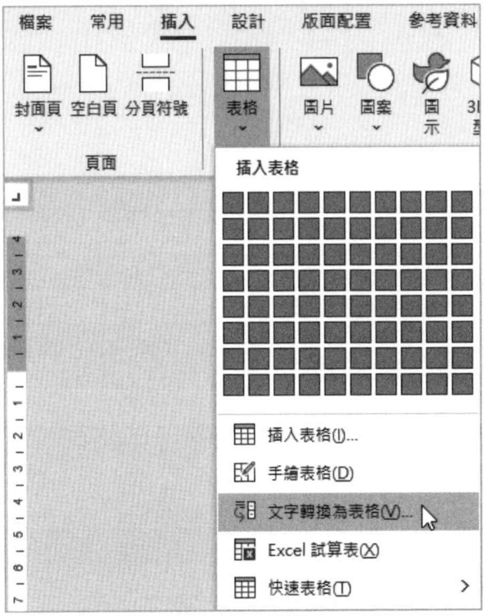

接下來開啟的**文字轉換為表格** x 設定視窗中的各項設定值原則上都會依據剛才選取的資料來設定，例如，【欄數】的設定值為「5」，【分隔文字在】的設定值為「定位點」：

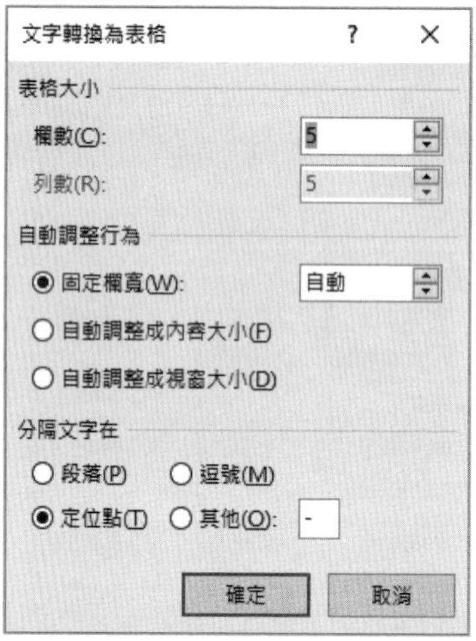

如果設定值都正確的話，請點選【確定】按鈕關閉**文字轉換為表格** x 設定視窗返回文件編輯狀態，這樣子就完成了轉換，原先尺規上的定位點也轉換成表格的欄位符號：

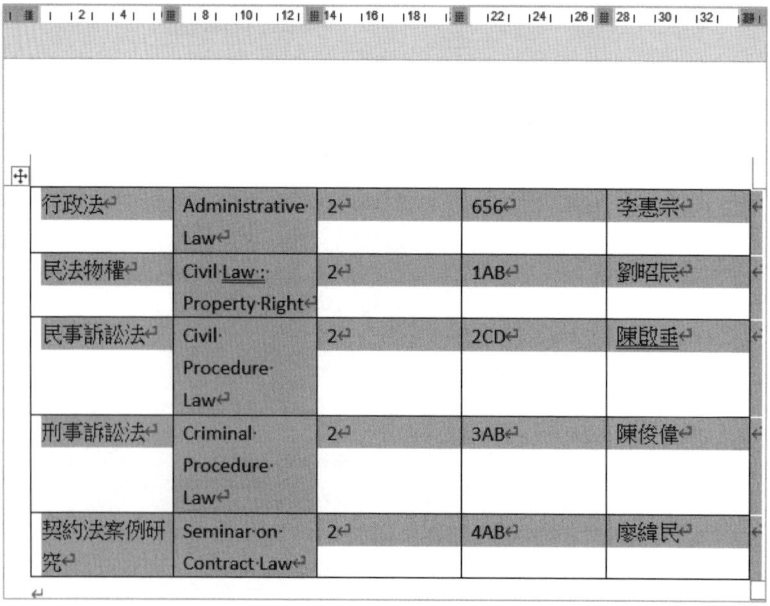

行政法	Administrative Law	2	656	李惠宗
民法物權	Civil Law : Property Right	2	1AB	劉昭辰
民事訴訟法	Civil Procedure Law	2	2CD	陳啟垂
刑事訴訟法	Criminal Procedure Law	2	3AB	陳俊偉
契約法案例研究	Seminar on Contract Law	2	4AB	廖緯民

5.7 加強篇二：標題樣式與目錄自動化的關鍵

在第一節的練習中，我們得出了文件中的標題樣式的階層在 Word 中預設成為自動化目錄的階層。但是，只能用預設的「標題○」系列的樣式套裝嗎？我們是否可以找出「標題○」系列與目錄自動化的關鍵？

在第二節提到「沒有其他設定的情況下」所指的「其他設定」是什麼，就是本習要證明的：

> 形成目錄中的階層都是 Word 自動由穿有「標題 1」到「標題 9」套裝的段落自動抓出來的段落內容所形成的，所以，要成為目錄中的一項，在沒有其他設定的情況下，那麼其樣式就一定得套用標題 1 到標題 9，這也是為什麼這些新添加的新頁的標題都必須是「標題 1」樣式的緣故。

Step 1 開啟「練習 - 階層與目錄 -1100120.docx」。這支檔案的結構如下：除了刻意將節的部分用新細明體來跟章標題做區隔外，目前所有段落都使用「內文」樣式：

目錄

第一章　緒論
第一節...
第二節 ...
第二章　文獻探討
第一節...
第二節 ...
第三章　研究方法
第四章　資料分析
第五章　結論與建議

Step 2 將滑鼠移到第一段左側，然後點一下「左」鍵將該段落選取起來：

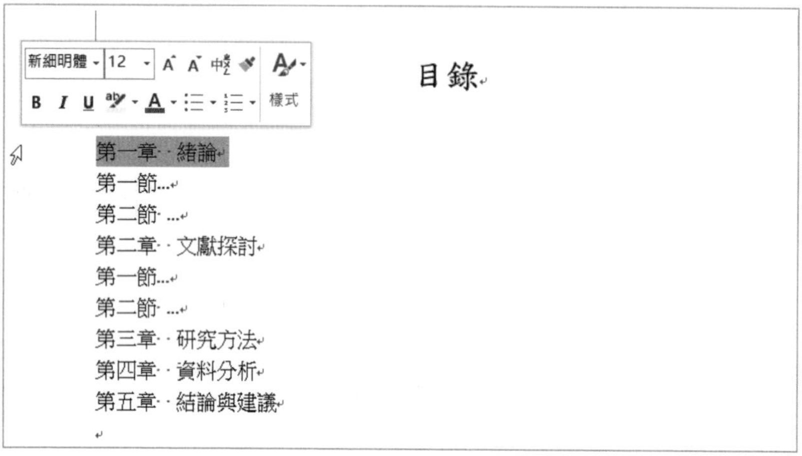

Step 3 按著鍵盤上的【Ctrl】鍵不放，然後將第二章、第三章、第四章與第五章選取起來：

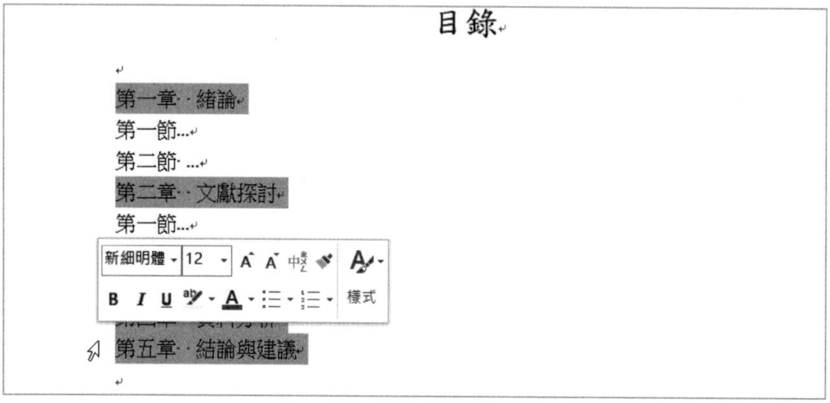

Step 4 點選**常用**索引標籤中的**段落** ↘ 群組中的【↘】來開**段落 x** 設定視窗：

Step 5 點選**段落 x** 設定視窗中預設的**縮排與行距**標籤中的**一般**群組中的【大綱階層 ▾】下拉清單中的【階層 1】：

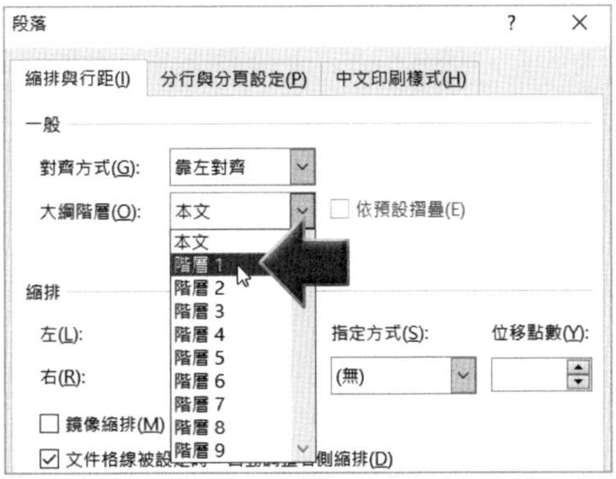

Step 6 點選**段落** x 設定視窗中的【確定】按鈕關閉**段落** x 設定視窗，返回文件編輯狀態。

Step 7 按著鍵盤上的【Ctrl】鍵不放，然後將節的段落選取起來：

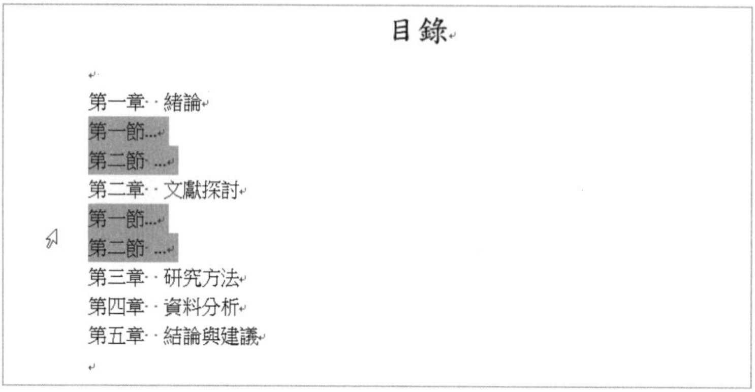

Step 8 點選**常用**索引標籤中的**段落** ↘ 群組中的【↘】來開**段落** x 設定視窗，然後點選**段落** x 設定視窗中預設的**縮排與行距**標籤中的**一般**群組中的【大綱階層 ▾】下拉清單中的【階層 2】:

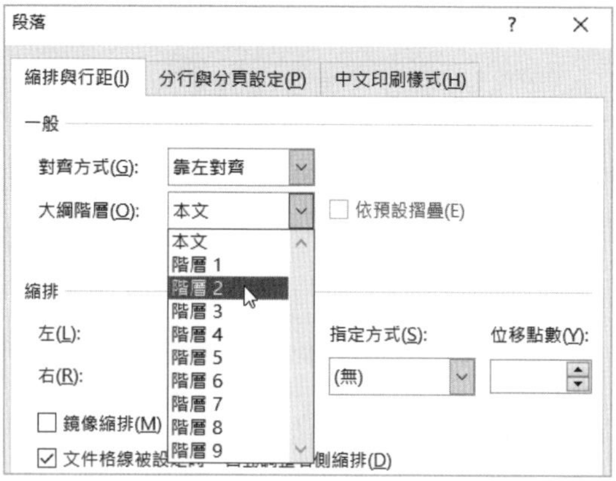

Step 9 點選**段落** x 設定視窗中的【確定】按鈕關閉**段落** x 設定視窗，返回文件編輯狀態。

目前從文件中看不出前面關於【大綱階層】的設定到底有什麼效果。不過，事實上會有二個效果：

一、段落文字的階層性。從文件中的二個位置可以看到這個階層的效果：

1. 將滑鼠游標移動到像是第一章的文字上方，此時其左側會出現表示「已展開的階層」的符號：

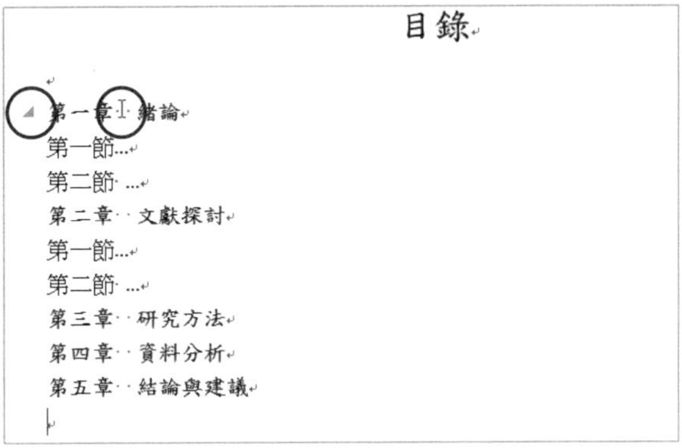

若點選該符號，則會將其下階層的內容摺疊起來，例如：

2. 在導覽窗格也會看到這樣的階層：

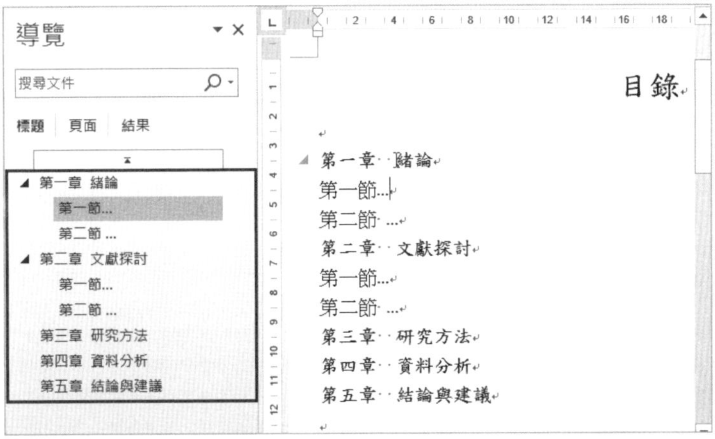

二、目錄自動化。請各位依前面建立目錄的步驟操作後，關於【大綱階層 ▾】下拉清單中的【階層 1】與【階層 2】就形成了目錄相應的階層了（完成檔請參閱「練習 - 階層與目錄 - 完成檔 -1100120.docx」）：

目錄

第一章 緒論
第一節...
第二節 ...
第二章 文獻探討
第一節...
第二節 ...
第三章 研究方法
第四章 資料分析
第五章 結論與建議

由此可知：

讓 Word 自動產生目錄的關鍵並不在於「標題○」系列的樣式，而是有【大綱階層】設定的樣式

由於預設的情況下，「標題○」系列的樣式有【大綱階層】的設定，因此，若以「標題○」系列的樣式來形成的段落就可以自動生成目錄。

我們來確認一下這個結論。請在上面已完成目錄的這份文件中繼續下面的操作。

Step 1 滑鼠移到**常用**索引標籤中的**樣式**↘群組中的【標題 1】的位置時按下滑鼠「右」鍵開啟選單，然後點選【修改】選項：

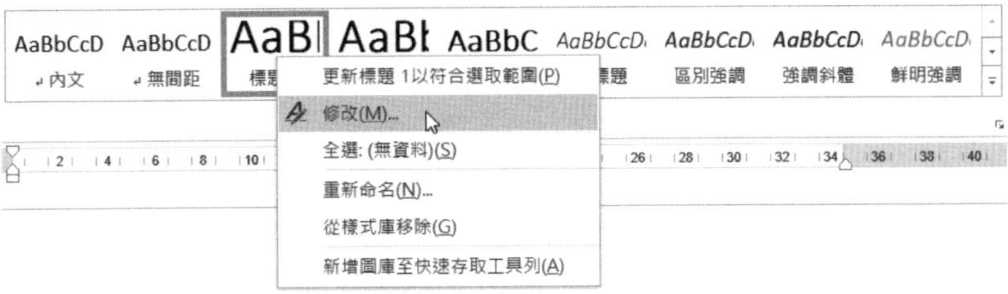

Step 2 點選開啟的**修改樣式** x 設定視窗中左下角的【格式▼】下拉清單展開選單，然後再點選其中的【段落】選項：

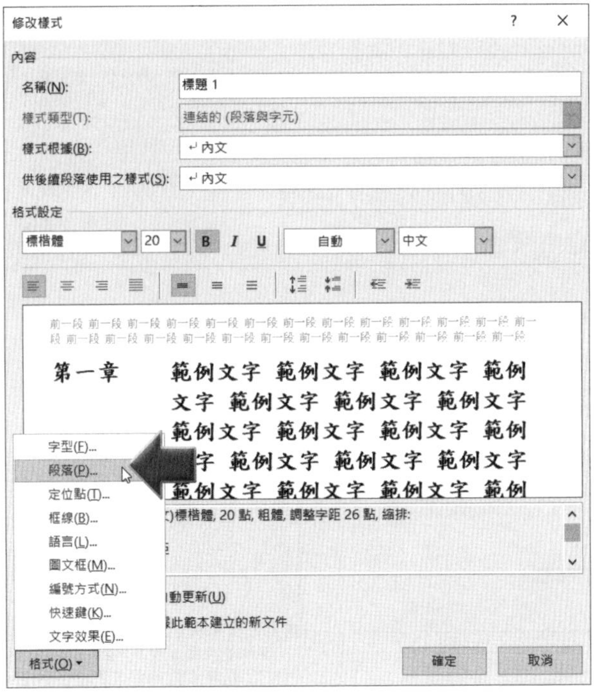

Step 3 從開啟的**段落 x** 設定視窗中預設的**縮排與行距**標籤中的**一般**群組中的【大綱階層 ▾】下拉清單中可以清楚地看到目前的設定值是【階層 1】：

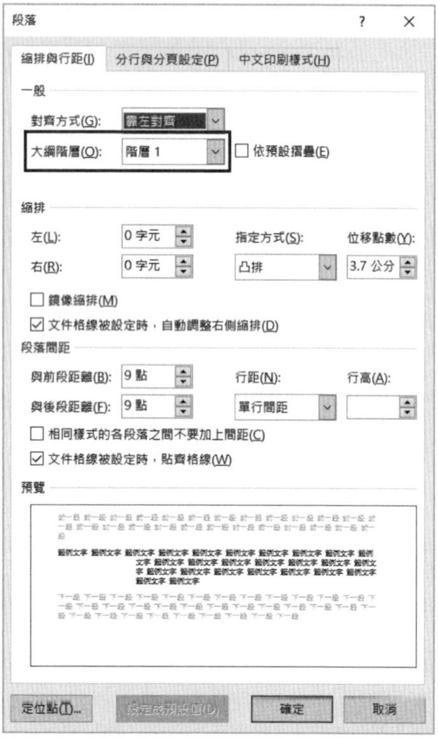

依同樣的操作，「標題 2」【大綱階層】的設定值可合理期待一定會是【階層 2】：

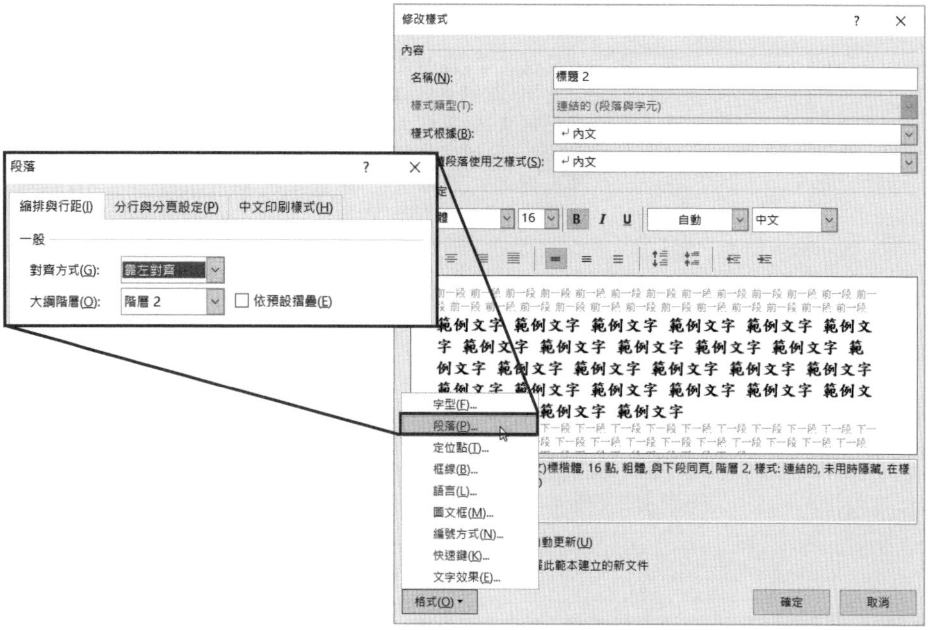

Chapter

6 分節的規劃設計

6.1 為什麼要分節？

為什麼要分節？以撰寫論文來說，分節的需求「主要」來自於論文對於不同的頁面如果會有不同的「頁首」或「頁尾」的設計需求時，就需要分節！也就是利用分節將論文分成劃分不同頁首或頁尾的「群」：

一、 封面，不需要設頁尾及頁尾。

二、 頁數的數字格式不同的要求，例如，臺北科技大學、靜宜大學國際企業學系、臺南大學、高雄科技大學科技法律研究所及屏東大學特殊教育系等大致上都要求自中文摘要至圖表目錄，以 i ii iii 等小寫羅馬數字連續編頁，而論文第一章以至附錄，均以 1 2 3 等阿拉伯數字連續編頁。這就表示，「中文摘要至圖表目錄」自成一群相同的頁首及頁尾，所以構成一節，而論文第一章以至附錄又再成相同頁首與頁尾的一群，所以又是另外一節。

因此，一本論文就會依上述規定而有分成「3 節」的需求：

一、 封面，自成一節。

二、 中文摘要至圖表目錄，是第二節。

三、 論文第一章以至附錄，則是最後一節，也就是第三節。

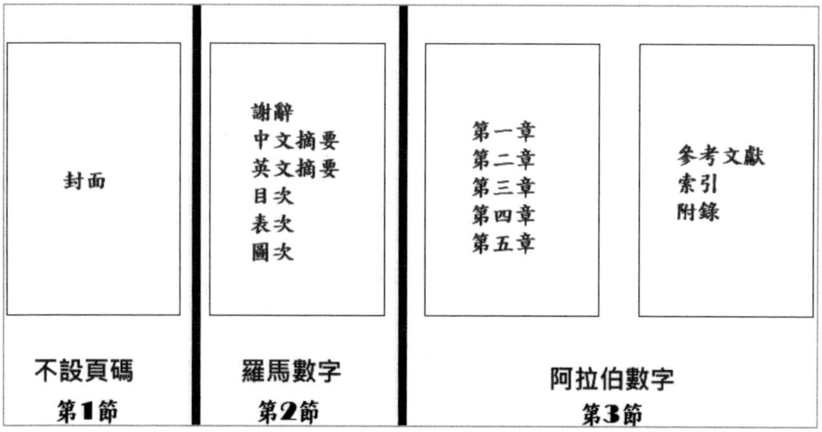

也就是說，大部分的學校由於其頁尾頁尾設計需求的不同所成的群數或是節數的計算會是下面這樣的計算公式，那麼依下面公式來說，論文基本上將會有 3 種不同的頁首頁尾群，也就是有 3 節 (1 + 1 + 1)：

封面＋中文摘要至圖表目錄＋參考文獻後的內容

以上是比較常見的要求。不過，有些學校有特殊的規定，例如：

一、國立臺灣師範大學華語文教學系碩士論文之論文版面格式指引規定：論文本文的奇數頁頁首為「該章標題」，並靠右對齊；偶數頁頁首則為該論文之「中文標題」，並靠左對齊。」

二、中國文化大學中文學系要求「雙頁上端標著論文名稱，單頁標著章節名稱」。

三、中興大學法律碩士專班公佈的論文範本中關於頁首頁尾亦有規定：奇數頁的頁首要有用 10 號靠右對齊的方式呈現章名，而偶數頁則是 10 號標楷靠左對齊的論文名稱，且每一章的第 1 頁的頁首為空白。

那麼以這些學校的規定來說，其頁尾頁尾設計需求的不同所成的群數或是節數的計算會是下面這樣的計算公式，假設論文本文共有五章，那麼該本論文將會有 8 種不同的頁首頁尾群，也就是有 8 節 (1 + 1 + 5 + 1)：

封面＋中文摘要至圖表目錄＋論文本文的章數＋參考文獻後的內容

預設的情況下，論文本文的註腳會是連續編號。但是，如果學校要求「每頁重編」呢？下面這是交通大學的規定，規定中要求「各章之間不相連續」，也就是說，各章的註腳編號都要重編，因此，各章就要獨立成節，所以，關於節的設定也會使用第二個公式：

> (7) 註腳：①特殊事項論點等，可使用註腳(Footnote)說明。
> ②註腳依應用順序編號，編號標於相關文右上角以備參閱。各章內編號連續，各章之間不相接續。
> ③註腳號碼及內容繕於同頁底端版面內，與正文之間加劃橫線區隔，頁面不足可延用次頁底端版面。

最後，再以表的方式呈現一般性的節的分配與規劃：

篇首	封面 Front Cover	1
	謝辭 Acknowledgments 中文摘要 Chinese Abstract 英文摘要 English Abstract 目次 Table of Contents 表次 List of Tables 圖次 List of Figures 符號説明 Explanation of Symbols	1
正文	本文依第一章排序 Main Text of Thesis (starting from Chapter 1)	1
參證	參考文獻 References 索引 Index 附錄 Appendixes	

關於分節的效果，特別提醒一下，分頁與分節是不同的設定喔，例如，東吳大學社會學系的規定：

壹、碩士論文應包括之主要項目：

1 口試委員簽名頁　　5 圖表目錄
2 謝誌（序或感謝言）　　6 本文（第一章，第二章，…）
3 論文摘要(含中、英文與關鍵詞)　　7 附錄
4 目錄　　8 參考書目

以上各項均獨立起頁

也就是，我們會在整本論文的不同區塊都以「新頁」開始而不會與其他區塊混在一起，亦即若「謝誌」寫不滿一頁，不能將「論文摘要」在同一頁接續寫，此時會在撰寫「論文摘要」時利用 Word 插入新頁，但是，圖表目錄寫完後還有空間，本文也不能接下來一起寫，原則上也要另起新頁，但是本文要求的頁碼與圖表目錄所在的頁碼不同，此時就不能利用 Word 的插入新頁而是要另起新節，此時新節也同時具有新頁的功能。

所以，在 Word 的功能表中會看到「分頁符號」與「分節符號」分設不同的二的功能群：

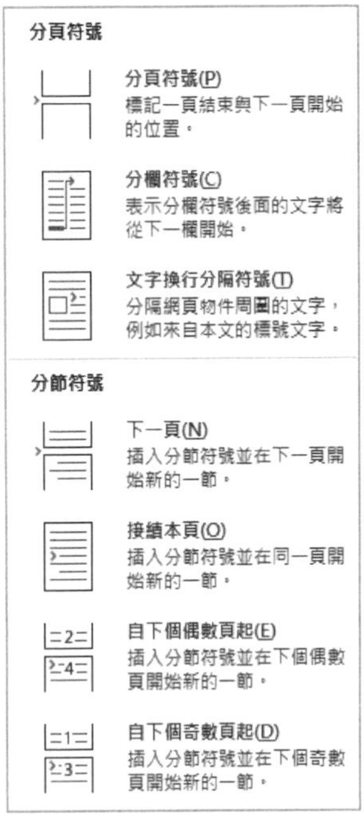

6.2 如何分節與分頁

這節除了練習分節之外，同時說明如何分頁。練習前先簡單說明一下分節與分頁，請開啟「練習 - 長篇文件 - 分節 -1100120.docx」。這份文件是只有封面及本文的部分。

關於加入新的頁及新的節這二個功能分別位於不同的索引頁籤：

一、插入新頁的功能在**插入**索引標籤中的**頁面** ↘ 群組中的【分頁符號】按鈕：

二、插入新節的功能在**版面配置**索引標籤中的**版面設定** ↘ 群組中的**分隔符號** ▾ 下拉清單：

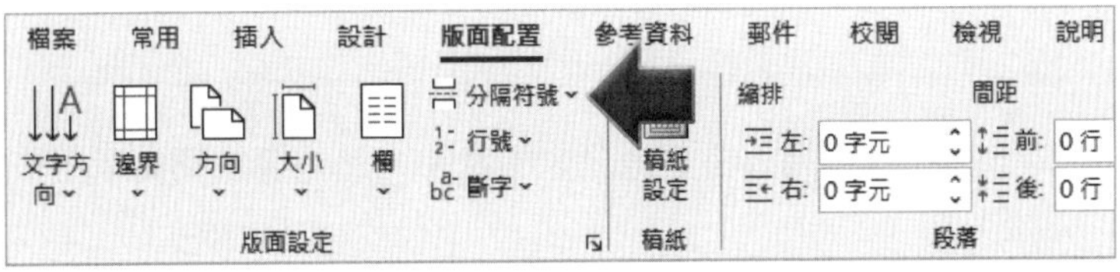

設定分節之後要如何確認目前論文共有幾節？

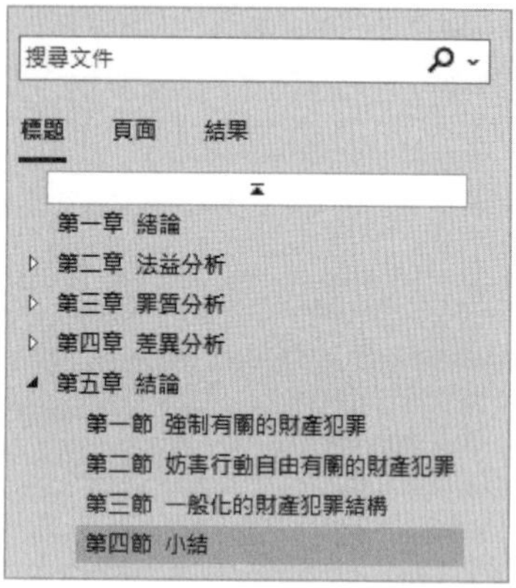
搜尋文件
標題 頁面 結果
第一章 緒論
第二章 法益分析
第三章 罪質分析
第四章 差異分析
第五章 結論
第一節 強制有關的財產犯罪
第二節 妨害行動自由有關的財產犯罪
第三節 一般化的財產犯罪結構
第四節 小結

在文件的任位置按下鍵盤上的【Ctrl + End】，這樣可以移到本練習的最後一頁。接著在文字頂端空白的位置按滑鼠左鍵「2」下，例如：

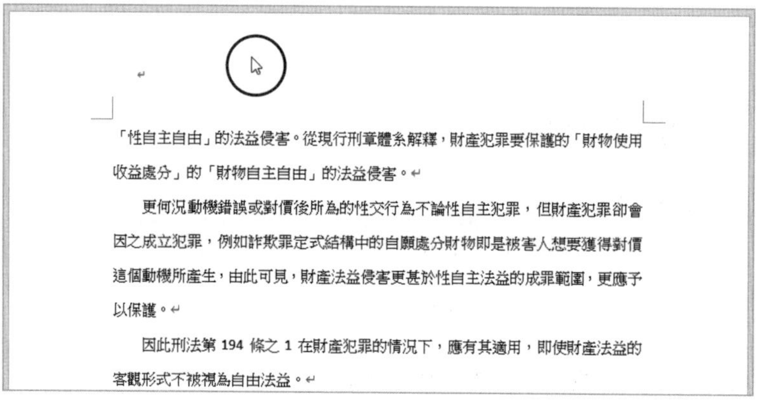
「性自主自由」的法益侵害。從現行刑章體系解釋，財產犯罪要保護的「財物使用收益處分」的「財物自主自由」的法益侵害。
更何況動機錯誤或對價後所為的性交行為不論性自主犯罪，但財產犯罪卻會因之成立犯罪，例如詐欺罪定式結構中的自願處分財物即是被害人想要獲得對價這個動機所產生，由此可見，財產法益侵害更甚於性自主法益的成罪範圍，更應予以保護。
因此刑法第 194 條之 1 在財產犯罪的情況下，應有其適用，即使財產法益的客觀形式不被視為自由法益。

你可能會問，「文字頂端空白的位置」的範圍在哪裡？在「整頁模式」下，會是在四個角落符號切齊的上方或下方，以頁首而言就是上方，進號編輯狀態時，我們就可以看到這個位置：

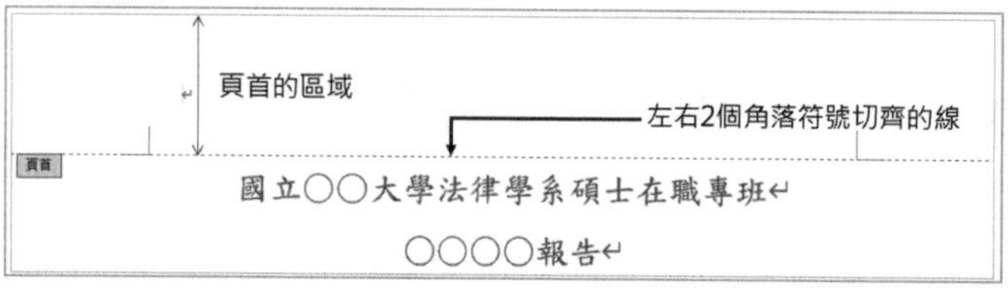
頁首的區域
左右2個角落符號切齊的線
頁首
國立○○大學法律學系碩士在職專班
○○○○報告

點擊滑鼠左鍵 2 下之後就會進入首頁尾設定的狀態，此時會看到標示出來的「頁首」與「頁尾」，例如：

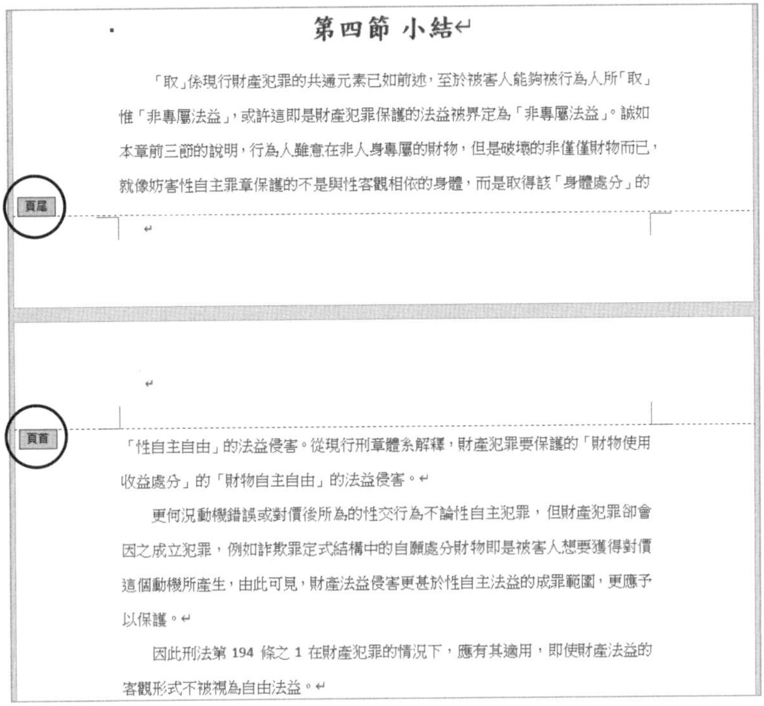

從上面截圖看起來，因為只有單純的「頁首」與「頁尾」而沒有附加「節〇」，表示目前這份文件「僅有 1 節」。

當我們完成本節的練習之後，我們的練習檔就會有「4 節」，此時若會進入首頁尾設定的狀態，就會看到標示出來的「頁首」與「頁尾」會多出「節〇」的後綴，例如：

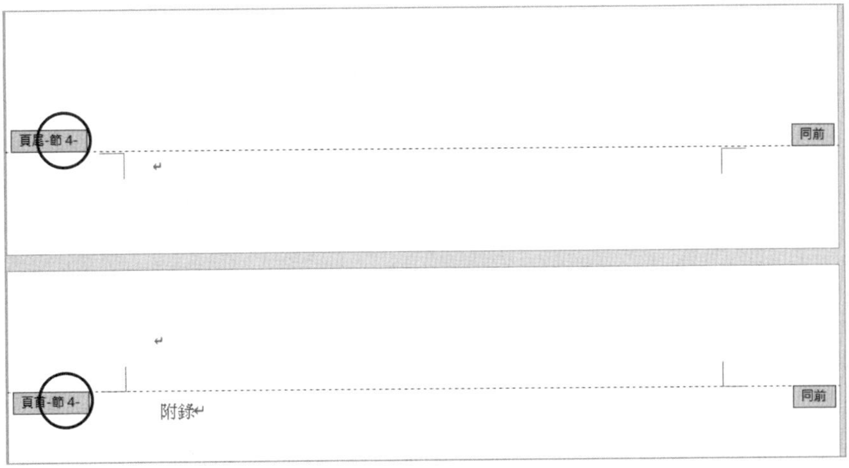

在頁首頁尾的編輯狀態下，這是一種得知目前設定的所在節的簡便方法。但是如果只是想要知道目前插入點所在位置的節，那麼可以透過 Word 左下角的狀態列，例如，將插入點移到練習檔的完成檔「練習 - 長篇文件 - 分節 - 完成檔 -1100120.docx」第 7 頁的「圖次」，再看一下狀態列的左側出現「節：2」:

這時候你可能說，我的狀態列看不到啊！沒錯，預設的情況下 Word 是沒有開啟這個設定，因此，我們要手動開啟。開啟的方法也很簡單，只要滑鼠游標指向狀態列，接下點下滑鼠「右」鍵開啟「自訂狀態列」選單，然後點一下其中的「節」:

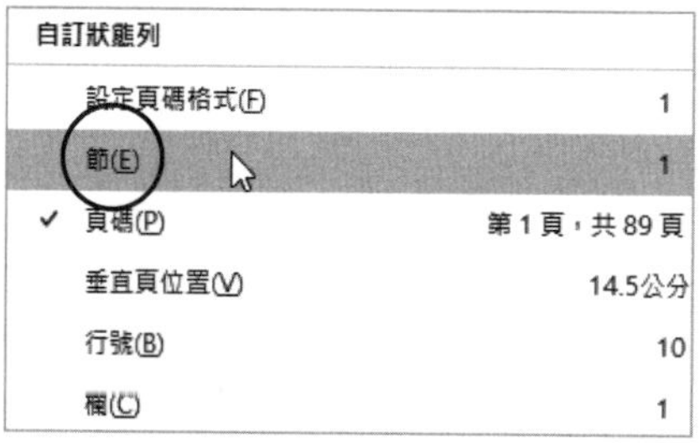

當文件進入首頁尾設定的狀態或者說開啟了頁首頁尾的編輯狀態之後，功能表中會多出**頁首及頁尾**索引標籤，在前面檢視完節的數之後，我們必須關閉此種狀態回到論文本文的編輯，因此，請點選的**關閉**群組中的【關閉頁尾及頁尾】按鈕：

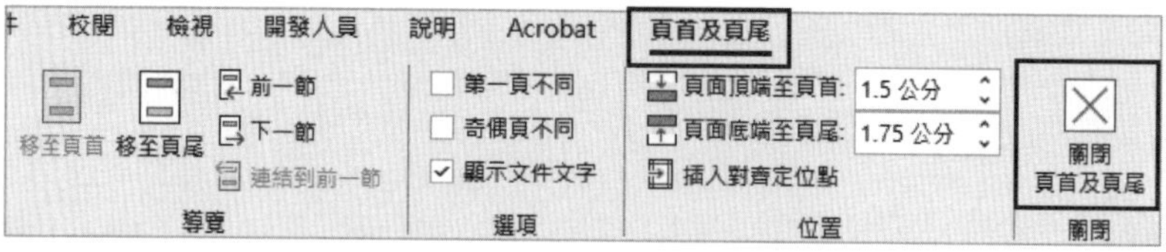

接下來的練習會使用的內容如下表，所以，扣除練習檔中已有的封面及本文外，我們還要加入篇首的謝辭等 6 頁及參證部分的 3 頁，並且完成合計共 4 節的設計：

	封面 Front Cover	1
篇首	謝辭 Acknowledgments 中文摘要 Chinese Abstract 英文摘要 English Abstract 目次 Table of Contents 表次 List of Tables 圖次 List of Figures	1
正文	本文 Main Text of Thesis	1
參證	參考文獻 References 索引 Index 附錄 Appendixes	1

Step 1 開啟「練習 - 長篇文件 - 分節 -1100120.docx」。這份文件是只有封面及本文的部分，接下來我們就加入新的頁及新的節囉。

Step 2 讓封面獨立成節，同時準備加入其他節的頁。請將滑鼠游標移至封面最後一列的最後一個位置：

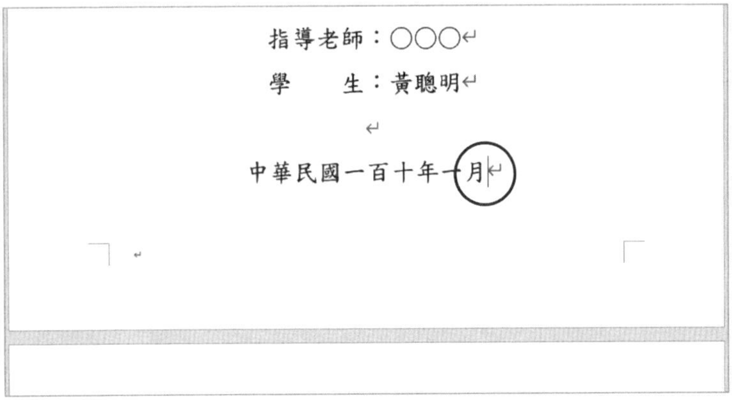

如果各位看不到這個插入點符號，**常用**索引標籤中的**段落**↘群組中的【顯示 / 隱藏編輯標記】按鈕**一定要打開**，否則後續的分節符號就不會顯示了。

請點選**常用**索引標籤中的**段落**↘群組右則的這個符號：

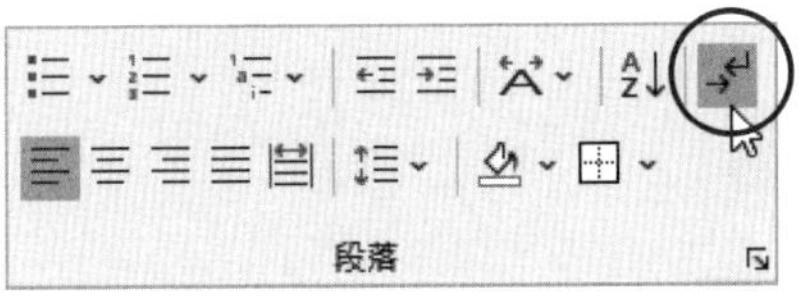

Step 3 插入新節的功能在**版面配置**索引標籤中的**版面設定**↘群組中的**分隔符號**▼下拉清單中，請點選**分隔符號**▼下拉清單並點選從展開的功能表中**分節符號**群中的【下一頁】選項：

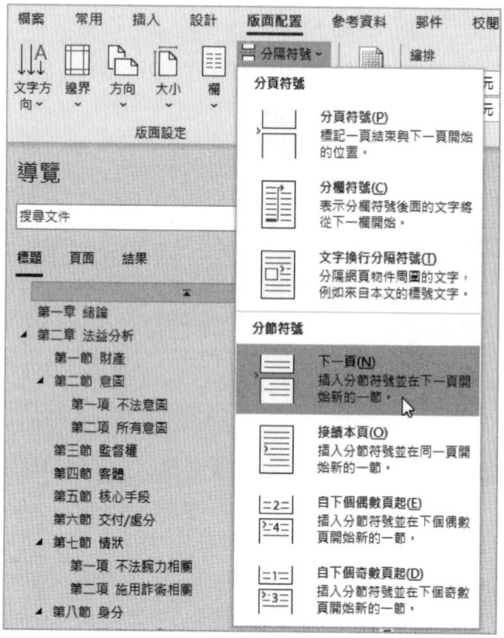

完成後，會在原來插入點的位置出現「分節符號（下一頁）」，並將插入點移置新頁：

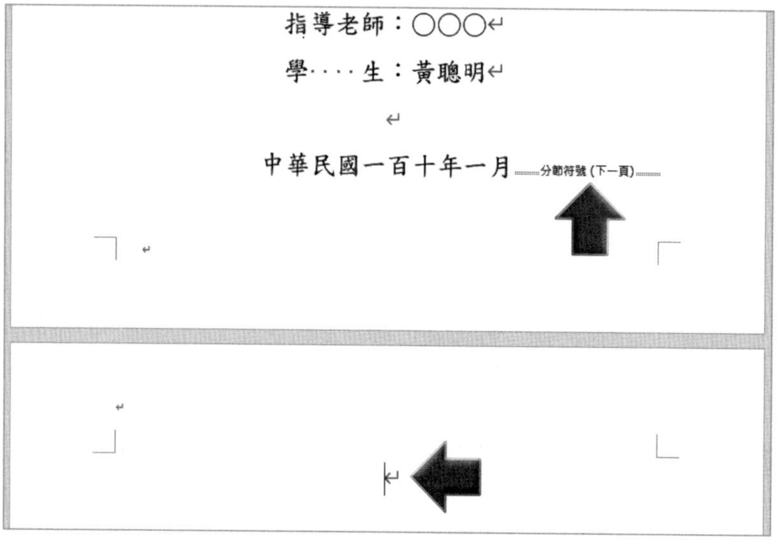

Step 4 請在插入點的位置輸入這頁未來的用途，即「謝辭」：

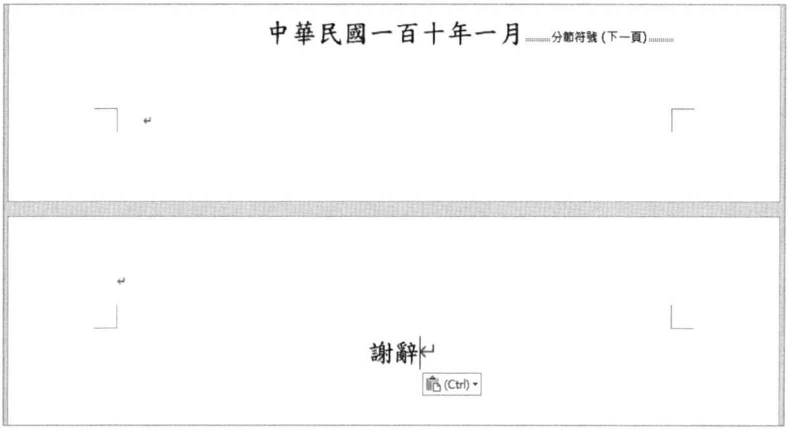

準備插入新頁囉！插入新頁的功能在**插入**索引標籤中的**頁面**群組中的【分頁符號】按鈕，因此，切換到**插入**索引標籤並點選【分頁符號】按鈕：

完成後，滑鼠游標會自動移到新的開始位置：

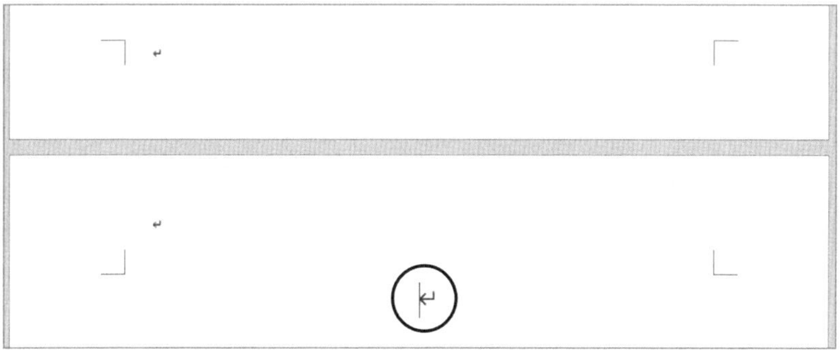

請利用捲動軸往上略捲動一下，可以在「謝辭」的後面看到「分頁符號」:

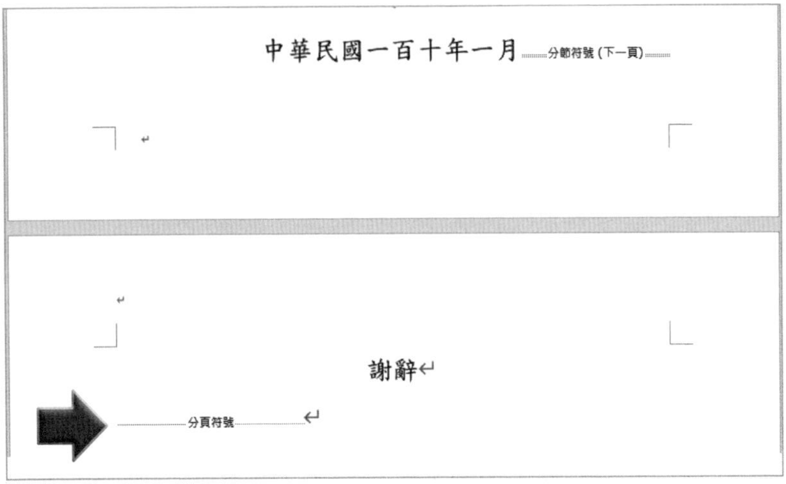

請再捲動畫面到原先看得插入點的位置，並於其上空白處用滑鼠左鍵點「2」下，例如：

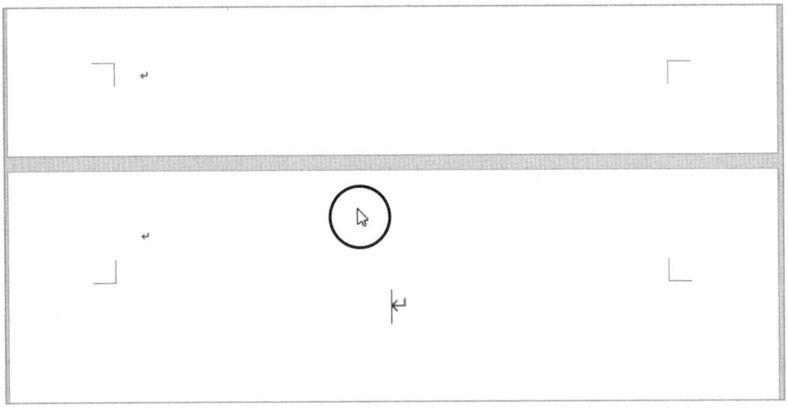

此時會出現「節 2」的訊息，這表示目前我們已經有了二節的頁首頁尾的設定，亦即「封面」及「謝辭、新增的空白頁」:

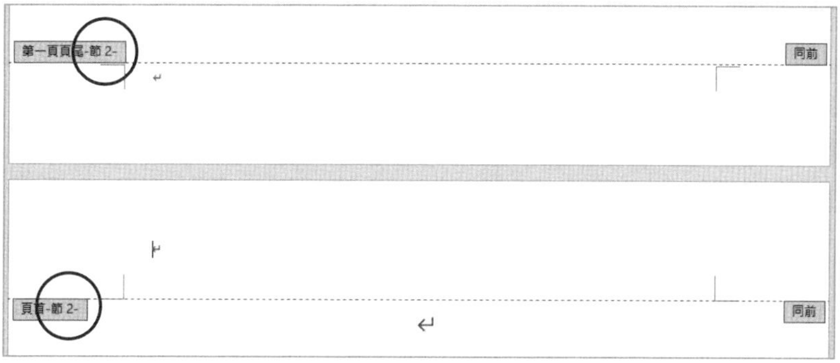

請在這空白的新頁的開始處加入「中文摘要」。

Step 5 準備「再」插入新頁供「英文摘要」用囉！請在插入點的位置並切換到**插入**索引標籤並點選【分頁符號】按鈕：

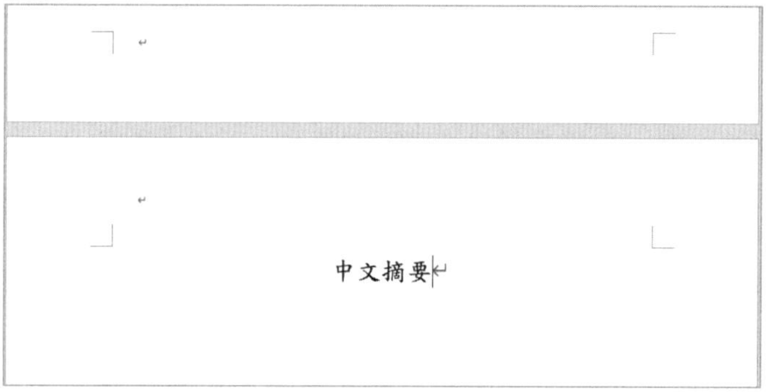

完成後，我們又會看到新的空白頁及插入點：

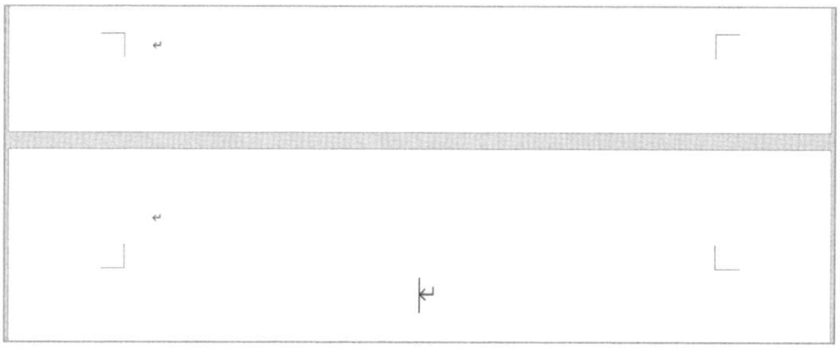

或許你會問，我怎麼知道是「又新增了一頁」呢？其實你可以看一下 Word 視窗的最左下角狀態的位置，最左邊就會顯示目前插入點所在的頁，目前顯示的是第 4 頁，表示剛才的動作讓插入點來到第 4 頁。

此時，你可能會說，我怎麼看不到頁數，我看到的是下面的內容，根本有頁數啊！

好吧，我承認你的狀態列跟我的不一樣。那我們就來喬一喬囉。首先，請滑鼠游標移到狀態上：

接著按一下滑鼠「右」鍵開啟選單並點選其中的【頁碼】選項：

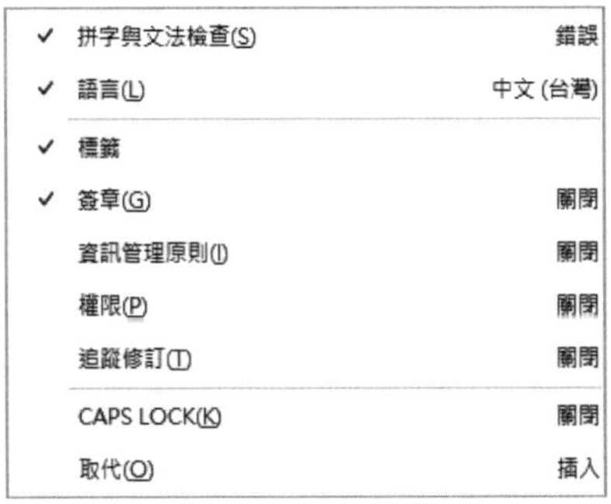

嗯，頁碼數顯示出來了沒錯，但是，你可能還是會問，我怎麼知道第 4 頁是上一次動作的結果？我們來數一下：封面佔 1 頁、謝辭佔 1 頁、中文佔 1 頁，目前是準備用來做為「英文摘要」用的新頁，所以共有 4 頁。

好了，頁數沒有問題，請在這空白的新頁的開始處加入「英文摘要」。

Step 6 接著準備「再」插入新頁供「目次」用囉！請在插入點的位置並切換到**插入**索引標籤並點選【分頁符號】按鈕：

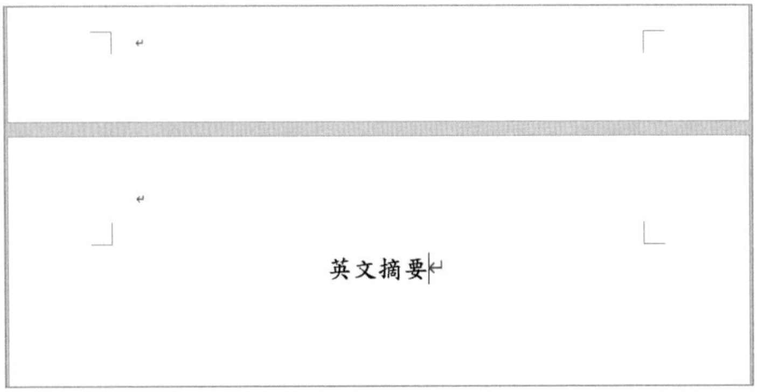

完成後，我們又會看到新的空白頁及插入點：

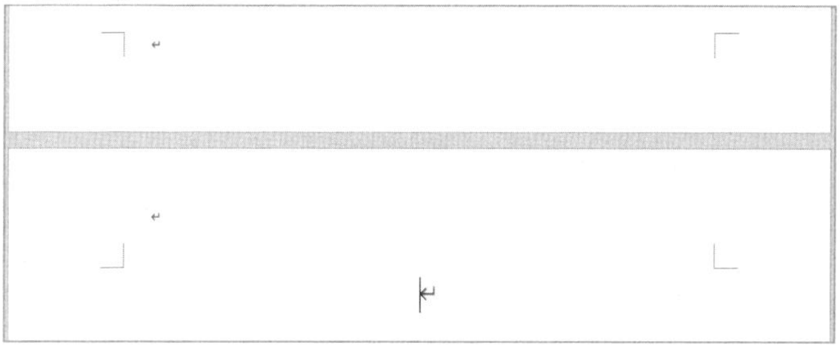

此時 Word 視窗的最左下角狀態的位置，顯示目前的頁數，目前顯示的是第 5 頁，表示剛才的動作讓插入點來到第 5 頁，而且總頁數也由原先的 92 增加到 93。

好了，頁數沒有問題，請在這空白的新頁的開始處加入「目次」。

Step 7 接著準備「再」插入新頁供「表次」用囉！請在插入點的位置並切換到**插入**索引標籤並點選【分頁符號】按鈕：

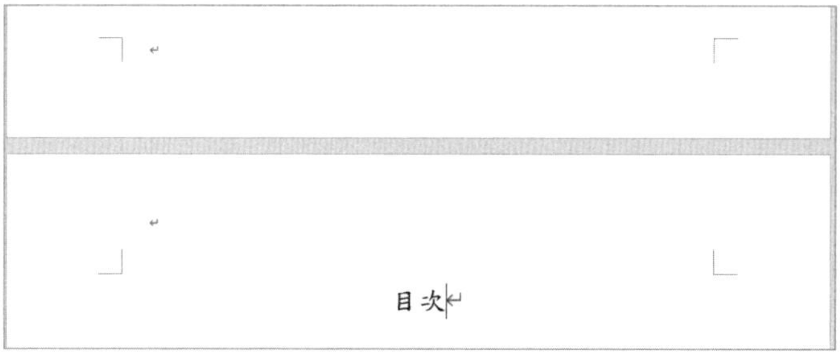

完成後，我們又會看到新的空白頁及插入點：

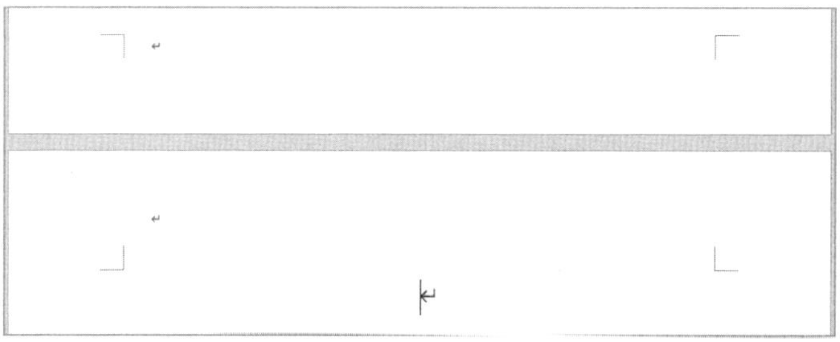

此時 Word 視窗的最左下角狀態列的位置顯示的是第 6 頁，表示剛才的動作讓插入點來到第 6 頁，而且總頁數也由原先的 93 增加到 94。

好了，頁數沒有問題，請在這空白的新頁的開始處加入「表次」。

Step 8 接著準備「再」插入新頁供「圖次」用囉！請在插入點的位置並切換到**插入**索引標籤並點選【分頁符號】按鈕：

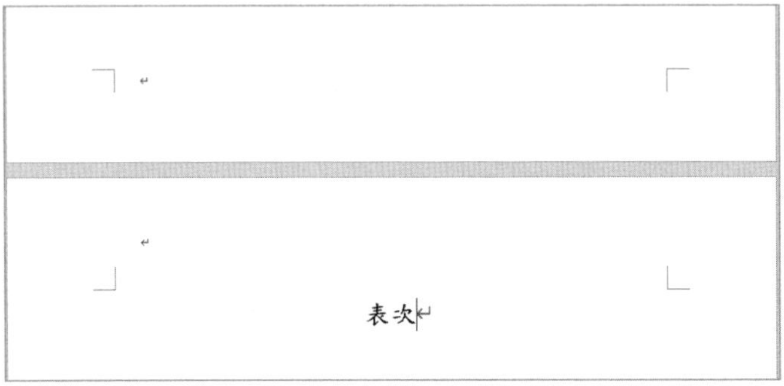

完成後，我們又會看到新的空白頁及插入點：

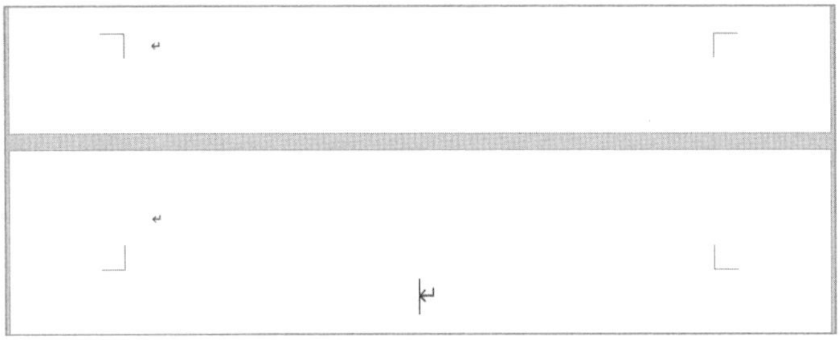

此時 Word 視窗的最左下角狀態列的位置顯示的是第 7 頁，表示剛才的動作讓插入點來到第 7 頁，而且總頁數也由原先的 94 增加到 95。

好了，頁數沒有問題，請在這空白的新頁的開始處加入「圖次」。

Step 9 篇首的所有文件要使用的空白頁都已備妥，接下來是論文本文的開始，因此，是「新的一節」，也就是本練習的「第 3 節」。

接著準備「再」插入「新節」並「直接與目前的第一章」切割！請確定目前插入點的位置是在「圖次」之後：

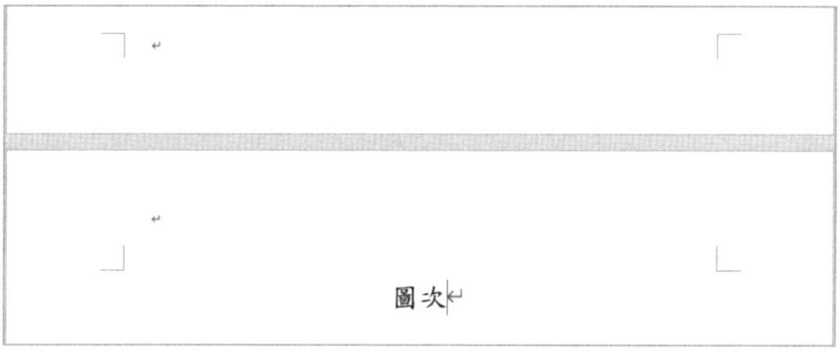
圖次

插入新節的功能在**版面配置**索引標籤中的**版面設定**↘群組中的**分隔符號**▼下拉清單中，請在點選**分隔符號**▼下拉清單並從展開的清單中點選【下一頁】選項：

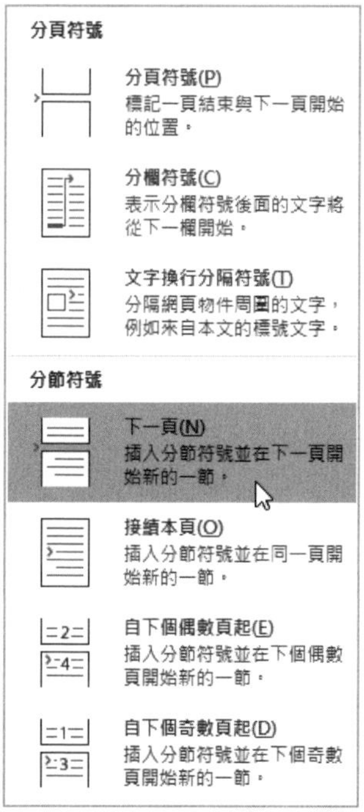
分頁符號
分頁符號(P)
標記一頁結束與下一頁開始的位置。
分欄符號(C)
表示分欄符號後面的文字將從下一欄開始。
文字換行分隔符號(T)
分隔網頁物件周圍的文字，例如來自本文的標號文字。
分節符號
下一頁(N)
插入分節符號並在下一頁開始新的一節。
接續本頁(O)
插入分節符號並在同一頁開始新的一節。
自下個偶數頁起(E)
插入分節符號並在下個偶數頁開始新的一節。
自下個奇數頁起(D)
插入分節符號並在下個奇數頁開始新的一節。

沒問題之後，原先圖次的最後會出現「分節符號（下一頁）」：

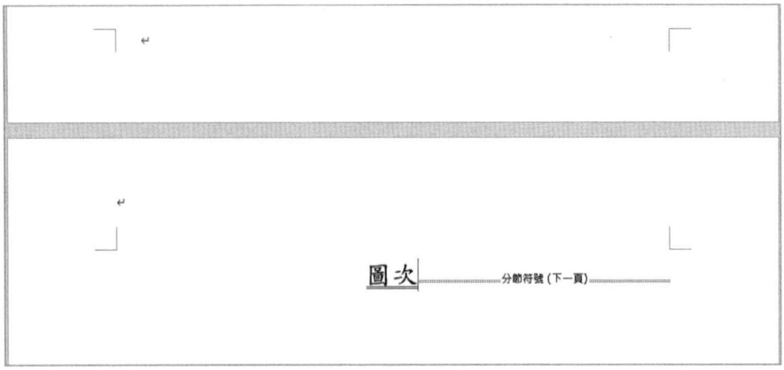

但是，Word 在前述操作之後，也同時幫我們加一「新頁」，造成圖次與第一章之間多了一頁，請把這頁刪除吧！

首先，將滑鼠移到在頁面的左側直到出現箭頭符號：

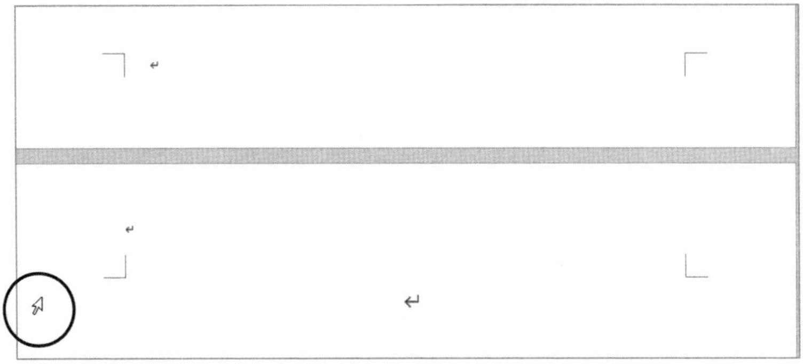

按一下滑鼠左鍵選取該空白段落：

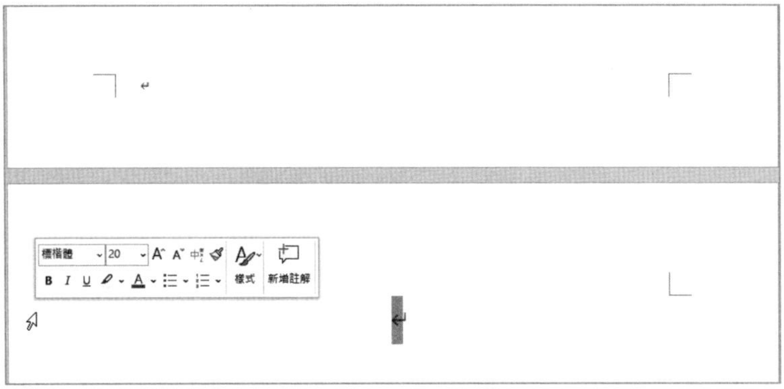

最後按下鍵盤上的【Delete】鍵刪除。

請捲動畫面到第一章緒論的位置，並將插入點移入，接著在插入點的位置的上面空白處用滑鼠左鍵點「2」下，例如：

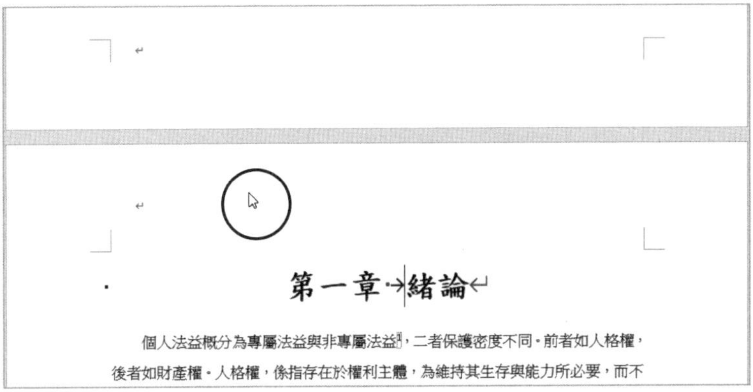
第一章→緒論
個人法益概分為專屬法益與非專屬法益，二者保護密度不同。前者如人格權，
後者如財產權。人格權，係指存在於權利主體，為維持其生存與能力所必要，而不

此時會出現「節 3」的訊息，這表示目前我們可以有了三節的頁首頁尾的設定，亦即「封面」、「謝辭…」及「本文」，而且在第一章的上一頁的頁尾出現「節 2」，這也表示我們已正確將「謝辭…」及「本文」分隔為不同的節了：

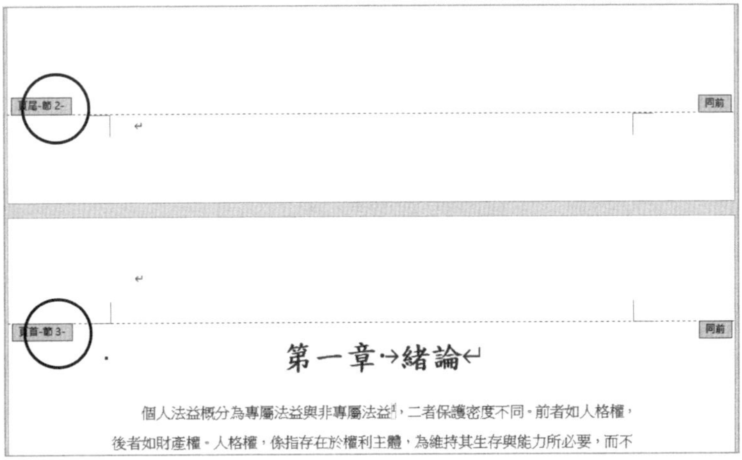
頁尾-節 2-
同前
頁首-節 3-
同前
第一章→緒論
個人法益概分為專屬法益與非專屬法益，二者保護密度不同。前者如人格權，
後者如財產權。人格權，係指存在於權利主體，為維持其生存與能力所必要，而不

Step 10 接下來是文獻開始的參證部分，這是新的一節的開始，而且以本練習的結構來說，本文之後是空的，因此使用插入新節同時插入新頁的功能即可。

首先，利用導覽窗點選第五章第四節或是鍵盤上的【Ctrl + End】將滑鼠游標移到練習檔的最後：

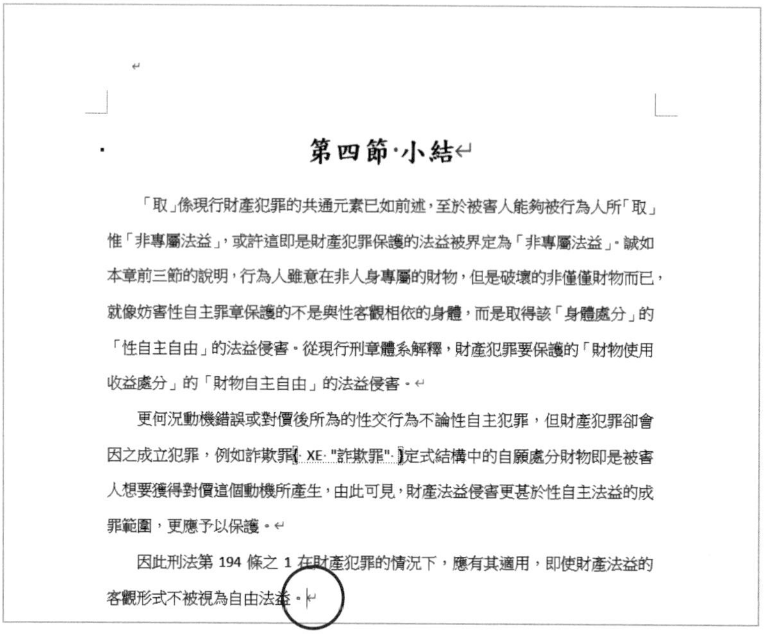

第四節·小結

「取」係現行財產犯罪的共通元素已如前述，至於被害人能夠被行為人所「取」惟「非專屬法益」，或許這即是財產犯罪保護的法益被界定為「非專屬法益」。誠如本章前三節的說明，行為人雖意在非人身專屬的財物，但是破壞的非僅僅財物而已，就像妨害性自主罪章保護的不是與性客觀相依的身體，而是取得該「身體處分」的「性自主自由」的法益侵害。從現行刑章體系解釋，財產犯罪要保護的「財物使用收益處分」的「財物自主自由」的法益侵害。

更何況動機錯誤或對價後所為的性交行為不論性自主犯罪，但財產犯罪卻會因之成立犯罪，例如詐欺罪{ XE "詐欺罪" }定式結構中的自願處分財物即是被害人想要獲得對價這個動機所產生，由此可見，財產法益侵害更甚於性自主法益的成罪範圍，更應予以保護。

因此刑法第 194 條之 1 在財產犯罪的情況下，應有其適用，即使財產法益的客觀形式不被視為自由法益。

插入新節的功能在**版面配置**索引標籤中的**版面設定**↘群組中的**分隔符號**▼下拉清單中，請點選**分隔符號**▼下拉清單並點選從展開的功能表中**分節符號**群中的【下一頁】選項：

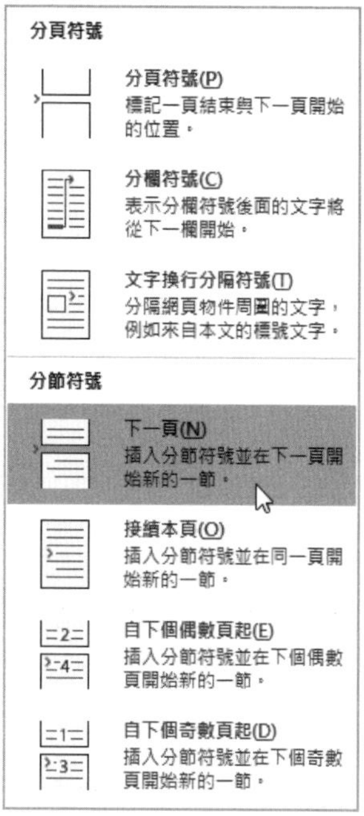
分頁符號
分頁符號(P)
標記一頁結束與下一頁開始的位置。
分欄符號(C)
表示分欄符號後面的文字將從下一欄開始。
文字換行分隔符號(T)
分隔網頁物件周圍的文字，例如來自本文的標號文字。
分節符號
下一頁(N)
插入分節符號並在下一頁開始新的一節。
接續本頁(O)
插入分節符號並在同一頁開始新的一節。
自下個偶數頁起(E)
插入分節符號並在下個偶數頁開始新的一節。
自下個奇數頁起(D)
插入分節符號並在下個奇數頁開始新的一節。

完成後，插入點被移置新頁，而原先插入點的位置會出現「分節符號（下一頁）」：

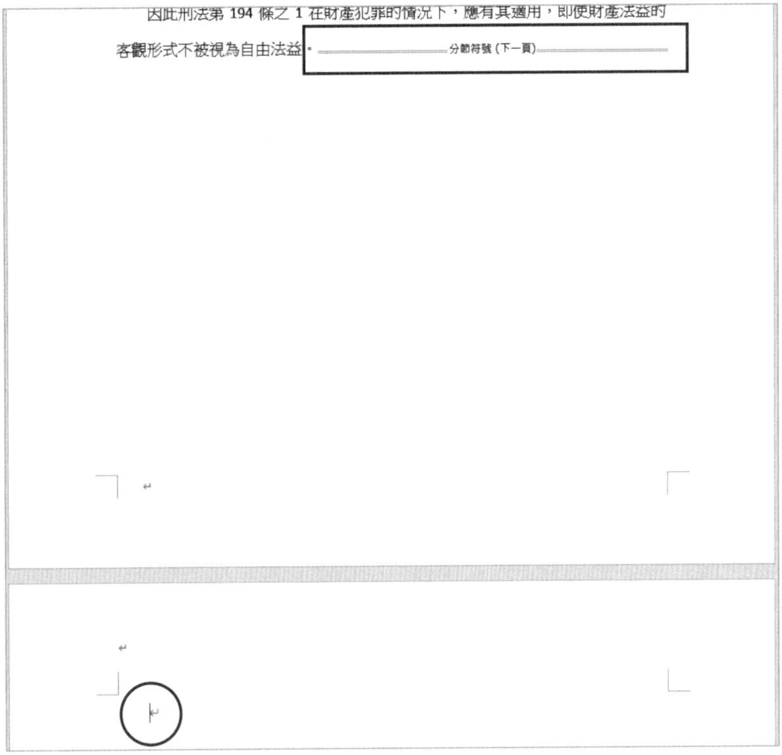
因此刑法第 194 條之 1 在財產犯罪的情況下，應有其適用，即便財產法益的
客觀形式不被視為自由法益。
分節符號 (下一頁)

好了，請在這空白的新頁的開始處加入「參考文獻」。

Step 11 接著準備「再」插入新頁供「索引」用囉！請在插入點的位置並切換到**插入**索引標籤並點選【分頁符號】按鈕：

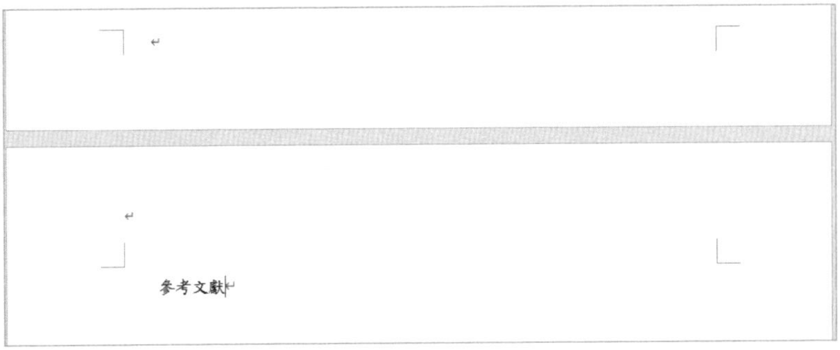
參考文獻

完成後，我們又會看到新的空白頁及插入點：

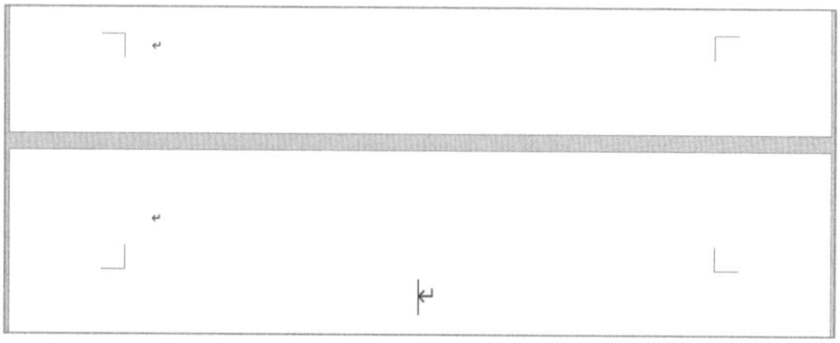

此時 Word 視窗的最左下角狀態列的位置顯示的是第 97 頁，表示剛才的動作讓插入點來到第 6 頁，而且總頁數也增加到 97，這也表示目前是持續往後添加新頁，新頁的位置都是文件中的最後一頁。

好了，頁數沒有問題，請在這空白的新頁的開始處加入「索引」。

Step 12 接著準備「再」插入新頁供「附錄」用囉！請在插入點的位置並切換到**插入**索引標籤並點選【分頁符號】按鈕：

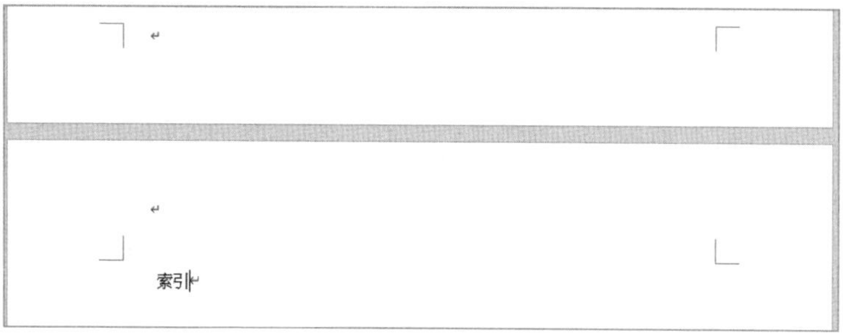

完成後，我們又會看到新的空白頁及插入點：

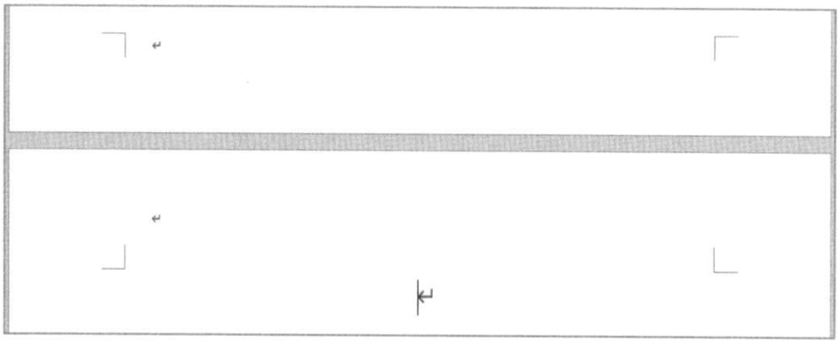

此時 Word 視窗的最左下角狀態列的位置顯示的是第 98 頁，表示剛才的動作讓插入點來到第 7 頁，而且總頁數也由原先的 97 增加到 98，新增的這一頁仍是文件中的最後一頁。

好了，頁數沒有問題，請在這空白的新頁的開始處加入「附錄」。

最後，再來確認下截至目前為止的「節數」。請將插入點移到最後一頁的位置，然後在其上方處按滑鼠左鍵「2 下」，例如：

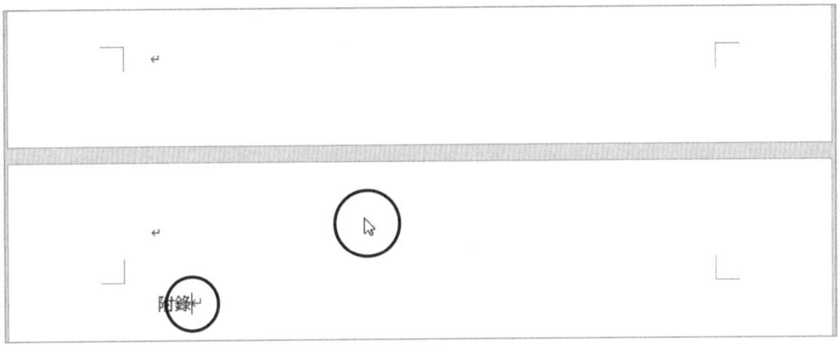

從開啟的頁首頁尾編輯區看來，目前的確有「四節」，這與我們一開始的規劃是相同的：

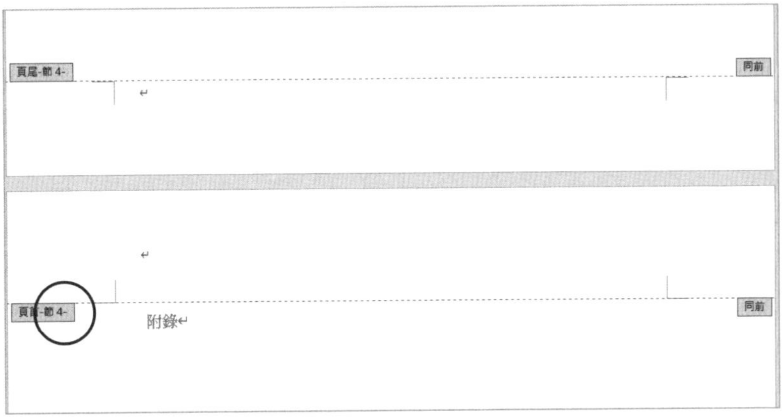

完成檔請參閱「練習 - 長篇文件 - 分節 - 完成檔 -1100120.docx」。

6.3 加強篇一：各章獨立成節

以上是針對大部分的學校都可以進行的操作，如果是某些中文所與中興大學法律碩士專班的話，因為要求每章的奇數頁與偶數頁要有不同的頁首及頁尾而形成每一章的頁首頁尾內容的不同而造成的差異，因此每一章都要獨立出來成為一節而非像前面的操作是不管本文有幾章都算一節的情形。

針對中興大學法律碩士專班的規定及上述練習檔的內容，由於每一章的內容已經存在了，現在要做的只是在每一章的最後與下一章「二章之間」建立起節的分割，所以，其實只要重複做插入【接續本頁】的分節符號即可，細而言之：

一、第一章與第二章的分節：插入點移到第一章的最後，插入【接續本頁】的分節符號。

二、第二章與第三章的分節：插入點移到第二章的最後，插入【接續本頁】的分節符號。

三、第三章與第四章的分節：插入點移到第三章的最後，插入【接續本頁】的分節符號。

四、第四章與第五章的分節：插入點移到第四章的最後，插入【接續本頁】的分節符號。

以第一章與第二章的分節為例：

Step 1 開啟「練習 - 長篇文件 - 分節 - 各章獨立成節 -1100120.docx」。此檔即為上一節練習的完成檔「練習 - 長篇文件 - 分節 - 完成檔 -1100120.docx」。

Step 2 插入點移到第一章的最後：

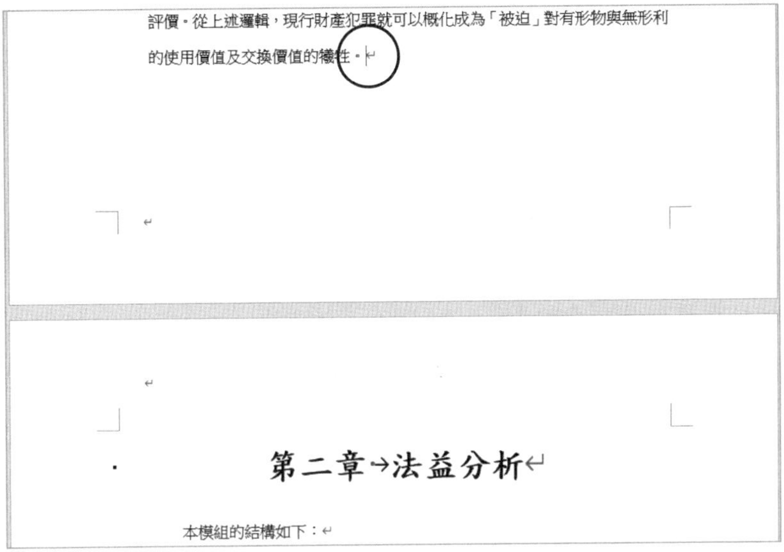
評價。從上述邏輯，現行財產犯罪就可以概化成為「被迫」對有形物與無形利
的使用價值及交換價值的犧牲。
第二章→法益分析
本模組的結構如下：

Step 3 插入新節的功能在**版面配置**索引標籤中的**版面設定**群組中的**分隔符號** ▼ 下拉清單中，請在點選**分隔符號** ▼ 下拉清單並從展開的清單中點選【接續本頁】選項：

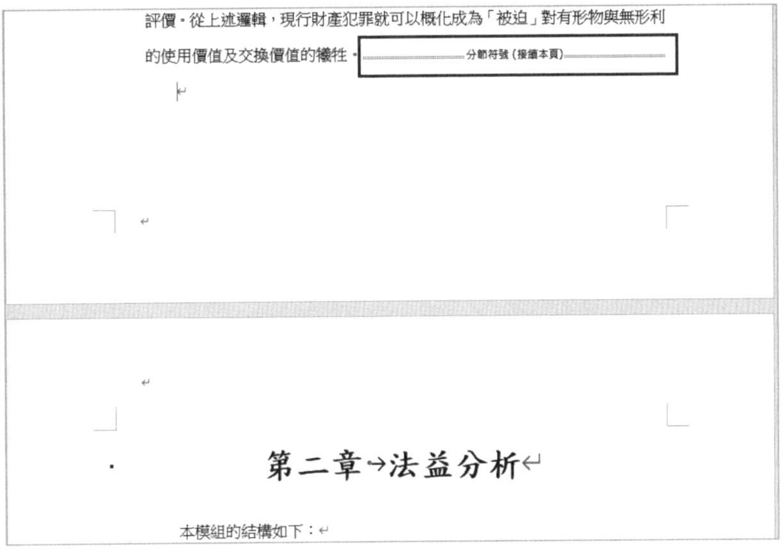
評價。從上述邏輯，現行財產犯罪就可以概化成為「被迫」對有形物與無形利
的使用價值及交換價值的犧牲。
分節符號 (接續本頁)
第二章→法益分析
本模組的結構如下：

重複做完上述的操作之後，將滑鼠游標移到第五章的位置：

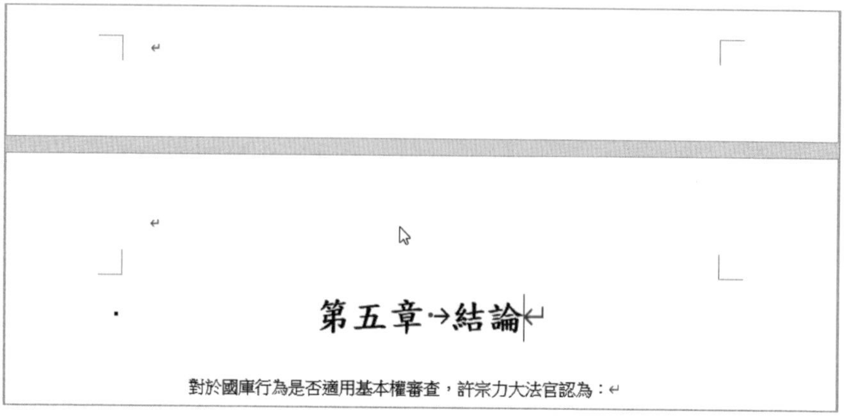
第五章→結論
對於國庫行為是否適用基本權審查，許宗力大法官認為：

並於上端按滑鼠左鍵「2 下」，此時出現在第五章的是「節 7」而上一頁，亦即第四章最後的部分則是「節 6」。

依據前述的公式：

封面＋中文摘要至圖表目錄＋論文本文的章數＋參考文獻後的內容

以本例而言，到第四章的節數為 1+1+4 = 6，此即為第四章最後的部分出現「節 6」的緣故。

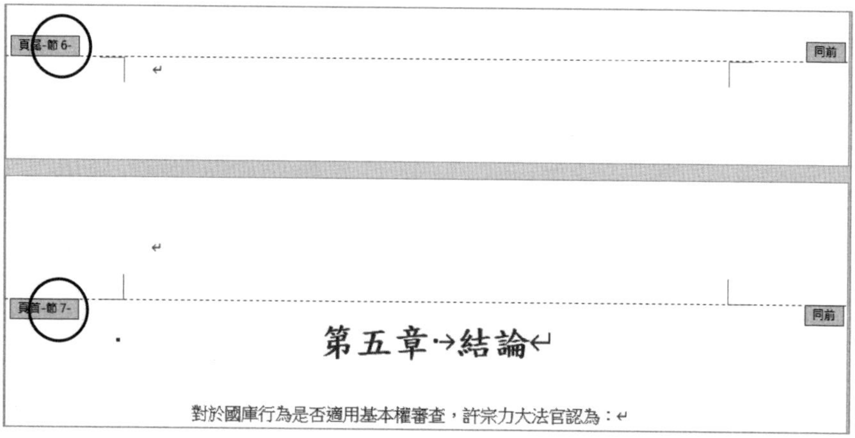
頁尾-節 6-
同前
頁首-節 7-
同前
第五章→結論
對於國庫行為是否適用基本權審查，許宗力大法官認為：

完成檔為「練習 - 長篇文件 - 分節 - 各章獨立成節 - 完成檔 -1100120.docx」，請參閱。

6.4 加強篇二：分頁符號、下一頁及接續本頁

假設有一頁的內容如下，其中「第二節：如何分節」接近該頁的後端，如果你想讓該節直接從「新」的一頁開始，你會怎麼做？如果你想要讓該節還是放在該頁，但是要與前面做不同的格式要求時，你會怎麼做：

所以，在 Word 的功能中會看到「分頁符號」與「分節符號」的差異：

第二節　如何分節

這節除了練習分節之外，同時說明如何分頁。

Step 01. 開啟「練習-長篇文件-分節-1100120.docx」。這份文件是只有封面及本文的部分，接下來我們就加入新的頁及新的節囉。這二個功能在不同的索引頁籤，先列出來：

一、插入新頁的功能在插入索引標籤中的頁面群組中的【分頁符號】按鈕；

我的想法如下，以下請搭配「練習 - 長篇文件 - 分頁符號下一節接續本頁 -1100120.docx」自行練習：

一、如果直接從「新」的一頁開始，還要再考慮是否與前面同節，如果是，那麼直接插入「分頁符號」即可，例如，下圖上方看到「分頁符號」，因此原先「第二

節：如何分節」的內容被移到下一新頁去了，但是從第二節的頁首及分頁符號所在頁的頁尾沒有出現「節○」的符號，那就表示目前這二頁是同屬一節：

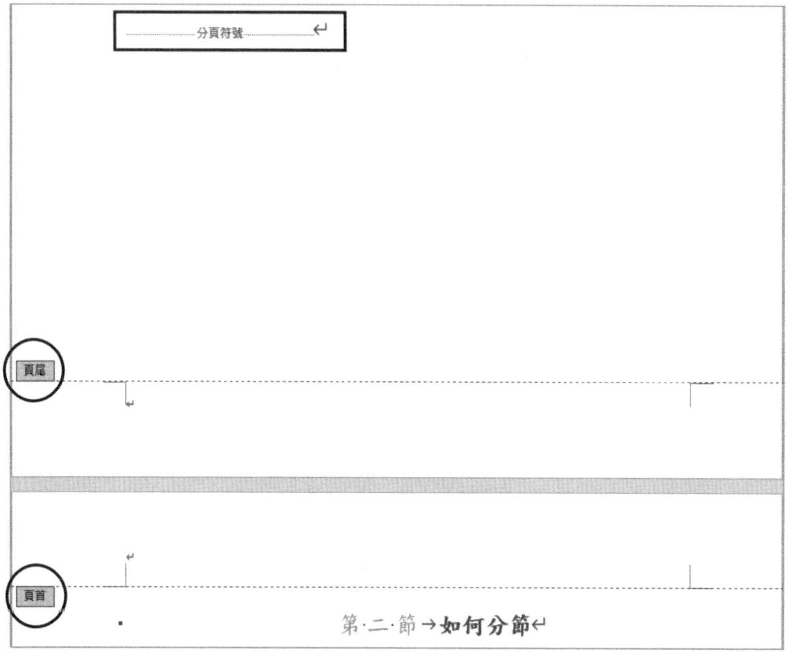

如果想要有不同的節，亦即可能會有不同的格式求時，那麼就插入分隔符號的「下一頁」，這樣既可新增一節又可新增一頁，例如，從下圖的上一頁頁尾出現節 1，而下一頁頁首出現 2，那就表示目前這二頁是分不同的節。

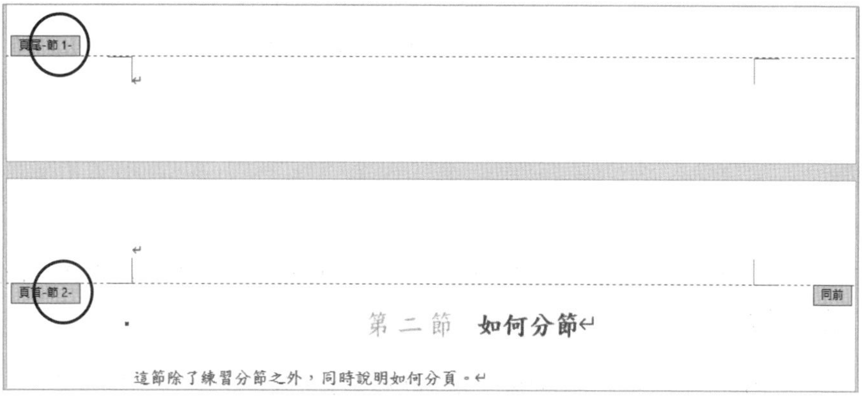

二、如果該節要與前面的內容還是放在同一頁，但有不同的格式需求時，那就「接續本頁」。例如，從下圖可看出第二節的上方出現「分節符號（接續本頁）」：

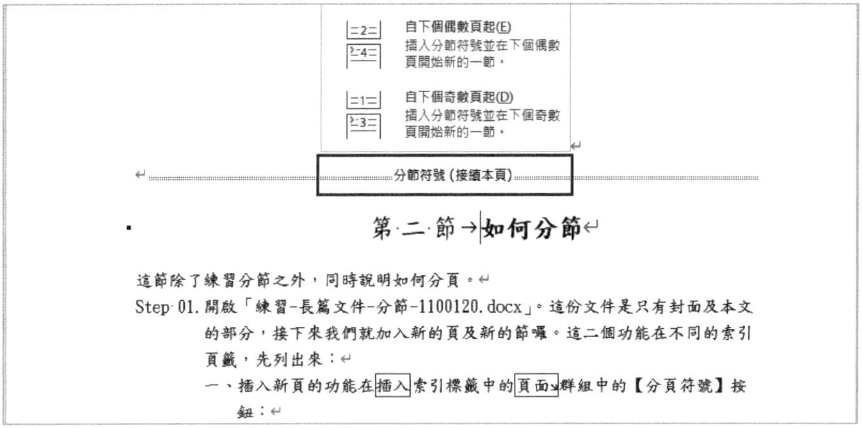

當在同頁但卻二種不同的節，那表示這分屬不同的二節，格式就可以有差異，例如，第二節以前，格式就像一般常見的由左至右由上而下撰寫文字，但是我可以在第二節採取像報章雜誌一樣做「多欄式」的撰寫，像是下圖即是在第二節採「二欄」的結構：

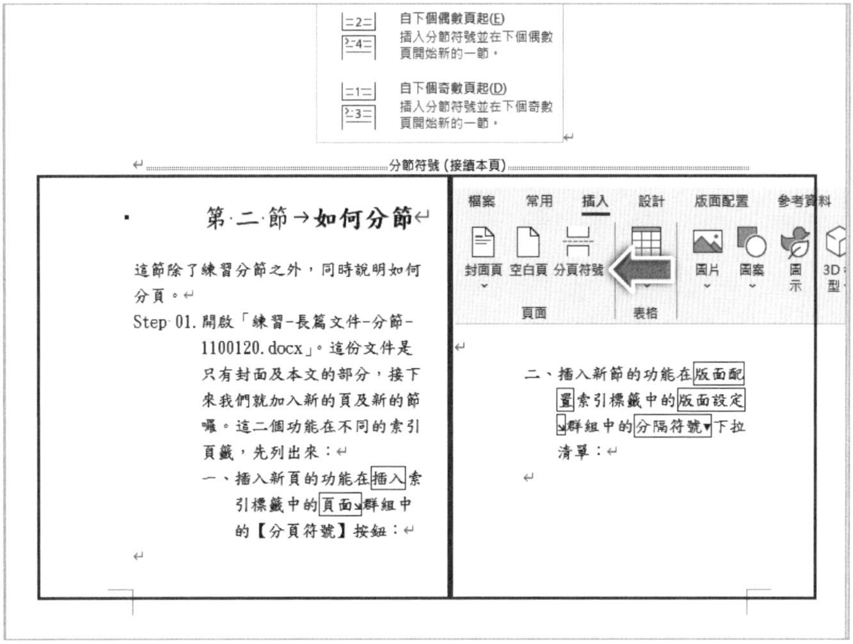

關於「分欄」的操作我會在說明「索引」時再做說明。分欄功能在在**版面配置**索引標籤中的**版面設定** ↘ 群組中的**欄** ▾ 下拉清單：

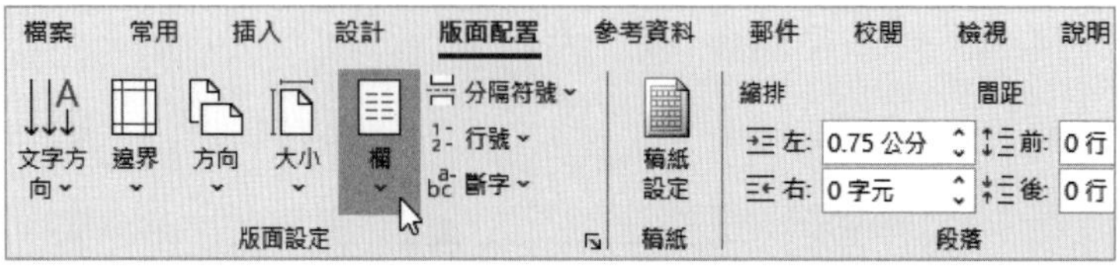

展開後，預設的清單如下，預設是「單欄」，因此第一個選項目前是呈現選取的狀態，想要練習上面「二欄」的設定，請點選清單中的【二】選項：

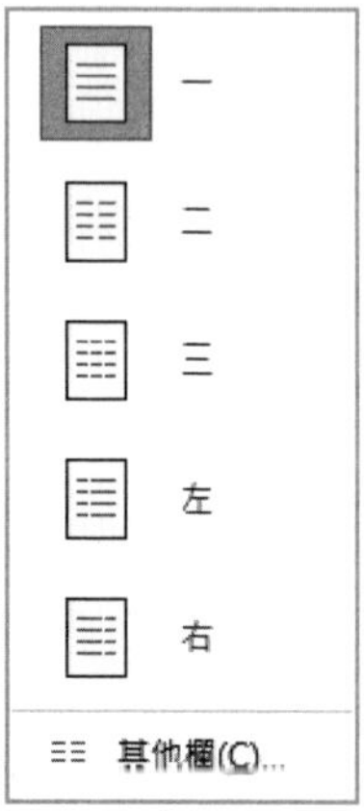

如果你想試試不在預設格式中的選項，那就點選【其他欄】選項來開啟**欄 x** 設定視窗：

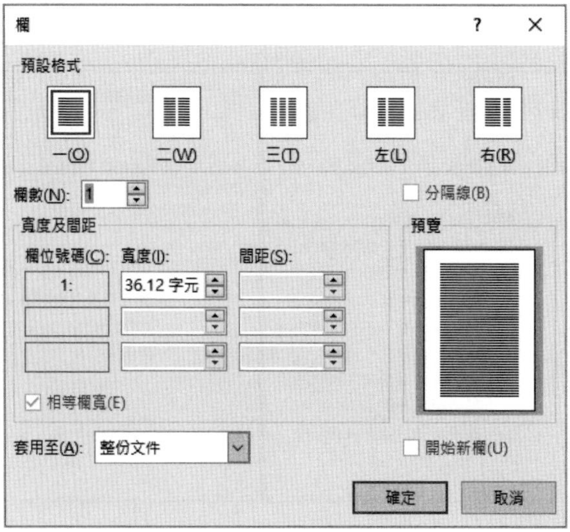

6.5 加強篇三：自下個奇數頁起

輔仁大學資訊管理學系論文規範要求：

> **4.章起始頁編制**：各章起始於奇數頁，若前一章結束於奇數頁時，請自行空一空白頁。

這規定的意思可以從後往前解讀：如果第一章在第 9 頁結束，第二章不能從第 10 頁開始，必須「空一空白頁」，亦即從第 11 頁開始。套用到各章的意思就是，每一章要從「奇數頁」開始撰寫。

接下來說明基本觀念。

開啟「練習 - 長篇文件 - 分頁符號自下個奇數頁起 -1100120.docx」檔，從列印預覽可知，目前第二節位在第一頁的後半部：

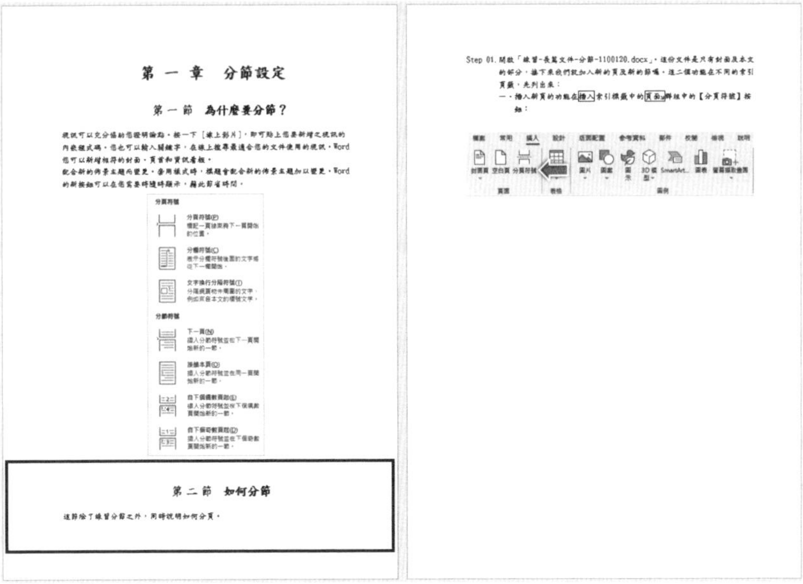

如果想要另起新頁，不管是否同時設定為不同節，相信這樣的需求已經難不倒你，假設要求你將第二節移到下一個奇數頁，以目前檔案來看就會是第 3 頁，你會怎麼做呢？其實有些學校要求本文的每一章都要從奇數頁開始，此時就必須使用等會要說明的功能。

在正式練習前先說明一下，所謂奇數頁是什麼意思，以橫書的書籍或是論文來節，就是位在右側的那一頁，以本練習檔來說，示意圖如下：

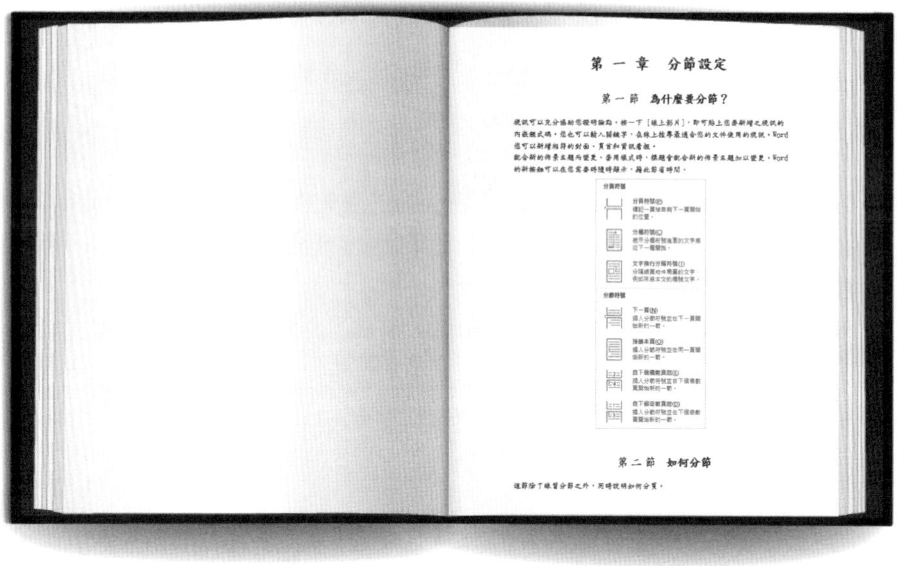
第一章　分節設定
第一節　為什麼要分節？
視訊可以充分協助您證明論點。按一下［線上影片］，即可貼上您要新增之視訊的內嵌程式碼。您也可以輸入關鍵字，在線上搜尋最適合您的文件使用的視訊。Word 也可以新增相符的封面、頁首和資訊看板。
配合新的佈景主題而變更。套用樣式時，標題會配合新的佈景主題加以變更。Word 的新按鈕可以在您需要時隨時顯示，藉此節省時間。
第二節　如何分節
這節除了練習分節之外，同時說明如何分頁。

因此，如果將目前的第二節另起新頁，那麼該節就會被擺在偶數頁，以下面這個示圖來說，就是翻頁時會出現在左側：

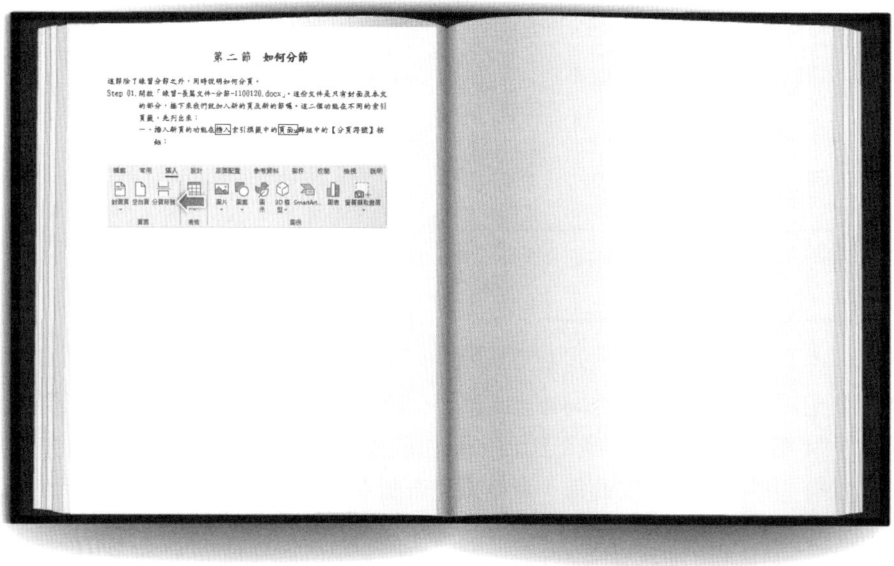
第二節　如何分節
這節除了練習分節之外，同時說明如何分頁。
Step 01. 開啟「練習-長篇文件-分節-1100120.docx」，這份文件是只有封面及本文的部分，接下來我們就加入新的頁及新的節喔。這二個功能在不同的索引頁籤，先列出來：
一、插入新頁的功能在插入索引標籤中的頁面群組中的【分頁符號】按鈕：
SmartArt...

所以，如果將目前的第二節另起新頁擺在奇數頁，以下面這個示圖來說，就是翻頁時會出現在右側，那要如何做呢：

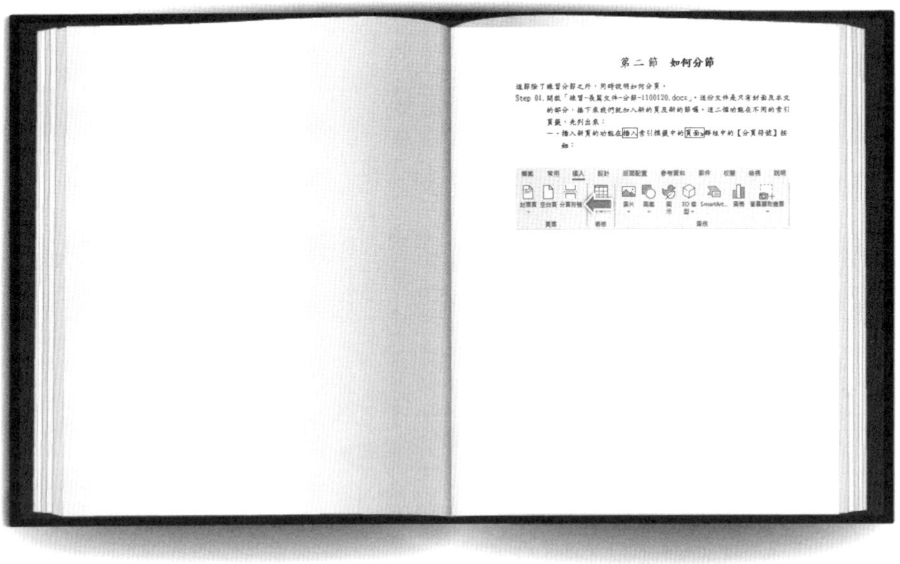
第二節 如何分節
這節除了練習分節之外，同時說明如何分頁。
Step 01. 開啟「練習-長篇文件-分節-1100120.docx」。這份文件是只有封面及本文的部分，接下來我們就加入新的頁及新的節囉。這二個功能在不同的索引頁籤，先列出來：
一、插入新頁的功能在插入索引標籤中的頁面群組中的【分頁符號】按鈕：
插入
SmartArt

Step 1 將插入點移到第二節的「如何分節」的前面：

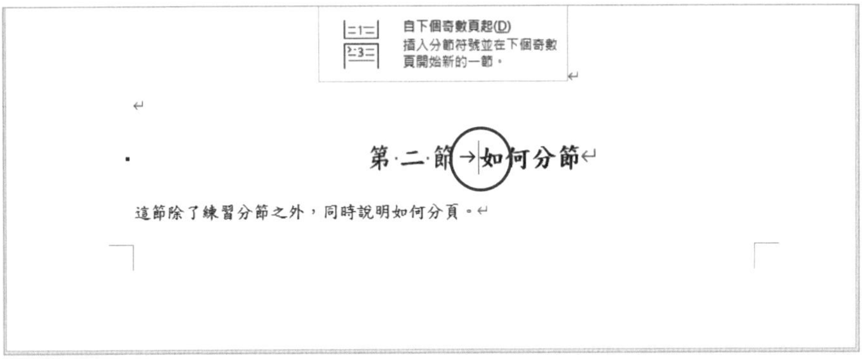
自下個奇數頁起(D)
插入分節符號並在下個奇數頁開始新的一節。
第·二·節→如何分節
這節除了練習分節之外，同時說明如何分頁。

Step 2 點選**版面配置**索引標籤中的**版面設定** ↘ 群組中的**分隔符號** ▾ 下拉清單，並點選其中的【自下個奇數頁起】選項：

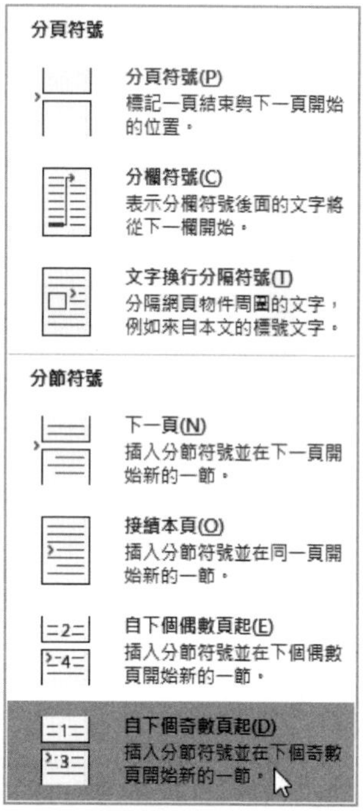

之後就後將第二節移出第原來那一頁，而原來那一頁的最後則出現「分節符號（奇數頁）：

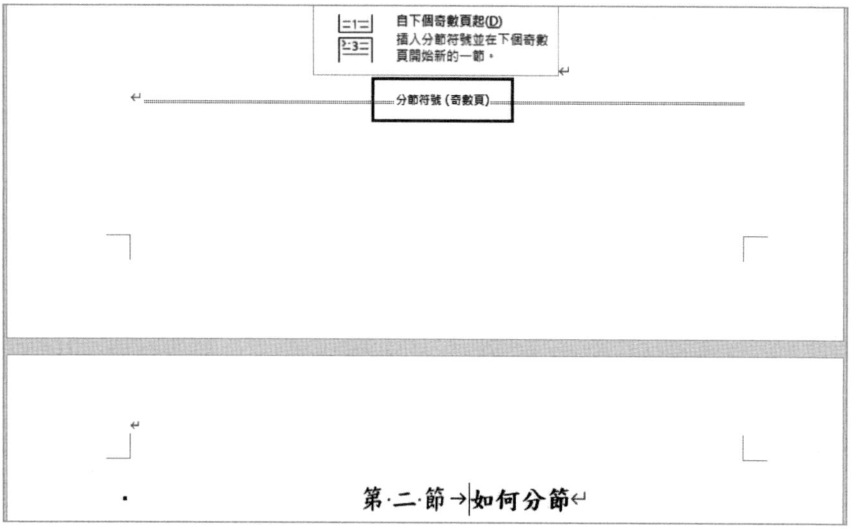

這樣就完成囉，完成檔請參閱「練習 - 長篇文件 - 分頁符號自下個奇數頁起 - 完成檔 -1100120.docx」。

完成後，你可能會問，從文件編輯區看來，這二頁還是連續擺在一起啊，跟原來沒有兩樣啊？

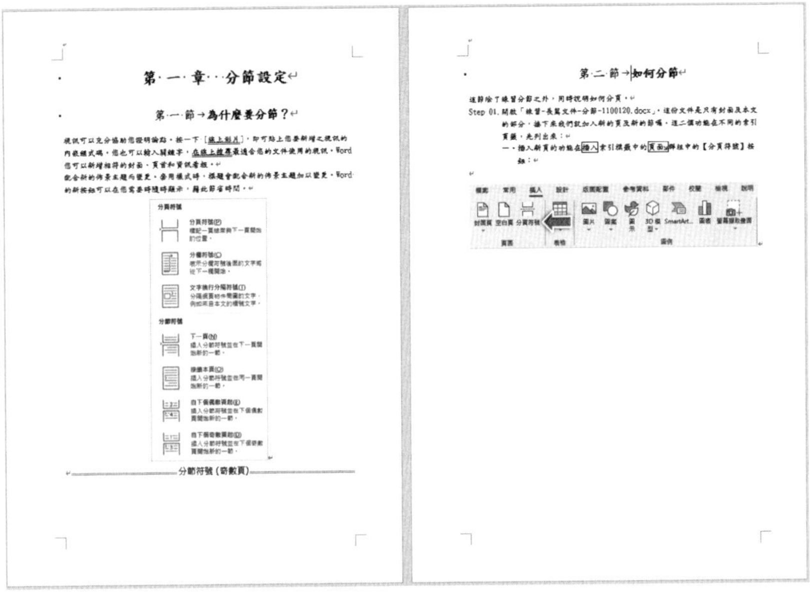

事實上不是這樣喔，你可以點選**檔案**索引標籤中的【列印】選項，然後試著調整 Word 視窗右下的縮放比例：

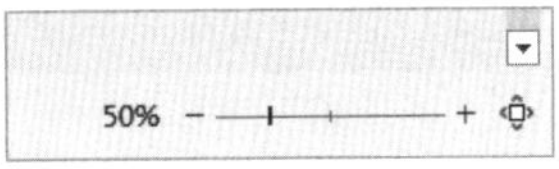

你就會發現像下面的結果，亦即第二節的前面確實加了空白頁喔：

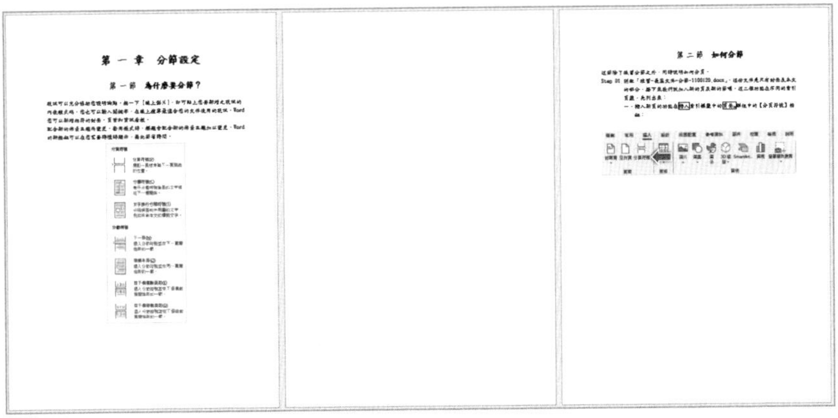

基本概念及操作都知道了之後，接下來就是應用到論文中。

依據下面公式，練習檔完成後會有 1 + 1 + 1*5 + 1 = 8 節：

封面 + 中文摘要至圖表目錄 + 論文本文的章數 + 參考文獻後的內容

Step 1 開啟「練習 - 長篇文件 - 中文系奇數頁分節 -1100120.docx」。

請依表的分節規劃及 10.2 的步驟完成：

	封面 Front Cover	1
篇首	謝辭 Acknowledgments 中文摘要 Chinese Abstract 英文摘要 English Abstract 目次 Table of Contents 表次 List of Tables 圖次 List of Figures	1
正文	本文 Main Text of Thesis	1
參證	參考文獻 References 索引 Index 附錄 Appendixes	1

接下來是與前面最具差異性的部分

Step 2 為了將第一章獨立成節。請點選導覽窗格的「第二章」切換到該頁，然後再往上捲動並將插入點移到上一章，也就是第一章的最後位置：

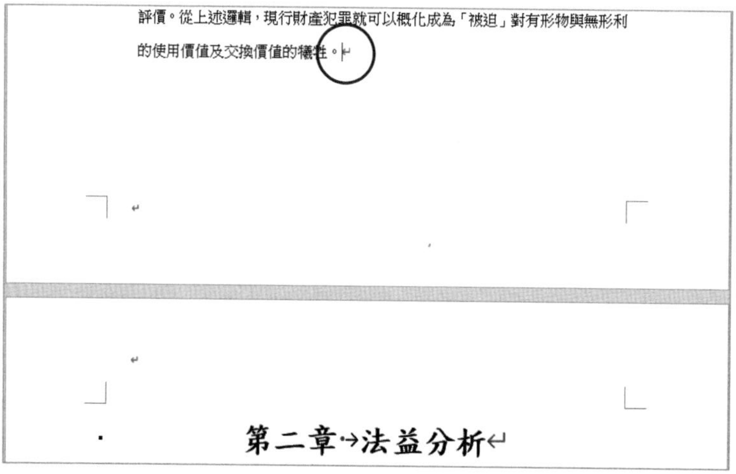
評價。從上述邏輯，現行財產犯罪就可以概化成為「被迫」對有形物與無形利
的使用價值及交換價值的犧牲。
第二章→法益分析

請在點選**分隔符號 ▾** 下拉清單並從展開的清單中點選【自下個奇數頁起】選項以符合學校要求每一章都要從奇數頁開始：

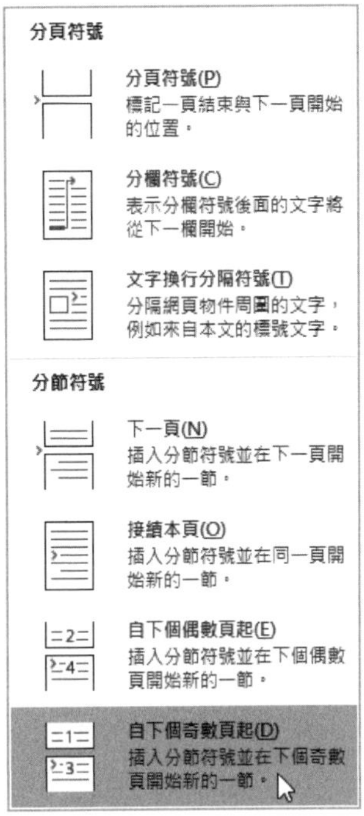

沒問題之後，第一章的最後位置後會出現「分節符號（奇數頁）」：

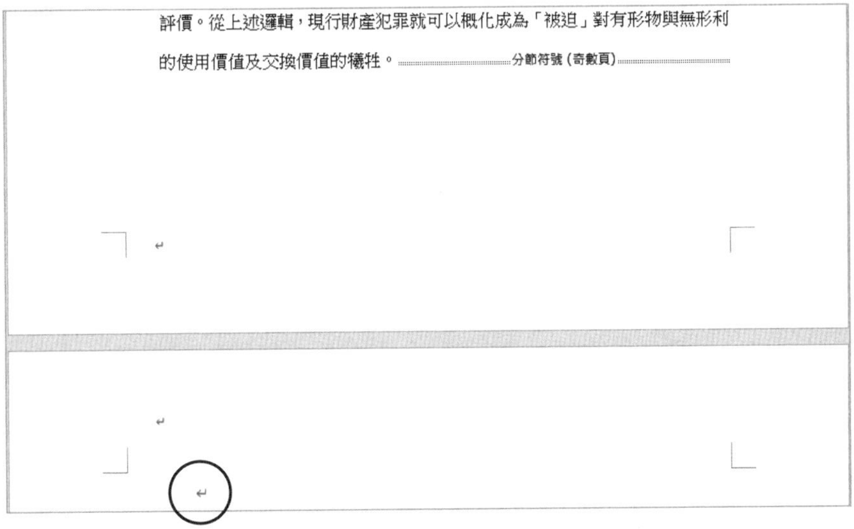

但是，Word 在前述操作之後，又幫我們加一「新頁」，造成第一章與第二章之間多了一頁，請利用上一步驟說明的方法把這頁刪除吧！

Step 3 為了將第二章獨立成節。請點選導覽窗格的「第三章」切換到該頁，然後再往上捲動並將插入點移到上一章，也就是第二章的最後位置：

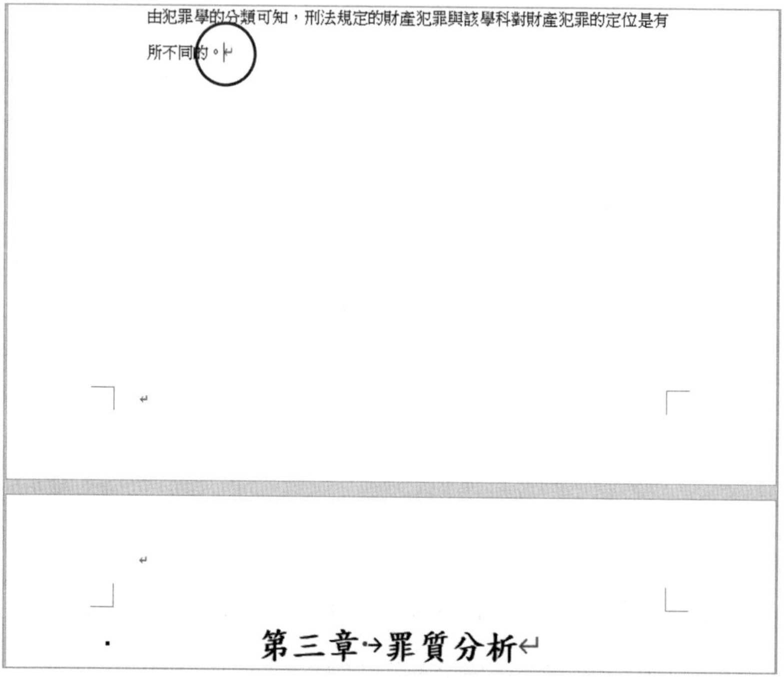
由犯罪學的分類可知，刑法規定的財產犯罪與該學科對財產犯罪的定位是有所不同的。

第三章→罪質分析

請在點選**分隔符號▼**下拉清單並從展開的清單中點選【自下個奇數頁起】選項以符合學校要求每一章都要從奇數頁開始。

沒問題之後，第二章的最後位置後會出現「分節符號（奇數頁）」：

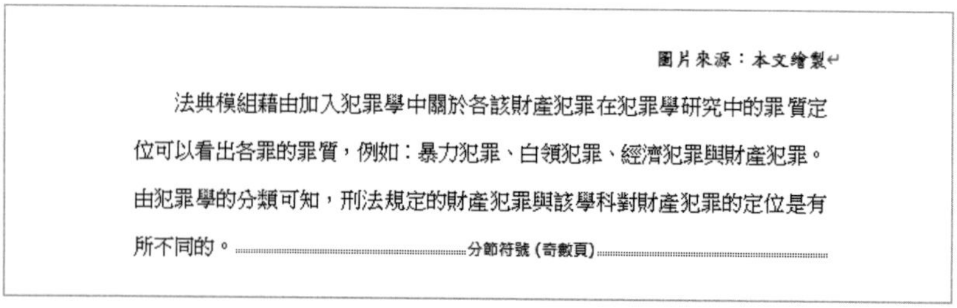
圖片來源：本文繪製

法典模組藉由加入犯罪學中關於各該財產犯罪在犯罪學研究中的罪質定位可以看出各罪的罪質，例如：暴力犯罪、白領犯罪、經濟犯罪與財產犯罪。由犯罪學的分類可知，刑法規定的財產犯罪與該學科對財產犯罪的定位是有所不同的。分節符號 (奇數頁)

但是，Word 在前述操作之後，又幫我們加一「新頁」，造成第二章與第三章之間多了一頁，請利用上一步驟說明的方法把這頁刪除吧！

Step 4 為了將第三章獨立成節。請點選導覽窗格的「第四章」切換到該頁，然後再往上捲動並將插入點移到上一章，也就是第三章的最後位置：

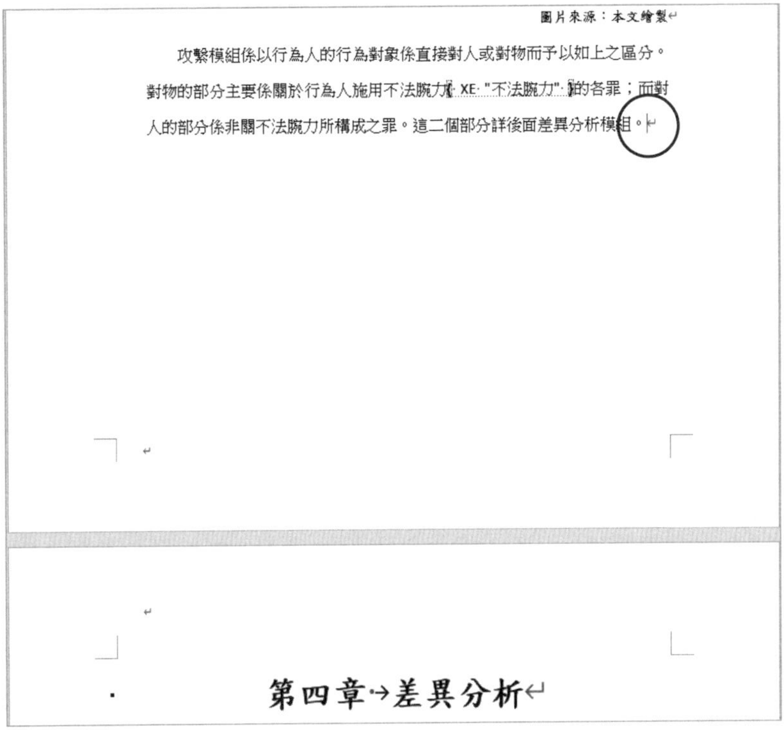
圖片來源：本文繪製
攻擊模組係以行為人的行為對象係直接對人或對物而予以如上之區分。
對物的部分主要係關於行為人施用不法腕力{ XE "不法腕力" }的各罪；而對
人的部分係非關不法腕力所構成之罪。這二個部分詳後面差異分析模組。
第四章→差異分析

請在點選**分隔符號 ▾** 下拉清單並從展開的清單中點選【自下個奇數頁起】選項以符合學校要求每一章都要從奇數頁開始。

沒問題之後，第三章的最後位置後會出現「分節符號（奇數頁）」，同樣地 Word 在前述操作之後，又幫我們加一「新頁」，造成第三章與第四章之間多了一頁，請利用上一步驟說明的方法把這頁刪除吧！

Step 5 為了將第四章獨立成節。請點選導覽窗格的「第五章」切換到該頁，然後再往上捲動並將插入點移到上一章，也就是第四章的最後位置：

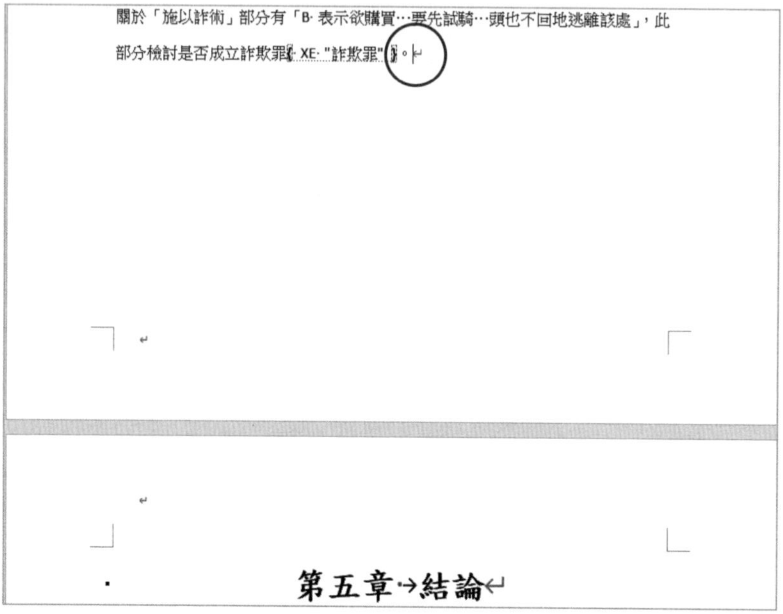
關於「施以詐術」部分有「B‧表示欲購買…要先試騎…頭也不回地逃離該處」，此
部分檢討是否成立詐欺罪{ XE "詐欺罪" }。
第五章→結論

請在點選**分隔符號 ▾** 下拉清單並從展開的清單中點選【自下個奇數頁起】選項以符合學校要求每一章都要從奇數頁開始。

沒問題之後，第四章的最後位置後會出現「分節符號（奇數頁）」，同樣地 Word 在前述操作之後，又幫我們加一「新頁」，造成第四章與第五章之間多了一頁，請利用上一步驟說明的方法把這頁刪除吧！

Step 6 接下來是文獻開始的參證部分，這是新的一節的開始，而且以本練習的結構來說，本文之後是空的，因此使用插入新節同時插入新頁的功能即可。

首先，利用導覽窗點選第五章第四節或是鍵盤上的【Ctrl + End】將滑鼠游標移到練習檔的最後。

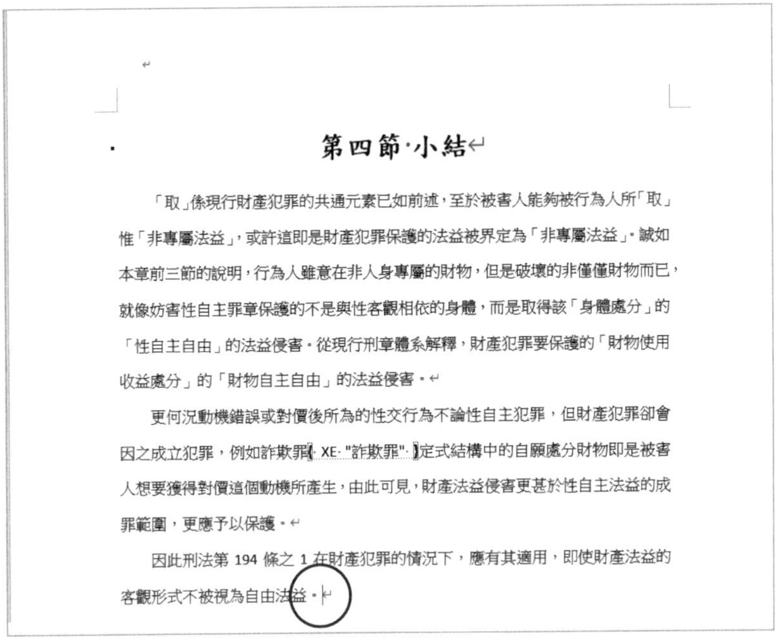

第四節·小結

「取」係現行財產犯罪的共通元素已如前述，至於被害人能夠被行為人所「取」惟「非專屬法益」，或許這即是財產犯罪保護的法益被界定為「非專屬法益」。誠如本章前三節的說明，行為人雖意在非人身專屬的財物，但是破壞的非僅僅財物而已，就像妨害性自主罪章保護的不是與性客觀相依的身體，而是取得該「身體處分」的「性自主自由」的法益侵害。從現行刑章體系解釋，財產犯罪要保護的「財物使用收益處分」的「財物自主自由」的法益侵害。

更何況動機錯誤或對價後所為的性交行為不論性自主犯罪，但財產犯罪卻會因之成立犯罪，例如詐欺罪{ XE "詐欺罪" }定式結構中的自願處分財物即是被害人想要獲得對價這個動機所產生，由此可見，財產法益侵害更甚於性自主法益的成罪範圍，更應予以保護。

因此刑法第 194 條之 1 在財產犯罪的情況下，應有其適用，即使財產法益的客觀形式不被視為自由法益。

插入新節的功能在**版面配置**索引標籤中的**版面設定**↘群組中的**分隔符號▼**下拉清單中，請點選**分隔符號▼**下拉清單並點選從展開的功能表中**分節符號**群中的【下一頁】選項：

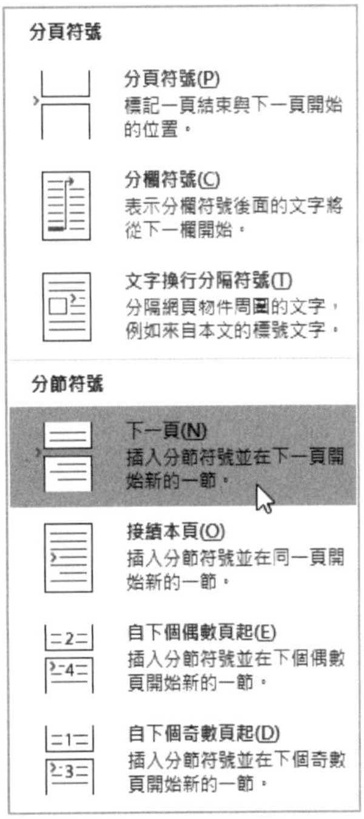

完成後，插入點被移置新頁，而原先插入點的位置會出現「分節符號（下一頁）」：

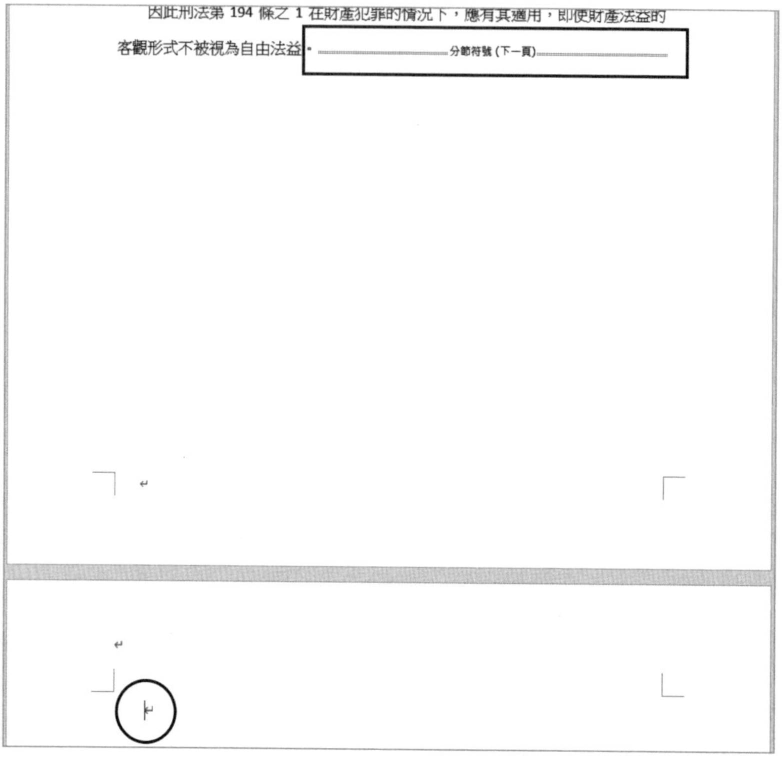
因此刑法第 194 條之 1 在財產犯罪的情況下，應有其適用，即使財產法益的
客觀形式不被視為自由法益。
分節符號 (下一頁)

好了，請在這空白的新頁的開始處加入「參考文獻」，按下鍵盤上的【Enter】鍵，並輸入 =rand(5,10)，再按鍵盤【Enter】鍵，Word 會虛擬文字進來：

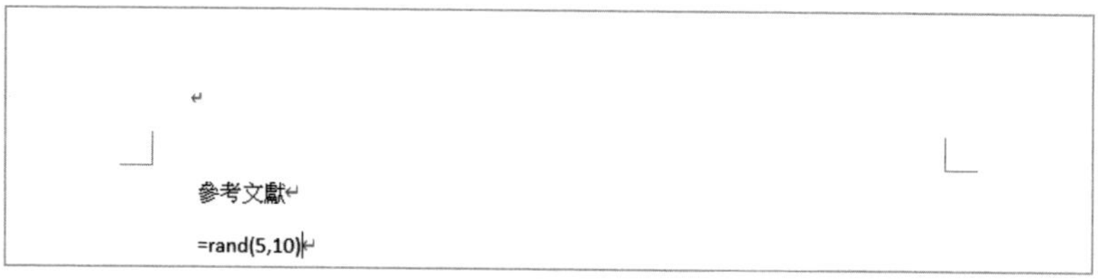
參考文獻
=rand(5,10)

Step 7 接著準備「再」插入新頁供「索引」用囉！請在新增的虛擬文字之後插入點的位置並切換到**插入**索引標籤並點選【分頁符號】按鈕及【下一頁】選項加入新節：

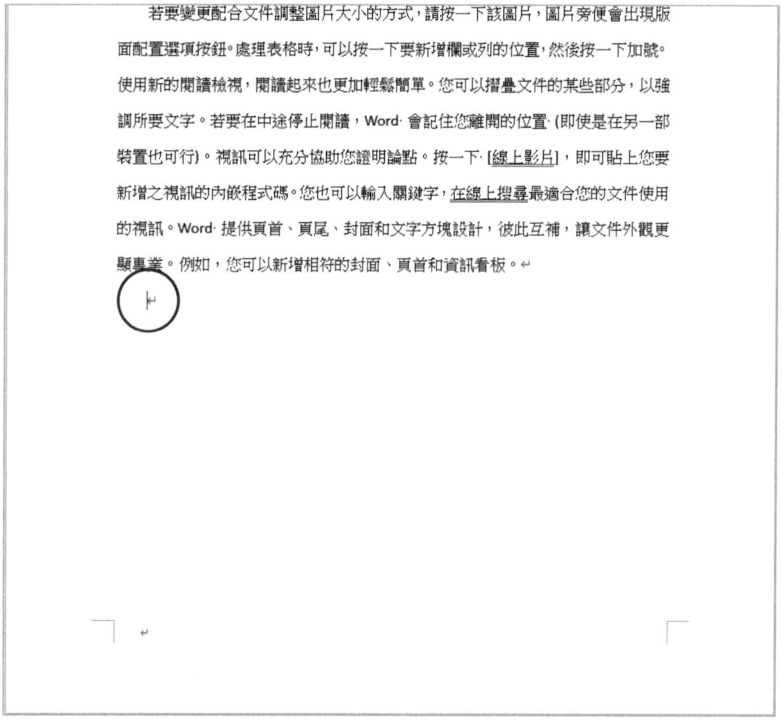

若要變更配合文件調整圖片大小的方式，請按一下該圖片，圖片旁便會出現版面配置選項按鈕。處理表格時，可以按一下要新增欄或列的位置，然後按一下加號。使用新的閱讀檢視，閱讀起來也更加輕鬆簡單。您可以摺疊文件的某些部分，以強調所要文字。若要在中途停止閱讀，Word 會記住您離開的位置 (即使是在另一部裝置也可行)。視訊可以充分協助您證明論點。按一下 [線上影片]，即可貼上您要新增之視訊的內嵌程式碼。您也可以輸入關鍵字，在線上搜尋最適合您的文件使用的視訊。Word 提供頁首、頁尾、封面和文字方塊設計，彼此互補，讓文件外觀更顯專業。例如，您可以新增相符的封面、頁首和資訊看板。

完成後，我們又會看到新的空白頁及插入點。好了，請在這空白的新頁的開始處加入「參考文獻」，按下鍵盤【Enter】鍵，並輸入 =rand(5,10)，再按鍵盤【Enter】鍵，Word 會虛擬文字進來：

索引

=rand(5,10)

Step 8 接著準備「再」插入新頁供「附錄」用囉！請在新增的虛擬文字之後插入點的位置並切換到**插入**索引標籤並點選【分頁符號】按鈕及【下一頁】選項加入新節：

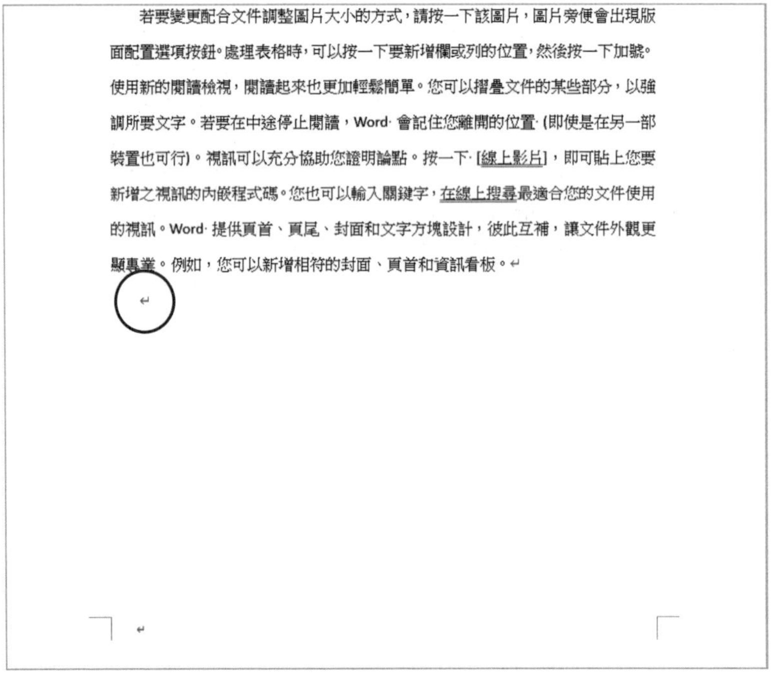
若要變更配合文件調整圖片大小的方式，請按一下該圖片，圖片旁便會出現版面配置選項按鈕。處理表格時，可以按一下要新增欄或列的位置，然後按一下加號。使用新的閱讀檢視，閱讀起來也更加輕鬆簡單。您可以摺疊文件的某些部分，以強調所要文字。若要在中途停止閱讀，Word 會記住您離開的位置 (即使是在另一部裝置也可行)。視訊可以充分協助您證明論點。按一下 [線上影片]，即可貼上您要新增之視訊的內嵌程式碼。您也可以輸入關鍵字，在線上搜尋最適合您的文件使用的視訊。Word 提供頁首、頁尾、封面和文字方塊設計，彼此互補，讓文件外觀更顯專業。例如，您可以新增相符的封面、頁首和資訊看板。

完成後，我們又會看到新的空白頁及插入點：

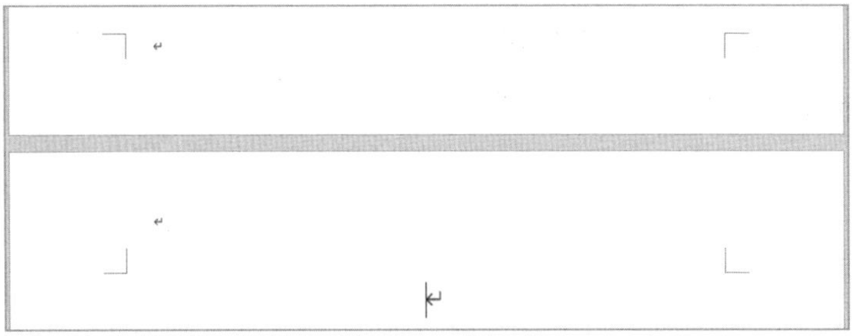

完成後，我們又會看到新的空白頁及插入點。好了，請在這空白的新頁的開始處加入「參考文獻」，按下鍵盤【Enter】鍵，並輸入 =rand(5,10)，再按鍵盤上的【Enter】鍵，Word 會虛擬文字進來。

完成檔請參閱「練習 - 長篇文件 - 中文系奇數頁分節 - 完成 -1100120.docx」。

Chapter

7 頁首頁尾 與頁碼

如果有些文字想要在文件編輯區以外建立而又是整份文件都可以看得到的話，那麼頁首頁尾的位置是最佳的選擇，像是前面看過的浮水印，還有像是學校要求的頁碼，或是中興大學法律碩士專班要求論文本文每一章的頁首都要出現的論文名稱與各章要出現的章標題…等，這些都是要利用頁首頁尾來設置。

7.1 啟動與結束頁首頁尾編輯狀態

其實頁尾頁尾的部分，在上一章的操作中為了檢視目前頁所在的節數時，我們已進入頁首頁尾編輯狀態多次，還記不記得上一章，我們利用在文字頂端空白的位置按滑鼠左鍵「二」下的方式啟動頁首頁尾編輯狀態，例如：

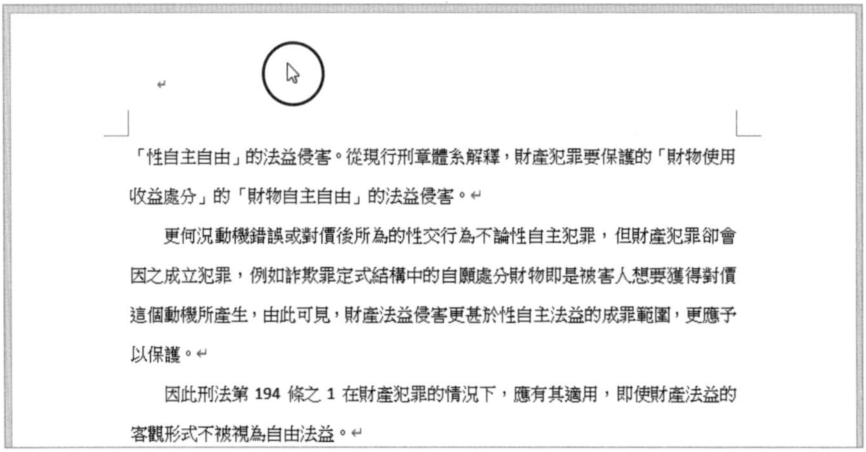
「性自主自由」的法益侵害。從現行刑章體系解釋，財產犯罪要保護的「財物使用收益處分」的「財物自主自由」的法益侵害。

更何況動機錯誤或對價後所為的性交行為不論性自主犯罪，但財產犯罪卻會因之成立犯罪，例如詐欺罪定式結構中的自願處分財物即是被害人想要獲得對價這個動機所產生，由此可見，財產法益侵害更甚於性自主法益的成罪範圍，更應予以保護。

因此刑法第 194 條之 1 在財產犯罪的情況下，應有其適用，即使財產法益的客觀形式不被視為自由法益。

其實在文件的哪一頁，只要遵循相同的方式都可以啟動頁首頁尾的編輯狀態

你可能會問，我們都是文字頂端空白的位置按滑鼠左鍵「2」下，那所謂的「頂端」確切的位置如何判斷呢？ piece of cake，只要看著你的滑鼠游標是否由插入點的符號轉為如上圖一般的箭頭符號時，就表示在這個位置按滑鼠左鍵「2」下就會啟動頁首頁尾編輯狀態，例如下圖中插入點的位置往上慢慢移動到滑鼠游標的轉變：

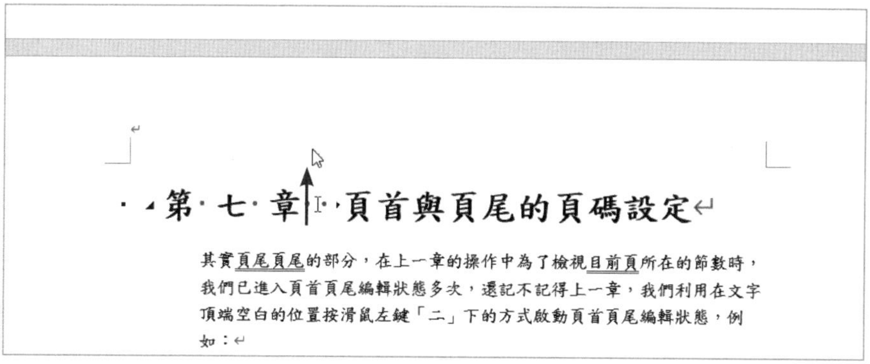

如果你覺得利用滑鼠游標的狀態還是麻煩的話，還有一個方式，那就是在下圖框線的位置用滑鼠左建點二下也都是啟動區，其實這二塊區域就是由編輯區四個角落的符號往上或往下形成的矩形區域：

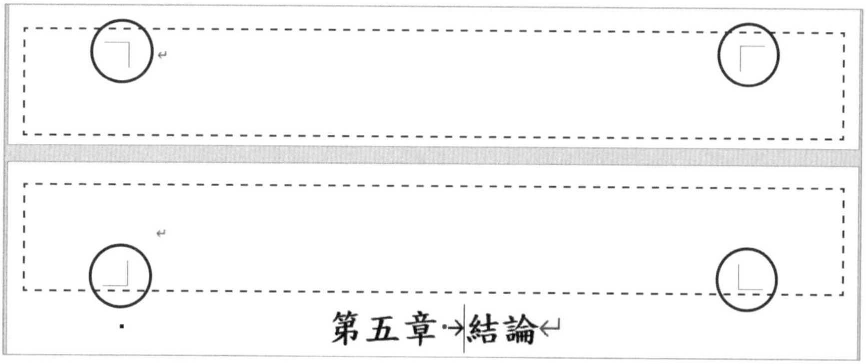

進入首頁尾設定的狀態或者說開啟了頁首頁尾的編輯狀態之後，功能表中會多出**頁首及頁尾**索引標籤，如果要關閉此種狀態回到論文本文的編輯，則可藉由點選的**關閉**群組中的【關閉頁尾及頁尾】按鈕來結束頁首頁尾的狀態：

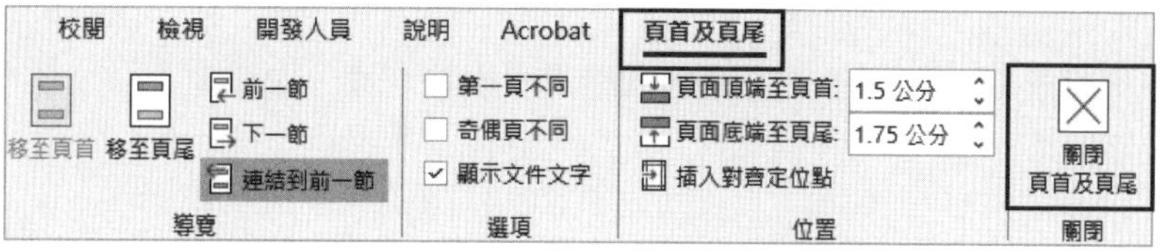

假設我們在製作一篇像論文一般的長文件時，頁面頂端要出現文件名稱，例如，模組化刑事財產犯罪，頁面底部要出現製作者，例如，司法院刑事法學院製作，那麼我們就可以利用頁首頁尾來達成。

接下來就以此需求練習一下頁首頁尾最基本的功能囉。

Step 1 開啟「練習 - 長篇文件 - 頁首尾 -1100120.docx」檔案做為練習之用。

Step 2 啟動頁首頁尾的編輯狀態，目前看到的插入點位置即是可以輸入資料的開始位置：

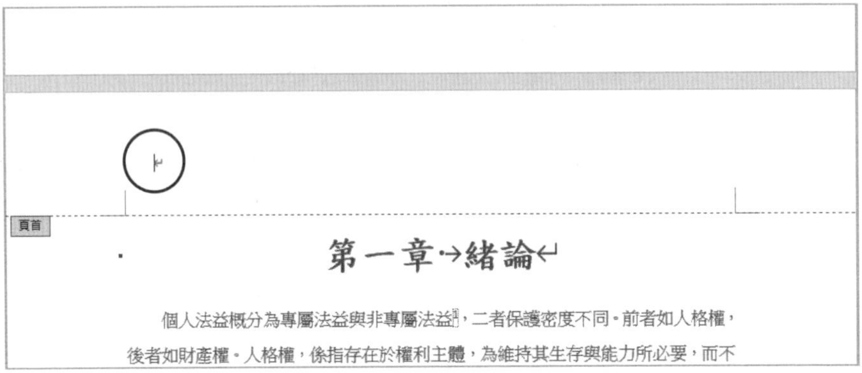
頁首
第一章→緒論
個人法益概分為專屬法益與非專屬法益，二者保護密度不同。前者如人格權，
後者如財產權。人格權，係指存在於權利主體，為維持其生存與能力所必要，而不

Step 3 輸入頁面頂端要出現文件名稱，例如，模組化刑事財產犯罪：

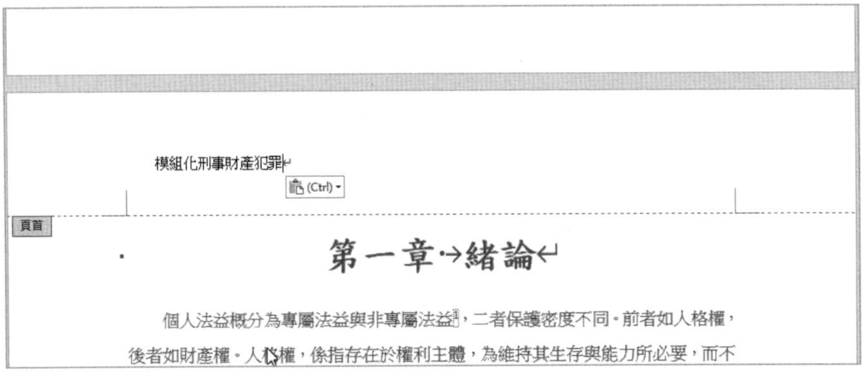
模組化刑事財產犯罪
(Ctrl)
頁首
第一章→緒論
個人法益概分為專屬法益與非專屬法益，二者保護密度不同。前者如人格權，
後者如財產權。人格權，係指存在於權利主體，為維持其生存與能力所必要，而不

Step 4 為了格式化上述文字，請點選**常用**索引標籤切換，並設定上述文字的字型及段落對齊：

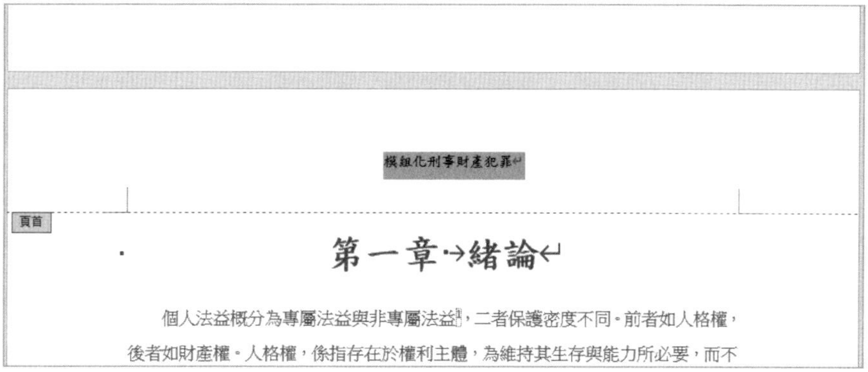

Step 5 完成後，為了再編輯位於頁尾的文字，請點選**頁首及頁尾**索引標籤切換回來，並點選位於**導覽**群組中的【移置頁尾】按鈕：

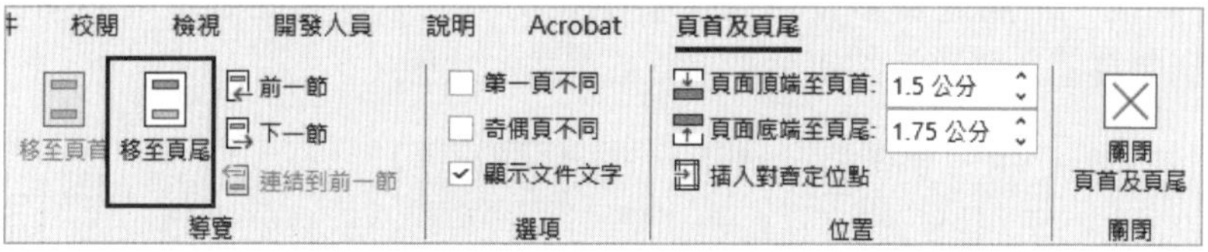

由於我們前面的操作是先進入頁首，因此，這裡提供的是【移置頁尾】按鈕，如果目前是在頁尾的狀態，這裡出現的會是【移置頁首】按鈕：

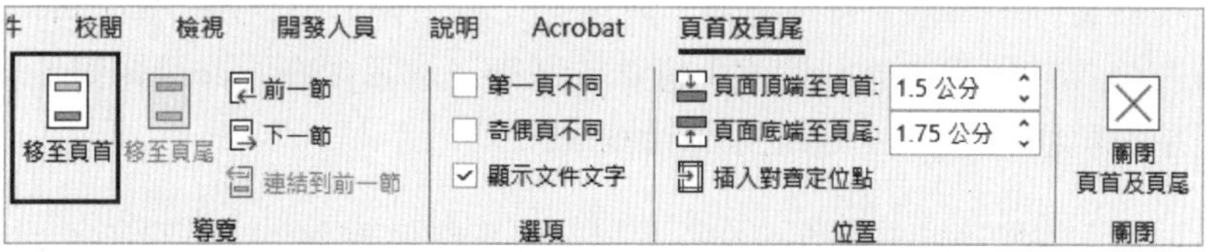

Step 6 輸入頁面底部要出現文件名稱，例如，司法院刑事法學院製作：

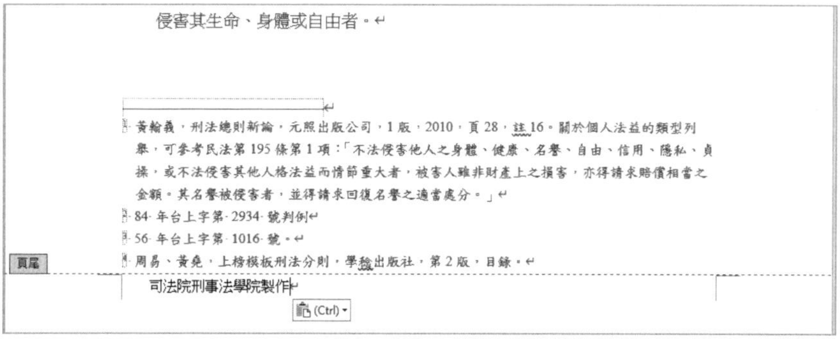

Step 7 同 Step 4，為了格式化上述文字，請點選**常用**索引標籤切換，並設定上述文字的字型及段落對齊：

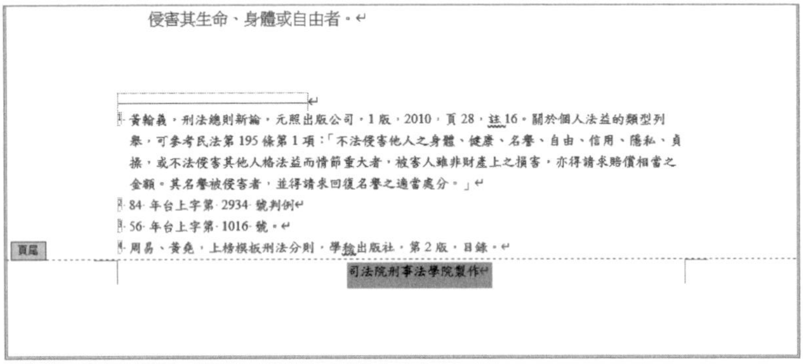
侵害其生命、身體或自由者。
黃翰義，刑法總則新論，元照出版公司，1版，2010，頁28，註16。關於個人法益的類型列舉，可參考民法第195條第1項：「不法侵害他人之身體、健康、名譽、自由、信用、隱私、貞操，或不法侵害其他人格法益而情節重大者，被害人雖非財產上之損害，亦得請求賠償相當之金額。其名譽被侵害者，並得請求回復名譽之適當處分。」
84 年台上字第 2934 號判例
56 年台上字第 1016 號。
周易、黃堯，上榜模板刑法分則，學銳出版社，第2版，目錄。
頁尾
司法院刑事法學院製作

Step 8 完成後，請點選**頁首及頁尾**索引標籤切換回來，並點選位於**關閉**群組中的【關閉頁尾及頁尾】按鈕來結束頁首頁尾的狀態：

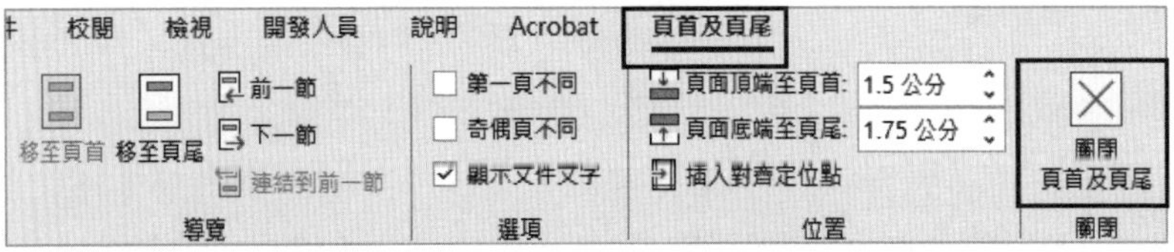
校閱
檢視
開發人員
說明
Acrobat
頁首及頁尾
移至頁首
移至頁尾
前一節
下一節
連結到前一節
導覽
第一頁不同
奇偶頁不同
顯示文件文字
選項
頁面頂端至頁首: 1.5 公分
頁面底端至頁尾: 1.75 公分
插入對齊定位點
位置
關閉
頁首及頁尾
關閉

你可能會問，Step 8 有點麻煩，有沒有比較方便的方式呢？ Of course，不管現在位置功能表的哪一個索引標籤的狀態下，只要在「文字編輯區」按二下滑鼠左鍵就可以切回文字的編輯狀態囉！

完成後，試著切換到不同的頁面，你都可以在頁首的位置看到相同的文字，同樣地，可以在頁尾看到相同的文字。

完成檔，請參閱「即時復原儲存關於 練習 - 長篇文件 - 頁首尾 - 完成檔 -1100120.docx」。

仔細觀察我們方才完成的傑作，有沒有覺得頁首中的文字似乎太高，而頁尾的文字又太貼近本文的底部？

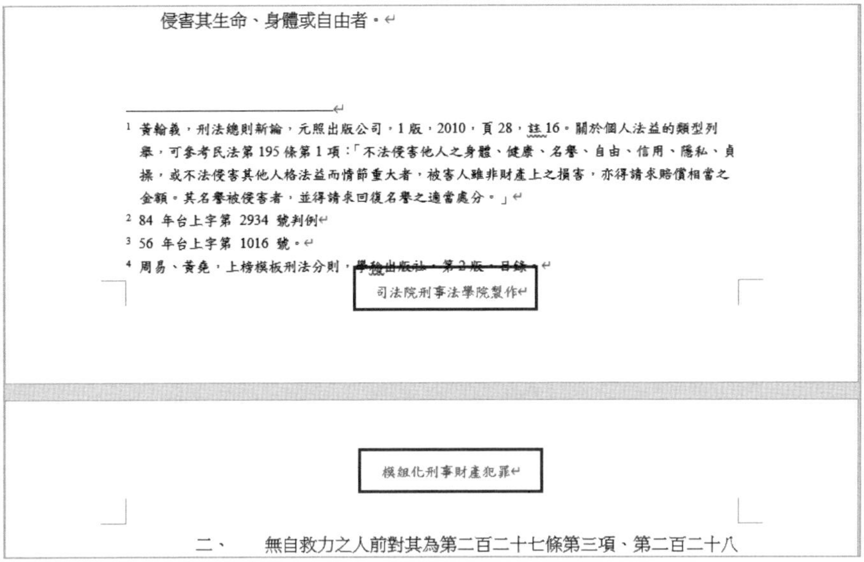

侵害其生命、身體或自由者。
1 黃翰義，刑法總則新論，元照出版公司，1 版，2010，頁 28，註 16。關於個人法益的類型列舉，可參考民法第 195 條第 1 項：「不法侵害他人之身體、健康、名譽、自由、信用、隱私、貞操，或不法侵害其他人格法益而情節重大者，被害人雖非財產上之損害，亦得請求賠償相當之金額。其名譽被侵害者，並得請求回復名譽之適當處分。」
2 84 年台上字第 2934 號判例
3 56 年台上字第 1016 號。
4 周易、黃堯，上榜模板刑法分則，學稔出版社，第 2 版，目錄。
司法院刑事法學院製作
模組化刑事財產犯罪
二、　無自救力之人前對其為第二百二十七條第三項、第二百二十八

如果想要調整頁首頁尾中的文字與本文的距離是可以的，而且有些學校要求底部頁碼的位置時，也可以依下面要說明的方式進行調整喔…

接下來就以此需求來練習一下囉。

Step 1 開啟「練習 - 長篇文件 - 頁首尾距離 -1100120.docx」檔案做為練習之用。

Step 2 啟動頁首頁尾的編輯狀態，假設目前是位於頁首的位置。在**頁首及頁尾**索引標籤的**位置**群組中提供調整的設定區：

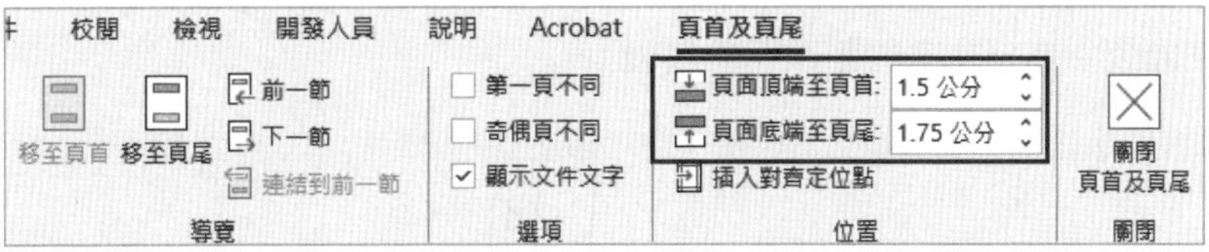

校閱
檢視
開發人員
說明
Acrobat
頁首及頁尾
移至頁首
移至頁尾
前一節
下一節
連結到前一節
導覽
第一頁不同
奇偶頁不同
顯示文件文字
選項
頁面頂端至頁首: 1.5 公分
頁面底端至頁尾: 1.75 公分
插入對齊定位點
位置
關閉頁首及頁尾
關閉

其中【頁面頂端至頁首】微調鈕即是用來調整頁尾文字距離紙張頂端的距離，距離紙張頂端愈遠就表示距離本文文字上方愈近：

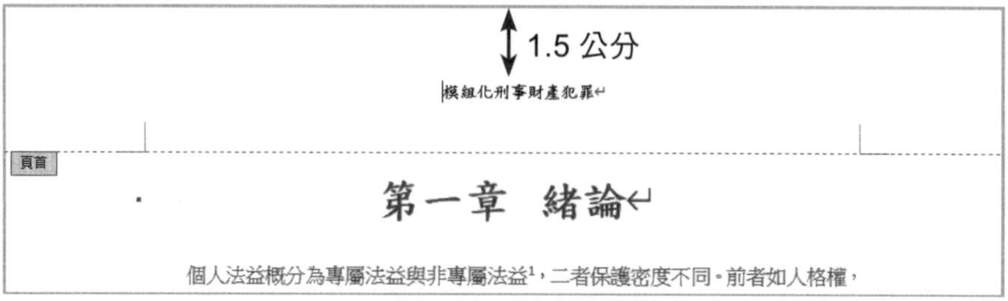

以本例而言，我們覺得目前的頁首文字距離本文文字上方太遠，想要調近一點，所以這個值就要比目前預設的 1.5 公分多：

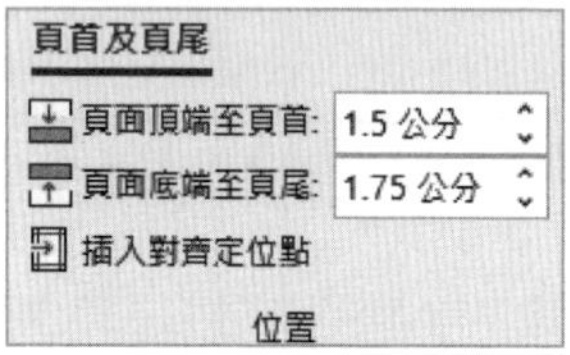

Step 3 請試著將【頁面頂端至頁首】微調鈕中的數字輸入為 2 公分，輸入後，頁首文字的距離並沒有變化，此時可試著按下鍵盤上【Tab】鍵移動一下目前位在【頁面頂端至頁首】微調鈕中的插號點移至下個選項：

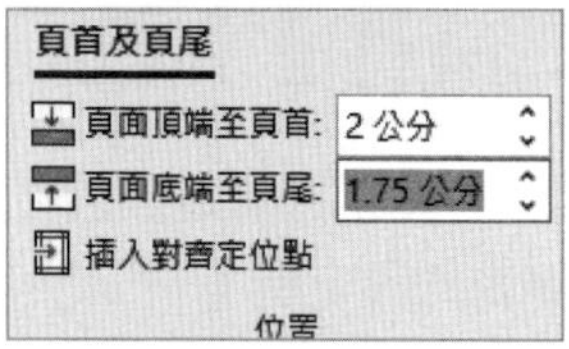

完成後，頁首文字的距離已然改變：

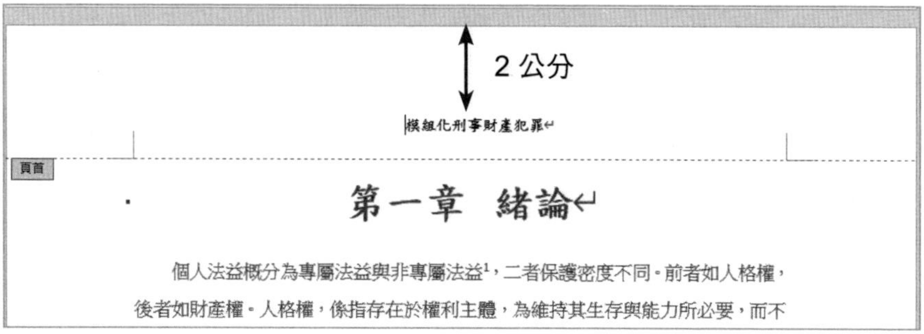

Step 4 請試著將【頁面底端至頁尾】微調鈕中的數字輸入為 1 公分：

除【頁面頂端至頁首】微調鈕外，另外的【頁面底端至頁尾】微調鈕即是用來調整頁尾文字距離紙張底端的距離，距離紙張底端愈遠就表示距離本文文字下方愈近。以本例而言，我們覺得目前的頁尾文字距離本文文字下方太近，想要調遠一點，所以這個值就要比目前預設的 1.75 公分少：

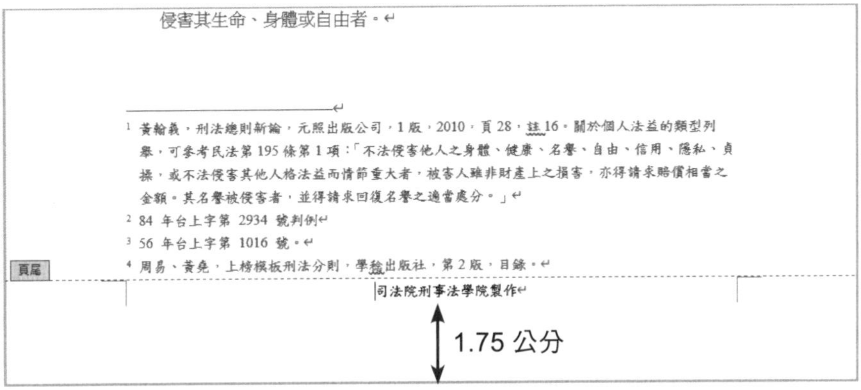

侵害其生命、身體或自由者。
1 黃輸義，刑法總則新論，元照出版公司，1版，2010，頁28，註16。關於個人法益的類型列舉，可參考民法第195條第1項：「不法侵害他人之身體、健康、名譽、自由、信用、隱私、貞操，或不法侵害其他人格法益而情節重大者，被害人雖非財產上之損害，亦得請求賠償相當之金額。其名譽被侵害者，並得請求回復名譽之適當處分。」
2 84 年台上字第 2934 號判例
3 56 年台上字第 1016 號。
4 周易、黃堯，上榜模板刑法分則，學稔出版社，第2版，目錄。
頁尾
司法院刑事法學院製作
1.75 公分

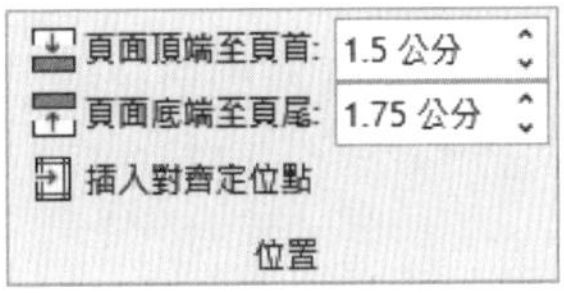

頁面頂端至頁首: 1.5 公分
頁面底端至頁尾: 1.75 公分
插入對齊定位點
位置

請試著將【頁面底端至頁尾】微調鈕中的數字輸入為 1 公分，輸入後，頁尾文字的距離並沒有變化，此時可試著按下鍵盤上【Tab】鍵移動一下目前位在【頁面底端至頁尾】微調鈕中的插號點：

頁面頂端至頁首: 1.5 公分
頁面底端至頁尾: 1 公分
插入對齊定位點
位置

完成後，頁首文字的距離已然改變：

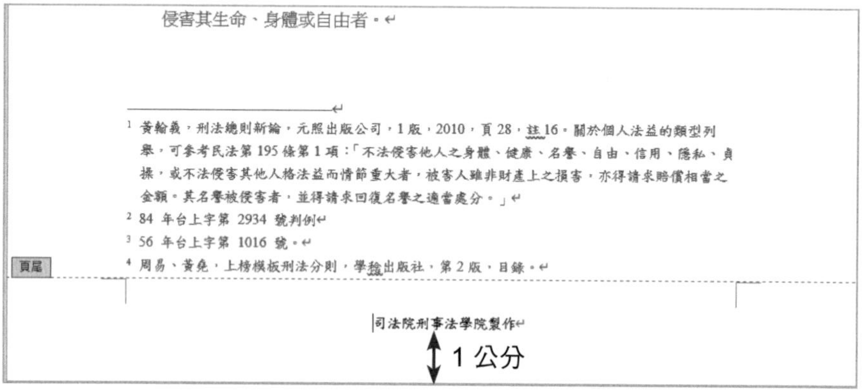
侵害其生命、身體或自由者。↵
1 黃輸義，刑法總則新論，元照出版公司，1 版，2010，頁 28，註 16。關於個人法益的類型列舉，可參考民法第 195 條第 1 項：「不法侵害他人之身體、健康、名譽、自由、信用、隱私、貞操，或不法侵害其他人格法益而情節重大者，被害人雖非財產上之損害，亦得請求賠償相當之金額。其名譽被侵害者，並得請求回復名譽之適當處分。」↵
2 84 年台上字第 2934 號判例↵
3 56 年台上字第 1016 號。↵
頁尾
4 周易、黃堯，上榜模板刑法分則，學稔出版社，第 2 版，目錄。↵
司法院刑事法學院製作↵
1 公分

完成檔請參閱「練習 - 長篇文件 - 頁首尾距離 - 完成檔 -1100120.docx」。

7.2 頁碼

大部分的學校，僅有規定封面不加頁碼、論文本文及其以後的內容用阿拉伯數字編頁碼，其餘「封面以下，論文本文以前」以羅馬數字編碼，因此，一本論文因為碼頁編碼的需求不同，基本上要有「三節」：

一、「節 1- 頁尾」，供「封面」用，不編頁碼。

二、「節 2- 頁尾」，供「封面以下，論文本文以前」以羅馬數字編碼，雖然大都數學校會求使用小寫的羅馬字，但各校要求不同，所以，要使用大寫羅馬字（例如，輔仁大學 - 資訊管理學系、靜宜大學國際企業學系、嘉義大學行觀系、臺南藝術大學）或小寫羅馬字（臺中科技大學、高雄科技大學），請參閱學校的規定。

三、「節 3- 頁尾」，供「論文本文」用，使用阿拉伯數字。

本節的練習檔有 4 節，與前述基本 3 節的差異在於「參考文獻」以後的內容自成 1 節，成為「第 4 節」。

在正式練習之前，為利後續操作的說明，有必要先來瞭解一份含有多數節的文件，彼此間頁首頁尾的關連性。

Step 1 請開啟練習檔「練習 - 長篇文件 - 頁首與頁尾的關聯性 -1100120.docx」。這支檔案沒有特別設定什麼，也沒有任何內容，就僅僅有一頁空白頁而已，所以，各位也可以自行開新檔案，不一定要用這支練習檔。

所以，開啟後目前的插入點一定會在編輯區的最左上角，像是這樣：

接下來會插入新的 3 節。

Step 2 點選**版面配置**索引標籤中的**版面設定**↘群組中的**分隔符號**▼下拉清單，並點選「下一頁」，重複這個動作 3 次：

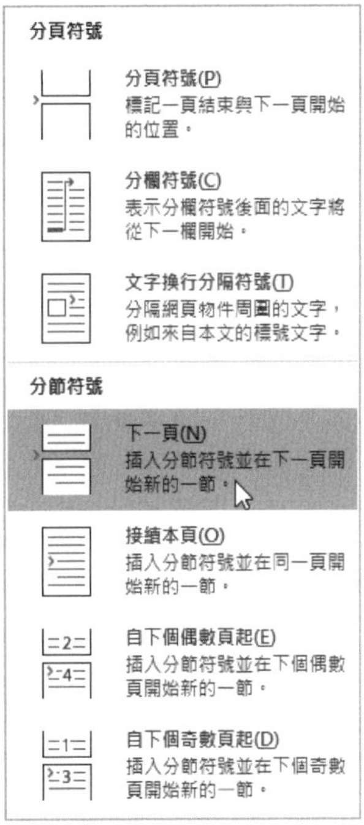

Step 3 完成後，按下鍵盤上的【Ctrl + Home】回到第一頁。為了方便後續說明，我們人為這份文件加入「頁碼」。請點選**插入**索引標籤：

然後點選**頁首及頁尾**群組中的【頁碼 ▾】下拉清單：

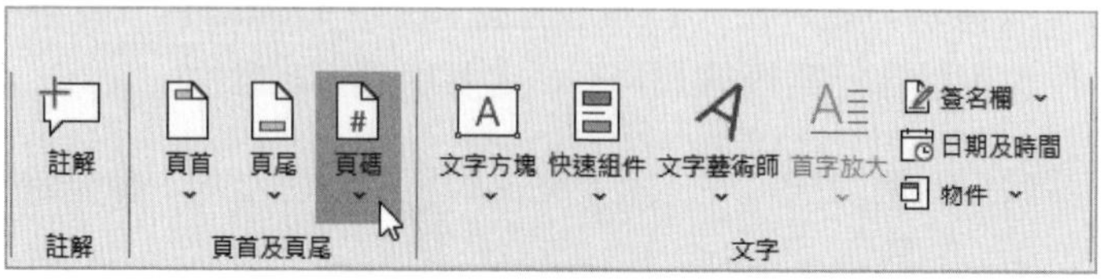

再從展開的清單中點選【頁面底端】，此時會再展開一個清單，請點選其中的第二個選項【純數字 2】：

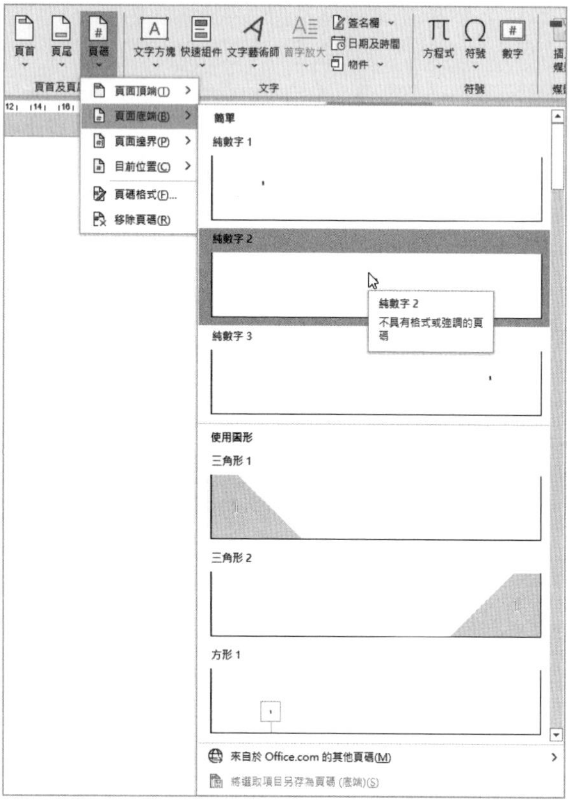

點選後會自動開啟頁首首尾的編輯模式，而畫面會停留在第 4 頁的頁尾，也就是第 4 節頁尾的部分：

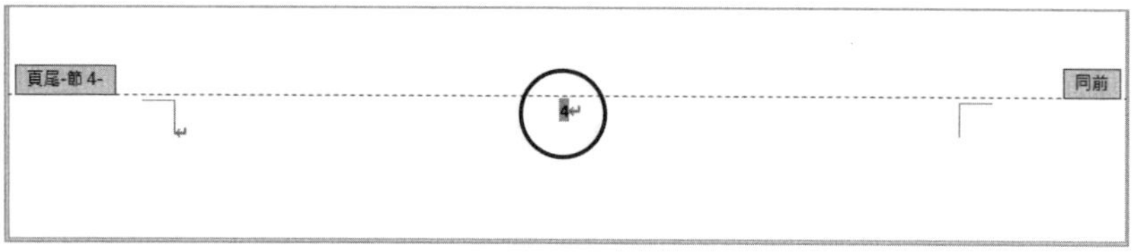

Step 4 捲動畫面到第 1 頁看得到其頁首的位置，在這頁，也就是第 1 頁的左上角，你會看到「頁首 - 節 1-」，因為我們為原本只有空白頁的檔案插入了 3 次的「下一頁」的新節，因此，原先的那一頁就成為了那 3 個新節的第 1 節：

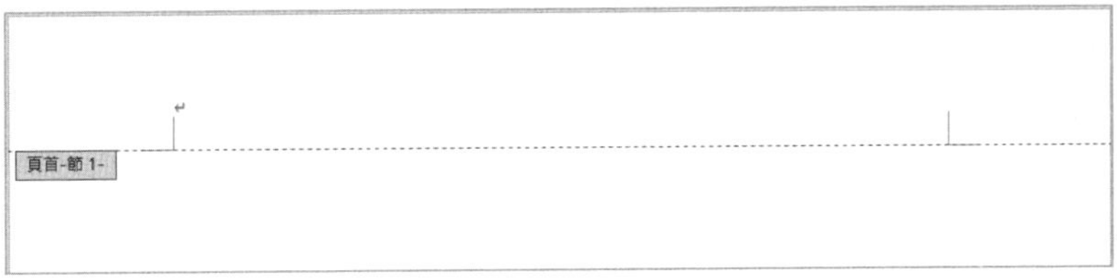

這也就為什麼在上一步驟的插入頁碼後，在最後一頁也就是第 4 頁會看到「頁尾 - 節 4」，因為原先的那一頁是第 1 節，後來加入了 3 節，所以，最後一頁就是第 4 節。

利用滑鼠滾輪或是 Word 右側的捲動軸「略為往下」捲動畫面到看得到「第 1 頁」的底端為止，例如下圖，此時，在第 1 頁的左下角，你會看到「頁尾 - 節 1-」：

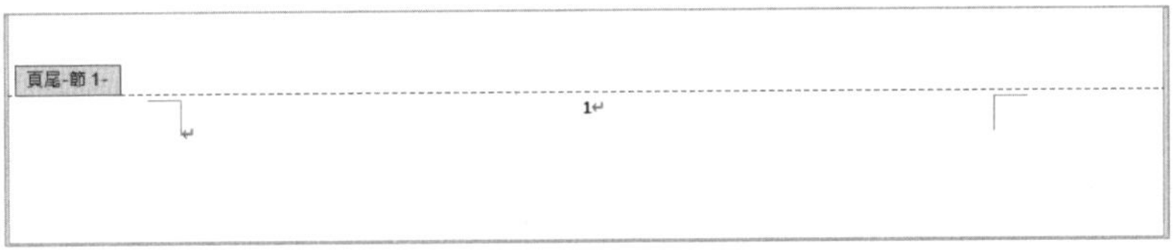

Step 5 繼續利用滑鼠滾輪或是 Word 右側的捲動軸「略為往下」捲動畫面到看得到「第 2 頁」的頁面頂端為止，例如下圖。此時，在第 2 頁的左上角，你會看到「頁首 - 節 2-」，但與第 1 頁不同的是，右上角「還」會看到「同前」：

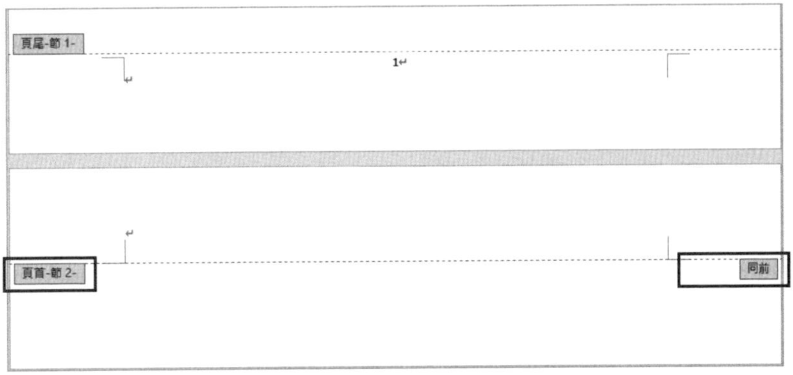

這個「同前」所表示的意思是：節 1 的頁首長怎樣，那麼節 2 的頁首就長怎樣。所以，「同前」就是「同前面的設定」。

接著繼捲動畫面到「第 2 頁」的頁面底部，例如下圖。此時，在這頁的左下角，你會看到「頁尾 - 節 2-」，但與第 1 頁不同的是，右下角會看到「同前」，這個「同前」所表示的意思是：節 1 的頁尾長怎樣，那麼節 2 的頁尾就長怎樣。

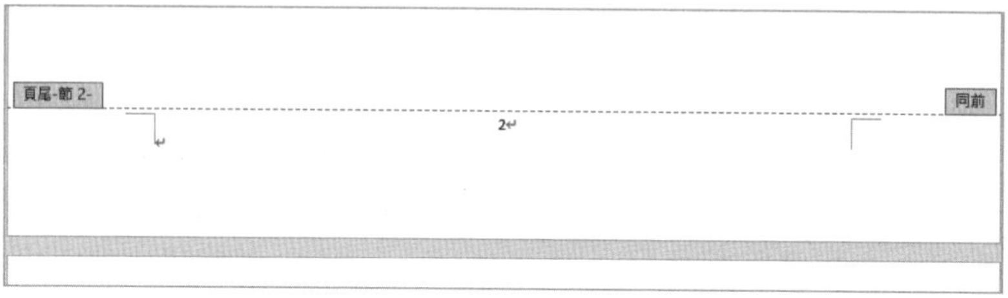

問你一個有點白癡的問題，為什麼第 1 頁的頁首與頁尾的右側都沒「同前」？你可能會說，這個問題的確很白癡耶，第 1 頁屬於第 1 節，既然是第 1 節，難道還有比第 1 節更前面的節嗎？沒有嘛，既然沒有，那怎麼會有「同前」的設定呢？

Step 6 繼續利用滑鼠滾輪或是 Word 右側的捲動軸「略為往下」捲動畫面到看得到「第 3 頁」的頁面頂端為止，例如下圖。此時，在第 3 頁的左上角，你會看到「頁首 - 節 3-」，右上角「還」會看到「同前」：

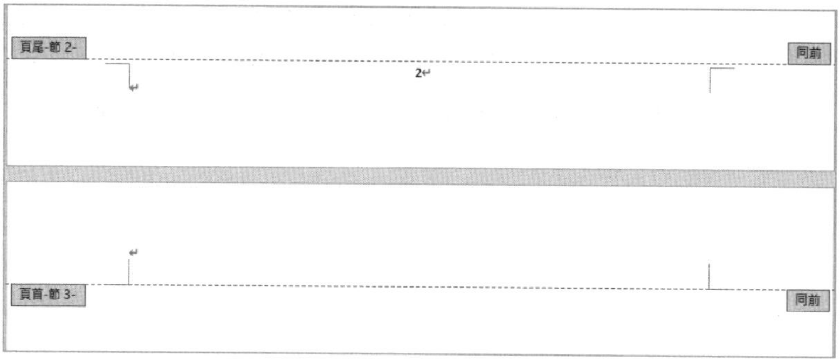

這個「同前」所表示的意思是：節 2 的頁首長怎樣，那麼節 3 的頁首就長怎樣。

接著繼捲動畫面到「第 3 頁」的頁面底部，例如下圖。此時，在這頁的左下角，你會看到「頁尾 - 節 3-」，右下角會看到「同前」，這個「同前」所表示的意思是：節 2 的頁尾長怎樣，那麼節 3 的頁尾就長怎樣。

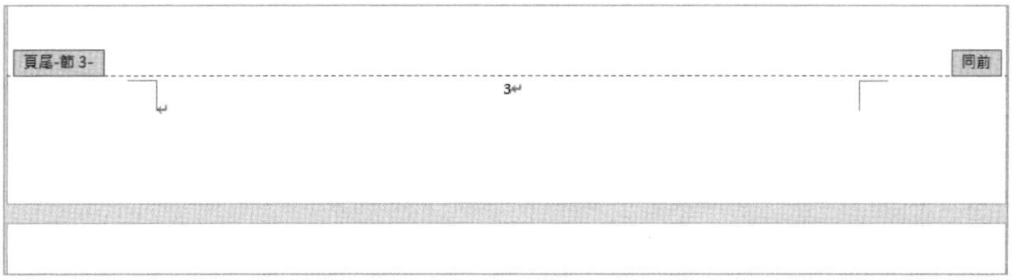

Step 7 繼續利用滑鼠滾輪或是 Word 右側的捲動軸「往下」捲動畫面到看得到「第 4 頁」的前面為止，例如下圖。此時，在第 4 頁的左上角，你會看到「頁首 - 節 4-」，右上角會看到「同前」：

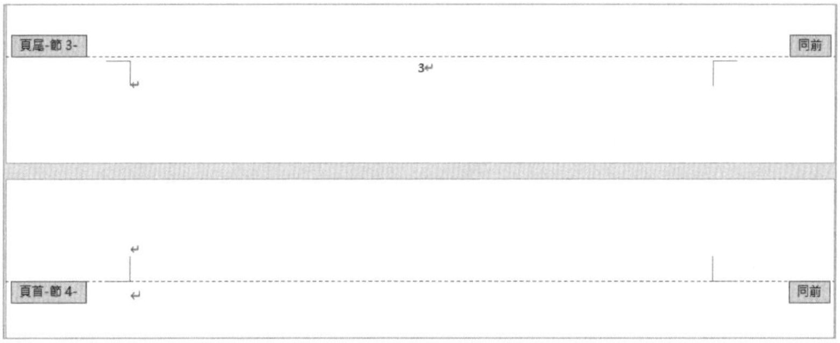

這個「同前」所表示的意思是：節 3 的頁首長怎樣，那麼節 4 的頁首就長怎樣。

接著繼捲動畫面到「第 4 頁」的頁面底部，例如下圖。此時，在這頁的左下角，你會看到「頁尾 - 節 4-」，右下角會看到「同前」，這個「同前」所表示的意思是：節 3 的頁尾長怎樣，那麼節 4 的頁尾就長怎樣。

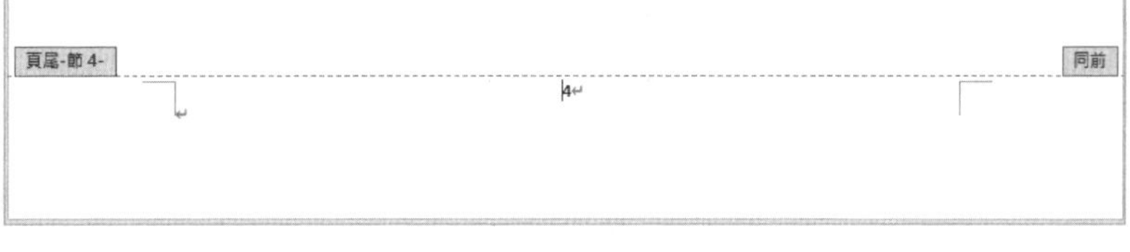

Step 8 請到第 1 的頁首輸入「節 1 頁首」:

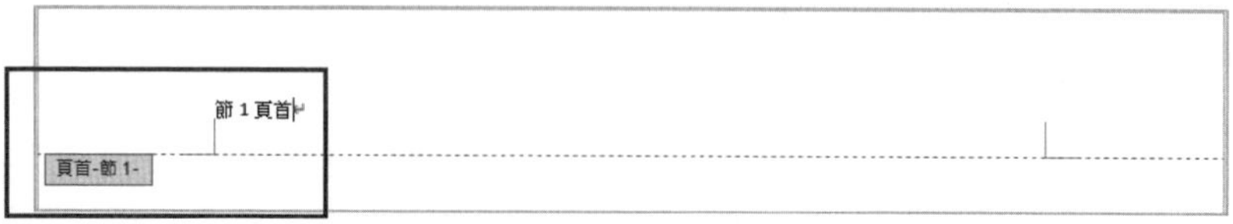

並到頁尾輸入「節 1 頁尾」:

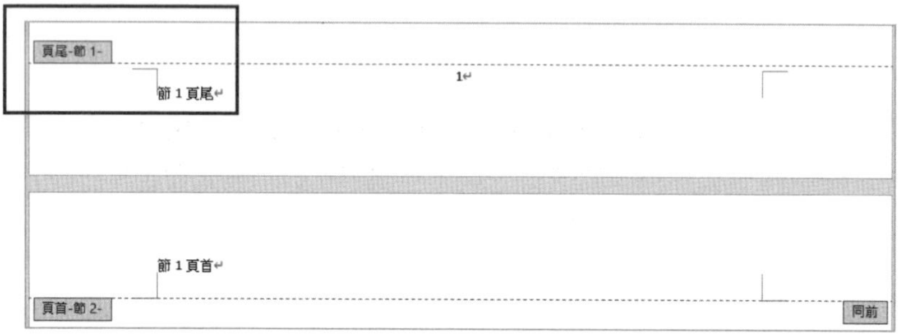

完成後，目前各頁都會有相同的頁首及頁尾。

完成檔請參閱「練習 - 長篇文件 - 頁首與頁尾的關聯性 - 完成檔 -1100120.docx」。

經過簡單地練習之後，你應該瞭解了，雖然為了讓不同頁面的頁首頁尾能有不同的節而做了分節設計，但是 Word 預設還是會將各節之間的頁首一脈相傳，節 1 的頁首「傳給」節 2 的頁首，節 2 的頁首「再傳給」節 3 的頁首，最後，節 3 的頁首「還是傳了下來給」節 4，頁尾也是相同的設計。

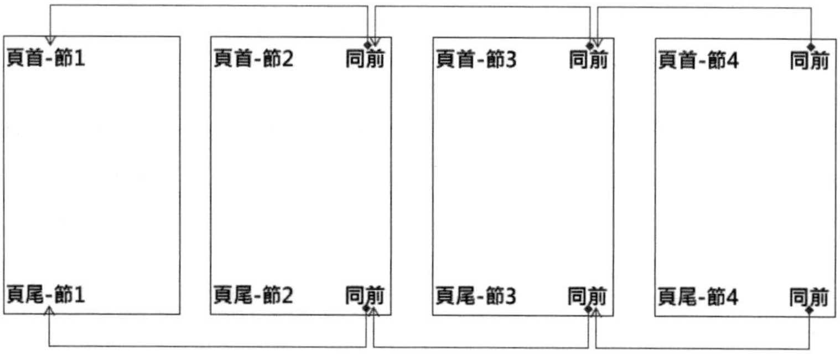

你可能會問，那麼我做了「分節設定」是做心酸的嗎？就只是好玩嗎？其實也不好玩，挺麻煩的，到頭來，卻跟我說，就算分了節，還是一脈相傳，那不就像家產都分了，還共用，那分家產做啥呢？

接下來先檢視練習檔各節的關聯性。

Step 1 請開啟練習檔「練習 - 長篇文件 - 頁碼 -1100120.docx」。

Step 2 在「封面頁」開啟頁首頁尾的編輯模式。在封面頁的左上角，你會看到「頁首 - 節 1-」：

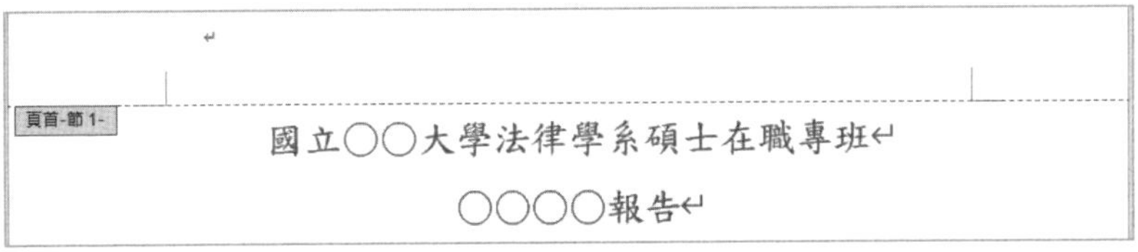

利用滑鼠滾輪或是 Word 右側的捲動軸鄉「往下捲動」畫面到封面頁的後面，此時其左下角，你會看到「頁尾 - 節 1-」：

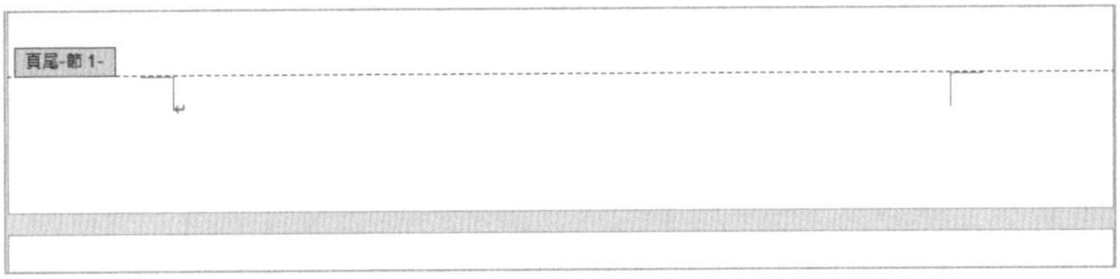

Step 3 繼續利用滑鼠滾輪或是 Word 右側的捲動軸「略為往下」捲動畫面到看得到「謝辭」為止，例如下圖。此時，在謝辭那一頁的左上角，你會看到「頁首 - 節 2-」，但與封面頁不同的是，右上角會看到「同前」：

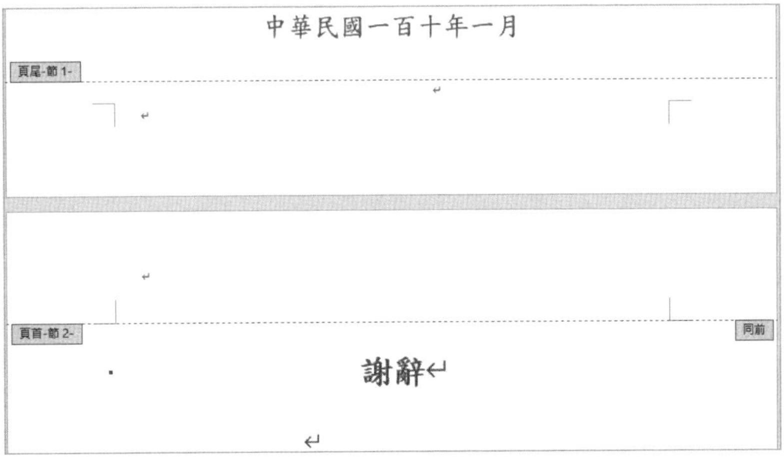

接著繼捲動畫面到「謝辭」頁的下一頁「中文摘要」，例如下圖。此時，在謝辭那一頁的左下角，你會看到「頁尾 - 節 2-」，但與封面頁不同的是，右下角會看到「同前」。

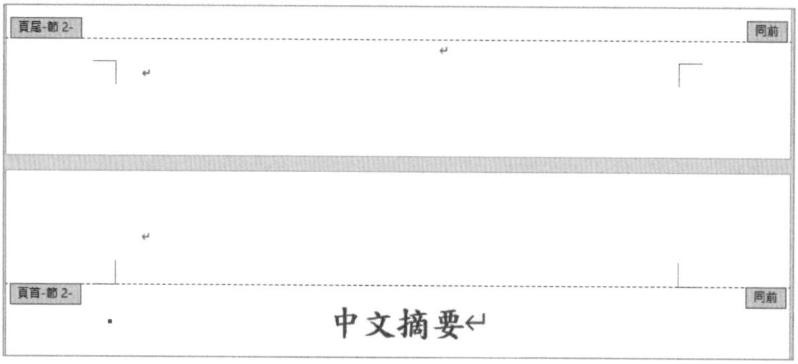
頁尾-節 2-
同前
頁首-節 2-
同前
中文摘要

「中文摘要」頁的左上角與右上角與「謝辭」頁是相同，因為這二頁本來就屬同一節。依此類推，同屬一節的，「英文摘要」、「目次」、「表次」及「圖次」的頁首也都會是如此。至於頁尾，這些頁面也會與「謝辭」頁的頁尾相同。

Step 4 利用滑鼠滾輪或是 Word 右側的捲動軸捲動畫面到看得到「第一章 緒論」為止，例如下圖。此時，在「第一章 緒論」那一頁的左上角，你會看到「頁首 - 節 3-」，右上角會看到「同前」，雖然從論文本文的「第一章 緒論」這頁開始又「自成一節」，但預設的情況下，此節的頁首仍與上一節相同。在有些學校要求自論文本文起，必須在奇偶頁的位置上標示論文名稱及章標題，可以謝辭那一群的「節 2」是不用處理頁首的，所以，這裡的「同前」在後面的練習中也必須「切斷聯結」重新設定：

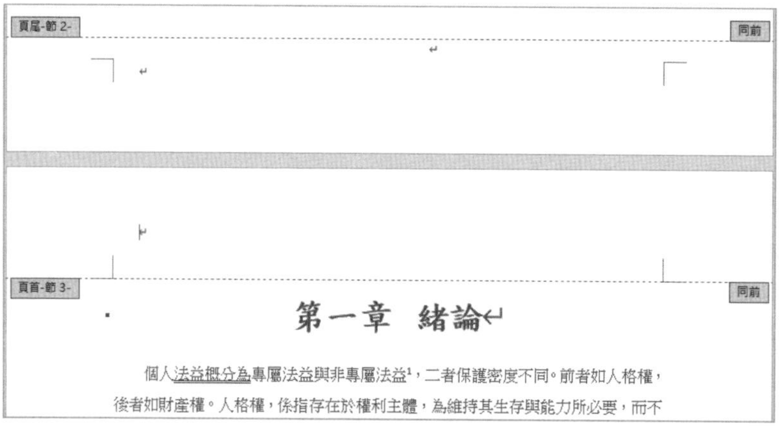
頁尾-節 2-
同前
頁首-節 3-
同前
第一章　緒論
個人法益概分為專屬法益與非專屬法益¹，二者保護密度不同。前者如人格權，
後者如財產權。人格權，係指存在於權利主體，為維持其生存與能力所必要，而不

接著繼捲動畫面到「第一章 緒論」那一頁的頁面底部，例如下圖。此時，此頁的左下角，你會看到「頁尾 - 節 4-」，但與封面頁不同的數，右下角會看到「同前」。但是，論文本文以前的頁碼是用羅馬數字，而從第一章本文以後是用阿拉伯數字，所以，這裡的同前就表示，如果第 2 節謝辭那一群如果用羅馬數字，這裡也會出現羅馬數字，就是後面要「切斷」聯結而重新設定的地方：

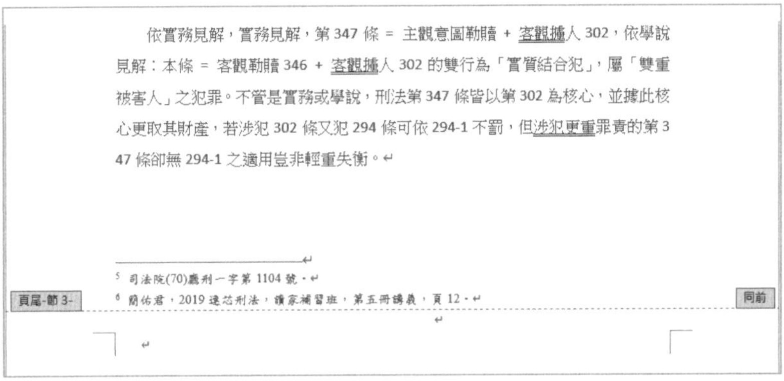

Step 5 利用滑鼠滾輪或是 Word 右側的捲動軸捲動畫面到看得到論文本文最後面但看得到「另一節」的「參考文獻」為止，例如下圖。參考文獻開始的內容又自成一節，也就是本練習的第 4 節，一般情況下，其右上角的「同前」並不會有影響，因為大部分學校都沒有針對頁首做設定，但是遇到某些中文系所及中興大學法律士專班，因為論文本文會標示頁首的內容，但參考文獻以後的內容是不需要頁首的，因此，「同前」的聯結必須被切斷：

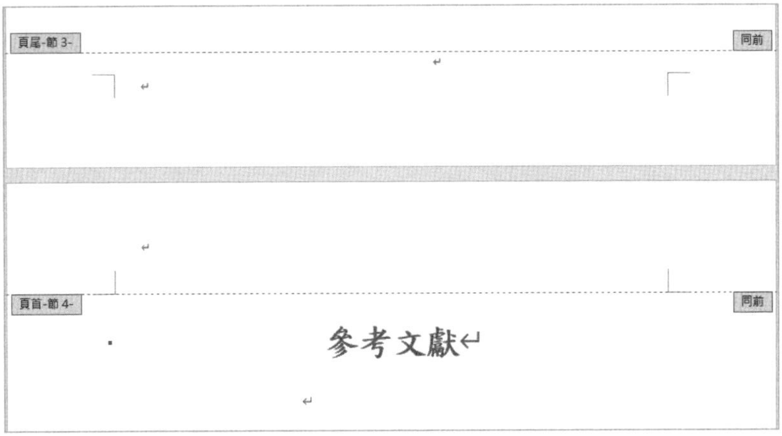

接著繼捲動畫面到「參考文獻」那一頁的頁面底部，其右下角一樣會看到「同前」，不過與這頁的頁首的「同前」相比，由於論文本文之後的頁尾都是使用阿拉伯數字的頁碼，因此，這裡的同前就直接「適用」與第 3 節相同的頁碼設定，所以，不需要進行「聯結的切割」。

Step 6 最後，繼捲動畫面到「附錄」那一頁的頁面底部，也就是練習檔的最後一頁了，例如下圖。此時，此頁的左下角，你會看到「頁尾 - 節 4-」，而右下角會看到「同前」，這表示索引這頁的頁首頁尾設定與第 4 節開始的參考文獻是相同的。

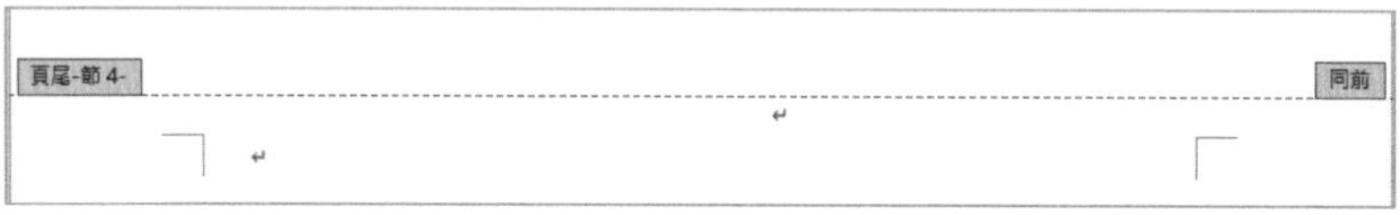

檢視過練習檔的各節的頁尾頁尾之後，其彼此間的關係如下：

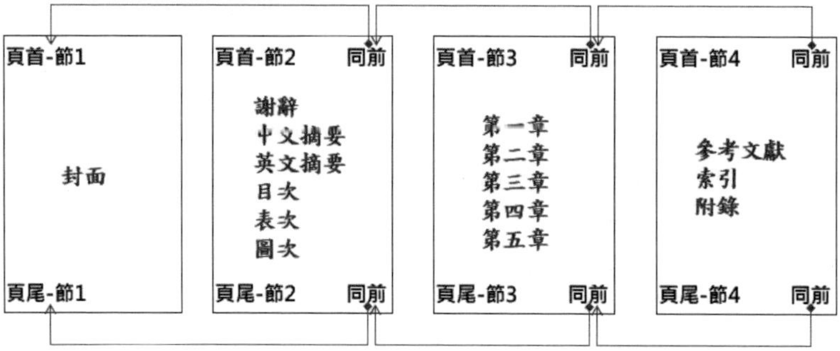

為了符合學校關於頁碼的規定，我們要「斷開」某些「同前」的聯結，例如師範大學：

頁碼統一格式 Page Numbering (for both digital and paper versions)
• 不標示頁碼：封面、授權書、論文通過簽名表 **No page numbers:** Front Cover, Power of Attorney Form, Thesis Approval Form • 羅馬數字頁碼：謝辭、中英摘、目次、表圖 **Roman Numerals:** Acknowledgements, Chinese Abstract, English Abstract, List of Tables, List of Figures • 阿拉伯數字頁碼：正文開始至參考文獻、附錄等 **Arabic numerals:** Main Text of Thesis through References and Appendixes

因此，我們的節間聯結關係規劃如下：

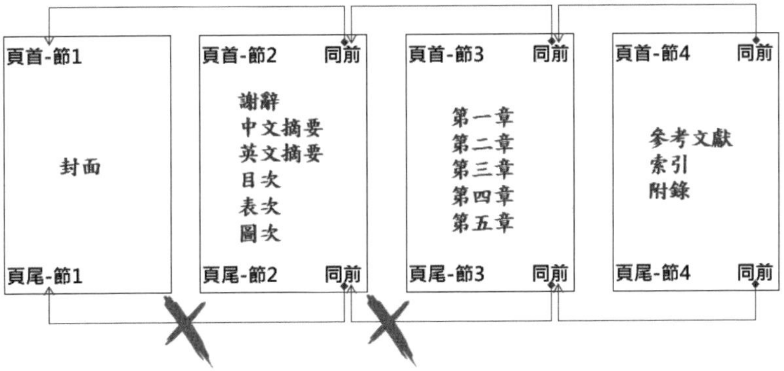

切斷聯結後，各節的頁碼格式如下：

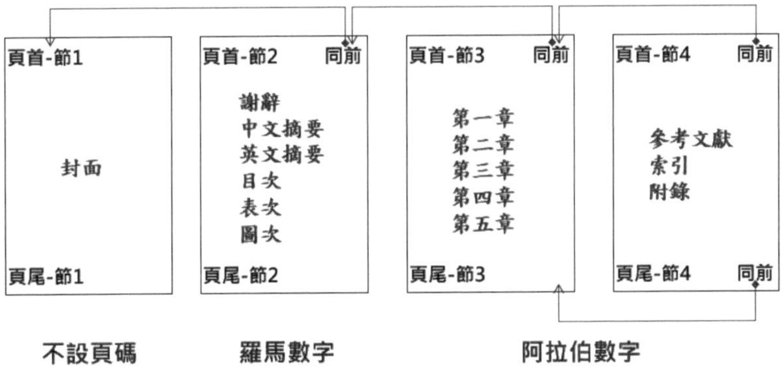

在正式設定頁碼前，先讓我們來「斷開」這個「不合規定的聯結」吧。

Step 1 插入點移置「謝辭」那一頁的頁尾，這是第 2 節那群內容的開始，點選**頁首及頁尾**索引標籤，目前**導覽**群組中的【聯結到前一節】選項是「選取」的狀態，點選一下，取消選取的狀態，這樣就能斷開第 2 節頁尾與第 1 節頁尾的聯繫了：

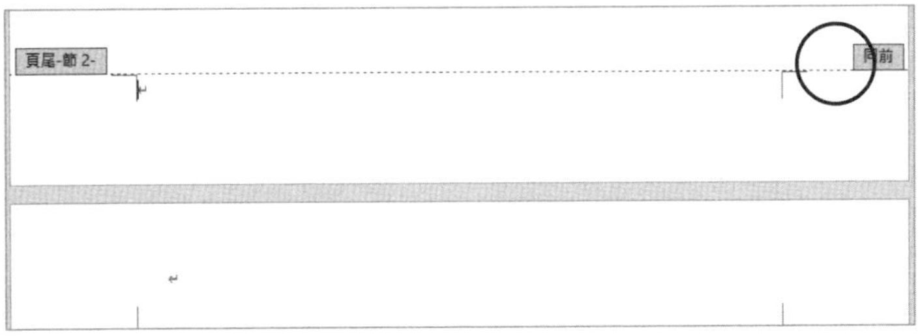

完成後，原先節 2 頁尾的「同前」就會消失了：

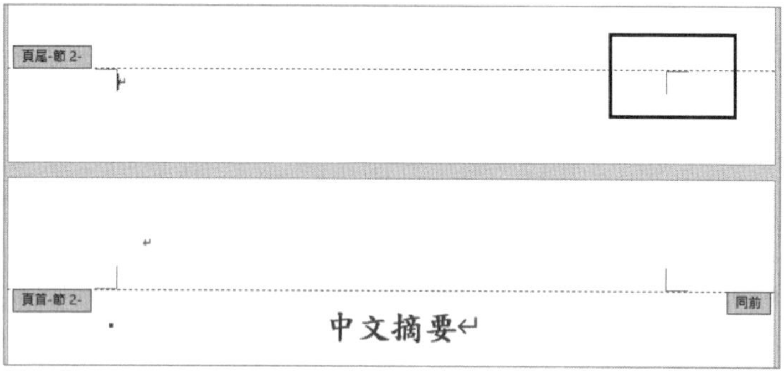
頁尾-節 2-
頁首-節 2-
同前
中文摘要

Step 2 插入點移置「第一章 緒論」那一頁的頁尾，這是第 3 節的開始，點選**頁首及頁尾**索引標籤，目前**導覽**群組中的【聯結到前一節】選項是「選取」的狀態，點選一下，取消選取的狀態，這樣就能斷開第 3 節頁尾與第 2 節頁尾的聯繫了：

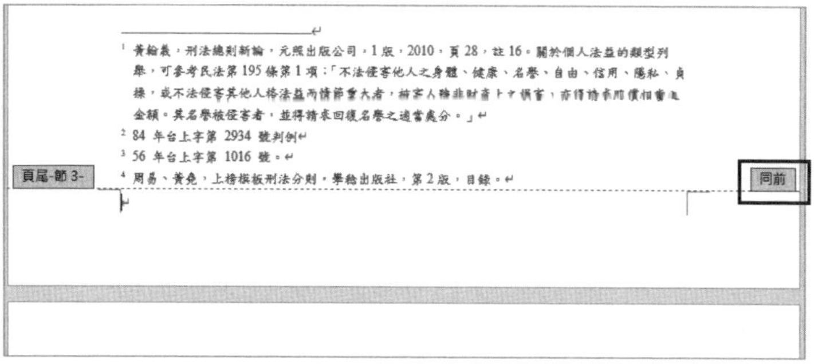
頁尾-節 3-
同前

完成後，原先節 3 頁尾的「同前」就會消失了：

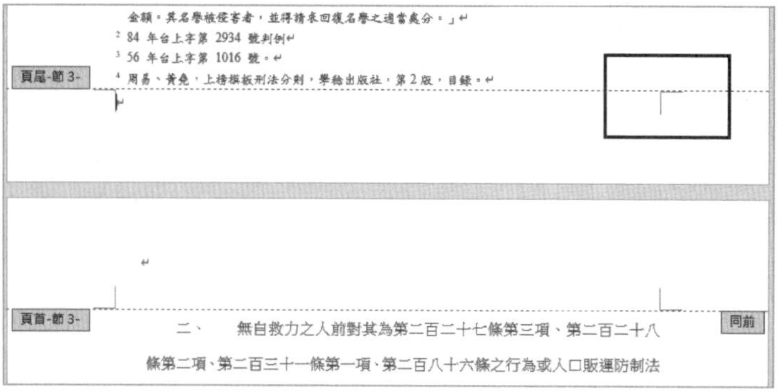
頁尾-節 3-
頁首-節 3-
同前
二、 無自救力之人前對其為第二百二十七條第三項、第二百二十八
條第二項、第二百三十一條第一項、第二百八十六條之行為或人口販運防制法

聯結斷開之後，可以來設定頁碼了。

Step 1 插入點移置「謝辭」那一頁的頁尾，這是第 2 節那群內容的開始：

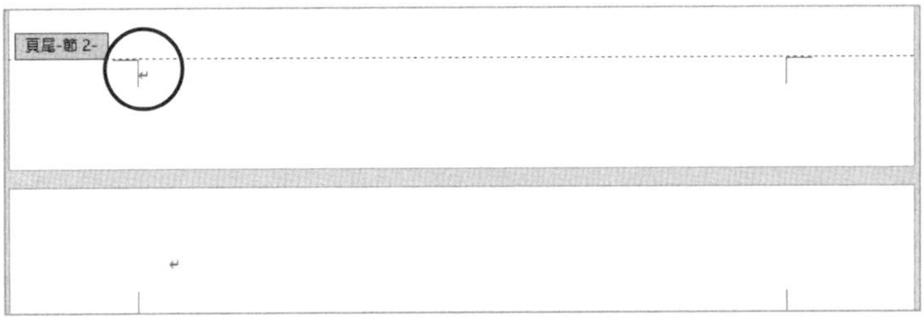

Step 2 點選**頁首及頁尾**索引標籤，再點選**頁首頁尾**群組中的【頁碼 ▾】下拉清單展開功能表，再從展開的清單中點選【頁面底端】選項：

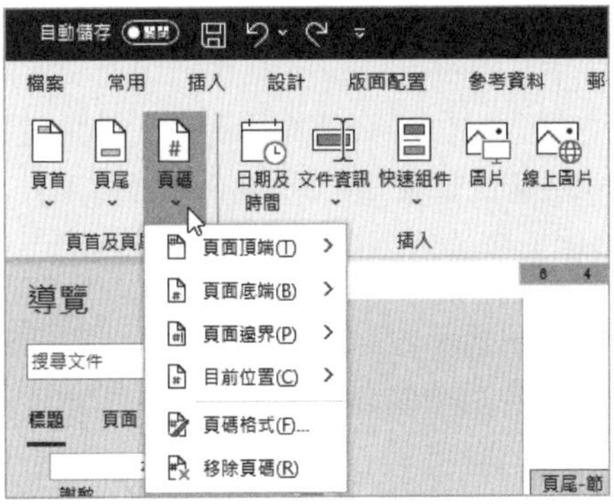

最後，從展開的功能表中點選【純數字 2】選項：

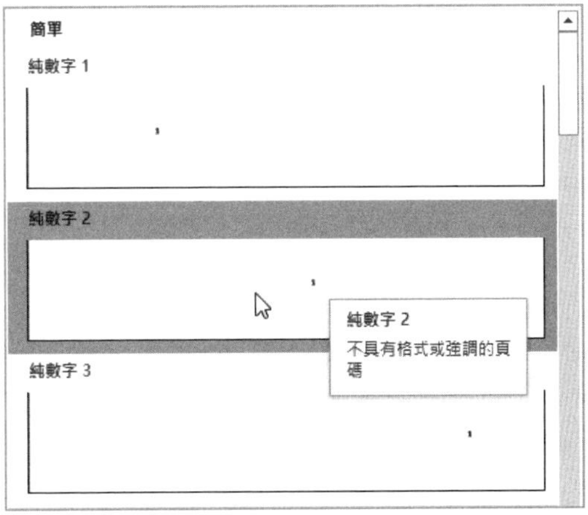

完成後，頁碼即插入 Step 1 指定的位置：

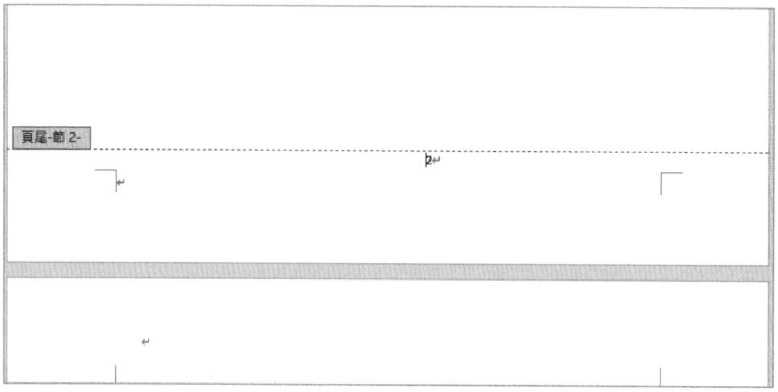

雖然聯繫斷開了，但是「頁碼」預設的情況下還是會連續編號，由於「謝辭」是整份文件的第 2 頁，因此，這裡顯示的就是「數字 2」。數字 2 不符合各校的規定，也需要改成「羅馬數字」，因此，在插入點位於頁碼的情況下，請點選**頁首及頁尾**索引標籤，再點選**頁首頁尾**群組中的【頁碼 ▾】下拉清單展開功能表，再從展開的清單中點選【頁碼格式】選項：

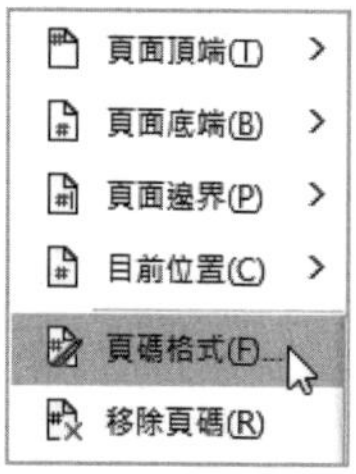

Step 3 接下來開始設定**頁碼格式 x** 設定視窗。首先，點選**頁碼編排方式**群中的【起始頁碼】微調鈕並設定開始的數值為「1」，接著再設定【數字格式】下拉清單中的「i, ii, iii, …」選項：

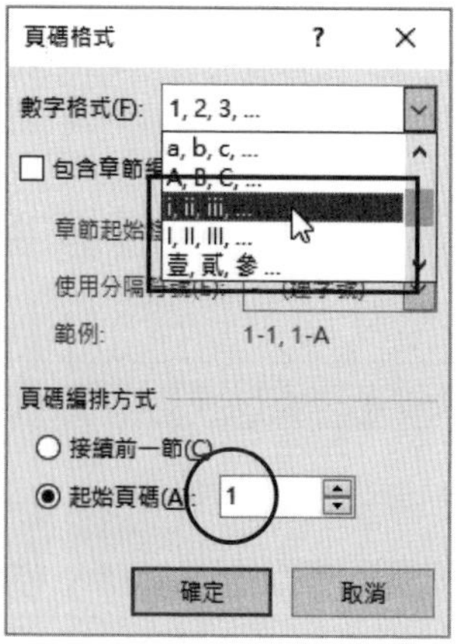

完成後，點選【確定】按鈕關閉**頁碼格式** x 設定視窗返回文件編輯狀態，這樣就完成後「謝辭」這群隸屬同一節的頁碼設定：

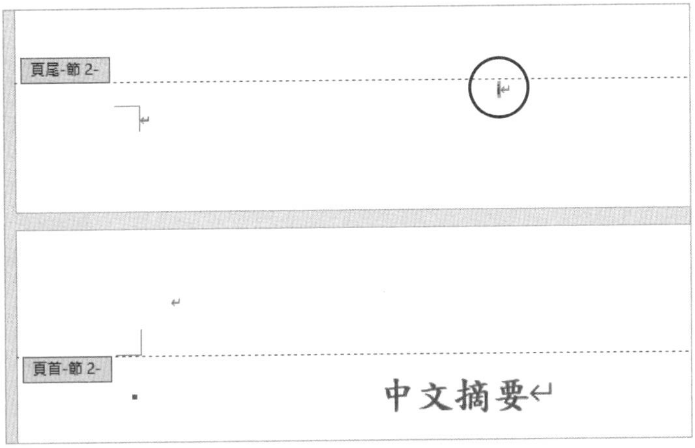

Step 4 配合學校的規定，修改頁碼的英文字型及字型大小。將該頁碼選取起來：

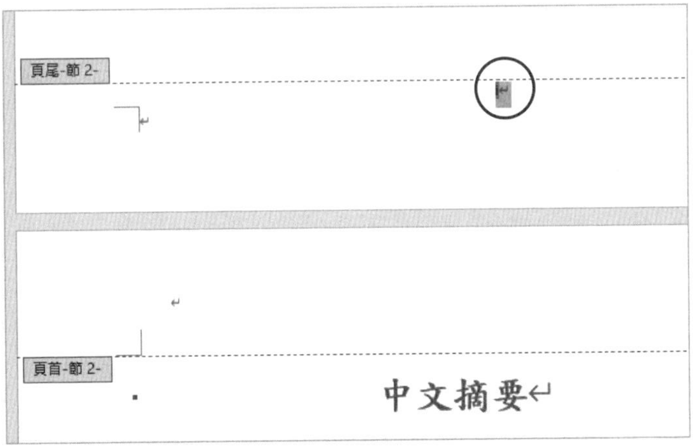

為了修改頁碼的樣式，「千萬不要」直接從**常用**索引標籤中的**字型**↘群組中的【字型】下拉清單及【字型大小】下拉清單改喔，這不是正確的做法！

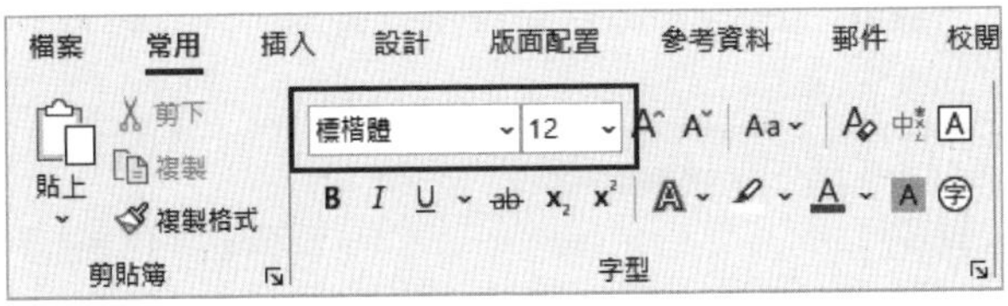

由於插入頁碼之後，樣式表中會多出「頁尾」的樣式，因此，「正確的做法」是開啟樣式表，然後從點選右則的下拉清單展開選單，並點選其中的【修改】選項：

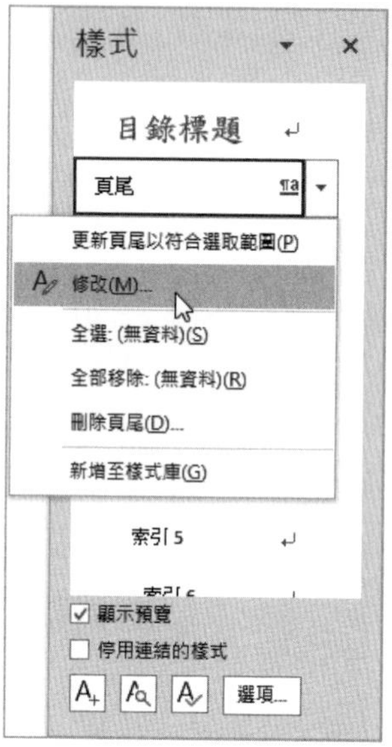

從開啟的**修改樣式 x** 設定視窗中的**格式設定**群可知，目前頁碼所使用的是「新細明體」，字型大小是「10」：

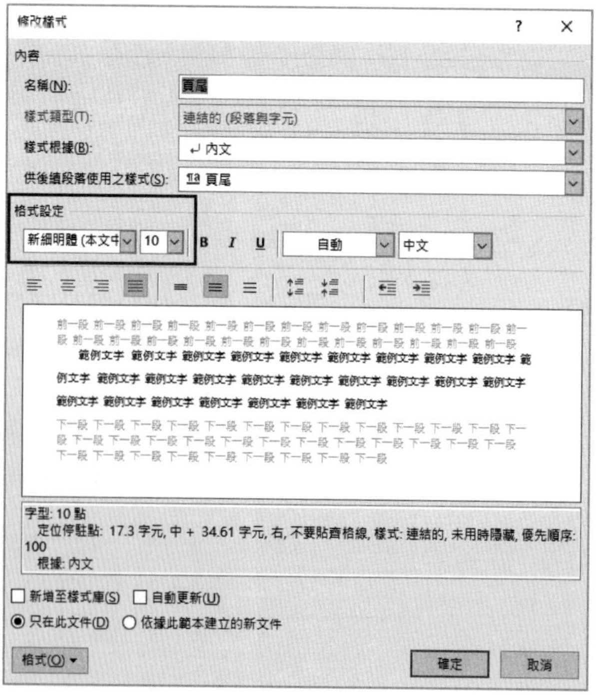

大部份學校規定使用的字體是 Times New Roman，而字型大小則是 10，因此，本例僅修改英文字型，完成後點選【確定】按鈕：

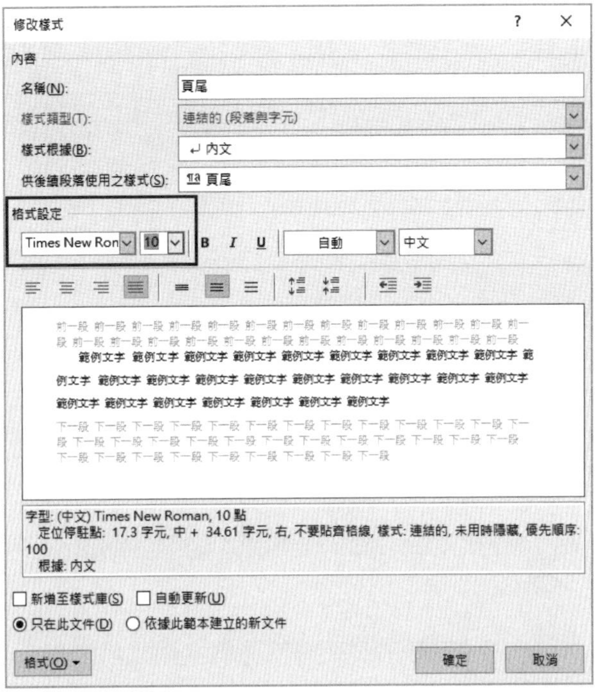

Step 5 插入點移置「第一章 緒論」那一頁的頁尾，這是第 3 節那群內容的開始：

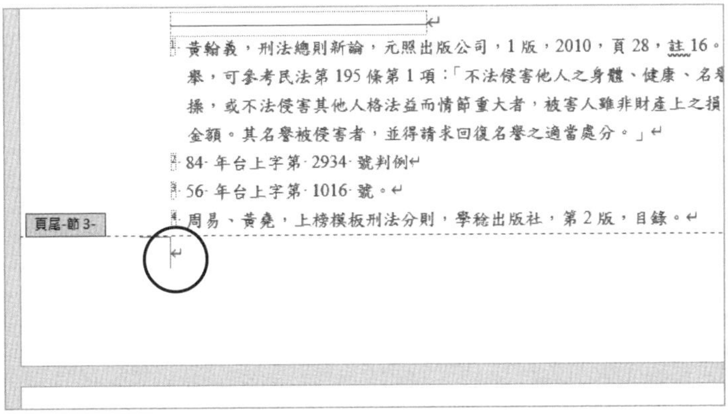

Step 6 點選**頁首及頁尾**索引標籤，再點選**頁首頁尾**群組中的【頁碼 ▾】下拉清單展開功能表，再從展開的清單中點選【頁面底端】選項：

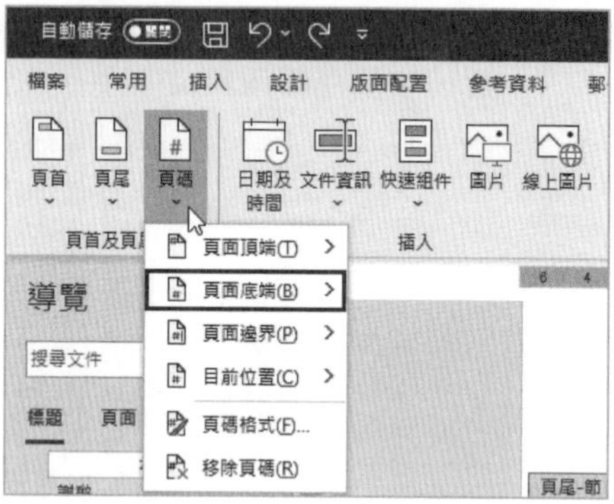

最後，從展開的功能表中點選【純數字 2】選項：

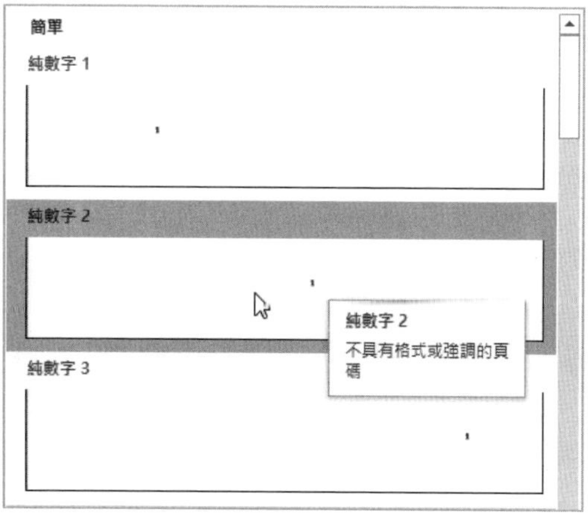

完成後，頁碼即插入 Step 4 指定的位置：

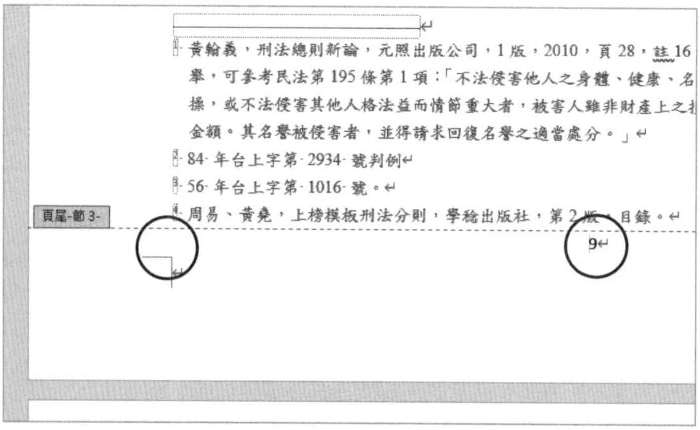

與第 2 節的情況相同，雖然聯繫斷開了，但是「頁碼」預設的情況下還是會連續編號，由於「第一章 緒論」是整份文件的第 9 頁，因此，這裡顯示的就是「數字 9」。數字 9 因為符合各校的規定，所以不用變更，因此，在插入點位於頁碼的情況下，請點選**頁首及頁尾**索引標籤，再點選**頁首頁尾**群組中的【頁碼 ▾】下拉清單展開功能表，再從展開的清單中點選【頁碼格式】選項：

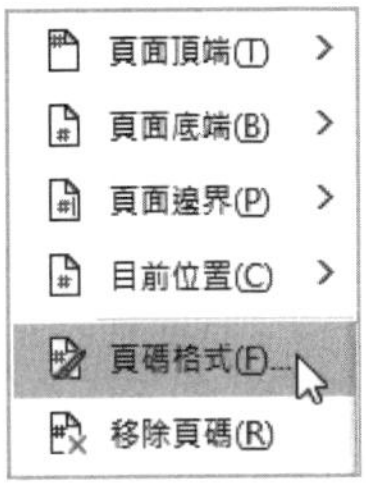

Step 7 接下來開始設定**頁碼格式** x 設定視窗。首先，點選**頁碼編排方式**群中的【起始頁碼】微調鈕並設定開始的數值為「1」：

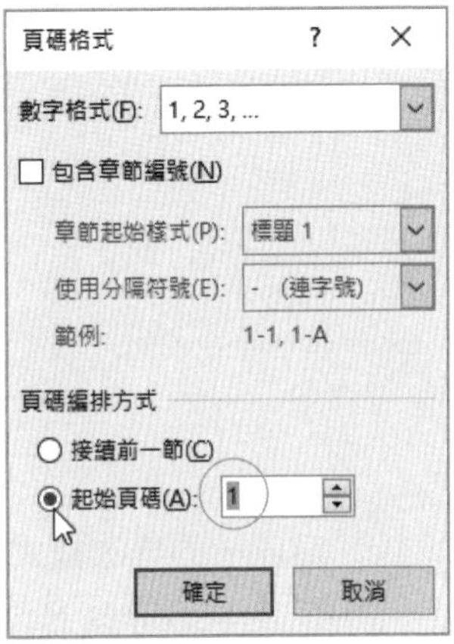

完成後，點選【確定】按鈕關閉**頁碼格式** x 設定視窗返回文件編輯狀態，這樣就完成「第一章 緒論」這群隸屬同節內容的頁碼設定：

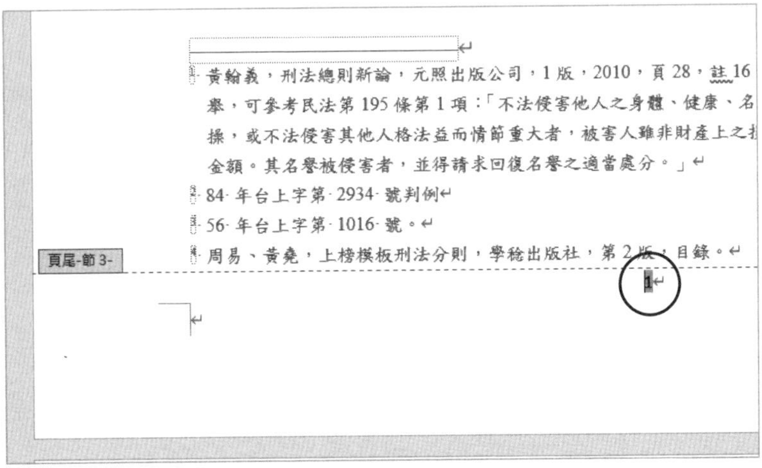

Step 8 配合學校的規定，修改頁碼的英文字型及字型大小。將該頁碼選取起來：

由於插入頁碼之後，樣式表中會多出「頁尾」的樣式，因此，請開啟樣式表，從點選右則的下拉清單展開選單，並點選其中的【修改】選項：

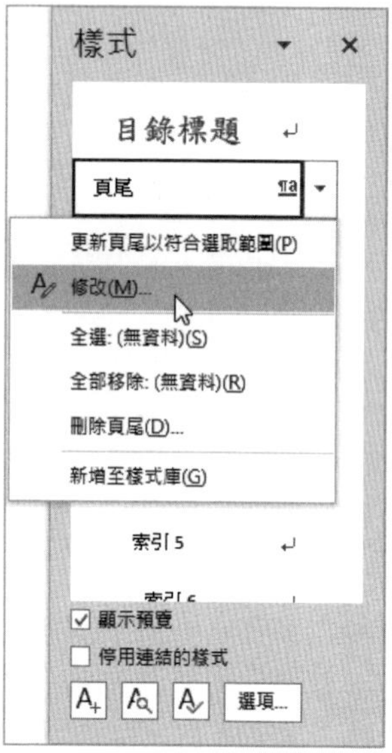

從開啟的**修改樣式 x** 設定視窗中的**格式設定**群可知，目前頁碼所使用的 =「已經是」「Times New Roman」，字型大小是「10」了，這怎麼跟前面修改「謝辭」的頁碼不同？這是因為我們在「謝辭」那一節修改樣式時，是直接修改「頁尾」，因此，第 3 節因為也是套用相同的「頁尾」樣式，所以這裡就會看到修改後的內容。

所以，前面說過，為了修改頁碼的樣式，「千萬不要」直接從**常用**索引標籤中的**字型**↘群組中的【字型】下拉清單及【字型大小】下拉清單改喔，這不是正確的做法！

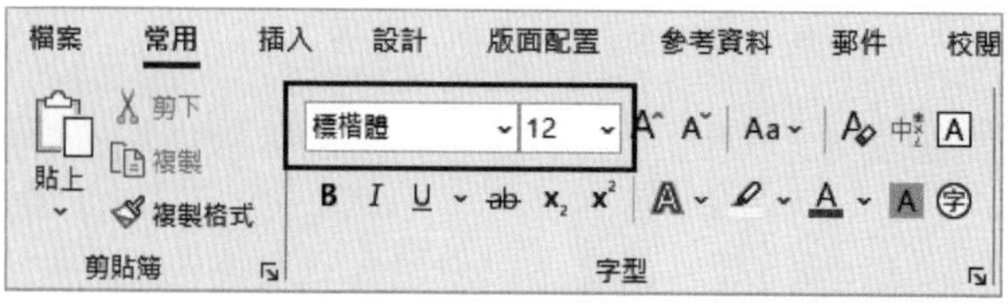

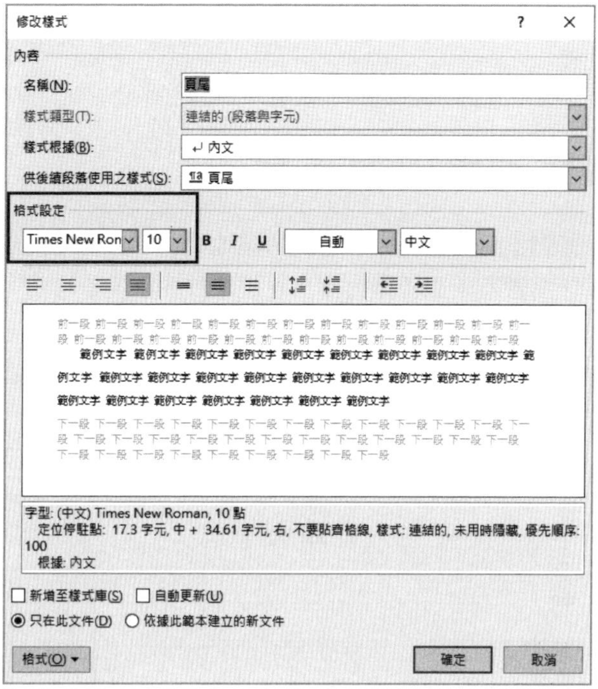

完成檔請參閱「練習 - 長篇文件 - 頁碼 - 完成檔 -1100120.docx」。

由於我們的設定如下：

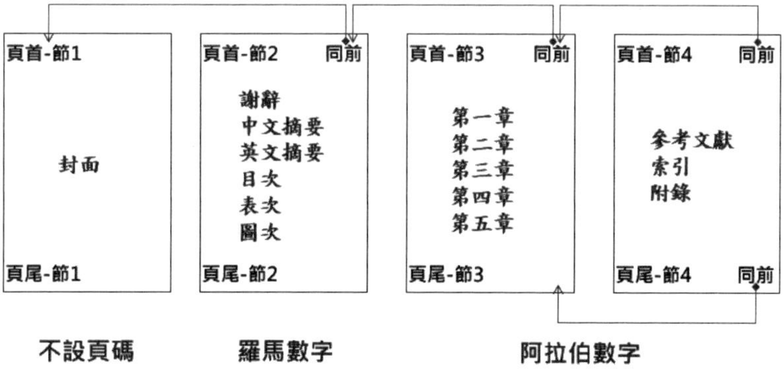

在這個設定中，我們並未切斷節 4 與節 3 的聯繫，因此，捲動上節練習的頁面到「第五章 結論」的最後一頁，頁碼是 86，再往下是「參考文獻」，其頁碼是 87，我們就不需要自己再設了，因為「頁碼也自己跟過來」而且「自動使用正確的頁數」，這也就是在「第一章 緒論」設定頁碼前，你看不到頁碼，因為聯結被切斷了，所以頁碼

要自己設，一旦自己設了頁碼之後，正確的頁數一樣會自動套用，就如同節 4 會自動套用正確的頁碼一般。

7.3 頁碼樣式修改與更新

頁碼設定完成後，請點選導覽窗格中的目次，並檢視一下頁碼格式是否符合，從下圖可知，目前使用的羅馬數字全部都是大寫，可是學校要求的是小寫，那要如何改呢？

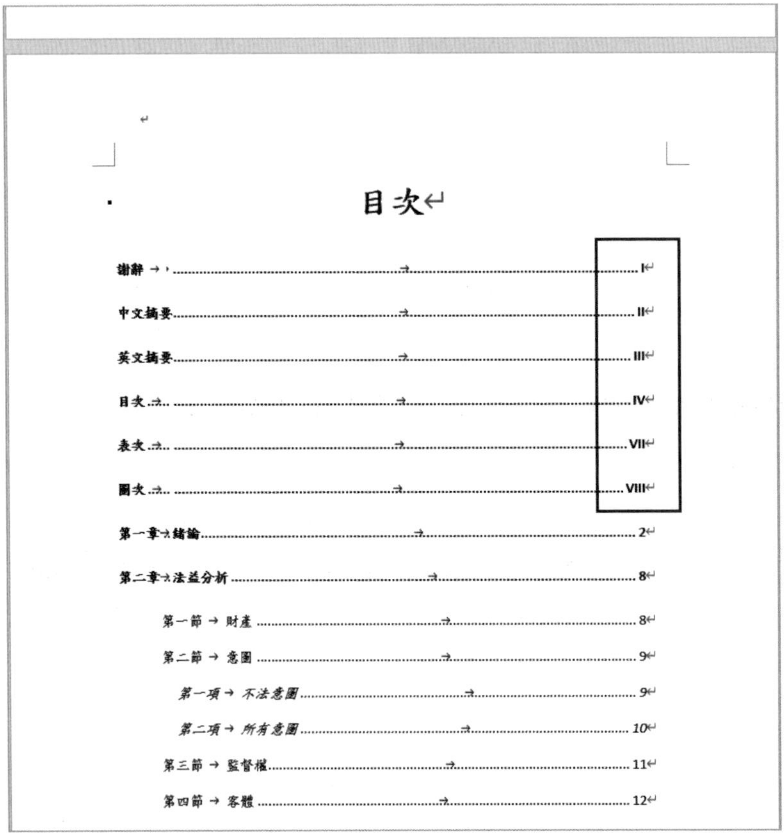

目次

Step 1 我們前面曾說明過，目錄產生之後會自動入「目錄○」樣式套裝，因為目前是「目錄 1」的格式有問題，因此，請將插入點移置到羅馬數字頁碼的位置，例如，我將插入點移到「目次」最後面的「IV」後：

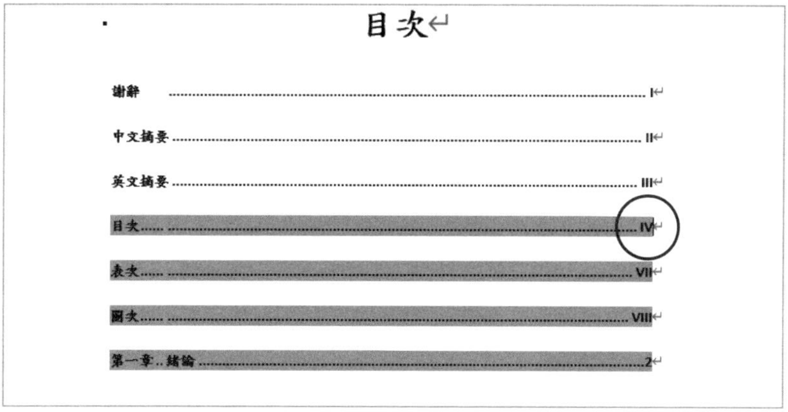

Step 2 然後點選**常用**索引標籤中的**樣式**↘群組右下的【箭頭】：：

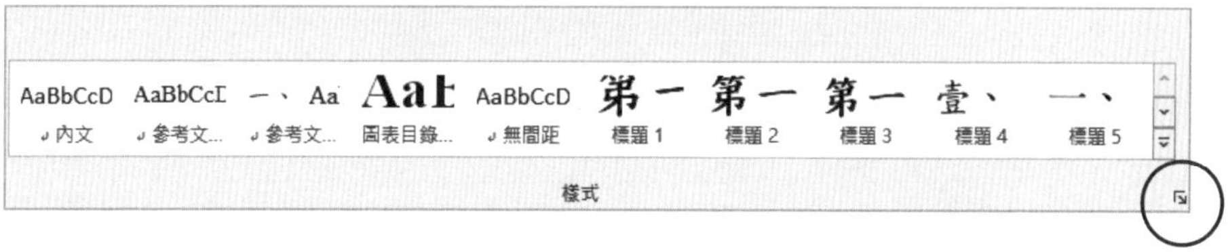

開啟**樣式** x 設定視窗，或者按下鍵盤上的【Alt + Ctrl + Shift + S】，由於一開始就將插入點移到指定的位置，因此視窗開啟後就會直接選定該位置的樣式，本例為「目錄 1」：

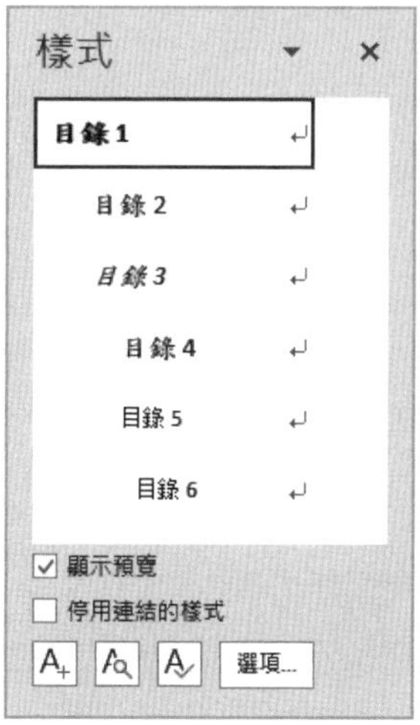

請點選其右側並選擇【修改】：

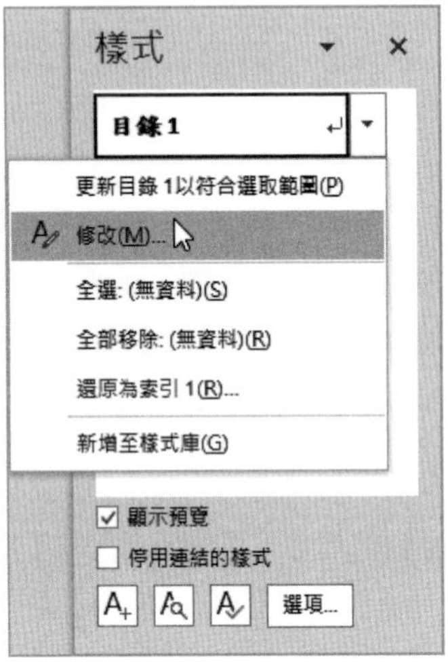

接著就會開啟很熟悉的**修改樣式 x** 設定視窗：

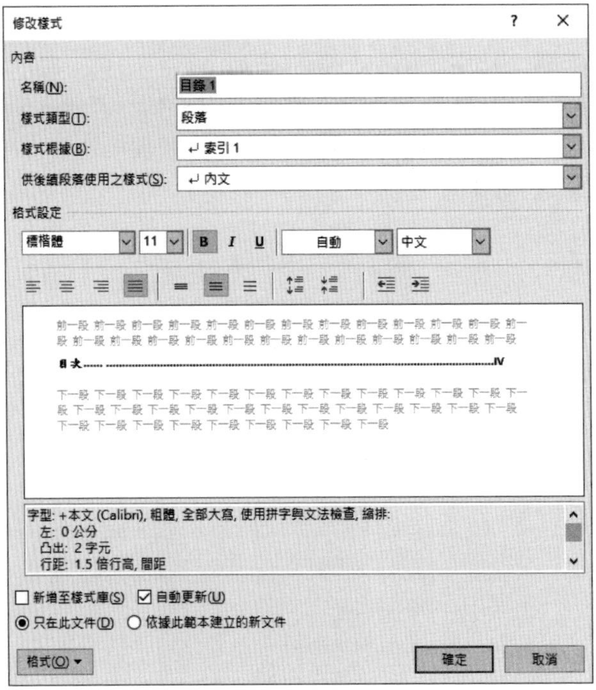

Step 3 設定**修改樣式** x 設定視窗：

首先，點右下角【格式 ▾】下拉清單的展開選單，並點選其中的【字型】選項：

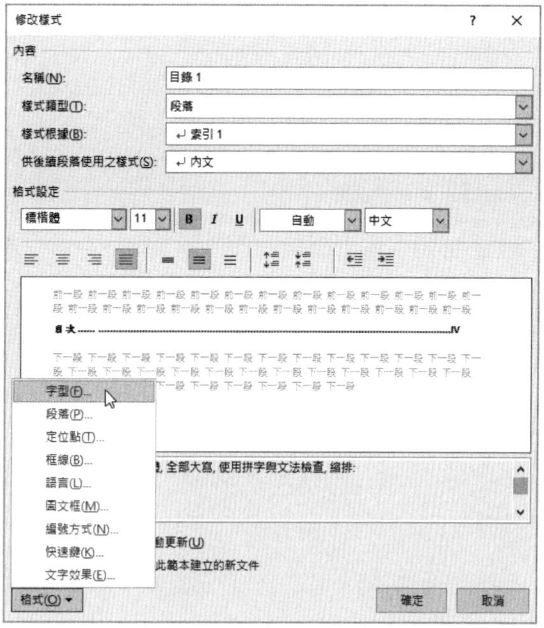

接著會再開啟**字型** x 設定視窗，請取消【全部大寫】選項，亦即將目前的「勾選」狀態的「勾勾」拿掉：

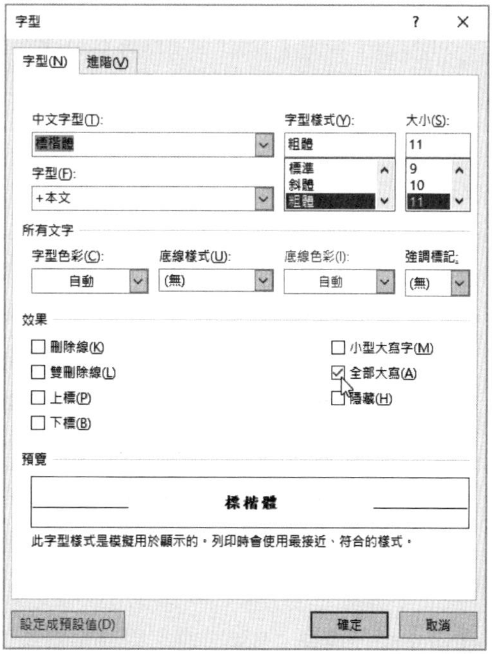

另外，目前的字型也非「Times New Roman」，因此也請修改：

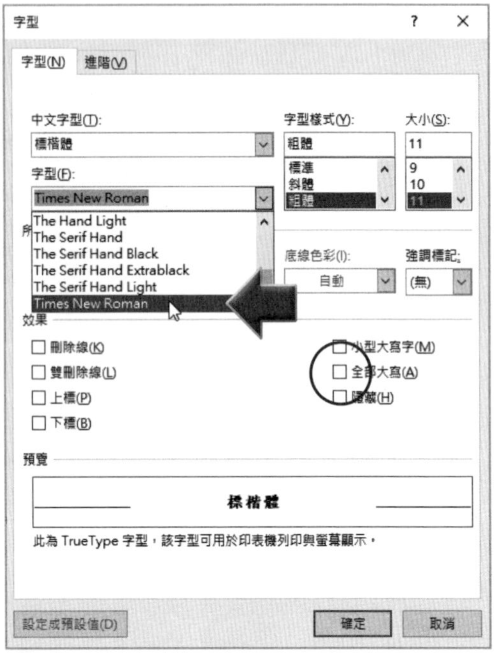

設定後，點選【確定】按鈕關閉**字型** x 設定視窗返回**修改樣式** x 設定視窗，再點選【確定】按鈕關閉**修改樣式** x 設定視窗回到文件編輯狀態。

這樣子就完成「目錄 1」樣式套裝的修改，其他各層次的修改亦同。

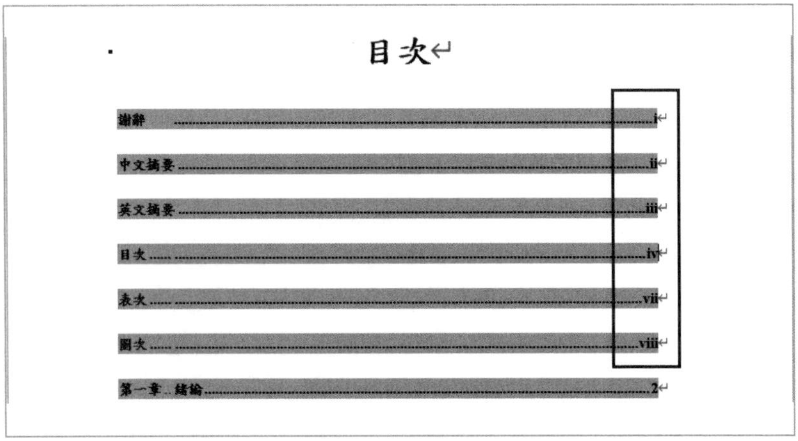

完成檔請參閱「練習 - 長篇文件 - 頁碼目錄樣式 - 完成檔 -1100120.docx」。

配合頁碼設定後才製作目錄的話，那麼目錄會是最新的，但是論文本文如果還有修訂，這可能會造成原先文先的頁數有改變，因此，就需要更新目錄。

Step 1 開啟「練習 - 長篇文件 - 更新目錄 -1100120.docx」。

Step 2 點選導覽窗格的「目次」切換到該頁，並捲動畫面到看得到「參考文獻」頁碼的位置，從截圖看來，目前「參考文獻」是在第 88 頁：

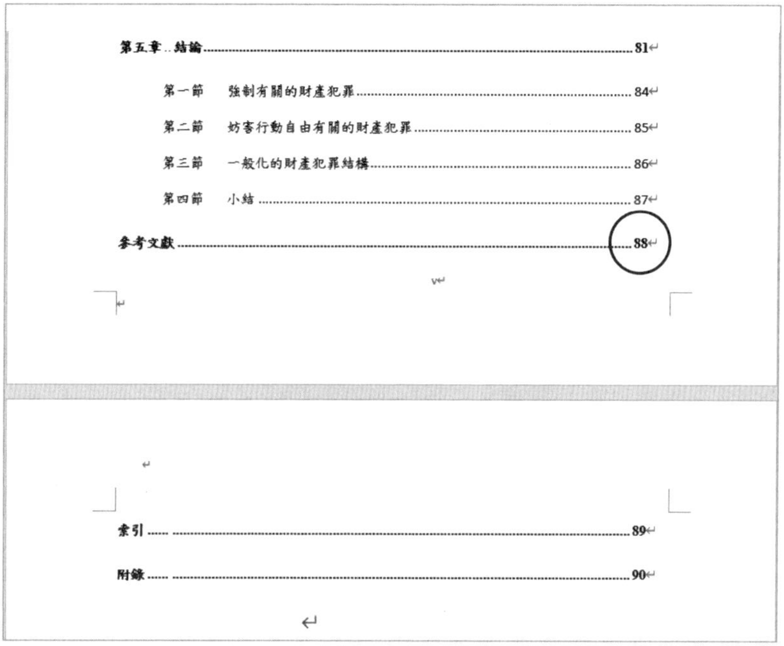

Step 3 接下來，請點選導覽窗格的「參考文獻」切換到該頁面，目前參考文獻的位置是第 87 頁。顯然目前在目次中的頁碼並非正確的狀態，此時就有更新目錄的必要了：

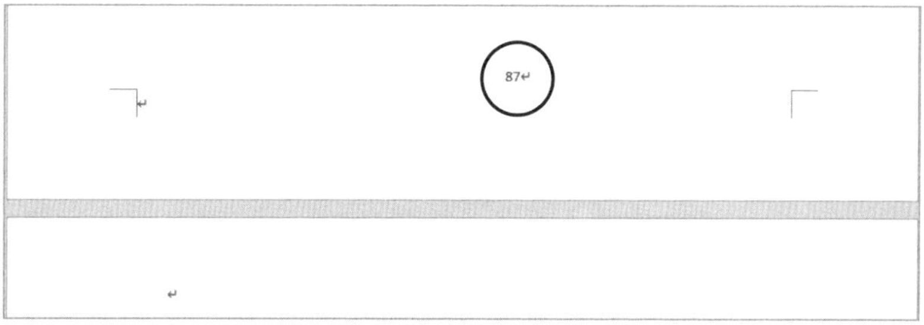

Step 4 點選**參考資料**索引標籤中的**目錄**群組中的【更新目錄】按鈕：

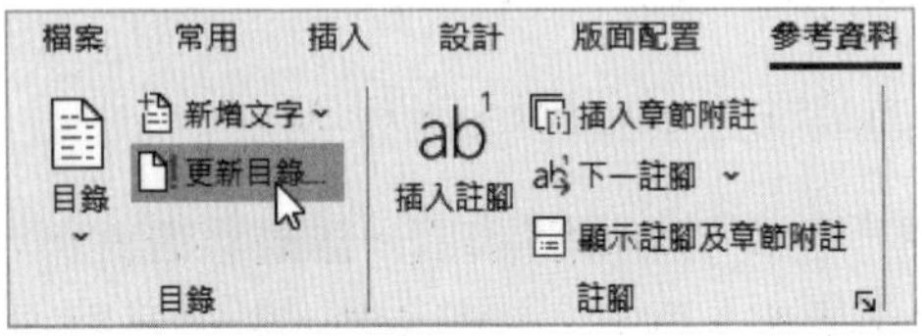

Step 5 開啟**更新目錄 x** 設定視窗中後，有二個選項，請點選其中的【只更新頁碼】按鈕：

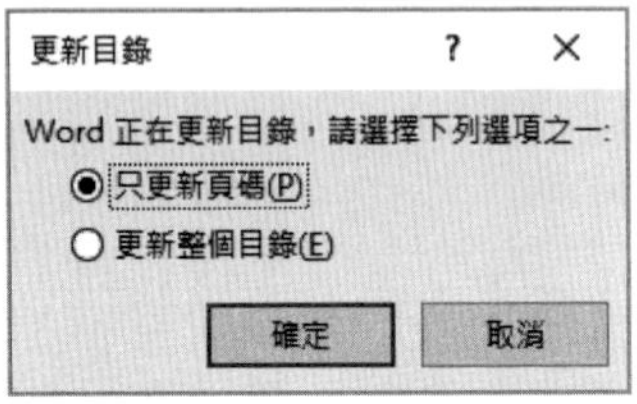

Step 6 點選【確定】按鈕關閉**更新目錄 x** 設定視窗返回文件編輯狀態，從更新後的頁碼 87 已然與真實的參考文獻所在的頁數相同了：

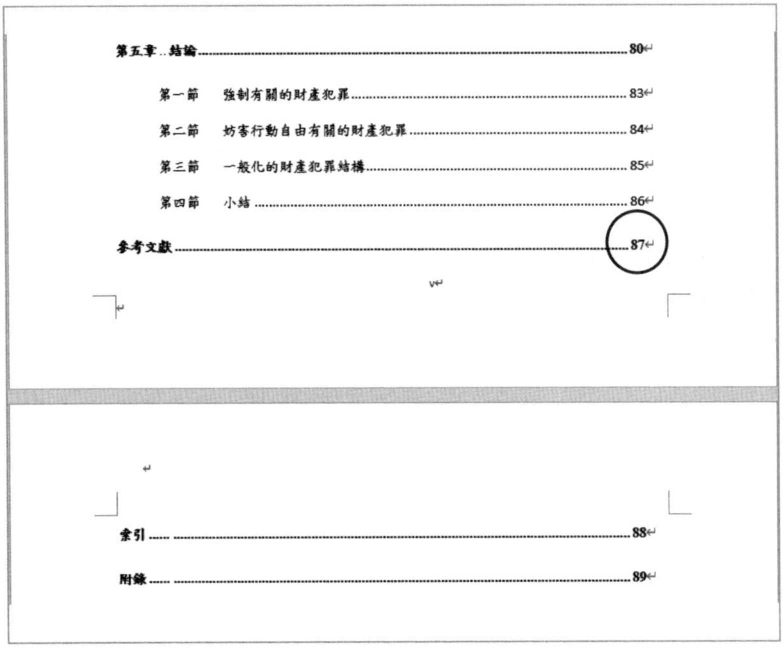

這樣就完成目錄的更新。

完成檔請閱「練習 - 長篇文件 - 更新目錄 - 完成檔 -01-1100120.docx」。

接下來請於「參考文獻」那頁的標題之後按鍵盤上的鍵盤上的【Enter】鍵，並輸入 =rand(5,10) 後再按【Enter】鍵：

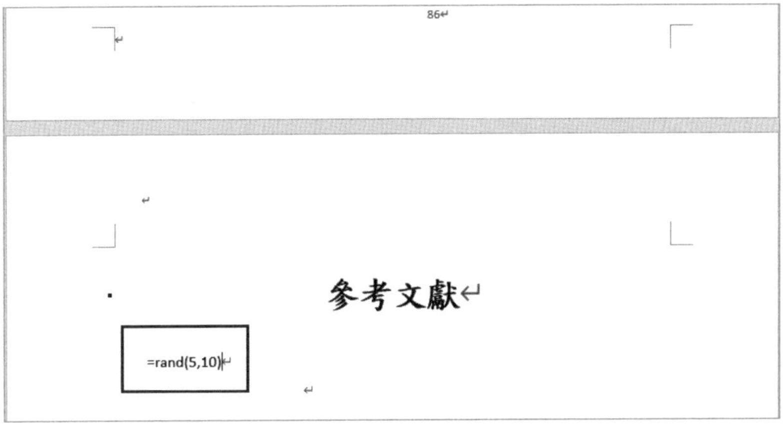
86
參考文獻
=rand(5,10)

輸入該函數之後，Word 會自動輸入一些虛擬文字，像這樣子：

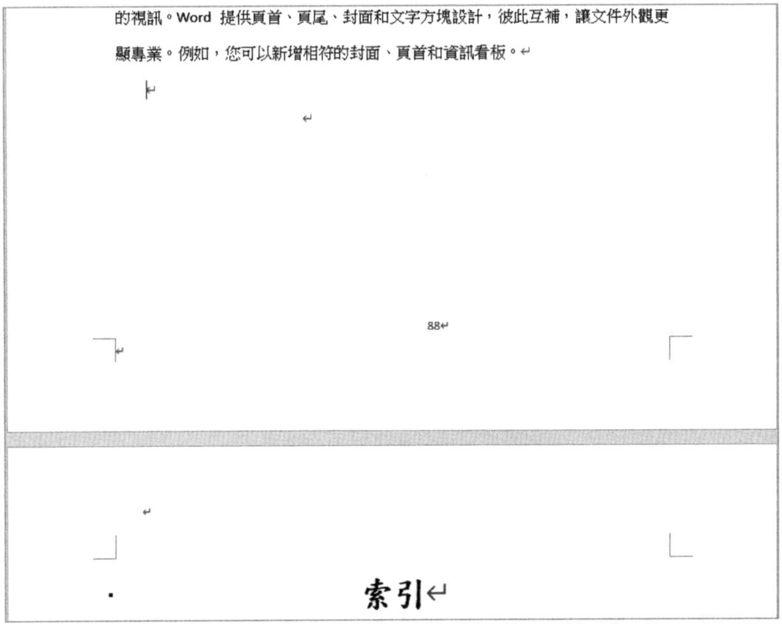
的視訊。Word 提供頁首、頁尾、封面和文字方塊設計，彼此互補，讓文件外觀更
顯專業。例如，您可以新增相符的封面、頁首和資訊看板。
88
索引

加入這些虛擬文字之後，索引的位置就被往後移動到第 89 頁，也就是說目前的「目次」應該也要跟著更新，但是 Word 並不一樣自動更新目錄：

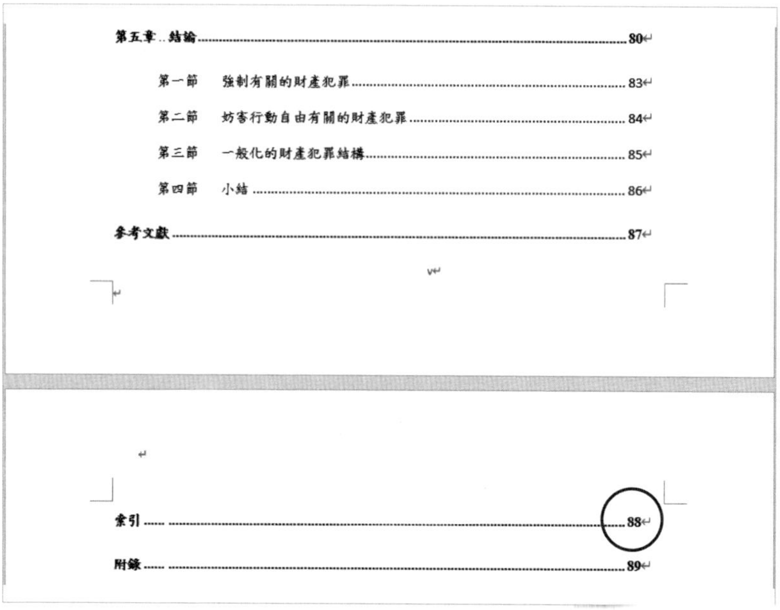

因此，我們須要再進行另一次的目錄更新：

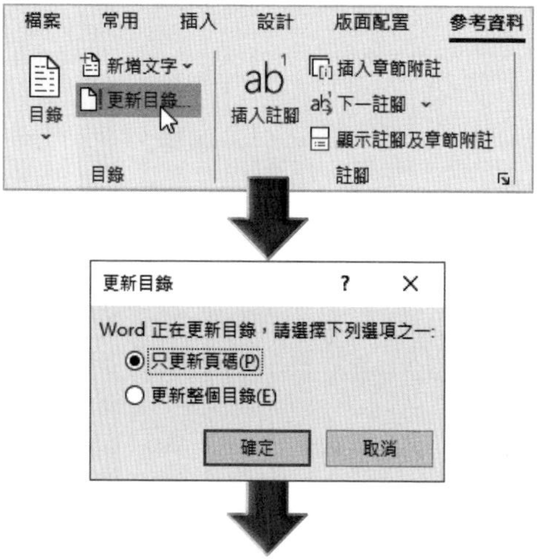

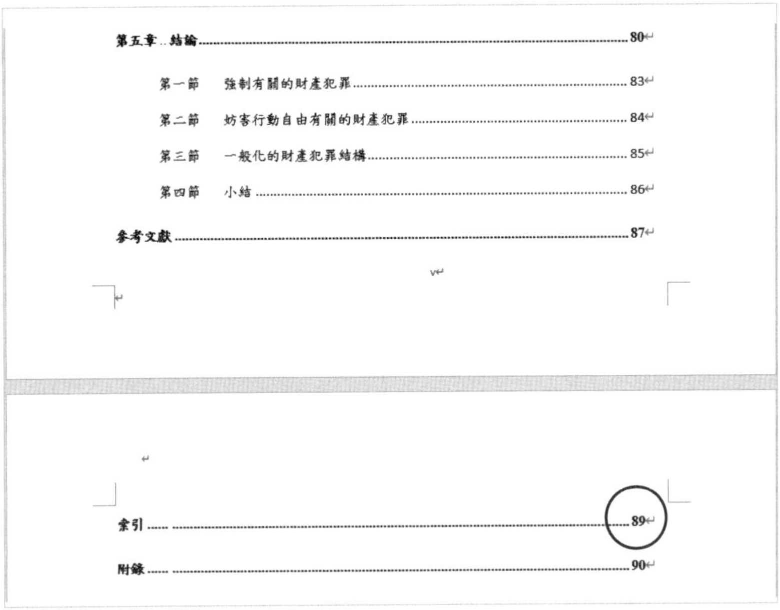

完成檔請參閱「練習 - 長篇文件 - 更新目錄 - 完成檔 -02-1100120.docx」。

7.4 加強篇一：奇偶頁不同

為了符合某些中文學系及中興大學法律碩士專班論文規範中關於頁碼的規定，例如：

一、 國立臺灣師範大學華語文教學系碩士論文之論文版面格式指引規定：論文本文的奇數頁頁首為「該章標題」，並靠右對齊；偶數頁頁首則為該論文之「中文標題」，並靠左對齊。」。

二、 中國文化大學中文學系要求「雙頁上端標著論文名稱，單頁標著章節名稱」。

三、 中興大學法律碩士專班公佈的論文範本中關於頁首頁尾亦有規定：奇數頁的頁首要有用 10 號靠右對齊的方式呈現章名，而偶數頁則是 10 號標楷靠左對齊的論文名稱，且每一章的第 1 頁的頁首為空白。

接下來涉及奇數頁與偶數頁二組，也就是前面以節為操作單位，現在因為每節都被分成奇數頁與偶數頁，因此，同樣的操作對奇數頁操作一次，對偶數頁也要操作一次。

由於接下來練習的步驟很多，我把它分成三組：

一、 先切斷不該有的聯結。

二、 設定頁碼，奇數頁與偶數頁各操作一次前面說明過的步驟。

三、 每一章的奇數頁加上章標題，而偶數頁則加上論文名稱。

由於步驟很多，每一組我會單獨提供一支完成檔供各位參考。

第一組操作，切斷不該有的聯結

練習檔中共有 10 節，分配如下，由於奇數頁與偶數頁的操作一樣，所以，用一頁的情況來說明：

一、 封面，不需要頁碼，自成一節。

二、 謝辭到第一章本文中間的所有內容，範例中單獨成一節，但需要羅馬數字的頁碼，因此，要切段與第一節的頁尾聯結，也就是下圖中有「x」號的位置。

三、 本文中每一章都要獨立而從奇數頁開始，因此，每一章自成一節，但是數字的頁碼是從第一章到整份文件結束，因此，除了在第一章所在的第 3 節要「同時切斷頁首與頁尾」與第 2 節的聯結外，其餘不用調整。

四、 參考文獻以後的內容，不管幾節，以下圖為例共有 8 節，但是要切斷與論文本文最後一章聯結的是第 8 節的參考文獻，而且只是避免「同前」最後一章的頁首，因此，只要斷開頁首即可，頁尾的頁碼可以「同前」。

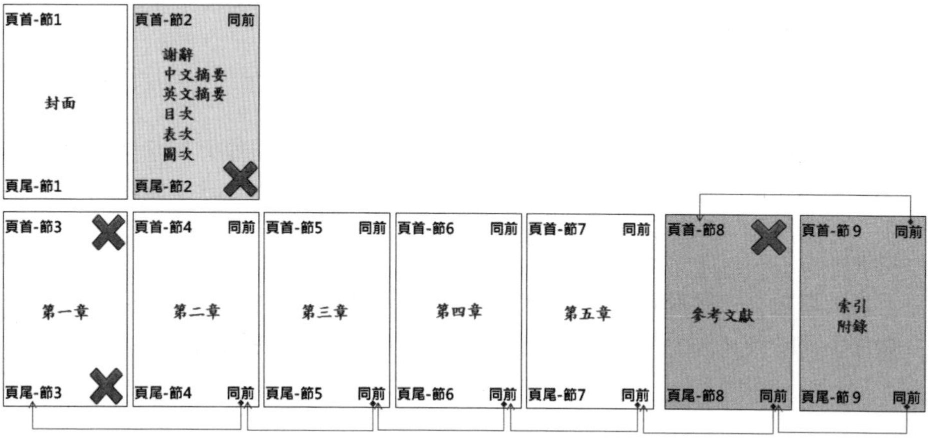

Step 1 開啟「練習 - 長篇文件 - 中文系頁首頁尾與頁碼 -1100120.docx」檔案做為練習之用。

Step 2 啟動頁首頁尾的編輯狀態，並勾選**選項**群組中的【奇偶頁不同】設定奇偶頁不同的設定：

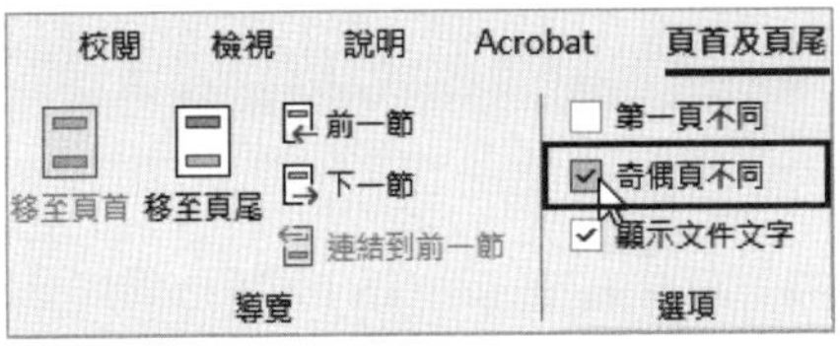

Step 3 畫面捲動到「謝辭」這一節的頁尾，由於封面接下來就是謝辭，依順序而言就是第 2 頁，因此，你會看到「偶數頁頁尾 - 節 2-」，因此，第 2 節的開始是偶數頁，設定完後，別忘了往下捲動畫面到第 2 節的奇數頁設定。

目前**頁首及頁尾**索引標籤中的**導覽**群組裡的【聯結到前一節】選項是「選取」的狀態：

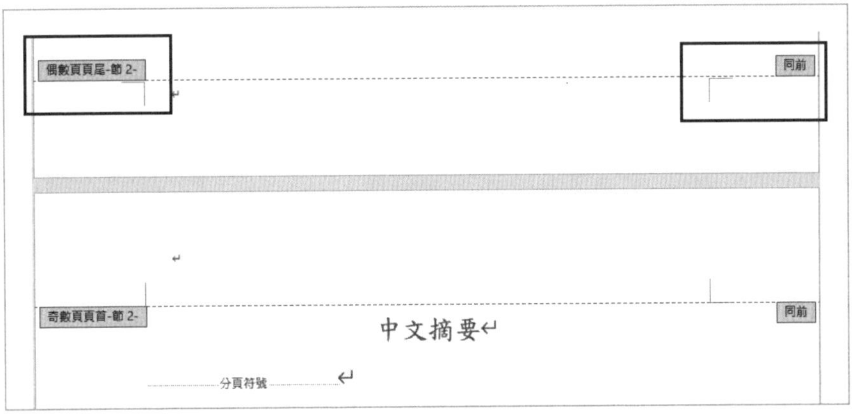

點選一下【聯結到前一節】選項，取消選取的狀態，這樣就能斷開第 2 節頁尾與第 1 節頁尾的聯繫了：

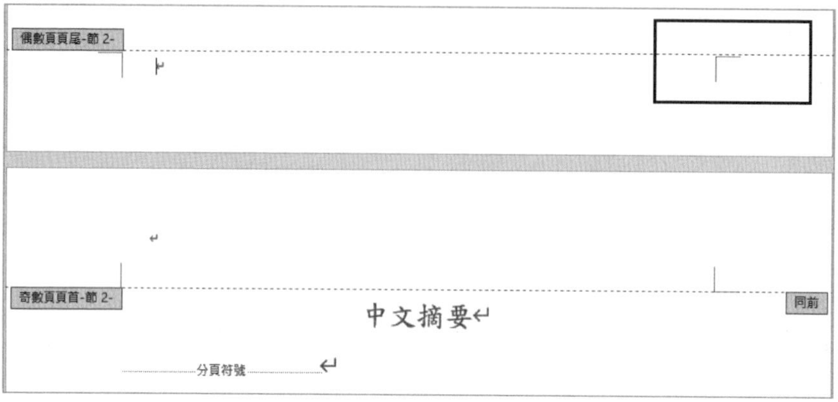

切斷了第 2 節偶數頁的頁尾與第 1 節偶數頁的聯結後，還要再切斷第 2 節奇數頁的頁尾與第 1 節奇數頁的聯結。繼續捲動畫面到「中文摘要」這一頁的頁尾並置入插入點，依照順序，這是文件的第 3 頁，也是第 2 節的第 1 個奇數頁，所以，我們會看到「奇數頁頁尾 - 節 2-」。

目前**頁首及頁尾**索引標籤中**導覽**群組裡的【聯結到前一節】選項是「選取」的狀態：

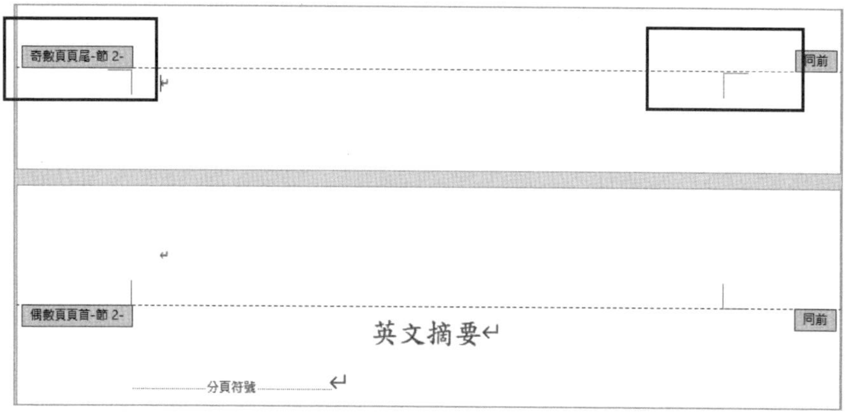

重複前面在偶數頁的操作，亦即點選一下【聯結到前一節】選項，取消選取的狀態，這樣就能斷開第 2 節頁尾與第 1 節頁尾的聯繫了：

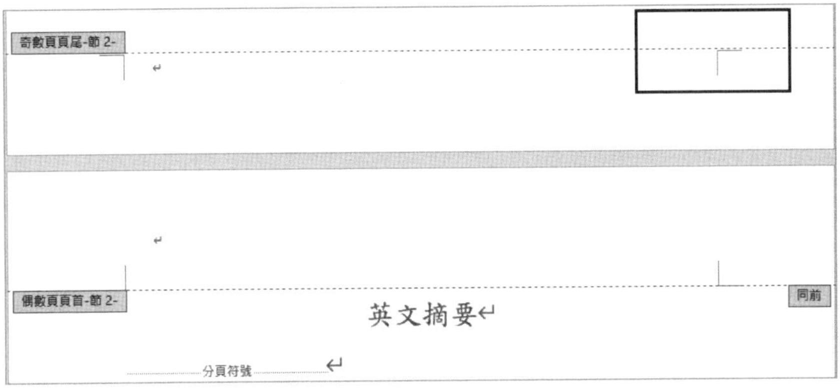
奇數頁頁尾-節 2-
偶數頁頁首-節 2-
同前
英文摘要
分頁符號

Step 4 畫面捲動到「第一章 緒論」這一節的頁首，由於每一章都是從奇數頁開始成「節」，因此，你會看到「奇數頁頁首 - 節 3-」。

目前**頁首及頁尾**索引標籤中**導覽**群組中裡的【聯結到前一節】選項是「選取」的狀態：

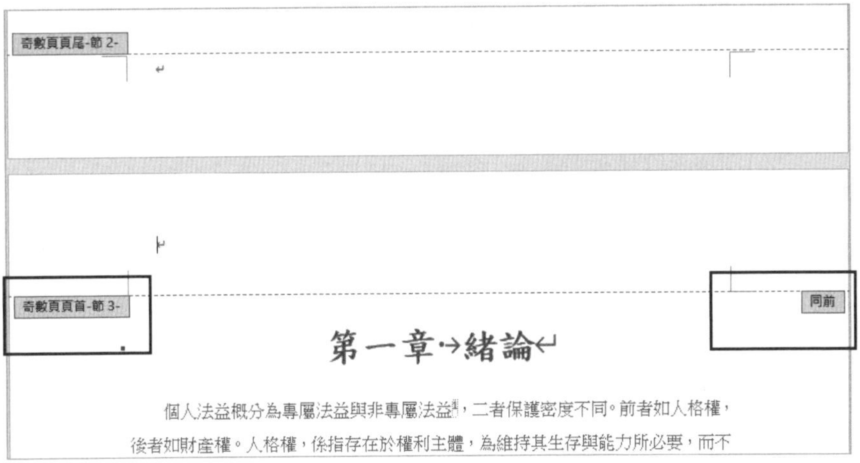
奇數頁頁尾-節 2-
奇數頁頁首-節 3-
同前
第一章→緒論
個人法益概分為專屬法益與非專屬法益，二者保護密度不同。前者如人格權，
後者如財產權。人格權，係指存在於權利主體，為維持其生存與能力所必要，而不

點選一下【聯結到前一節】選項，取消選取的狀態，這樣就能斷開第 3 節奇數頁頁首與第 2 節奇數頁頁首的聯繫了：

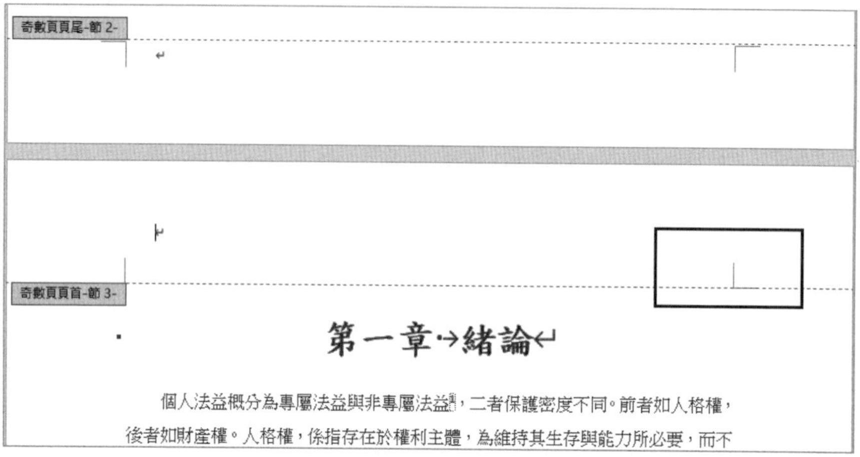
奇數頁頁尾-節 2-
奇數頁頁首-節 3-
第一章→緒論
個人法益概分為專屬法益與非專屬法益，二者保護密度不同。前者如人格權，
後者如財產權。人格權，係指存在於權利主體，為維持其生存與能力所必要，而不

切斷了第 3 節奇數頁的頁首與第 2 節奇數頁頁首的聯結後，還要再切斷第 3 節奇數頁的頁尾與第 2 節奇數頁頁尾的聯結。繼續捲動畫面到「第一章 緒論」這一頁的頁尾並置入插入點，我們會看到「奇數頁頁尾 - 節 3-」。

目前**頁首及頁尾**索引標籤中**導覽**群組中裡的【聯結到前一節】選項是「選取」的狀態：

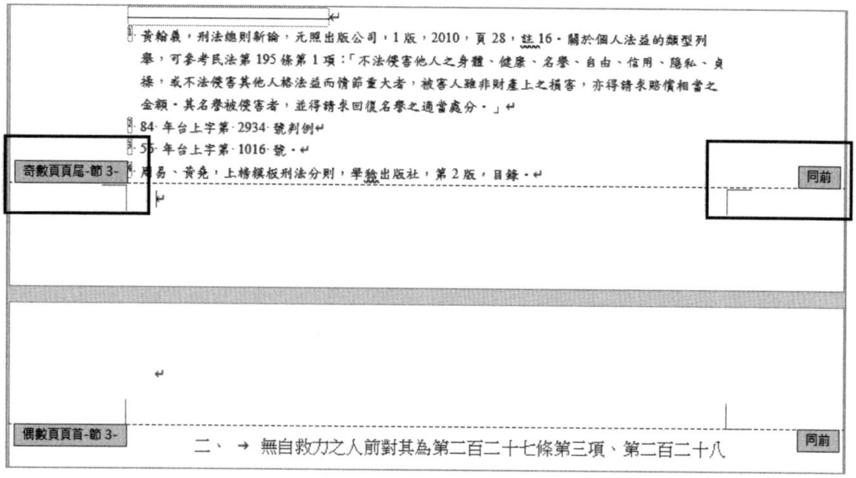
黃翰義，刑法總則新論，元照出版公司，1 版，2010，頁 28，註 16。關於個人法益的類型列舉，可參考民法第 195 條第 1 項：「不法侵害他人之身體、健康、名譽、自由、信用、隱私、貞操，或不法侵害其他人格法益而情節重大者，被害人雖非財產上之損害，亦得請求賠償相當之金額。其名譽被侵害者，並得請求回復名譽之適當處分。」
84 年台上字第 2934 號判例
55 年台上字第 1016 號。
奇數頁頁尾-節 3-
同前
偶數頁頁首-節 3-
二、→無自救力之人前對其為第二百二十七條第三項、第二百二十八
同前

重複前面在偶數頁的操作，亦即點選一下【聯結到前一節】選項，取消選取的狀態，這樣就能斷開第 3 節奇數頁頁尾與第 2 節奇數頁頁尾的聯繫了：

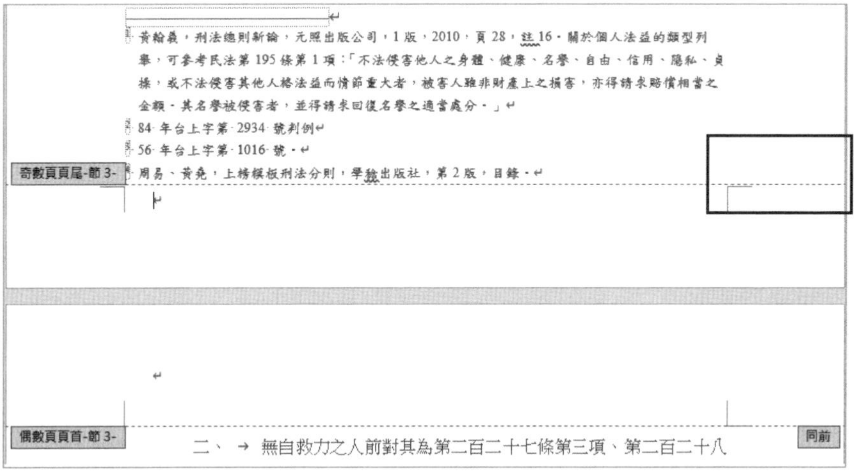
黃榮堅，刑法總則新論，元照出版公司，1 版，2010，頁 28，註 16。關於個人法益的類型列舉，可參考民法第 195 條第 1 項：「不法侵害他人之身體、健康、名譽、自由、信用、隱私、貞操，或不法侵害其他人格法益而情節重大者，被害人雖非財產上之損害，亦得請求賠償相當之金額。其名譽被侵害者，並得請求回復名譽之適當處分。」
84 年台上字第 2934 號判例
56 年台上字第 1016 號。
周易、黃堯，上榜模板刑法分則，學稔出版社，第 2 版，目錄。
奇數頁頁尾-節 3-
偶數頁頁首-節 3-
二、 → 無自救力之人前對其為第二百二十七條第三項、第二百二十八
同前

Step 5 畫面捲動到「參考文獻」這一節的頁首，你會看到「偶數頁頁首 - 節 8-」。

目前**頁首及頁尾**索引標籤中**導覽**群組中裡的【聯結到前一節】選項是「選取」的狀態：

奇數頁頁尾-節 7-
同前
偶數頁頁首-節 8-
同前
參考文獻
視訊可以充分協助您證明論點。按一下 [線上影片]，即可貼上您要新增之視

點選一下【聯結到前一節】選項，取消選取的狀態，這樣就能斷開第 8 節偶數頁頁首與第 7 節偶數頁頁首的聯繫了：

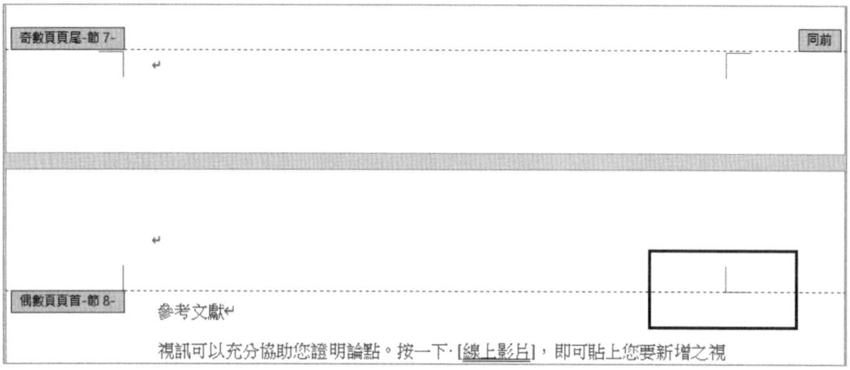
奇數頁頁尾-節 7-
同前
偶數頁頁首-節 8-
參考文獻
視訊可以充分協助您證明論點。按一下 [線上影片]，即可貼上您要新增之視

切斷了第 8 節偶數頁的頁首與第 7 節偶數頁頁首的聯結後，還要再切斷第 8 節奇數頁的頁首與第 7 節奇數頁頁首的聯結。繼續捲動畫面到「下一頁」這一頁的頁首並置入插入點，我們會看到「奇數頁頁尾 - 節 8-」。

目前**頁首及頁尾**索引標籤中**導覽**群組中裡的【聯結到前一節】選項是「選取」的狀態：

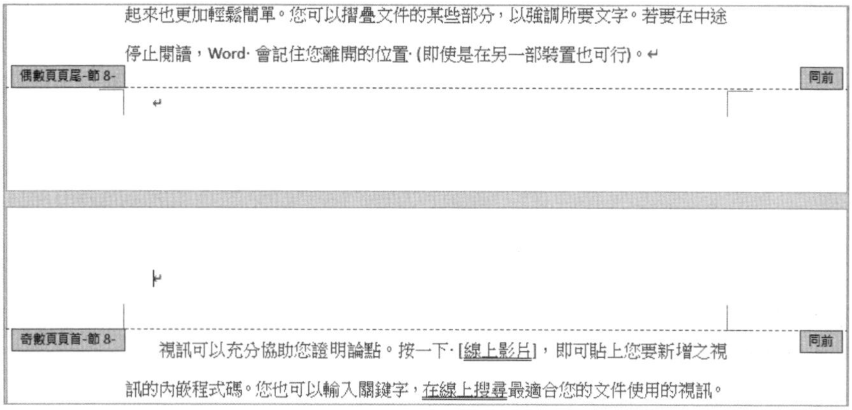
起來也更加輕鬆簡單。您可以摺疊文件的某些部分，以強調所要文字。若要在中途
停止閱讀，Word 會記住您離開的位置 (即使是在另一部裝置也可行)。
偶數頁頁尾-節 8-
同前
奇數頁頁首-節 8-
視訊可以充分協助您證明論點。按一下 [線上影片]，即可貼上您要新增之視
訊的內嵌程式碼。您也可以輸入關鍵字，在線上搜尋最適合您的文件使用的視訊。
同前

重複前面在偶數頁的操作，亦即點選一下【聯結到前一節】選項，取消選取的狀態，這樣就能斷開第 8 節奇數頁頁首與第 7 節奇數頁頁首的聯繫了：

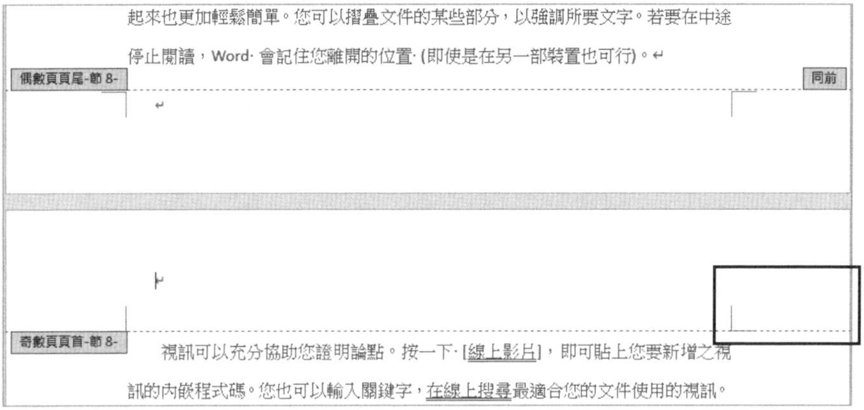
起來也更加輕鬆簡單。您可以摺疊文件的某些部分，以強調所要文字。若要在中途
停止閱讀，Word 會記住您離開的位置 (即使是在另一部裝置也可行)。
偶數頁頁尾-節 8-
同前
奇數頁頁首-節 8-
視訊可以充分協助您證明論點。按一下 [線上影片]，即可貼上您要新增之視
訊的內嵌程式碼。您也可以輸入關鍵字，在線上搜尋最適合您的文件使用的視訊。

第一組作業完畢，完成檔請參閱「練習 - 長篇文件 - 中文系頁首頁尾與頁碼 - 第一組操作 -1100120.docx」

第二組操作，設定二組頁碼

Step 1 開啟「練習 - 長篇文件 - 中文系頁首頁尾與頁碼 - 第一組操作 -1100120.docx」檔案做為練習之用。

Step 2 將插入點移置第 2 節首頁的「謝辭」頁尾，目前看到的是「偶數頁頁尾 - 節 2-」，所以，待會設定完之後還要再設定第 2 節奇數頁頁尾：

偶數頁頁尾-節 2-
奇數頁頁首-節 2-
同前
中文摘要
分頁符號

點選**頁首及頁尾**群組中的【頁碼 ▾】下拉清單：

再從展開的清單中點選【頁面底端】選項：

此時會再展開一個清單，請點其中的第二個選項【純數字 2】：

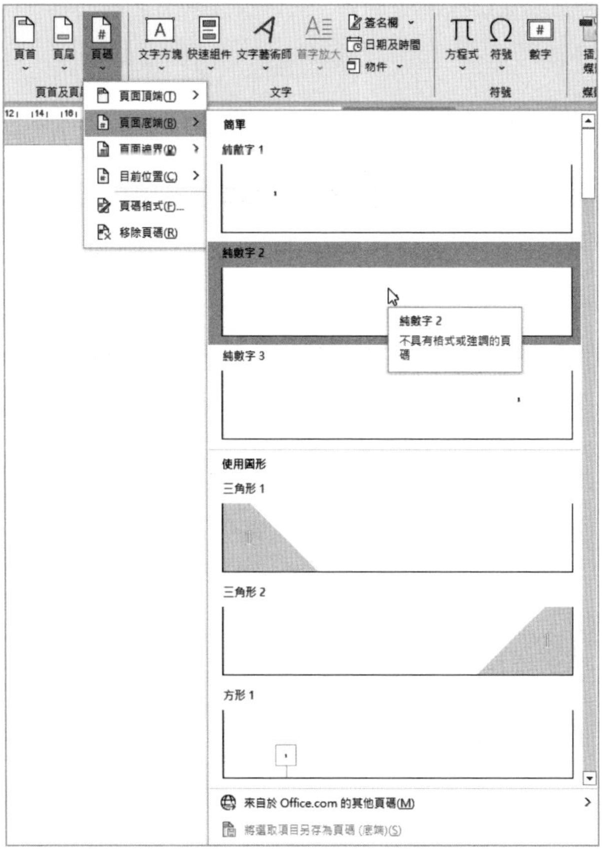

完成後：

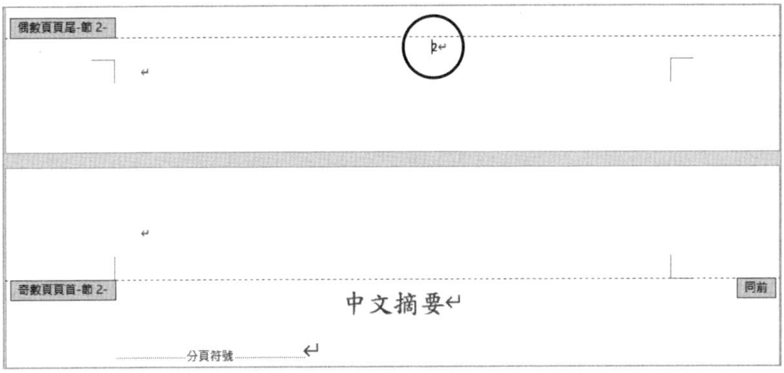

數字 2 不符合各校的規定，也需要改成「羅馬數字」，因此，在插入點位於頁碼的情況下，請點選**頁首及頁尾**索引標籤，再點選**頁首頁尾**群組中的【頁碼 ▾】下拉清單展開功能表，再從展開的清單中點選【頁碼格式】選項：

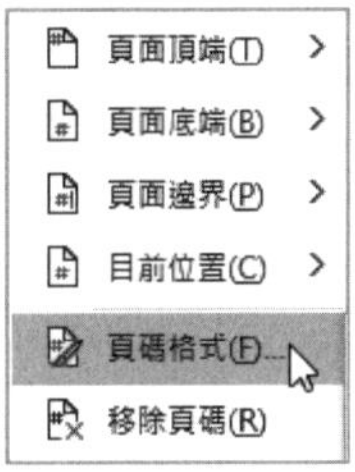

接下來開始設定**頁碼格式 x** 設定視窗。首先，點選**頁碼編排方式**群中的【起始頁碼】微調鈕並設定開始的數值為「1」，接著再設定【數字格式】下拉清單中的「i, ii, iii, …」選項：

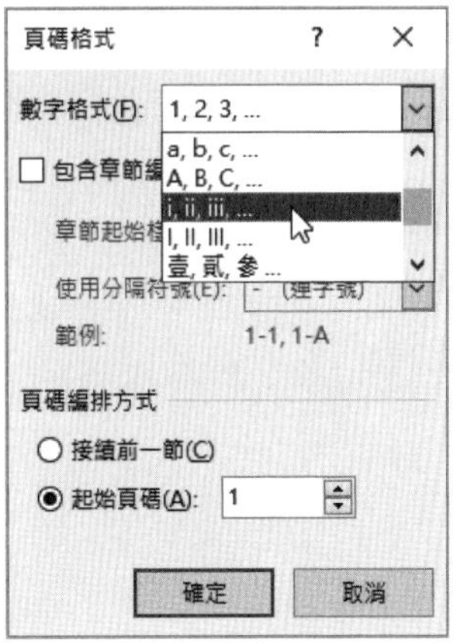

完成後，點選【確定】按鈕關閉**頁碼格式 x** 設定視窗返回文件編輯狀態，這樣就完成後「謝辭」這群內容的頁碼設定，不過回到編輯，Word 會自動跳到「奇數頁頁尾 - 節 2-」讓我們接著設定頁碼：

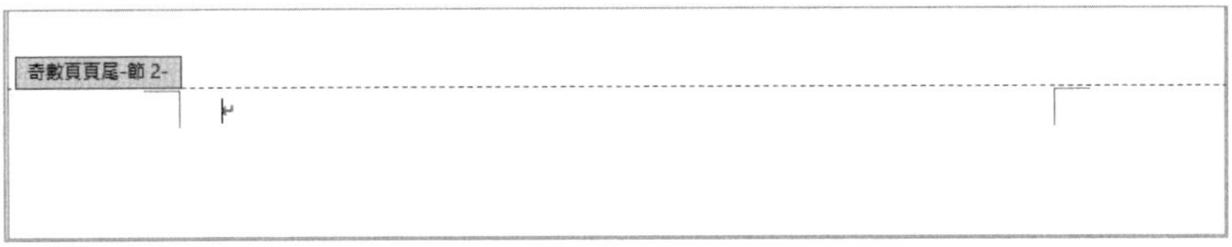

所以，重複作插入頁碼的動作：點選**頁首及頁尾**群組中的【頁碼 ▾】下拉清單，再從展開的清單中點選【頁面底端】：

此時會再展開一個清單，請點其中的第二個選項【純數字 2】：

完成後，Word「自動」將原本位在偶數頁的「謝辭」「改列奇數頁」：

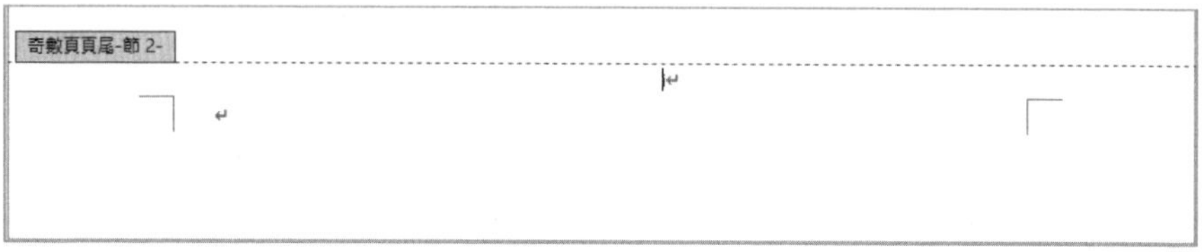

如果點選功能表的檔案，然後再點選「列印」，從預覽中可以看到原先的封面後面加一空白頁。

最後，配合學校的規定，修改頁碼的英文字型及字型大小。將該頁碼選取起來。

由於插入頁碼之後，樣式表中會多出「頁尾」的樣式，因此，選取後請接著開啟樣式表，從點選右則的下拉清單展開選單，並點選其中的【修改】選項：

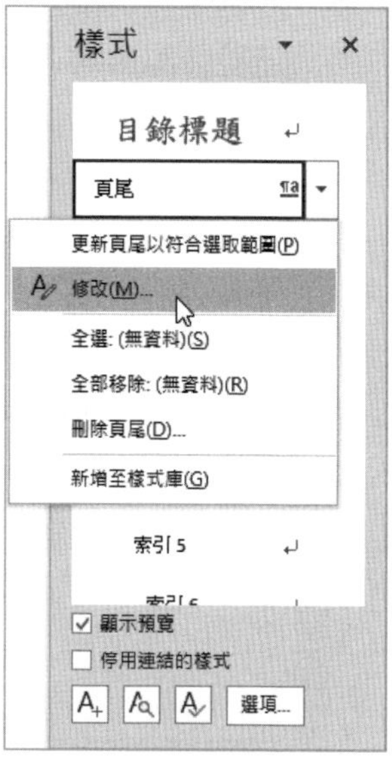

從開啟的**修改樣式 x** 設定視窗中的**格式設定**。大部份學校規定使用的字體是 Times New Roman，而字型大小則是 10，因此，本例僅修改英文字型，完成後點選【確定】按鈕：

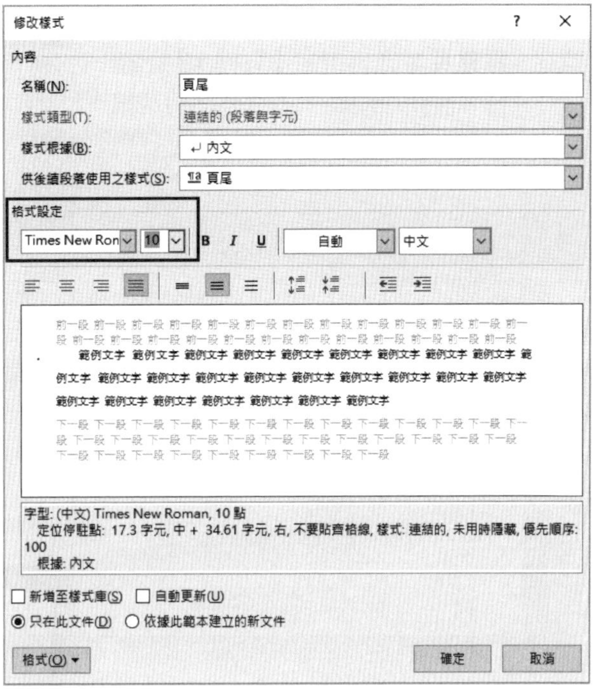

Step 3 將插入點移置第 3 節首頁的「第一章 緒論」頁尾，目前看到的是「奇數頁頁尾 - 節 3-」，所以，待會設定完之後還要再設定第 3 節偶數頁頁尾：

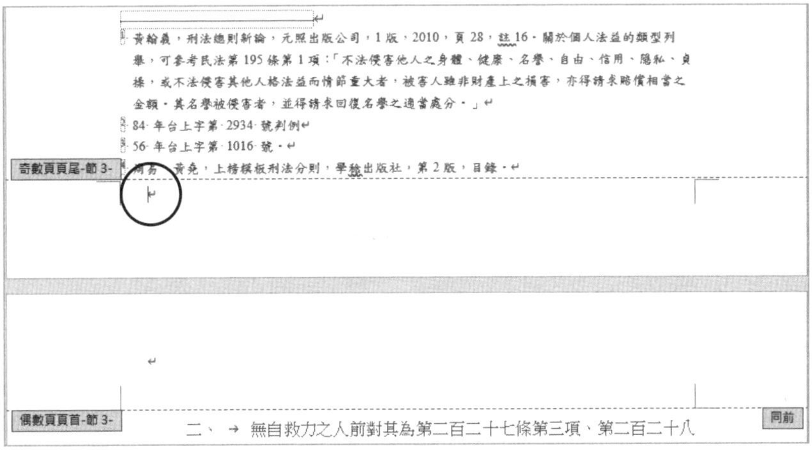

點選**頁首及頁尾**索引標籤，再點選**頁首頁尾**群組中的【頁碼▼】下拉清單展開功能表，再從展開的清單中點選【頁面底端】選項：

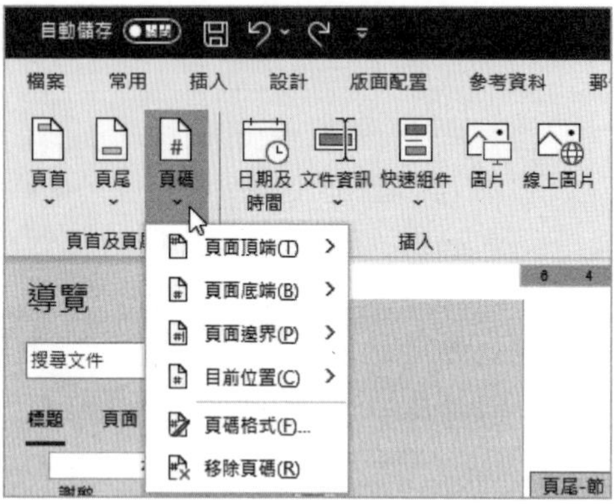

最後，從展開的功能表中點選【純數字 2】選項：

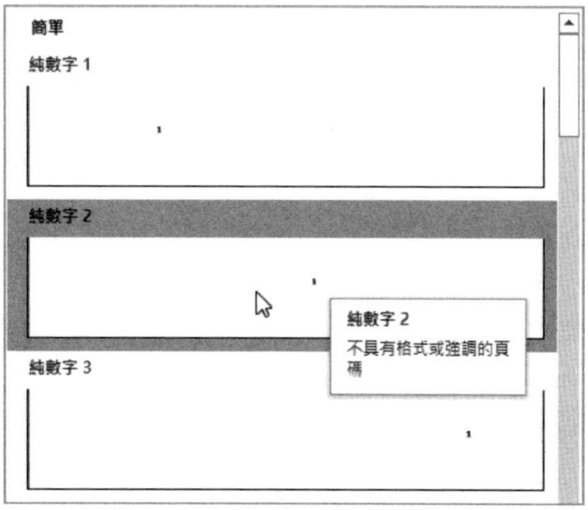

完成後，目前是「7」：

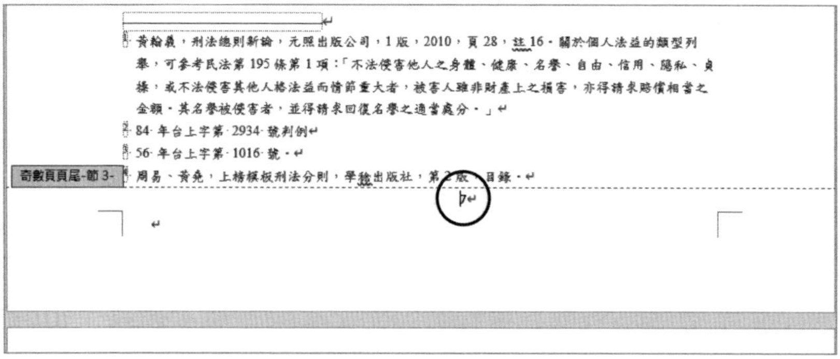

與第 2 節的情況相同，雖然聯結斷開了，但是「頁碼」預設的情況下還是會連續編號，由於「第一章 緒論」是整份文件的第 7 頁，因此，這裡顯示的就是「數字 7」。數字 7 因為符合各校的規定，所以不用變更，因此，在插入點位於頁碼的情況下，請點選**頁首及頁尾**索引標籤，再點選**頁首頁尾**群組中的【頁碼 ▾】下拉清單展開功能表，再從展開的清單中點選【頁碼格式】選項：

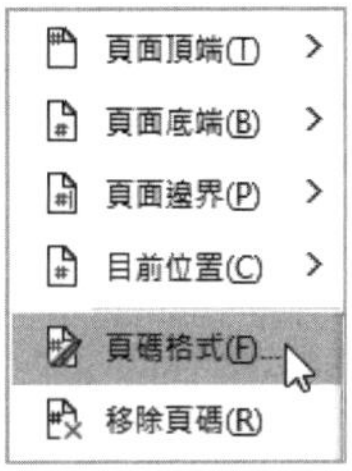

接下來開始設定**頁碼格式** x 設定視窗。首先，點選**頁碼編排方式**群中的【起始頁碼】微調鈕並設定開始的數值為「1」：

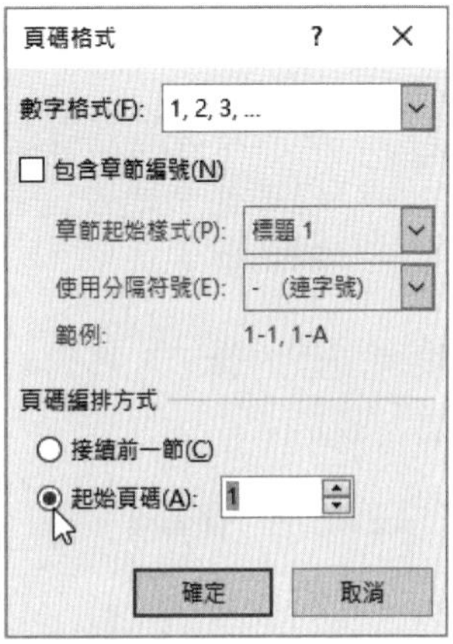

完成後點選【確定】按鈕，這樣就完成後第 3 節數頁的頁碼設定：

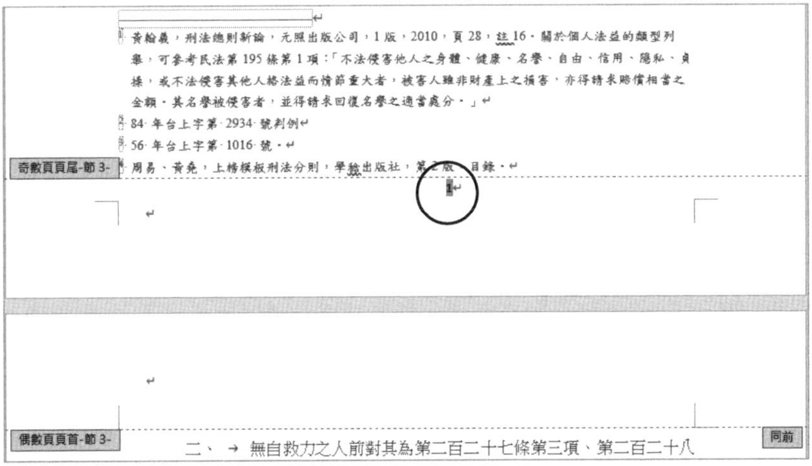

接著捲動畫面到「第一節 緒論」的第 2 頁頁尾，即偶數頁頁尾，會發現數字 2 就設定完成：

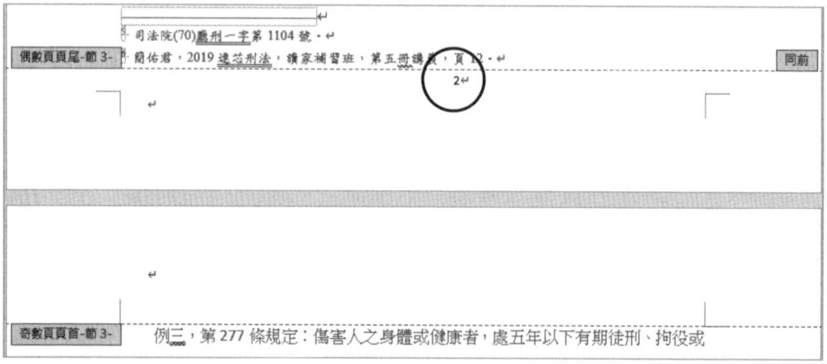

節 3 的頁碼不須重新指定為「Times New Roman」，因為在節 2 的時候，我們已經就「頁尾」樣式做了修改，因此，同為「頁尾」樣式的節 3 頁碼就不用再調整了。

根據前面的圖示，頁碼的部分，只要設定到第 3 節即可，因為後續的節都使用「同前」設定：

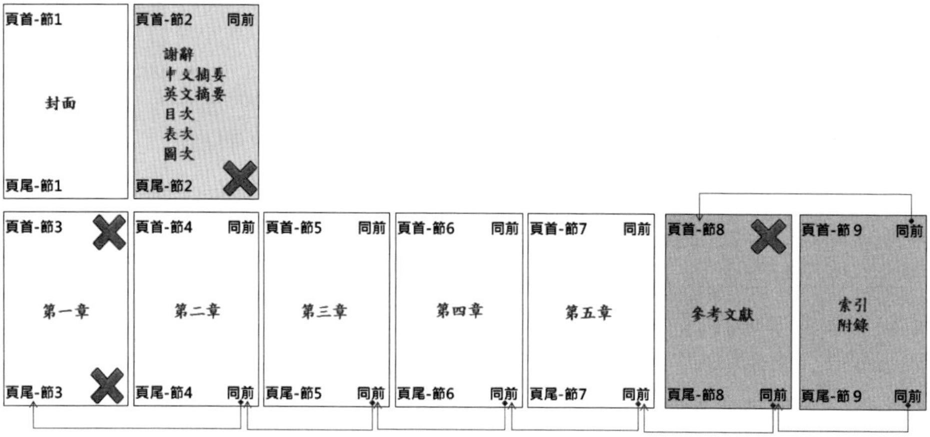

第二組作業完畢，完成檔請參閱「練習 - 長篇文件 - 中文系頁首頁尾與頁碼 - 第二組操作 -1100120.docx」

第三組操作，頁首設定

這組設定是頁首的論文本文各章頁首的設定，再將原先的規劃列出，所以，我們的目標在第 3 節及第 8 節：

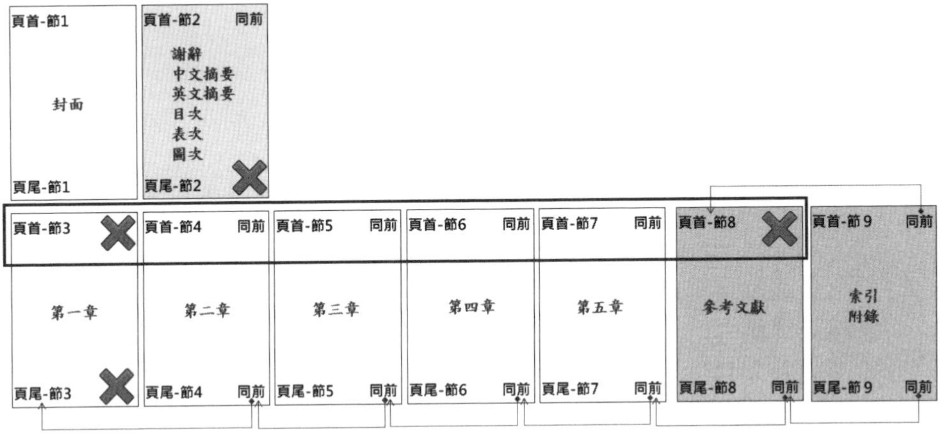

你可能會問，不是每一章都要用屬於該章的標題嗎？那麼為何只設定位在節 3 的第一章，其餘 4 章不用設定嗎？

是的，我們會在設定節 3 的第一章使用 Word 的「功能變數」，因此，不同章的部分會自動代換掉。

第三組的操作係為達成像是國立臺灣師範大學華語文教學系、中國文化大學中文學系及中興大學法律碩士專班公佈的論文範本中要求：

> 論文本文的奇數頁頁首為「該章標題」，並靠右對齊；偶數頁頁首則為該論文之「中文標題」，並靠左對齊。」。

Step 1 開啟「練習 - 長篇文件 - 中文系頁首頁尾與頁碼 - 第二組操作 -1100120.docx」檔案做為練習之用。

Step 2 將插入點移置第 3 節首頁的「第一章 緒論」頁首，目前要設定的是「奇數頁頁首 - 節 3-」，所以，設定後還要再設定「偶數頁頁首 - 節 3-」喔：

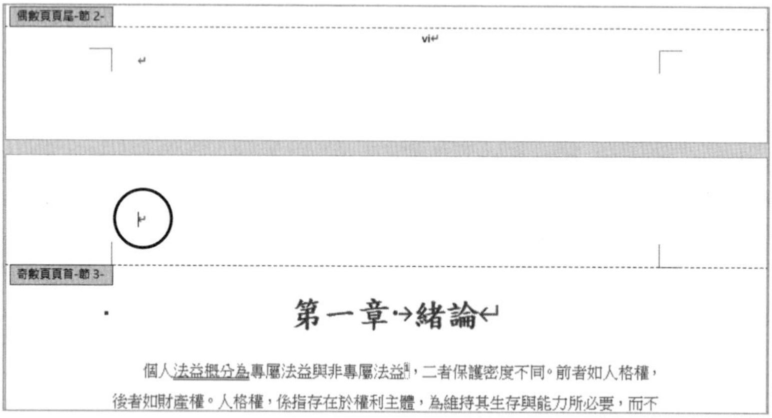

Step 3 點選**頁首及頁尾**索引標籤，再點選**插入**群組中的【快速組件】下拉清單中的【功能變數】選項：

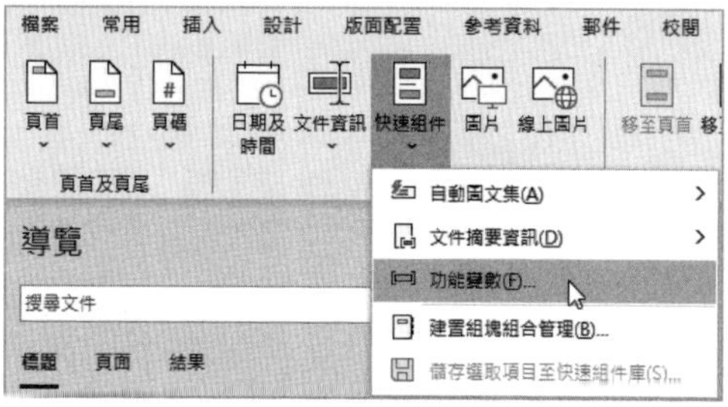

Step 4 捲動**功能變數** x 設定視窗中的【功能變數名稱】清單，並點其中的【StyleRef】選項，接著再點選【樣式名稱】清單的【標題 1】選項：

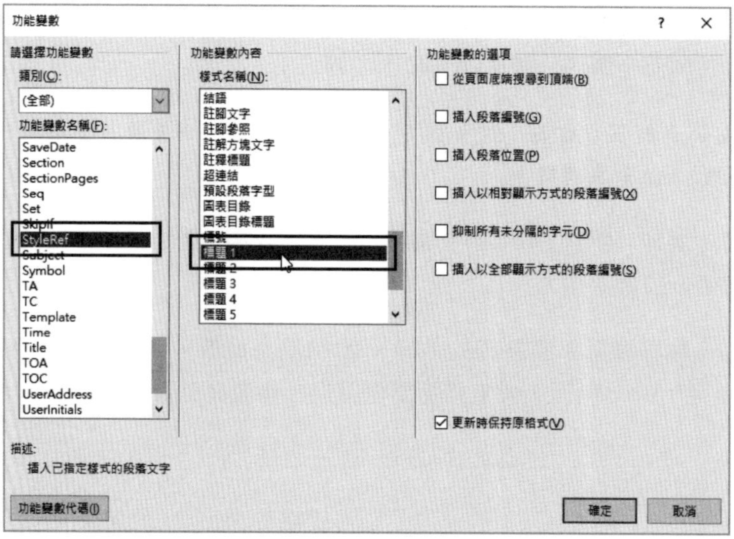

完成後，「奇數頁頁首 - 節 3-」就出現了「緒論」，這個自動跑出的「緒論」即為上述步驟中選擇「樣式名稱」為「標題 1」的結果：

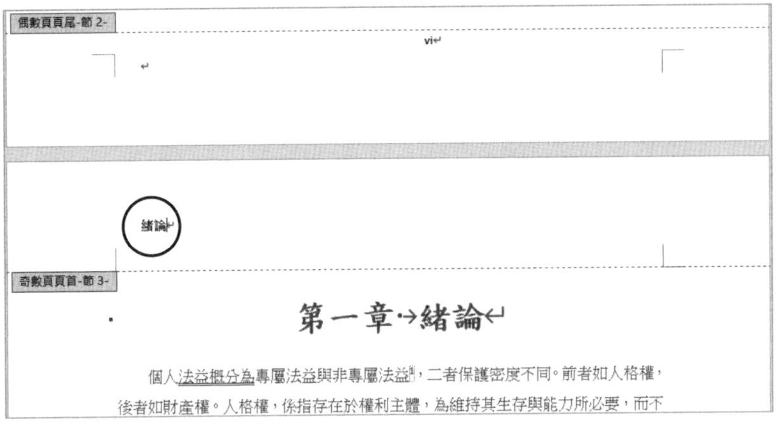
偶數頁頁尾-節 2-
vi
緒論
奇數頁頁首-節 3-
第一章→緒論
個人法益概分為專屬法益與非專屬法益，二者保護密度不同。前者如人格權，
後者如財產權。人格權，係指存在於權利主體，為維持其生存與能力所必要，而不

根據學校的要求，奇數頁頁首為「該章標題」，並靠右對齊，因此，點選**常用**索引標籤中的**段落**↘群組中的【靠右對齊】按鈕即可：

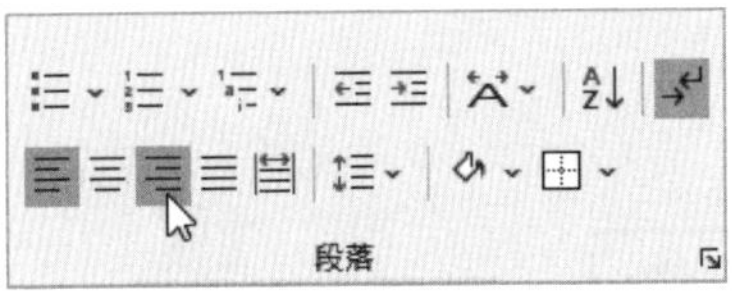
段落

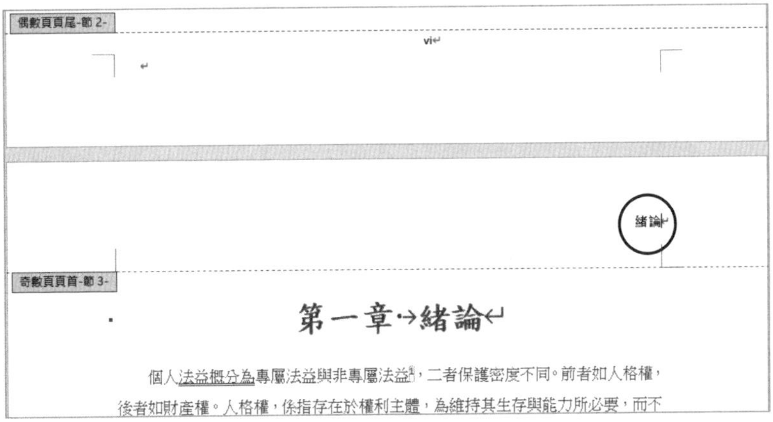
偶數頁頁尾-節 2-
vi
緒論
奇數頁頁首-節 3-
第一章→緒論
個人法益概分為專屬法益與非專屬法益，二者保護密度不同。前者如人格權，
後者如財產權。人格權，係指存在於權利主體，為維持其生存與能力所必要，而不

如果針對字及字型大小，就麻煩各位利用**常用**索引標籤中的功能自行調整囉。

Step 5 捲動畫面到下一頁的頁首，亦即「偶數頁頁首 - 節 3-」並將插入點置入：

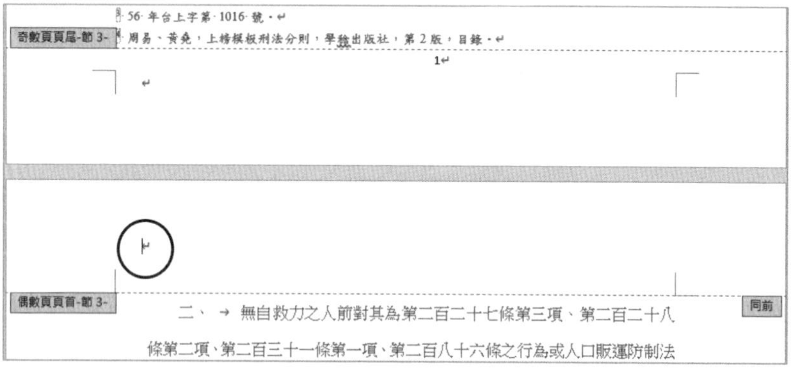
56 年台上字第 1016 號。
奇數頁頁尾-節 3-
周易、黃堯，上榜模板刑法分則，學稔出版社，第 2 版，目錄。
1
偶數頁頁首-節 3-
同前
二、 → 無自救力之人前對其為第二百二十七條第三項、第二百二十八
條第二項、第二百三十一條第一項、第二百八十六條之行為或人口販運防制法

這個部份只要直接輸入論文名稱即可，本例為「模組化刑事財產犯罪」：

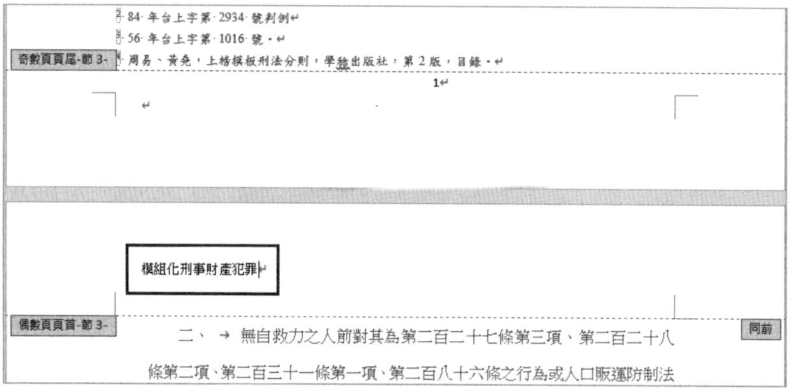
84 年台上字第 2934 號判例
56 年台上字第 1016 號。
奇數頁頁尾-節 3-
周易、黃堯，上榜模板刑法分則，學稔出版社，第 2 版，目錄。
1
模組化刑事財產犯罪
偶數頁頁首-節 3-
同前
二、 → 無自救力之人前對其為第二百二十七條第三項、第二百二十八
條第二項、第二百三十一條第一項、第二百八十六條之行為或人口販運防制法

第三組作業完畢，完成檔請參閱「練習 - 長篇文件 - 中文系頁首頁尾與頁碼 - 第三組操作 -1100120.docx」

7.5 加強篇二：第一頁不同

事實上，中興大學法律碩士專班的要求比中文學系還多，除了每一章的頁首要加入論文名稱及章標題外，該所還額外要求論文本文每一章的第一頁不能出現頁首。該校的要求算是把 Word 的頁首頁尾功能發揮的更淋漓盡致！

不過，設定上並不困難。接下來我們利用內容與「練習 - 長篇文件 - 中文系頁首頁尾與頁碼 - 第三組操作 -1100120.docx」相同的「練習 - 長篇文件 - 首頁不同 -1100120.docx」來練習。

Step 1 開啟「練習 - 長篇文件 - 首頁不同 -1100120.docx」。

Step 2 點選導窗格中的「第一章 緒論」切換到該頁，點選該頁頂端部分二下啟動頁首頁尾的編輯狀態：

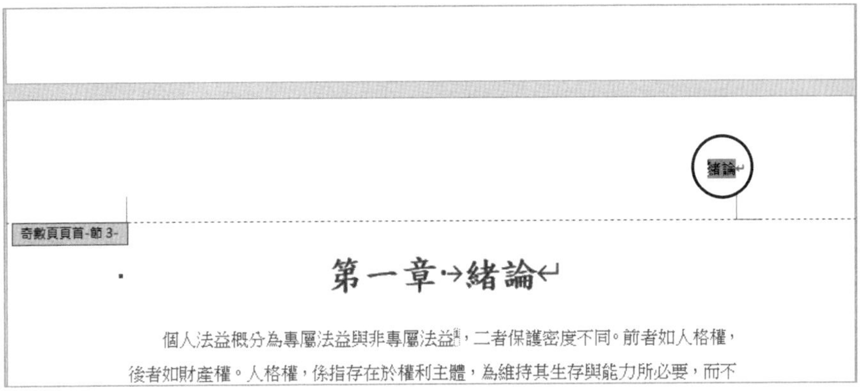

勾選**選項**群組中的【第一頁頁不同】選項：

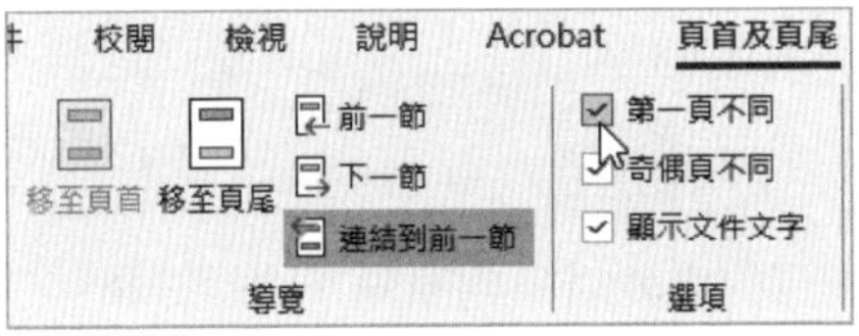

勾選後，第一章首頁內容就看不到原先「緒論」二字囉：

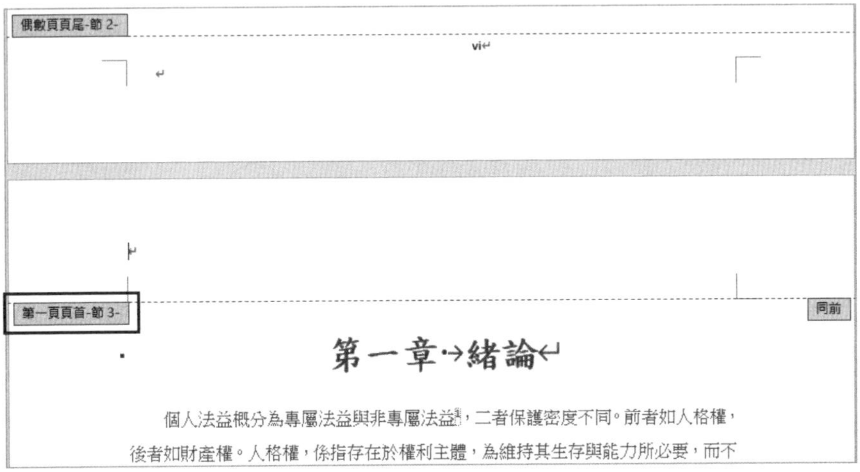

Step 3 點選導窗格中的「第二章 法益分析」切換到該頁，點選該頁頂端部分二下啟動頁首頁尾的編輯狀態：

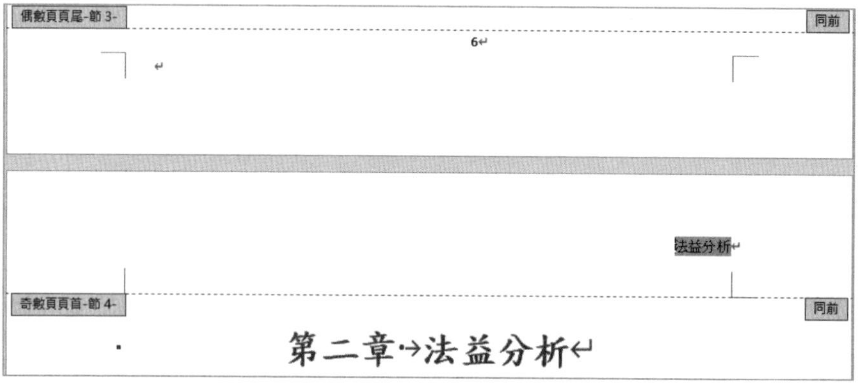

勾選**選項**群組中的【第一頁頁不同】選項：

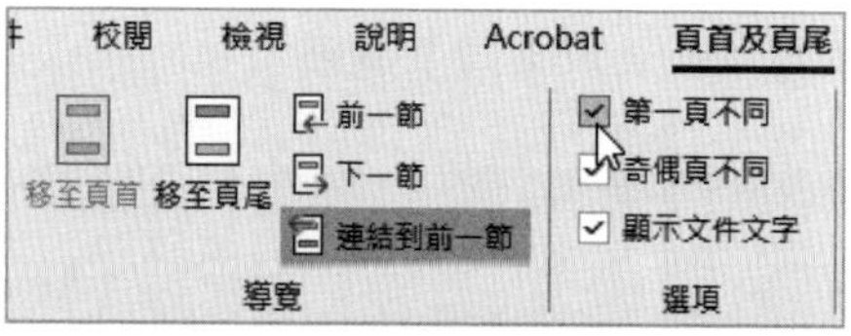

勾選後，第一章首頁內容就看不到原先「法益分析」四字囉：

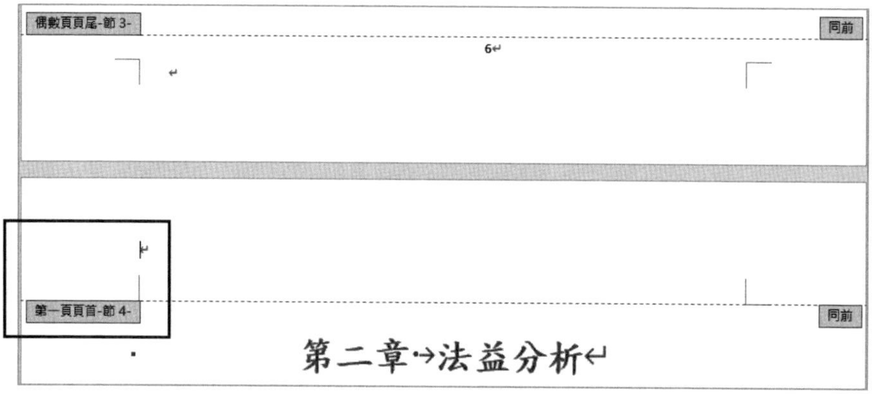

其餘各章依同的方式設定即可。

PART IV

本文內容

Chapter

8 內文樣式設定

第一篇我們所處理的都是結構性的問題，不過除了像論文本文的標題這樣的結構外，論文本文是整本論文的主體，因此對於由多段落文字形成的論文主體要如何設定其格式統一的樣式套裝，其影響是很大的，因為我們不可能一段一段的調，各位能想像一本 100 餘頁的論文是由好幾百段的段落所堆砌起來的，若不能在一開時就將格式定下來，未來在撰寫時很難不會遇到有「長得不一樣」的段落，所以搞定其樣式是件很重要的事。

接下來就來對這些以段落為主體的文字樣式先說明一下，到第二節以後再談如何設定 Word 預設的段落「內文」樣式。

8.1 概論

從前面的練習可知，樣式的功能就像是「套裝」或是「制服」，其目的在於「統一格式」，因此，想要讓論文本文能夠符合學校的規定，一定要先搞懂學校的要求，然後再將這些要求透過 Word 的樣式套裝化後「一次搞定」，這樣才開始撰寫。千萬不要邊寫邊調，這樣可能造成某一的格式與其他段的歧異。

使用 Word 撰寫文字，要養成以「一個 Enter 形成一段落」做為最小的文字本文的基本語意單位，藉以形成段落格式化單位，不要每一列都按一次 Enter 鍵，這樣才能正確地套用樣式，也才能利用樣式「統一格式」(可參考「練習 - 樣式與各自格式 -1100120.docx」)：

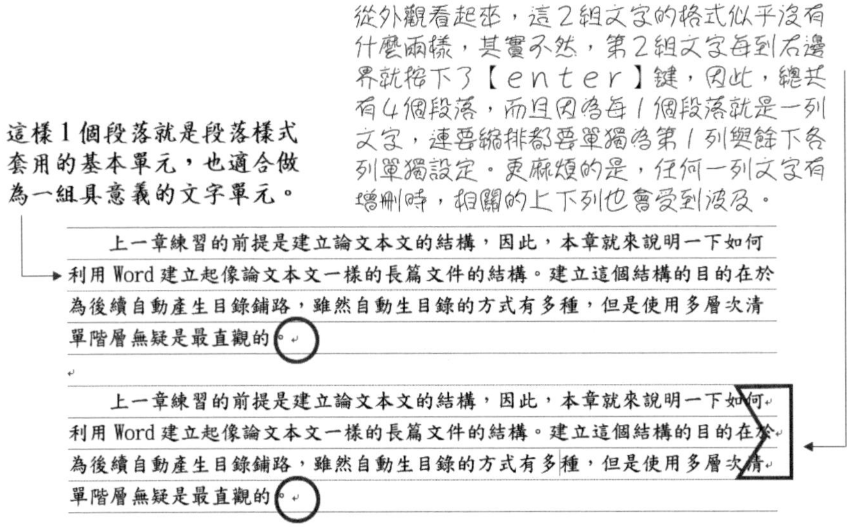
從外觀看起來，這 2 組文字的格式似乎沒有什麼兩樣，其實不然，第 2 組文字每到右邊界就按下了【enter】鍵，因此，總共有 4 個段落，而且因為每 1 個段落就是一列文字，連要縮排都要單獨為第 1 列與餘下各列單獨設定。更麻煩的是，任何一列文字有增刪時，相關的上下列也會受到波及。
這樣 1 個段落就是段落樣式套用的基本單元，也適合做為一組具意義的文字單元。
上一章練習的前提是建立論文本文的結構，因此，本章就來說明一下如何利用 Word 建立起像論文本文一樣的長篇文件的結構。建立這個結構的目的在於為後續自動產生目錄鋪路，雖然自動生目錄的方式有多種，但是使用多層次清單階層無疑是最直觀的。
上一章練習的前提是建立論文本文的結構，因此，本章就來說明一下如何
利用 Word 建立起像論文本文一樣的長篇文件的結構。建立這個結構的目的在於
為後續自動產生目錄鋪路，雖然自動生目錄的方式有多種，但是使用多層次清
單階層無疑是最直觀的。

例如，下面文字中共有 4 個段落符號，表示 4 個語意單元，同時因此，也是套用樣式套裝的基本單位，只要統一了樣式，這 4 個段落的外觀格式就都用像是「穿了相同套裝的 4 胞胎」：

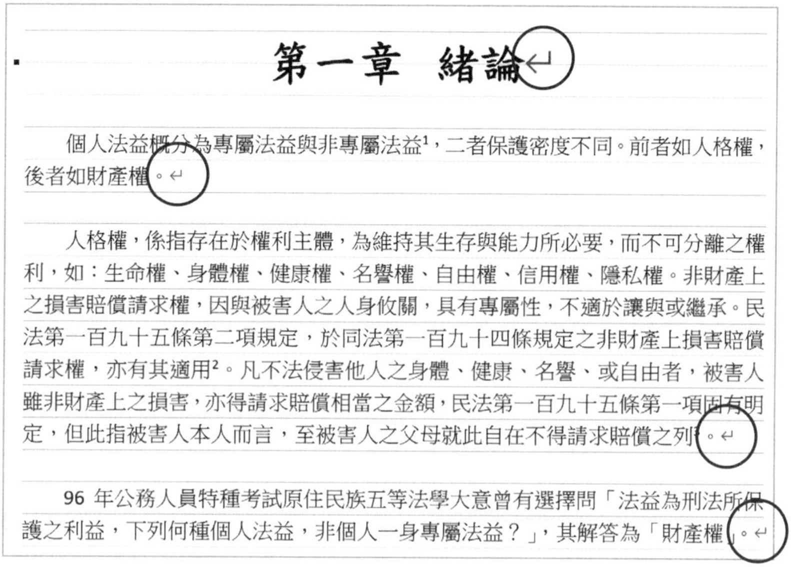
第一章　緒論↵

個人法益概分為專屬法益與非專屬法益[1]，二者保護密度不同。前者如人格權，後者如財產權。↵

人格權，係指存在於權利主體，為維持其生存與能力所必要，而不可分離之權利，如：生命權、身體權、健康權、名譽權、自由權、信用權、隱私權。非財產上之損害賠償請求權，因與被害人之人身攸關，具有專屬性，不適於讓與或繼承。民法第一百九十五條第二項規定，於同法第一百九十四條規定之非財產上損害賠償請求權，亦有其適用[2]。凡不法侵害他人之身體、健康、名譽、或自由者，被害人雖非財產上之損害，亦得請求賠償相當之金額，民法第一百九十五條第一項固有明定，但此指被害人本人而言，至被害人之父母就此自在不得請求賠償之列[3]。↵

96 年公務人員特種考試原住民族五等法學大意曾有選擇問「法益為刑法所保護之利益，下列何種個人法益，非個人一身專屬法益？」，其解答為「財產權」。↵

由於以段落為樣式的格式化單位，因此，若有變更格式的需求時，一定要想到是否修改樣式，若無必要，不要使用**常用**索引標籤中的**字型** ↘ 群組與字**段落** ↘ 群組來調整：

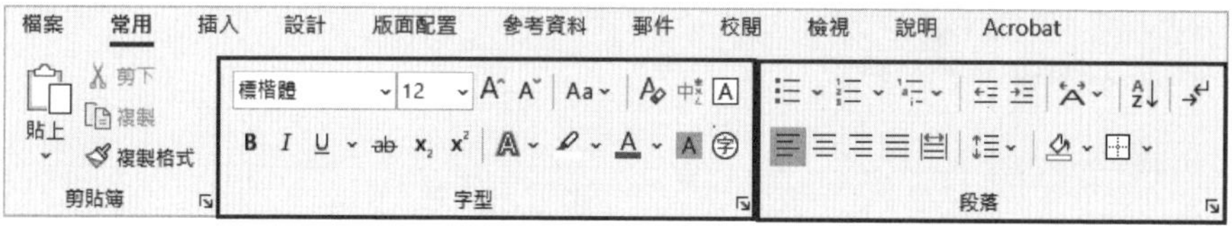

也就是套裝的鈕扣若要換一定是全部換，而不是只換其中一件而已，這樣就會造成格式不統一，你能想像上述「穿了相同套裝的 4 胞胎」，結果每個人換上不同大小、顏色、風格的領帶般地突兀不協調的畫面嗎？

整組的格式修改會像前面我們在微調標題樣式、目錄樣式一樣，都是從**常用**索引標籤中的**樣式** ↘ 群組中直接在某個樣式按下滑鼠右鍵展開選單後點選【修改】選項：

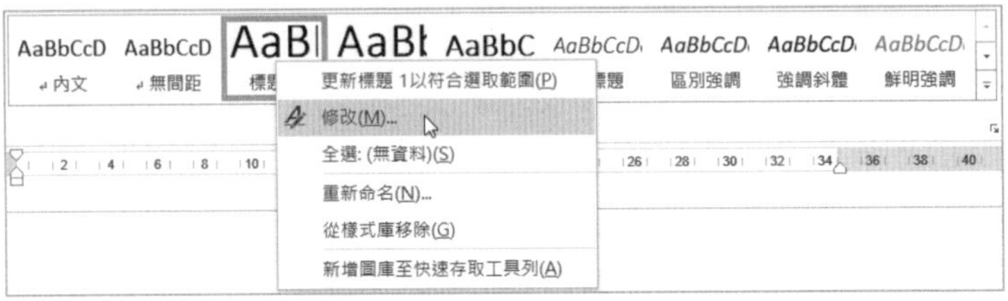

或者是從右下角的【↘】展開「樣式」窗格，選定要修改的樣式後，再點選其右側展開選單，點選【修改】選項：

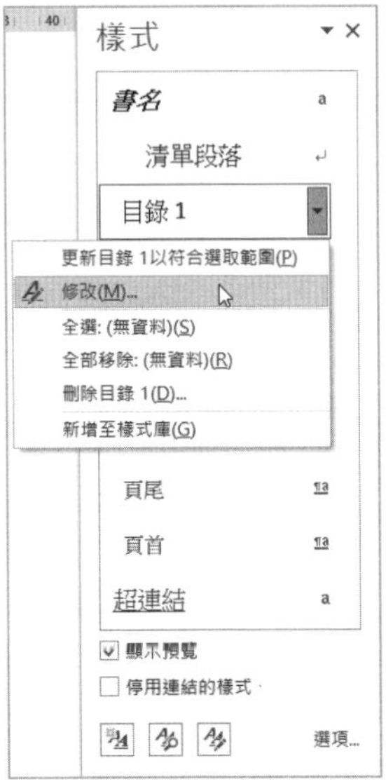

段落格式化的項目

樣式的修改，可以在**修改樣式 x** 設定視窗中利用右下角的【格式 ▾】下拉清單展開選單，並從選單中視需要點選【字型】選項修改關於文字的格式或點選【段落】選項調整段落格式：

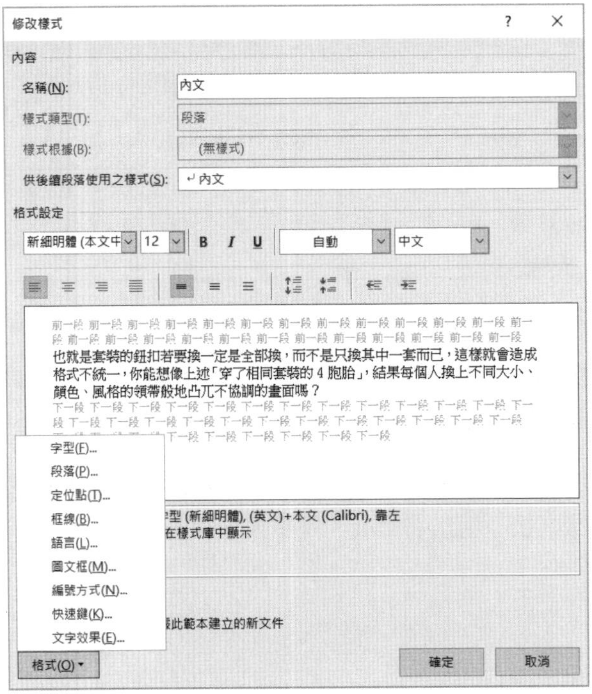

關於文字的格式化，我們會利用**字型** x 設定視窗調整符合學校規定的中文字型、英文字型及大小等設定值：

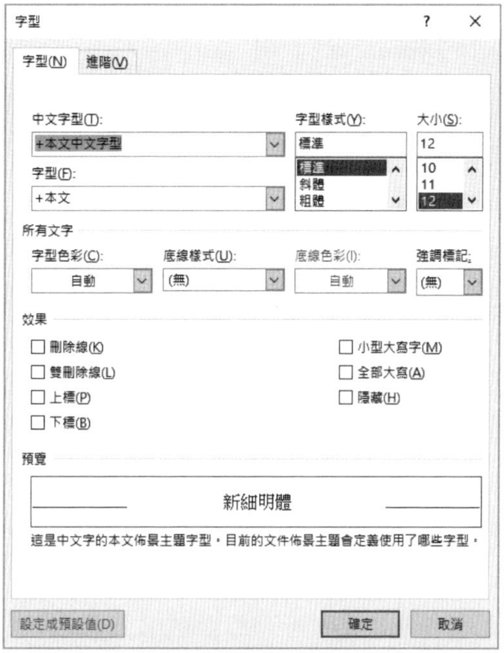

對於段落的格式化，要調整的預設值相對於字型複雜，我們會使用**段落** x 設定視窗來調整：

一、 到底是要置中對齊或是左右對齊的「對齊方式」。

二、 目前的樣式是否要指定「大綱階層」來形成目錄之用。

三、 每段文字如果要縮排，縮排的字元數。

四、 每一段與前後段要保留多少的距離。

五、 每一段中每列的文字的高度要多高。

六、 標點符號如果出現在每一段的最後或是最前面時要如何避免。

七、 每一段之後是否要自動地從新的一頁開始。

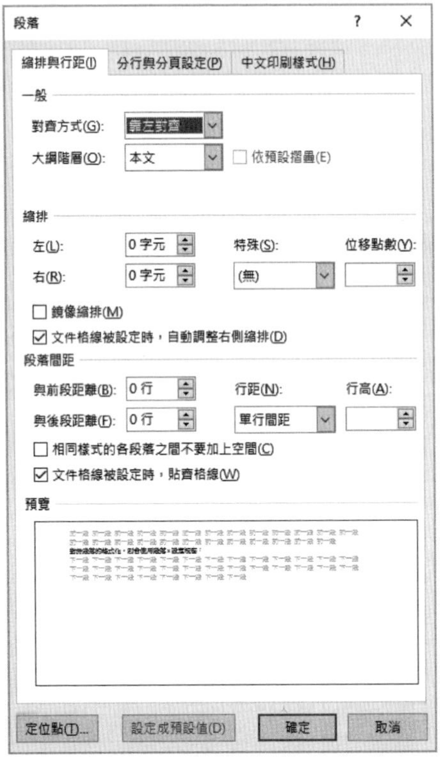

事實上，被整合到**修改樣式 x** 設定視窗中的**字型 x** 設定視窗與**段落 x** 設定視窗，在各別設定時，這二個設定視窗是可以透過**常用**索引標籤中的**字型 ↘** 群組與字**段落 ↘** 群組來單獨啟動的：

在往下說明內文樣設定時，一樣會使用到這二個設定視窗，不過，**字型 x** 設定視窗的設定簡單，前面的操作會了就差不多了，但是，**段落 x** 設定視窗就比較麻煩些，所以，接下來我們就好好來詳細說明一下這個設定視窗中的一些設定細節。

關於搭配字型與段落所做的格式設定及其意義與效果，圖解如下：

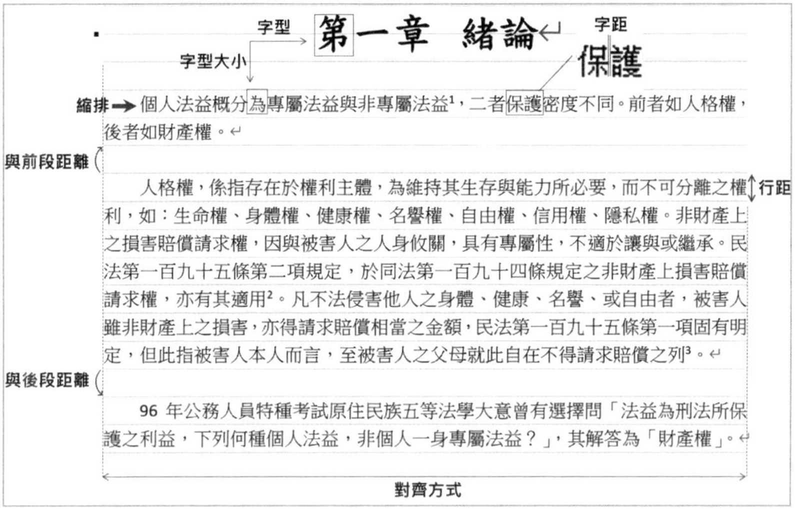

其中與整個段落有關的設定會使用到**段落 x** 設定視窗，像是圖解中的下列項目：

一、縮排。

二、段落中列與列，或者說行與行間的距離，即 Word 中的「行距」。

三、某一段落與前後段落的距離。

四、段落文字的對齊方式。

以上述圖解為例，該段落的設定值如右：

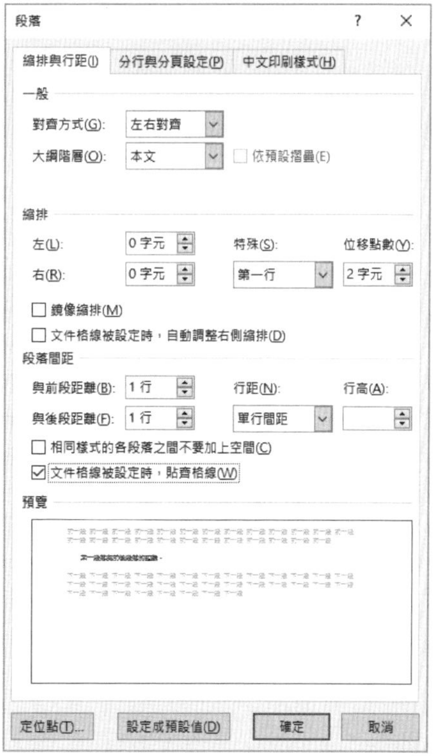

對齊方式

為了美觀起見，關於段落對齊，我們習慣上會採用「左右對齊」而非一般的「由左到右」的「靠左」對齊，二者的差異比較如下二圖，從二圖的比較即可得知，使用左右對齊時不會造成右側可能出現的縫隙，整體而言的確較為美觀：

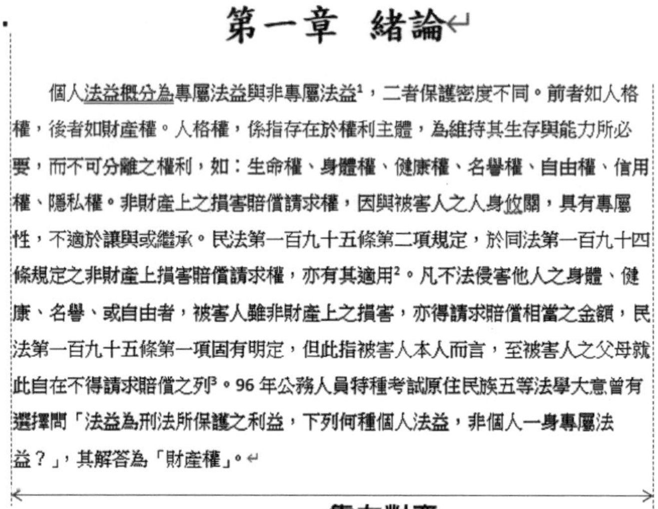

第一章　緒論

個人法益概分為專屬法益與非專屬法益[1]，二者保護密度不同。前者如人格權，後者如財產權。人格權，係指存在於權利主體，為維持其生存與能力所必要，而不可分離之權利，如：生命權、身體權、健康權、名譽權、自由權、信用權、隱私權。非財產上之損害賠償請求權，因與被害人之人身攸關，具有專屬性，不適於讓與或繼承。民法第一百九十五條第二項規定，於同法第一百九十四條規定之非財產上損害賠償請求權，亦有其適用[2]。凡不法侵害他人之身體、健康、名譽、或自由者，被害人雖非財產上之損害，亦得請求賠償相當之金額，民法第一百九十五條第一項固有明定，但此指被害人本人而言，至被害人之父母就此自在不得請求賠償之列[3]。96 年公務人員特種考試原住民族五等法學大意曾有選擇問「法益為刑法所保護之利益，下列何種個人法益，非個人一身專屬法益？」，其解答為「財產權」。

靠左對齊

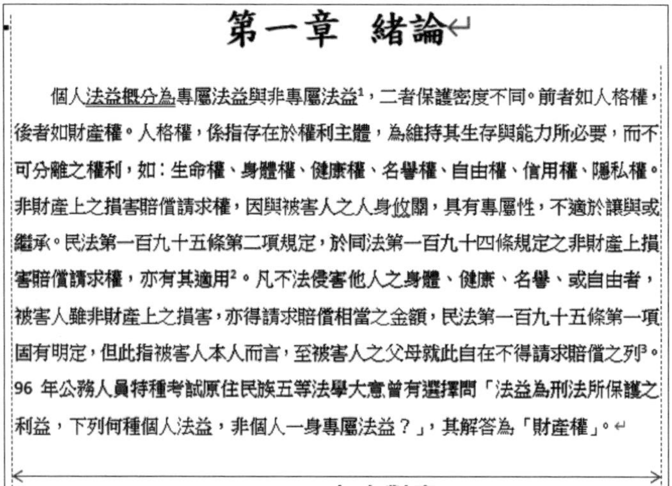

第一章　緒論

個人法益概分為專屬法益與非專屬法益[1]，二者保護密度不同。前者如人格權，後者如財產權。人格權，係指存在於權利主體，為維持其生存與能力所必要，而不可分離之權利，如：生命權、身體權、健康權、名譽權、自由權、信用權、隱私權。非財產上之損害賠償請求權，因與被害人之人身攸關，具有專屬性，不適於讓與或繼承。民法第一百九十五條第二項規定，於同法第一百九十四條規定之非財產上損害賠償請求權，亦有其適用[2]。凡不法侵害他人之身體、健康、名譽、或自由者，被害人雖非財產上之損害，亦得請求賠償相當之金額，民法第一百九十五條第一項固有明定，但此指被害人本人而言，至被害人之父母就此自在不得請求賠償之列[3]。96 年公務人員特種考試原住民族五等法學大意曾有選擇問「法益為刑法所保護之利益，下列何種個人法益，非個人一身專屬法益？」，其解答為「財產權」。

左右對齊

縮排

下面為一般未特別設定時的預設值，其格式就像本書的段落格式：左右切齊前面設定紙張左右邊界的距離，【特殊】選項的值為「無」，表示此段落的第一列或者說第一行不做設定，因此其左側的位置與本段落各列的左側位置相同，都是切齊前面設定紙張左邊界的距離：

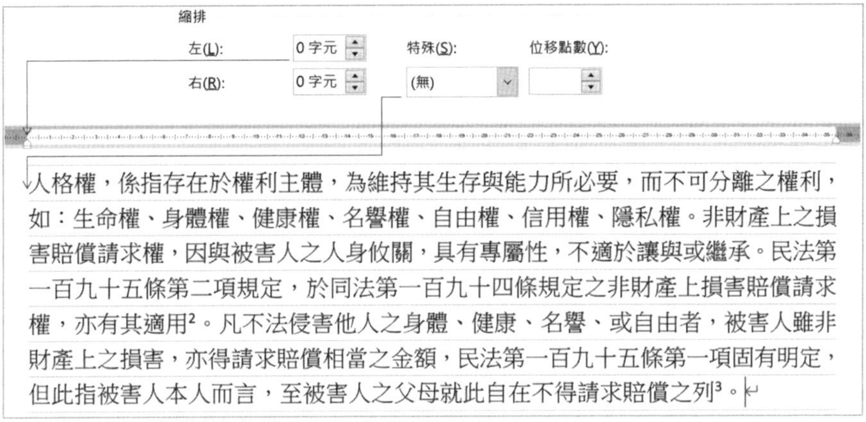
縮排
左(L):
0 字元
特殊(S):
位移點數(Y):
右(R):
0 字元
(無)
人格權，係指存在於權利主體，為維持其生存與能力所必要，而不可分離之權利，如：生命權、身體權、健康權、名譽權、自由權、信用權、隱私權。非財產上之損害賠償請求權，因與被害人之人身攸關，具有專屬性，不適於讓與或繼承。民法第一百九十五條第二項規定，於同法第一百九十四條規定之非財產上損害賠償請求權，亦有其適用²。凡不法侵害他人之身體、健康、名譽、或自由者，被害人雖非財產上之損害，亦得請求賠償相當之金額，民法第一百九十五條第一項固有明定，但此指被害人本人而言，至被害人之父母就此自在不得請求賠償之列³。

尺規上的 4 個按鈕此時的關係如下：

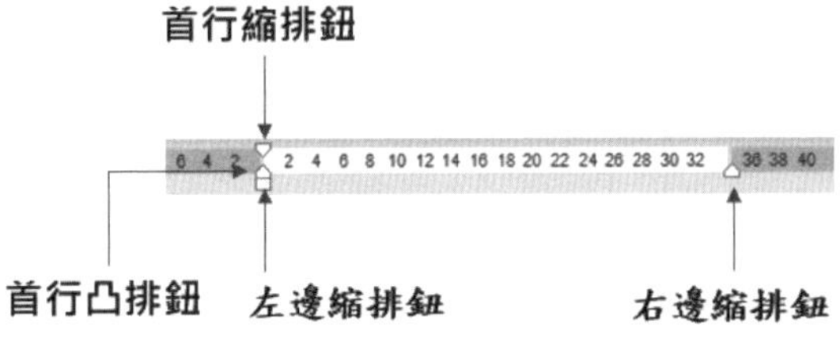
首行縮排鈕
6 4 2 2 4 6 8 10 12 14 16 18 20 22 24 26 28 30 32 36 38 40
首行凸排鈕
左邊縮排鈕
右邊縮排鈕

除了藉由設定視窗來調整外，我們也可以利用滑鼠左鍵拖曳這 4 個按鈕以「視覺化」的方式來調整喔！例如，下圖即是以拖曳方式進行縮排：

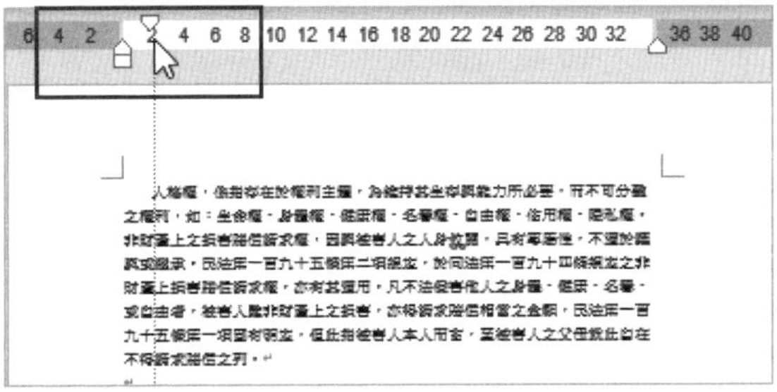
6 4 2 2 4 6 8 10 12 14 16 18 20 22 24 26 28 30 32 36 38 40

上圖的縮排，即為下面即為一般我們縮二字的縮排方式，其設定的關鍵在【特殊】選項的值為「第一行」，亦即第一行會比該段落其他行「內縮」，而【位移點數】選項的值為要縮排的字數，下圖為「2 字元」：

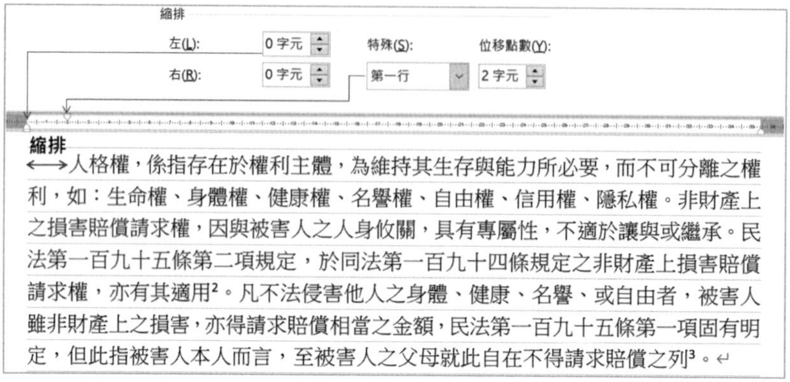
縮排
左(L): 0 字元
右(R): 0 字元
特殊(S): 第一行
位移點數(Y): 2 字元
縮排
人格權，係指存在於權利主體，為維持其生存與能力所必要，而不可分離之權利，如：生命權、身體權、健康權、名譽權、自由權、信用權、隱私權。非財產上之損害賠償請求權，因與被害人之人身攸關，具有專屬性，不適於讓與或繼承。民法第一百九十五條第二項規定，於同法第一百九十四條規定之非財產上損害賠償請求權，亦有其適用²。凡不法侵害他人之身體、健康、名譽、或自由者，被害人雖非財產上之損害，亦得請求賠償相當之金額，民法第一百九十五條第一項固有明定，但此指被害人本人而言，至被害人之父母就此自在不得請求賠償之列³。

至於左右的部分只是指定該段落與紙張左右邊界的距離，這個距離可以從尺規看出來，例如，下圖是同時設首行縮排 2 字元及左右各設為「1 字元」時的效果：

1. 首行縮排鈕內縮 2 字元。
2. 左邊縮排鈕內縮 2 字元。
3. 右邊縮排鈕內縮 2 字元。
4. 首行凸排鈕：無設定元

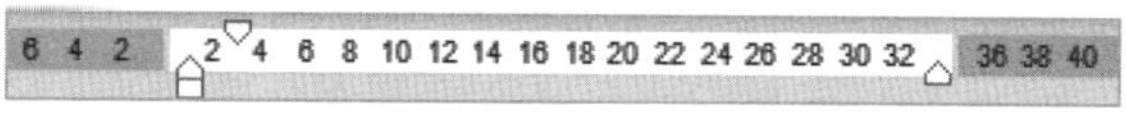
6 4 2 2 4 6 8 10 12 14 16 18 20 22 24 26 28 30 32 36 38 40

呈現出來與文字的關係如下：

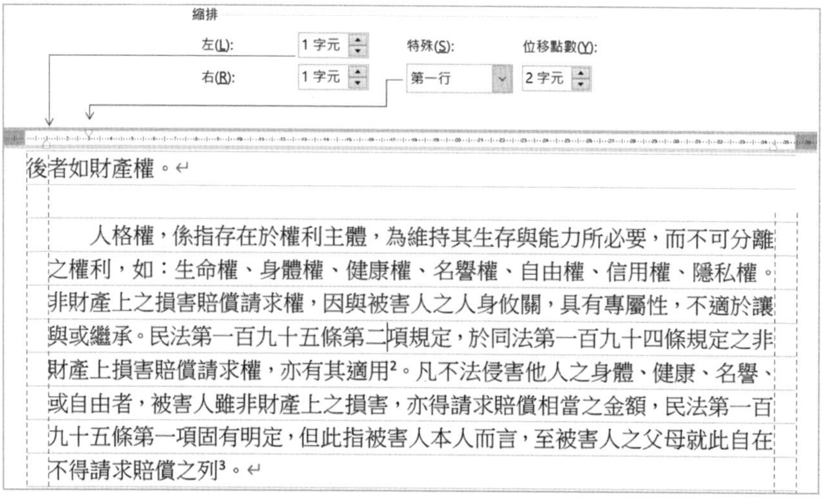
縮排
左(L): 1 字元
右(R): 1 字元
特殊(S): 第一行
位移點數(Y): 2 字元
後者如財產權。
人格權，係指存在於權利主體，為維持其生存與能力所必要，而不可分離之權利，如：生命權、身體權、健康權、名譽權、自由權、信用權、隱私權。非財產上之損害賠償請求權，因與被害人之人身攸關，具有專屬性，不適於讓與或繼承。民法第一百九十五條第二項規定，於同法第一百九十四條規定之非財產上損害賠償請求權，亦有其適用²。凡不法侵害他人之身體、健康、名譽、或自由者，被害人雖非財產上之損害，亦得請求賠償相當之金額，民法第一百九十五條第一項固有明定，但此指被害人本人而言，至被害人之父母就此自在不得請求賠償之列³。

另一種常現的縮排方式是用在列舉時的清單項目時，例如，下圖在【特殊】選項的值為「凸排」，亦即凸出於該段其他列，而【位移點數】選項的值為要凸出來的字數，下圖為「2 字元」：

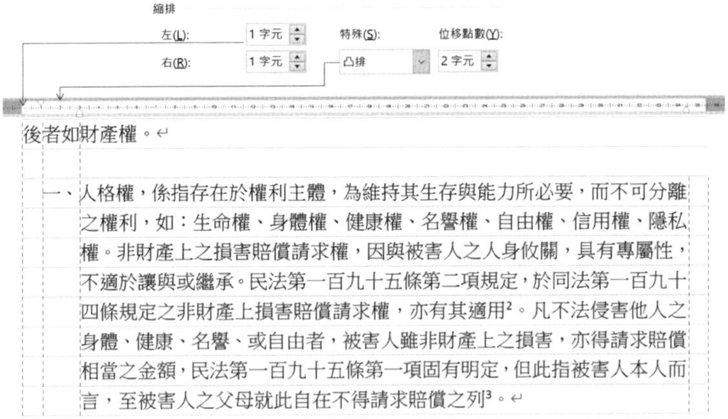

段落間距

這裡的設定，有幾個特別的點先提出來說明一：

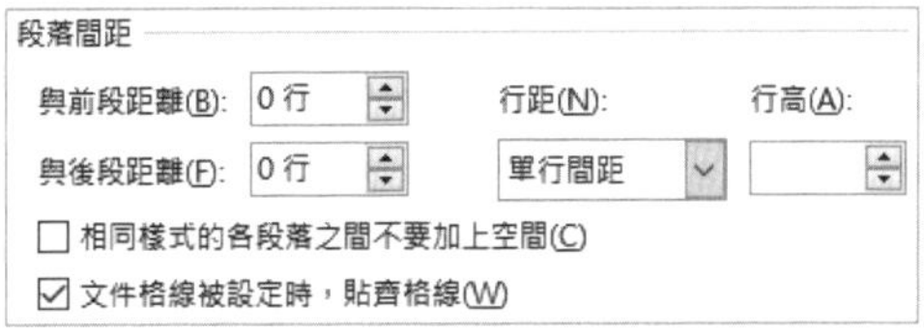

一、最下方的「文件格線被設定時，貼齊格線」效果為何？下圖左是「單行間距」且「未勾選」「文件格線被設定時，貼齊格線」，而圖右一樣是「單行間距」但「勾選」「文件格線被設定時，貼齊格線」時，如果書本印刷不是看得很明顯差異時，請開啟「練習 - 單行間距與貼齊格線 -1100120.docx」檔：

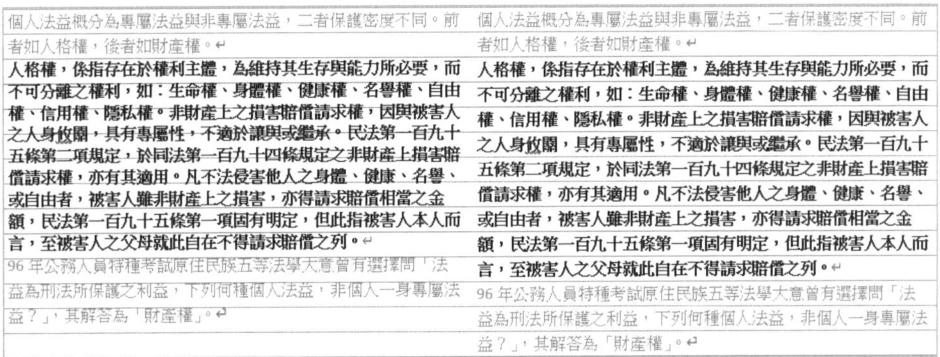
個人法益概分為專屬法益與非專屬法益，二者保護密度不同。前者如人格權，後者如財產權。
人格權，係指存在於權利主體，為維持其生存與能力所必要，而不可分離之權利，如：生命權、身體權、健康權、名譽權、自由權、信用權、隱私權。非財產上之損害賠償請求權，因與被害人之人身攸關，具有專屬性，不適於讓與或繼承。民法第一百九十五條第二項規定，於同法第一百九十四條規定之非財產上損害賠償請求權，亦有其適用。凡不法侵害他人之身體、健康、名譽、或自由者，被害人雖非財產上之損害，亦得請求賠償相當之金額，民法第一百九十五條第一項固有明定，但此指被害人本人而言，至被害人之父母就此自在不得請求賠償之列。
96 年公務人員特種考試原住民族五等法學大意曾有選擇問「法益為刑法所保護之利益，下列何種個人法益，非個人一身專屬法益？」，其解答為「財產權」。

個人法益概分為專屬法益與非專屬法益，二者保護密度不同。前者如人格權，後者如財產權。
人格權，係指存在於權利主體，為維持其生存與能力所必要，而不可分離之權利，如：生命權、身體權、健康權、名譽權、自由權、信用權、隱私權。非財產上之損害賠償請求權，因與被害人之人身攸關，具有專屬性，不適於讓與或繼承。民法第一百九十五條第二項規定，於同法第一百九十四條規定之非財產上損害賠償請求權，亦有其適用。凡不法侵害他人之身體、健康、名譽、或自由者，被害人雖非財產上之損害，亦得請求賠償相當之金額，民法第一百九十五條第一項固有明定，但此指被害人本人而言，至被害人之父母就此自在不得請求賠償之列。
96 年公務人員特種考試原住民族五等法學大意曾有選擇問「法益為刑法所保護之利益，下列何種個人法益，非個人一身專屬法益？」，其解答為「財產權」。

有「勾選」「文件格線被設定時，貼齊格線」時，該段落的高度顯然比沒有「勾選」「文件格線被設定時，貼齊格線」時的段落高度來得高。

有「勾選」「文件格線被設定時，貼齊格線」時，每一列的文字都以類似垂直置中的方式對齊該列，因此，上述 12pt 字級大小的文字上下都有相同的「空白空間」，視覺上效果較佳。

你可能會問，上述 12pt 的文字上下都有相同的「空白空間」到底有多大？要回答這個問題，要先知道，上述由格線區分出來的列高有多高吧？下圖右是使用「單行間距」，也就是每一列或者說每一說的高度都是固定在「單行」的高度。下圖左則是將行距指定為「固定 18 點行高」，如果書本印刷不是看得很明顯差異時，請開啟「練習 - 固定 18pt 行高與格線高度 -1100120.docx」檔，從下圖左中文字頂著格線的上下可知，「單行間距」與文字的 18 點相當，所以，單行間距而文字為 12 點的時，文字與單行的高度的差異數為 18pt – 12pt = 6pt，而文字又垂直對齊該列時，上下的空白則是 6/2 = 3pt：

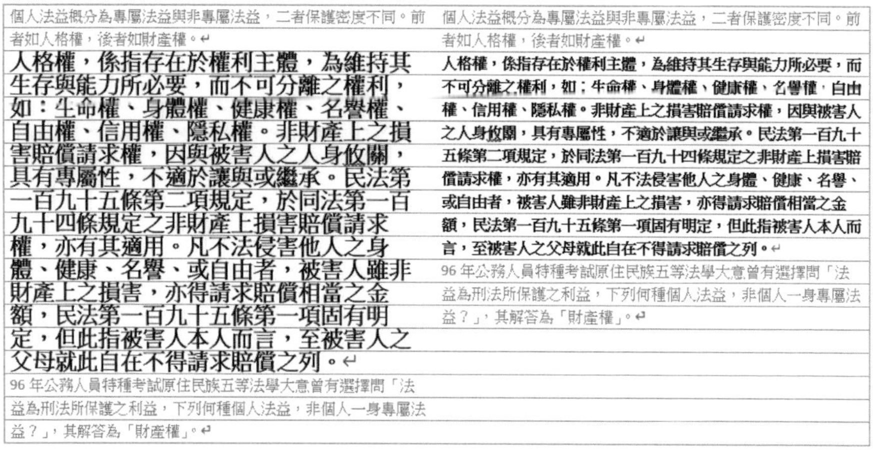
個人法益概分為專屬法益與非專屬法益，二者保護密度不同。前
者如人格權，後者如財產權。↵
人格權，係指存在於權利主體，為維持其
生存與能力所必要，而不可分離之權利，
如：生命權、身體權、健康權、名譽權、
自由權、信用權、隱私權。非財產上之損
害賠償請求權，因與被害人之人身攸關，
具有專屬性，不適於讓與或繼承。民法第
一百九十五條第二項規定，於同法第一百
九十四條規定之非財產上損害賠償請求
權，亦有其適用。凡不法侵害他人之身
體、健康、名譽、或自由者，被害人雖非
財產上之損害，亦得請求賠償相當之金
額，民法第一百九十五條第一項固有明
定，但此指被害人本人而言，至被害人之
父母就此自在不得請求賠償之列。↵
96 年公務人員特種考試原住民族五等法學大意曾有選擇問「法
益為刑法所保護之利益，下列何種個人法益，非個人一身專屬法
益？」，其解答為「財產權」。↵
個人法益概分為專屬法益與非專屬法益，二者保護密度不同。前
者如人格權，後者如財產權。↵
人格權，係指存在於權利主體，為維持其生存與能力所必要，而
不可分離之權利，如：生命權、身體權、健康權、名譽權、自由
權、信用權、隱私權。非財產上之損害賠償請求權，因與被害人
之人身攸關，具有專屬性，不適於讓與或繼承。民法第一百九十
五條第二項規定，於同法第一百九十四條規定之非財產上損害賠
償請求權，亦有其適用。凡不法侵害他人之身體、健康、名譽、
或自由者，被害人雖非財產上之損害，亦得請求賠償相當之金
額，民法第一百九十五條第一項固有明定，但此指被害人本人而
言，至被害人之父母就此自在不得請求賠償之列。↵
96 年公務人員特種考試原住民族五等法學大意曾有選擇問「法
益為刑法所保護之利益，下列何種個人法益，非個人一身專屬法
益？」，其解答為「財產權」。↵

依此類推，如果【行距】下拉清單設為「2 倍行高」且「勾選」「文件格線被設定時，貼齊格線」時：

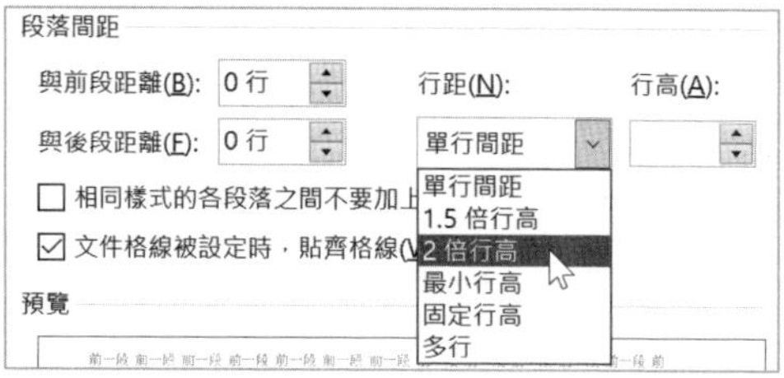
段落間距
與前段距離(B): 0 行
與後段距離(F): 0 行
行距(N):
行高(A):
單行間距
單行間距
1.5 倍行高
2 倍行高
最小行高
固定行高
多行
相同樣式的各段落之間不要加上
文件格線被設定時，貼齊格線(W)
預覽

12pt 的文字的上下「空白空間」有多大？從下圖左可知，每一列佔用 2 倍的單行間距高度，也就是 18*2=36，而該列文字又垂直置中，因此，36-12=24 是該列文字的空白空間，24/2=12 則為該列文字上下的「空白空間」，如果書本印刷不是看得很明顯差異時，請開啟「練習 - 單行間距與 2 倍行高貼齊格線 -1100120.docx」檔：

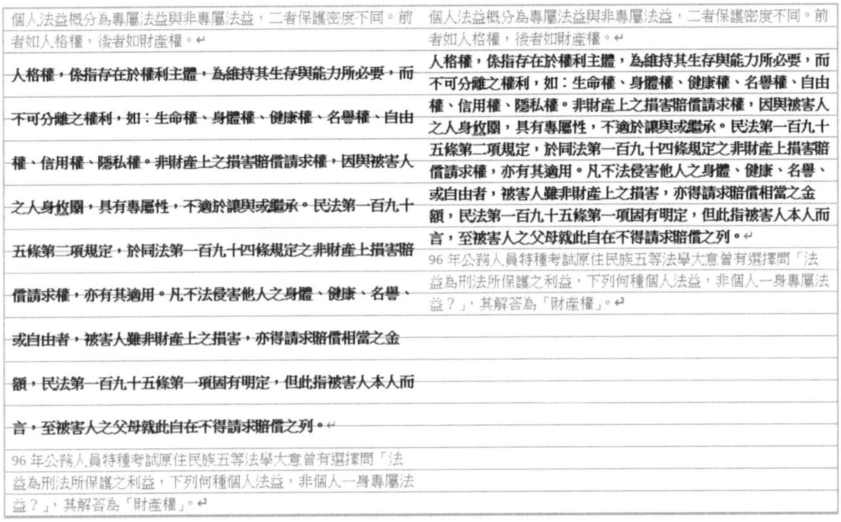

個人法益概分為專屬法益與非專屬法益，二者保護密度不同。前者如人格權，後者如財產權。↵
人格權，係指存在於權利主體，為維持其生存與能力所必要，而不可分離之權利，如：生命權、身體權、健康權、名譽權、自由權、信用權、隱私權。非財產上之損害賠償請求權，因與被害人之人身攸關，具有專屬性，不適於讓與或繼承。民法第一百九十五條第二項規定，於同法第一百九十四條規定之非財產上損害賠償請求權，亦有其適用。凡不法侵害他人之身體、健康、名譽、或自由者，被害人雖非財產上之損害，亦得請求賠償相當之金額，民法第一百九十五條第一項固有明定，但此指被害人本人而言，至被害人之父母就此自在不得請求賠償之列。↵
96 年公務人員特種考試原住民族五等法學大意曾有選擇問「法益為刑法所保護之利益，下列何種個人法益，非個人一身專屬法益？」，其解答為「財產權」。↵

個人法益概分為專屬法益與非專屬法益，二者保護密度不同。前者如人格權，後者如財產權。↵
人格權，係指存在於權利主體，為維持其生存與能力所必要，而不可分離之權利，如：生命權、身體權、健康權、名譽權、自由權、信用權、隱私權。非財產上之損害賠償請求權，因與被害人之人身攸關，具有專屬性，不適於讓與或繼承。民法第一百九十五條第二項規定，於同法第一百九十四條規定之非財產上損害賠償請求權，亦有其適用。凡不法侵害他人之身體、健康、名譽、或自由者，被害人雖非財產上之損害，亦得請求賠償相當之金額，民法第一百九十五條第一項固有明定，但此指被害人本人而言，至被害人之父母就此自在不得請求賠償之列。↵
96 年公務人員特種考試原住民族五等法學大意曾有選擇問「法益為刑法所保護之利益，下列何種個人法益，非個人一身專屬法益？」，其解答為「財產權」。↵

或者這樣算：因為是 2 倍的單行間距高度，該列的總高度是 18*2=36，文字是 12pt，因為是垂直對齊，所以文字在格線的上下各 12/2=6，由於是 2 倍的單行間距高度，因此每一列是 18pt，於是 18-6=12，就是該列文字的「空白空間」：

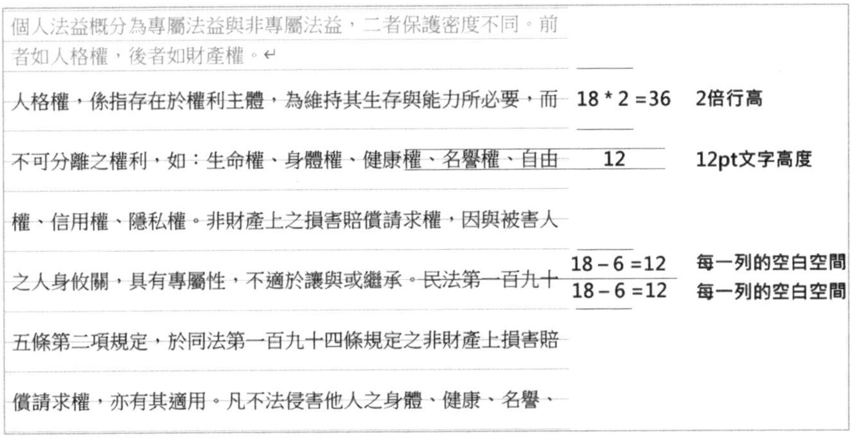

個人法益概分為專屬法益與非專屬法益，二者保護密度不同。前者如人格權，後者如財產權。↵
人格權，係指存在於權利主體，為維持其生存與能力所必要，而不可分離之權利，如：生命權、身體權、健康權、名譽權、自由權、信用權、隱私權。非財產上之損害賠償請求權，因與被害人之人身攸關，具有專屬性，不適於讓與或繼承。民法第一百九十五條第二項規定，於同法第一百九十四條規定之非財產上損害賠償請求權，亦有其適用。凡不法侵害他人之身體、健康、名譽、

二、行距裡的設定中，指定「固定行高」時，是否勾選「文件格線被設定時，貼齊格線」，沒有什麼效果，如果書本印刷不是看得很明顯差異時，請開啟「練習 - 固定 18pt 行高與貼齊格線 -1100120.docx」檔：

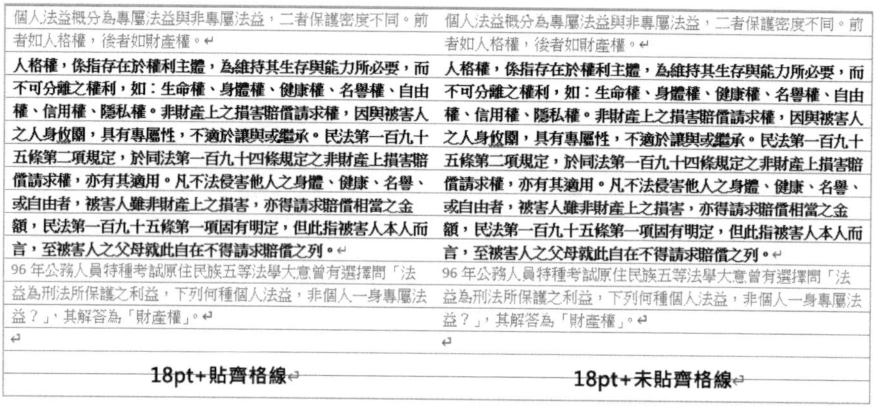

個人法益概分為專屬法益與非專屬法益，二者保護密度不同。前者如人格權，後者如財產權。	個人法益概分為專屬法益與非專屬法益，二者保護密度不同。前者如人格權，後者如財產權。
人格權，係指存在於權利主體，為維持其生存與能力所必要，而不可分離之權利，如：生命權、身體權、健康權、名譽權、自由權、信用權、隱私權。非財產上之損害賠償請求權，因與被害人之人身攸關，具有專屬性，不適於讓與或繼承。民法第一百九十五條第二項規定，於同法第一百九十四條規定之非財產上損害賠償請求權，亦有其適用。凡不法侵害他人之身體、健康、名譽、或自由者，被害人雖非財產上之損害，亦得請求賠償相當之金額，民法第一百九十五條第一項固有明定，但此指被害人本人而言，至被害人之父母就此自在不得請求賠償之列。	**人格權，係指存在於權利主體，為維持其生存與能力所必要，而不可分離之權利，如：生命權、身體權、健康權、名譽權、自由權、信用權、隱私權。非財產上之損害賠償請求權，因與被害人之人身攸關，具有專屬性，不適於讓與或繼承。民法第一百九十五條第二項規定，於同法第一百九十四條規定之非財產上損害賠償請求權，亦有其適用。凡不法侵害他人之身體、健康、名譽、或自由者，被害人雖非財產上之損害，亦得請求賠償相當之金額，民法第一百九十五條第一項固有明定，但此指被害人本人而言，至被害人之父母就此自在不得請求賠償之列。**
96 年公務人員特種考試原住民族五等法學大意曾有選擇問「法益為刑法所保護之利益，下列何種個人法益，非個人一身專屬法益？」，其解答為「財產權」。	96 年公務人員特種考試原住民族五等法學大意曾有選擇問「法益為刑法所保護之利益，下列何種個人法益，非個人一身專屬法益？」，其解答為「財產權」。
18pt+貼齊格線	**18pt+未貼齊格線**

三、如果單行間距是 18pt，那麼指定「固定 18 點行高」的效果應該會相同囉？由於單行間距有貼齊格線設定時，文字有垂直對齊的效果，但採固定行高時，是否設定對齊並不影響，因此，文字仍為靠下對齊，所以，如果有前後段的話，使用單行間距會比「固定 18 點行高」時版面整齊美觀。如果書本印刷不是看得很明顯差異時，請開啟「練習 - 單行間距與固定 18pt 行高 -1100120.docx」檔：

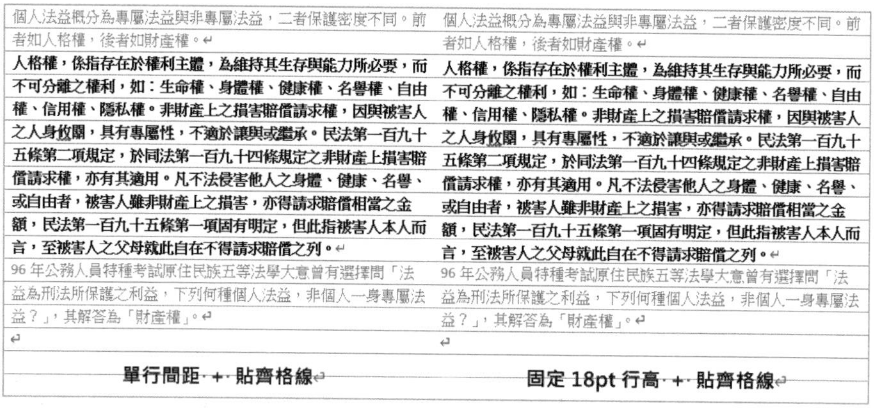

個人法益概分為專屬法益與非專屬法益，二者保護密度不同。前者如人格權，後者如財產權。	個人法益概分為專屬法益與非專屬法益，二者保護密度不同。前者如人格權，後者如財產權。
人格權，係指存在於權利主體，為維持其生存與能力所必要，而不可分離之權利，如：生命權、身體權、健康權、名譽權、自由權、信用權、隱私權。非財產上之損害賠償請求權，因與被害人之人身攸關，具有專屬性，不適於讓與或繼承。民法第一百九十五條第二項規定，於同法第一百九十四條規定之非財產上損害賠償請求權，亦有其適用。凡不法侵害他人之身體、健康、名譽、或自由者，被害人雖非財產上之損害，亦得請求賠償相當之金額，民法第一百九十五條第一項固有明定，但此指被害人本人而言，至被害人之父母就此自在不得請求賠償之列。	**人格權，係指存在於權利主體，為維持其生存與能力所必要，而不可分離之權利，如：生命權、身體權、健康權、名譽權、自由權、信用權、隱私權。非財產上之損害賠償請求權，因與被害人之人身攸關，具有專屬性，不適於讓與或繼承。民法第一百九十五條第二項規定，於同法第一百九十四條規定之非財產上損害賠償請求權，亦有其適用。凡不法侵害他人之身體、健康、名譽、或自由者，被害人雖非財產上之損害，亦得請求賠償相當之金額，民法第一百九十五條第一項固有明定，但此指被害人本人而言，至被害人之父母就此自在不得請求賠償之列。**
96 年公務人員特種考試原住民族五等法學大意曾有選擇問「法益為刑法所保護之利益，下列何種個人法益，非個人一身專屬法益？」，其解答為「財產權」。	96 年公務人員特種考試原住民族五等法學大意曾有選擇問「法益為刑法所保護之利益，下列何種個人法益，非個人一身專屬法益？」，其解答為「財產權」。
單行間距 + 貼齊格線	**固定 18pt 行高 + 貼齊格線**

放大上圖局部，這樣可能觀察到二者與格線間的細微差距如下：

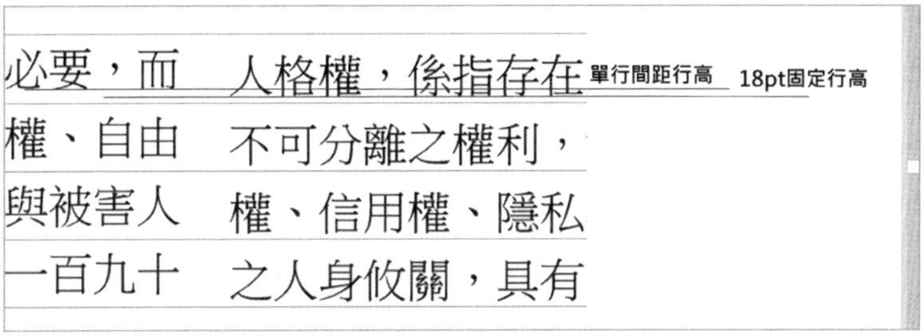
必要，而 人格權，係指存在
權、自由 不可分離之權利，
與被害人 權、信用權、隱私
一百九十 之人身攸關，具有
單行間距行高
18pt固定行高

話說貼齊格線會使段落與段落間的版面比較美觀，但詭異的是，如果字型採用微軟正黑體的話，那簡直就是災難！下圖左與下圖右都是採微軟正黑體搭配單行間距，惟一的差異是下圖左有勾選貼齊格線而下圖右沒有。明明是設單行間距，但顯示出來的卻是 2 倍行高，如果書本印刷不是看得很明顯差異時，請開啟「練習 - 微軟正黑體與貼齊格線 -1100120.docx」檔：

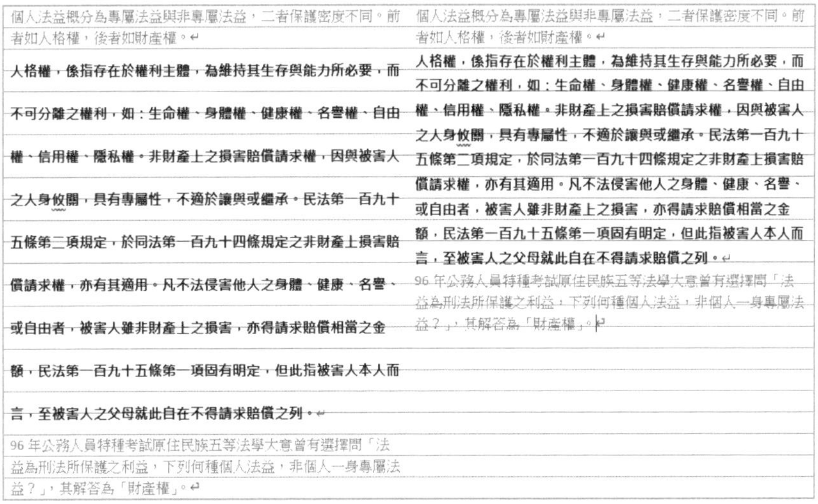
個人法益概分為專屬法益與非專屬法益，二者保護密度不同。前
者如人格權，後者如財產權。
人格權，係指存在於權利主體，為維持其生存與能力所必要，而
不可分離之權利，如：生命權、身體權、健康權、名譽權、自由
權、信用權、隱私權。非財產上之損害賠償請求權，因與被害人
之人身攸關，具有專屬性，不適於讓與或繼承。民法第一百九十
五條第二項規定，於同法第一百九十四條規定之非財產上損害賠
償請求權，亦有其適用。凡不法侵害他人之身體、健康、名譽、
或自由者，被害人雖非財產上之損害，亦得請求賠償相當之金
額，民法第一百九十五條第一項固有明定，但此指被害人本人而
言，至被害人之父母就此自在不得請求賠償之列。
96 年公務人員特種考試原住民族五等法學大意曾有選擇問「法
益為刑法所保護之利益，下列何種個人法益，非個人一身專屬法
益？」，其解答為「財產權」。

你可能會問，為什麼你的 Word 看不到格線，但是我書中截圖的 Word 會看到格線？想要開啟格線，有 2 個途徑：

一、 **檢視**索引標籤中的**顯示**群組中的【格線】核取方塊：

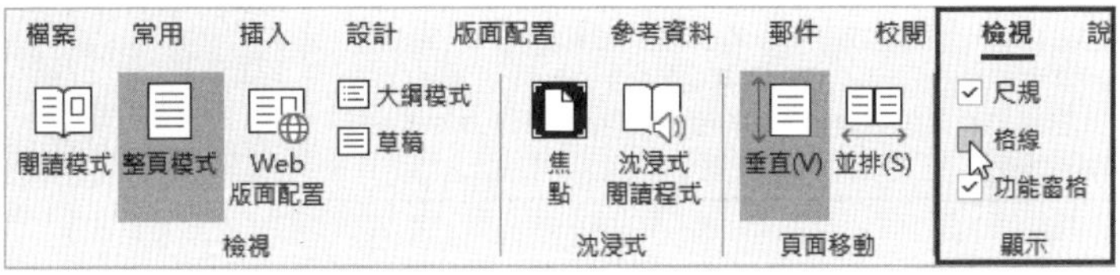
檔案
常用
插入
設計
版面配置
參考資料
郵件
校閱
檢視
閱讀模式
整頁模式
Web 版面配置
大綱模式
草稿
檢視
焦點
沈浸式閱讀程式
沈浸式
垂直(V)
並排(S)
頁面移動
尺規
格線
功能窗格
顯示

二、**版面配置**索引標籤中的**排列**群組中的【對齊 ▾】下拉清單：

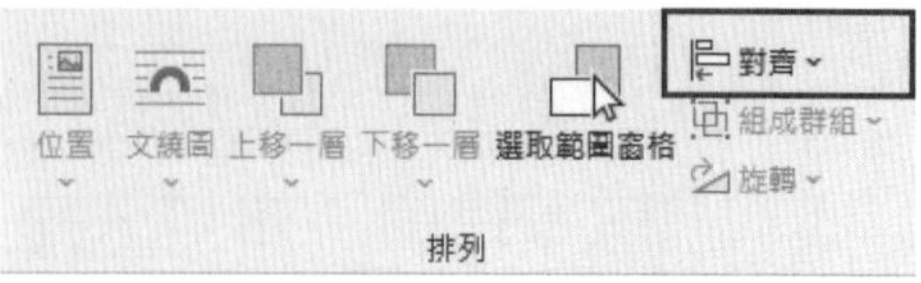

展開下拉清單，切換的【檢視格線】選項：

複製資料的格式化

撰寫論文本文時，可能會有部分文字「複製」網路上的內容，此時「貼上」論文時要特別注意格式，千萬別弄亂了。例如，我在維基百科複製了一段文字：

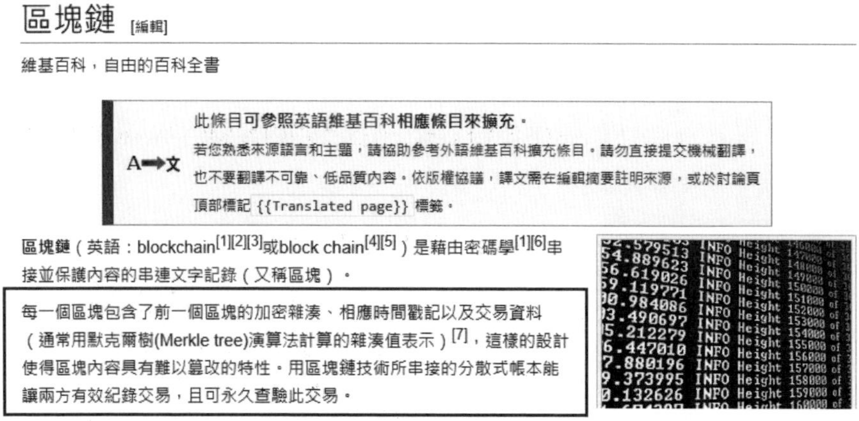

區塊鏈 [編輯]

維基百科，自由的百科全書

A➡文 此條目可參照英語維基百科相應條目來擴充。
若您熟悉來源語言和主題，請協助參考外語維基百科擴充條目。請勿直接提交機械翻譯，也不要翻譯不可靠、低品質內容。依版權協議，譯文需在編輯摘要註明來源，或於討論頁頂部標記 {{Translated page}} 標籤。

區塊鏈（英語：blockchain[1][2][3]或block chain[4][5]）是藉由密碼學[1][6]串接並保護內容的串連文字記錄（又稱區塊）。

每一個區塊包含了前一個區塊的加密雜湊、相應時間戳記以及交易資料（通常用默克爾樹(Merkle tree)演算法計算的雜湊值表示）[7]，這樣的設計使得區塊內容具有難以篡改的特性。用區塊鏈技術所串接的分散式帳本能讓兩方有效紀錄交易，且可永久查驗此交易。

我想把下面這段維基百科的內容貼到論文的這個位置：

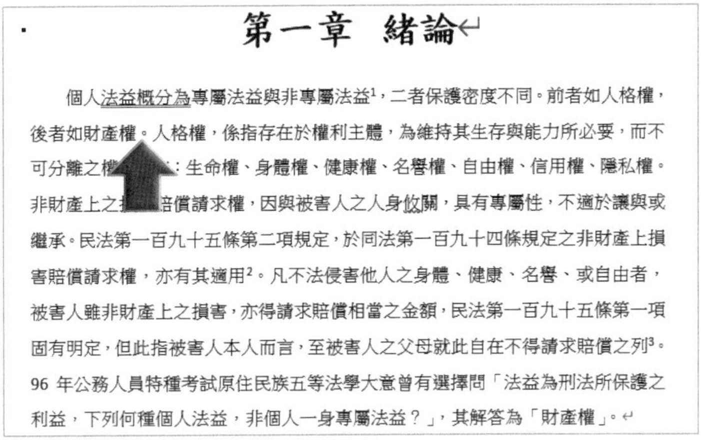

第一章　緒論

個人法益概分為專屬法益與非專屬法益[1]，二者保護密度不同。前者如人格權，後者如財產權。人格權，係指存在於權利主體，為維持其生存與能力所必要，而不可分離之權利，如：生命權、身體權、健康權、名譽權、自由權、信用權、隱私權。非財產上之損害賠償請求權，因與被害人之人身攸關，具有專屬性，不適於讓與或繼承。民法第一百九十五條第二項規定，於同法第一百九十四條規定之非財產上損害賠償請求權，亦有其適用[2]。凡不法侵害他人之身體、健康、名譽、或自由者，被害人雖非財產上之損害，亦得請求賠償相當之金額，民法第一百九十五條第一項固有明定，但此指被害人本人而言，至被害人之父母就此自在不得請求賠償之列[3]。96 年公務人員特種考試原住民族五等法學大意曾有選擇問「法益為刑法所保護之利益，下列何種個人法益，非個人一身專屬法益？」，其解答為「財產權」。

如果只是「單純不假思索」地按下**常用**索引標籤中的**剪貼簿** ↘ 群組中的【貼上】按鈕的話，那就悲劇了：

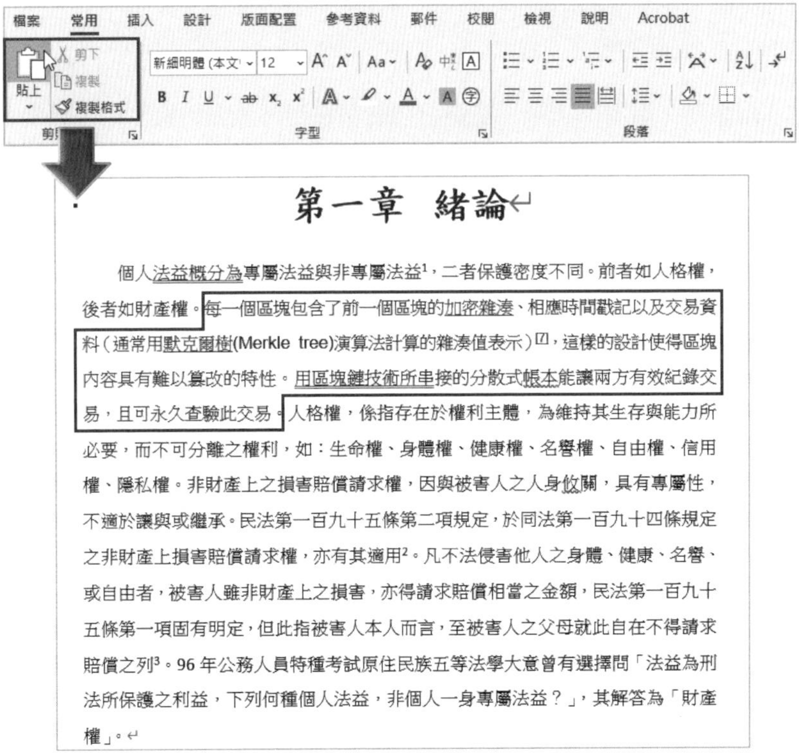

第一章　緒論

個人法益概分為專屬法益與非專屬法益[1]，二者保護密度不同。前者如人格權，後者如財產權。每一個區塊包含了前一個區塊的加密雜湊、相應時間戳記以及交易資料（通常用默克爾樹(Merkle tree)演算法計算的雜湊值表示）[7]，這樣的設計使得區塊內容具有難以篡改的特性。用區塊鏈技術所串接的分散式帳本能讓兩方有效紀錄交易，且可永久查驗此交易。人格權，係指存在於權利主體，為維持其生存與能力所必要，而不可分離之權利，如：生命權、身體權、健康權、名譽權、自由權、信用權、隱私權。非財產上之損害賠償請求權，因與被害人之人身攸關，具有專屬性，不適於讓與或繼承。民法第一百九十五條第二項規定，於同法第一百九十四條規定之非財產上損害賠償請求權，亦有其適用[2]。凡不法侵害他人之身體、健康、名譽、或自由者，被害人雖非財產上之損害，亦得請求賠償相當之金額，民法第一百九十五條第一項固有明定，但此指被害人本人而言，至被害人之父母就此自在不得請求賠償之列[3]。96 年公務人員特種考試原住民族五等法學大意曾有選擇問「法益為刑法所保護之利益，下列何種個人法益，非個人一身專屬法益？」，其解答為「財產權」。

各位可能覺得好像貼得還不錯，除了要將新增加方文字有顏色的部分重設就好，其餘格式沒有跑掉啊！

真的這樣嗎？麻煩將插號點移到貼過來的文字中，例如：

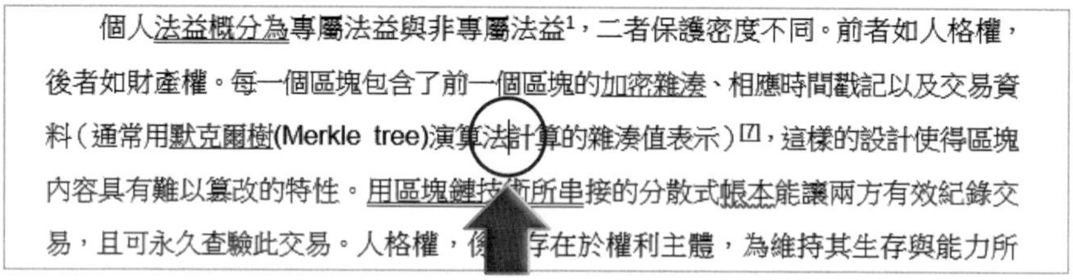
個人法益概分為專屬法益與非專屬法益[1]，二者保護密度不同。前者如人格權，後者如財產權。每一個區塊包含了前一個區塊的加密雜湊、相應時間戳記以及交易資料（通常用默克爾樹(Merkle tree)演算法計算的雜湊值表示）[7]，這樣的設計使得區塊內容具有難以篡改的特性。用區塊鏈技術所串接的分散式帳本能讓兩方有效紀錄交易，且可永久查驗此交易。人格權，係指存在於權利主體，為維持其生存與能力所

接著看一下**常用**索引標籤中的**字型** ↘ 群組中**字型大小** ▾ 下拉清單看看目前的「設定值為 11.5」：

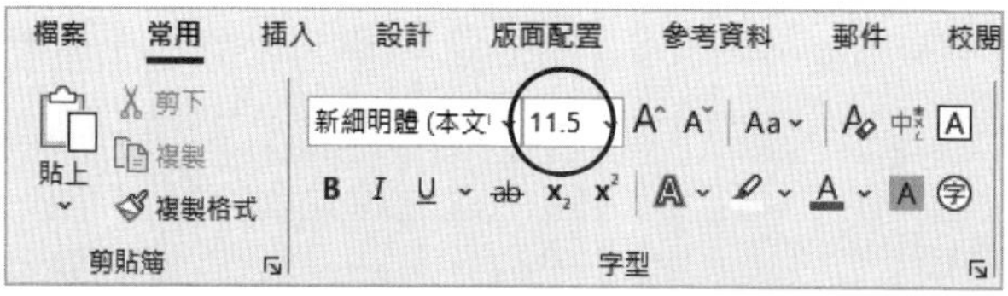

發現了嗎，錯在哪？還看不出來，麻煩將插號點移到貼過來的文字中，例如：

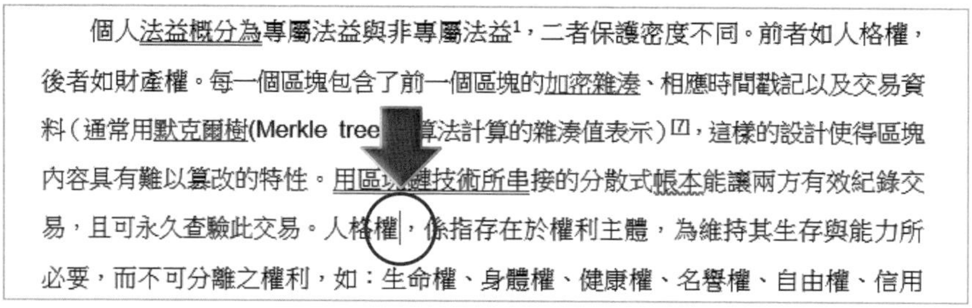
個人法益概分為專屬法益與非專屬法益[1]，二者保護密度不同。前者如人格權，後者如財產權。每一個區塊包含了前一個區塊的加密雜湊、相應時間戳記以及交易資料（通常用默克爾樹(Merkle tree)演算法計算的雜湊值表示）[7]，這樣的設計使得區塊內容具有難以篡改的特性。用區塊鏈技術所串接的分散式帳本能讓兩方有效紀錄交易，且可永久查驗此交易。人格權，係指存在於權利主體，為維持其生存與能力所必要，而不可分離之權利，如：生命權、身體權、健康權、名譽權、自由權、信用

接著看一下**常用**索引標籤中的**字型** ↘ 群組中**字型大小** ▾ 下拉清單看看目前的「設定值為 12」：

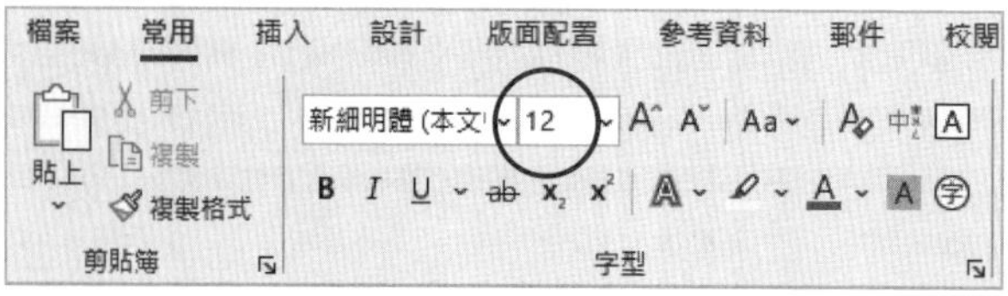

這樣應該清楚了吧！在說明如何「貼上」之前，先來說明如何對現況進行「補救」。

這裡有 2 種補救方式：

一、 重設整段的樣式。

先將滑鼠游標停留在該段的左側，例如：

> 個人法益概分為專屬法益與非專屬法益[1]，二者保護密度不同。前者如人格權，後者如財產權。每一個區塊包含了前一個區塊的加密雜湊、相應時間戳記以及交易資料（通常用默克爾樹(Merkle tree)演算法計算的雜湊值表示）[7]，這樣的設計使得區塊內容具有難以篡改的特性。用區塊鏈技術所串接的分散式帳本能讓兩方有效紀錄交易，且可永久查驗此交易。人格權，係指存在於權利主體，為維持其生存與能力所必要，而不可分離之權利，如：生命權、身體權、健康權、名譽權、自由權、信用權、隱私權。非財產上之損害賠償請求權，因與被害人之人身攸關，具有專屬性，不適於讓與或繼承。民法第一百九十五條第二項規定，於同法第一百九十四條規定之非財產上損害賠償請求權，亦有其適用[2]。凡不法侵害他人之身體、健康、名譽、或自由者，被害人雖非財產上之損害，亦得請求賠償相當之金額，民法第一百九十五條第一項固有明定，但此指被害人本人而言，至被害人之父母就此自在不得請求賠償之列[3]。96 年公務人員特種考試原住民族五等法學大意曾有選擇問「法益為刑法所保護之利益，下列何種個人法益，非個人一身專屬法益？」，其解答為「財產權」。↵

接著滑鼠左鍵點「2 下」，此時該段會被全選起來：

> 個人法益概分為專屬法益與非專屬法益[1]，二者保護密度不同。前者如人格權，後者如財產權。每一個區塊包含了前一個區塊的加密雜湊、相應時間戳記以及交易資料（通常用默克爾樹(Merkle tree)演算法計算的雜湊值表示）[7]，這樣的設計使得區塊內容具有難以篡改的特性。用區塊鏈技術所串接的分散式帳本能讓兩方有效紀錄交易，且可永久查驗此交易。人格權，係指存在於權利主體，為維持其生存與能力所必要，而不可分離之權利，如：生命權、身體權、健康權、名譽權、自由權、信用權、隱私權。非財產上之損害賠償請求權，因與被害人之人身攸關，具有專屬性，不適於讓與或繼承。民法第一百九十五條第二項規定，於同法第一百九十四條規定之非財產上損害賠償請求權，亦有其適用[2]。凡不法侵害他人之身體、健康、名譽、或自由者，被害人雖非財產上之損害，亦得請求賠償相當之金額，民法第一百九十五條第一項固有明定，但此指被害人本人而言，至被害人之父母就此自在不得請求賠償之列[3]。96 年公務人員特種考試原住民族五等法學大意曾有選擇問「法益為刑法所保護之利益，下列何種個人法益，非個人一身專屬法益？」，其解答為「財產權」。↵
>
> 刑法的財產犯罪是否也是非專屬的保護呢？依周易[4]等之見解，對刑法財產犯

此時再點選**常用**索引標籤中的**樣式** ↘ 群組中的【內文】選項來重設整段：

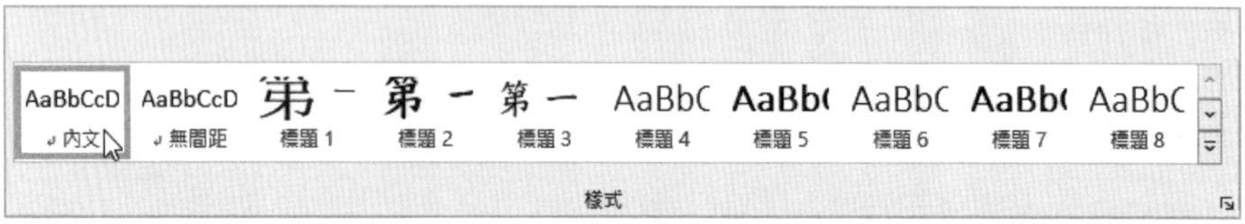

二、 複製正確的格式。

Step 1 選取正確格式的字元，例如：

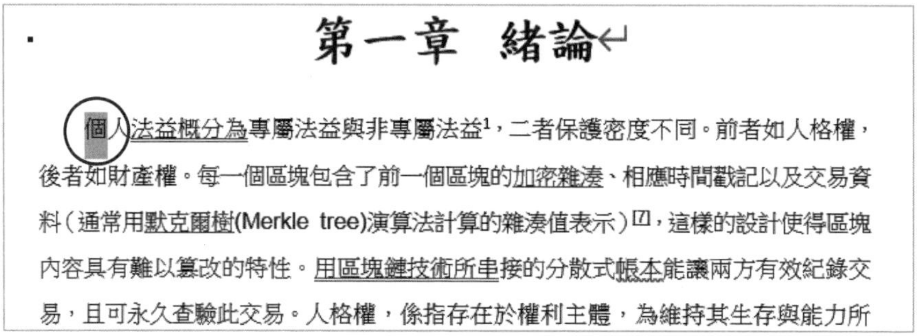
第一章 緒論

個人法益概分為專屬法益與非專屬法益[1]，二者保護密度不同。前者如人格權，後者如財產權。每一個區塊包含了前一個區塊的加密雜湊、相應時間戳記以及交易資料（通常用默克爾樹(Merkle tree)演算法計算的雜湊值表示）[7]，這樣的設計使得區塊內容具有難以篡改的特性。用區塊鏈技術所串接的分散式帳本能讓兩方有效紀錄交易，且可永久查驗此交易。人格權，係指存在於權利主體，為維持其生存與能力所

Step 2 **常用**索引標籤中的**剪貼簿** ↘ 群組中的【複製格式】按鈕：

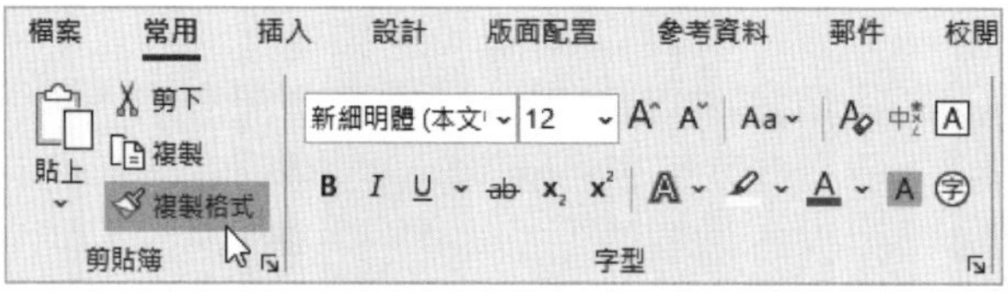

Step 3 此時滑鼠游標會變成刷子的形貌：

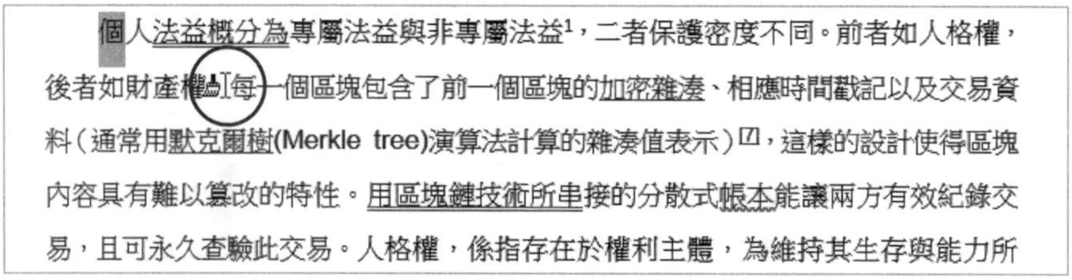
個人法益概分為專屬法益與非專屬法益[1]，二者保護密度不同。前者如人格權，後者如財產權。每一個區塊包含了前一個區塊的加密雜湊、相應時間戳記以及交易資料（通常用默克爾樹(Merkle tree)演算法計算的雜湊值表示）[7]，這樣的設計使得區塊內容具有難以篡改的特性。用區塊鏈技術所串接的分散式帳本能讓兩方有效紀錄交易，且可永久查驗此交易。人格權，係指存在於權利主體，為維持其生存與能力所

接著就是用這把「刷子」刷過所有從維基複製而來的文字即可。

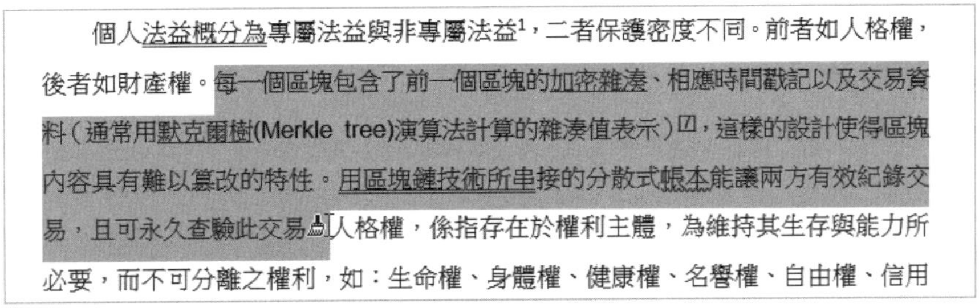

個人法益概分為專屬法益與非專屬法益1，二者保護密度不同。前者如人格權，後者如財產權。每一個區塊包含了前一個區塊的加密雜湊、相應時間戳記以及交易資料（通常用默克爾樹(Merkle tree)演算法計算的雜湊值表示）[7]，這樣的設計使得區塊內容具有難以篡改的特性。用區塊鏈技術所串接的分散式帳本能讓兩方有效紀錄交易，且可永久查驗此交易。人格權，係指存在於權利主體，為維持其生存與能力所必要，而不可分離之權利，如：生命權、身體權、健康權、名譽權、自由權、信用

說完了補救措施之後，接下來說明怎樣的「貼上」才是正確的。其實這很簡單，只要不要「單純不加思索」地按「貼上」或是鍵盤上的【Ctrl + V】，而是要「有意識地選擇性」貼上，亦即要點選**常用**索引標籤中的**剪貼簿**↘群組中的【貼上 ▾】下拉清單展開選單，然後再從該選單中點選第三個【只保留文字】的選項即可：

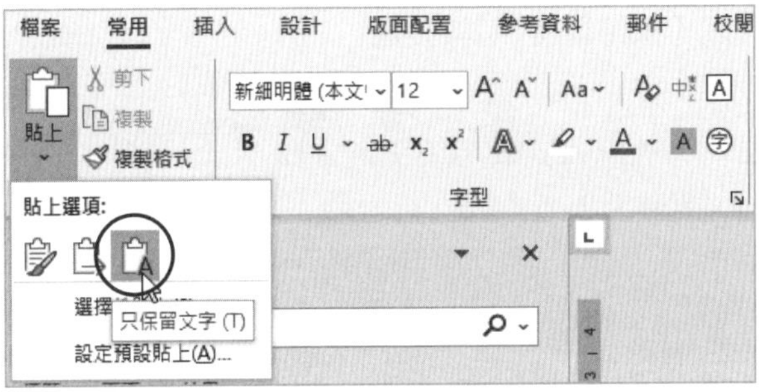

另一種方式是在「單純不加思索」地按「貼上」或是鍵盤上的【Ctrl + V】之後，點選【智慧標籤】右側下拉選單：

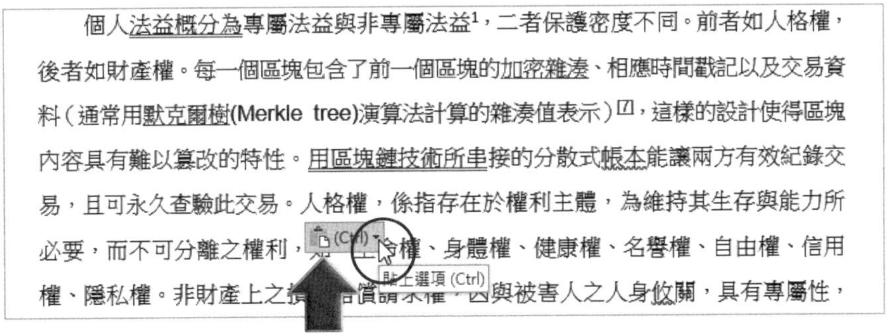

個人法益概分為專屬法益與非專屬法益1，二者保護密度不同。前者如人格權，後者如財產權。每一個區塊包含了前一個區塊的加密雜湊、相應時間戳記以及交易資料（通常用默克爾樹(Merkle tree)演算法計算的雜湊值表示）[7]，這樣的設計使得區塊內容具有難以篡改的特性。用區塊鏈技術所串接的分散式帳本能讓兩方有效紀錄交易，且可永久查驗此交易。人格權，係指存在於權利主體，為維持其生存與能力所必要，而不可分離之權利，(Ctrl) 權、身體權、健康權、名譽權、自由權、信用權、隱私權。非財產上之 貼上選項 (Ctrl) 與被害人之人身攸關，具有專屬性，

選單展開之後，再從中點選選項中的第 4 個【只保留文字】即可：

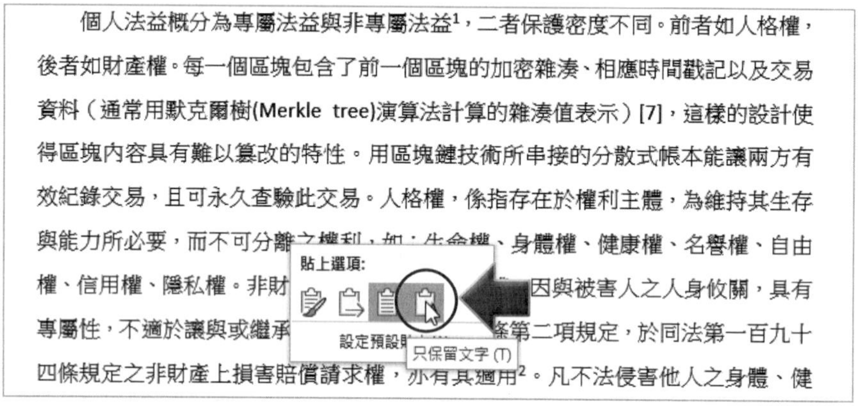

最後，我最常用的方式是在插入點準備貼上資料的位置按下滑鼠「右」鍵，接著再從展開的右鍵選單點選【只保留文字】的選項：

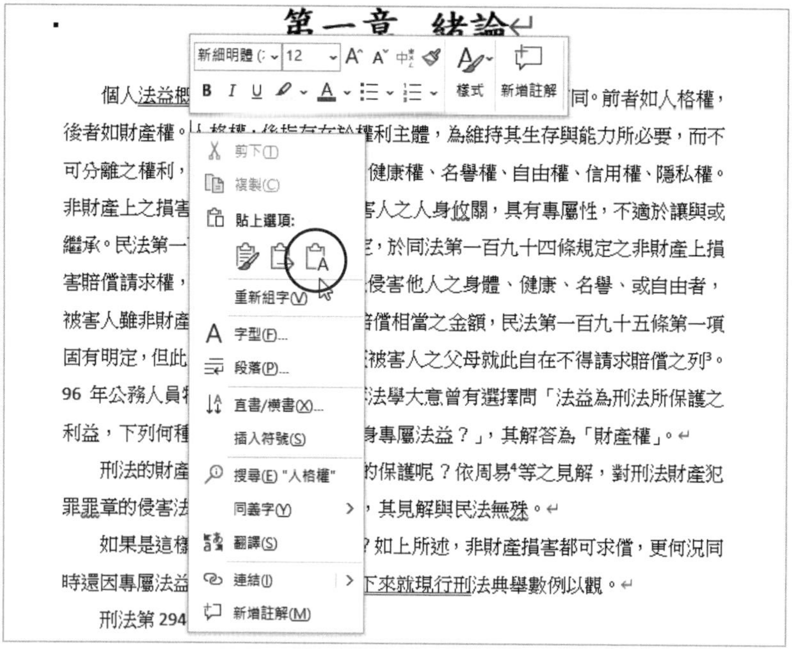

8.2 設定內文樣式

本節要設定的【內文】樣式，所涉及的各項設定值，以及各校常見的規範設定值整理如下表：

項目	格式選項	本節設定值
縮排	一般文稿均於各段的開頭採縮格編排。中文字以縮兩個中文字為原則。	內縮兩個中文字
字型	有關論文字型，阿拉伯數字及歐英文字母等，使用 Monotype 蒙納公司的泰晤士報新羅馬字型 (Times New Roman)，中文字型則採用標楷體或新細明體或細明體。	中文：標楷體 英文：Times New Roman
字型大小	在論文或報告中，本文之字體以 12 級（字）/ 12pt 為原則，每行最少 32 字。	12pt
字距	標準或緊縮。	標準
行距	行距是指兩行底線的距離。研究論文應以單行半 (1.5 倍) 之行距為原則。Microsoft Word 行距之設定可於「格式」選擇「段落」後，再設定「行距」為「1.5 行高」，並設定與前、後段距離為 0pt 即可。每頁最少 32 行。	與前段距離：0pt 與後段距離：0pt 行距：1.5 倍行高
段落對齊	選擇左右對齊，以增進版面美觀。	左右對齊

Step 1 開啟「練習 - 長篇文件 - 內文樣式設定 -1100120.docx」檔案做為練習之用。

Step 2 將插入移入第一段的任何位置，因為是以「段落」為單位，因此只要插入貼在該段落即可：

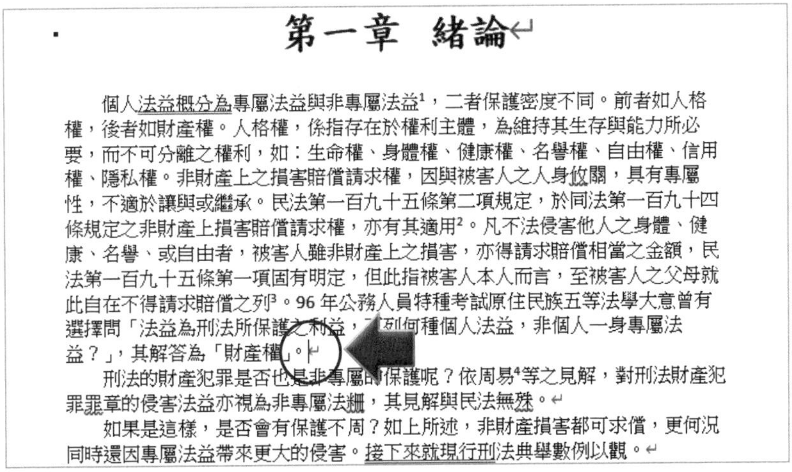

第一章　緒論

個人法益概分為專屬法益與非專屬法益[1]，二者保護密度不同。前者如人格權，後者如財產權。人格權，係指存在於權利主體，為維持其生存與能力所必要，而不可分離之權利，如：生命權、身體權、健康權、名譽權、自由權、信用權、隱私權。非財產上之損害賠償請求權，因與被害人之人身攸關，具有專屬性，不適於讓與或繼承。民法第一百九十五條第二項規定，於同法第一百九十四條規定之非財產上損害賠償請求權，亦有其適用[2]。凡不法侵害他人之身體、健康、名譽、或自由者，被害人雖非財產上之損害，亦得請求賠償相當之金額，民法第一百九十五條第一項固有明定，但此指被害人本人而言，至被害人之父母就此自在不得請求賠償之列[3]。96 年公務人員特種考試原住民族五等法學大意曾有選擇問「法益為刑法所保護之利益，下列何種個人法益，非個人一身專屬法益？」，其解答為「財產權」。

刑法的財產犯罪是否也是非專屬的保護呢？依周易[4]等之見解，對刑法財產犯罪罪章的侵害法益亦視為非專屬法益，其見解與民法無殊。

如果是這樣，是否會有保護不周？如上所述，非財產損害都可求償，更何況同時還因專屬法益帶來更大的侵害。接下來就現行刑法典舉數例以觀。

此時**常用**索引標籤中的**樣式** ↘ 群組右的【內文】會呈現選取的狀態：

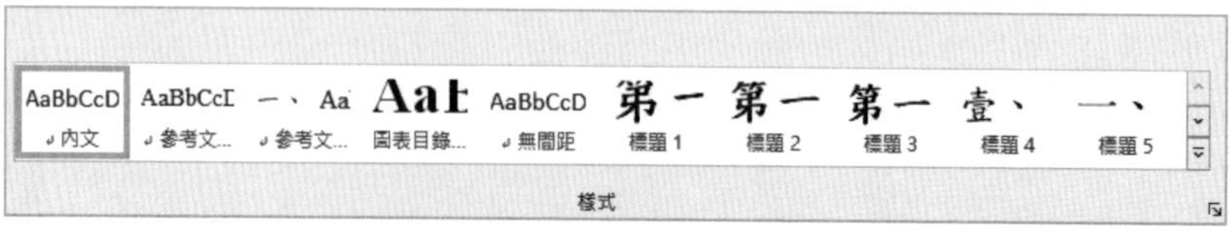

接著將滑鼠游標移至其上並按下滑鼠「右」鍵此時會展開右鍵選單，請點選其中的【修改】選項：

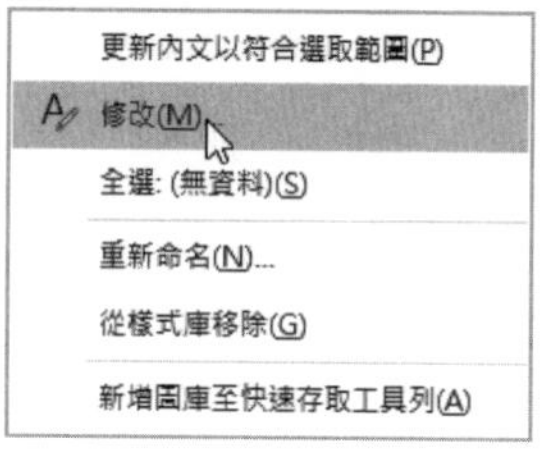

Step 3 接下來就會出現**修改樣式** x 設定視窗供後續設定之用。從目前**修改樣式** x 設定視窗的預覽的位置及其下的各項設定值：

1. 中文字型：新細明體。
2. 英文字型：Calibri。
3. 行距：單行間距。
4. 段落第一列的第一個字切齊左邊，表示目前並未內縮 2 個字元。

綜上可知目前內文樣式並不符合我們想要設定的值：

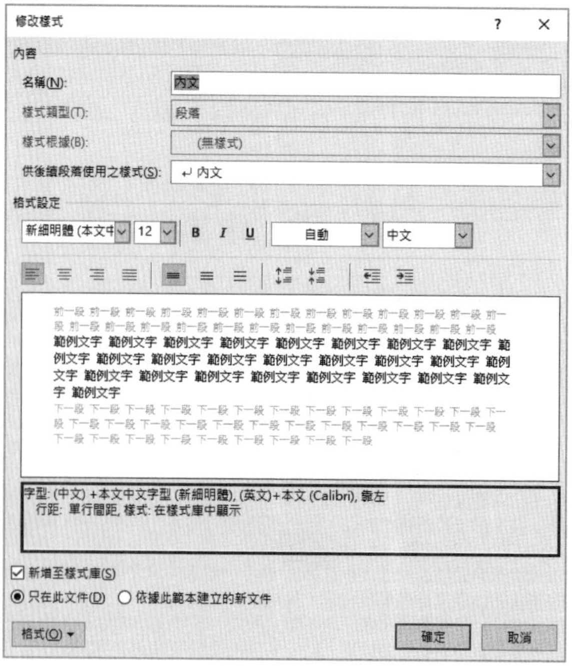

Step 4 請點選**修改樣式** x 設定視窗右下角的【格式 ▾】下拉清單展開選單，並從選單中點選【字型】選項：

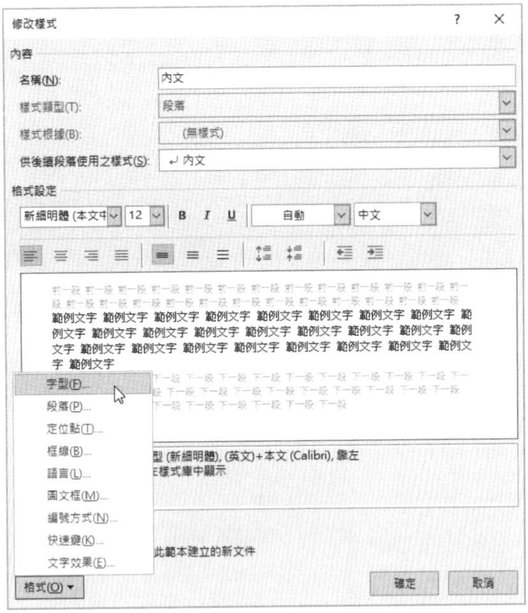

接著就會開啟**字型** x 設定視窗供我們調整所需的設定值。

Step 5 依下調整**字型** x 設定視窗的中各指定位置的設定值：

1. 中文字型：標楷體。
2. 字型：Times New Roman。
3. 大小：12。
4. 字型樣式：標準。

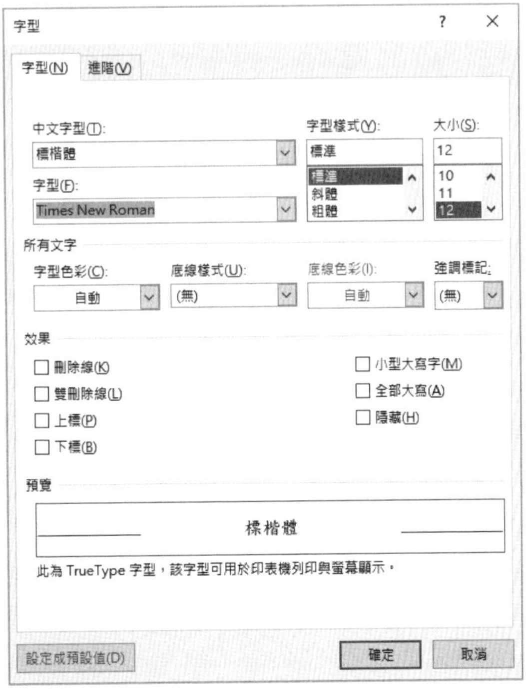

如果學校要求的字元間距不是預設的「標準」的話，例如，高雄科技大學科技法律研究所要求「密集字距」：

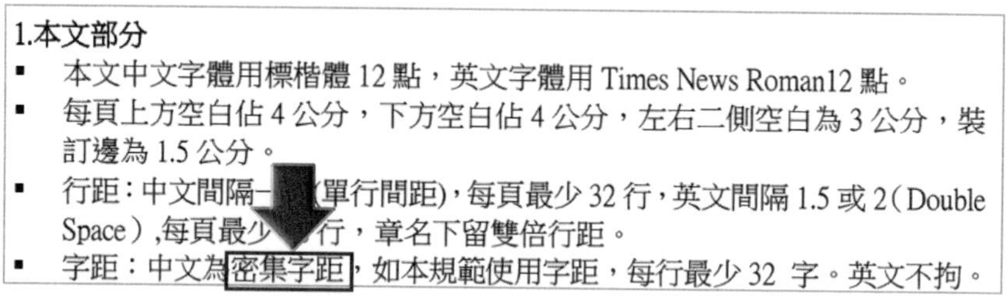
1.本文部分
- 本文中文字體用標楷體 12 點，英文字體用 Times News Roman12 點。
- 每頁上方空白佔 4 公分，下方空白佔 4 公分，左右二側空白為 3 公分，裝訂邊為 1.5 公分。
- 行距：中文間隔一倍(單行間距)，每頁最少 32 行，英文間隔 1.5 或 2(Double Space)，每頁最少 32 行，章名下留雙倍行距。
- 字距：中文為密集字距，如本規範使用字距，每行最少 32 字。英文不拘。

設定時，請點選**字型** x 設定視窗的**進階**頁籤，然後從【間距】下拉清單中選取「緊縮」選項：

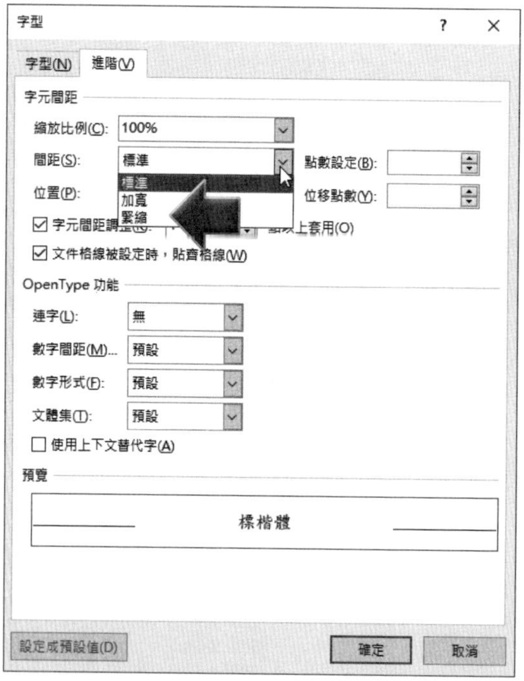

完成後，點選【確定】按鈕關閉**字型** x 設定視窗，返回**修改樣式** x 設定視窗。

返回**修改樣式** x 設定視窗後，在預覽的位置會出現目前設定值的外觀及其設定值，從預覽窗格看來，目前的段落文字的第一列是靠左對齊，這表示尚未設定縮排，而設定值可以看出不是中文字型或是英文字型都已設置妥當，但是行距仍是「單行間距」，不符我們要的「1.5 倍行高」：

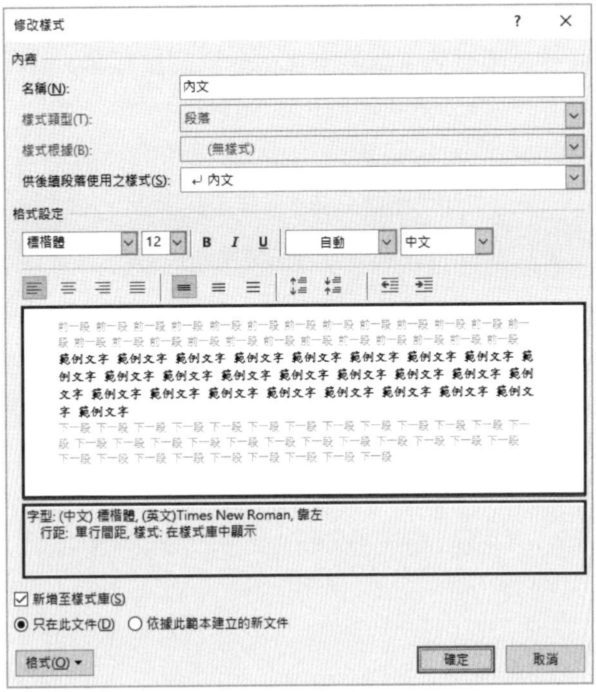

Step 6 請點選**修改樣式** x 設定視窗右下角的【格式 ▾】下拉清單展開選單，並從選單中點選【段落】選項：

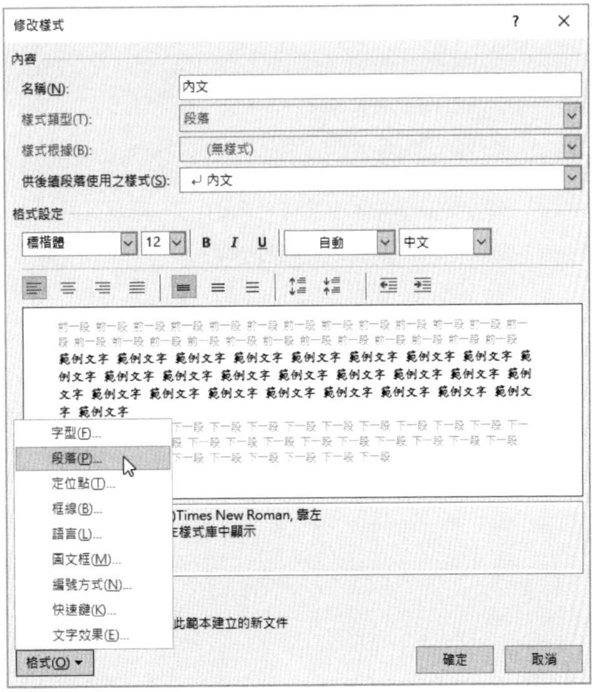

接著就會開啟**段落 x** 設定視窗供我們調整所需的設定值。依下調整**段落 x** 設定視窗的中各指定位置的設定值：

1. 對齊方式：左右對齊。
2. 縮排：第一行、2 字元。
3. 與前段距離：0 行。
4. 與後段距離：0 行。
5. 行距：1.5 倍行高。

右側截圖供設定參考。隨著不同的設定值**段落 x** 設定視窗的預覽窗格的位置會出現目前設定值的外觀及其設定值：

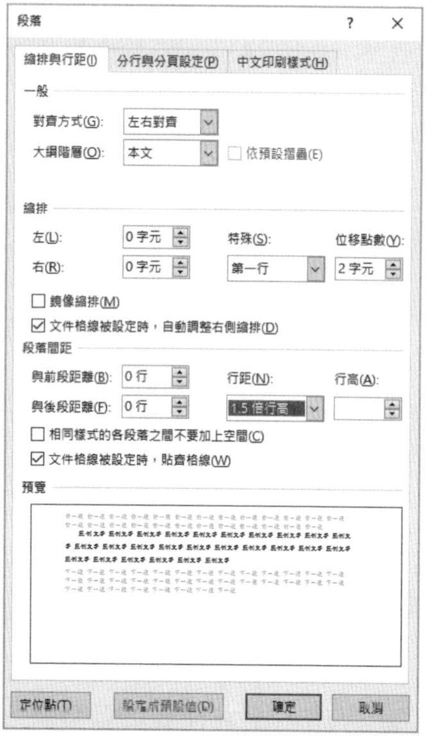

完成後，點選【確定】按鈕關閉**段落 x** 設定視窗返回**修改樣式 x** 設定視窗。

返回**修改樣式 x** 設定視窗後，在預覽的位置會出現目前設定值的外觀及其設定值：

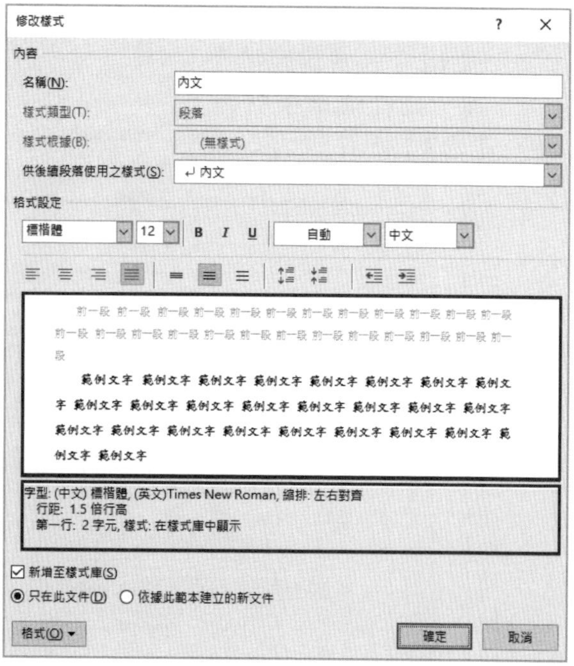

完成後，點選【確定】按鈕關閉**修改樣式** x 設定視窗返回文件編輯狀態，會看到下面這個設定後的結果，各位是否能從中看出設定前後的差異呢？完成檔請詳「練習 - 長篇文件 - 內文樣式設定 - 完成檔 -1100120.docx」：

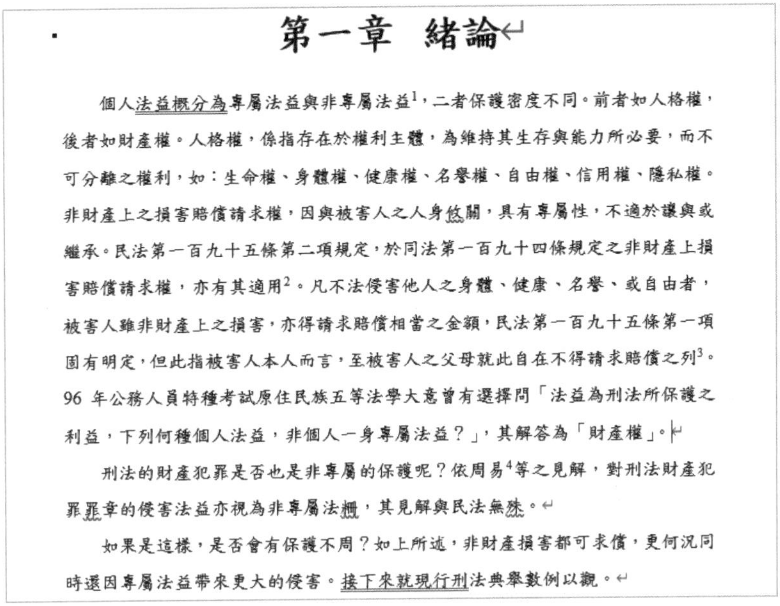

第一章　緒論

個人法益概分為專屬法益與非專屬法益[1]，二者保護密度不同。前者如人格權，
後者如財產權。人格權，係指存在於權利主體，為維持其生存與能力所必要，而不
可分離之權利，如：生命權、身體權、健康權、名譽權、自由權、信用權、隱私權。
非財產上之損害賠償請求權，因與被害人之人身攸關，具有專屬性，不適於讓與或
繼承。民法第一百九十五條第二項規定，於同法第一百九十四條規定之非財產上損
害賠償請求權，亦有其適用[2]。凡不法侵害他人之身體、健康、名譽、或自由者，
被害人雖非財產上之損害，亦得請求賠償相當之金額，民法第一百九十五條第一項
固有明定，但此指被害人本人而言，至被害人之父母就此自在不得請求賠償之列[3]。
96 年公務人員特種考試原住民族五等法學大意曾有選擇問「法益為刑法所保護之
利益，下列何種個人法益，非個人一身專屬法益？」，其解答為「財產權」。

刑法的財產犯罪是否也是非專屬的保護呢？依周易[4]等之見解，對刑法財產犯
罪罪章的侵害法益亦視為非專屬法柵，其見解與民法無殊。

如果是這樣，是否會有保護不周？如上所述，非財產損害都可求償，更何況同
時還因專屬法益帶來更大的侵害。接下來就現行刑法典舉數例以觀。

8.3 標點符號的問題

觀察上一節最後的結果，我們會發現第 1 列、第 3 列、第 6 列及第 8 列的最後是「標點符號」，如果學校有要求標點符號「不可以」出現在列尾的話，那麼我們就必須再進一步設定了。

這個部分的設定在**段落** x 設定視窗的**中文印刷樣式**標籤中的**分行符號**群組中的【允許標準符號溢出邊界】：

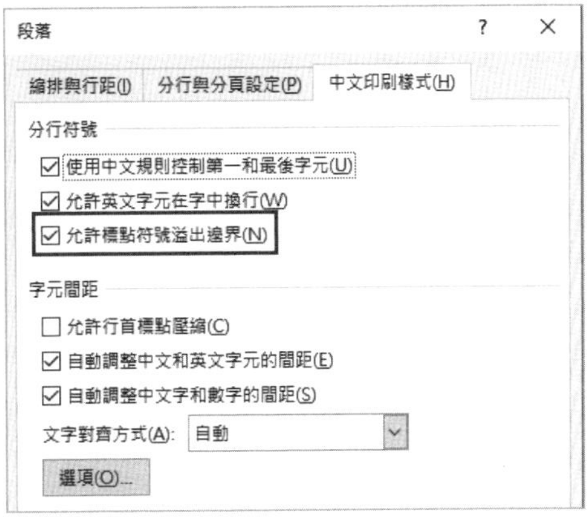

請點選【允許標準符號溢出邊界】將原先的勾選狀態拿掉：

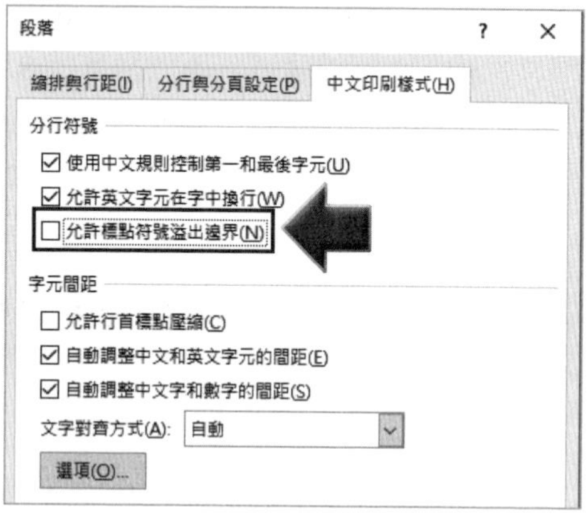

點選【確定】按鈕返回**修改樣式 x** 設定視窗，再點選【確定】按鈕返回文件編輯狀態，此時大家可能會覺得好像沒有什麼變化！是設定出錯了嗎？

不是！這是因本例中置放在列尾的那些符號不適用上述的排除規定，所以，就算取消【允許標準符號溢出邊界】一樣沒有用！

你可能會問，那要怎麼調呢？此時請回到**段落 x** 設定視窗並切換到**中文印刷樣式**標籤中，點選**字元間距**群組中的【選項】按鈕。

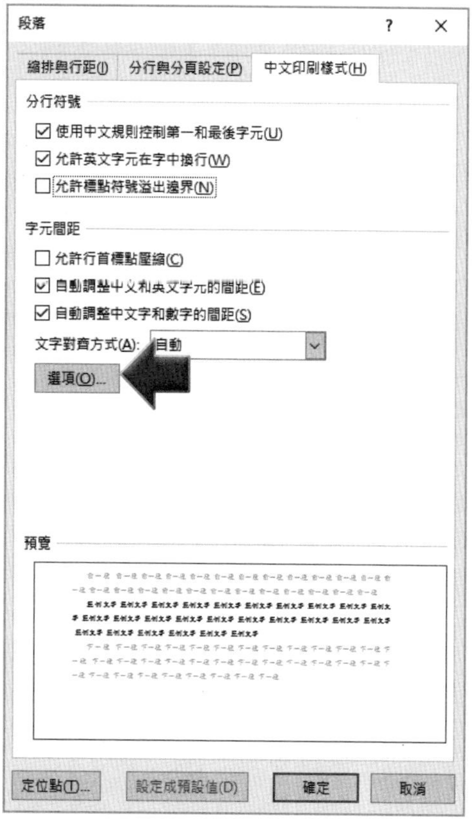

接著下來會開啟 Word **選項** x 設定視窗，並自動切換到【印刷樣式】選項，其中【第一和最後字元設定】選項為「標準」：

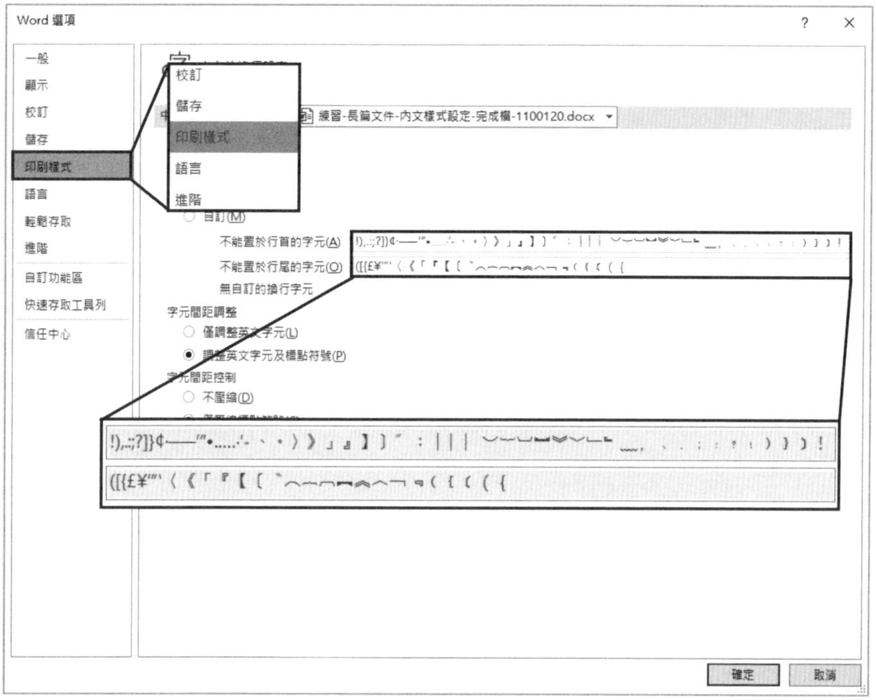

請勾選【自訂】選項，並於【不能置於行尾的字元】選項右側的文字框中輸入「，。」二個「全形」的標點符號：

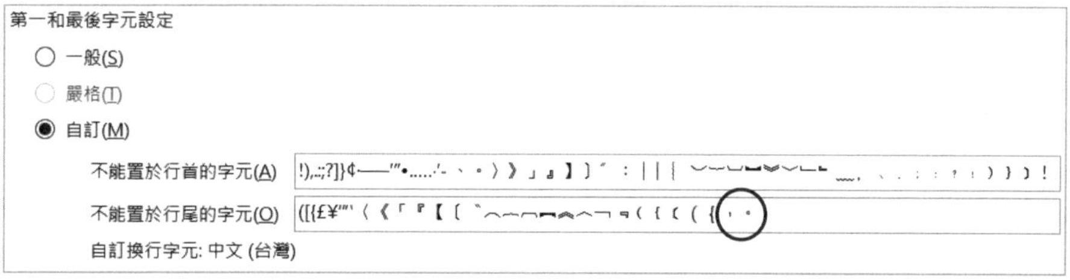

點選【確定】按鈕關閉 Word **選項** x 設定視窗返回**段落** x 設定視窗，再點選【確定】按鈕關閉**段落** x 設定視窗返回**修改樣式** x 設定視窗，再點選【確定】按鈕關閉**修改樣式** x 設定視窗返回文件編輯狀態，結果如下，從中可知原先有標點符號的列，目前都看不到標點符號囉。

完成檔請參閱「練習 - 長篇文件 - 內文樣式設定 - 標點符號 - 完成檔 -1100120.docx」：

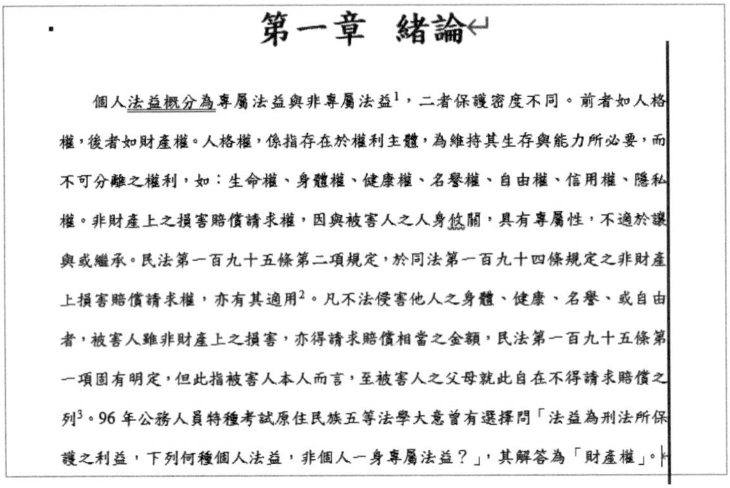

第一章　緒論

個人法益概分為專屬法益與非專屬法益[1]，二者保護密度不同。前者如人格權，後者如財產權。人格權，係指存在於權利主體，為維持其生存與能力所必要，而不可分離之權利，如：生命權、身體權、健康權、名譽權、自由權、信用權、隱私權。非財產上之損害賠償請求權，因與被害人之人身攸關，具有專屬性，不適於讓與或繼承。民法第一百九十五條第二項規定，於同法第一百九十四條規定之非財產上損害賠償請求權，亦有其適用[2]。凡不法侵害他人之身體、健康、名譽、或自由者，被害人雖非財產上之損害，亦得請求賠償相當之金額，民法第一百九十五條第一項固有明定，但此指被害人本人而言，至被害人之父母就此自在不得請求賠償之列[3]。96 年公務人員特種考試原住民族五等法學大意曾有選擇問「法益為刑法所保護之利益，下列何種個人法益，非個人一身專屬法益？」，其解答為「財產權」。

8.4 控制單列不成頁

單列不成頁係指，避免將段落的最後列獨自遺留在下一頁，例如：

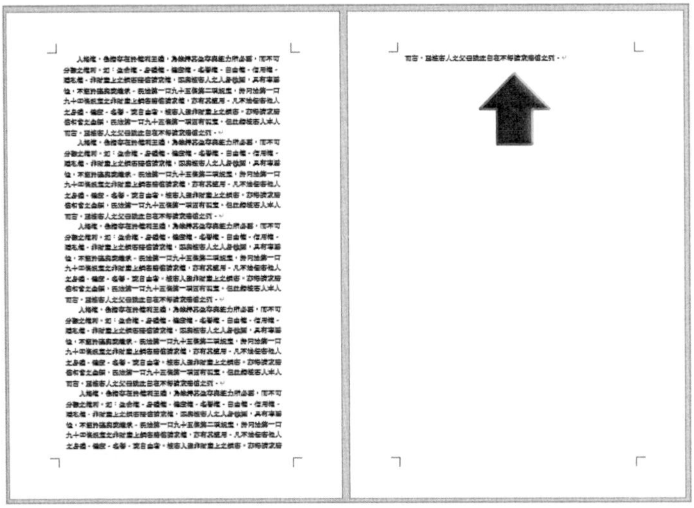

Step 1　開啟「練習 - 單列不成頁 -1100120.docx」。

Step 2　將插入點置入最後 1 段。

Step 3 修改內文樣式中的「段落」格式。切換到**段落** x 設定視窗的【分行與分頁設定】頁籤，然後勾選【段落遺留字串控制】：

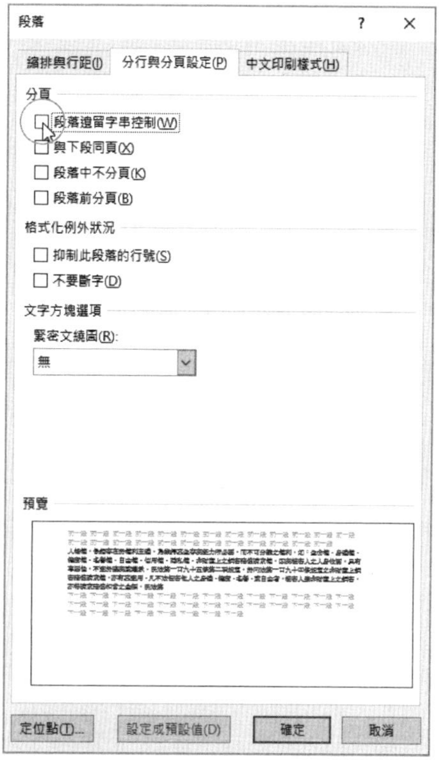

點選【確定】按鈕關閉**段落** x 設定視窗返回**修改樣式** x 設定視窗。

Step 4 點選【確定】按鈕關閉**修改樣式** x 設定視窗，返回文件編輯狀態。

完成後，Word 就會避開「單列不成頁」的規定，完成檔請參閱「練習 - 單列不成頁 - 完成檔 -1100120.docx」：

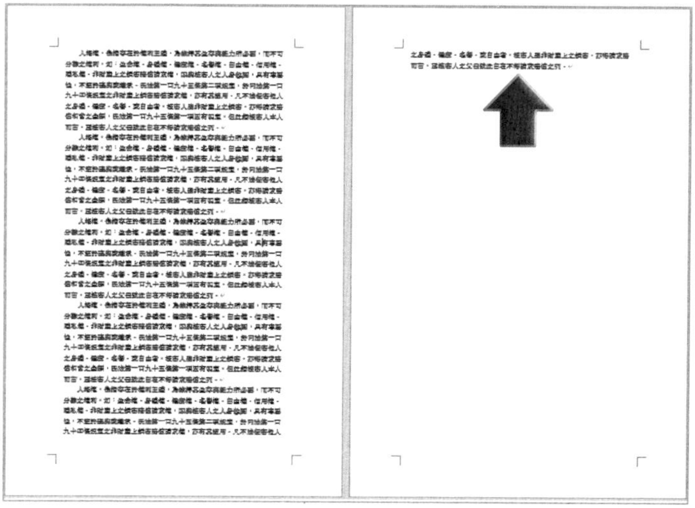

上述這個選項要避免的另一種情況是「段落的第 1 列留在上一頁」的情形：

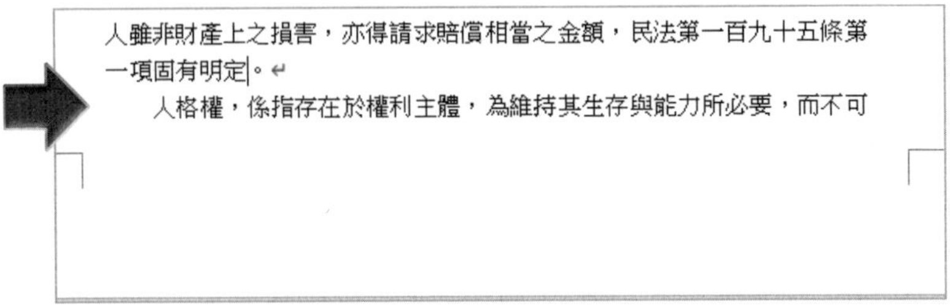

這個部分請各位開啟「練習 - 段落的第 1 列留在上一頁 -1100120.docx」自行練習。

8.5 再論樣式

「樣式」可區分成三類，其意義與對應到**樣式**窗格中所使用的符號圖示如下：

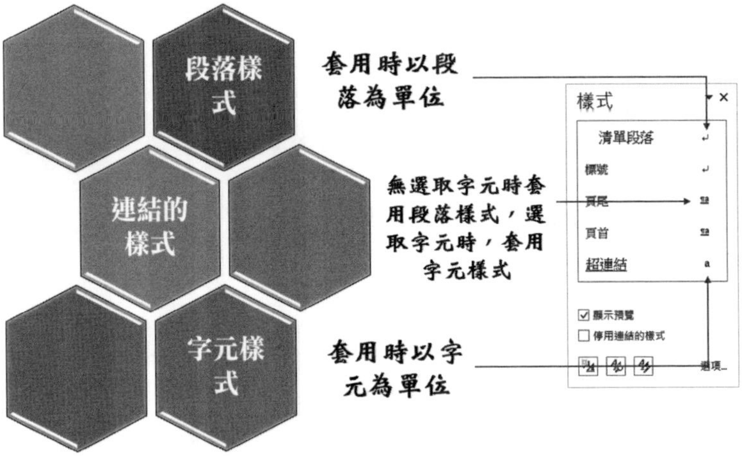

Step 1 請開啟「練習 - 樣式類型 -1100120.docx」練習檔。

Step 2 將插入點置入第 1 段的「任何一個」位置，點選**樣式**窗格中的「鮮明引文」樣式，再選取下圖中標示的文字，同樣點選**樣式**窗格中的「鮮明引文」。由於是套用連結的樣式，所以，在第 1 段中因為沒有選取文字，因此會整段套用，而第 2 次則選取了部分文字，因此僅該文字套用：

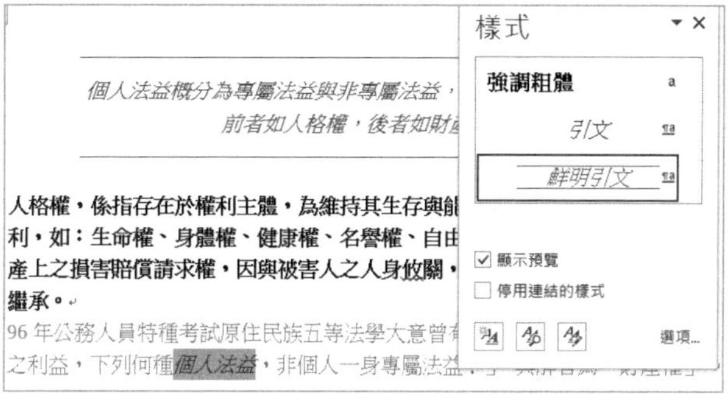

Step 3 將插入點置入最後 1 段的「任何一個」位置，點選**樣式**窗格中的「強調粗體」樣式，再選取下圖中標示的文字，同樣點選**樣式**窗格中的「強調粗體」樣式。由於是字元的樣式，所以，在最後 1 段中因為沒有選取文字，因此沒有套用，而第 2 次則選取了部分文字，因此僅該文字套用：

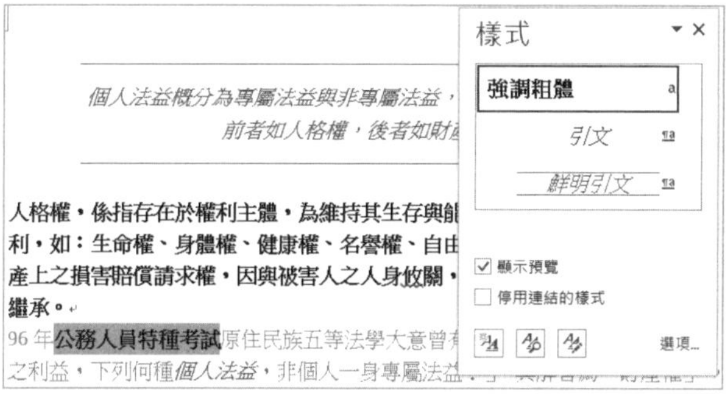

Step 4 將插入點置入第 2 段的「任何一個」位置，點選**樣式**窗格中的「無間距」樣式，再選取下圖中標示的文字，同樣點選**樣式**窗格中的「無間距」樣式。由於是段落的樣式，所以，在第 2 段中即使沒有選取文字，還是會整段套用，而第 2 次雖然選取了部分文字，由於是段落樣式，還是會整段套用：

關於樣式類型，在**修改樣式** x 設定視窗中的內容群中的【樣式類型】下拉清單中也會看得到，例如，下圖是「內文」樣式，無於 Word 預設的這些樣式無法重新調整其類型，因此，目前該清單是處於無法選取的 disabled（沒有作用）狀態：

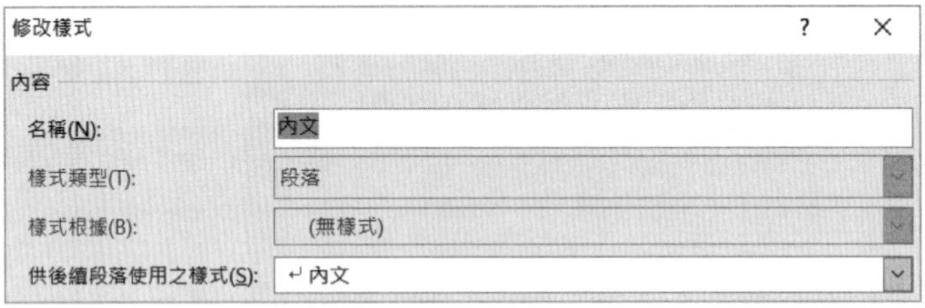

最後，上圖最後一列的【供後續段落使用之樣式】下拉清單代表的意思是，若於目前這個樣式之後，按下鍵盤上的【Enter】鍵，段落「將」使用的樣式。

以上圖為例，如果在「內文」樣式的所在段落按下【Enter】鍵所形成的新的段落也會使用「內文」樣式，這就有點像程式設計中所謂的「繼承」，預設的情況下，目前段落所引發的新段落會與目前段落使用相同的格式。這個「繼承」機制告訴我們二件事：

一、內文是用在文章撰寫時套用的基礎樣式，也是 Word 開新檔後，文件中第 1 段段落的樣式。文章中，內文的內容最多，所以，預設的情況下是第一段內容寫完之後，會再寫第二段內容的機會比較多，因此，直接「繼承」自上一段的內容格式也省下為新段落設定格式的時間。

這個設計的合理性從「標題 1」樣式也可以看出來：寫完標題，按下【Enter】鍵所形成的新的段落會直接使用「內文」樣式寫內容。這是合理的，因為標題不會在連續段落都下，最常見的情形會是下完標題之後開始寫內文。也是因為這樣的機制，因此，前面的練習中，例如在圖次的標題下按下【Enter】鍵所形成的新的段落來建立圖目次時，該段落並不會套用原先設定給圖次的「標題 1」樣式。這樣邏輯會是「**寫完標題，寫內文**」：

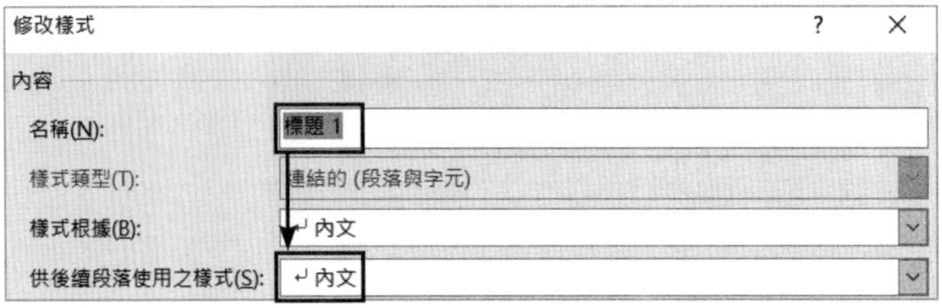

二、 由於樣式的繼承特性，因此，開始寫論文時，最好依學校規定把內容所使用的格式以樣式套裝的方式一次搞定。這樣子，就會形成**論文一段一段的寫，而格式也一段一段地延續下來**。

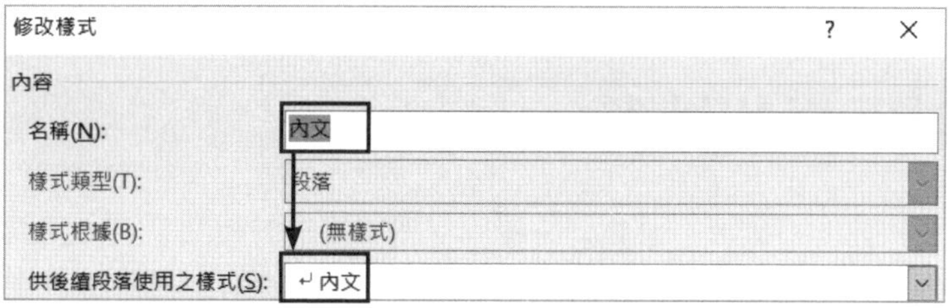
修改樣式
內容
名稱(N): 內文
樣式類型(T): 段落
樣式根據(B): (無樣式)
供後續段落使用之樣式(S): ↵ 內文

8.6 簡體中文的轉換

如果我們論文本文會參考到簡體中文的話，在套用樣式前需轉換為繁體中文，這個部分 Word 有提供預設的功能供我們直接使用。

假設我想要引用百度關於「法律實證主義」的定義：

法律实证主义
进入词条
编辑
法律实证主义
编辑
讨论
上传视频
本词条缺少概述图，补充相关内容使词条更完整，还能快速升级，赶紧来编辑吧！
法律实证主义（Legal Positivism），又称法律实证论、实证法学，是当代的一种法理学和法哲学流派，其主张法律是人定规则，法律和道德之间没有内在的和必然的联系。
实证法的理论来源于英国奥斯丁的实证主义法理学，其主要研究对象既不是法的哲学基础，也不是法律与社会的关系，而是法律本身，法的规范分析、结构分析、法律解释的技术、弥补法律空白的措施、法律渊源的等级结构、法的体系的内在统一性、法律关系的构成与种类、违法的构成要件、法律责任等。法实论证（实证法的理论）关注法律现象自身的构成、运作和技术，它是从事法律工作（包括审判、检察、律师）必备的知识。
法律实证主义（Legal·Positivism），又称法律实证论、实证法学，是当代的一种法理学和法哲学流派，其主张法律是人定规则，法律和道德之间没有内在的和必然的联系。
实证法的理论来源于英国奥斯丁的实证主义法理学，其主要研究对象既不是法的哲学基础，也不是法律与社会的关系，而是法律本身，法的规范分析、结构分析、法律解释的技术、弥补法律空白的措施、法律渊源的等级结构、法的体系的内在统一性、法律关系的构成与种类、违法的构成要件、法律责任等。法实论证（实证法的理论）关注法律现象自身的构成、运作和技术，它是从事法律工作（包括审判、检察、律师）必备的知识。
(Ctrl)

首先，將要轉換的文字先選取起來，接下來點選**校閱**索引標籤中的【簡轉繁】按鈕。

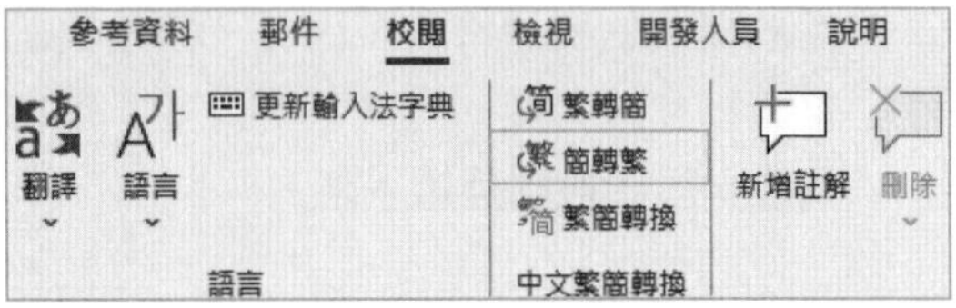

8.7 封面頁的練習

論文的封面頁的製作不難，不過會同時使用字型與段落的相關設定，目前看到的碩士論文規範中，有一很好的範例，那就是臺北科技大對封面頁的設計提供了詳細的操作說明，這是其他學校少見的，下頁的封面頁係摘自該校的規定，其中對於文字與段落都有清楚的說明外，還附上 Word 相關設定的截圖，很是貼心！這個練習就請各位自行依其製作的指示，練習一下前面關於字型與段落樣式的設定。

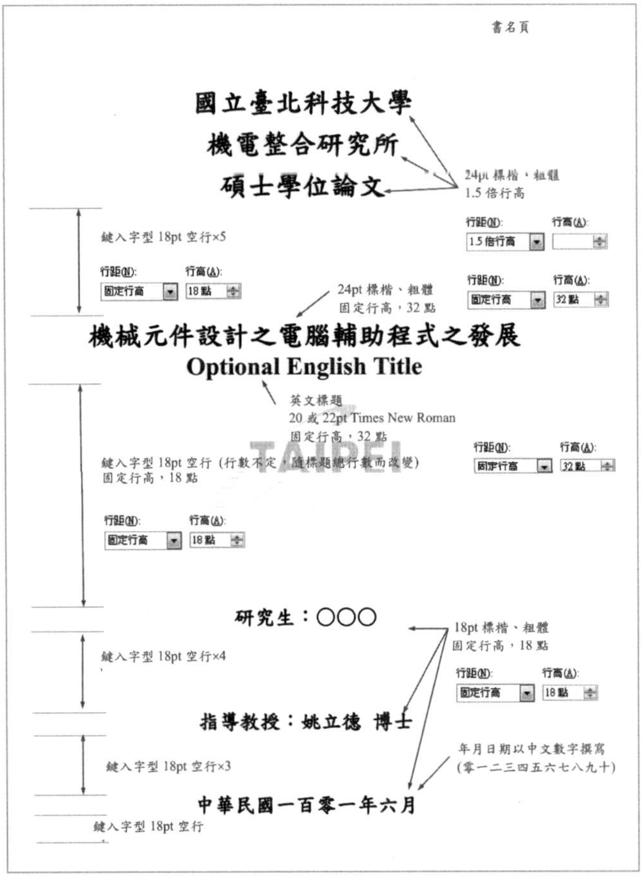

Chapter

9 圖與表

及目錄

論文本文中難免會用到圖片及表格並為其建立圖目錄及表目錄。而關於圖表目錄的製作，各校規定的方式不盡相同，例如，交通大學規定（不過範例中的頁碼前面的虛線沒有連續疑是誤植，如果要產生連續的虛線請參照第 5.5 節「目錄移除與定位點」關於目錄移除與定位點的說明）：

2. 圖表目錄：文內表圖，各依應用順序，不分章節連續編號，並表列一頁目次（見圖 3）。

表目錄

圖目錄

圖 3　圖、表目錄範例

對於圖表目錄是各自新頁製作還是圖目錄與表目錄合一頁，交通大學的格式與勤益科技大學（不過範例中的頁碼前面的虛線沒有連續疑是誤植，如果要產生連續的虛線請參照第 5.5 節「目錄移除與定位點」關於目錄移除與定位點的說明）對於圖表目錄，都要求列於一頁，並且連續編號：

2. 圖表目錄：文內表圖，各依應用順序，不分章節連續編號，並表列一頁目次（見附件十一、十二）

表目錄

圖 3　圖表目錄範例

也有些學校要求標題不能像前面二校寫成「表目錄」，例如，暨南國際大學：

1、 置頂&置中對齊。
2、 不要寫成表次、表目錄等。

表目次

表一　視力狀況調查表 2

附表一　表標題 6

表標題務必與內文標題一致，頁碼相符。

頁碼靠右對齊。

除了標題名稱外，對於編號是否為數字及編號的階層及是否另起新頁的要求可能也有不同，例如，下面是臺南大學的規定：

7.　**表次**：另起一頁，各章之表格編號以二階方式呈現，例如第三章第一個表格之編號為"表 3-1"（見**圖 5**及**附件九**）。

8.　**圖次**：另起一頁，各章之圖檔編號以二階方式呈現，例如第三章第一張圖之編號為"圖 3-1"（見**圖 6**及**附件十**）。

對於帶有各章順序的二階編號，本來不難，Word 本身就可以設定，但對於像是臺南大學的規定，就要特別處理了，因為其規定的圖表編號的章是以「數字」起頭，但其論文的章標題卻不是數字編碼的標題，而是國字的章節標題，這二者的不一致會造成 Word 預設的自動處理要有點迂迴了，臺北科技大學的情況也是如此：

表目錄

表 1.1　工具機之特性 7

表 2.1　齒輪之耐磨壽限 11

表 2.2　影響晶粒成長之因素 12

表 2.3　20 天所檢驗的結果 22

表 3.1　典型的銅基鑄造合金 30

嘉義電物系有一種格式與臺南大學及臺北科技大學都相同，但也規定可以採用下面這種三階層編碼，這就會讓處理方式的選擇更少了：

附錄六：表目錄範例

表目錄

（加黑置中，標楷體字體 24 號字，行高設定 1.5 倍）

關於二階的編碼，中興大學法律碩士專班的論文範本採用的格式顯然對研究生比較友善一些，因為要帶上的章編碼的格式與論文結構的標題格式是相同的，例如其範本中的「表四 2」，其中的「四」是「章標題」使用的格式：

表四 2—我國境內銷售行為構成租稅範圍類型-以營業稅法規範列示

租稅主體		租稅客體	租稅範圍	案型
成立目的	組織別	銷售貨物或勞務型態		
以營利為目的	事業（獨立性）	以營利為目的	是	A
		不以營利為目的	是	B
非以營利為目的	事業、機關、團體、組織（獨立性）	以營利為目的	是	C
		不以營利為目的	原則否；例外是	D

用來自動產生圖表目錄的來源是論文本文中為圖及表插入標號的圖或表本身。關於論文本文中圖或表，其組成結構，以交通大學為例：

①表號及表名列於表上方，圖號及圖名置於圖下方。資料來源及說明，一律置於表圖下方。
②圖表內文數字應予打字或以工程字書寫。

表 1　×××××

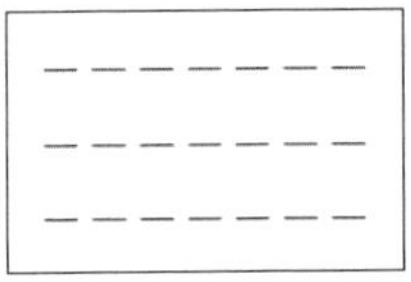

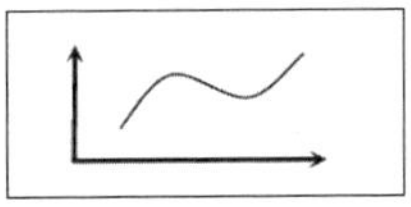

圖 3 ×××××

資料來源：××××　　　資料來源：××××

一、 標題：圖 + 阿拉伯數字序號或表 + 阿拉伯數字序號，表標題置於表上，圖標題置於圖下。

二、 圖或表本身。

三、 資料來源。

從交通大學的舉例來看，標題或資料來源都是靠左對齊（不過範例中的圖 3 xxxxx 沒有對齊資料來源的左側），但是對於標題文字的字型、大小及與圖或表間的距離，在交通大學的舉例中並未規定，但是像臺北科技大學，則規定甚詳，不過其標題是置中對齊：

3.10.4 標題

每個表與圖均應有一個簡潔的標題(caption)。標題不得使用縮寫。表與圖的標題採用與本文相同的字型－中文使用標楷體字型（歐文使用 Times New Rome 字型）。歐文的表與圖標題後得加上句點，但中文不加。

表標題的排列方式為向表上方置中、距離另加約 6pt、對齊該表。圖標題的排列方式為向圖下方置中、距離另加約6pt、對齊該圖。使用 Microsoft Word 時，標題與圖或表之距離於「格式」中之「段落」、以「段落間距」設定。例如表3.1及圖3.2所示。

但是對於「資料來源」，臺北科技大學的文字說明及圖示似乎都漏未規定：

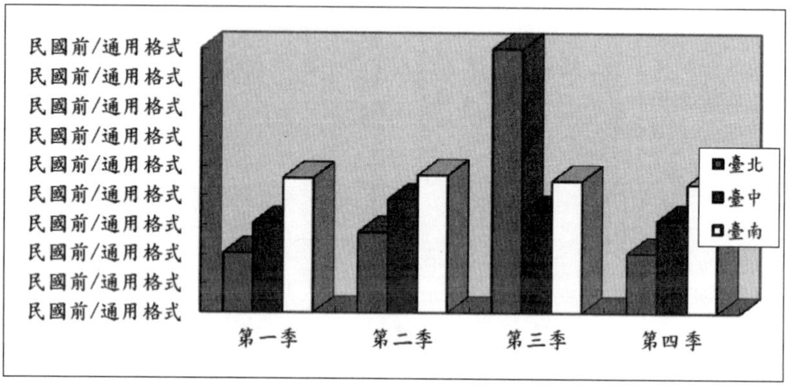

圖3.2　每季累計金額

關於資料來源的段落對齊，在中興大學法律碩士專班的論文範本中，一律採「靠右對齊」：

表三 1—不確定法律概念與行政裁量比較表

	不確定法律概念	行政裁量
適用法規	含公法法規及私法法規	僅存在公法法規
存在層次	存在構成要件事實之中	裁量係對產生法律效果之選擇
自由判斷可能性	雖有多種解釋或判斷可能，但僅其中一種為正確	裁量各種選擇皆合法，但適當與否則有探討空間
法院審查	法院以審查為原則，但屬行政機關享有判斷餘地者，法院尊重其判斷	法院以不審查為原則，瑕疵裁量則屬應受審查之例外情形

資料來源：吳庚、盛子龍，行政法之理論與實用，頁 116

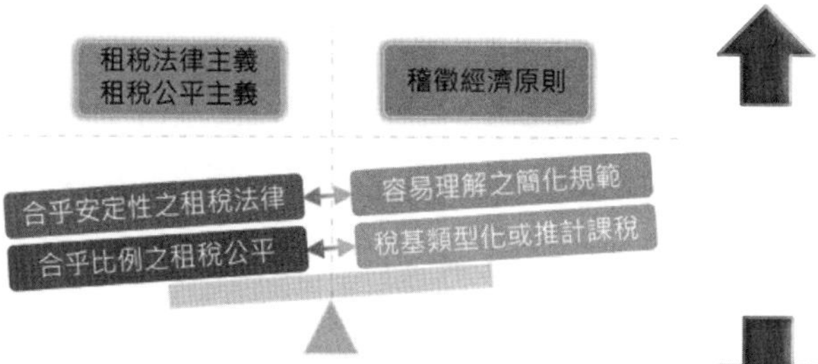

圖三 1—租稅法之利益均衡關係圖

資料來源：本文繪製

另外，有些學校則是針對圖及表做區分，像是暨南國際大學的圖標題及資料來源採置中對齊，但表標題及資料來源則採靠左對齊：

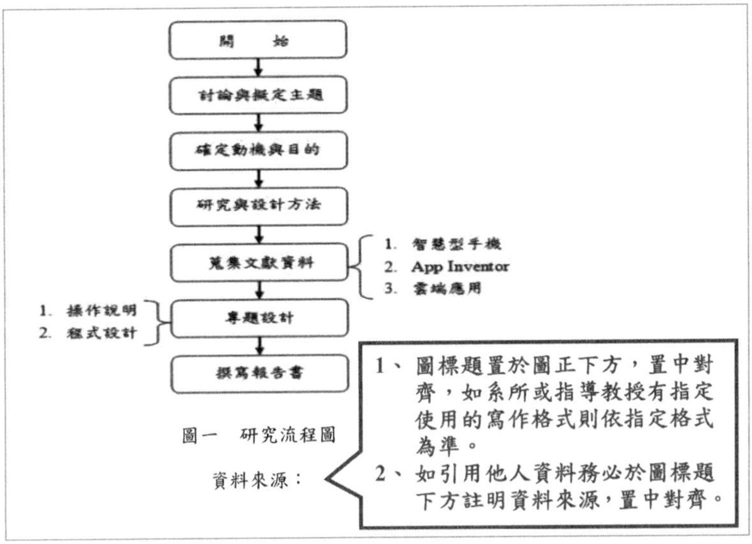
開　始
討論與擬定主題
確定動機與目的
研究與設計方法
蒐集文獻資料
1. 智慧型手機
2. App Inventor
3. 雲端應用
1. 操作說明
2. 程式設計
專題設計
撰寫報告書
圖一　研究流程圖
資料來源：
1、圖標題置於圖正下方，置中對齊，如系所或指導教授有指定使用的寫作格式則依指定格式為準。
2、如引用他人資料務必於圖標題下方註明資料來源，置中對齊。

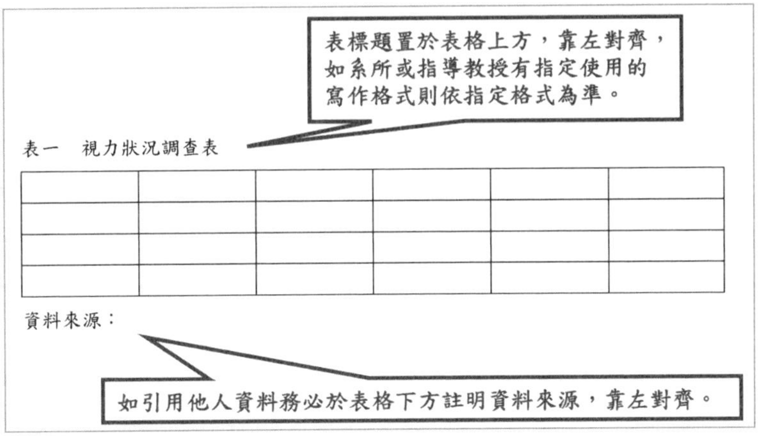
表標題置於表格上方，靠左對齊，如系所或指導教授有指定使用的寫作格式則依指定格式為準。
表一　視力狀況調查表
資料來源：
如引用他人資料務必於表格下方註明資料來源，靠左對齊。

看來，針對圖或表的製作，請依各校規定依下列項目檢查其格式：

標題	字型、字型大小、段落對齊、標題名稱
標號	一階阿拉伯數字、一階中文數字 二階阿拉數字、二階中文與阿拉伯數字混合
資料來源	資料來源後面是否有冒號、字型、字型大小、段落對齊
間距	標題與圖或表的距離、資料來源與圖標題或表的距離

接下來的練習的重點在於如何藉助 Word 來建立圖表目錄及為圖表產生連續的標號，至於目錄到底是「目次」還是「目錄」、字型、字型大小、間距的部分，則請各位依學校的需求在完成圖表標號及圖表目錄之後再自行依前面設定過的字型與段落自行調整囉。

9.1 圖表目錄

一旦在論文本文中依 Word 的規矩完成了圖表的標號後（如何設定標號，詳 9.2 以後各節的說明），接下來自動產生圖表目錄就簡單多了。

Step 1 開啟「練習 - 長篇文件 - 圖表目錄 -1100120.docx」。

Step 2 點選導覽窗格的「表次」切換到該頁，並將滑鼠游標移到「表次」之後，按下鍵盤上的【Enter】鍵產生新的一段：

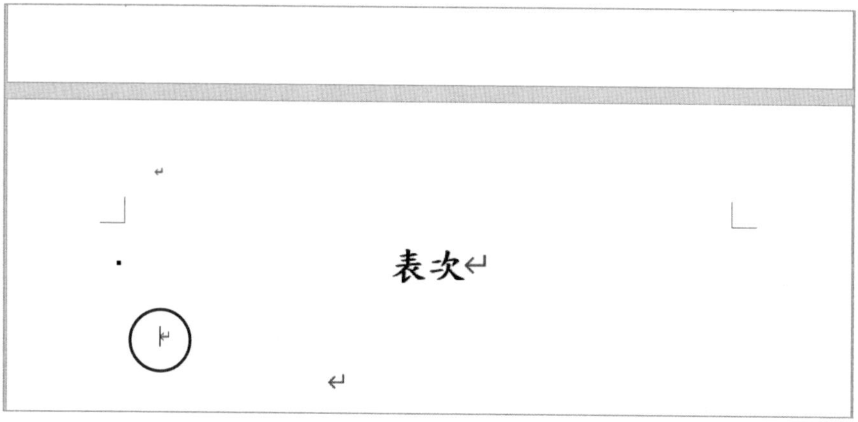

Step 3 點選**參考資料**索引標籤中**標號**群組中的【插入圖表目錄】選項：

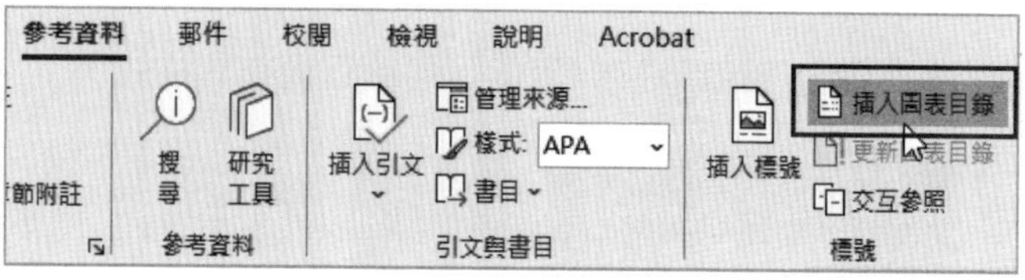

Step 4 預設會開啟**圖表目錄** x 設定視窗的**目圖表錄**頁籤：

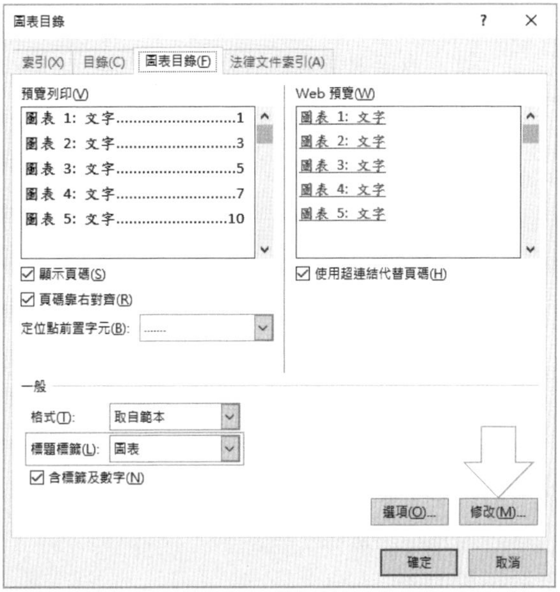

在這個視窗中主要有二個位置要設定，一是【標題標籤】這個下拉清單，至於要選清單中的哪一個選項就要看在論文本文中插入標號的時候所使用的「標籤名稱」是什麼而定，至於另外一個則是利用【修改】按鈕做格式的設定。

Step 5 點選【標題標籤】開啟這個下拉清單，由於這支練習檔的表是使用「表格」標籤，因此，產製表目次時就須搭配選取「表」：

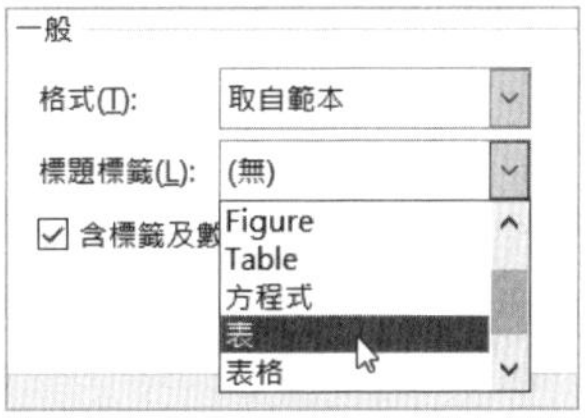

對於格式的修改請點選【修改】按鈕，這個**樣式** x 設定視窗在前面有操作過，就請各位自行翻閱：

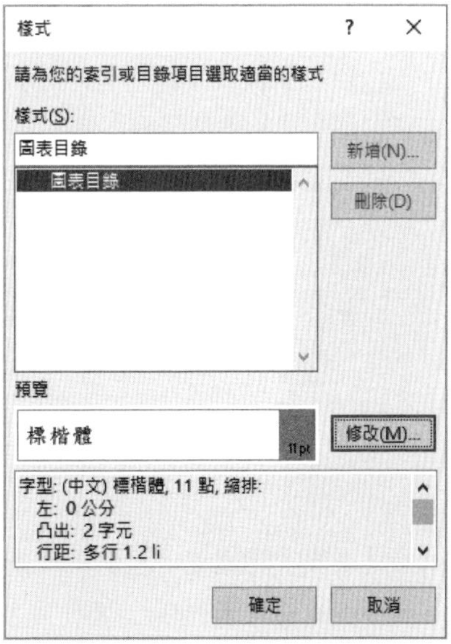

Step 6 設定好【標題標籤】後，表次就完成了。點選【確定】按鈕關閉**圖表目錄 x** 設定視窗返回文件編輯狀態：

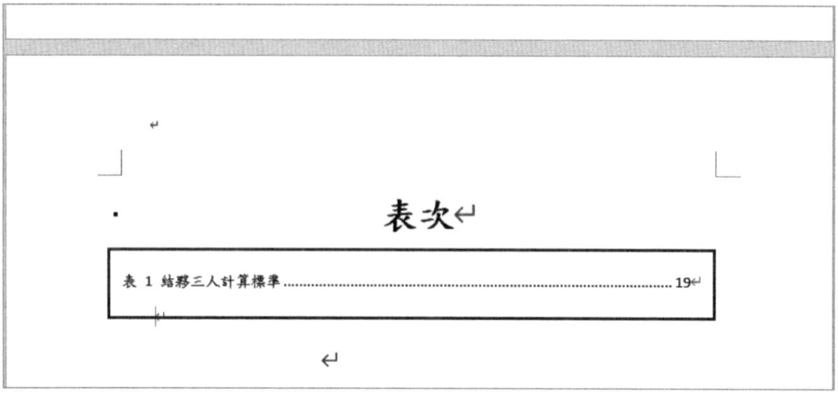

將滑鼠游標置入目錄中，例如：

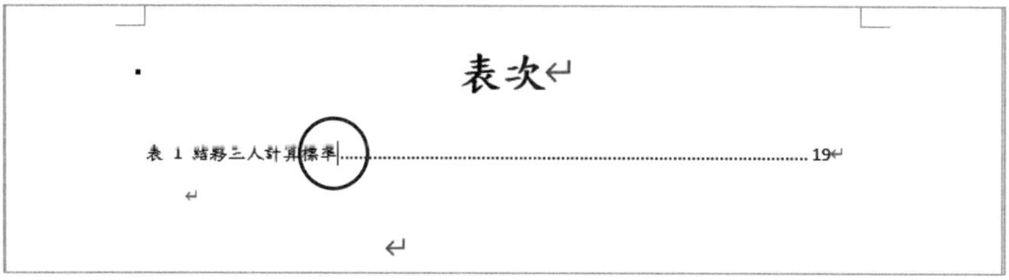

再開啟**樣式 x** 設定視窗，會看到自動產生的【圖表目錄】樣式，此時也可以進行格式的修改喔：

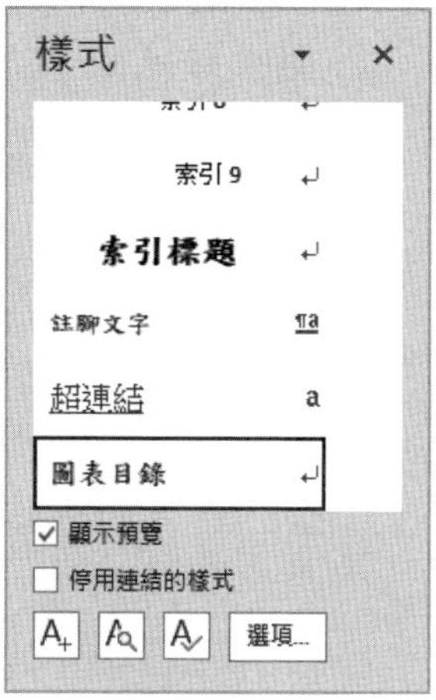

以上就是表次的建立，至於圖次的操作是一樣的，差異處僅在【標題標籤】下拉清單的選擇，我們再來操作一次看看。

Step 1 點選導覽窗格的「圖次」切換到該頁，並將滑鼠游標移到「圖次」之後按下鍵盤上的【Enter】鍵產生新的一段：

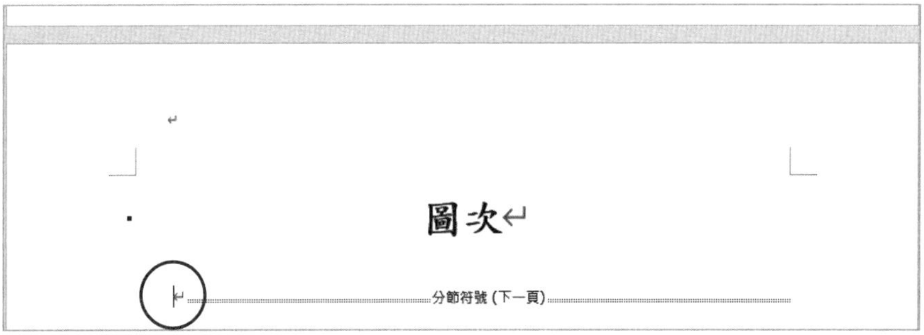

Step 2 點選**參考資料**索引標籤中**標號**群組中的【插入圖表目錄】選項：

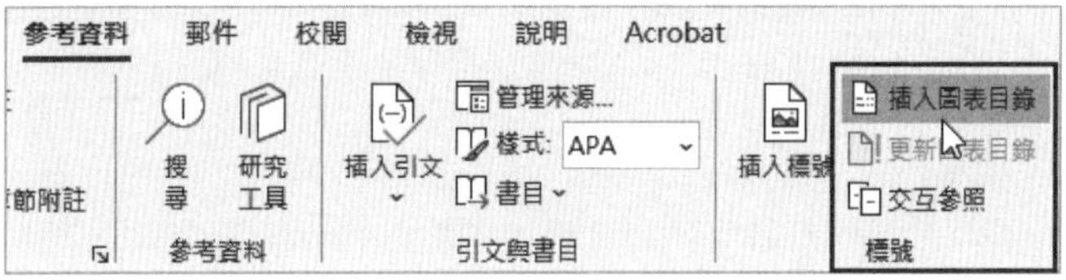

Step 3 預設會開啟**圖表目錄** x 設定視窗的**目圖表錄**頁籤：

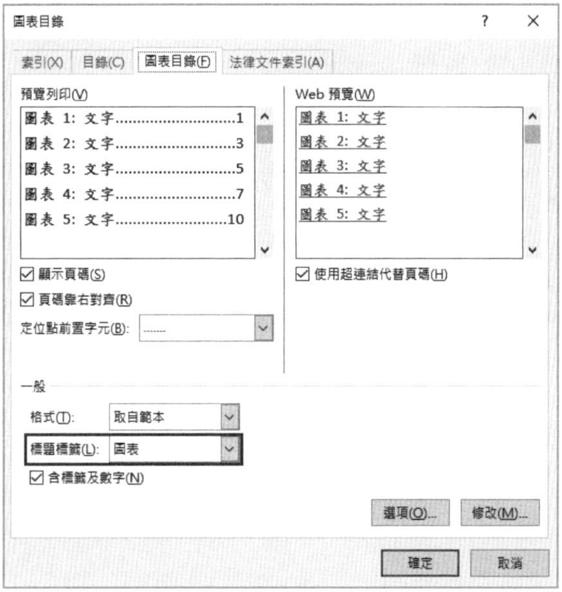

Step 4 點選【標題標籤】開啟這個下拉清單，由於這支練習檔的表是使用「圖」標籤，因此，產製表目次時就須搭配選取「圖」：

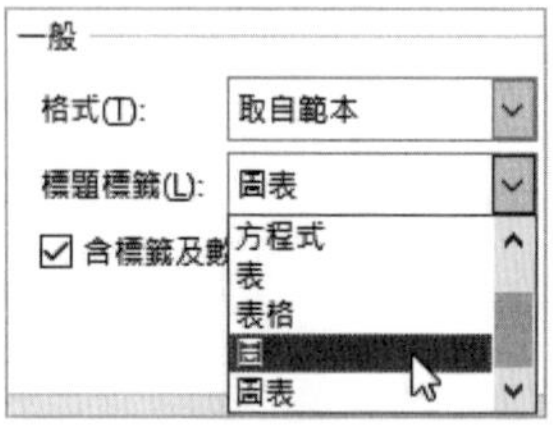

Step 5 設定好【標題標籤】後，表次就完成了。點選【確定】按鈕關閉**圖表目錄 x** 設定視窗返回文件編輯狀態，本例由於練習檔中的圖較多，因此產生了二頁的圖次，完成後會看到圖次的最後頁：

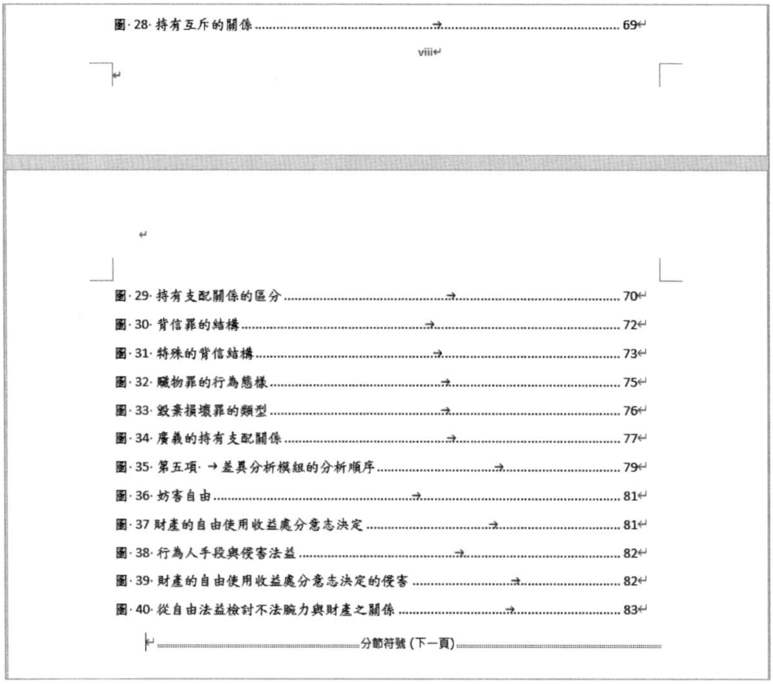

完成檔請參閱「練習 - 長篇文件 - 圖表目錄 - 完成檔 -1100120.docx」。

9.2 圖表標號

第一節係假設圖或表的標號已經完成，因此可以直接製作相關的目次。因此本節要來說明一下如何為論文本文中的圖或表加上標號。

Step 1 開啟「練習 - 圖表及目錄 01-1100120.docx」。練習檔中有三張圖，其中第 1 張還沒有加上標號，表也有二個，一樣是第一個表沒有加上標號。這二個沒有加上標號的圖表就是接下來要設定的。

Step 2 點選導覽窗格的「第一章 緒論」切換到該頁，並選取第一張圖，要確定圖有沒有被順利選取，請檢查一下圖的四周外圍是否有調整圖大小的「圈圈」圖示：

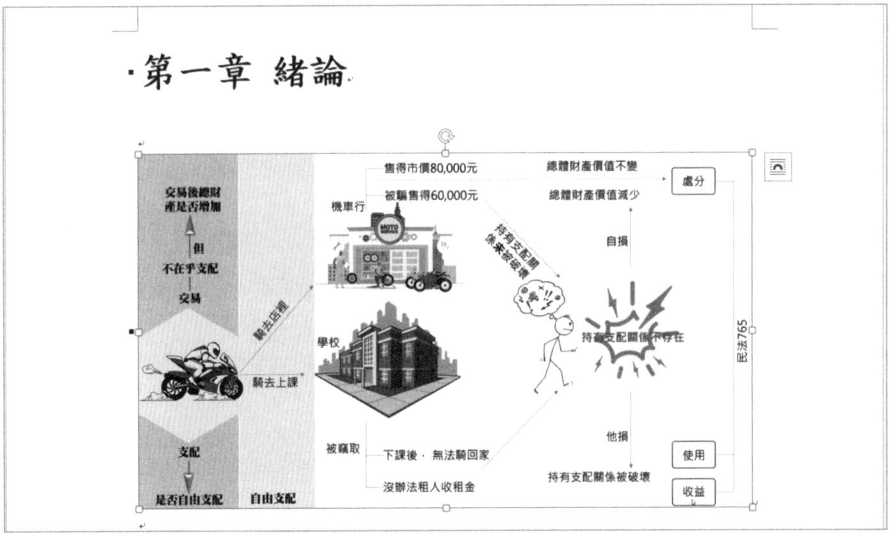

Step 3 點選**參考資料**索引標籤中**標號**群組中的【插入標號】按鈕：

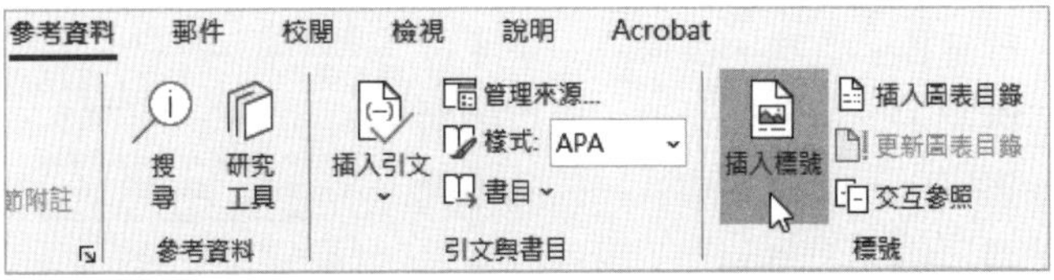

Step 4 預設會開啟**標號** x 設定視窗，此時不要管【標號】下方的文字框的內容。如果是第二次以後，我們需要的標籤應該會出現在【標籤】下拉清單中，此時只要點選其中之一即可：

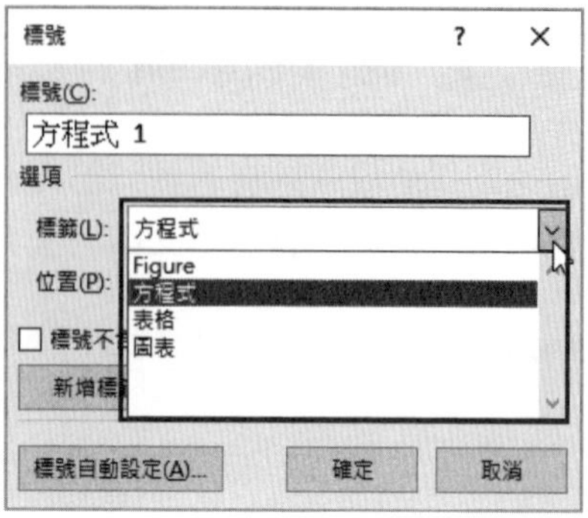

如果不是的話，那就的「標籤」是第一次操作，那麼就要點【新增標籤】按鈕，本練習我們要加入「圖」這個標籤，所以，請接著點選這個按鈕（注意：就算標籤已經存在，一樣可以再新增同樣的標籤）：

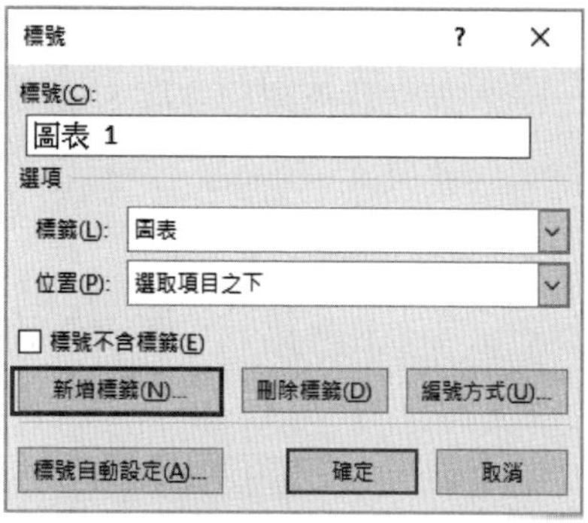

接著會出現**新增標籤** x 設定視窗，請於【標籤】下方的文字框輸入「圖」，完成請點選【確定】按鈕離開：

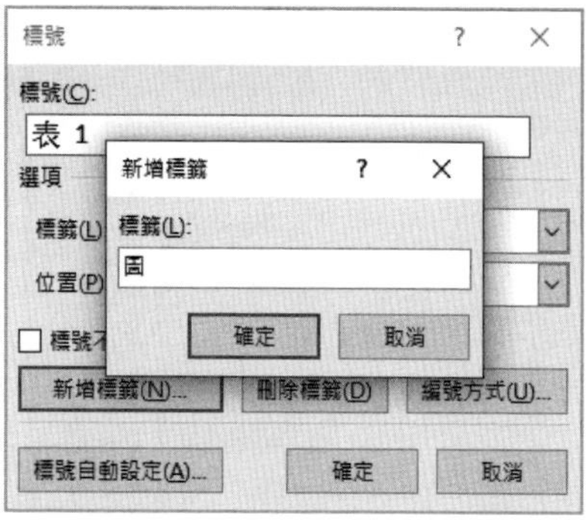

Step 5 返回**標號** x 設定視窗後，【標號】下方的文字框的內容就會是目前選取的這張圖的標號。確定標號之後，要檢查一下【位置】下拉清單中的值是否正確，以本例而言，因為要插入的是圖的標號，因此【位置】下拉清單中的值必須是「選取項目之下」：

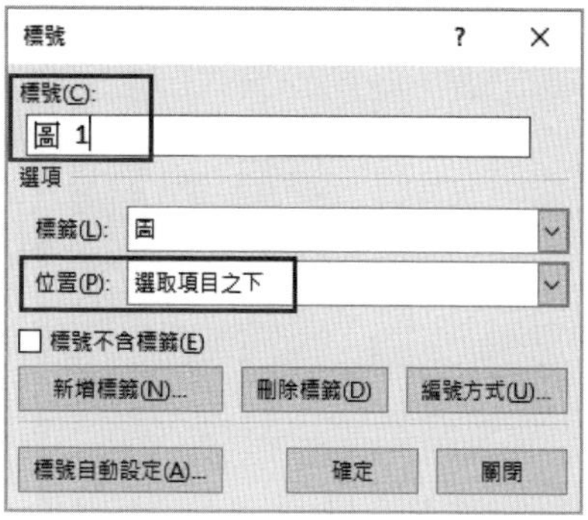

確定沒問題之後，請點選【確定】按鈕關閉**標號 x** 設定視窗返回文件編輯狀態。

此時在原先選取的圖下方就會出現「圖 1」這個標號，而這個標號與我們在上圖的**標號 x** 設定視窗中的【標號】下方的文字框的內容是相同的。除了新增標號之外，原先下方那張標號為「圖 1」的標號會自動更新為「圖 2」：

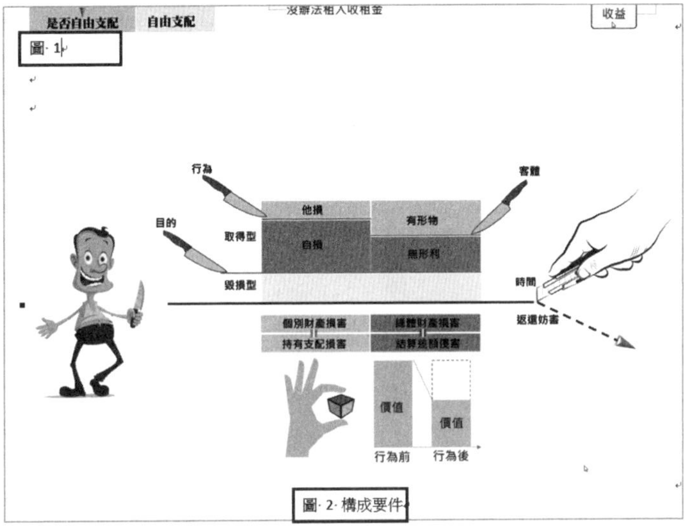

注意：圖 1 中的「1」有灰底，表示這是一個「功能變數」，所以不要手動去處理它。

目前標號「圖 1」後面並沒有加上圖的名稱，我們可以在後面自行加入：

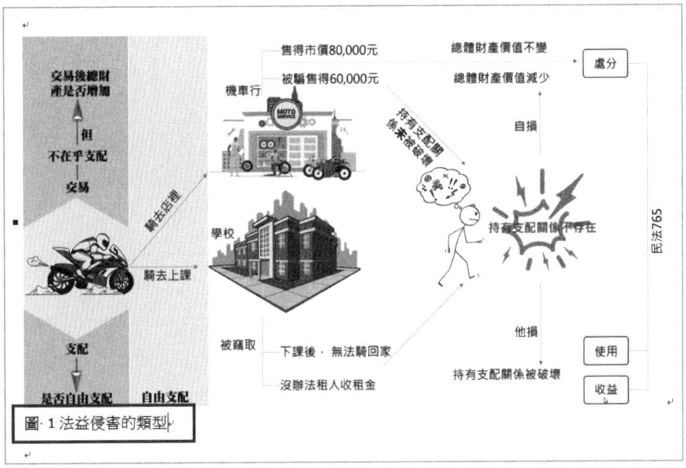

或者在**標號 x** 設定視窗中【標號】下方的文字框，於新增的「圖 1」之後自行加入：

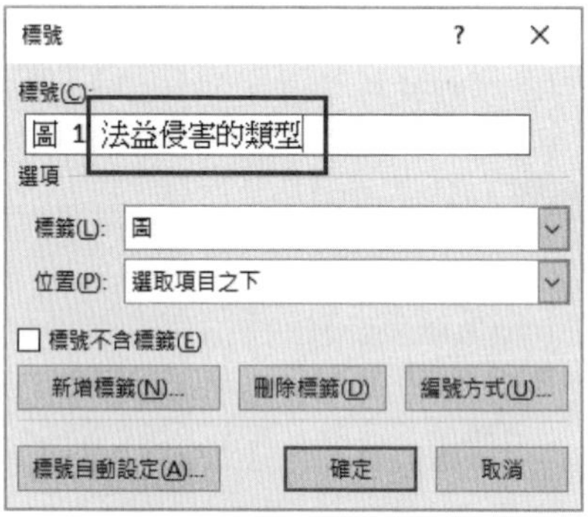

最後，請依學校要求自行修正練習目前插入後的格式。

上述新增標號時，後面圖的標號會自動更新，不過在移動圖及刪除時，Word 不會像這樣自動更新，我們需要手動處理。例如，選取上述加入的「圖 1」：

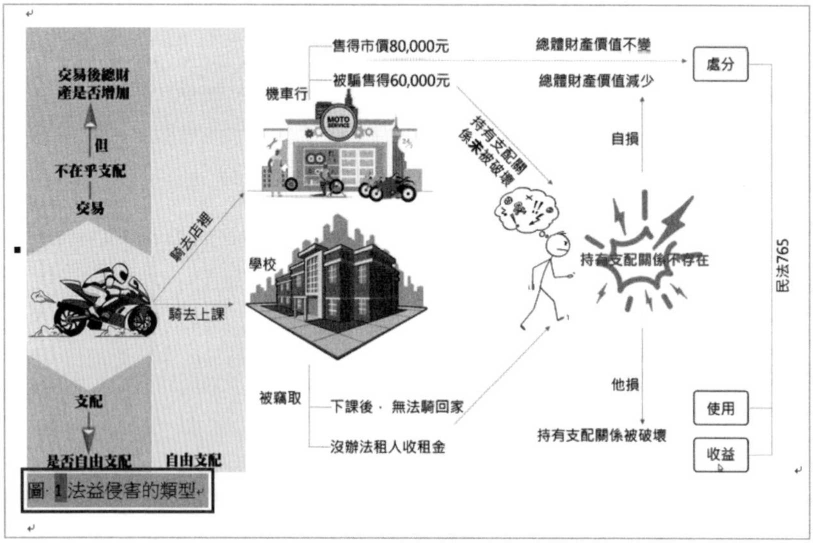

按下鍵盤上的【Delete】鍵，此時，「圖 1」標號會消失，但是原先已自動標為「圖 2」的第二張圖，其標號並未自動更新為「圖 1」：

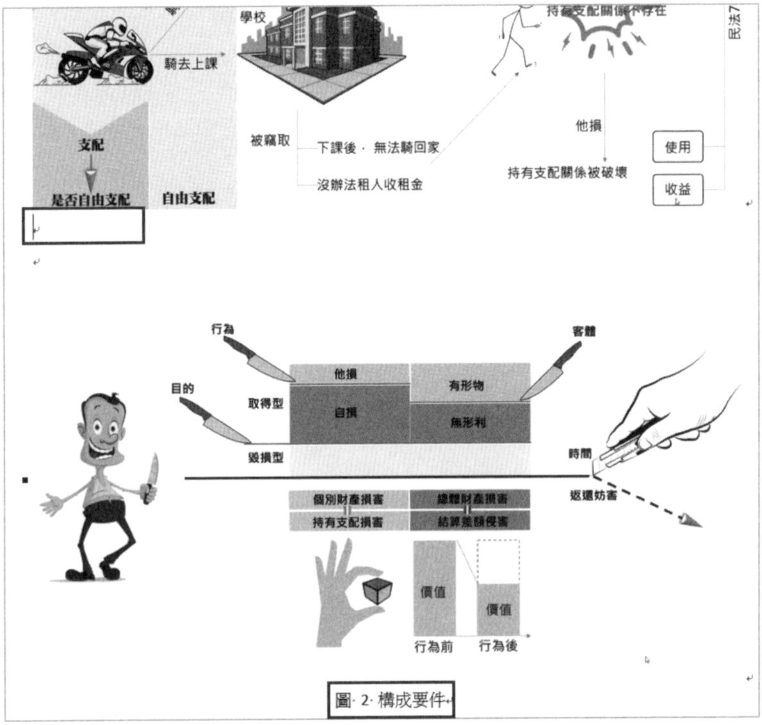

此時，請將「圖 2」中的「2」選取起來，然後按下滑鼠「右」鍵開啟選單：

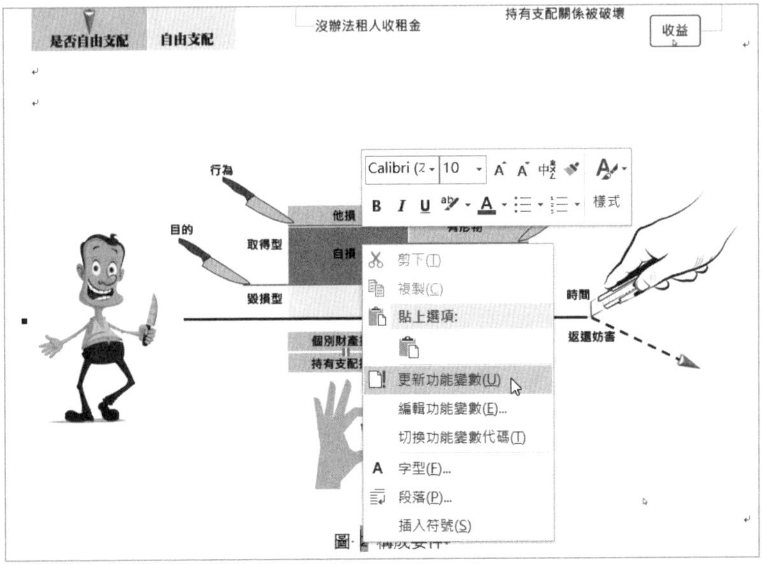

最後，從開啟的選單中點選【更新功能變數】選項即可。

接下來進行移動第一張圖的練習，在練習之前，請先將剛才刪除的標號再重新插入或者按下鍵盤上的【Ctrl + Z】復原至未被刪除的狀態。

圖要移動時，千萬記得一定要連同標號一起選取，不可以只選取圖，例如，將原先的「圖 1」選取起來：

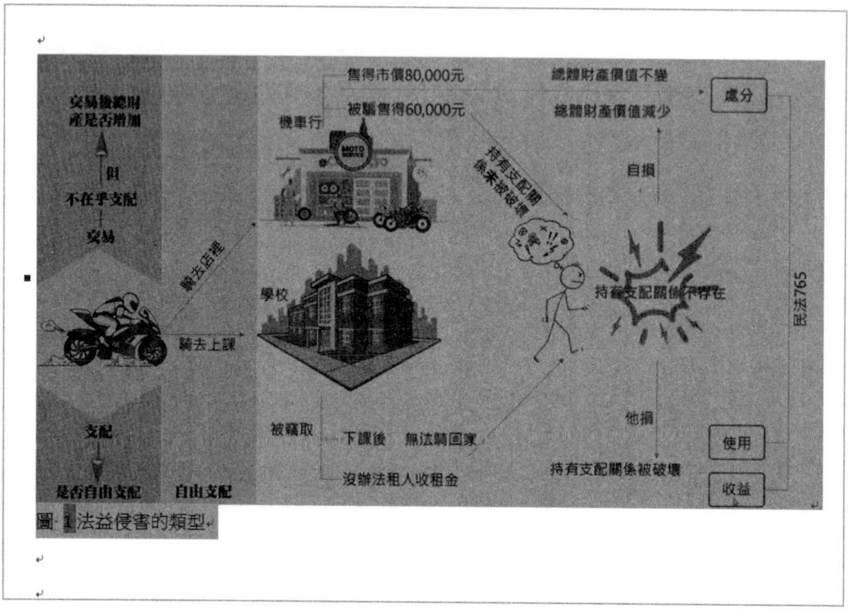

然後按剪下或鍵盤上的【Ctrl + X】，然後捲動畫面到下一章的圖 3 之下並置入插入點：

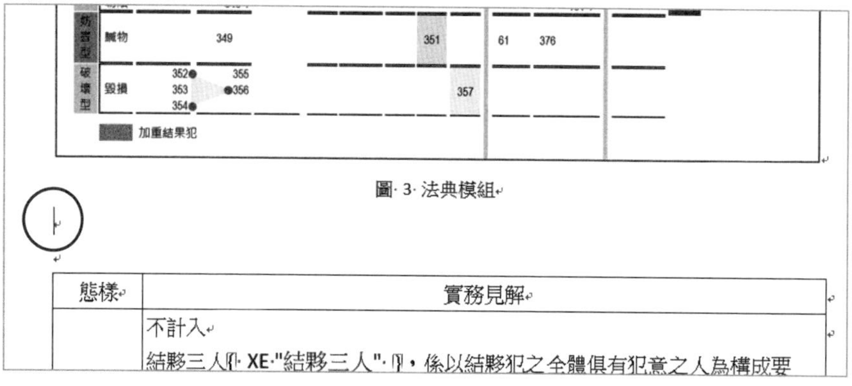

最後，貼上或鍵盤上的【Ctrl + V】：

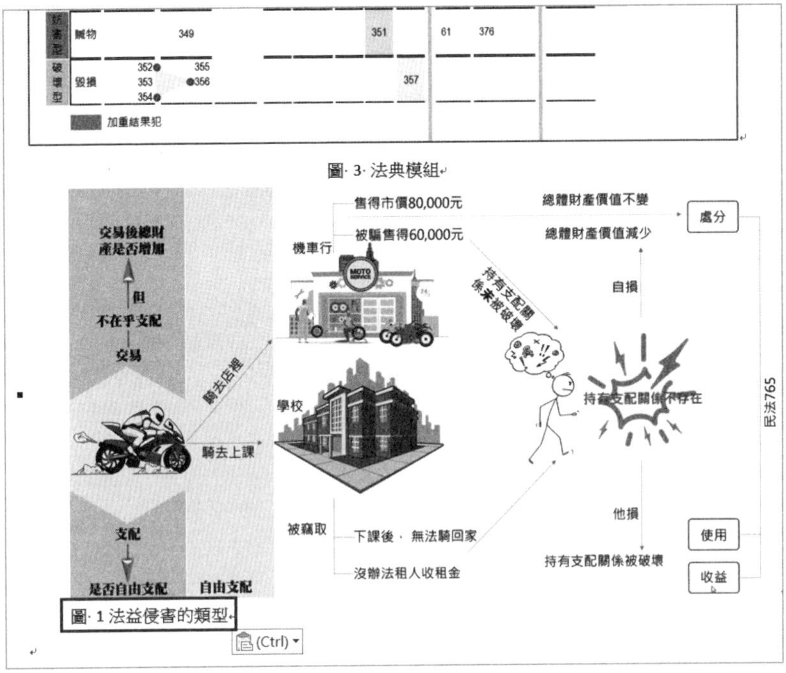

從結果看起來，剪過來的圖號仍是「圖 1」，這表示不只這張圖的圖號錯誤，連這張圖原先之後的圖號一定也是錯誤的，例如，其中的「圖 3」應該在貼了「圖 1」之後自動更新為「圖 2」才是。

所以，我們目前有二張圖要手動更新，這不難，萬一原來「圖 1」底下有 100 張圖，而我們將「圖 1」貼到原先的第 100 張之後，那不就是這 100 張圖的所有圖號都錯嗎？天啊，我要手動 100 張圖！

當然不是，我們可以一次更新。記得前面說過，「圖 1」中的「1」是「功能變數」嗎？所以，我們要做的就是「更新」這些功能變數。

怎麼做？按下鍵盤上的【Ctrl + A】或是編輯區的左側點選滑鼠左鍵「3」下也可以，然後在任一張圖的功能變數上，按下滑鼠「右」鍵開啟單，接著再從開啟的選單中點選【更新功能變數】選項即可，完成後其結果如下：

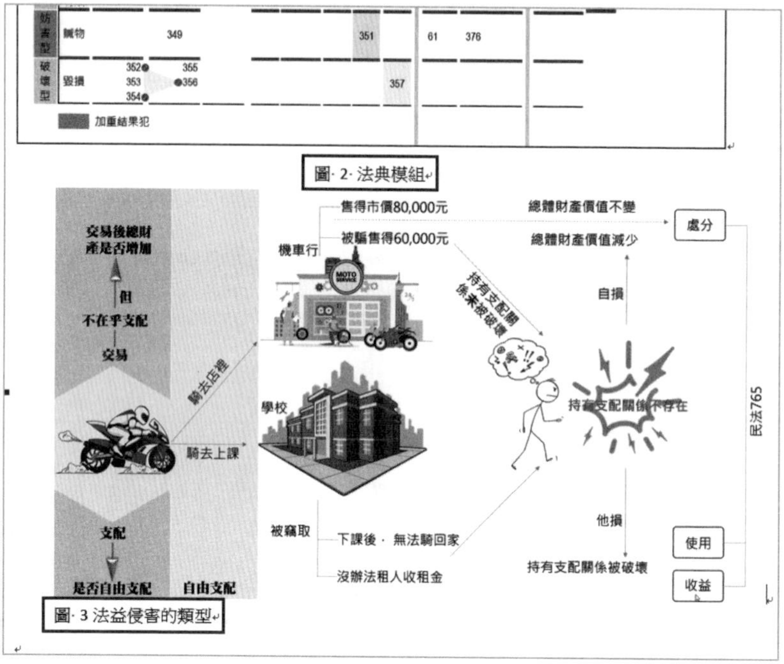

完成檔在「練習 - 圖表及目錄 01- 完成檔 -1100120.docx」請參閱。

如果在更新前，文件中已經有目錄的話，不會像上個練習一樣，直接更新，而是會跳出**更新圖表目錄** x 設定視窗讓我們選擇：

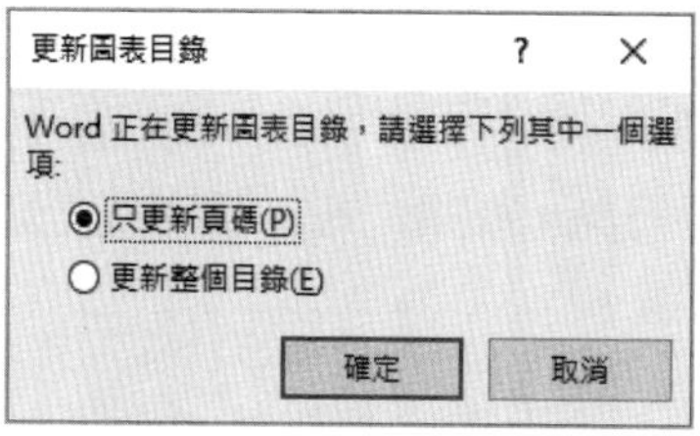

以上是關於圖的標號，至於表的標號其操作方式相同，只差在**標號** x 設定視窗中【標籤】的選擇。

Step 1 開啟「練習 - 圖表及目錄 03-1100120.docx」。

Step 2 點選導覽窗格的「第二章 文獻探討」切換到該頁，並選取第一個表格。先將插入點置入表格中的任一位置，再點選左上角的符號：

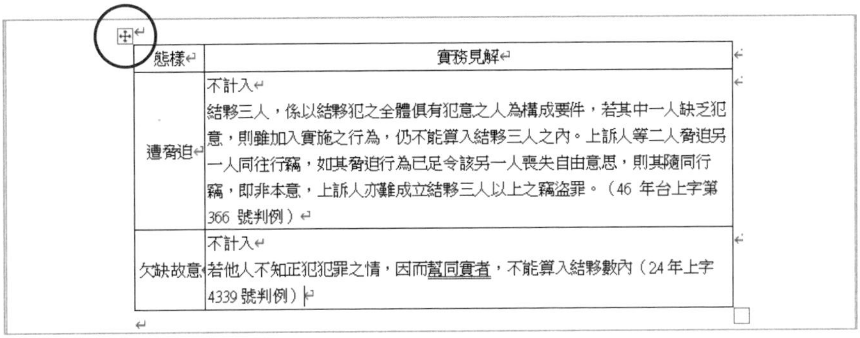

態樣	實務見解
遭脅迫	不計入 結夥三人，係以結夥犯之全體俱有犯意之人為構成要件，若其中一人缺乏犯意，則雖加入實施之行為，仍不能算入結夥三人之內。上訴人等二人脅迫另一人同往行竊，如其脅迫行為已足令該另一人喪失自由意思，則其隨同行竊，即非本意，上訴人亦難成立結夥三人以上之竊盜罪。（46 年台上字第 366 號判例）
欠缺故意	不計入 若他人不知正犯犯罪之情，因而幫同實者，不能算入結夥數內（24 年上字 4339 號判例）

這樣子就能完成表格的選取了：

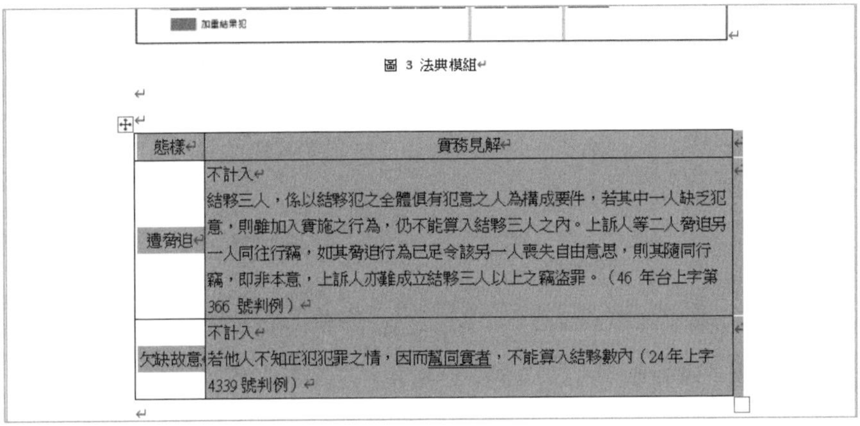

加重結果犯

圖 3 法典模組

態樣	實務見解
遭脅迫	不計入 結夥三人，係以結夥犯之全體俱有犯意之人為構成要件，若其中一人缺乏犯意，則雖加入實施之行為，仍不能算入結夥三人之內。上訴人等二人脅迫另一人同往行竊，如其脅迫行為已足令該另一人喪失自由意思，則其隨同行竊，即非本意，上訴人亦難成立結夥三人以上之竊盜罪。（46 年台上字第 366 號判例）
欠缺故意	不計入 若他人不知正犯犯罪之情，因而幫同實者，不能算入結夥數內（24 年上字 4339 號判例）

Step 3 預設會開啟**標號 x** 設定視窗，此時不要管【標號】下方的文字框的內容。如果是第二次以後，我們需要的標籤應該會出現在【標籤】下拉清單中，此時只要點選其中之一即可：

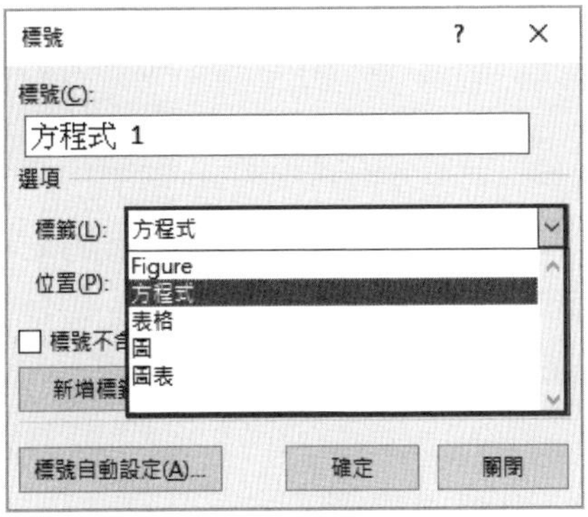

如果不是的話，那就的「標籤」是第一次操作，那麼就要點【新增標籤】按鈕，本練習我們要加入「表」這個標籤，所以，請接著點選這個按鈕（注意：就算標籤已經存在，一樣可以再新增同樣的標籤）：

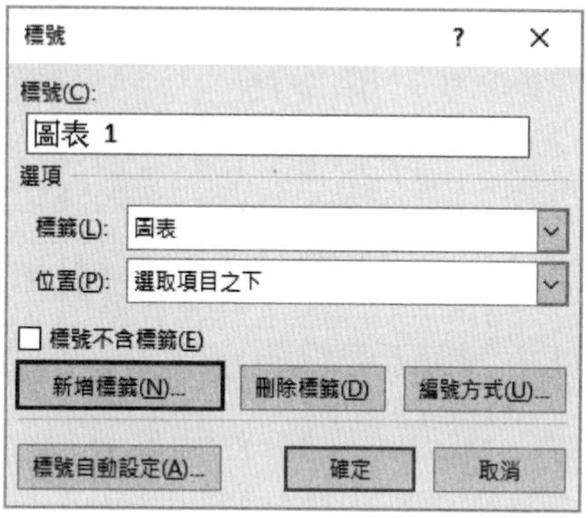

接著會出現**新增標籤 x** 設定視窗，請於【標籤】下方的文字框輸入「表」，完成請點選【確定】按鈕離開：

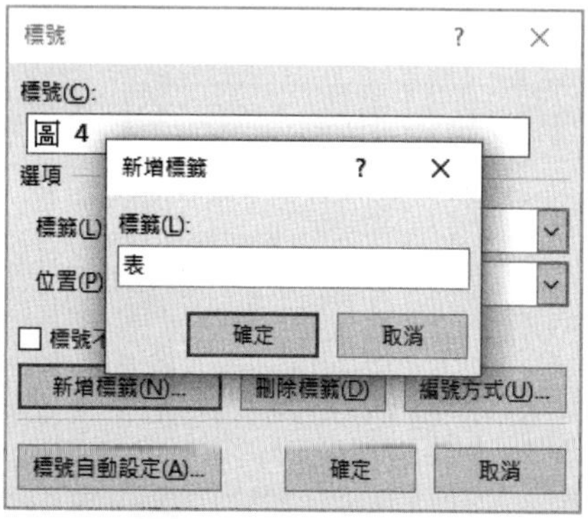

Step 4 返回**標號 x** 設定視窗後，【標號】下方的文字框的內容就會是目前選取的這張圖的標號，此時可以加入表的名稱。確定標號及表的名稱之後，要檢查一下【位置】下拉清單中的值是否正確，以本例而言，因為要插入的是表的標號，因此【位置】下拉清單中的值必須是「選取項目之上」：

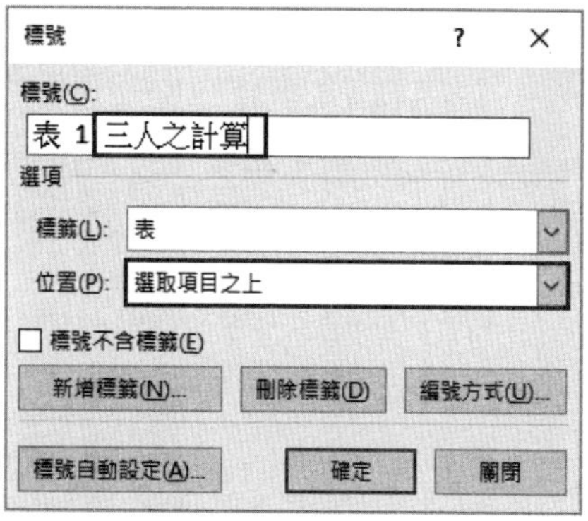

確定沒問題之後，請點選【確定】按鈕關閉**標號 x** 設定視窗返回文件編輯狀態，此時在原先選取的圖下方就會出現「表 1」這個標號，而這個標號與我們在上圖的**標號 x** 設定視窗中的【標號】下方的文字框的內容是相同的。

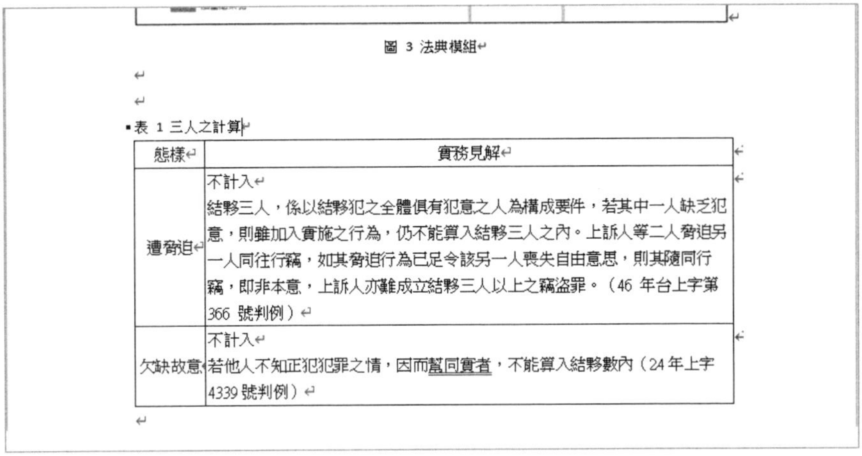

圖 3 法典模組

表 1 三人之計算

態樣	實務見解
遭脅迫	不計入 結夥三人，係以結夥犯之全體俱有犯意之人為構成要件，若其中一人缺乏犯意，則雖加入實施之行為，仍不能算入結夥三人之內。上訴人等二人脅迫另一人同往行竊，如其脅迫行為已足令該另一人喪失自由意思，則其隨同行竊，即非本意，上訴人亦難成立結夥三人以上之竊盜罪。（46 年台上字第 366 號判例）
欠缺故意	不計入 若他人不知正犯犯罪之情，因而幫同實施者，不能算入結夥數內（24 年上字 4339 號判例）

注意：表 1 中的「1」有灰底，表示這與圖標號的數字一樣是一個「功能變數」，所以不要手動去處理它。

除了新增標號之外，原先下一頁第三章那個標號為「表 1」的表格會自動更新為「表 2」：

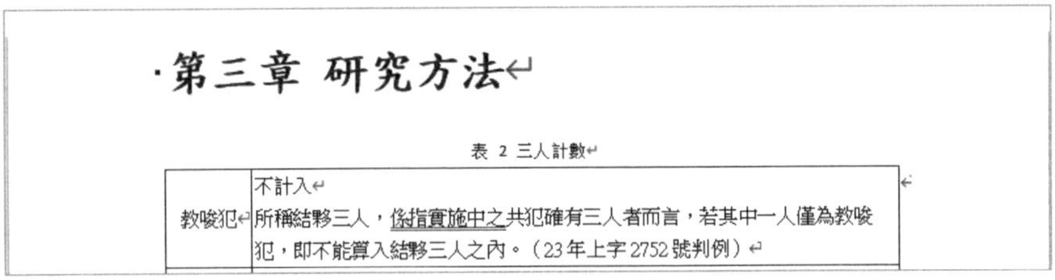

第三章 研究方法

表 2 三人計數

教唆犯	不計入 所稱結夥三人，係指實施中之共犯確有三人者而言，若其中一人僅為教唆犯，即不能算入結夥三人之內。（23 年上字 2752 號判例）

關於表格的刪除、移動及功能變數的更新都與圖標號相同，就請各位自己練習。

這節的練習對於學校要求圖表不分章節地連續編號而言，已經夠了，但是對於有二階編號需求的學校，其迂迴的操作方式下一節再說明囉。

9.3 二階編碼的圖表目錄

Step 1 開啟「練習 - 圖表二階編碼及目錄 -1100120.docx」。

Step 2 點選導覽窗格的「第一章 緒論」切換到該頁，並選取第一張圖：

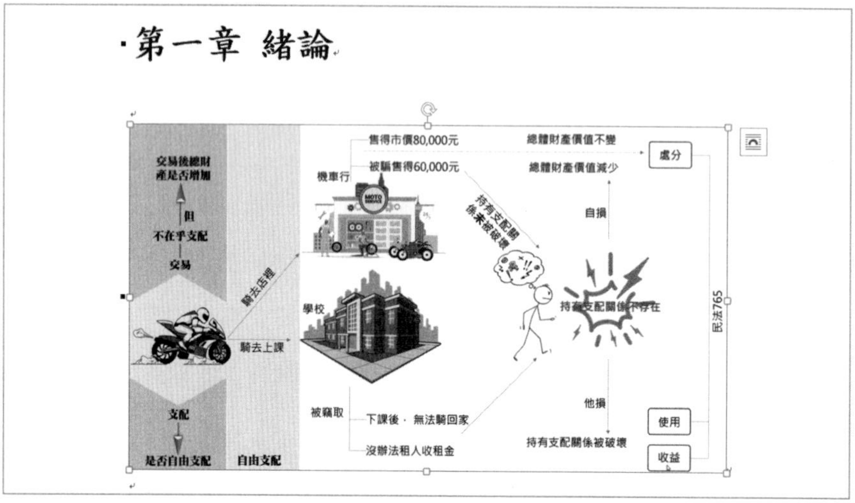

Step 3 點選**參考資料**索引標籤中**標號**群組中的【插入標號】按鈕：

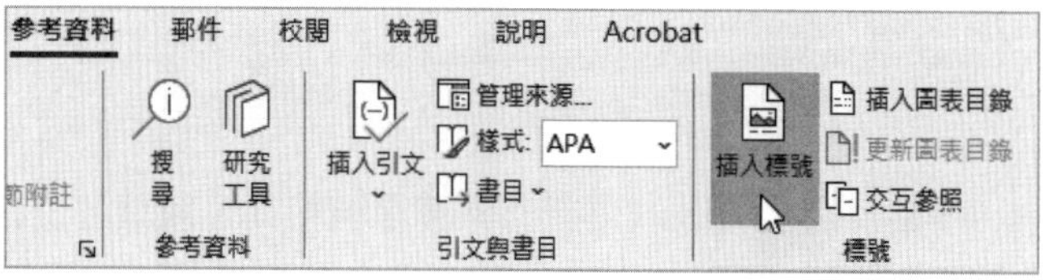

Step 4 預設會開啟**標號** x 設定視窗，此時不要管【標號】下方的文字框的內容。如果是第二次以後，我們需要的標籤應該會出現在【標籤】下拉清單中，此時只要點選其中之一即可，本練習檔已有「圖」標籤，所以，直接選取即可：

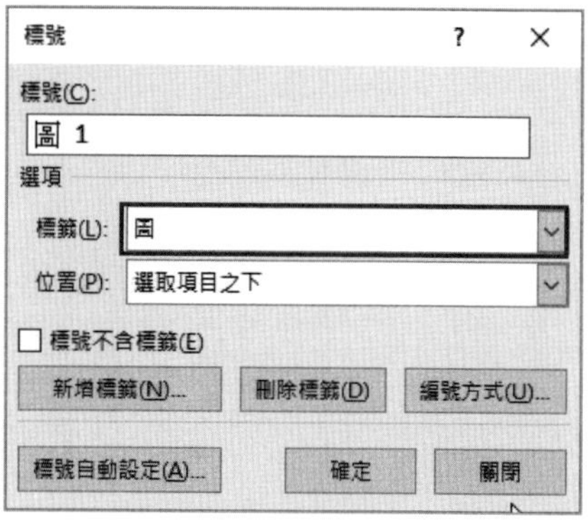

如果不是的話，那就的「標籤」是第一次操作，那麼就要點【新增標籤】按鈕，本練習我們要加入「圖」這個標籤，所以，請接著點選這個按鈕（注意：就算標籤已經存在，一樣可以再新增同樣的標籤）：

接著會出現**新增標籤** x 設定視窗，請於【標籤】下方的文字框輸入「圖」，完成請點選【確定】按鈕離開：

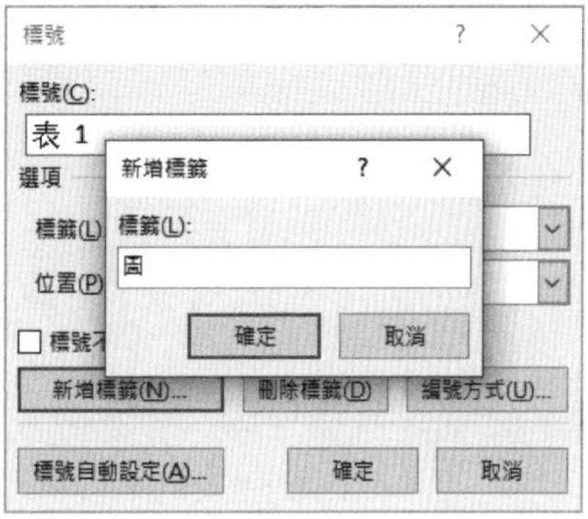

Step 5 返回**標號** x 設定視窗後，【標號】下方的文字框的內容就會是目前選取的這張圖的標號。

Step 6 為了設定二階編碼，請點選**標號** x 設定視窗中的【編號方式】按鈕，然後從開啟的**標號編號方式** x 設定視窗中的【包含章節編號】核取方塊要「勾選」，並確定【章節起始樣式】右側的下拉清單中要選取「標題 1」，至於【使用分隔符號】預設值為「-」，本例不調整，設定後，點選【確定】按鈕返回**標號** x 設定視窗：

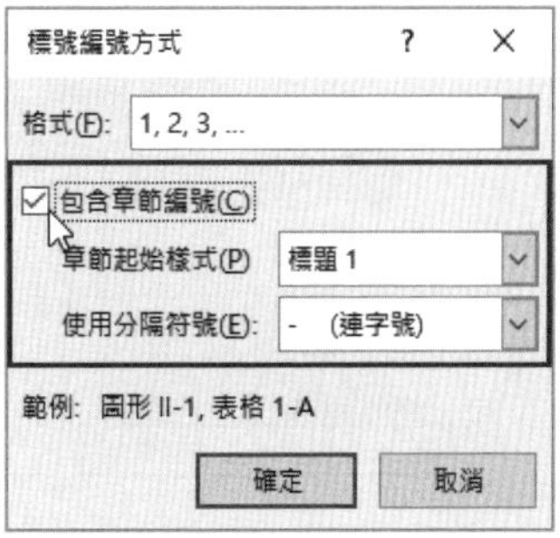

如果像是臺北科技大學，則【使用分隔符號】要選用「. 句號」：

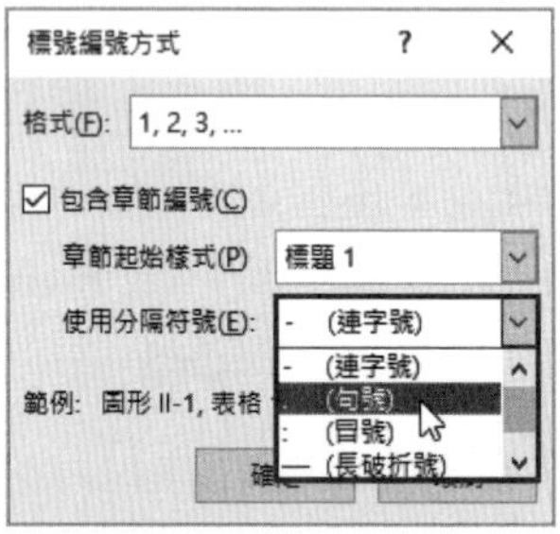

Step 7 返回**標號 x** 設定視窗後，【標號】下方的文字框的內容就會在原來的「圖 1」之間加入「一 -」，接著再輸入圖的名稱即可：

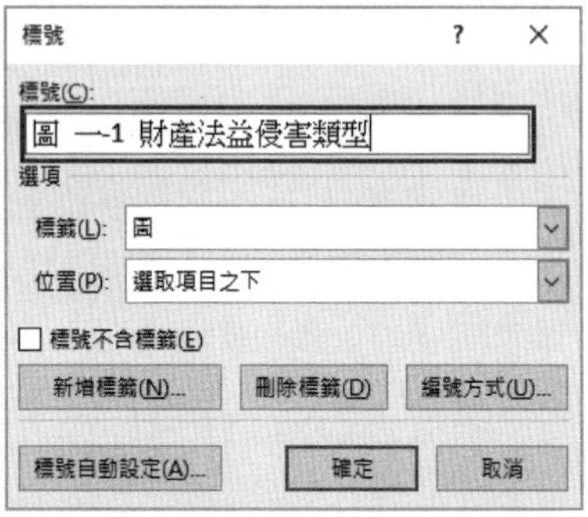

Step 8 確定標號之後，要檢查一下【位置】下拉清單中的值是否正確，以本例而言，因為要插入的是圖的標號，因此【位置】下拉清單中的值必須是「選取項目之下」。確定沒問題之後，請點選【確定】按鈕。此時在原先選取的圖下方就會出現「圖 1」這個標號，而這個標號與我們在上圖的**標號 x** 設定視窗中的【標號】下方的文字框的內容是相同的。除了新增標號之外，原先下方那張標號為「圖 1」的標號會自動更新為「圖一 .2」：

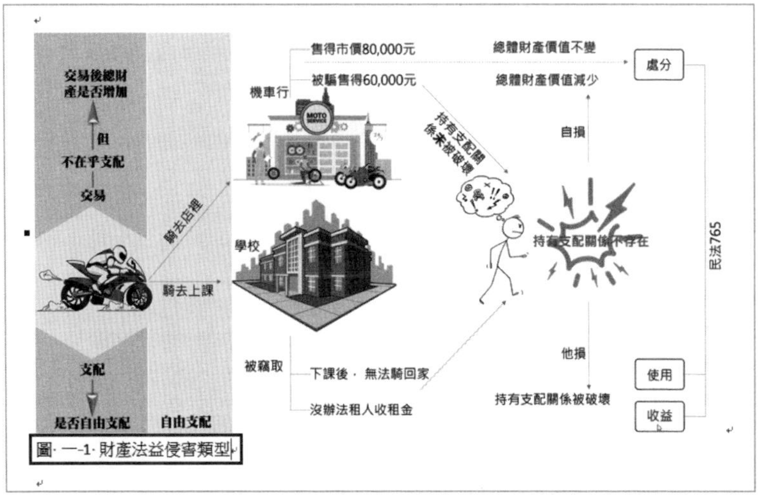

第二節插入標號後，其中的功能變數有 1 個，不過本例會有二個，框選剛才加入的標號後，國字的「一」及阿拉伯數字「1」都有灰底，這二個都是功能變數：

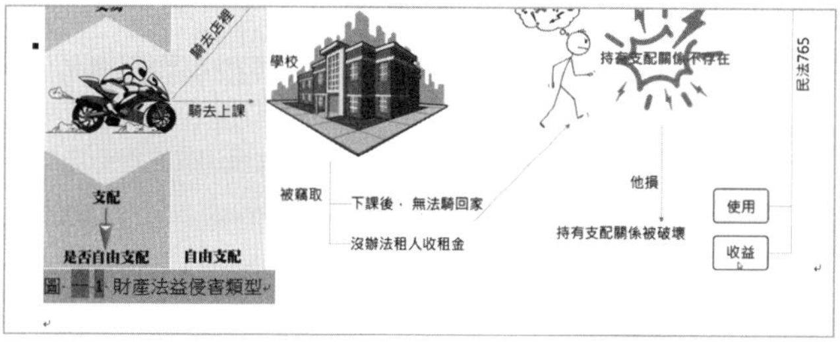

好了，這是二階的編碼方式，接下來看一下製作出來的圖次會長成什麼樣子。

Step 1 點選導覽窗格中的「圖次」切換到該頁並利用鍵盤上的【Enter】鍵加入一段落：

Step 2 點選**參考資料**索引標籤中**標號**群組中的【插入圖表目錄】選項：

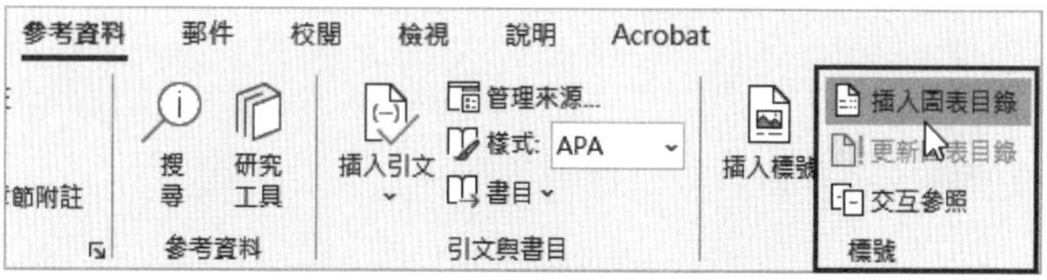

Step 3 預設會開啟**圖表目錄** x 設定視窗的**目圖表錄**頁籤。

Step 4 點選**圖表目錄** x 設定視窗中的【標題標籤】開啟這個下拉清單，由於目前練習的「圖」是使用「圖」標籤，因此，產製表目次時就須搭配選取「圖」：

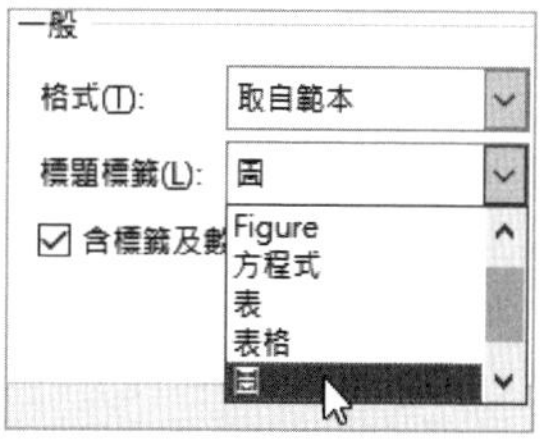

對於格式的修改請點選【修改】按鈕，這個**樣式 x** 設定視窗在前面有操作過，就請各位自行翻閱：

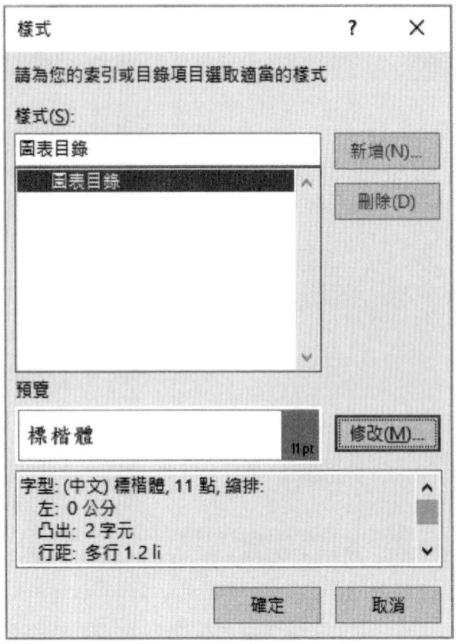

Step 5 設定好【標題標籤】後，表次就完成了。點選【確定】按鈕關閉**圖表目錄 x** 設定視窗，返回文件編輯狀態：

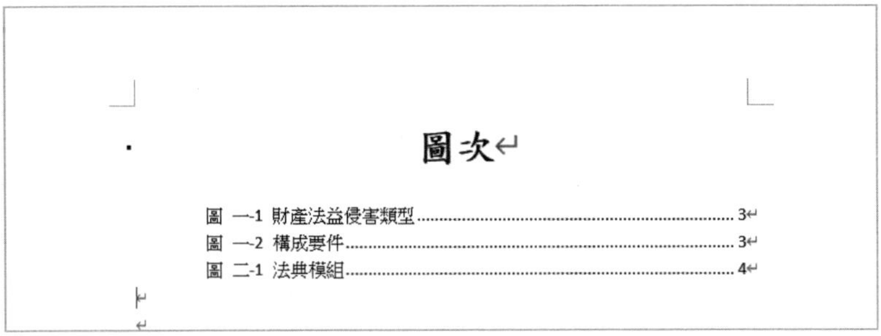

最後，請依學校要求自行修正練習目前插入後的格式。

目前這支練習檔產生出來的圖次並未切齊左側，而且還做了縮排：

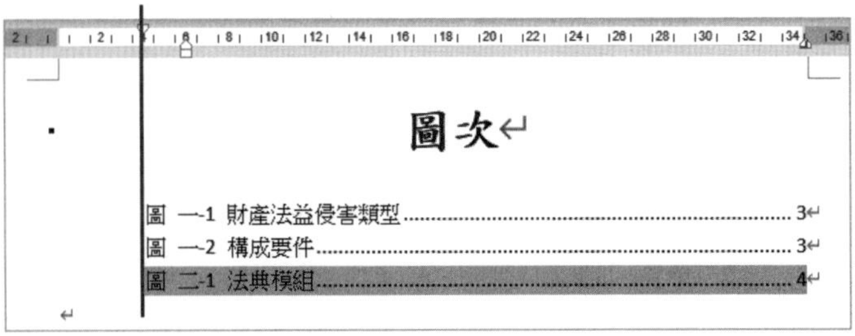

由於是所有的圖次都要使用相同的樣式，亦即要穿相同的「套裝」「制服」，所以，要從樣式著手。千萬不要一筆一筆調整其尺規上的縮排設定喔，雖然本例只有三筆，調起來並不複雜，但是未來如果要更新的話，這樣的動作又得重來一次！

上一節說過，插入圖表目錄後會自動建立一個「圖表目錄」的樣式，因此要從樣式清單中點選「圖表目錄」右側展開選單後再點選【修改】選項：

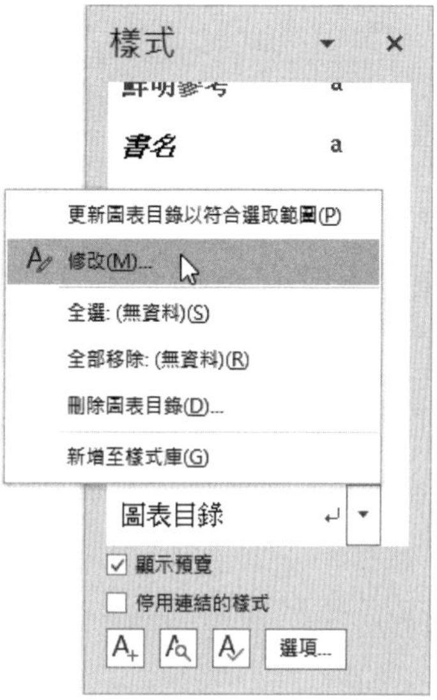

接著再從開啟的**修改樣式** x 設定視窗中點選左下角的【格式 ▾】下拉清單展開選單，再從選單點選【段落】選項。

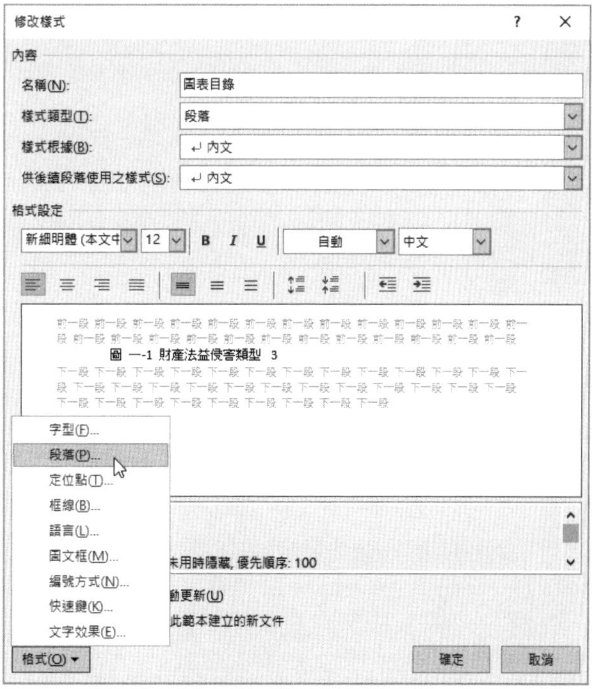

開啟後的**段落** x 設定視窗中看到縮排的【左】值是「4 字元」：

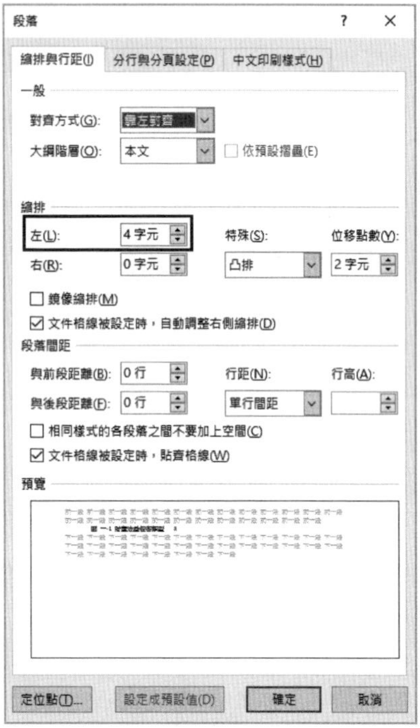

請將【左】值改為是「0 字元」：

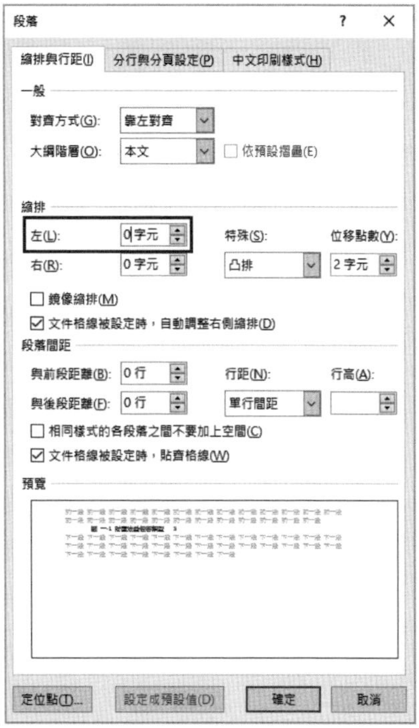

完成後，點選【確定】按鈕返回**修改樣式 x** 設定視窗，再點選【確定】按鈕結束設定，返回文件編輯狀態。

完成後結果如下，因為是修改「套裝」，所以穿同樣套裝的項目外觀就因此統一了，而且以此例來講，改一個樣式，會同時動到 3 個圖次項目：

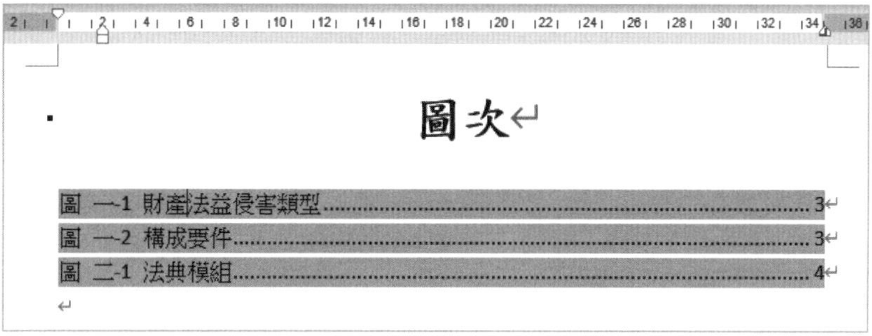
圖次

圖 一-1 財產法益侵害類型......3
圖 一-2 構成要件......3
圖 二-1 法典模組......4

完成檔在「練習 - 圖表二階編碼及目錄 - 完成檔 -1100120.docx」。

表標號的部分，操作同前，請自行再練習一次。

目前的二階編碼是用 Word 就可以自動完成的，但是像臺北科技大學要求二階的第一階是阿拉伯數字：

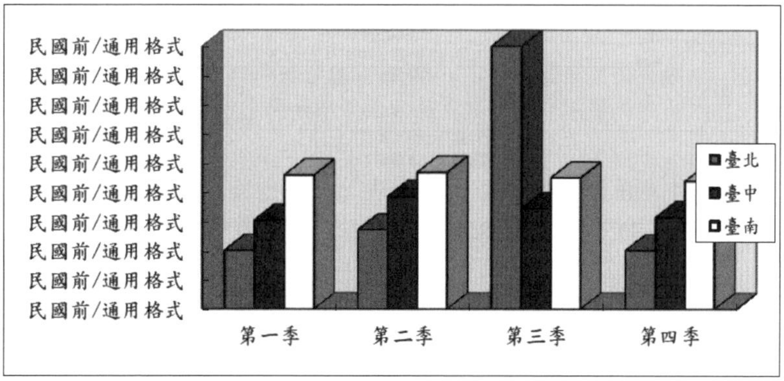

圖3.2　每季累計金額

但是就本例而言，論文本文結構的標題是國字的章節標題，因此上述「標題 1」產生的結果是「一」的前綴而非「1」的前綴。

你可能會問，那要怎麼迂迴的改呢？我試過的方法有三種。接下來我就以目前這支練習檔來練習。

此外，如果像是暨南國際大學在圖目次的範例中，將一階的「圖一」與「附圖一」同時要呈現在圖目次中時，除非要純手工建立，想要有某種程度的自動化的話，也可以搭配方法二的「**分章建圖表標籤**」與方法三的「**樣式建立目錄**」這二種方式來處理：

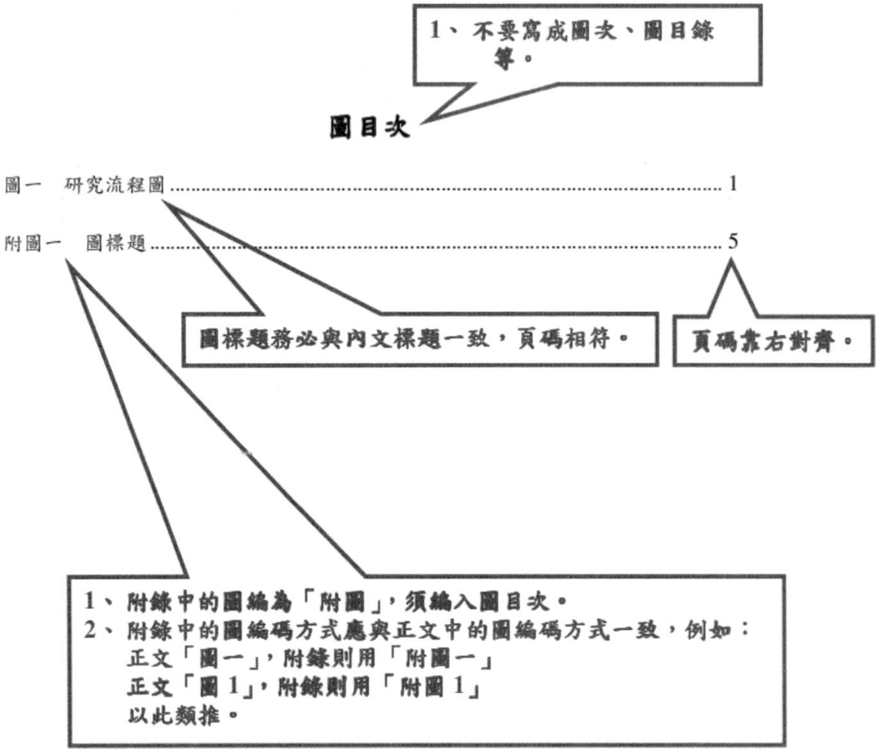
1、不要寫成圖次、圖目錄等。
圖目次
圖一　研究流程圖 1
附圖一　圖標題 5
圖標題務必與內文標題一致，頁碼相符。
頁碼靠右對齊。
1、附錄中的圖編為「附圖」，須編入圖目次。
2、附錄中的圖編碼方式應與正文中的圖編碼方式一致，例如：
正文「圖一」，附錄則用「附圖一」
正文「圖 1」，附錄則用「附圖 1」
以此類推。

暨南國際大學在表目次的範例與圖目次一樣的要求，因此，處理方式也就相同。

方法一

這個方法是用的是暫時將原先多層次清單中第一階的格式變更為數字以符合圖標號的規定後更新圖標號及圖次，然後再將多層次清單中第一階的格式設定回來。

Step 1 開啟「練習 - 圖表二階編碼及目錄 - 方法一 -1100120.docx」。

Step 2 將插入點移到任一標題 1 中，例如：

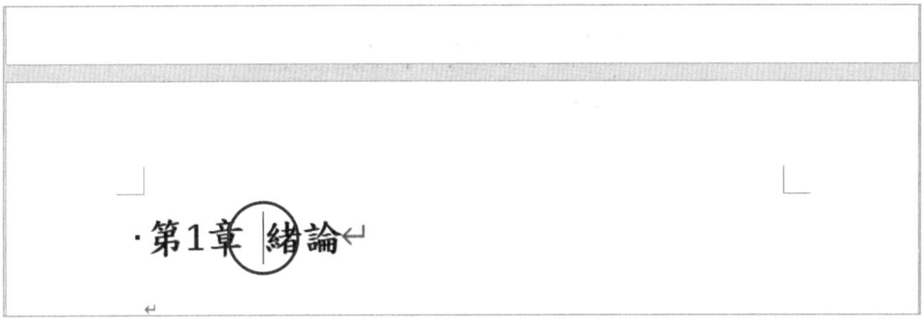

Step 3 點選**常用**索引標籤中的**段落**↘群組中的【多層次清單 ▾】展開選單，並點選其中的【定義新的多層次溝單】：

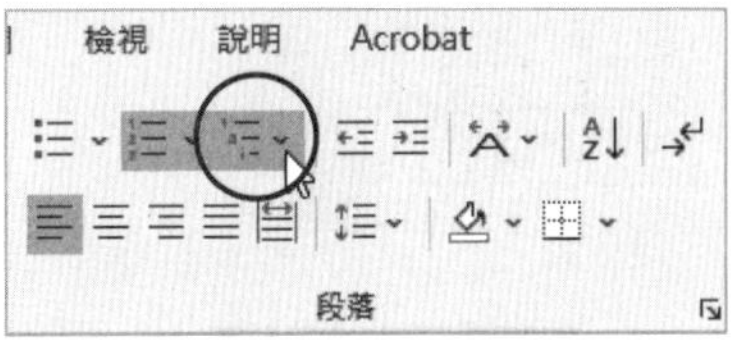

Step 4 目前**定義新的多層次溝單** x 設定視窗中第一階的【這個階層的數字樣式】格式為國字的數字：

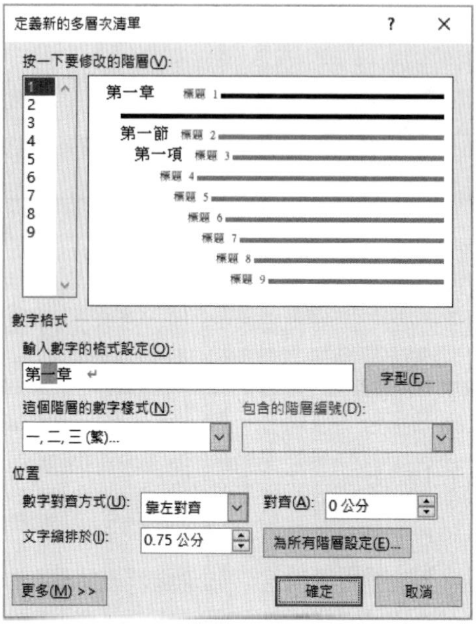

請將格式修改為阿拉伯數字：

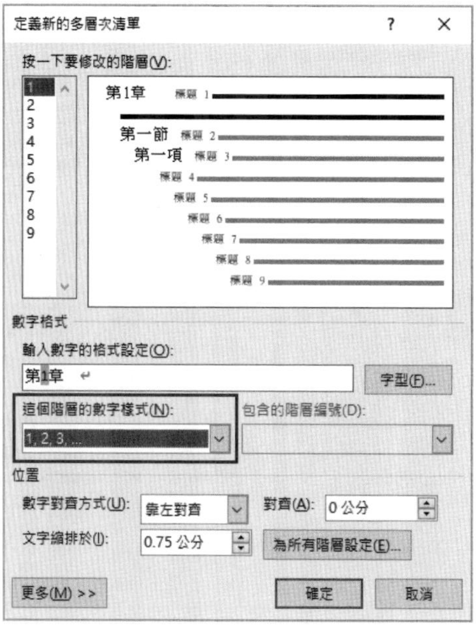

Step 5 點選【確定】按鈕關閉**定義新的多層次清單 x** 設定視窗返回到文件編輯模式後，按下鍵盤上的【Ctrl + A】來全選文件的所有內容，然後在含有功能變數的任一圖標號位置按滑鼠「右」鍵展開選單，點選【更新功能變數】：

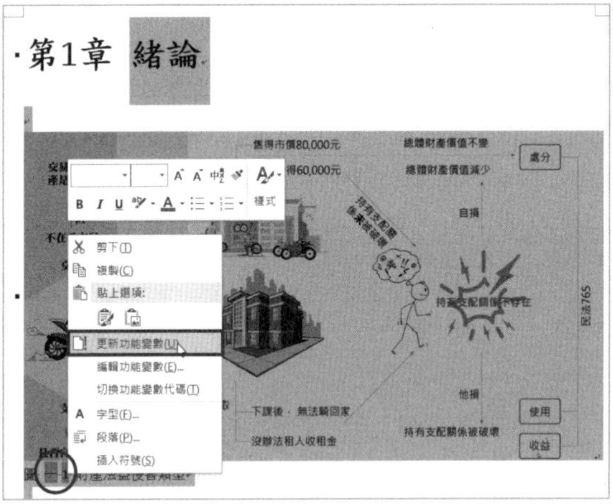

接下來點選的**更新圖表目錄 x** 設定視窗中的【更新整個目錄】後再點選：【確定】按鈕：

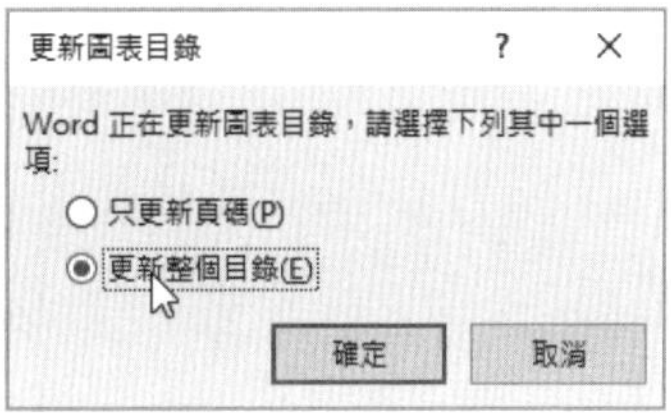

完成後，圖標號的第一階就變成了阿拉伯數字「1」了：

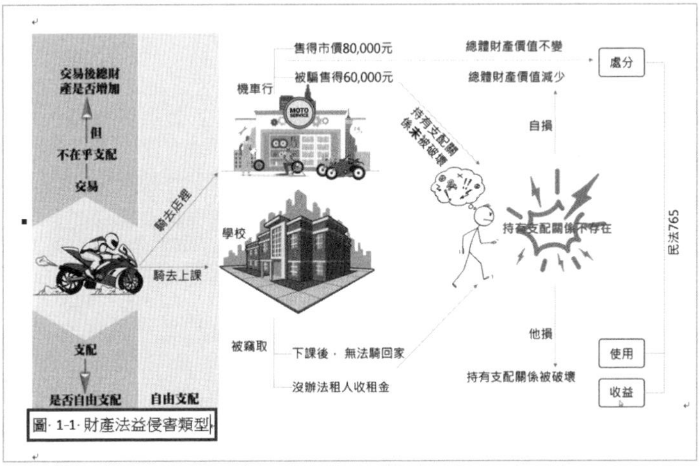

Step 6 插入點移到圖次頁面中任一項目中，例如：

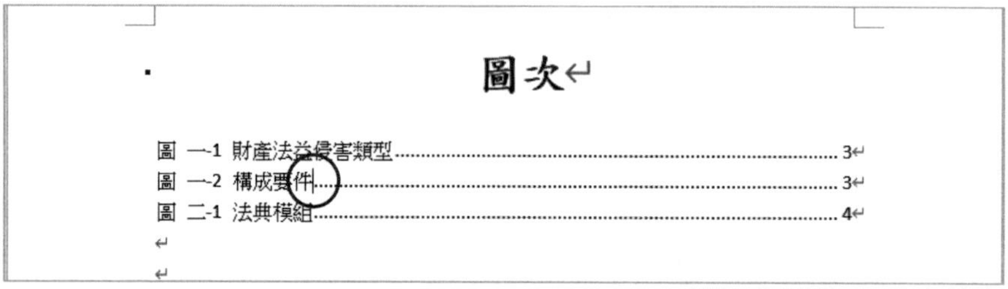

接著點選**參考資料**索引標籤中的**標號**群組中的【更新圖表目錄】選項：

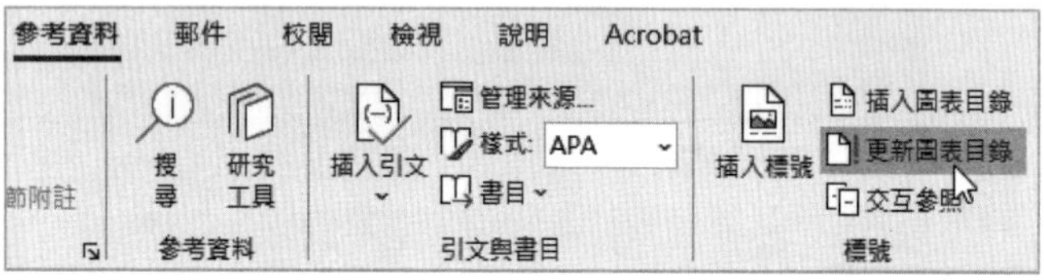

再點選的**更新圖表目錄 x** 設定視窗中的【更新整個目錄】選項後，點選【確定】按鈕：

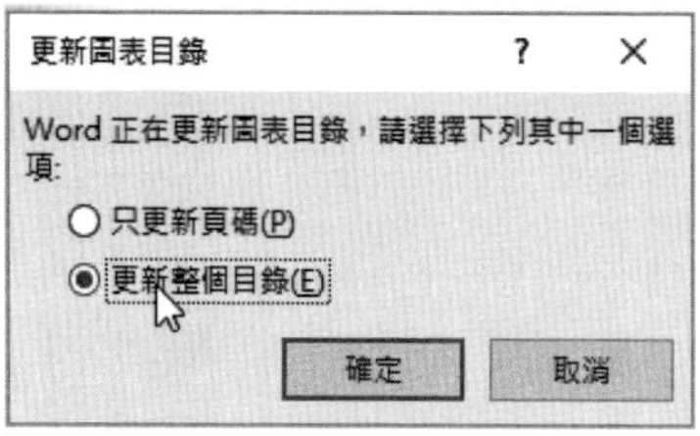

完成後，圖標號的第一階就變成了阿拉伯數字「1」了：

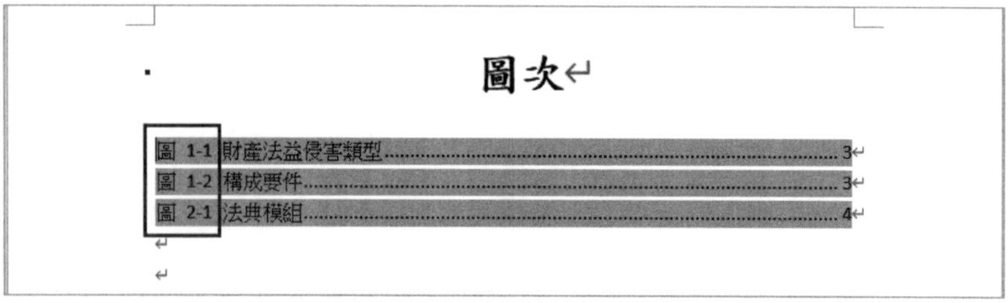

Step 7 最後，再把多層次清單中的第一階標題格式調回來。這是因為要先完成數字編碼的樣式後，還要再調回原來的國字編碼，所以，我才說要迂迴處理這個

問題。也因為必須迂迴處理，建議在完成論文後，定稿前才做這樣的處理會比較省事些。

完成檔請參閱「練習 - 圖表二階編碼及目錄 - 方法一 - 完成檔 -1100120.docx」。

表次的部分，操作同前，請自行再練習一次。

方法二

這個方法是用的是為每一章建立專屬的圖標號，例如，第一章的圖使用「圖 1-」為圖標號，如果是表，則是「表 1-」，依此類推，第二章的圖標號為「圖 2-」而表標號為「表 2-」。

Step 1 開啟「練習 - 圖表二階編碼及目錄 - 方法二 -1100120.docx」。

Step 2 點選導覽窗格的「第一章 緒論」切換到該頁，並選取第一張圖：

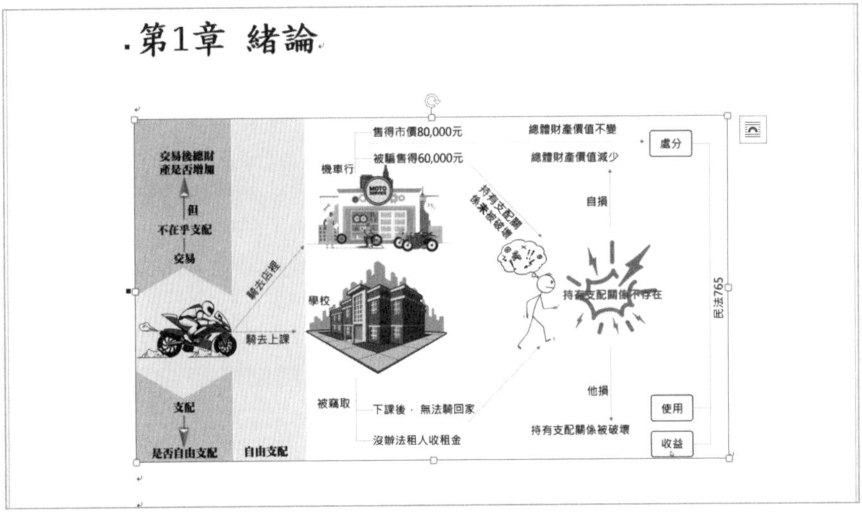

Step 3 點選**參考資料**索引標籤中**標號**群組中的【插入標號】按鈕：

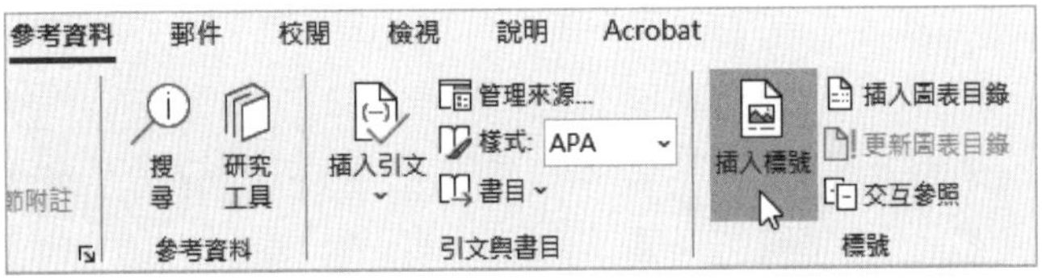

Step 4 預設會開啟**標號** x 設定視窗，此時不要管【標號】下方文字框的內容。如果是第二次以後，我們需要的標籤應該會出現在【標籤 ▾】下拉清單中，此時只要點選其中之一即可：

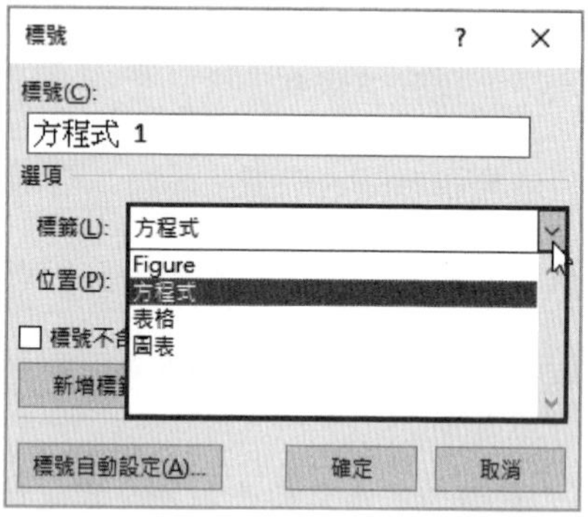

如果是第一次操作，那麼就要點【新增標籤】按鈕，本練習我們要為使用在第一章的圖都加入「圖 1-」這個標籤，所以，請接著點選這個按鈕：

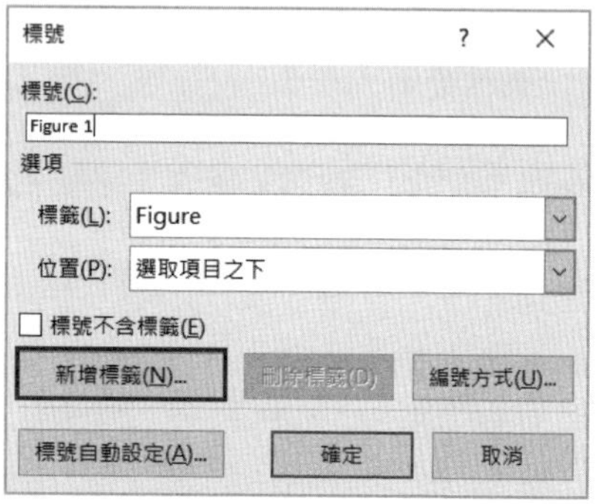

接著會出現**新增標籤**設定視窗，請於【標籤】下方的文字框輸入「圖 1-」，完成請點選【確定】按鈕離開：

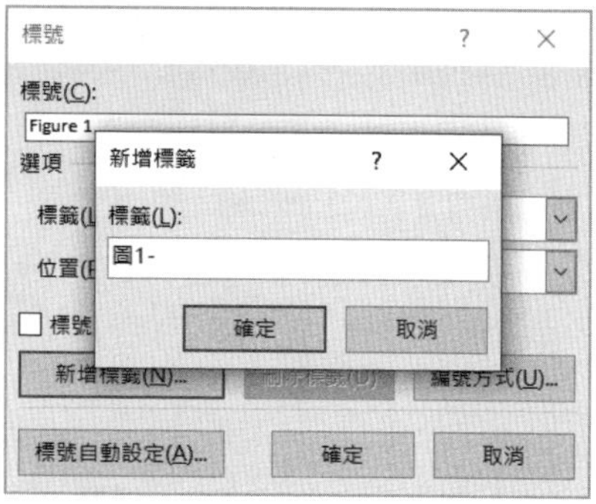

Step 5 返回**標號**設定視窗後，【標號】下方的文字框的內容就會是目前選取的這張圖的標號：

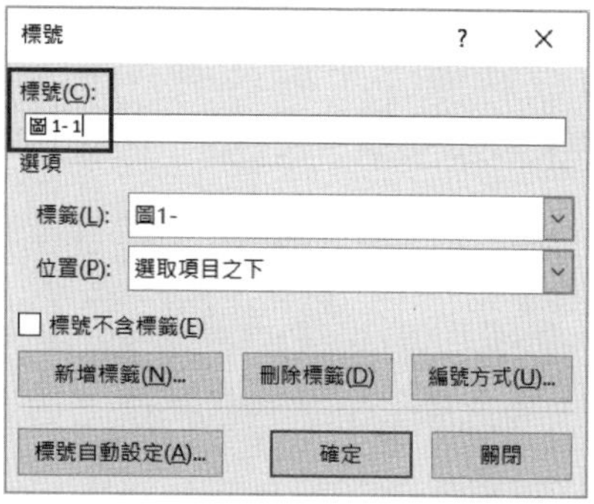

確定標號之後，可以緊接著在標籤之後加上圖的名稱，例如：

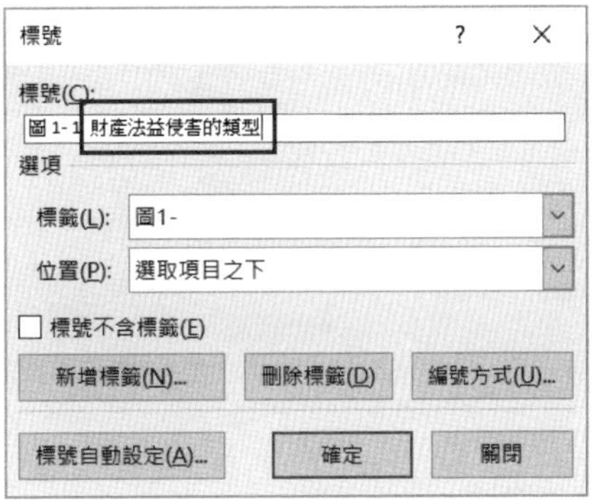

最後要檢查一下【位置】下拉清單中的值是否正確，以本例而言，因為要插入的是圖的標號，因此【位置】下拉清單中的值必須是「選取項目之下」，確定沒問題之後，請點選【確定】關閉**標號**設定視窗，返回文件編輯狀態。

此時在原先選取的圖下方就會出現「圖 1」這個標號，而這個標號與我們在上圖的**標號 x** 設定視窗中的【標號】下方的文字框的內容是相同的：

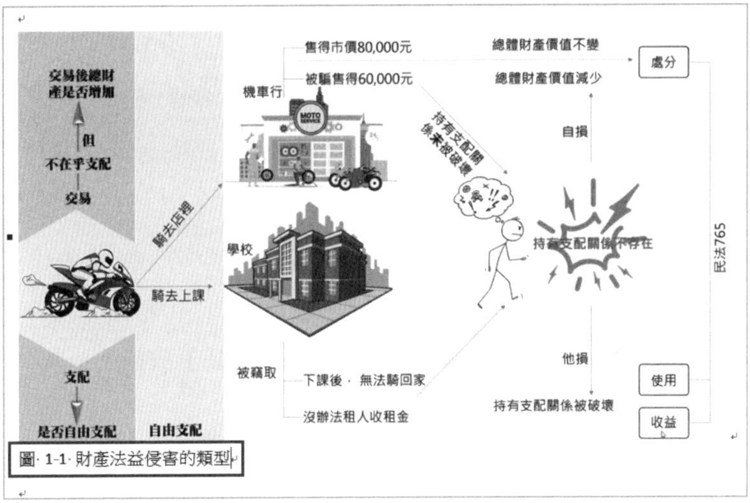

接著選取整個圖的標號之後，圖 1-1 的第二「1」有灰底，表示這是一個「功能變數」，所以不要手動去處理它。其中的「圖 1-」即為上述操作新增的標籤：

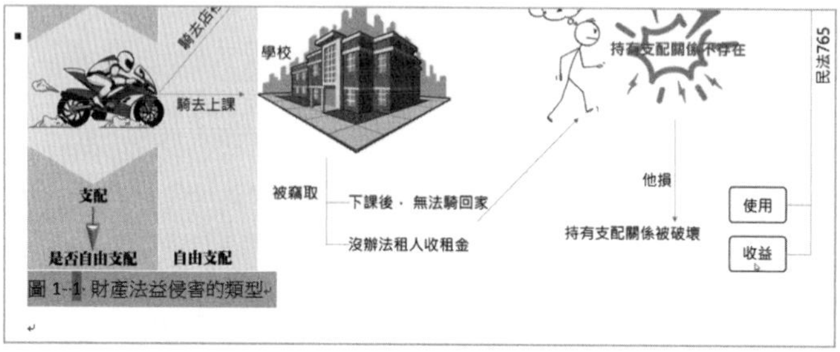

Step 6 點選與「圖 1-1」同頁的第二張圖：

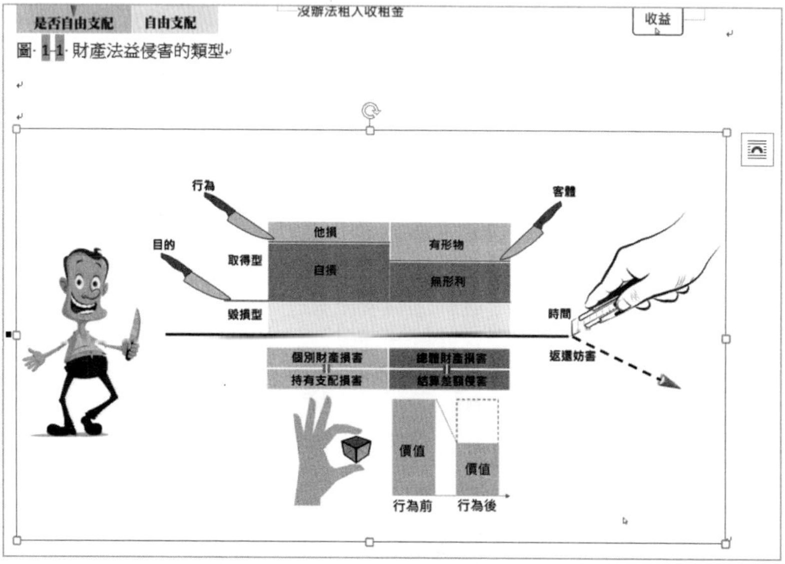

Step 7 點選**參考資料**索引標籤中**標號**群組中的【插入標號】按鈕：

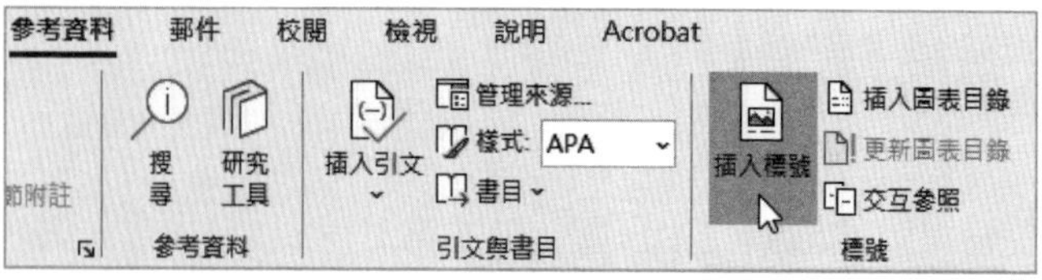

Step 8 預設會開啟**標號** x 設定視窗，此時不要管【標號】下方的文字框的內容。如果是第二次以後，我們需要的標籤應該會出現在【標籤 ▾】下拉清單中，此時只要點選其中之一即可，本步驟是接續上一步驟而來，因此預設出現的「圖 1-2」是正確的：

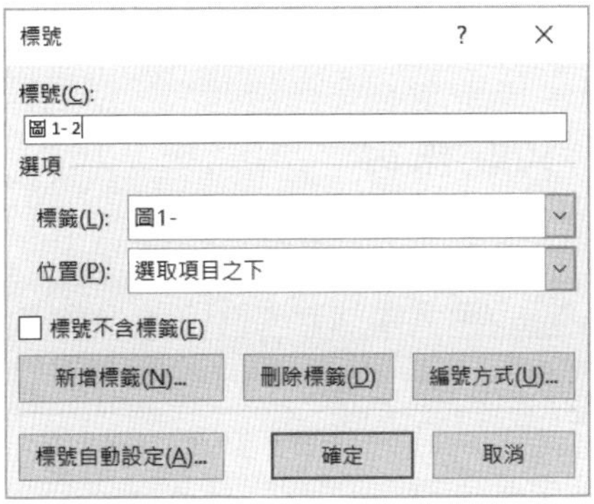

直接在目前標號「圖 1-2」後面並加上圖的名稱，例如：

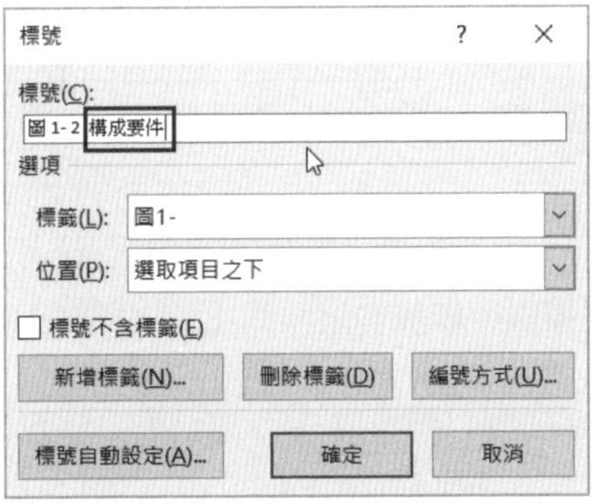

完成後回到文件，就完成了第一章的第二張圖的標號了：

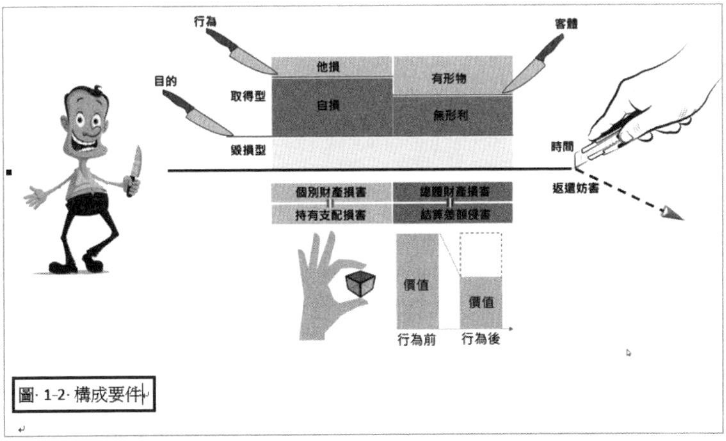

最後，請依學校要求自行修正練習目前插入後的格式。

Step 9 點選導覽窗格的「第二章 文獻探討」切換到該頁，並選取第一張圖：

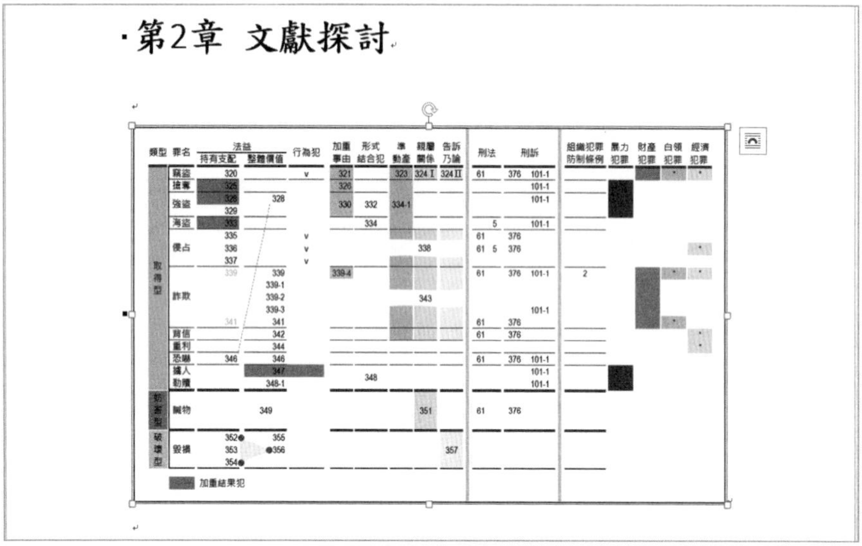

Step 10 點選**參考資料**索引標籤中**標號**群組中的【插入標號】按鈕：

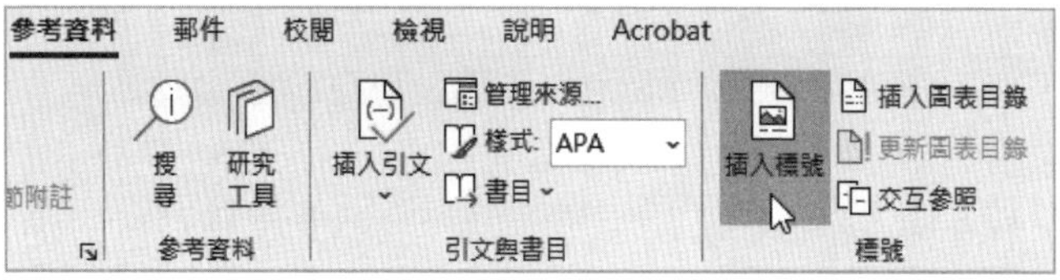

Step 11 預設會開啟**標號** x 設定視窗，此時不要管【標號】下方的文字框的內容。如果是第二次以後，我們需要的標籤應該會出現在【標籤 ▾】下拉清單中，此時只要點選其中之一即可。本步驟因為是接續前面的步驟而來，目前看到自動編成的「圖 1-3」：

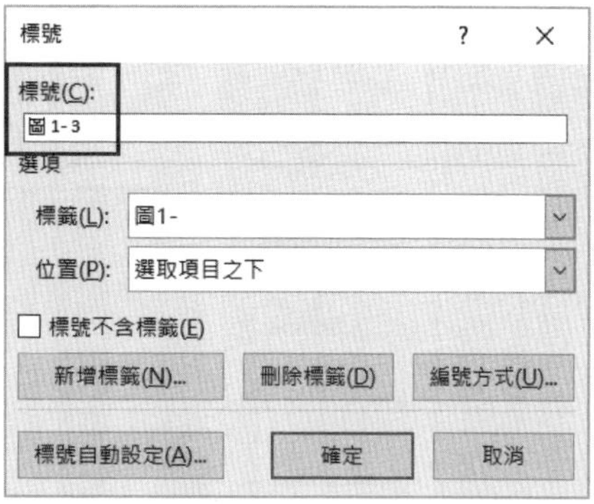

如果不是而是第一次操作，那麼就要點【新增標籤】按鈕，本練習我們要為使用在第二章的圖都加入「圖 2-」這個標籤，所以，請接著點選這個按鈕：

接著會出現**新增標籤 x** 設定視窗，請於【標籤】下方的文字框輸入「圖 2-」，完成請點選【確定】按鈕離開：

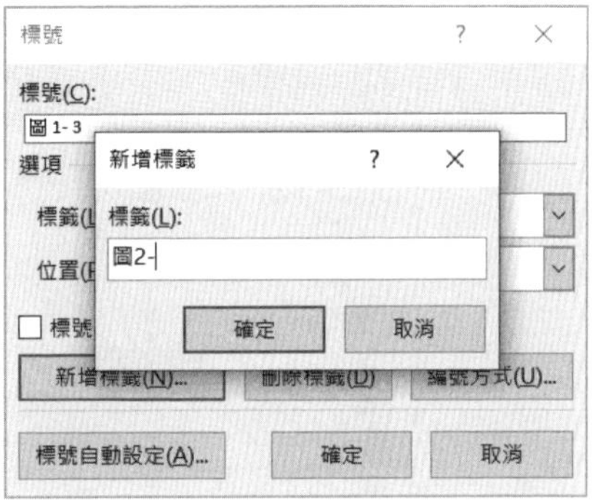

Step 12 返回**標號 x** 設定視窗後，【標號】下方的文字框的內容就會是目前選取的這張圖的標號：

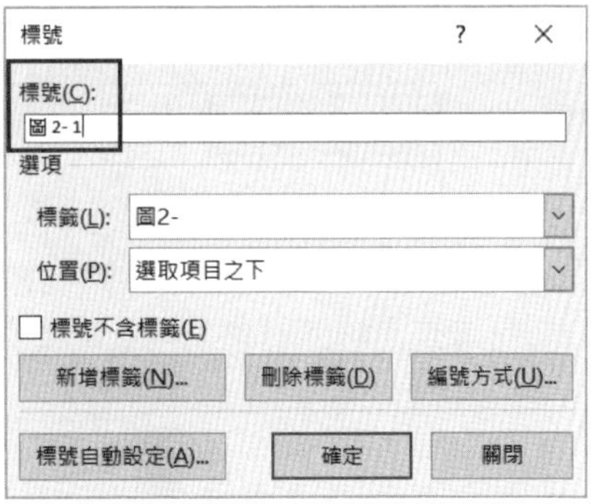

確定標號之後，可以緊接著在標籤之後加上圖的名稱，例如：

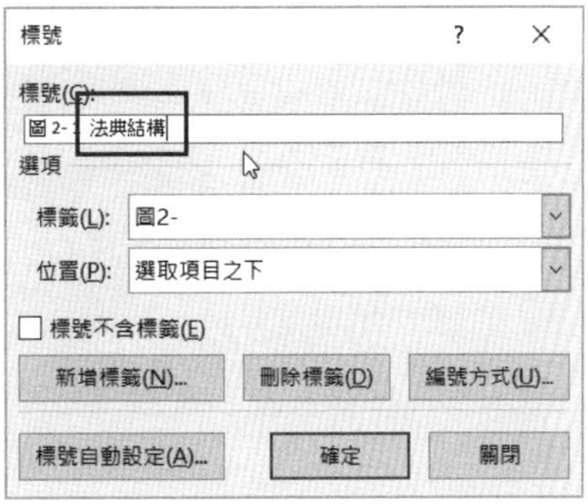

最後要檢查一下【位置 ▾】下拉清單中的值是否正確，以本例而言，因為要插入的是圖的標號，因此【位置 ▾】下拉清單中的值必須是「選取項目之下」，確定沒問題之後，請點選【確定】關閉**標號** x 設定視窗，返回文件編輯狀態。

此時在原先選取的圖下方就會出現「圖 1」這個標號，而這個標號與我們在上圖的**標號** x 設定視窗中的【標號】下方的文字框的內容是相同的：

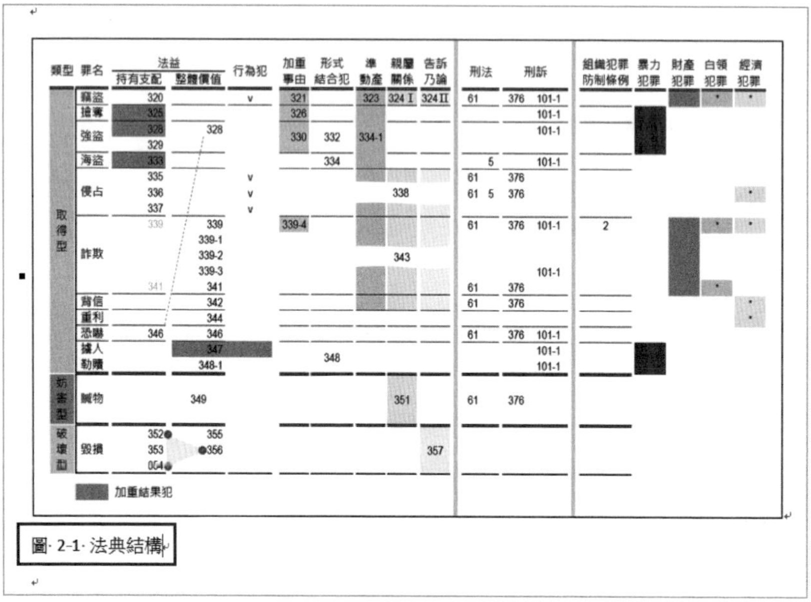

接著選取整個圖的標號之後，圖 2-1 的「1」有灰底，表示這是一個「功能變數」，所以不要手動去處理它。其中的「圖 2-」即為上述操作新增的標籤：

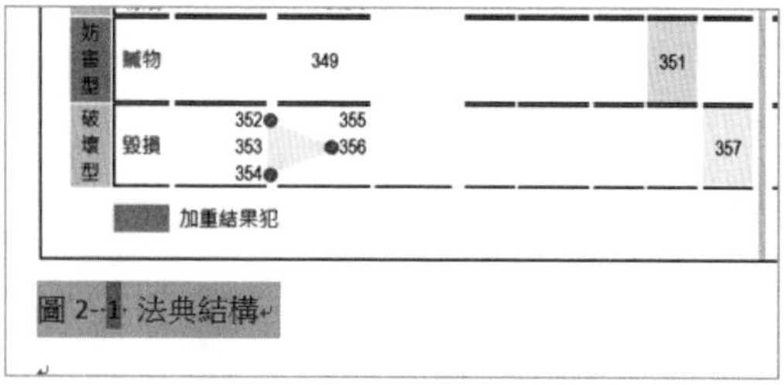

Step 13 點選導覽窗格中的「圖次」切換到該頁，並將插入點移置第二列的位置：

Step 14 點選常**參考資料**索引標籤中的**標號**群組中的【插入圖表目錄】：

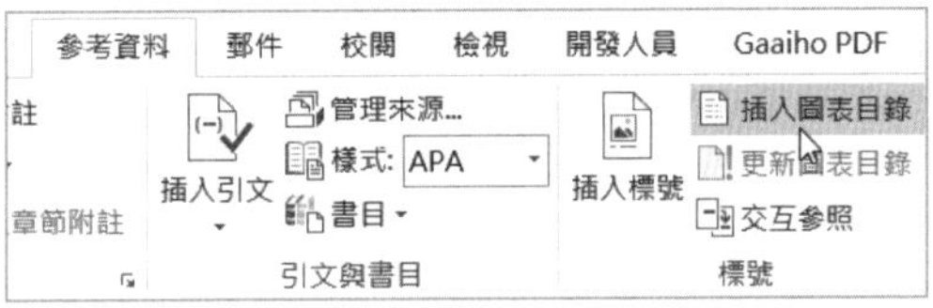

Step 15 開啟**圖表目錄** x 設定視窗後，點選【標題標籤 ▾】下拉清單，然後點選其中的【圖 1-】，這個動作是要插入第一章中的圖：

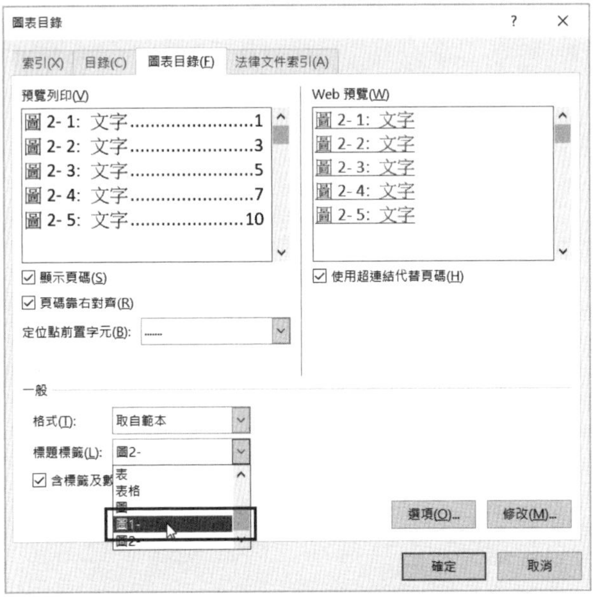

完成後點選【確定】，回到文件中即可看到關於第一章中的二張圖的目錄：

Step 16 由於還有第二章的圖要加入圖次中，因此再點選常**參考資料**索引標籤中的**標號**群組中的【插入圖表目錄】：

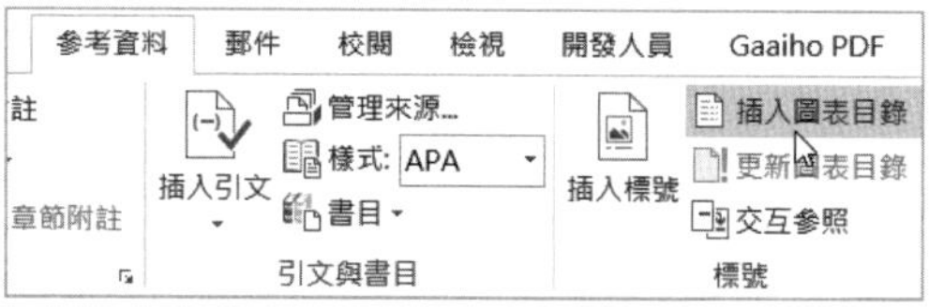

Step 17 開啟**圖表目錄** x 設定視窗後，點選【標題標籤 ▾】下拉清單，然後點選其中的【圖 2-】，這個動作是要插入第二章中的圖：

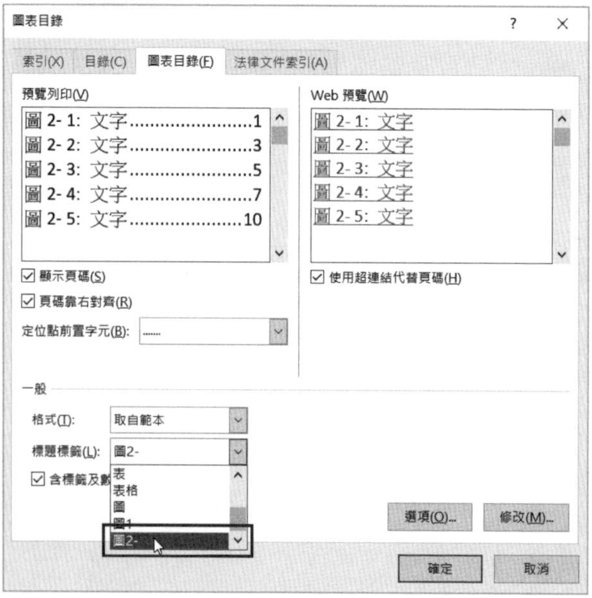

完成後點選【確定】，回到文件中即可看到關於第二章中的一張圖的目錄：

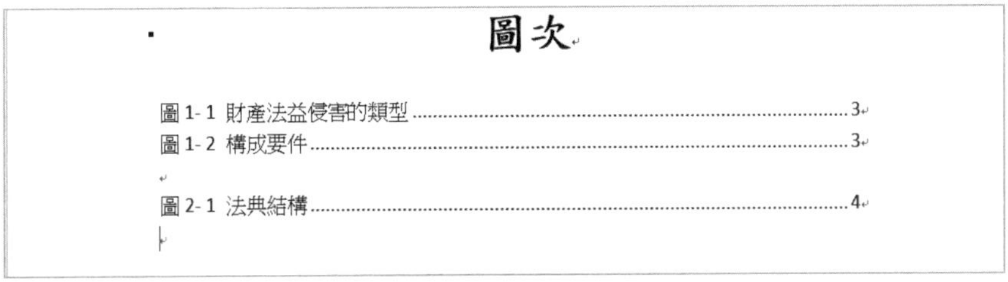
圖次

圖 1-1 財產法益侵害的類型 3
圖 1-2 構成要件 3

圖 2-1 法典結構 4

Step 18 目前插入的目錄有多餘的空白列，請將插入點移到第二筆的後面：

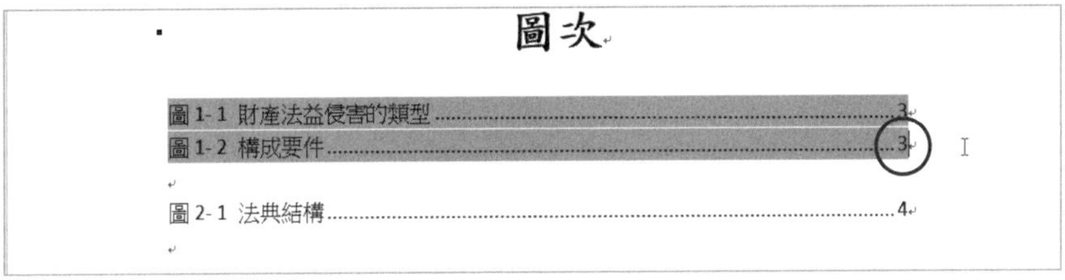
圖次

圖 1-1 財產法益侵害的類型 3
圖 1-2 構成要件 3

圖 2-1 法典結構 4

然後按下鍵盤上的【Delete】鍵，這樣就完成了：

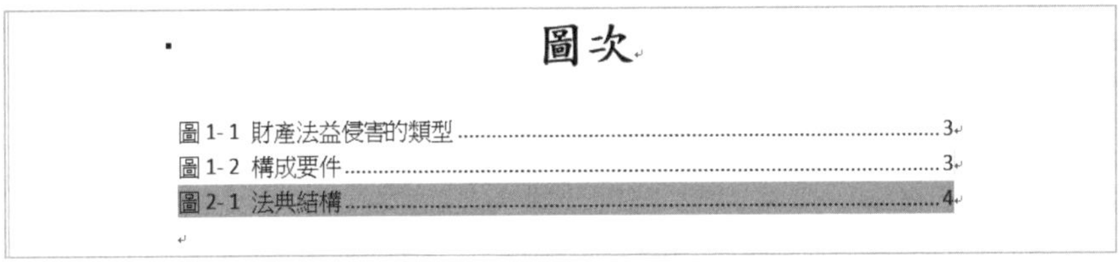
圖次

圖 1-1 財產法益侵害的類型 3
圖 1-2 構成要件 3
圖 2-1 法典結構 4

總結來說，使用這個方法時，因為要為每一章都加上圖標籤，因此，有幾章的圖標籤，關於上述的【插入圖表目錄】就要做幾次。

練習檔中的表格部份僅標示重要部分：

Step 1 延續上面的練習。

Step 2 點選導覽窗格的「第二章 文獻探討」切換到該頁，並選取第一張表格：

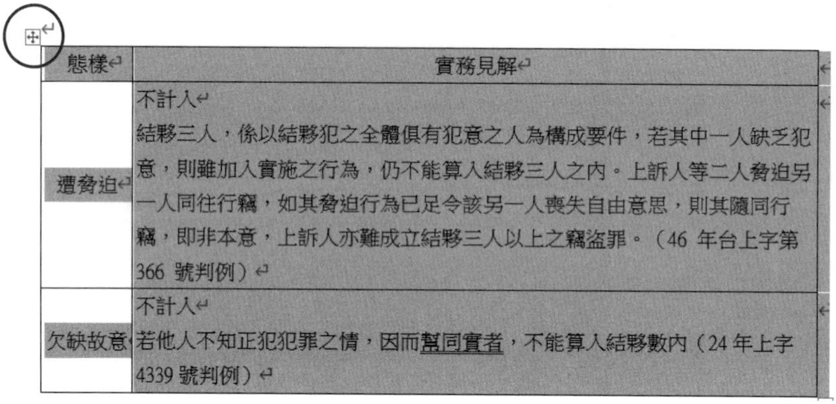

態樣	實務見解
遭脅迫	不計入 結夥三人，係以結夥犯之全體俱有犯意之人為構成要件，若其中一人缺乏犯意，則雖加入實施之行為，仍不能算入結夥三人之內。上訴人等二人脅迫另一人同往行竊，如其脅迫行為已足令該另一人喪失自由意思，則其隨同行竊，即非本意，上訴人亦難成立結夥三人以上之竊盜罪。（46 年台上字第 366 號判例）
欠缺故意	不計入 若他人不知正犯犯罪之情，因而幫同實者，不能算入結夥數內（24 年上字 4339 號判例）

Step 3 點選**參考資料**索引標籤中**標號**群組中的【插入標號】按鈕：

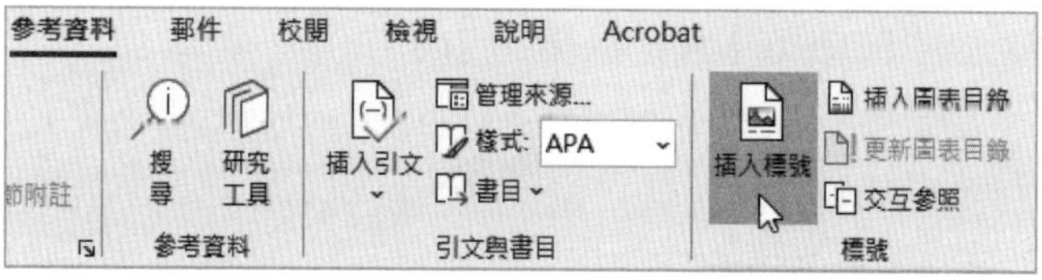

Step 4 預設會開啟**標號** x 設定視窗，點選【新增標籤】按鈕，並輸入「表 2-」，完成後按【確定】按鈕：

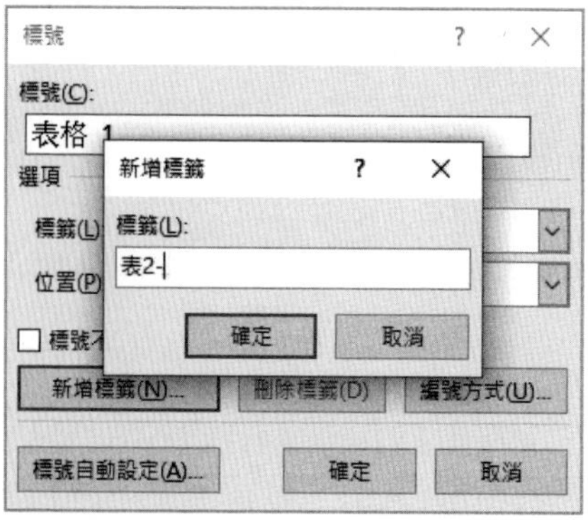

Step 5 返回**標號 x** 設定視窗後，在【標號】下方的文字框表格的名稱「三人之計算」，並確定【位置 ▾】下拉清單中的值為「選取項目之上」，完成後按【確定】按鈕：

返回文件編輯狀態後，原先的表格已加上了表標號：

表 2-1 三人之計算

態樣	實務見解
遭脅迫	不計入 結夥三人，係以結夥犯之全體俱有犯意之人為構成要件，若其中一人缺乏犯意，則雖加入實施之行為，仍不能算入結夥三人之內。上訴人等二人脅迫另一人同往行竊，如其脅迫行為已足令該另一人喪失自由意思，則其隨同行竊，即非本意，上訴人亦難成立結夥三人以上之竊盜罪。（46 年台上字第 366 號判例）
欠缺故意	不計入 若他人不知正犯犯罪之情，因而幫同實者，不能算入結夥數內（24 年上字 4339 號判例）

Step 6 點選導覽窗格的「第三章 研究方法」切換到該頁，並選取第一張表格：

教唆犯	不計入 所稱結夥三人，係指實施中之共犯確有三人者而言，若其中一人僅為教唆犯，即不能算入結夥三人之內。（23 年上字 2752 號判例）
共謀共同正犯	不計入 刑法分則或刑法特別法中規定之結夥二人或三人以上之犯罪，應以在場共同實施或在場參與分擔實施犯罪之人為限，不包括同謀共同正犯在內。司法院大法官會議釋字第一〇九號解釋「以自己共同犯罪之意思，事先同謀，而由其中一部分之人實施犯罪之行為者，均為共同正犯」之意旨，雖明示將「同謀共同正犯」與「實施共同正犯」併包括於刑法總則第二十八條之「正犯」之中，但此與規定於刑法分則或刑法特別法中之結夥犯罪，其態樣並非一致。（76 年上字 7210 號判例） 例外：依刑法第二十八條所稱之共犯雖已達三人以上，但因在場共同或參與分擔實行強盜行為之人不及三人，並不成立結夥三人以上強盜罪，該參與同

Step 7 點選**參考資料**索引標籤中**標號**群組中的【插入標號】按鈕：

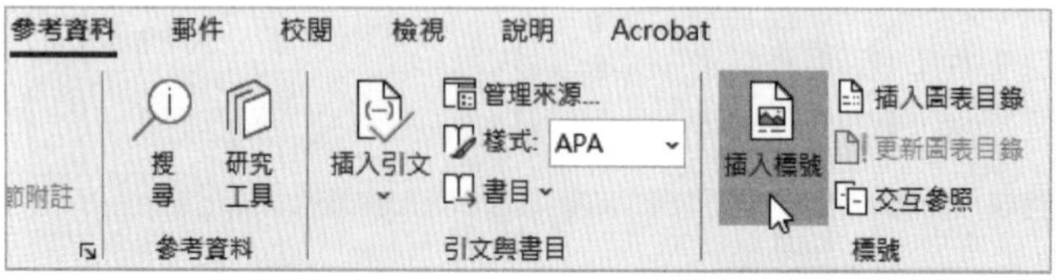

Step 8 預設會開啟**標號** x 設定視窗，點選【新增標籤】按鈕，並輸入「表 3-」，完成後按【確定】按鈕：

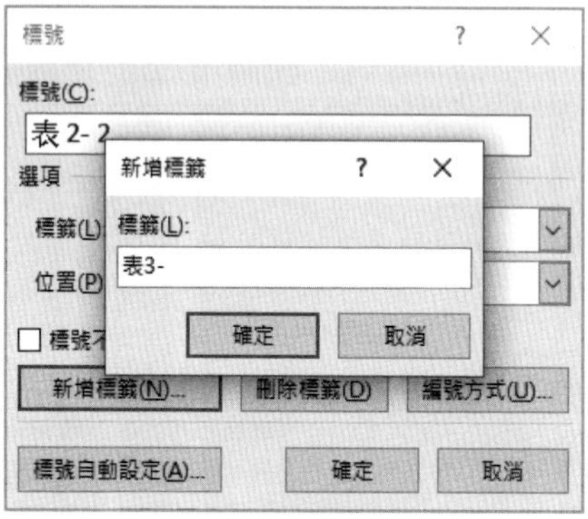

Step 9 返回**標號** x 設定視窗後，在【標號】下方的文字框表格的名稱「三人之計算 - 共犯部分」，並確定【位置 ▾】下拉清單中的值為「選取項目之上」，完成後按【確定】按鈕：

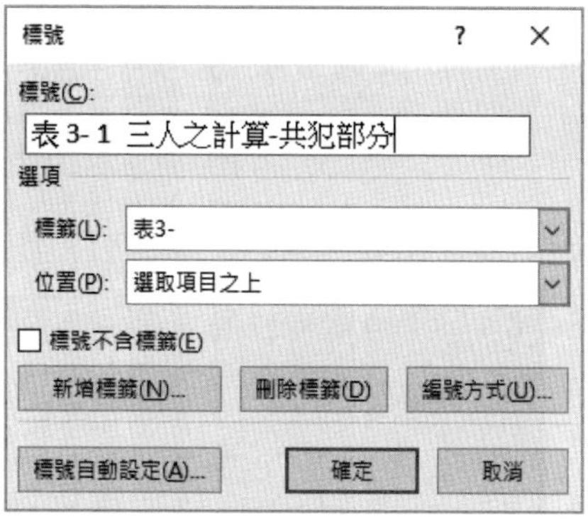

返回文件編輯狀態後，原先的表格已加上了表標號：

表 3- 1 三人之計算-共犯部分

教唆犯	不計人 所稱結夥三人，係指實施中之共犯確有三人者而言，若其中一人僅為教唆犯，即不能算入結夥三人之內。（23 年上字 2752 號判例）
	不計人 刑法分則或刑法特別法中規定之結夥二人或三人以上之犯罪，應以在場共同實施或在場參與分擔實施犯罪之人為限，不包括同謀共同正犯在內。司法院大法官會議釋字第一〇九號解釋「以自己共同犯罪之意思，事先同謀，而由其中一部分之人實施犯罪之行為者，均為共同正犯」之意旨，雖明示將「同

Step 10 點選導覽窗格中的「表次」切換到該頁，並將插入點移置第二列的位置：

Step 11 點選常**參考資料**索引標籤中的**標號**群組中的【插入圖表目錄】：

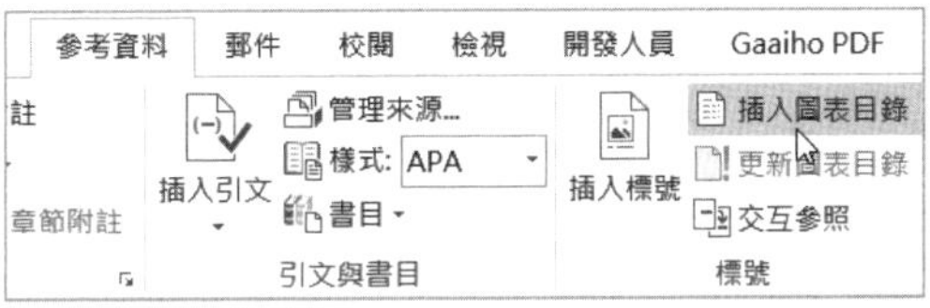

Step 12 開啟**圖表目錄 x** 設定視窗後，點選【標題標籤 ▾】下拉清單，然後點選其中的【表 2-】，這個動作是要插入第二章中的第一個表格：

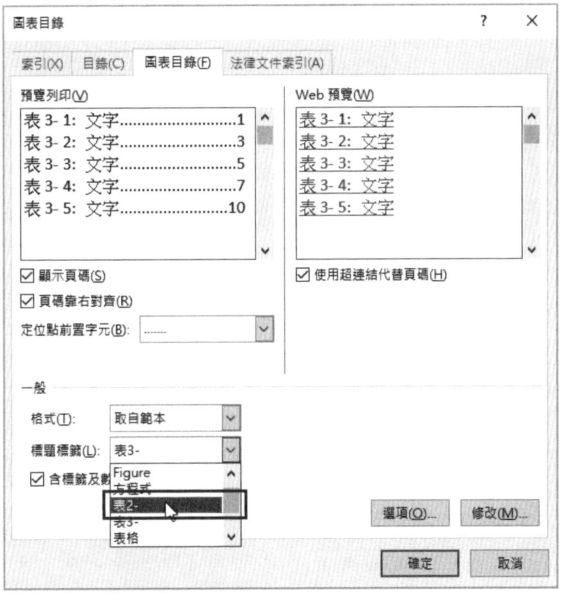

完成後點選【確定】按鈕，回到文件中即可看到關於第一章中的表目錄：

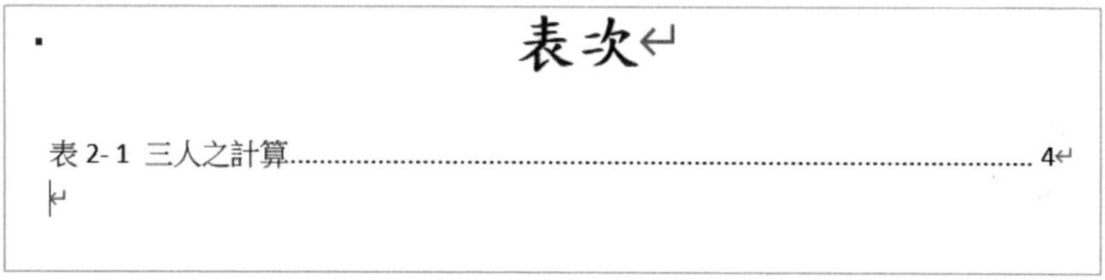

Step 13 由於還有第三章的表要加入表次中，因此再點選常**參考資料**索引標籤中的**標號**群組中的【插入圖表目錄】：

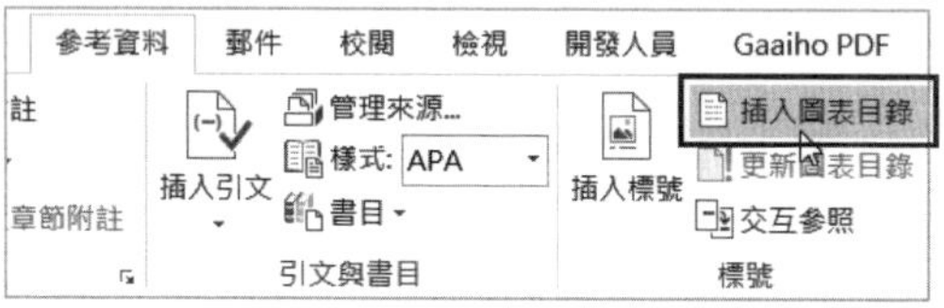

Step 14 開啟**圖表目錄** x 設定視窗後，點選【標題標籤 ▾】下拉清單，然後點選其中的【表 3-】，這個動作是要插入第三章中的表：

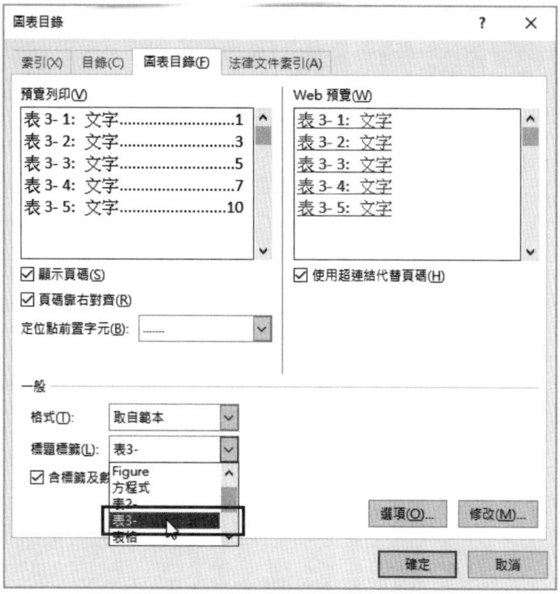

完成後點選【確定】按鈕，回到文件中即可看到關於第三章中的目錄被加上去了：

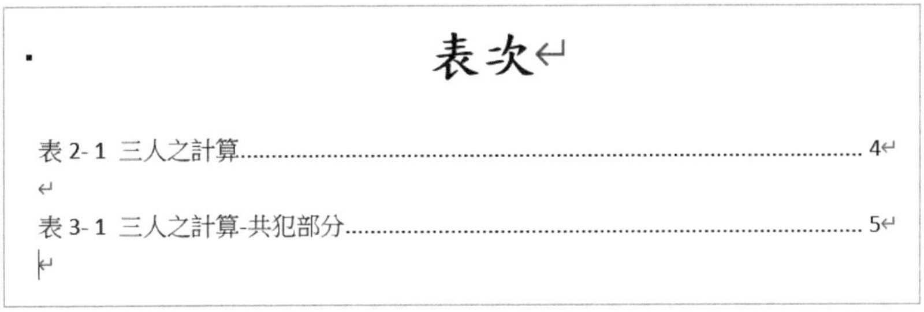
表次
表 2-1 三人之計算..4
表 3-1 三人之計算-共犯部分..5

Step 15 目前插入的目錄有多餘的空白列，請將插入點移到第二筆的後面：

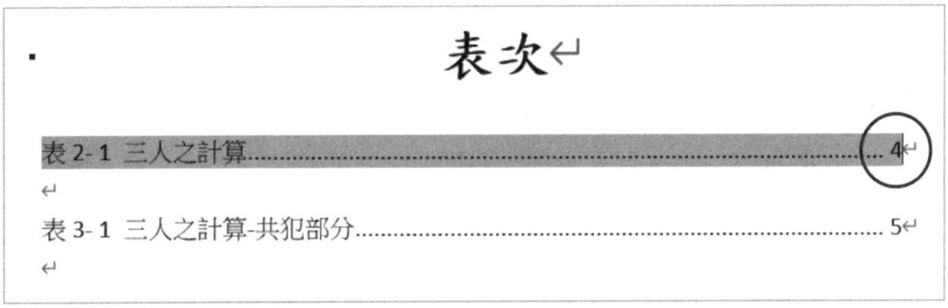
表次
表 2-1 三人之計算..4
表 3-1 三人之計算-共犯部分..5

然後按下鍵盤上的【Delete】鍵，這樣就完成了：

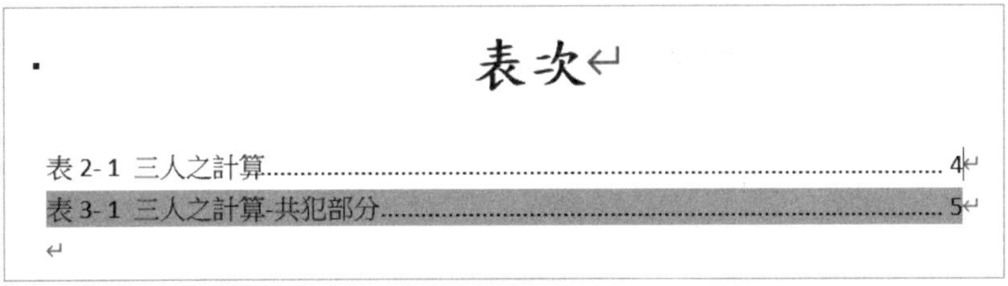
表次
表 2-1 三人之計算..4
表 3-1 三人之計算-共犯部分..5

完成檔請參閱「練習 - 圖表二階編碼及目錄 - 方法二 - 完成檔 -1100120.docx」。

方法三

這個方法用的是自行在論文本文中自行標註圖及表標號，但是要特別為圖標號建立樣式，替表標號建立樣式，然後在建立圖表目錄時挑定這些標號樣式做為圖次或表次的資料來源。

Step 1 開啟「練習 - 圖表二階編碼及目錄 - 方法三 -1100120.docx」。

Step 2 將插入點移到圖 1-1 的位置，準備利用這個圖 1-1 建立圖標號樣式中，例如：

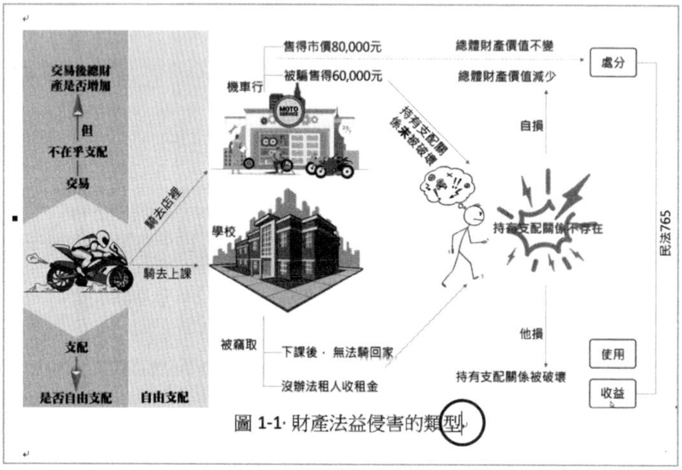

Step 3 點選**常用**索引標籤中的**樣式**群組清單右側的向下箭頭：

點選展開的清單中的【建立樣式】選項：

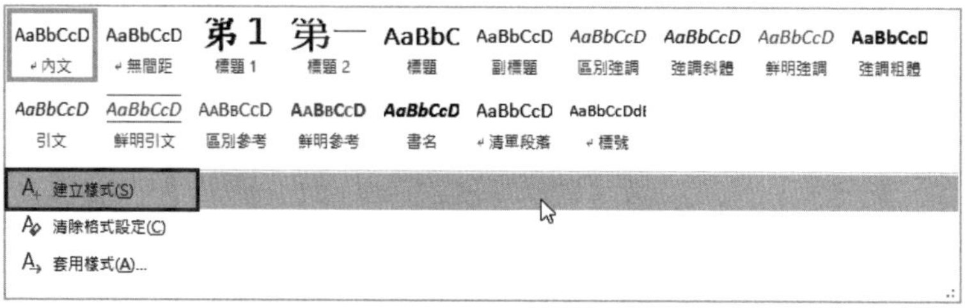

Step 4 從開啟的**從格式建立樣 x** 設定視窗中的【名稱】下的文字輸入框中輸入樣式名稱，例如，「圖標號樣式」，完成點選【確定】按鈕：

Step 5 為練習檔中的另外二張圖片套用相同的樣式。首先，將插入點置入第二張圖的最後：

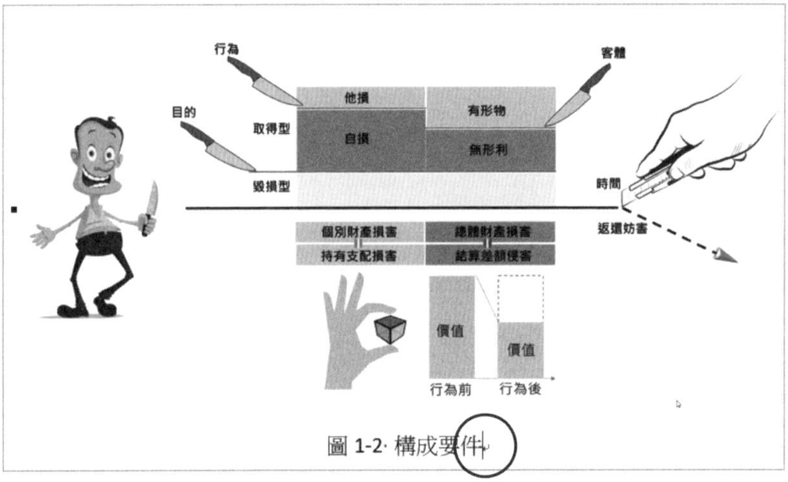

點選**常用**索引標籤中的**樣式**群組清單中的【圖標號樣式】選項：

再來，將插入點置入第三張圖的最後：

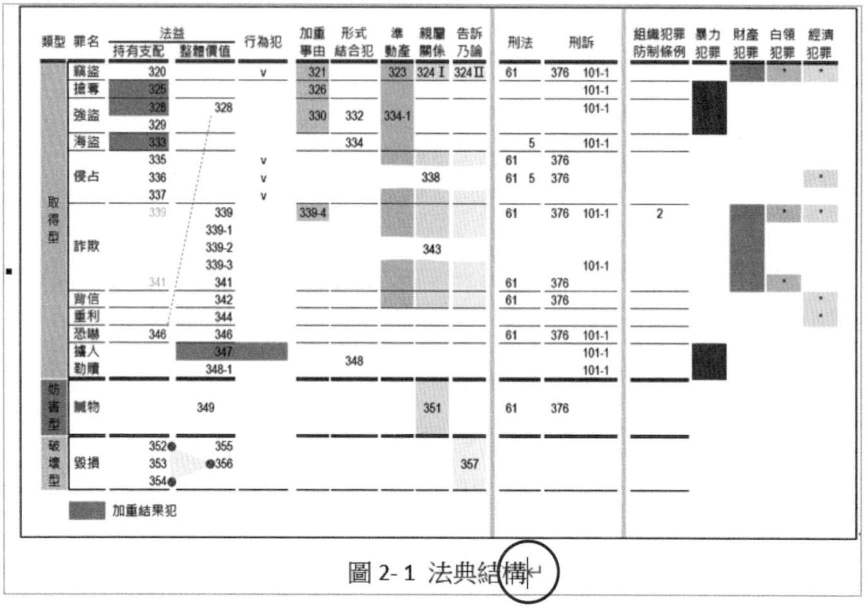

點選**常用**索引標籤中的**樣式** ↘ 群組清單中的【圖標號樣式】選項：

Step 6 點選導覽窗格中的【圖次】切換到該頁，接著再新增一個段落：

Step 7 點選**參考資料**索引標籤中**標號**群組中的【插入圖表目錄】選項：

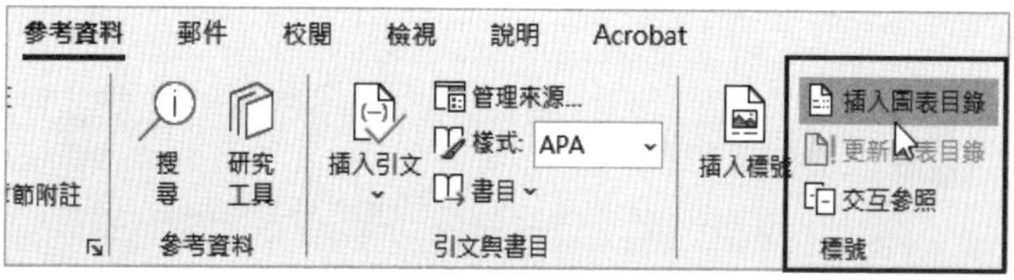

Step 8 預設會開啟**圖表目錄 x** 設定視窗的**目圖表錄**頁籤：

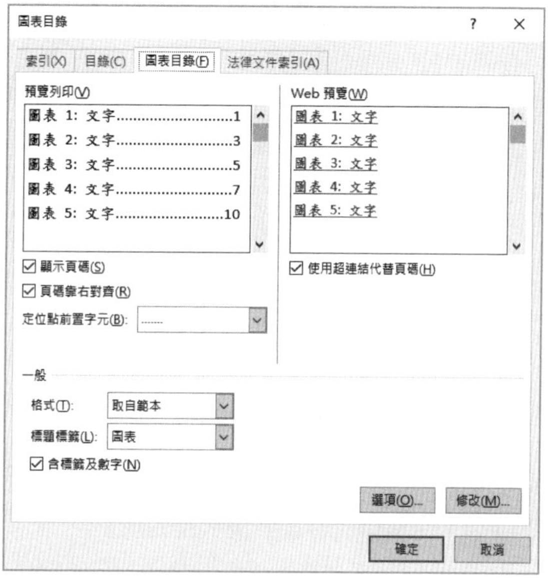

Step 9 關鍵步驟。請點選【選項】按鈕開啟**插入圖表目錄選項 x** 設定視窗，然後設定【樣式 ▾】下拉清單中的值為【圖標號樣式】，這個值就是我們前面為圖建立的標號樣式：

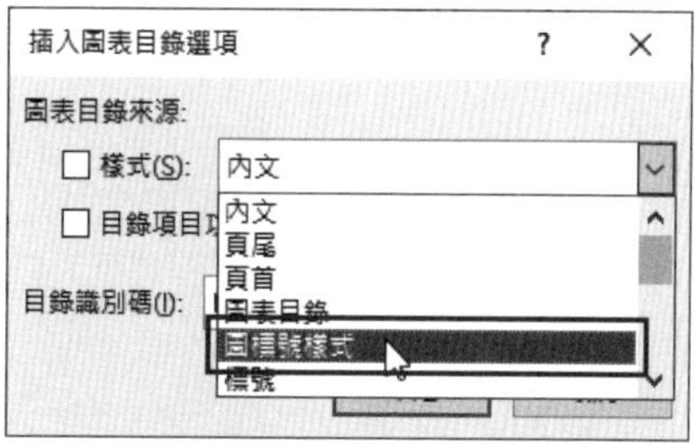

設定後【樣式 ▾】下拉清單中的左側會被「勾選」：

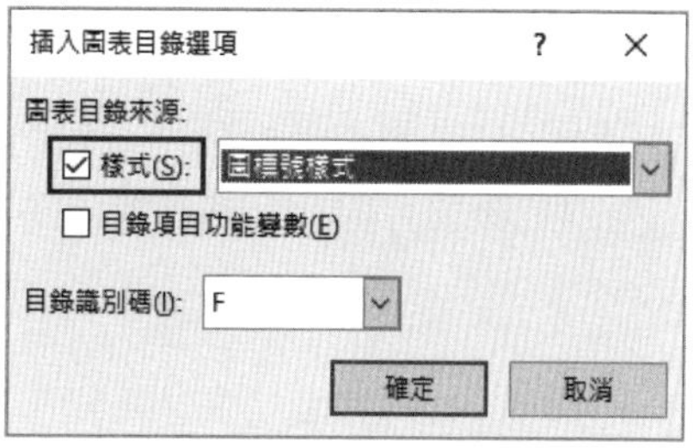

完成後請點選【確定】按鈕離開。回到**圖表目錄 x** 設定視窗後，原先在【標題標籤 ▾】下拉清單中的值為變更為「無」:

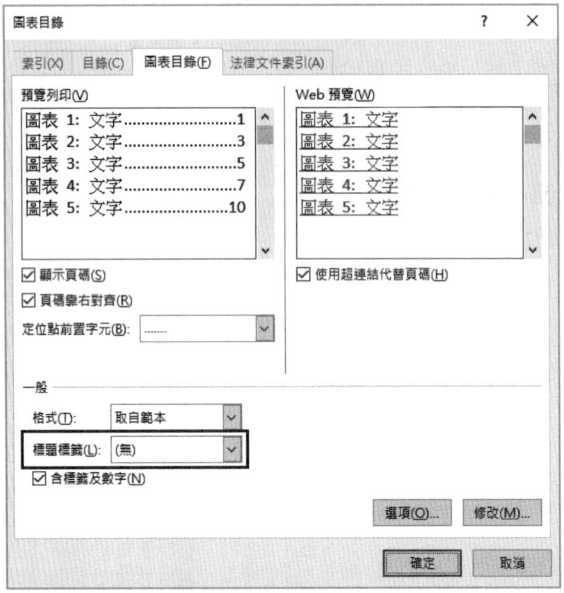

完成後，請點選【確定】按鈕離開**圖表目錄 x** 設定視窗，返回文件編輯狀態。

返回到文件編輯狀態後，圖次就完成了：

圖次↵

↵

完成檔請參閱「練習 - 圖表二階編碼及目錄 - 三 - 完成檔 -1100120.docx」。

這個方法的完成不會用到 Word 提供的插入標號功能，論文本文中的所有圖表的標號都要自行維護，因此可能產生不連號的情況。

Chapter

10 當頁註與引文

10.1 註腳

註腳是由「註標」與「註腳文字」搭配「分隔符號」」而成：

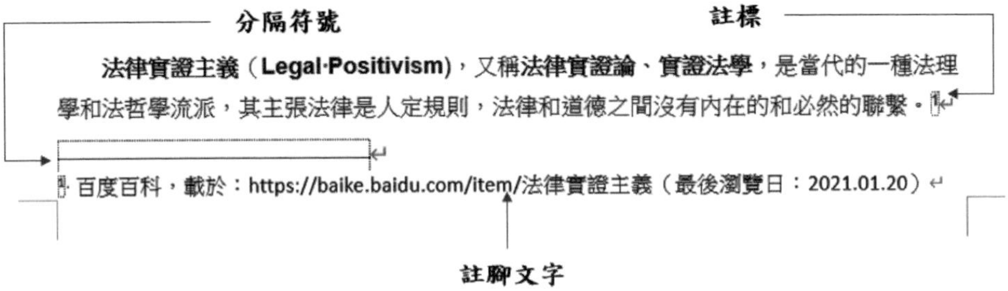
分隔符號
註標
法律實證主義（Legal·Positivism），又稱法律實證論、實證法學，是當代的一種法理學和法哲學流派，其主張法律是人定規則，法律和道德之間沒有內在的和必然的聯繫。1
1 百度百科，載於：https://baike.baidu.com/item/法律實證主義（最後瀏覽日：2021.01.20）
註腳文字

關於註腳的規定，以高雄科技大學科技法律研究所為例：

一、 使用同頁註，又稱當頁註。

二、 區分「某句」及「某段」的註釋標號位置。

三、 採「凸排」方式。

2.註腳格式

- 註腳採文內同頁註、阿拉伯數字、上標方式。註腳文字字形採新細明體、Times New Roman、單行行距、凸排 0.6cm、字形大小為 10。
- 採用新式標點符號(全形)。
- 注釋編碼依先後次序編碼，註釋之數字格式採阿拉伯數字連續編碼，置文字右上角。

例：某句註釋-置於該文句標點符號之前

○○○○○○○，○○○○○○○○ ●，○○○○○○○○○○○○○○○○○。

整段註釋-置於該段落標點符號之後

○○○○○○○○，○○○○○○○○○○○○，○○○○○○○○○○○○○○○○○，○○○○○○○○○○○○○○○○○○○，○○。 ●

開啟「練習 - 參考文獻排序 - 完成檔 -1100120.docx」，並點選導覽窗格的「第一章 緒論」切換至該頁，並將插入點移到下圖「註標 1」的位置，Word 會出現該註腳的內容：

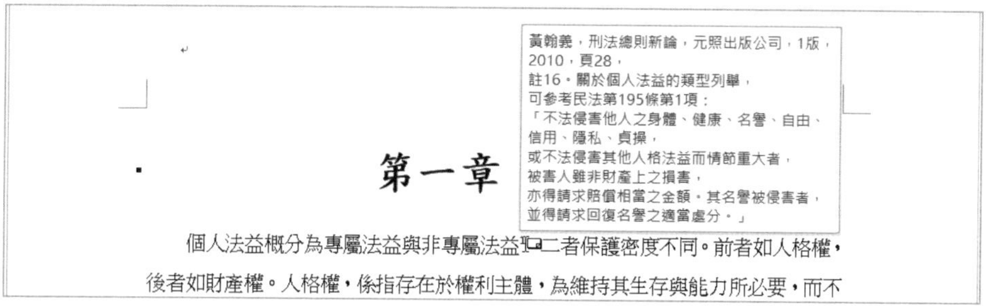
黃翰義，刑法總則新論，元照出版公司，1版，2010，頁28，
註16。關於個人法益的類型列舉，
可參考民法第195條第1項：
「不法侵害他人之身體、健康、名譽、自由、信用、隱私、貞操，
或不法侵害其他人格法益而情節重大者，
被害人雖非財產上之損害，
亦得請求賠償相當之金額。其名譽被侵害者，
並得請求回復名譽之適當處分。」
第一章
個人法益概分為專屬法益與非專屬法益，二者保護密度不同。前者如人格權，
後者如財產權。人格權，係指存在於權利主體，為維持其生存與能力所必要，而不

這個註腳的內容即該頁下方的「當頁註」的內容：

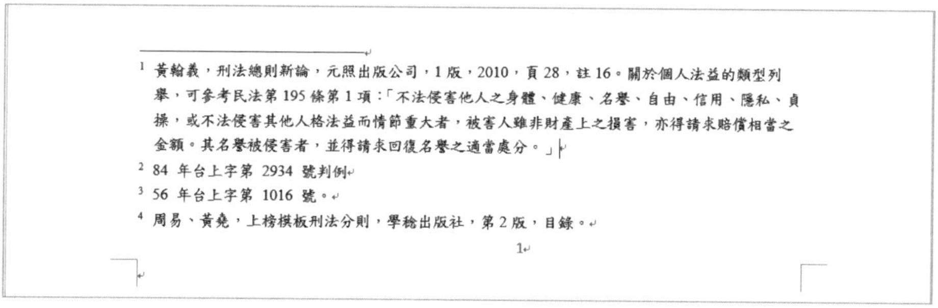
1 黃翰義，刑法總則新論，元照出版公司，1 版，2010，頁 28，註 16。關於個人法益的類型列舉，可參考民法第 195 條第 1 項：「不法侵害他人之身體、健康、名譽、自由、信用、隱私、貞操，或不法侵害其他人格法益而情節重大者，被害人雖非財產上之損害，亦得請求賠償相當之金額。其名譽被侵害者，並得請求回復名譽之適當處分。」
2 84 年台上字第 2934 號判例
3 56 年台上字第 1016 號。
4 周易、黃堯，上榜模板刑法分則，學稔出版社，第 2 版，目錄。
1

其中註腳呈現的格式即為「凸排」，例如，註腳 1：

[1] 黃翰義，刑法總則新論，元照出版公司，1 版，2010，頁 28，註 16。關於個人法益的類型列舉，可參考民法第 195 條第 1 項：「不法侵害他人之身體、健康、名譽、自由、信用、隱私、貞操，或不法侵害其他人格法益而情節重大者，被害人雖非財產上之損害，亦得請求賠償相當之金額。其名譽被侵害者，並得請求回復名譽之適當處分。」

點選**常用**索引標籤中的**段落** ↘ 群組右下角的【↘】：

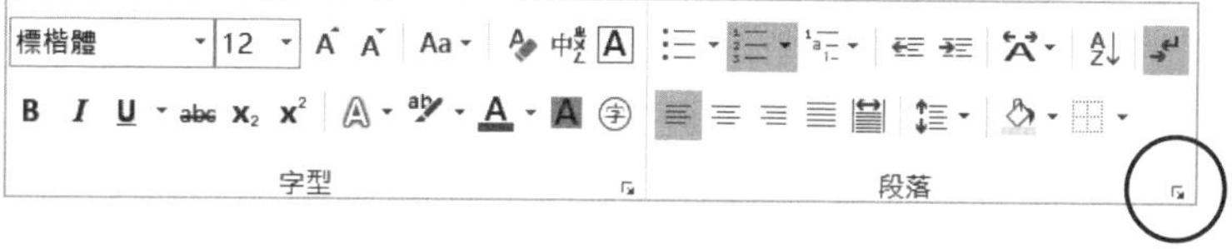
標楷體
12
字型
段落

開啟**段落** x 設定視窗後，從【縮排】群組中的【指定方式 ▾】下拉清單中的為【凸排】及【位移點數】的值即為本練習檔的格式：

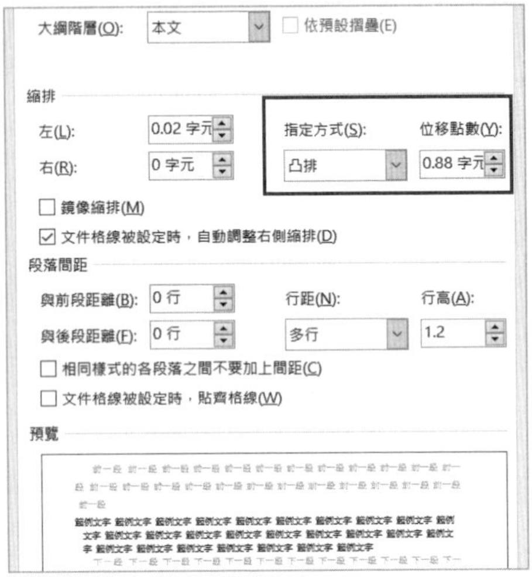

點選**常用**索引標籤中的**字型** ↘ 群組右下角的【↘】，開啟**字型** x 設定視窗檢視目前註腳的中文及英文字型與字型大小：

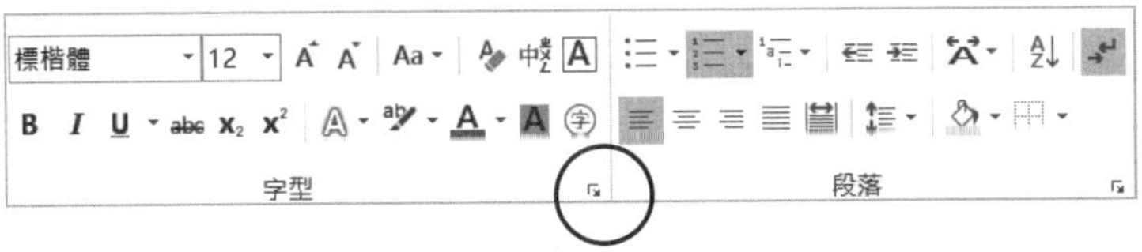

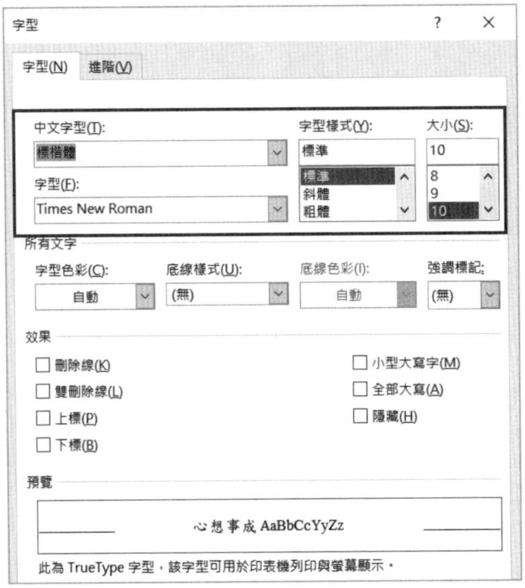

從目前的**字型 x** 設定視窗及**段落 x** 設定視窗檢視的設定後，若以本節一開始高雄科技大學科技法律研究所的規定，請將中文字型改為「新細明體」而【凸排】的【位移點數】的值調整為「0.6cm」：

Step 1 開啟樣式視窗，點選【註腳文字】右側開啟選單，並點選選單中的【修改】：

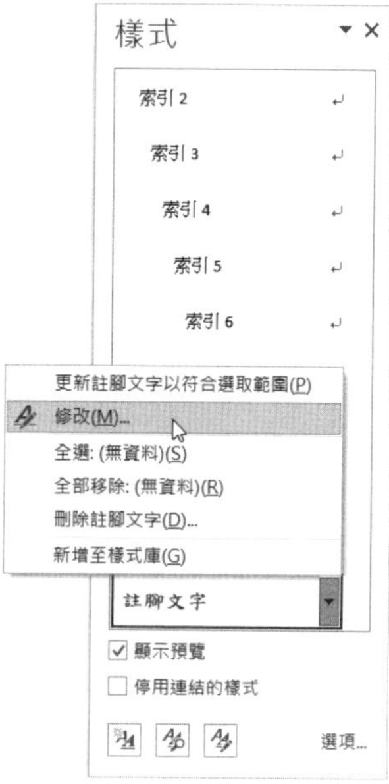

Step 2 點選**修改樣式 x** 設定視窗左下角的【格式】開啟選單，並點選選單中的【字型】開啟**字型 x** 設定視窗：

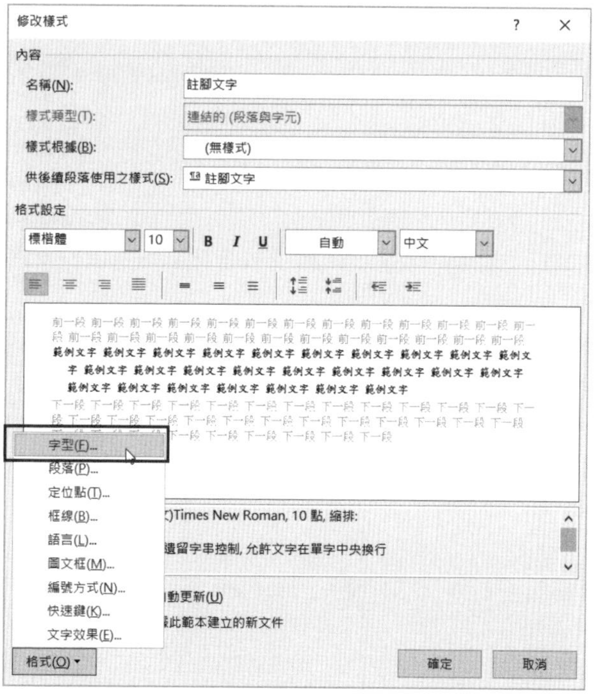

將**字型**頁籤中的【中文字型 ▾】下拉清單的值調整為「新細明體」，完成後點選【確定】按鈕關閉**字型** x 設定視窗返回**修改樣式** x 設定視窗：

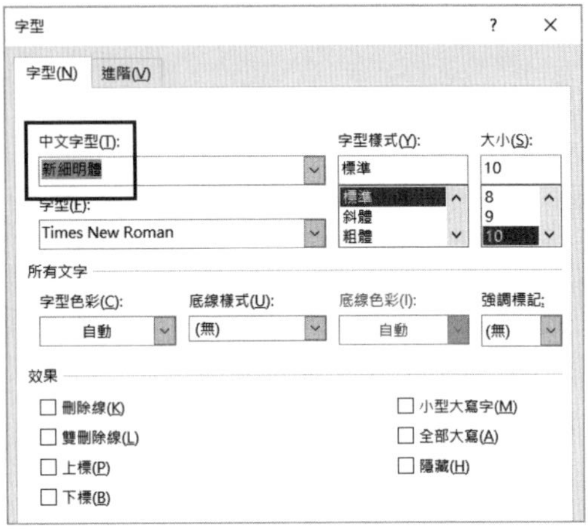

Step 3 點選**修改樣式** x 設定視窗左下角的【格式】開啟選單，並點選選單中的【段落】開啟**段落** x 設定視窗，在【左】值調整為「0 字元」，在【位移點數】直接輸入「0.6 公分」，並於【行距】設定【單行間距】即可：

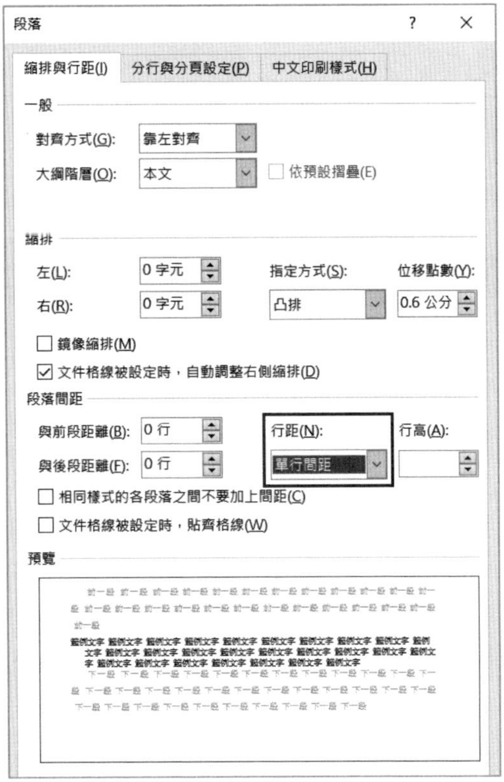

Step 4 點選【確定】按鈕返回**修改樣式** x 設定視窗，可從預覽窗格及下方的設定值彙總看到目前的各項設定：

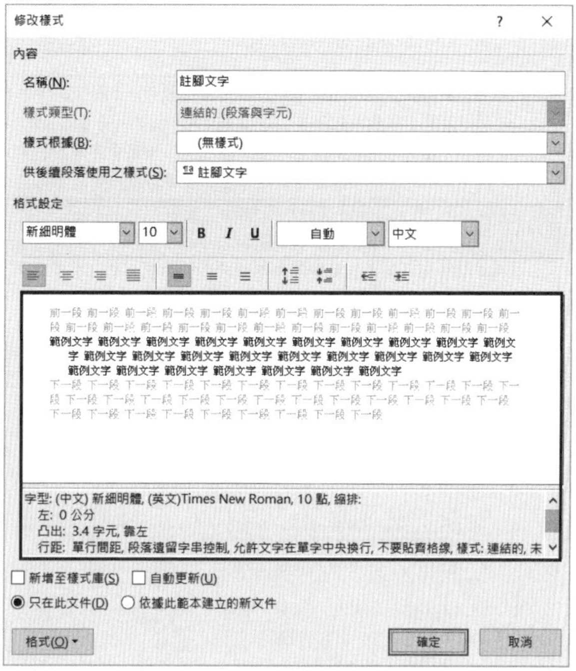

Step 5 點選【確定】按鈕關閉**修改樣式** x 設定視窗，返回文件編輯狀態。此時，你如果再看一下註腳的縮排，你可能會發現如下結果，似乎剛才的設定並沒有發生作用。

如果發生這種情況，請再點選一下樣式清單中的【註腳文字】選項，這樣子就會更新了。

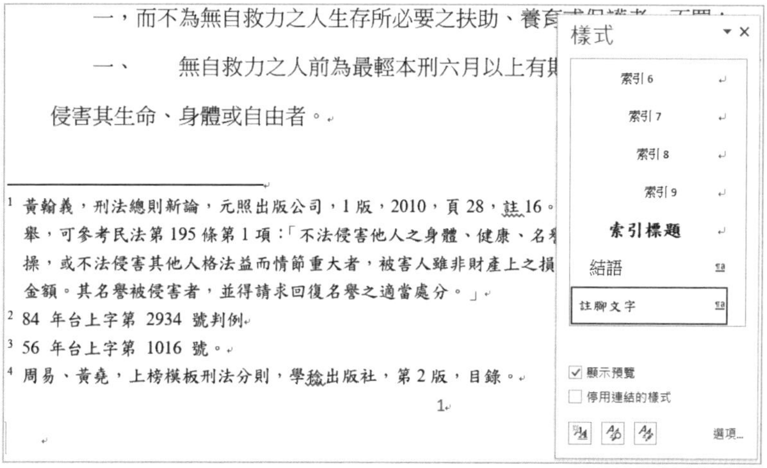

修改後的結果如下：

[1] 黃翰義，刑法總則新論，元照出版公司，1 版，2010，頁 28，註 16。關於個人法益的類型列舉，可參考民法第 195 條第 1 項：「不法侵害他人之身體、健康、名譽、自由、信用、隱私、貞操，或不法侵害其他人格法益而情節重大者，被害人雖非財產上之損害，亦得請求賠償相當之金額。其名譽被侵害者，並得請求回復名譽之適當處分。」

[2] 84 年台上字第 2934 號判例

[3] 56 年台上字第 1016 號。

[4] 周易、黃堯，上榜模板刑法分則，學稔出版社，第 2 版，目錄。

下面是清華大學的規定，除明確指出字型大小為 10pt 外，從範例看起來應沒有設定縮排：

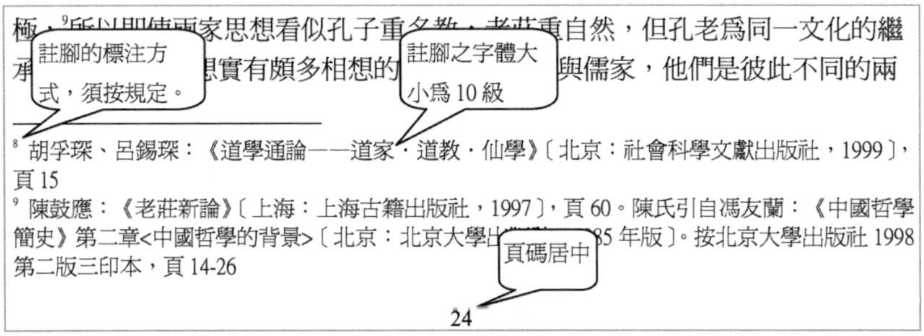

[8] 胡孚琛、呂錫琛：《道學通論——道家．道教．仙學》〔北京：社會科學文獻出版社，1999〕，頁 15
[9] 陳鼓應：《老莊新論》〔上海：上海古籍出版社，1997〕，頁 60。陳氏引自馮友蘭：《中國哲學簡史》第二章<中國哲學的背景>〔北京：北京大學出
85 年版〕。按北京大學出版社 1998 第二版三印本，頁 14-26

要如何設定才能符合清華大學的規定呢？從上述的範例看起來，除了不使用縮排之外，行高應該也不相同，不過，該校並未特別說明，所以，假設與上一例一樣，如果是這樣的話，那麼只有一處不同的地方就只有縮排的規定了。上一例係「凸排 0.6 公分」，本例則不縮排，因此，**段落 x** 設定視窗的縮排設定如右即可：

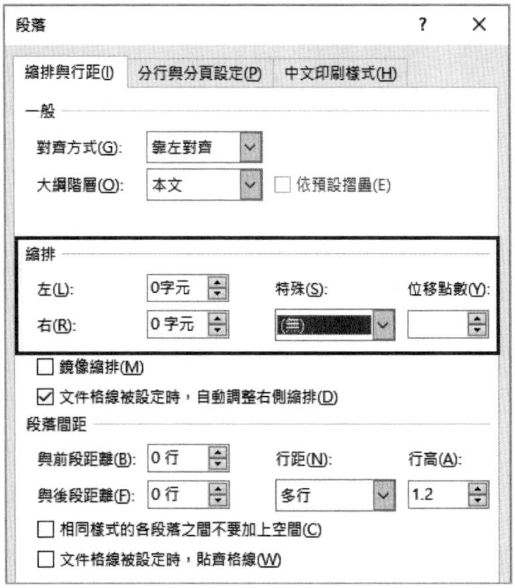

如此就會看到下面這個設定後的結果，註腳 1 的阿拉伯數字與下一列的文字是切齊的：

> 1 黃翰義，刑法總則新論，元照出版公司，1 版，2010，頁 28，註 16。關於個人法益的類型列舉，可參考民法第 195 條第 1 項：「不法侵害他人之身體、健康、名譽、自由、信用、隱私、貞操，或不法侵害其他人格法益而情節重大者，被害人雖非財產上之損害，亦得請求賠償相當之金額。其名譽被侵害者，並得請求回復名譽之適當處分。」
>
> 2 84 年台上字第 2934 號判例
>
> 3 56 年台上字第 1016 號。
>
> 4 周易、黃堯，上榜模板刑法分則，學稔出版社，第 2 版，目錄。

預設的情況下，註腳會是連續編號，這就像上面的練習檔一樣。但是，如果學校要求「每頁重編」呢？下面這是交通大學的規定，規定中要求「各章之間不相連續」，也就是說，<u>**各章的註腳編號都要重編，因此，各章就要獨立成節**</u>：

> (7) 註腳：①特殊事項論點等，可使用註腳(Footnote)說明。
>
> ②註腳依應用順序編號，編號標於相關文右上角以備參閱。各章內編號連續，各章之間不相接續。
>
> ③註腳號碼及內容繕於同頁底端版面內，與正文之間加劃橫線區隔，頁面不足可延用次頁底端版面。
>
> 例：
>
> 車廂外乘客之旅行時間包含步行時間[10]及等車時間，茲分析如下：
>
> ❶ 若捷運鐵路之服務帶寬度為 W 公尺[11]，行人步道系統呈方格型分佈(Grid Type)且旅次均勻發生，如圖 4 所示。

Step 1 開啟「練習 - 長篇文件 - 註腳每節重新編號 -1100120.docx」。

Step 2 點選導覽窗格「第二章 法益分析」切換到該章，接著捲動畫面到看得到註腳的位置，目前註腳的連續編號是「7」：

> 二、 純經濟的財產概念
>
> 7 陳憲政，電腦犯罪之法律適用與立法政策—保護法益之遞嬗，碩士論文（政治大學法律學研究所），第 66-69 頁。
>
> 7

Step 3 點選**檢視**索引標籤中的**檢視**群組中的【草稿】，將目前的編輯模式調整為草稿模式，這個動作是因為接下來要切換到註腳的編輯模式進行設定：

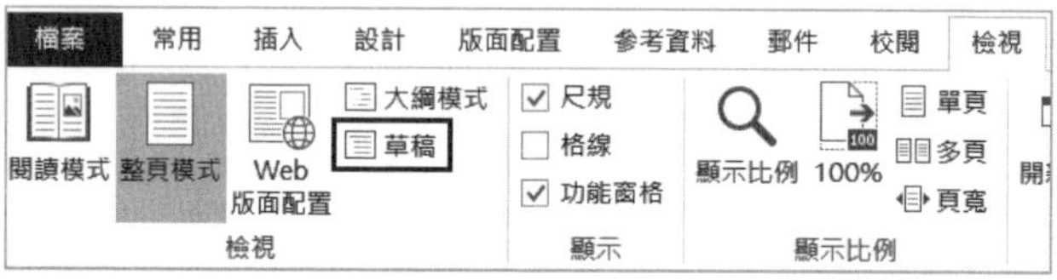

Step 4 點選**參考資料**索引標籤中的**註腳** ↘ 群組中的【顯示註腳及章節附註】：

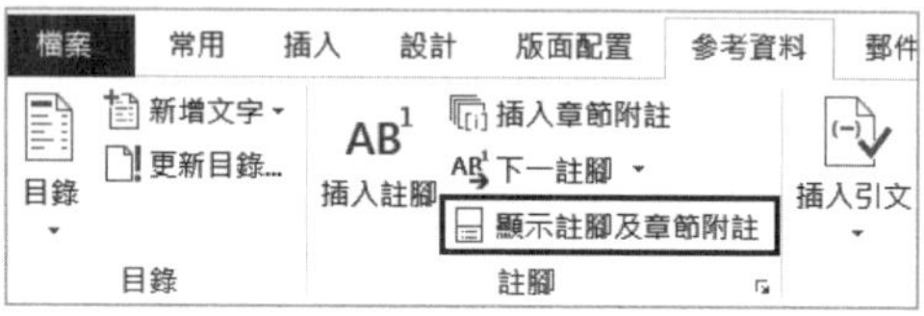

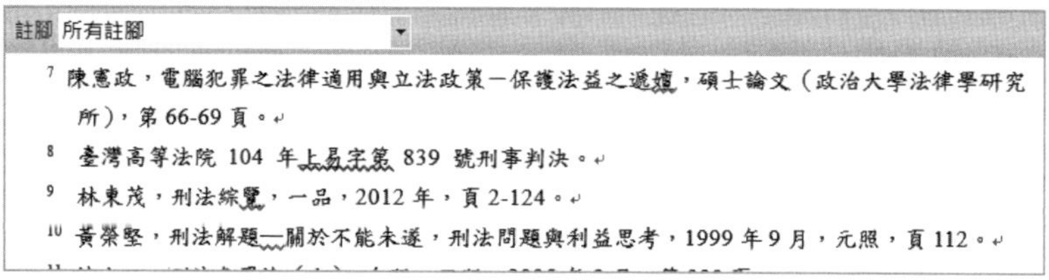

Step 5 插入點移置到註腳 7 的最後，以滑鼠「右」鍵展開選單，並點選其中的【附註選項】：

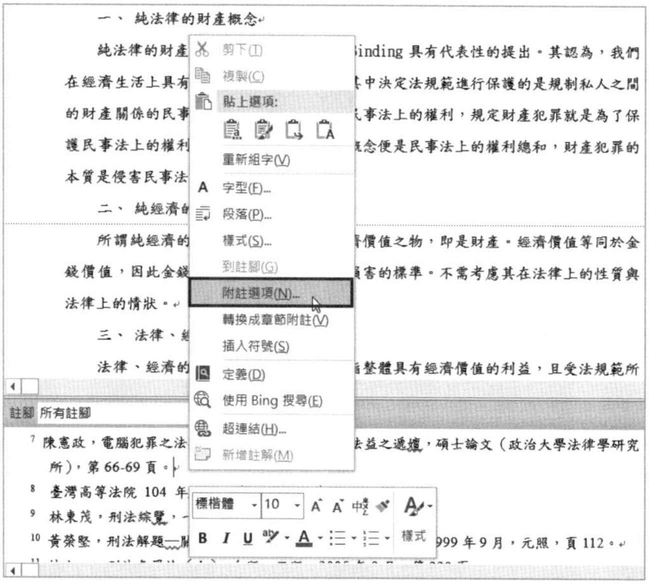

Step 6 開啟**註腳及章節附註 x** 設定視窗後，從其中的「本頁下緣」、「數字格式」及「編號方式」都是目前看到註腳的樣子所使用的預設值。

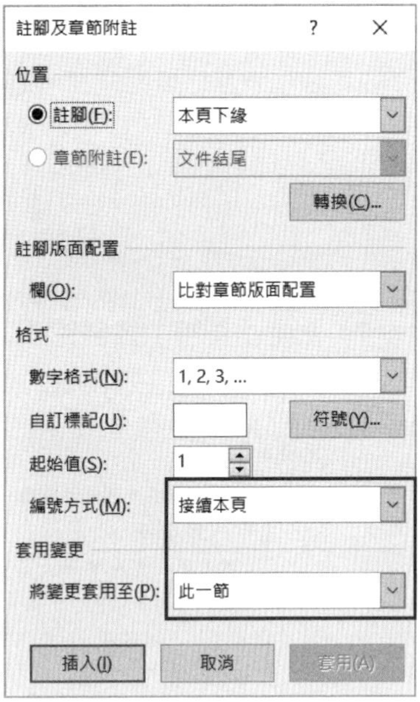

為符合每章重新編碼的要求，必須修改的位置如上圖框起來的部份。首先，將【編號方式 ▾】下拉清單的值由「接續本頁」改為「每節重新編號」：

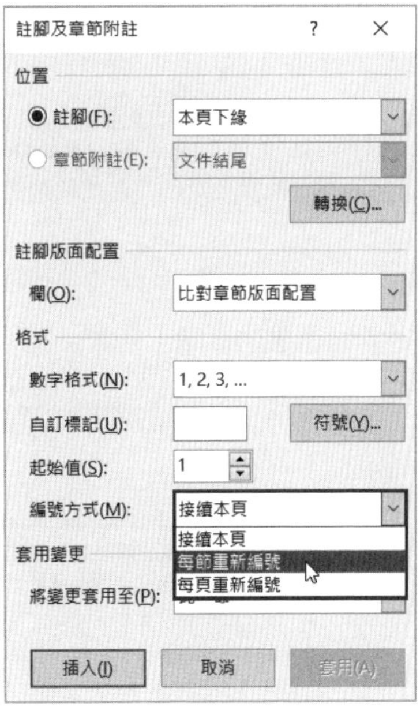

接著再將【將變更套用至 ▾】下拉清單的值調整為「整份文件」：

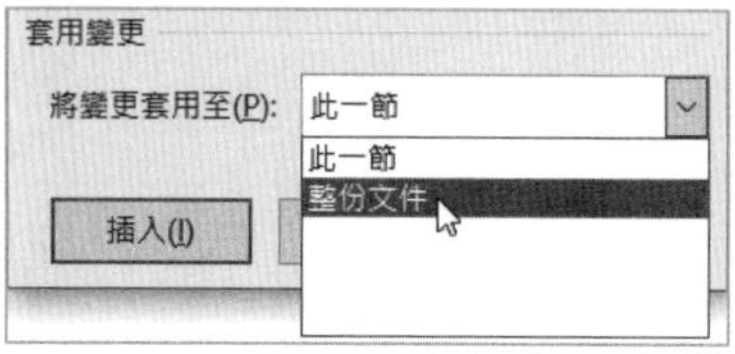
套用變更
將變更套用至(P):
此一節
此一節
整份文件
插入(I)

Step 7 點選【套用】按鈕完成設定並返回註腳編輯狀態，此時原先「7」的值已變更為「1」，而且其後續的編號也同時調整了：

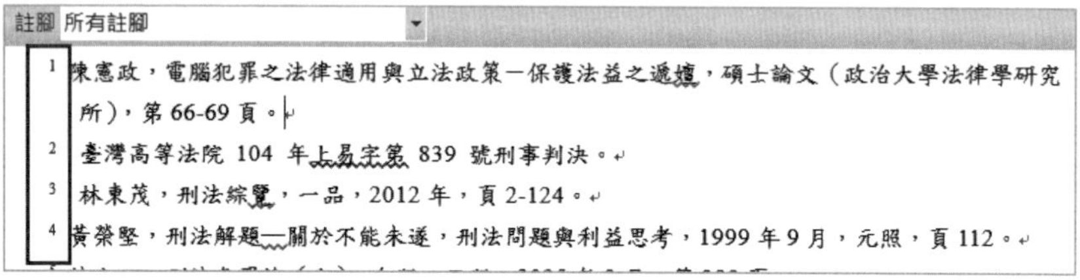
註腳 所有註腳
1 陳憲政，電腦犯罪之法律適用與立法政策－保護法益之遞嬗，碩士論文（政治大學法律學研究所），第 66-69 頁。
2 臺灣高等法院 104 年上易字第 839 號刑事判決。
3 林東茂，刑法綜覽，一品，2012 年，頁 2-124。
4 黃榮堅，刑法解題—關於不能未遂，刑法問題與利益思考，1999 年 9 月，元照，頁 112。

Step 8 點選右上角的關閉按鈕離開註腳模式：

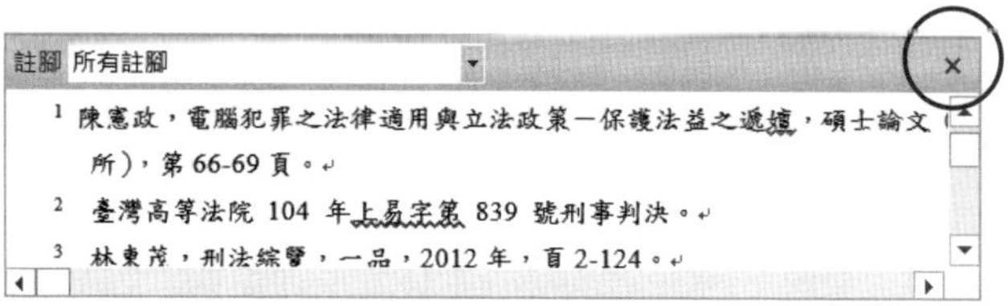
註腳 所有註腳
1 陳憲政，電腦犯罪之法律適用與立法政策－保護法益之遞嬗，碩士論文
所），第 66-69 頁。
2 臺灣高等法院 104 年上易字第 839 號刑事判決。
3 林東茂，刑法綜覽，一品，2012 年，頁 2-124。

完成的結果請參閱「練習 - 長篇文件 - 註腳每節重新編號 - 完成檔 -1100120.docx」。

正常情況下，每頁的註腳上方都有一條「分隔符號」，而且會與註腳的數字切齊，例如：

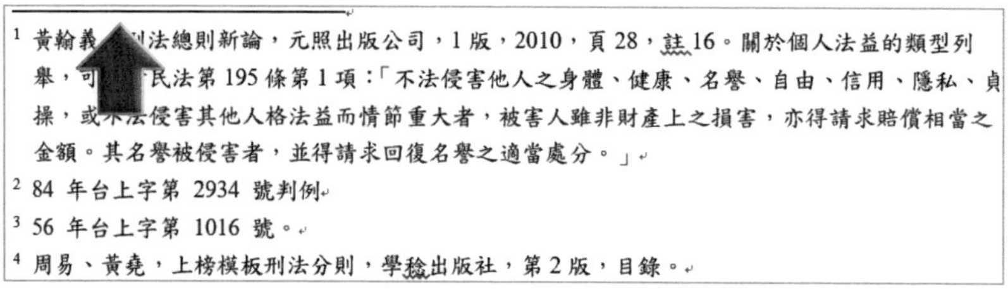
2 84 年台上字第 2934 號判例。
3 56 年台上字第 1016 號。
4 周易、黃堯，上榜模板刑法分則，學稔出版社，第 2 版，目錄。

萬一碰到下面這種「分隔符號」沒有與註腳的數字切齊情況時要如何調整？

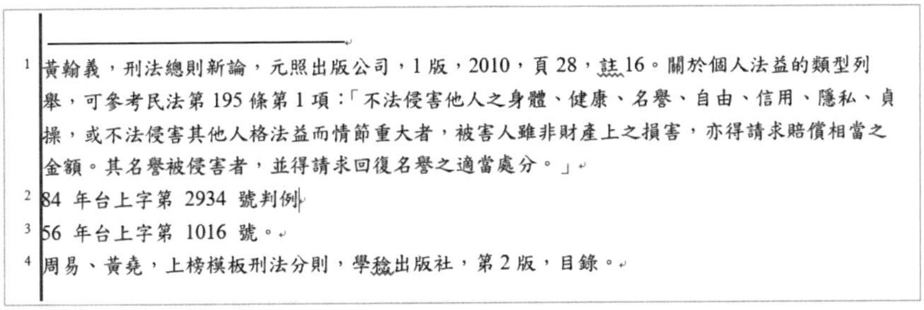

1 黃翰義，刑法總則新論，元照出版公司，1 版，2010，頁 28，註 16。關於個人法益的類型列舉，可參考民法第 195 條第 1 項：「不法侵害他人之身體、健康、名譽、自由、信用、隱私、貞操，或不法侵害其他人格法益而情節重大者，被害人雖非財產上之損害，亦得請求賠償相當之金額。其名譽被侵害者，並得請求回復名譽之適當處分。」

2 84 年台上字第 2934 號判例

3 56 年台上字第 1016 號。

4 周易、黃堯，上榜模板刑法分則，學稔出版社，第 2 版，目錄。

為了調整註腳分隔符號，我們可以加入【檢視註腳分隔符號】的功能以方便註腳分隔線的設定。

Step 1 點選**檔案**索引標籤，從開啟的選單點【選項】開啟 **Word 選項** x 設定視窗，最後點選左側【自訂功能區】選項：

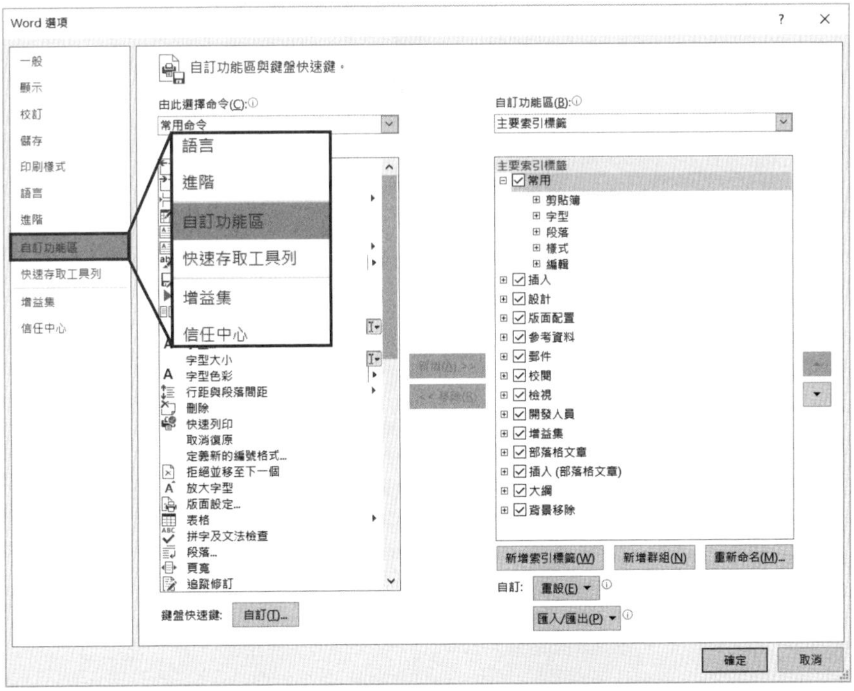

Step 2 點選右側下方的【新增群組】按鈕，隨後在主要索引標籤的【常用】節點項下會出現【新增群組（自訂）】選項：

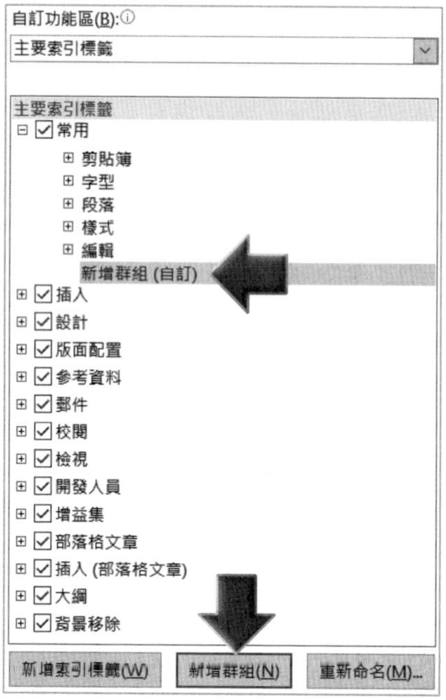

接著會出現**重新命名 x** 設定視窗：

Step 3 請在【顯示名稱】右側的文字框輸入想要設定的名稱並點選一個圖示，本例設定名稱是「註腳分隔符號」：

完成後，原先在主要索引標籤的【常用】節點項下的【新增群組（自訂）】選項會更名為【註腳分隔符號（自訂）】：

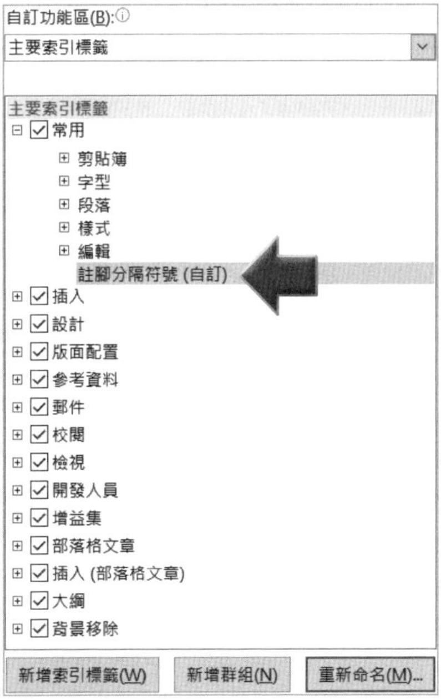

Step 4 請在左側的【由此選擇命令】下拉選單中點選「所有命令」，接著再捲動下方的清單並點選其中的【檢視註腳分隔符號】，最後，再點選【新增】按鈕：

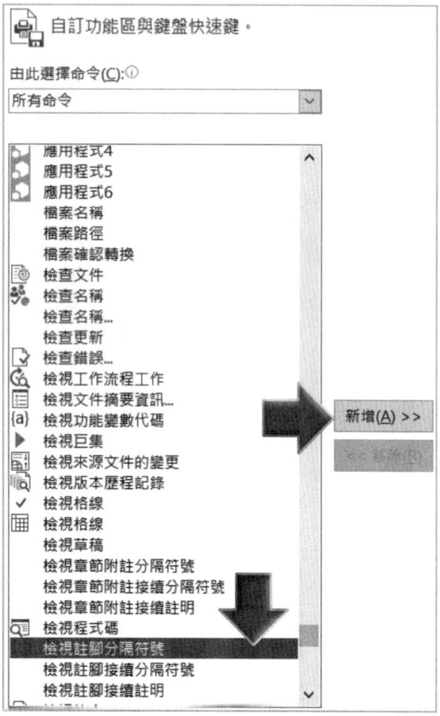

完成後，原先在主要索引標籤的【常用】節點項下的【新增群組(自訂)】選項會更名為【註腳分隔符號(自訂)】的下方多了【檢視註腳分隔符號】：

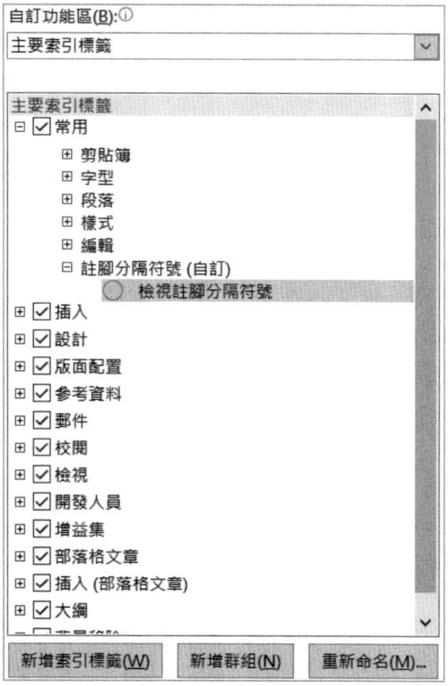

Step 5 點選【確定】按鈕關閉 Word 選項 x 設定視窗以返回文件編輯狀態。

回到文件編輯狀態後，原先**常用**索引標籤中的最右側會出現剛才新增的功能，其中的【註腳分隔符號】即是我們在上面自行命名的文字，而【檢視註腳分隔符號】則是從所有功能清單中增加進來的：

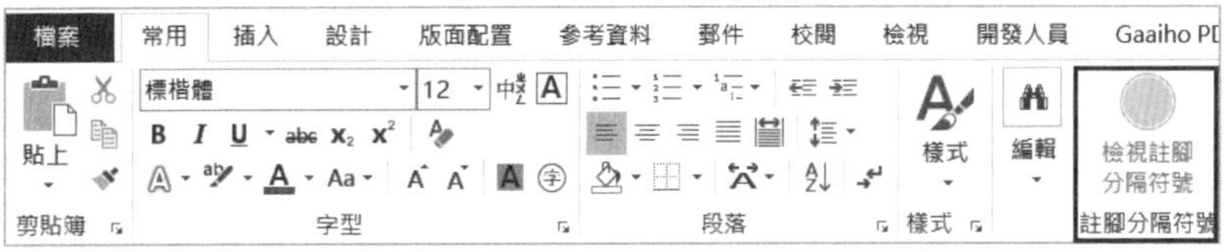

有了這個功能之後，我們就能解決註腳分隔符號沒有切齊左側的問題。

Step 1 開啟「練習 - 長篇文件 - 註腳分隔符號 -1100120.docx」。

Step 2 點選導覽窗格中「第一章 緒論」切換到該頁。

Step 3 點選剛才在**常用**索引標籤中新增的**註腳分隔符號**群組中的【檢視註腳分隔符號】按鈕切換模式：

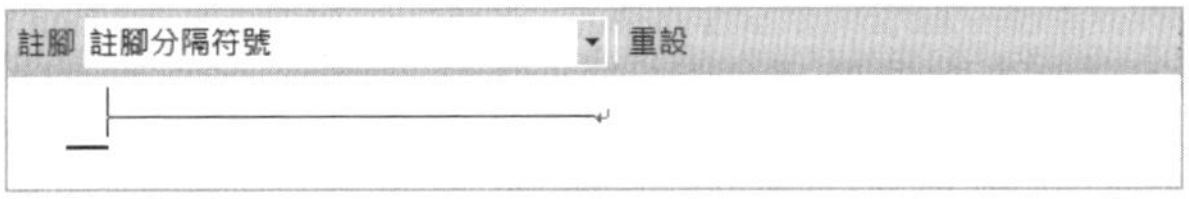

Step 4 插入點置入分隔符號的那一列，然後以滑鼠「右」鍵開啟選單，並點選選單中的【段落】選項：

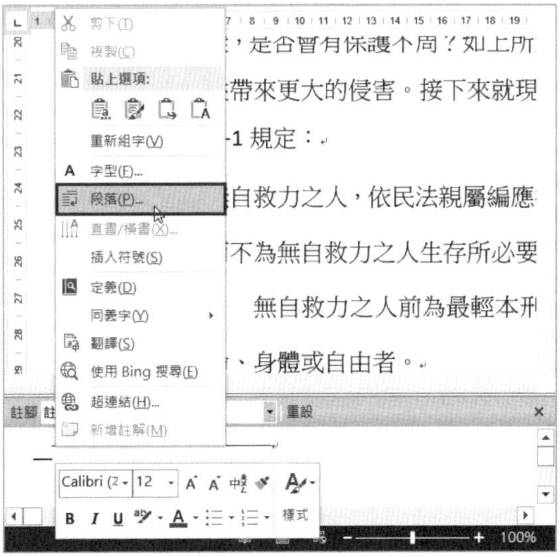

段落 x 設定視窗中【左】值與【左】值皆為「1 字元」，這就是目前註腳分隔符號為什麼沒有對齊邊界左側的原因：

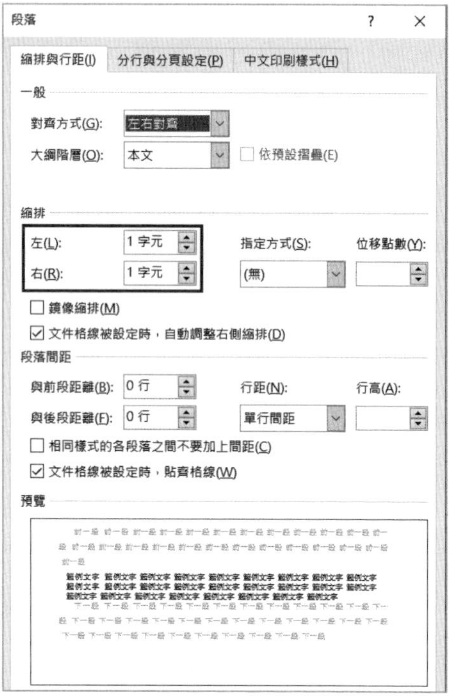

Step 5 修改**段落 x** 設定視窗中【左】值與【左】值皆為「0 字元」：

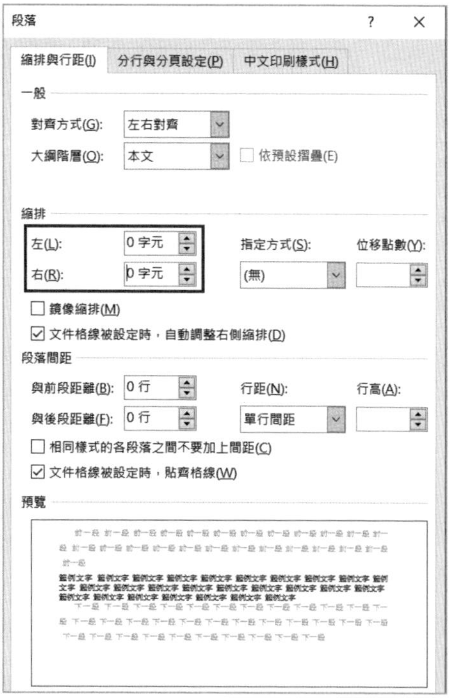

設定後點選【確定】按鈕返回，此時註腳分隔符號就往前移了：

註腳 註腳分隔符號
重設

此時請點選其右上的關閉按鈕回到文件編輯的狀態：

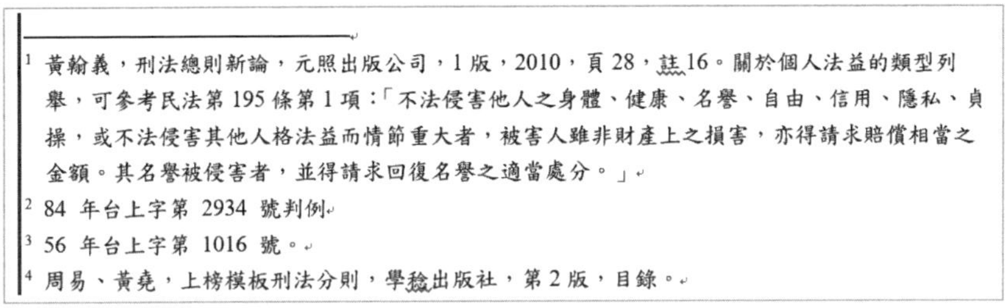
1 黃翰義，刑法總則新論，元照出版公司，1 版，2010，頁 28，註 16。關於個人法益的類型列舉，可參考民法第 195 條第 1 項：「不法侵害他人之身體、健康、名譽、自由、信用、隱私、貞操，或不法侵害其他人格法益而情節重大者，被害人雖非財產上之損害，亦得請求賠償相當之金額。其名譽被侵害者，並得請求回復名譽之適當處分。」
2 84 年台上字第 2934 號判例
3 56 年台上字第 1016 號。
4 周易、黃堯，上榜模板刑法分則，學稔出版社，第 2 版，目錄。

完成檔請參閱「練習 - 長篇文件 - 註腳分隔符號 - 完成檔 -1100120.docx」。

學會修改之後，本節最後的練習就是插入註腳，這就簡單多了。

Step 1 開啟「練習 - 插入註腳 -1100120.docx」。

Step 2 請將插入點置下列位置：

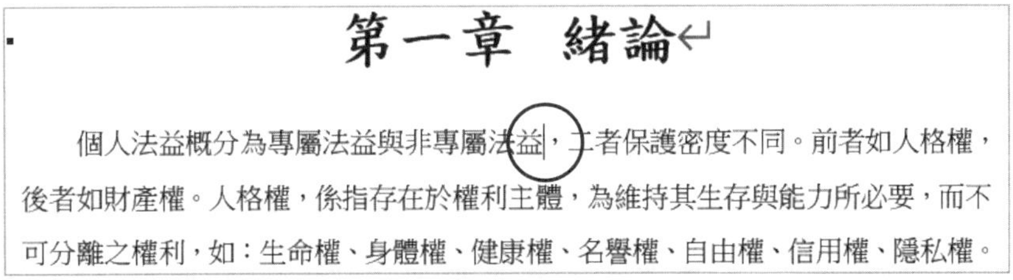
第一章　緒論
個人法益概分為專屬法益與非專屬法益，二者保護密度不同。前者如人格權，後者如財產權。人格權，係指存在於權利主體，為維持其生存與能力所必要，而不可分離之權利，如：生命權、身體權、健康權、名譽權、自由權、信用權、隱私權。

目前這頁的註腳共有 3 筆，內容如下：

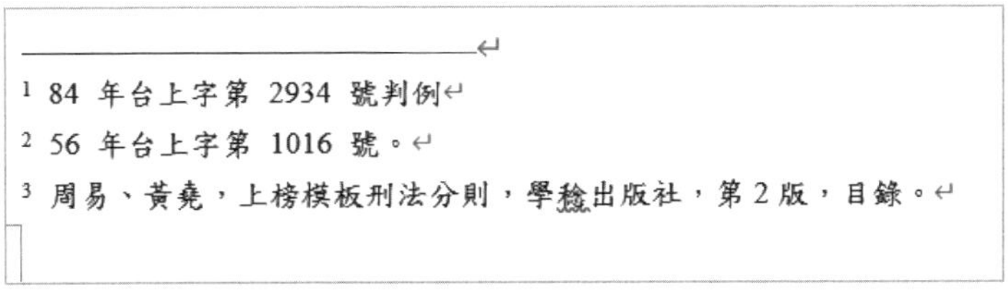
1 84 年台上字第 2934 號判例
2 56 年台上字第 1016 號。
3 周易、黃堯，上榜模板刑法分則，學稔出版社，第 2 版，目錄。

Step 3 開啟「練習 - 插入註腳 - 註腳文字 -1100120」。這是等一下要插入註腳所使用的文字。開啟之後各位可以先選取後予以複製起來。

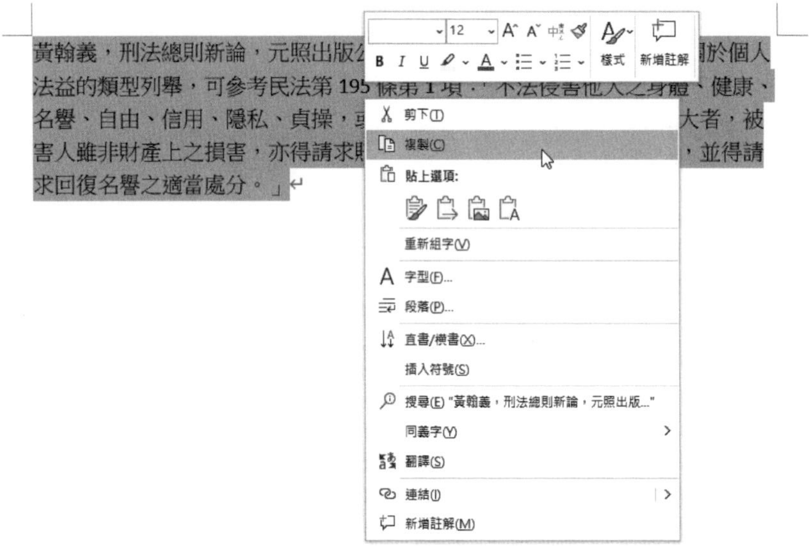

Step 4 點選**參考資料**索引標籤中的**註腳**群組中的【插入註腳】按鈕：

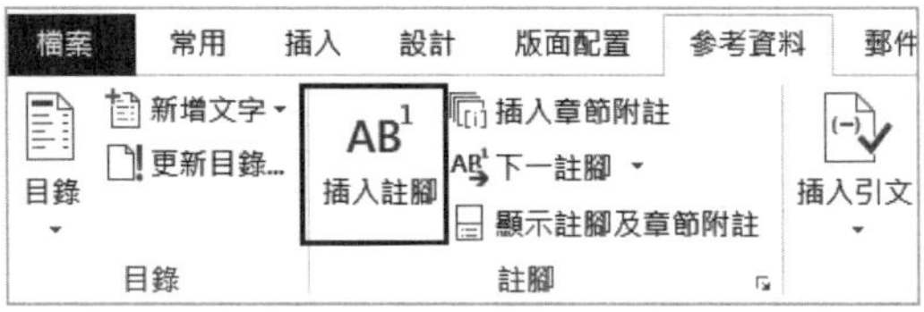

Step 5 此時就會在原來的註腳資料前面加入第 1 筆的序號，因為是第 1 筆，因此原先的第 2 筆註腳以後的資料就被往後推移了：

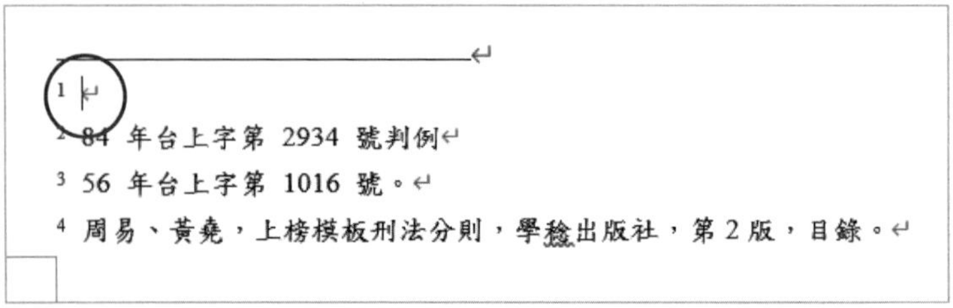

Step 6 在目前的插入點位置按下滑鼠「右」鍵開啟選單，並點「只保留文字」的按鈕：

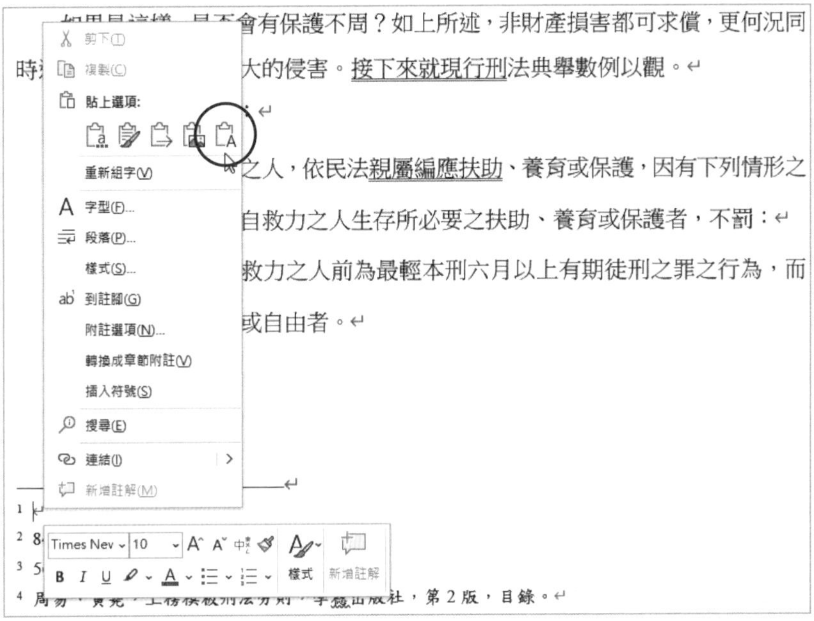

完成後的註腳資料如下：

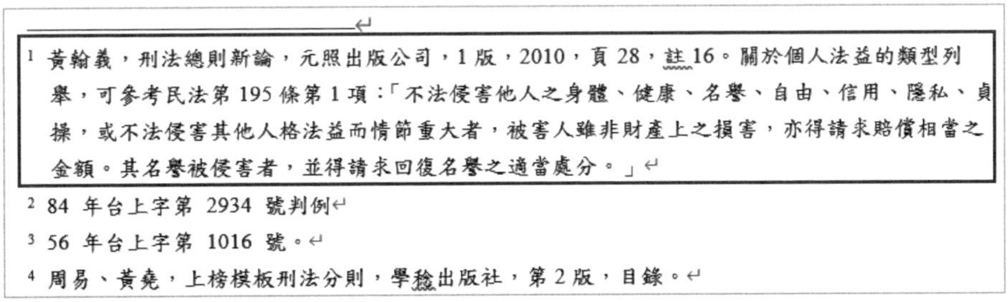

1 黃翰義，刑法總則新論，元照出版公司，1 版，2010，頁 28，註 16。關於個人法益的類型列舉，可參考民法第 195 條第 1 項：「不法侵害他人之身體、健康、名譽、自由、信用、隱私、貞操，或不法侵害其他人格法益而情節重大者，被害人雖非財產上之損害，亦得請求賠償相當之金額。其名譽被侵害者，並得請求回復名譽之適當處分。」

2 84 年台上字第 2934 號判例

3 56 年台上字第 1016 號。

4 周易、黃堯，上榜模板刑法分則，學稔出版社，第 2 版，目錄。

完成檔請參閱「練習 - 插入註腳 - 完成檔 -1100120.docx」。

10.2 引文

大部分學校的論文規範中都沒有特別去規範引文的格式，不過，東吳大學哲學系碩士論文格式須知，有特別交待引文格式的相關規定：

> 六、論文之引文、註釋、參考書目等，其格式悉依《東吳哲學學報》之規定。其中，引文部分需與上下行文字各空一行，左右各縮進 0.5cm。

Step 1 開啟啟「練習 - 插入引文 -1100120.docx」檔。

Step 2 在第二段的左側空白處點二下來選取這一段：

> 個人法益概分為專屬法益與非專屬法益[1]，二者保護密度不同。前者如人格權，後者如財產權。人格權，係指存在於權利主體，為維持其生存與能力所必要，而不可分離之權利，如：生命權、身體權、健康權、名譽權、自由權、信用權、隱私權。非財產上之損害賠償請求權，因與被害人之人身攸關，具有專屬性，不適於讓與或繼承。民法第一百九十五條第二項規定，於同法第一百九十四條規定之非財產上損害賠償請求權，亦有其適用[2]。凡不法侵害他人之身體、健康、名譽、或自由者，被害人雖非財產上之損害，亦得請求賠償相當之金額，民法第一百九十五條第一項固有明定，但此指被害人本人而言，至被害人之父母就此自在不得請求賠償之列[3]。96 年公務人員特種考試原住民族五等法學大意曾有選擇問「法益為刑法所保護之利益，下列何種個人法益，非個人一身專屬法益？」，其解答為「財產權」。↵
>
> 刑法的財產犯罪是否也是非專屬的保護呢？依周易[4]等之見解，對刑法財產犯罪罪章的侵害法益亦視為非專屬法益，其見解與民法無殊。↵
>
> 如果是這樣，是否會有保護不周？如上所述，非財產損害都可求償，更何況同時還因專屬法益帶來更大的侵害。接下來就現行刑法典舉數例以觀。↵

Step 3 點選常用索引標籤中的段落 ↘ 群組右下角的【↘】來開啟段落 x 設定視窗：

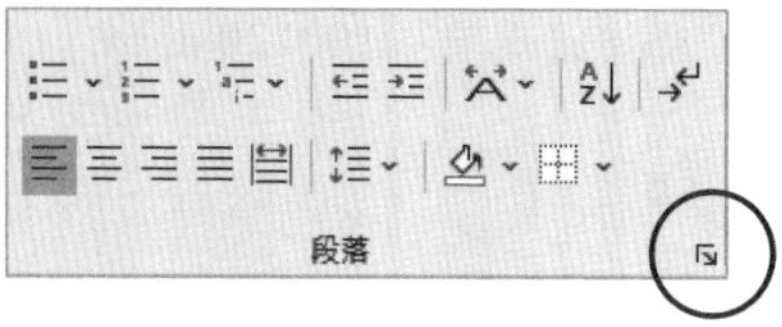

Step 4 依東吳大學哲學系的規定設定上下各空一行（常見的說法認為相當於 12pt），而左右各縮進 0.5 公分：

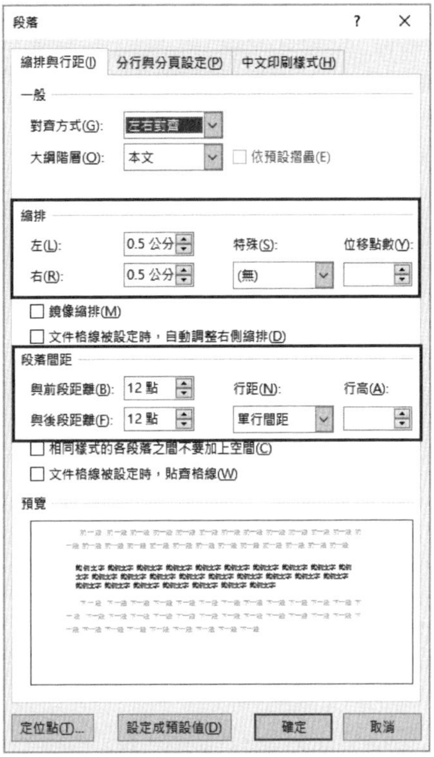

Step 5 點選**常用**索引標籤中的**字型** ↘ 群組右的【字型 ▾】下拉清單設定字型為標楷體」：

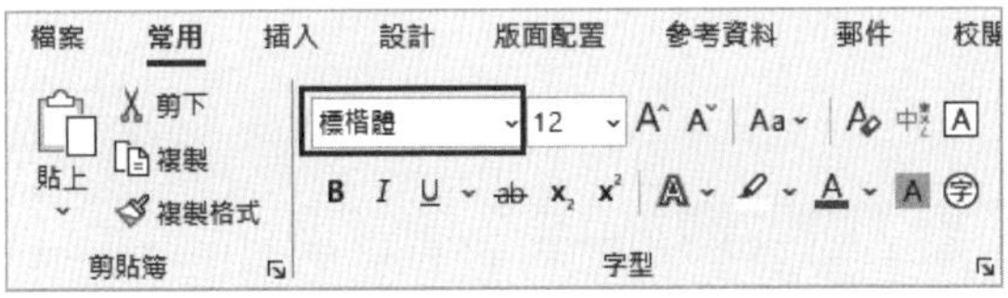

完成後，第二段的結果如下。左右與前後段的左側對照起來，0.5 公分約內縮一個字元，而該段文字的上下也有 12pt 的留白：

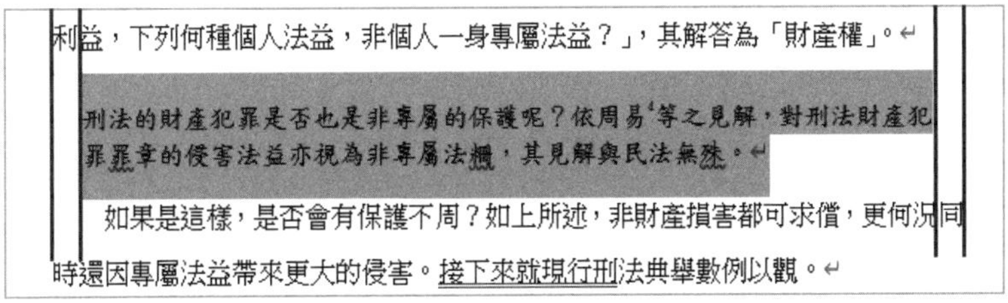

接下來為引文建立樣式供後續使用。

Step 6 點選**常用**索引標籤中的**樣式** ↘ 群組清單右側的向下箭頭：

點選展開的清單中的【建立樣式】選項：

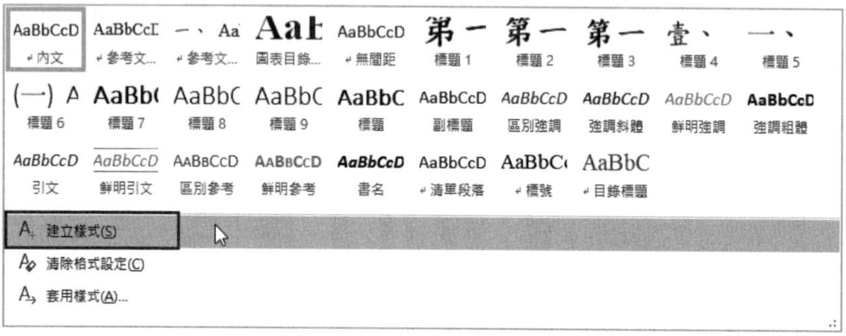

Step 7 從開啟的從格式建立樣式 x 設定視窗中的【名稱】下的文字輸入框中輸入樣式名稱，例如，「陳列引文」，完成點選【確定】按鈕：

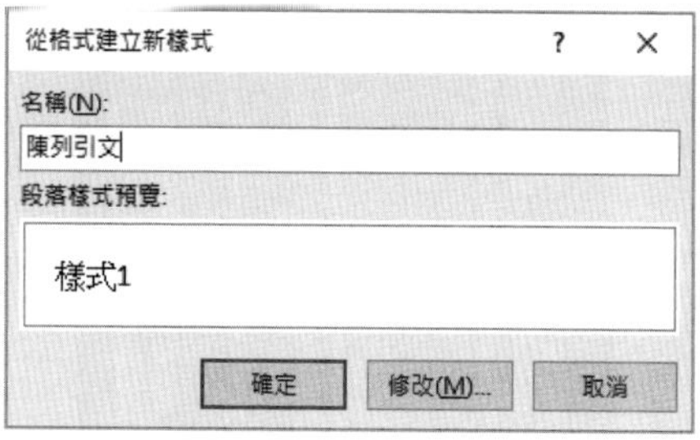

Step 8 將插入點置入第二頁的倒數第二段：

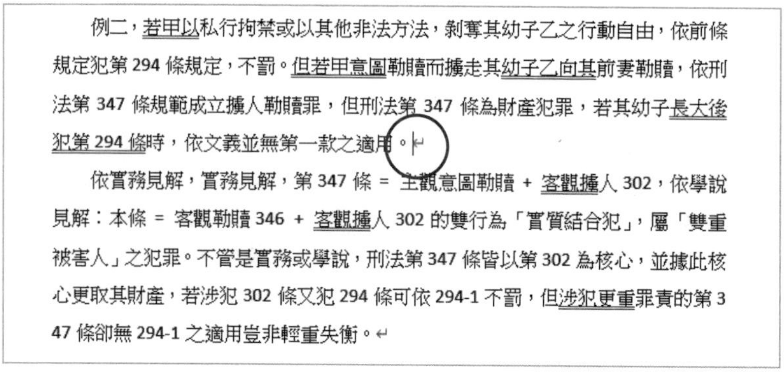
例二，若甲以私行拘禁或以其他非法方法，剝奪其幼子乙之行動自由，依前條規定犯第 294 條規定，不罰。但若甲意圖勒贖而擄走其幼子乙向其前妻勒贖，依刑法第 347 條規範成立擄人勒贖罪，但刑法第 347 條為財產犯罪，若其幼子長大後犯第 294 條時，依文義並無第一款之適用。

依實務見解，實務見解，第 347 條 = 主觀意圖勒贖 + 客觀擄人 302，依學說見解：本條 = 客觀勒贖 346 + 客觀擄人 302 的雙行為「實質結合犯」，屬「雙重被害人」之犯罪。不管是實務或學說，刑法第 347 條皆以第 302 為核心，並據此核心更取其財產，若涉犯 302 條又犯 294 條可依 294-1 不罰，但涉犯更重罪責的第 347 條卻無 294-1 之適用豈非輕重失衡。

Step 9 點選**常用**索引標籤中的**樣式**群組清單中的「陳列引文」來套用「陳列引文」樣式：

完成後，這一段的結果如下。左右與前後段的左側對照起來，0.5 公分約內縮一個字元，而該段文字的上下也有 12pt 的留白：

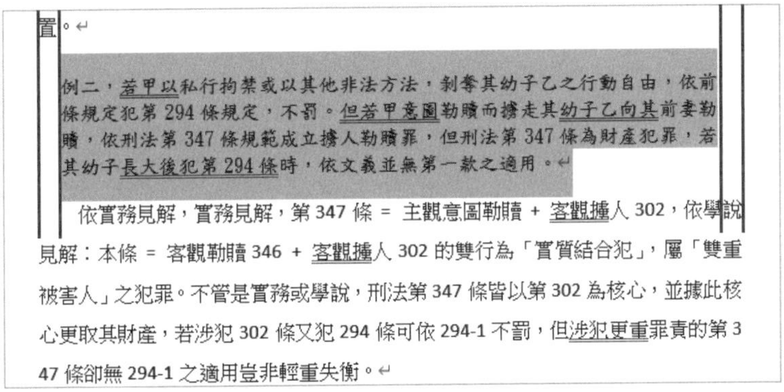

置。

例二，若甲以私行拘禁或以其他非法方法，剝奪其幼子乙之行動自由，依前條規定犯第 294 條規定，不罰。但若甲意圖勒贖而擄走其幼子乙向其前妻勒贖，依刑法第 347 條規範成立擄人勒贖罪，但刑法第 347 條為財產犯罪，若其幼子長大後犯第 294 條時，依文義並無第一款之適用。

依實務見解，實務見解，第 347 條 = 主觀意圖勒贖 + 客觀擄人 302，依學說見解：本條 = 客觀勒贖 346 + 客觀擄人 302 的雙行為「實質結合犯」，屬「雙重被害人」之犯罪。不管是實務或學說，刑法第 347 條皆以第 302 為核心，並據此核心更取其財產，若涉犯 302 條又犯 294 條可依 294-1 不罰，但涉犯更重罪責的第 347 條卻無 294-1 之適用豈非輕重失衡。

前述各空一格係以常見的說法認為相當於 12pt 來設定，請開啟「練習 - 插入引文 - 開啟格線 -1100120.docx」，這支檔係以貼齊格線的角度觀察上述的設定，結果如下，這樣的結果似乎不是前後空 1 格：

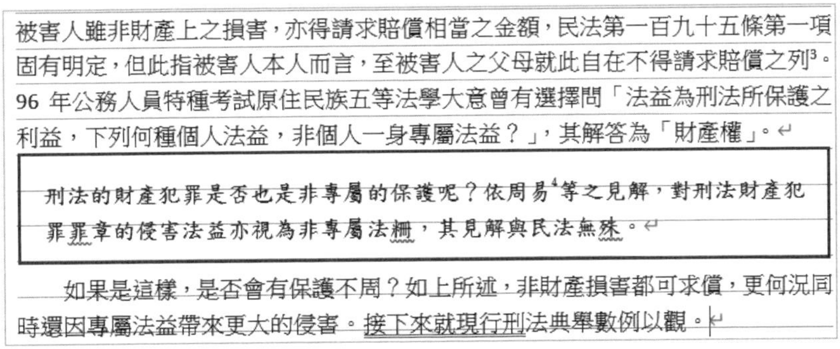

被害人雖非財產上之損害，亦得請求賠償相當之金額，民法第一百九十五條第一項固有明定，但此指被害人本人而言，至被害人之父母就此自在不得請求賠償之列[3]。96 年公務人員特種考試原住民族五等法學大意曾有選擇問「法益為刑法所保護之利益，下列何種個人法益，非個人一身專屬法益？」，其解答為「財產權」。

刑法的財產犯罪是否也是非專屬的保護呢？依周易[4]等之見解，對刑法財產犯罪罪章的侵害法益亦視為非專屬法柵，其見解與民法無殊。

如果是這樣，是否會有保護不周？如上所述，非財產損害都可求償，更何況同時還因專屬法益帶來更大的侵害。接下來就現行刑法典舉數例以觀。

但是，如果將空一行視為 Word 中的「1 行」而非「12pt」來重設**段落 x** 設定視窗中的段落間距：

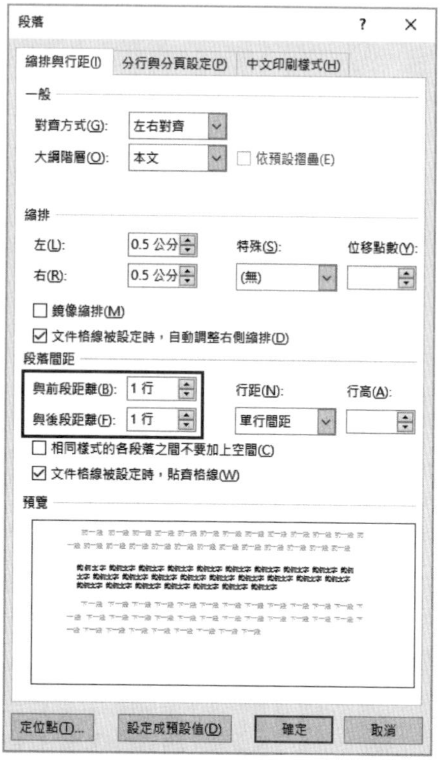

設定後，相較於 12pt，其結果看起來似乎更加美觀。引文佔用 2 列，而且文字就垂直對齊在該佔用的 2 列，而與前後段的距離都完美地空出 1 列：

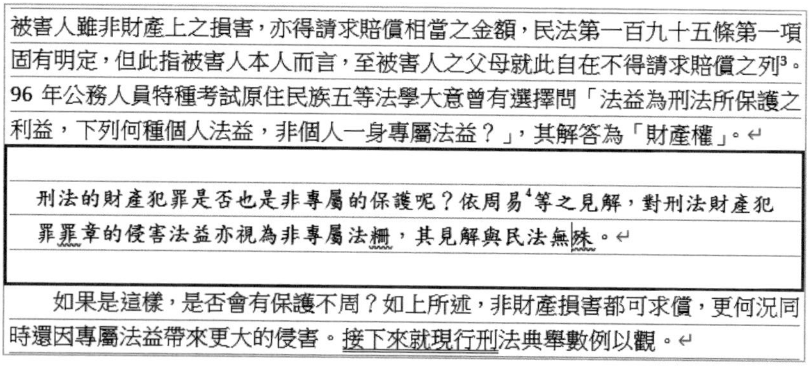
被害人雖非財產上之損害，亦得請求賠償相當之金額，民法第一百九十五條第一項固有明定，但此指被害人本人而言，至被害人之父母就此自在不得請求賠償之列[3]。96 年公務人員特種考試原住民族五等法學大意曾有選擇問「法益為刑法所保護之利益，下列何種個人法益，非個人一身專屬法益？」，其解答為「財產權」。↵

刑法的財產犯罪是否也是非專屬的保護呢？依周易[4]等之見解，對刑法財產犯罪罪章的侵害法益亦視為非專屬法柵，其見解與民法無殊。↵

如果是這樣，是否會有保護不周？如上所述，非財產損害都可求償，更何況同時還因專屬法益帶來更大的侵害。接下來就現行刑法典舉數例以觀。↵

經驗分享 參考文獻排序

如果像臺北科技大學的參考文獻格式，只要利用編號清單就可完成：

參考文獻

1. 蕭寶森譯，**論文寫作規範**，臺北：書林出版公司，1994，第 50-52 頁。
2. G. A. Seber and C. J. Wild, *Nonlinear Regression*, New York: John Wiley & Sons, 1989, pp.79-82.
3. 王京明，「臺灣電力代輸施行辦法與管制體系之探討」，**能源季刊**，第二十八卷，第一期，1998，第 18-34 頁。
4. J. R. Donaldson and R. B. Schnabel, "Computational experience with confidence regions and confidence intervals for nonlinear least squares," *Technometrics*, vol. 29, no. 1, 1987, pp. 67-82.
5. 林冠宏、楊德良，「含自由液圓筒流之渦漩迸裂」，**第七屆水利工程研討會論文集**，基隆，1994，第 B275-282 頁。
6. R. C. Luo, S. Suresh and D. Grande, "Sensor for cleaning casting with robot and plasma-arc," *Proceedings of the 3rd International Conference on Robot Vision and Sensory Control*, Cambridge, Massachusetts, 1983, pp.102-104.

編號清單位在**常用**索引標籤中的**段落** ↘ 群組右的【編號 ▾】下拉清單：

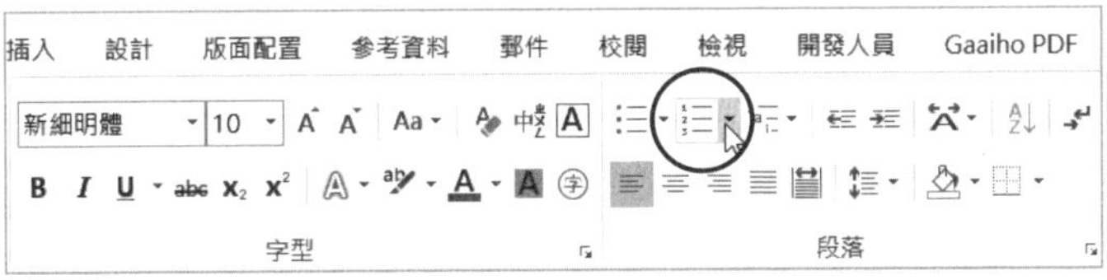

點選後的清單內容：

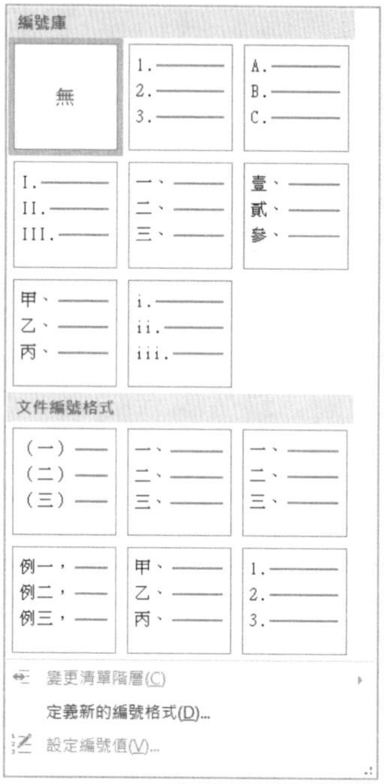

不過有些學校會要求依筆劃順序排序，只時可以在參考文獻完成後選取文獻中的「段落」，亦即每一筆的文獻資料後，再進行排序即可：

Step 1 開啟「練習 - 參考文獻排序 -1100120.docx.docx」。

Step 2 點選導覽窗格中的「參考文獻」切換到該頁。

Step 3 選取該頁中文書籍項下的所有文獻，例如：

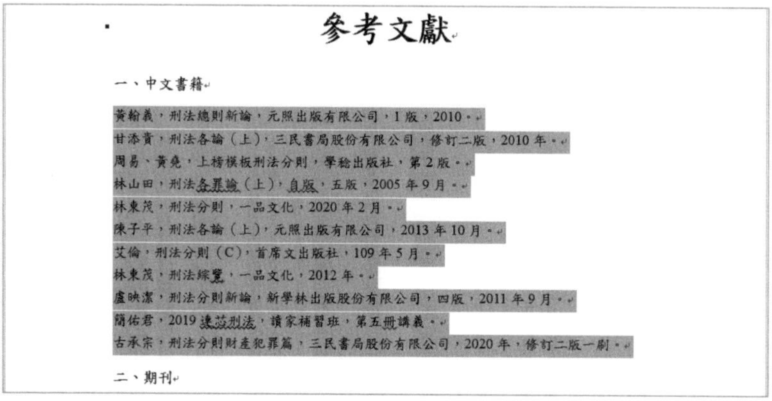

參考文獻

一、中文書籍

黃榆義，刑法總則新論，元照出版有限公司，1 版，2010。

甘添貴，刑法各論（上），三民書局股份有限公司，修訂二版，2010 年。

周易、黃堯，上榜模板刑法分則，學稔出版社，第 2 版。

林山田，刑法各罪論（上），自版，五版，2005 年 9 月。

林東茂，刑法分則，一品文化，2020 年 2 月。

陳子平，刑法各論（上），元照出版有限公司，2013 年 10 月。

艾倫，刑法分則（C），首席文出版社，109 年 5 月。

林東茂，刑法綜覽，一品文化，2012 年。

盧映潔，刑法分則新論，新學林出版股份有限公司，四版，2011 年 9 月。

簡佑君，2019 速惢刑法，讀家補習班，第五冊講義。

古承宗，刑法分則財產犯罪篇，三民書局股份有限公司，2020 年，修訂二版一刷。

二、期刊

Step 4 點選**常用**索引標籤中的**段落**↘群組中的【A/Z↓】按鈕：

Step 5 接著開啟的是**排列文字順序 x** 設定視窗，由於排序的標準是中文筆劃由少到多，因此【類型 ▾】下拉清單中必須設為【筆劃】且點選右側的【遞增】，另外，【類型 ▾】左側的下拉清單，目前的值為【段落】表示以【段落】為排序單位，因於參考文獻中的每一筆文獻都自成一個段落，因此，這個設定就不需要變更：

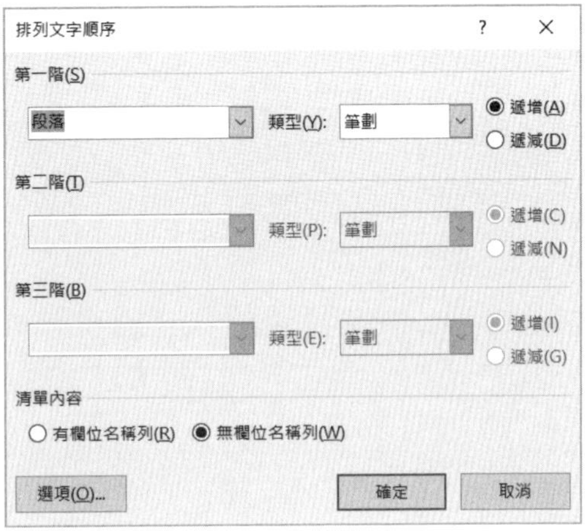

Step 6 這樣就完成了排序。點選【確定】按鈕關閉**排列文字順序 x** 設定視窗，返回文件編輯狀態：

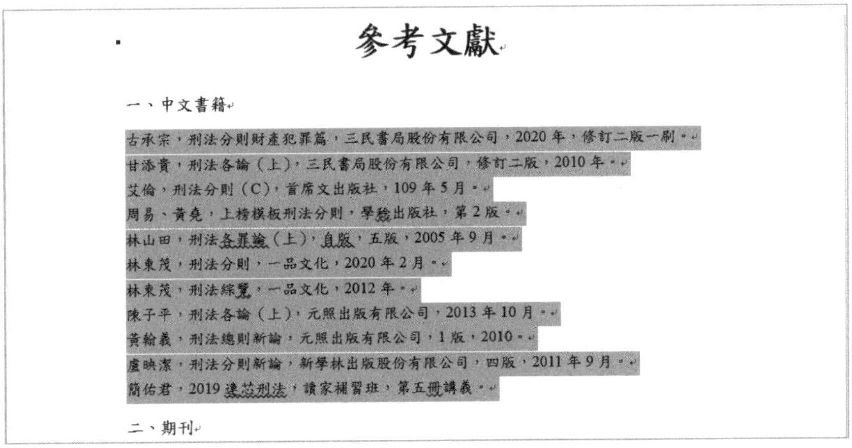
參考文獻

一、中文書籍

古承宗，刑法分則財產犯罪篇，三民書局股份有限公司，2020 年，修訂二版一刷。
甘添貴，刑法各論（上），三民書局股份有限公司，修訂二版，2010 年。
艾倫，刑法分則（C），首席文出版社，109 年 5 月。
周易、黃堯，上榜模板刑法分則，學稔出版社，第 2 版。
林山田，刑法各罪論（上），自版，五版，2005 年 9 月。
林東茂，刑法分則，一品文化，2020 年 2 月。
林東茂，刑法綜覽，一品文化，2012 年。
陳子平，刑法各論（上），元照出版有限公司，2013 年 10 月。
黃翰義，刑法總則新論，元照出版有限公司，1 版，2010。
盧映潔，刑法分則新論，新學林出版股份有限公司，四版，2011 年 9 月。
簡佑君，2019 速芯刑法，讀家補習班，第五冊講義。

二、期刊

完成檔請參閱「練習 - 參考文獻排序 - 完成檔 -1100120.docx」。至於後續的操作相同，就請各位自行練習囉。

NOTE

Chapter

11 索引項目標記

本章會根據三種常見的單欄索引、雙欄索引及多階索引實作出索引頁。

11.1 單欄索引

Step 1 開啟「練習 - 索引 - 單欄 -1100120.docx」做為練習之用。按鍵盤上的【Ctrl + Home】將插入點置於文件首頁的最前面。

Step 2 點選**參考資料**索引標籤中的**索引**群組中的【項目標記】按鈕：

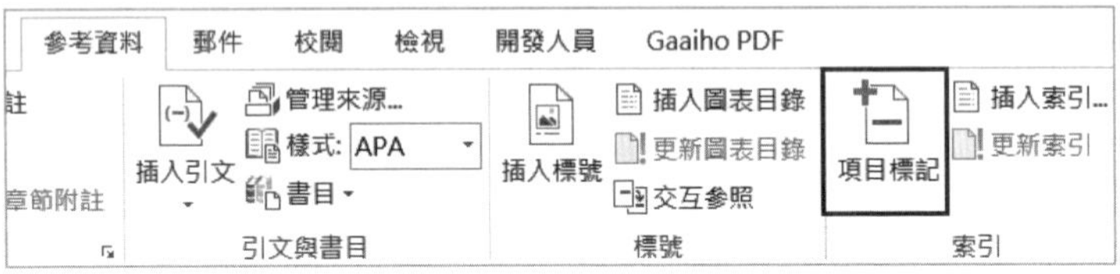

Step 3 開啟**索引項目標記** x 設定視窗後，可「不關閉」的情況下進行標記：

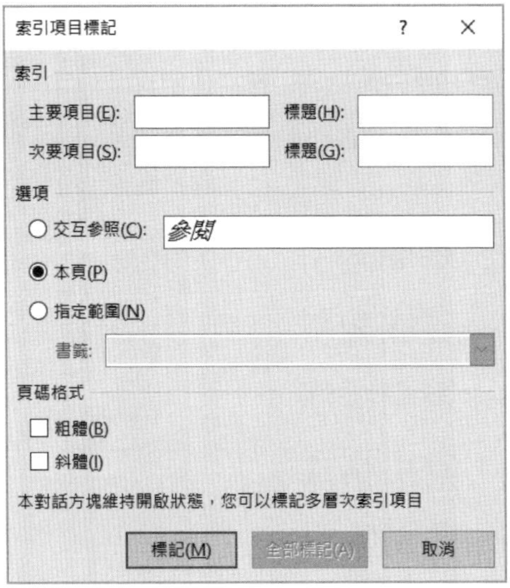

Step 4 選取文件中的「竊盜罪」作為索引項目的關鍵字：

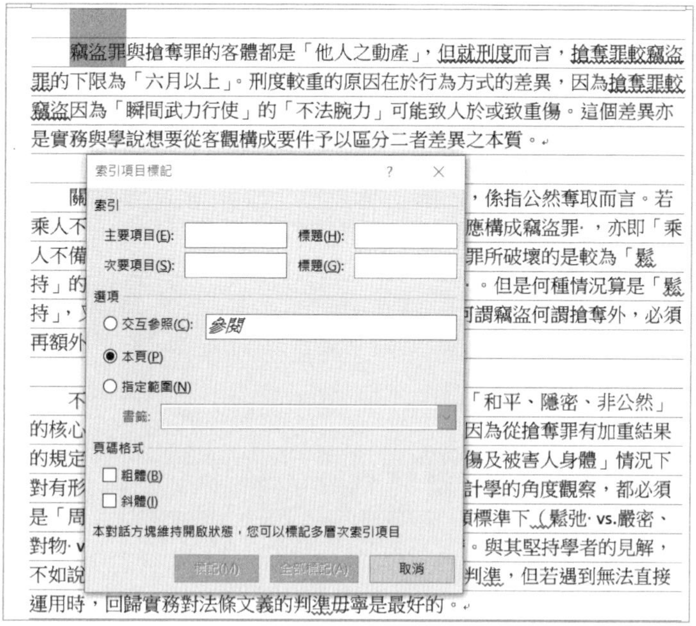

Step 5 點選**索引項目標記** x 設定視窗中的**索引**群中的【主要項目】，剛才在文件中選取的「竊盜罪」就會自動填入文字框中：

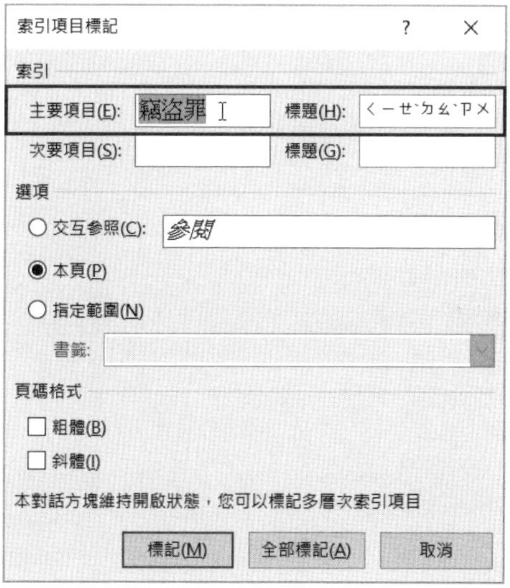

此時【標題】右側的文字框也會填入選取文字的「注音符號」，這是不需要的，請自行清除，最後再點選【全部標記】按鈕，這樣就完成標記：

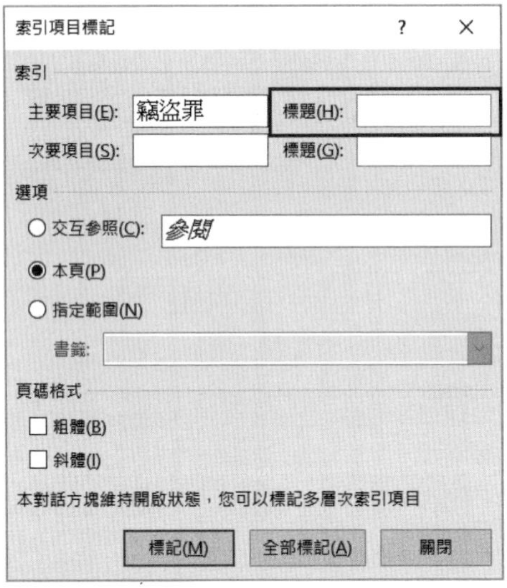

標記後，結果如下，亦即在原先的「竊盜罪」後加入以一對大括弧括起來的 XE 功能變數：

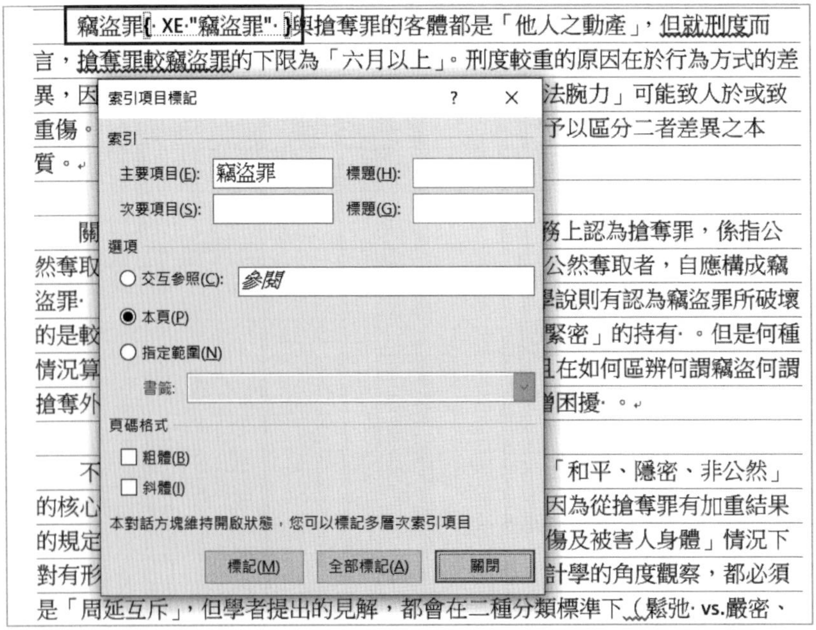

Step 6 此時索引群中的【主要項目】右側的文字框，仍是「竊盜罪」，這不用管它，請選取文件中的「搶奪罪」：

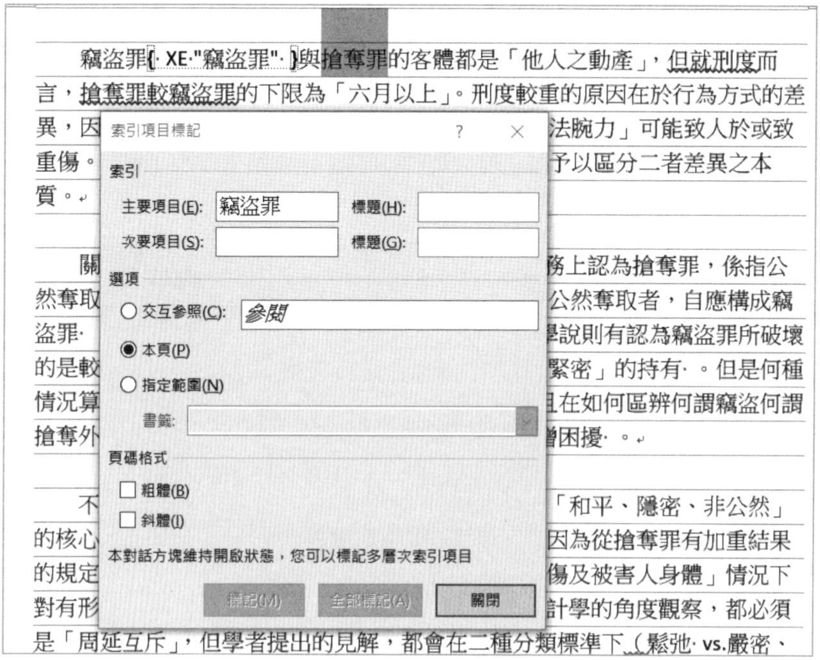

接著，再點選【主要項目】右側的文字框，這樣子選取的文字就會自動填入文字框中，此時一樣要清除【標題】右側文字框的「注音符號」，最後再點選【全部標記】按鈕，這樣就完成標記：

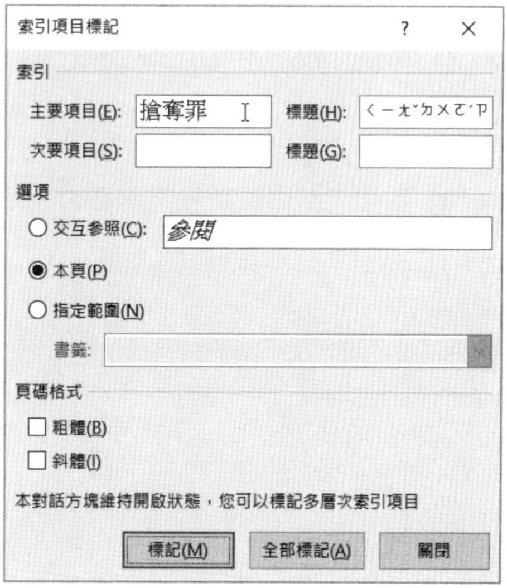

結果如下：

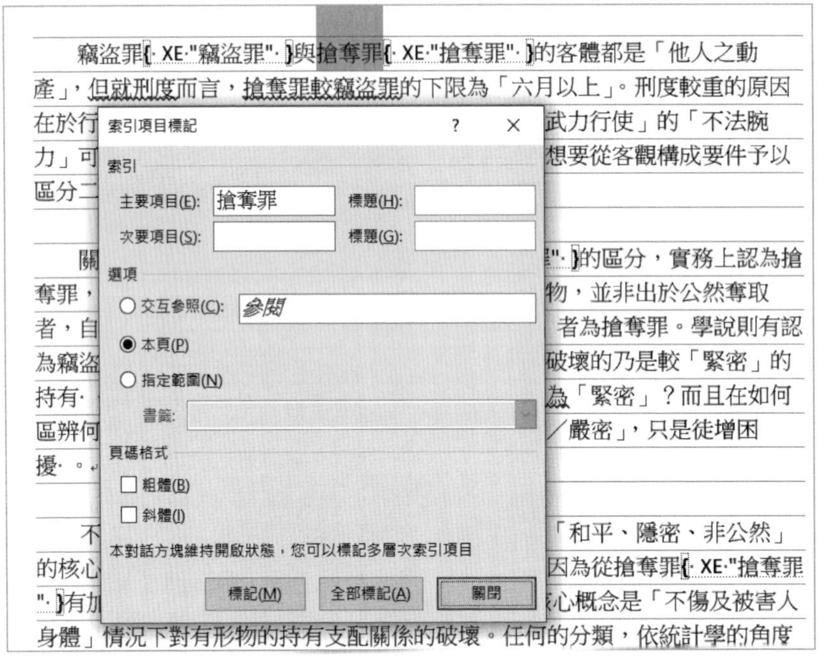

Step 7 仿照前面的操作，完成下列項目的設定，這些關鍵字在練習檔中有用顏色標示出來。不用全部標示也沒關係，全部標示出來的目的是為了讓索引頁的索引頁比較多，做出來的索引頁看起來會比較有感覺而已。

Step 8 點選【關閉】按鈕關閉**索引項目標記 x** 設定視窗，返回文件編輯狀態。

Step 9 將插入點移置到放置索引的位置，本例為「索引」標題之下：

Step 10 點選**參考資料**索引標籤中的**索引**群組中的【插入索引】按鈕：

Step 11 開啟**索引** x 設定視窗後，勾選【頁碼靠頁對齊】,【欄】微調鈕改為「1」，這樣的設定就會是單欄式的索引項目的排列，而【頁碼靠頁對齊】則讓每一索引項的呈現會跟目次頁中各目次項的外觀一樣，有頁碼有「…」做為頁碼的前置字元。

完成設定後，點選【關閉】按鈕關閉**索引** x 設定視窗，返回文件編輯狀態：

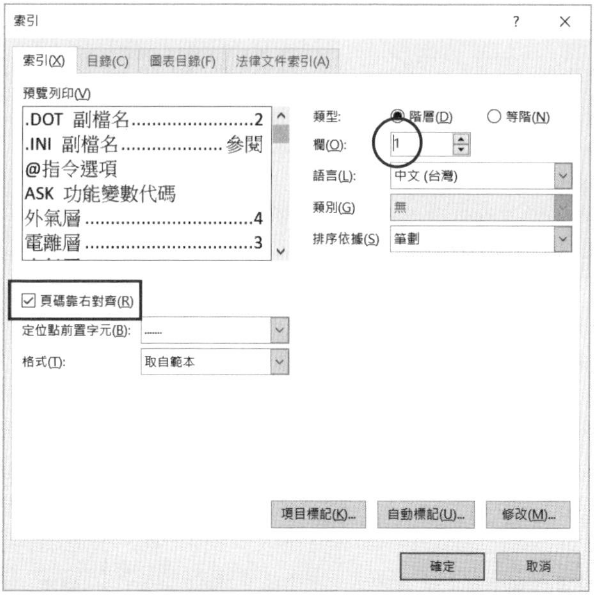

返回文件編輯狀態後，得出如下結果，不過其中的第一筆跟最後一筆的格式沒有對齊，這就麻煩各位自行調整囉：

索引

分節符號 (接續本頁)

完成檔請參閱「練習 - 索引 - 單欄 - 標記 - 完成檔 -1100120.docx」。

當然，索引項目標記時，可以在需要的時候就做，也可以先選取了再開啟視窗進定設定，不一定要像前面這樣一次做完，例如，我們可以接著上面的步驟之後再選取先要標記的項目，例如，下面的「持有支配關係」這個關鍵字：

不管學者如何區分，本文認為，學者係基於實務「和平、隱密、非公然」的核心的見解上提供一個「客觀」可見的標準罷了，因為從搶奪罪{ XE "搶奪罪" }有加重結果的規定及實務的見解，實務對竊盜的核心概念是「不傷及被害人身體」情況下對有形物的持有支配關係的破壞。任何的分類，依統計學的角度觀察，都必須是「周延互斥」，但學者提出的見解，都會在二種分類標準下（鬆弛 vs.嚴密、對物 vs. 空間上直接的連接關係的物）產生灰色地帶。與其堅持學者的見解，不如說，學者的見解可能是大多數情況下可資運用的判準，但若遇到無法直接運用時，回歸實務對法條文義的判準毋寧是最好的。

然後再開啟**標記索引項目 x** 設定視窗，由於這次是先選取文字，所以【主要項目】右側的文字框會自動填入文字，最後一樣要清除【標題】右側文字框的「注意符號」，最後再點選【全部標記】按鈕：

這樣就完成標記：

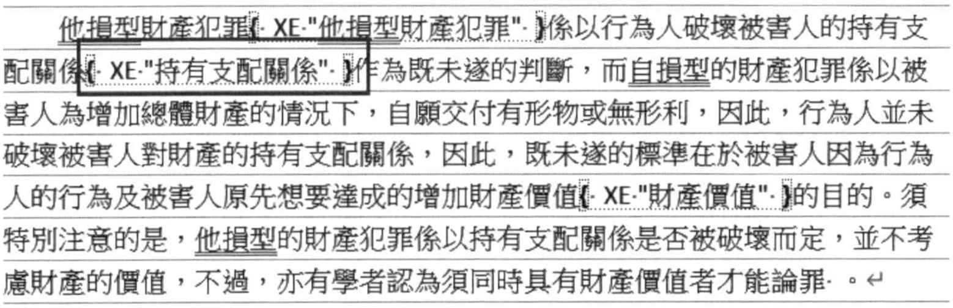
他損型財產犯罪{ XE "他損型財產犯罪" }係以行為人破壞被害人的持有支配關係{ XE "持有支配關係" }作為既未遂的判斷，而自損型的財產犯罪係以被害人為增加總體財產的情況下，自願交付有形物或無形利，因此，行為人並未破壞被害人對財產的持有支配關係，因此，既未遂的標準在於被害人因為行為人的行為及被害人原先想要達成的增加財產價值{ XE "財產價值" }的目的。須特別注意的是，他損型的財產犯罪係以持有支配關係是否被破壞而定，並不考慮財產的價值，不過，亦有學者認為須同時具有財產價值者才能論罪。

由於完成索引之後又加入新的索引項目的標記，所以要更新原先的索引：

Step 1 將插入點置入索引頁中的索引項目的位置。

Step 2 點選**參考資料**索引標籤中的**索引**群組中的【更新索引】按鈕：

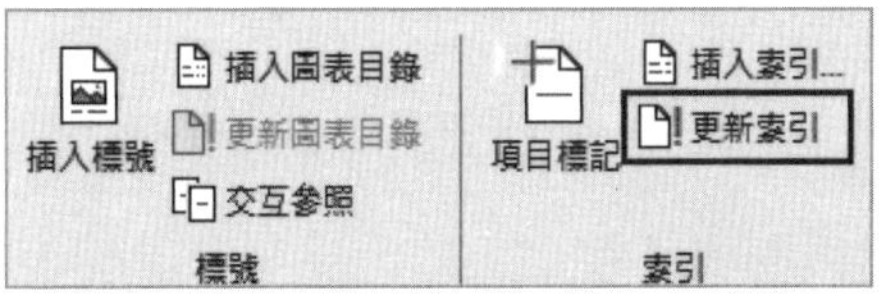

Step 3 這樣就完成索引的更新囉：

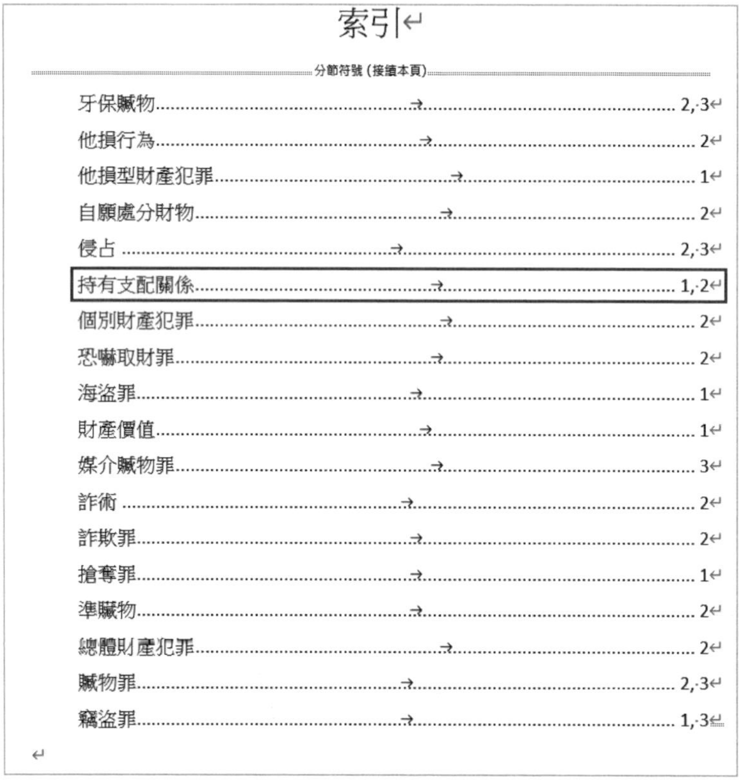
索引

分節符號 (接續本頁)

牙保贓物 2, 3
他損行為 2
他損型財產犯罪 1
自願處分財物 2
侵占 2, 3
持有支配關係 1, 2
個別財產犯罪 2
恐嚇取財罪 2
海盜罪 1
財產價值 1
媒介贓物罪 3
詐術 2
詐欺罪 2
搶奪罪 1
準贓物 2
總體財產犯罪 2
贓物罪 2, 3
竊盜罪 1, 3

完成檔請參閱「練習 - 索引 - 單欄 - 標記 - 更新 - 完成檔 -1100120.docx」。

11.2 雙欄索引

本節的練習係以上一節的完成檔為基礎，因此索引項目標記及索引頁已完成，如果是要在一開始就以雙欄呈現，只要將下面步驟關於欄的設定替換上一節的設定即可。

Step 1 請開啟「練習 - 索引 - 雙欄 - 筆劃 -1100120.docx」練習檔。

Step 2 將插入點置入索引頁中的索引項目的位置。

Step 3 點選**參考資料**索引標籤中的**索引**群組中的【插入索引】：

Step 4 開啟**索引** x 設定視窗後，勾選【頁碼靠頁對齊】，【欄】微調鈕改為「2」，設定後點選【關閉】按鈕：

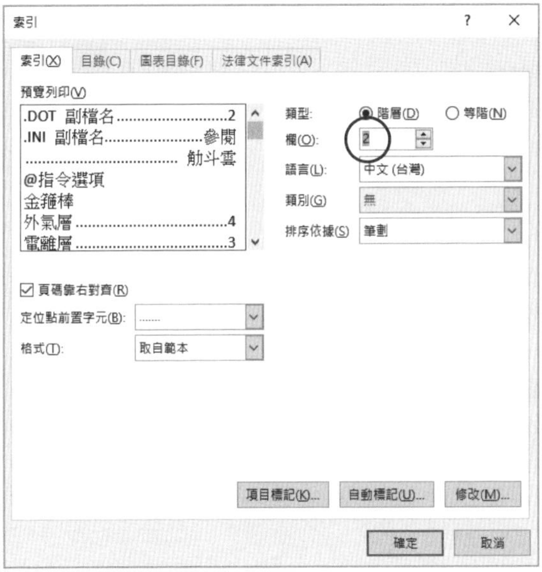

由於索引頁本已存在，目前又再執行插入索引的操作，因此會跳出訊息視窗出來要我們確認是否要取代目前早已存在的索引，請點選【確定】按鈕：

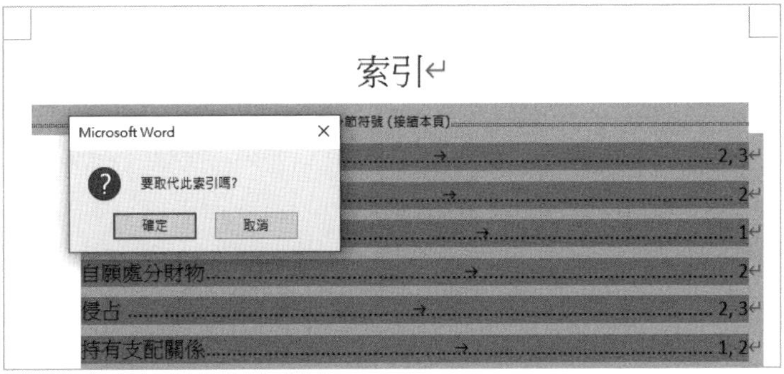

Step 5 點選【確定】按鈕關閉**索引 x** 設定視窗，返回文件編輯狀態。此時完成的索引就會是二欄式的排列（若有部分樣式不一致，請自行調整即可）：

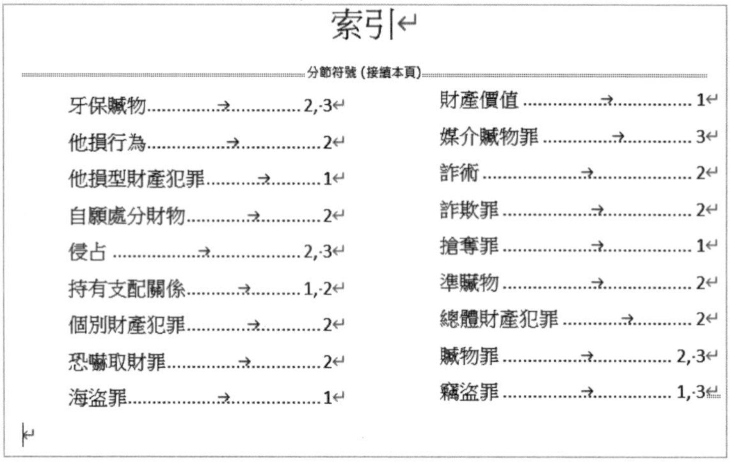
索引↵

分節符號 (接續本頁)

牙保贓物........→........2,·3↵
他損行為........→........2↵
他損型財產犯罪........→........1↵
自願處分財物........→........2↵
侵占........→........2,·3↵
持有支配關係........→........1,·2↵
個別財產犯罪........→........2↵
恐嚇取財罪........→........2↵
海盜罪........→........1↵
財產價值........→........1↵
媒介贓物罪........→........3↵
詐術........→........2↵
詐欺罪........→........2↵
搶奪罪........→........1↵
準贓物........→........2↵
總體財產犯罪........→........2↵
贓物罪........→........2,·3↵
竊盜罪........→........1,·3↵

完成檔請參閱「練習 - 索引 - 雙欄 - 完成檔 -1100120.docx」。

如果這個時候要在這二欄的中間劃上一條垂直的分隔線，可以跟著下面的步驟操作。

Step 1 將插入點置入索引頁中的索引項目的位置。

Step 2 點選**版片配置**索引標籤中的**版面設定**↘群組中的【欄 ▾】下拉清單：

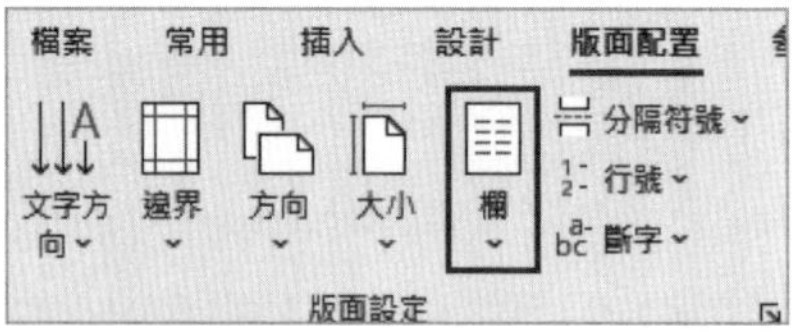

接著點選清單中的【其他欄】選項：

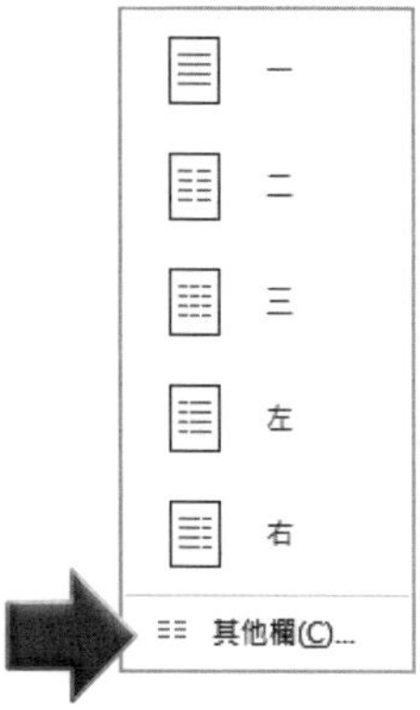

Step 3 開啟**欄** x 設定視窗中後，請「勾選」【分隔線】：

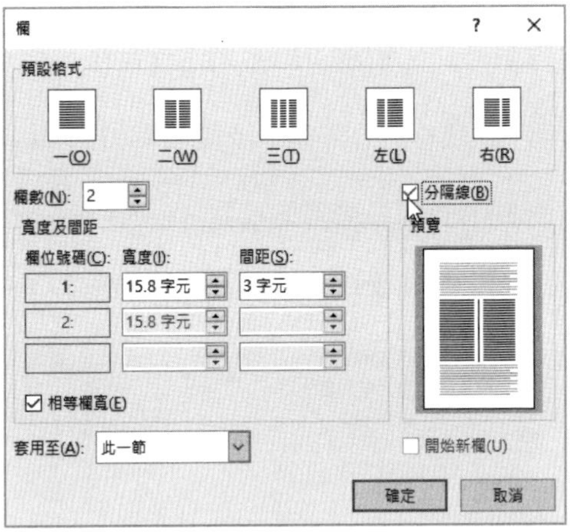

Step 4 點選【確定】按鈕關閉**欄** x 設定視窗，返回文件編輯狀態。此時完成的索引如下：

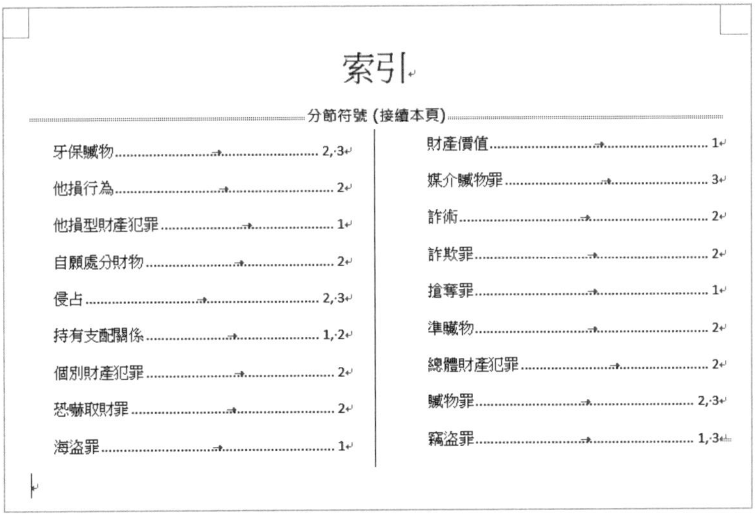

完成檔請參閱「練習 - 索引 - 雙欄 - 分隔線 - 完成檔 -1100120.docx」。

11.3 筆劃排序

如果還想將索引項目依筆劃排列，那麼可以跟著下面的步驟操作。

Step 1 請開啟「練習 - 索引 - 雙欄 - 分隔線 - 筆劃 -1100120.docx」練習檔。

Step 2 將插入點置入索引頁中的索引項目的位置。

Step 3 點選**參考資料**索引標籤中的**索引**群組中的【插入索引】:

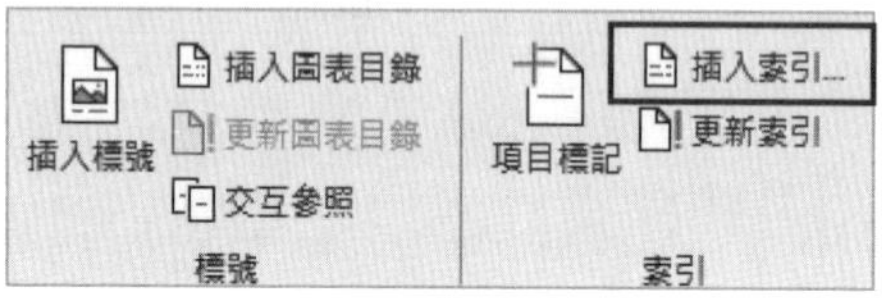

Step 4 開啟**索引 x** 設定視窗後，原本【格式】的預設值是「取自範本」，只要調整成其他的值就可以了，例如「古典的」，設定後點選【關閉】按鈕：

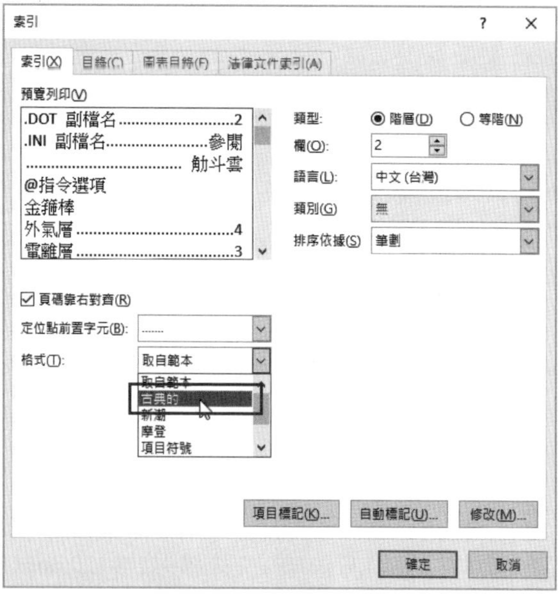

由於索引頁本已存在，目前又再執行插入索引的操作，因此會跳出訊息視窗出來要我們確認是否要取代目前早已存在的索引，請點選【確定】按鈕：

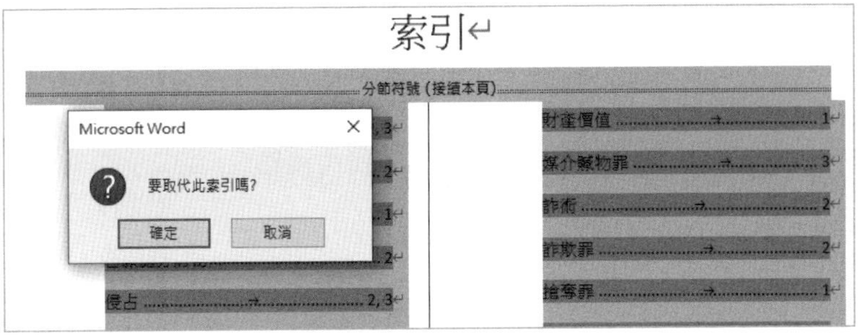

Step 5 點選【確定】按鈕關閉索引 x 設定視窗，返回文件編輯狀態。此時完成的索引如下，至於分隔線的部分就請自己補上去喔：

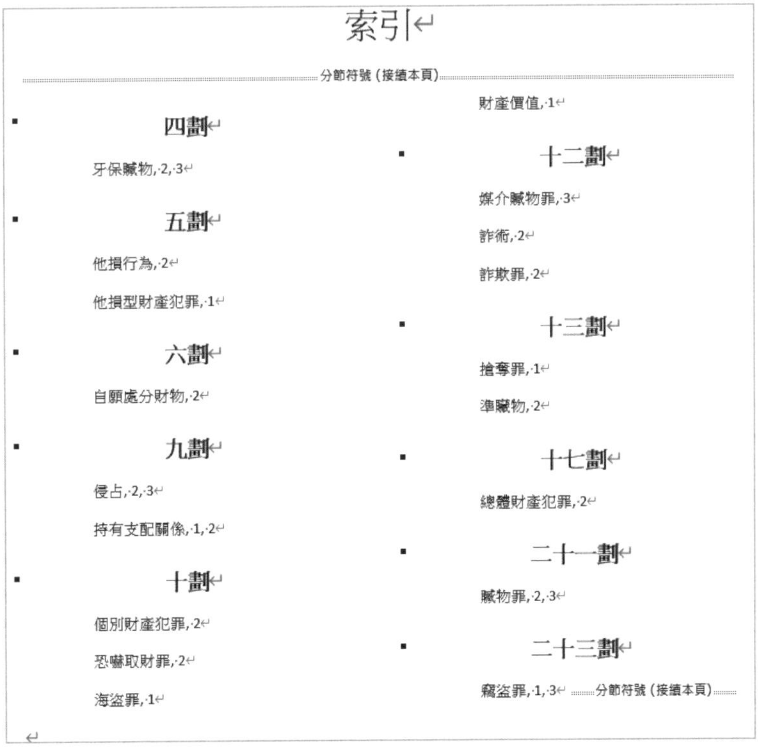

完成檔請參閱「練習 - 索引 - 雙欄 - 分隔線 - 筆劃 - 完成檔 -1100120.docx」。

11.4 索引格式

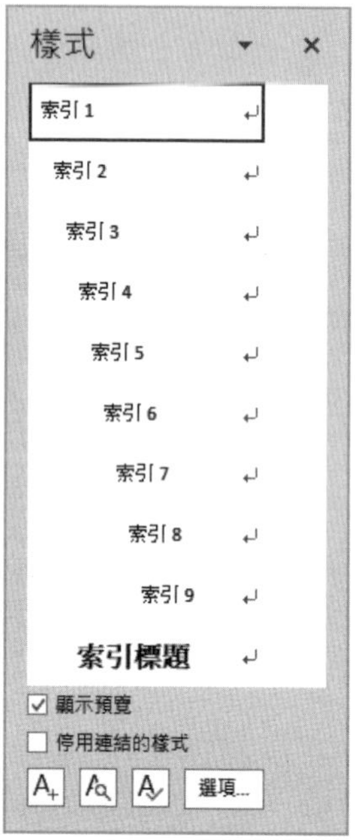

上一節的練習中，索引項目相較前幾節的結果而言，文字似乎偏小。如果想修改索引的樣式，由於索引有用到「索引標題」及像是「目錄 1」的索引內容這 2 種樣式套裝，因此可以利用樣式視窗來重設這 2 個樣式為我們想要的格式：

另外，**索引 x** 設定視窗中，若【格式】的預設值是「取自範本」，那麼有右下有【修改】按鈕可重設格式，但是如果想要像上一節一樣有筆劃的標題，此時這個按鈕就無法使用，只能用樣式視窗中關於索引的相關樣式來重新設定格式。

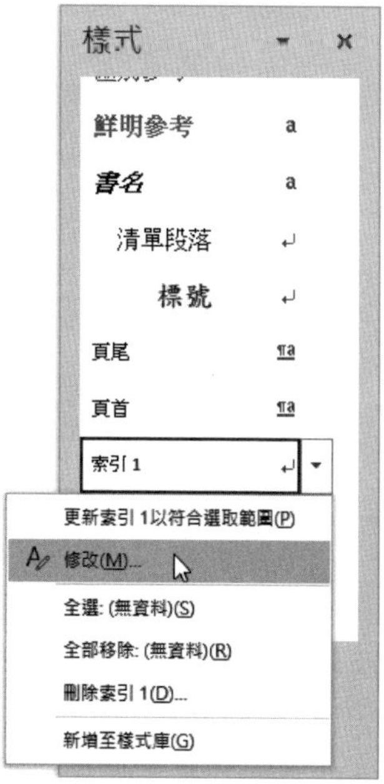

Step 1 請開啟「練習 - 索引 - 雙欄 - 分隔線 - 筆劃 - 樣式 -1100120.docx」練習檔。

Step 2 將插入點置入索引頁中的索引項目的位置，然後開啟**樣式 x** 視窗，接著點選清單中的「索引 1▼」右側展開選單後再點選修改：

接下來的**修改樣式 x** 設定視窗我們已經有過很多的交手經驗，這裡就不再贅述，請各位自行練習一下。完成檔「練習 - 索引 - 雙欄 - 分隔線 - 筆劃 - 樣式 - 完成 -1100120.docx」有將索引標題及索引 1 做了修改，各位也可以參考看看。

11.5 多階索引

下圖是利用「自動索引標記檔」(詳下一節)建立起來的索引頁，這個索引頁的索引有 2 層，最外層共有 3 個，也可以說是有 3 類：

1. 他損型財產犯罪。
2. 自損型財產犯罪。
3. 贓物罪。

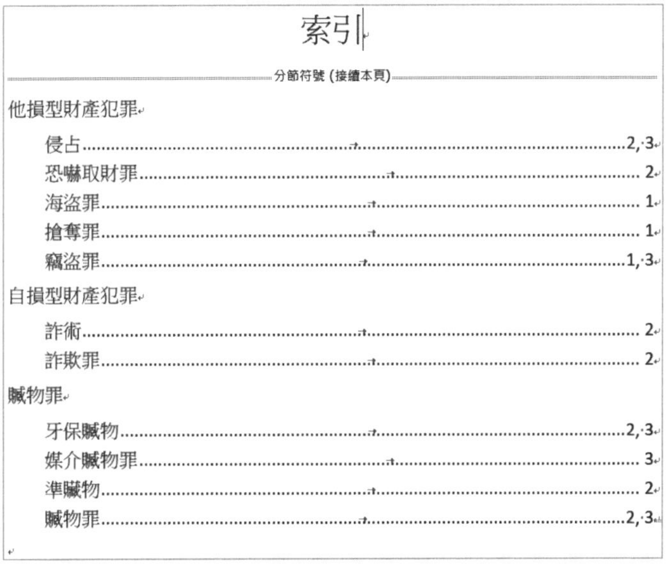
索引

分節符號 (接續本頁)

他損型財產犯罪

- 侵占 2, 3
- 恐嚇取財罪 2
- 海盜罪 1
- 搶奪罪 1
- 竊盜罪 1, 3

自損型財產犯罪

- 詐術 2
- 詐欺罪 2

贓物罪

- 牙保贓物 2, 3
- 媒介贓物罪 3
- 準贓物 2
- 贓物罪 2, 3

接下來我們就來練習一下如何利用上一節的**標記索引項目 x** 設定視窗中的【主要項目】及【次要項目】完成上述的結果：

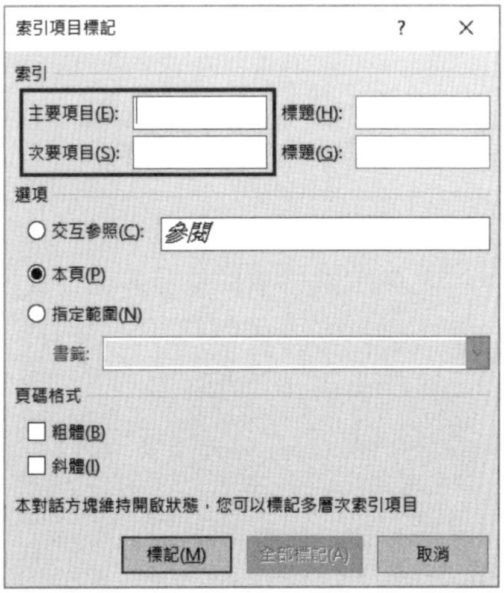

Step 1 開啟「練習 - 索引 - 二階 -1100120.docx」做為練習之用。捲動畫面到第二頁。

Step 2 點選**參考資料**索引標籤中的**索引**群組中的【項目標記】:

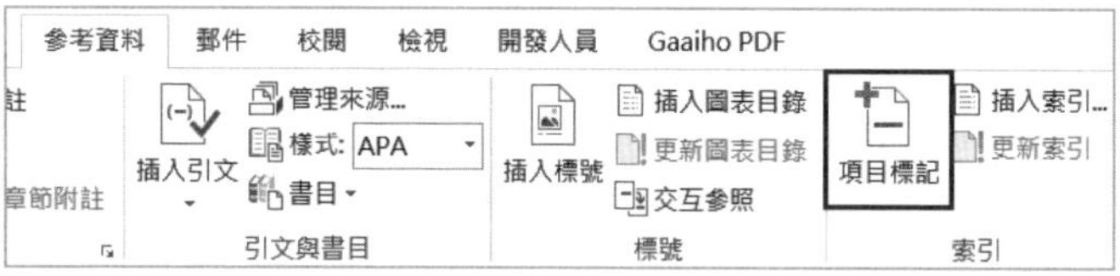

Step 3 開啟**索引項目標記 x** 設定視窗後,可「不關閉」的情況下進行標記。

Step 4 選取文件中的「牙保贓物」這個關鍵字:

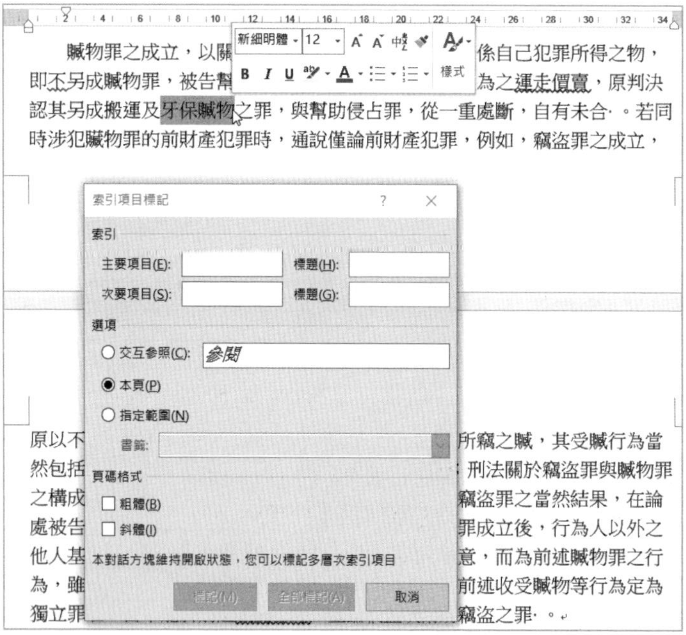

Step 5 開啟**索引項目標記 x** 設定視窗中後,因為沒有辦法直接設定到【次要項目】,因此還是要點選【主要項目】右側的文字框,這樣子選取的文字就會自動填入文字框中,然後再選取【主要項目】右側的文字框中的文字按鍵盤上的【Ctrl + X】予以「剪下」,然後再「複製」到【次要項目】,最後一樣要把【標題】右側文字框的「注音符號」清除,最後再點選【全部標記】按鈕,這樣就完成標記:

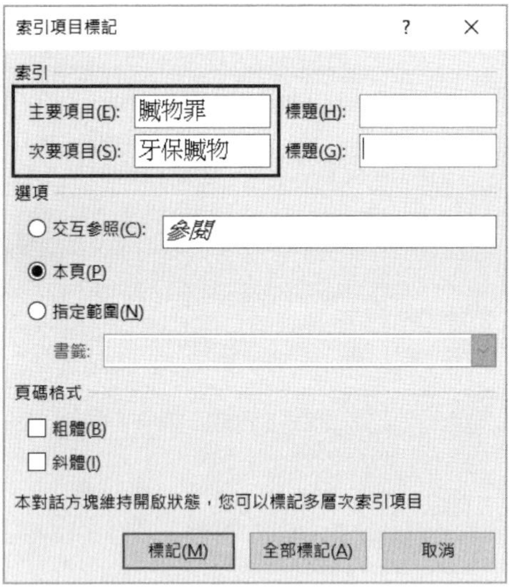

依同樣的方法設定「準贓物」關鍵字：

Step 6 點選【關閉】按鈕關閉**索引項目標記** x 設定視窗，返回文件編輯狀態。

Step 7 點選**參考資料**索引標籤中的**索引**群組中的【插入索引】：

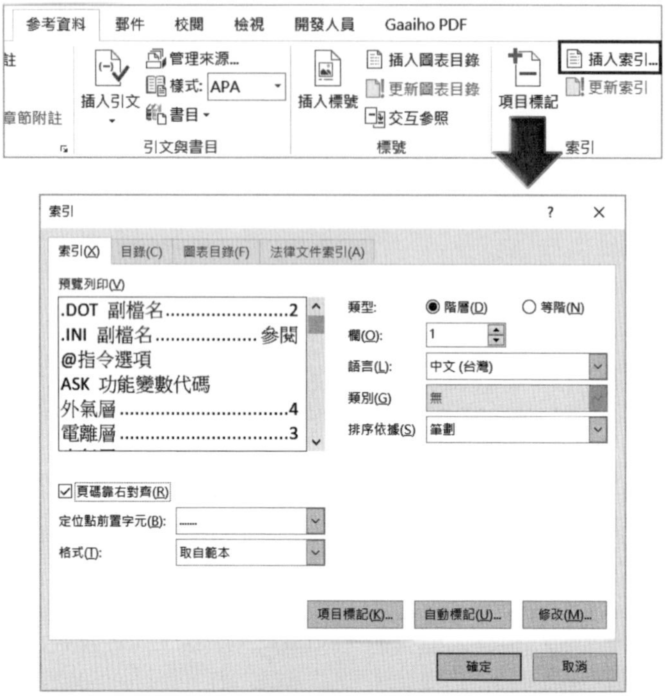

完成後，在第一列中，表示第 1 層的「贓物罪」的格式需要調整：

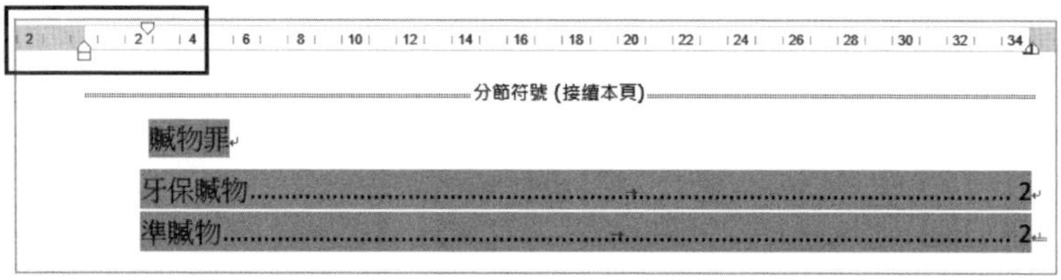

進行調整後的結果：

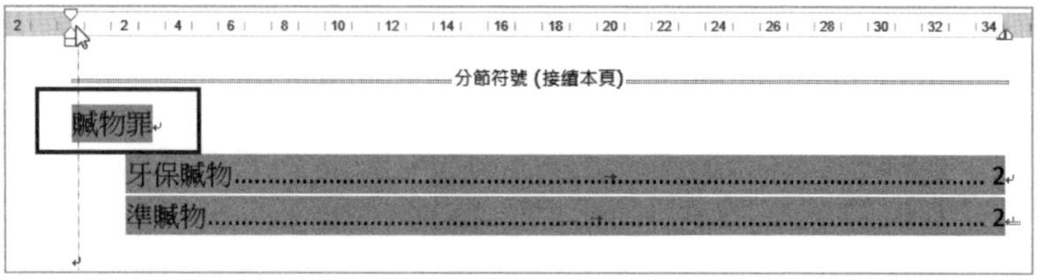

完成檔請參閱「練習 - 索引 - 二階 - 完成檔 -1100120.docx」。

11.6 標記檔案

截至目前為止都是利用選取要標記的關鍵文字後再進行標記，本節則是利用標記文字為主軸做成的自動索引標記檔來標記索引項目。

Step 1 開啟「練習 - 索引 - 索引標記檔 -1100120.docx」做為練習之用。

Step 2 點選**參考資料**索引標籤中的**索引**群組中的【插入索引】：

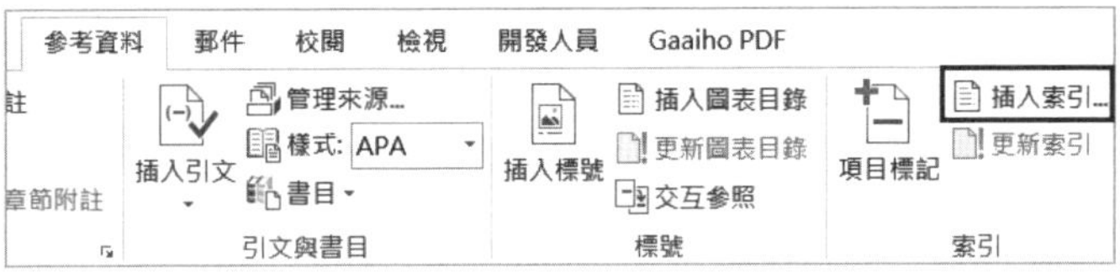

Step 3 開啟**索引** x 設定視窗後，接著點選【自動標記】按鈕，這是本節的關鍵：

Step 4 接下來會從開啟的**開啟索引自動標記檔 x** 設定視窗中選取供索引標記用的檔案，以本例而言即是「索引標記檔 -1100120.docx」，選取後再點選【開啟】按鈕：

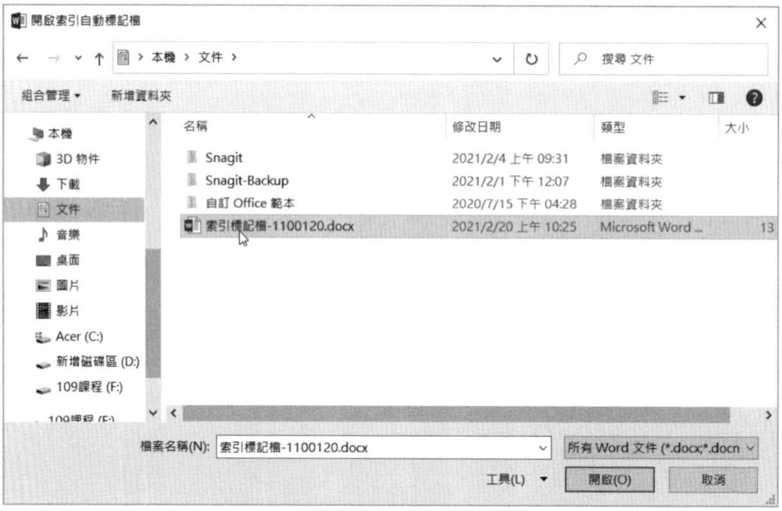

完成後，原來文件對應到自動標記索引檔中每一列的文字就會被標記起來，這樣子就類似批次作業的方式把索引項目予以標記了。

這個操作雖然是從**參考資料**索引標籤中的**索引**群組中的【插入索引】下手，但只是標記出索引項目而已，索引頁各索引的形成還是需要再操作一次點選**參考資料**索引標籤中的**索引**群組中的【插入索引】的動作。

最後說明一下關於自動索引標記檔的內容。這支檔案係以每一列一個關鍵字的方式形成，以本例的「索引標記檔 -1100120.docx」而言，其內容如右：

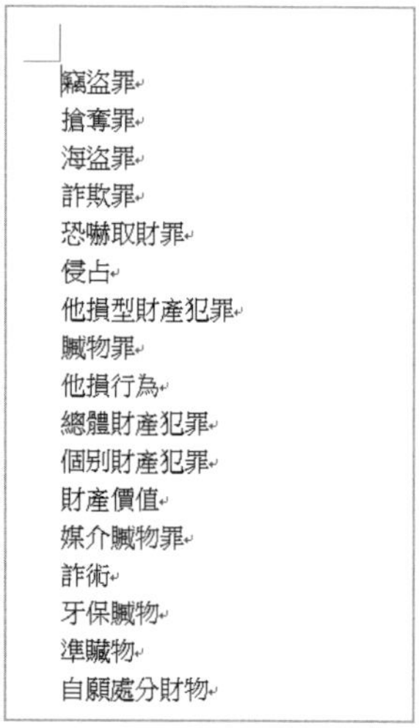
竊盜罪
搶奪罪
海盜罪
詐欺罪
恐嚇取財罪
侵占
他損型財產犯罪
贓物罪
他損行為
總體財產犯罪
個別財產犯罪
財產價值
媒介贓物罪
詐術
牙保贓物
準贓物
自願處分財物

如果是二階索引的話，其格式為 2 欄多列的表格，其中第 1 欄是要被標記的關鍵字，第 2 欄則是主索引項名稱與關鍵字的配對，配對中間以「半型」的冒號來區隔，例如「索引標記檔 - 二階索引 -1100120.docx」這支檔案的內容如下：

竊盜罪	他損型財產犯罪:竊盜罪
搶奪罪	他損型財產犯罪:搶奪罪
海盜罪	他損型財產犯罪:海盜罪
恐嚇取財罪	他損型財產犯罪:恐嚇取財罪
侵占	他損型財產犯罪:侵占
詐欺罪	自損型財產犯罪:詐欺罪
詐術	自損型財產犯罪:詐術
贓物罪	贓物罪:贓物罪
媒介贓物罪	贓物罪:媒介贓物罪
牙保贓物	贓物罪:牙保贓物
準贓物	贓物罪:準贓物

從第 2 欄可知，如果利用這支自動索引標記檔的話，索引會有三類，每一列底下再列出指定的關鍵字：

索引

分節符號 (接續本頁)

他損型財產犯罪

侵占 2, 3
恐嚇取財罪 2
海盜罪 1
搶奪罪 1
竊盜罪 1, 3

自損型財產犯罪

詐術 2
詐欺罪 2

贓物罪

牙保贓物 2, 3
媒介贓物罪 3
準贓物 2
贓物罪 2, 3

二階索引的操作方式與前面的做法一樣，只是在**開啟索引自動標記檔 x** 設定視窗中選取供索引標記用的檔案不同而已，請各位自行在「練習 - 索引 - 索引二階標記檔 -1100120.docx」練習檔中搭配「索引標記檔 - 二階索引 -1100120.docx」這支自動索引標記檔一併練習，完成檔請參閱「練習 - 索引 - 索引二階標記檔 - 完成檔 -1100120.docx」。

11.7 移除標記

嗣後如果不再需要這些被標記為索引項目的關鍵字時，為避免更新索引時又納入該索引項目，因此必須將不再需要的索引項目予以刪除。

Step 1 開啟「練習 - 索引 - 單欄 - 刪除標記 -1100120.docx」做為練習之用。

Step 2 將功能變數標記起來，利用鍵盤上的【Ctrl + X】進行或以滑鼠「右」鍵開啟選點後，點選【複製】選項：

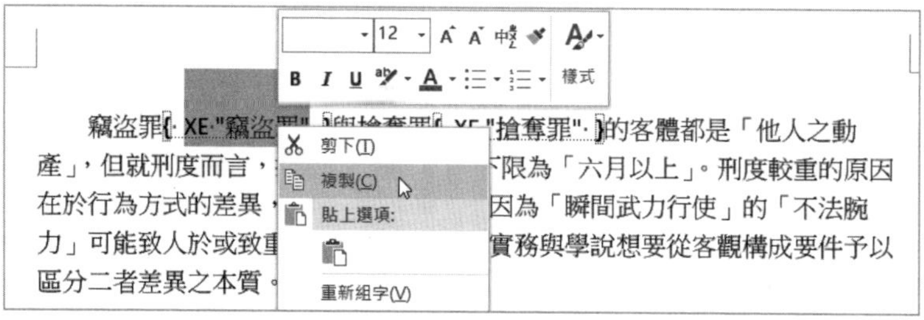
12
樣式
竊盜罪{ XE "竊盜罪" }與搶奪罪{ XE "搶奪罪" }的客體都是「他人之動
產」，但就刑度而言，
下限為「六月以上」。刑度較重的原因
在於行為方式的差異，
因為「瞬間武力行使」的「不法腕
力」可能致人於或致重
實務與學說想要從客觀構成要件予以
區分二者差異之本質。
剪下(T)
複製(C)
貼上選項:
重新組字(V)

Step 3 但是這個複製的動作並無法直接在後續的**尋找及替代 x** 設定視窗中貼上，為了能貼上功能變數及其內容，所以要進行下面迂迴的操作。

Step 3-1 利用文件某一空白的位置中「貼上」上述步驟 2 複製的文字，例如：

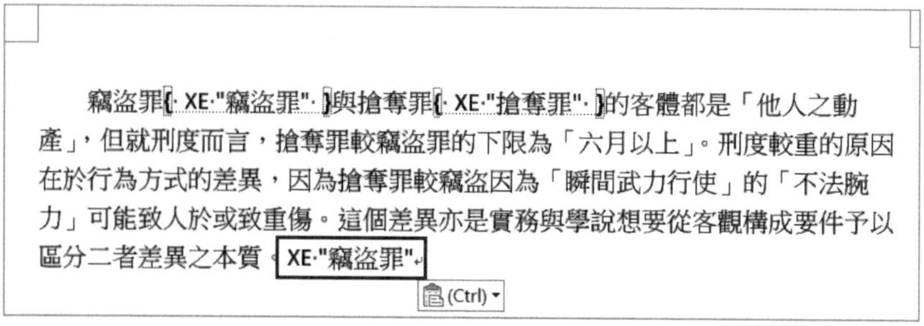
竊盜罪{ XE "竊盜罪" }與搶奪罪{ XE "搶奪罪" }的客體都是「他人之動
產」，但就刑度而言，搶奪罪較竊盜罪的下限為「六月以上」。刑度較重的原因
在於行為方式的差異，因為搶奪罪較竊盜因為「瞬間武力行使」的「不法腕
力」可能致人於或致重傷。這個差異亦是實務與學說想要從客觀構成要件予以
區分二者差異之本質。XE "竊盜罪"
(Ctrl)

Step 3-2 再選取剛才貼上後的內容後加以「剪下」：

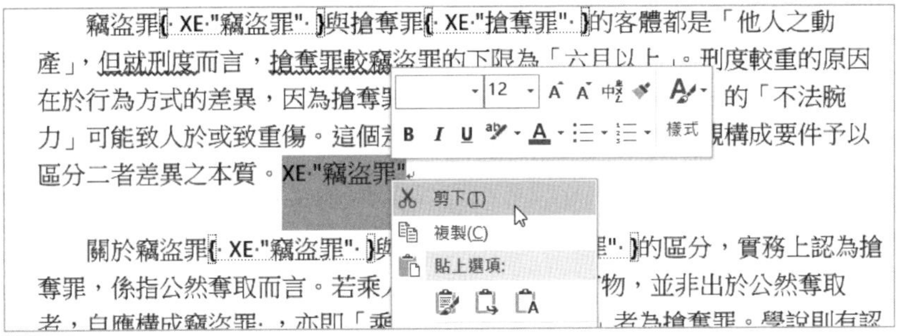

Step 4 按鍵盤上的【Ctrl + H】啟動**尋找及取代** x 設定視窗。

Step 5 點選左下角的【更多】按鈕展開選單，接著點選選單下方的【指定方式 ▾】下拉清單再展開一個選單，最後從該選單點選【功能變數】選項：

點選後，原先**尋找及替代** x 設定視窗中的【尋找目標】右側文字框會自動填入「^d」：

請在 ^d 後按一個鍵盤上的【空間棒】加入一個空格後，再按鍵盤上的【Ctrl + V】貼上 Step 3-2 所複製的文字：

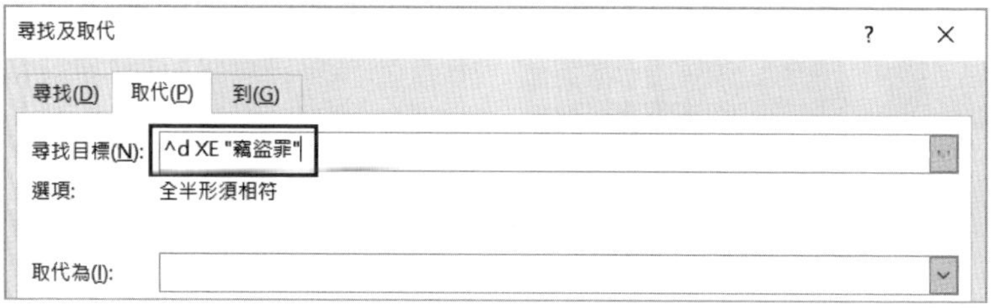

Step 6 最後，點選**尋找及替代** x 設定視窗中的【全部取代】按鈕，此時會出現已替代完成筆數的訊息視窗，點選【確定】按鈕關閉訊息視窗。

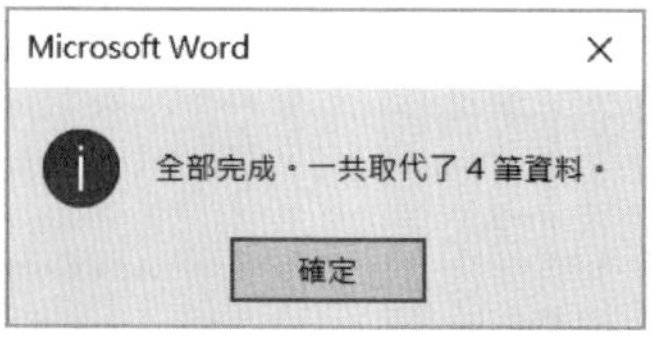

Step 7 點選【關閉】按鈕關閉**尋找及替代** x 設定視窗，返回文件編輯狀態。原本文件中關於「竊盜罪」的索引項目標記就刪除囉，例如第一段及第二段：

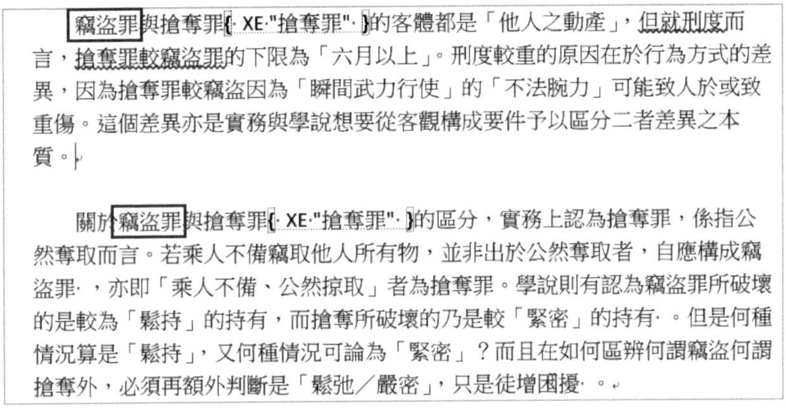
竊盜罪與搶奪罪{ XE "搶奪罪" }的客體都是「他人之動產」，但就刑度而言，搶奪罪較竊盜罪的下限為「六月以上」。刑度較重的原因在於行為方式的差異，因為搶奪罪較竊盜因為「瞬間武力行使」的「不法腕力」可能致人於或致重傷。這個差異亦是實務與學說想要從客觀構成要件予以區分二者差異之本質。

關於竊盜罪與搶奪罪{ XE "搶奪罪" }的區分，實務上認為搶奪罪，係指公然奪取而言。若乘人不備竊取他人所有物，並非出於公然奪取者，自應構成竊盜罪 ，亦即「乘人不備、公然掠取」者為搶奪罪。學說則有認為竊盜罪所破壞的是較為「鬆持」的持有，而搶奪所破壞的乃是較「緊密」的持有 。但是何種情況算是「鬆持」，又何種情況可論為「緊密」？而且在如何區辨何謂竊盜何謂搶奪外，必須再額外判斷是「鬆弛／嚴密」，只是徒增困擾 。

Step 8 最後最後，不要忘了至更新索引頁中的索引。

完成檔請參閱「練習 - 索引 - 單欄 - 刪除標記 - 完成檔 -1100120.docx」。

另一種操作方式如下：

Step 1 開啟「練習 - 索引 - 單欄 - 刪除標記 - 法二 -1100120.docx」做為練習之用。

Step 2 將功能變數標記「前的」關鍵字選取起來，利用鍵盤上的【Ctrl + C】進行或以滑鼠「右」鍵開啟選單後，點選【複製】選項：

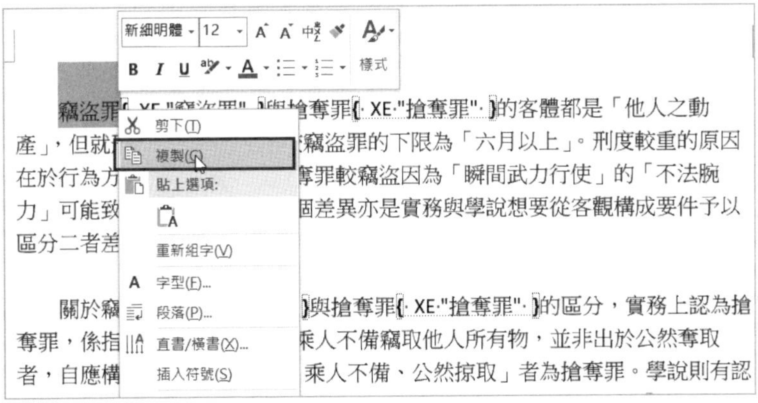

Step 3 按鍵盤上的【Ctrl + H】啟動**尋找及取代** x 設定視窗。

Step 4 點選左下角的【更多】按鈕展開選單，接著點選選單下方的【指定方式 ▾】下拉清單再展開一個選單，最後從該選單點選【功能變數】選項：

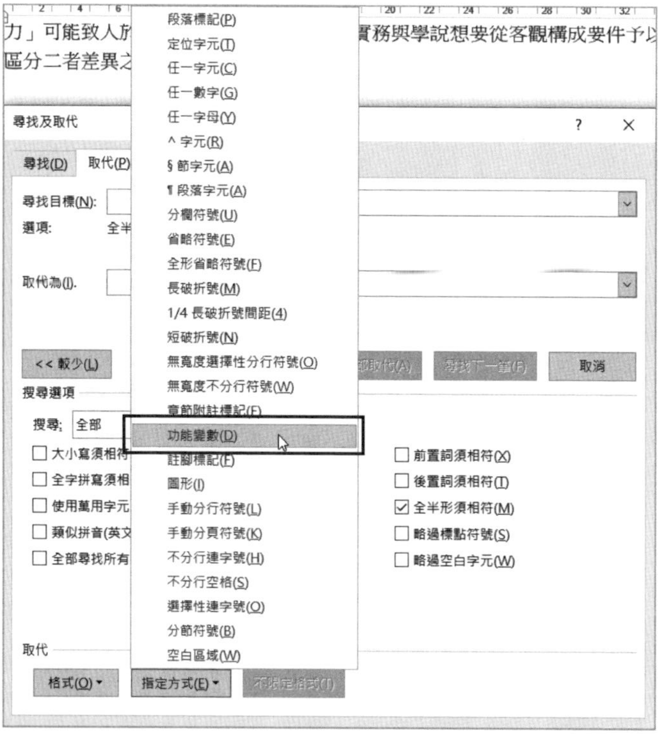

點選後，原先**尋找及取代 x** 設定視窗中的【尋找目標】右側文字框會自動填入「^d」：

請將插入點置於 ^d「前」按下鍵盤上的【Ctrl + V】貼上 Step 2 所複製的文字：

Step 5 最後，點選**尋找及替代 x** 設定視窗中的【全部取代】按鈕，此時會出現已替代完成筆數的訊息視窗，點選【確定】按鈕關閉訊息視窗。

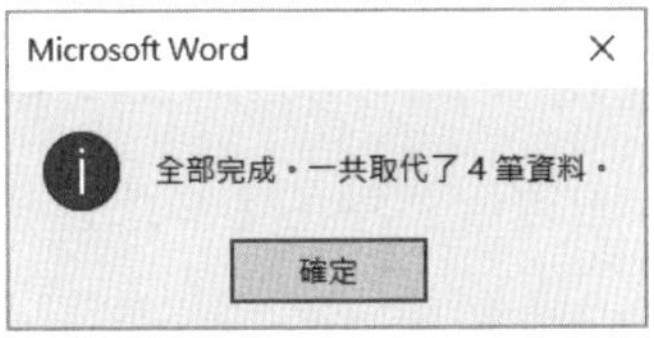

Step 6 點選【關閉】按鈕關閉**尋找及替代 x** 設定視窗。原本文件中關於「竊盜罪」的索引項目標記就刪除囉。

以上二種方法都是用來刪除單一索引項目的操作，如果要刪除「所有」索引項目，那就比較簡單，只要在點選左下角的【更多】按鈕展開選單，接著點選選單下方的【指定方式▼】下拉清單再展開一個選單，最後從該選單點選【功能變數】選項：

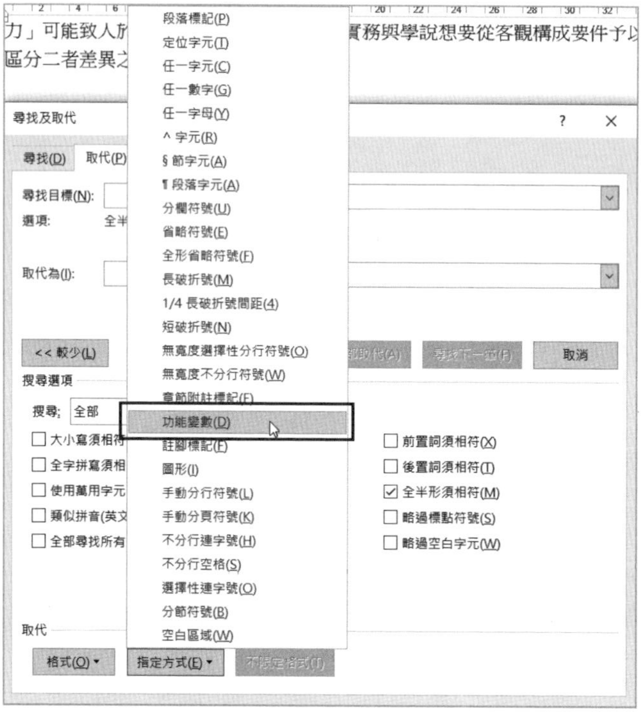

點選後，原先**尋找及替代 x** 設定視窗中的【尋找目標】右側文字框會自動填入「^d」：

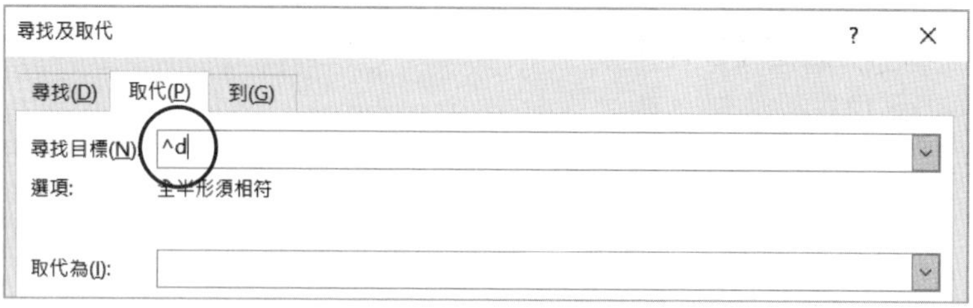

這個時候因為不須要特別指定要刪除哪一索引項目，所以，點選**尋找及替代 x** 設定視窗中的【全部取代】按鈕，如此便可完成刪除全部索引項目的標記了。

Chapter

12 註解追蹤

修訂

論文的撰寫，必經來來回回的細細思量，這過程中有時是自問自答，有時是求助他人，此時不管是自己或他人對論文內容的增刪建議都可以透過 Word 提供的**校閱**索引標籤中的**註解**群組、**追蹤** ↘ 群組與**變更**群組裡的各項功能來協助論文的內容的編修：

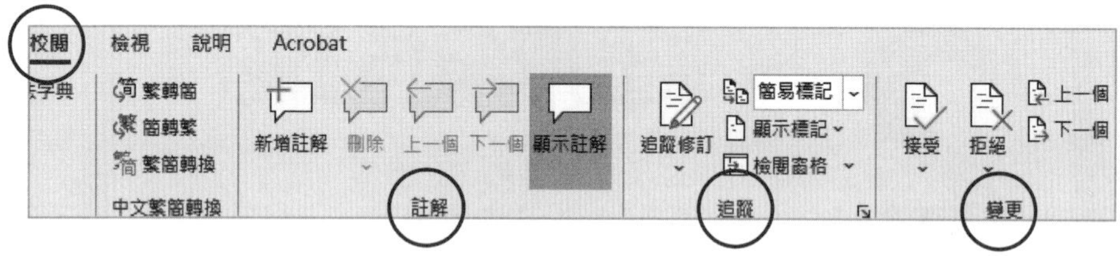

接下來依應用情境的不同，分別舉例說明其操作。

12.1 註解

關於註解的功能在**校閱**索引標籤中的**註解**群組，其功能就跟資料庫的操作相當，主要是增刪顯示與移動功能：

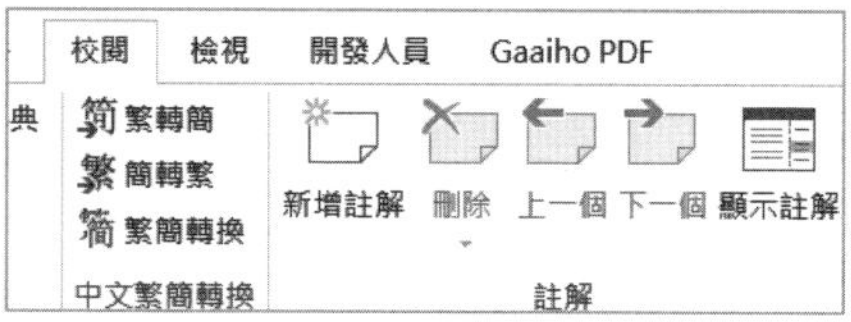

情況一：自己加註

論文在改改寫寫的過程中，可以在這過程中隨時檢視並隨時加入自己的註解，例如下面的操作練習。

Step 1 開啟「練習 - 註解 -1100120.docx」做為練習之用。

Step 2 選取要註解的文字：

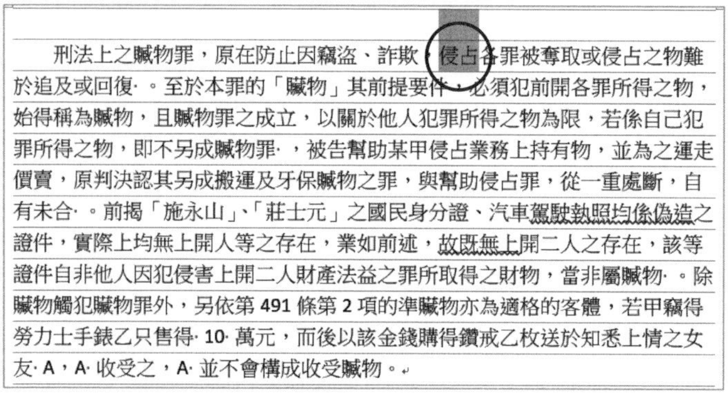
刑法上之贓物罪，原在防止因竊盜、詐欺、侵占各罪被奪取或侵占之物難於追及或回復。至於本罪的「贓物」其前提要件，必須犯前開各罪所得之物，始得稱為贓物，且贓物罪之成立，以關於他人犯罪所得之物為限，若係自己犯罪所得之物，即不另成贓物罪，被告幫助某甲侵占業務上持有物，並為之運走價賣，原判決認其另成搬運及牙保贓物之罪，與幫助侵占罪，從一重處斷，自有未合。前揭「施永山」、「莊士元」之國民身分證、汽車駕駛執照均係偽造之證件，實際上均無上開人等之存在，業如前述，故既無上開二人之存在，該等證件自非他人因犯侵害上開二人財產法益之罪所取得之財物，當非屬贓物。除贓物觸犯贓物罪外，另依第 491 條第 2 項的準贓物亦為適格的客體，若甲竊得勞力士手錶乙只售得 10 萬元，而後以該金錢購得鑽戒乙枚送於知悉上情之女友 A，A 收受之，A 並不會構成收受贓物。

Step 3 點選**校閱**索引標籤中的**註解**群組中的【新增註解】選項：

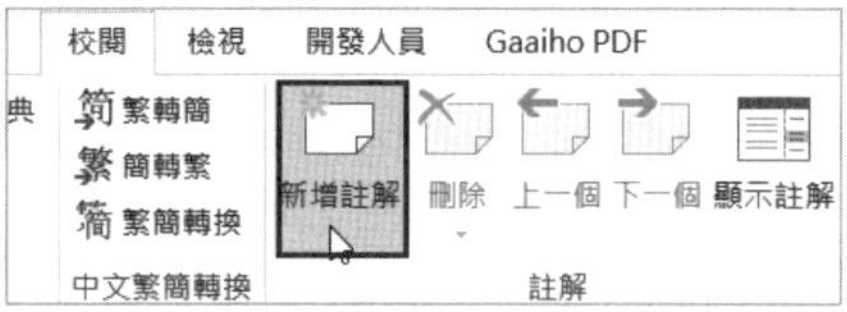
校閱
檢視
開發人員
Gaaiho PDF
典
繁轉簡
簡轉繁
繁簡轉換
中文繁簡轉換
新增註解
刪除
上一個
下一個
顯示註解
註解

接下來會出現可以加入註解的視窗供我們寫下文字：

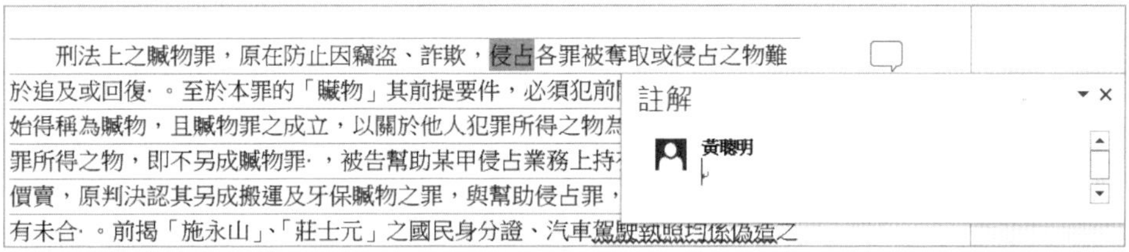
刑法上之贓物罪，原在防止因竊盜、詐欺，侵占各罪被奪取或侵占之物難
於追及或回復。至於本罪的「贓物」其前提要件，必須犯前
始得稱為贓物，且贓物罪之成立，以關於他人犯罪所得之物為
罪所得之物，即不另成贓物罪，被告幫助某甲侵占業務上持有
價賣，原判決認其另成搬運及牙保贓物之罪，與幫助侵占罪，
有未合。前揭「施永山」、「莊士元」之國民身分證、汽車駕駛執照均係偽造之
註解
黃聰明

例如：

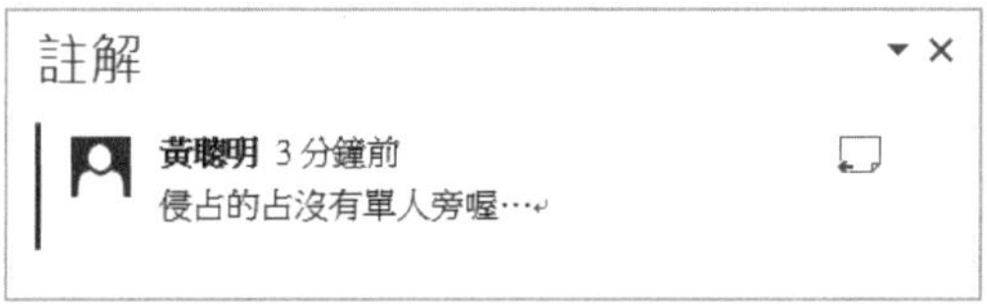
註解
黃聰明 3 分鐘前
侵占的占沒有單人旁喔…

註解視窗可以透過左上角的 x 或是下拉清單中的【關閉】按鈕予以關閉：

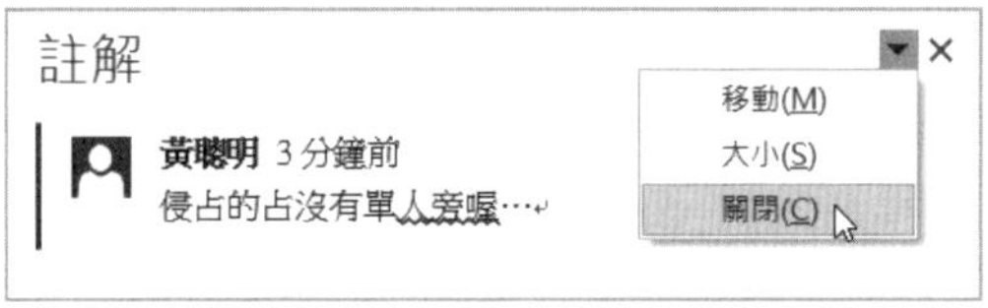
註解
黃聰明 3 分鐘前
侵占的占沒有單人旁喔…
移動(M)
大小(S)
關閉(C)

關閉後，預設會在文件右側看到註解的提示標示：

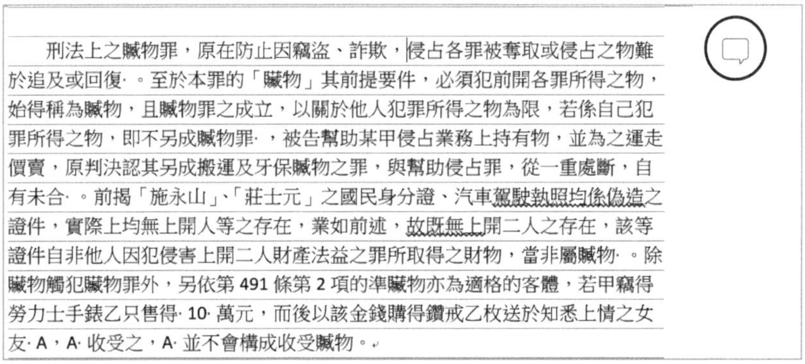
刑法上之贓物罪，原在防止因竊盜、詐欺，侵占各罪被奪取或侵占之物難
於追及或回復。至於本罪的「贓物」其前提要件，必須犯前開各罪所得之物，
始得稱為贓物，且贓物罪之成立，以關於他人犯罪所得之物為限，若係自己犯
罪所得之物，即不另成贓物罪，被告幫助某甲侵占業務上持有物，並為之運走
價賣，原判決認其另成搬運及牙保贓物之罪，與幫助侵占罪，從一重處斷，自
有未合。前揭「施永山」、「莊士元」之國民身分證、汽車駕駛執照均係偽造之
證件，實際上均無上開人等之存在，業如前述，故既無上開二人之存在，該等
證件自非他人因犯侵害上開二人財產法益之罪所取得之財物，當非屬贓物。除
贓物觸犯贓物罪外，另依第 491 條第 2 項的準贓物亦為適格的客體，若甲竊得
勞力士手錶乙只售得 10 萬元，而後以該金錢購得鑽戒乙枚送於知悉上情之女
友 A，A 收受之，A 並不會構成收受贓物。

我們可以在需要的時候加以點選後顯示內容：

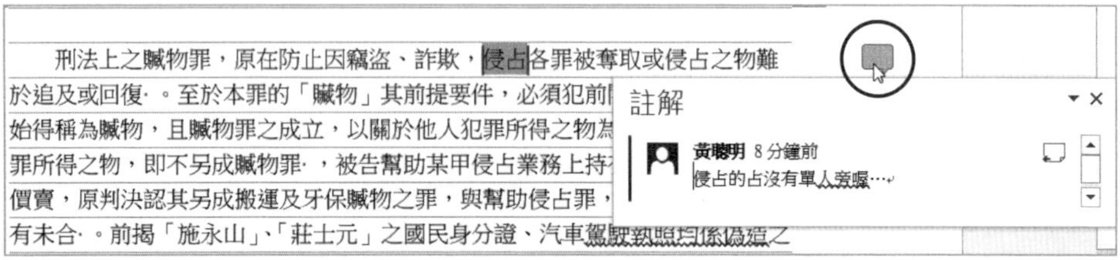
刑法上之贓物罪，原在防止因竊盜、詐欺，侵占各罪被奪取或侵占之物難
於追及或回復。至於本罪的「贓物」其前提要件，必須犯前
始得稱為贓物，且贓物罪之成立，以關於他人犯罪所得之物為
罪所得之物，即不另成贓物罪，被告幫助某甲侵占業務上持有
價賣，原判決認其另成搬運及牙保贓物之罪，與幫助侵占罪，
有未合。前揭「施永山」、「莊士元」之國民身分證、汽車駕駛執照均係偽造之
註解
黃聰明 8 分鐘前
侵占的占沒有單人旁喔…

或者點選**校閱**索引標籤中的**註解**群組中的【顯示註解】選項亦可：

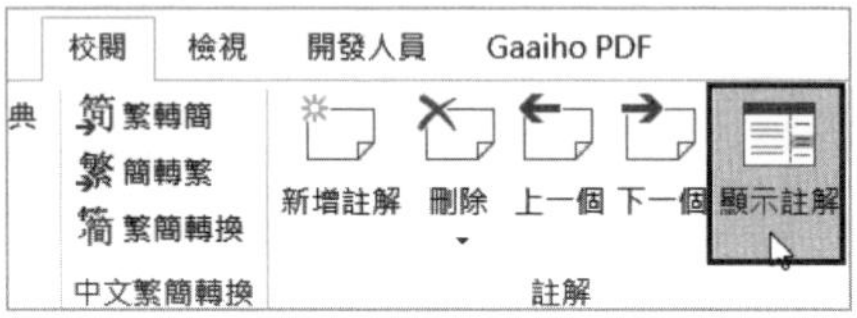
校閱
檢視
開發人員
Gaaiho PDF
典
繁轉簡
簡轉繁
繁簡轉換
中文繁簡轉換
新增註解
刪除
上一個
下一個
顯示註解
註解

Step 4 就算是自問自答，可以為原先的註解加上回復，就像是註解的註解：

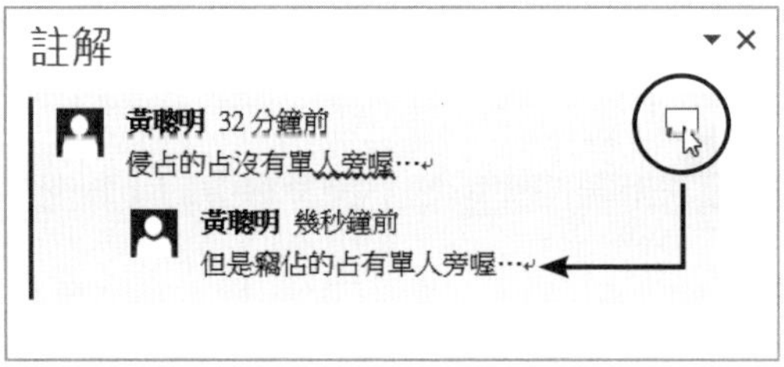
註解
黃聰明 32 分鐘前
侵占的占沒有單人旁喔…
黃聰明 幾秒鐘前
但是竊佔的占有單人旁喔…

有多個註解時，例如從下圖看來，目前文件中有二個註解：

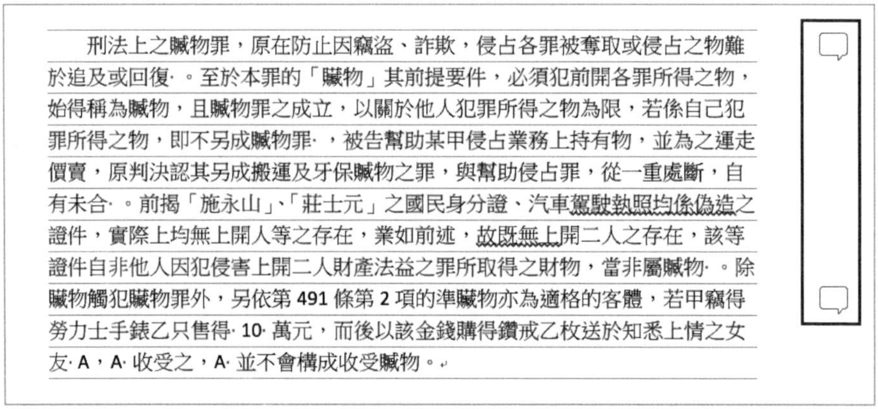
刑法上之贓物罪，原在防止因竊盜、詐欺，侵占各罪被奪取或侵占之物難
於追及或回復。至於本罪的「贓物」其前提要件，必須犯前開各罪所得之物，
始得稱為贓物，且贓物罪之成立，以關於他人犯罪所得之物為限，若係自己犯
罪所得之物，即不另成贓物罪，被告幫助某甲侵占業務上持有物，並為之運走
價賣，原判決認其另成搬運及牙保贓物之罪，與幫助侵占罪，從一重處斷，自
有未合。前揭「施永山」、「莊士元」之國民身分證、汽車駕駛執照均係偽造之
證件，實際上均無上開人等之存在，業如前述，故既無上開二人之存在，該等
證件自非他人因犯侵害上開二人財產法益之罪所取得之財物，當非屬贓物。除
贓物觸犯贓物罪外，另依第 491 條第 2 項的準贓物亦為適格的客體，若甲竊得
勞力士手錶乙只售得 10 萬元，而後以該金錢購得鑽戒乙枚送於知悉上情之女
友 A，A 收受之，A 並不會構成收受贓物。

此時我們點可以點選**校閱**索引標籤中的**註解**群組中的【上一個】與【下一個】選項逐一瀏覽：

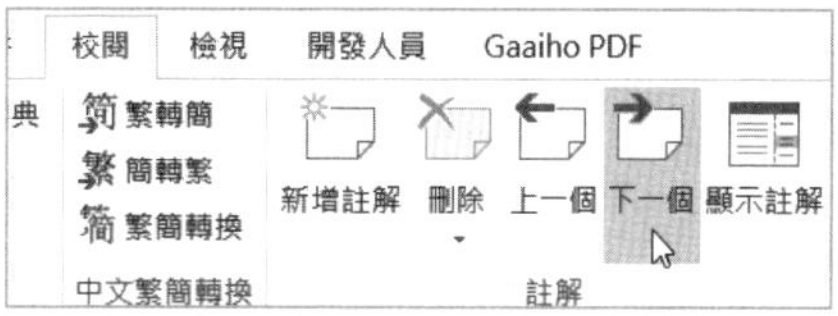

最後，如果註解不再需要了，就點選【刪除】選項吧！

情況二：他人加註

如果論文要請他人加註意見的話，原則上他人的操作方式相同，但是自己在將文件交給他人之前要「先做一個動作」，那就是點選**校閱**索引標籤中的**保護**群組中的【限制編輯】選項，然後從開啟的**限制編輯** x 設定視窗中將【2. 編輯限制】**選項**群中的【文件中僅允許此類型的編輯方式 ▾】下拉清單中的【註解】予以「勾選」：

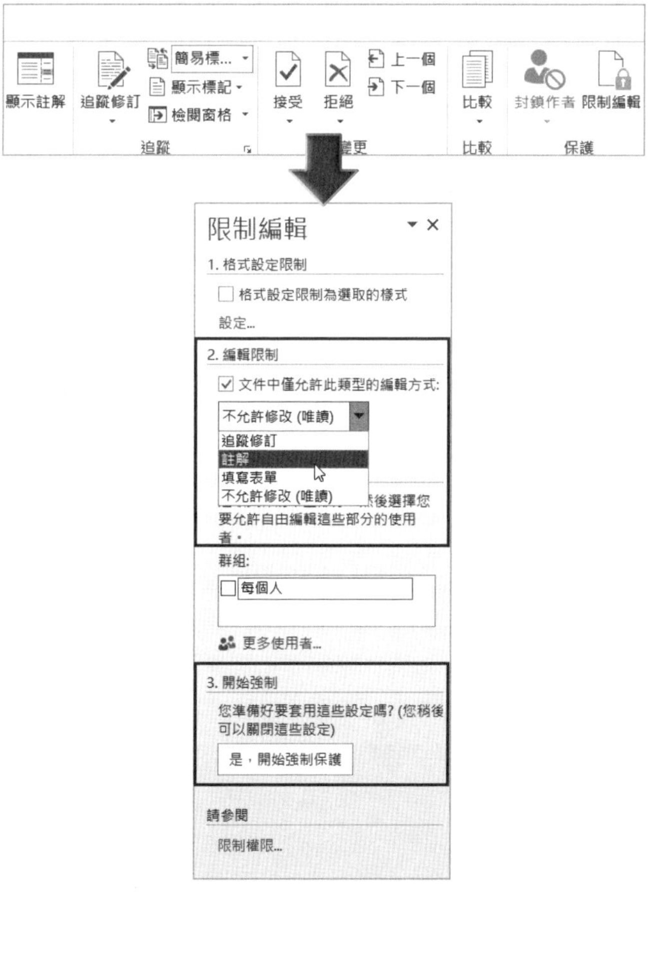

最後再點選【3. 開始強制】選項中的【是，開始強制保護】按鈕，按下之後會出現**開始強制保護 x** 設定視窗要求設定保護用的密碼，例如下面我設定的「123」作為密碼：

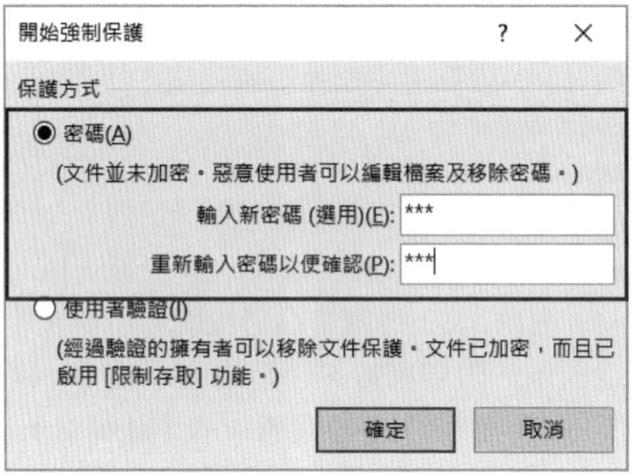

完成後，**限制編輯 x** 設定視窗中最底下會有一個【停止保護】按鈕：

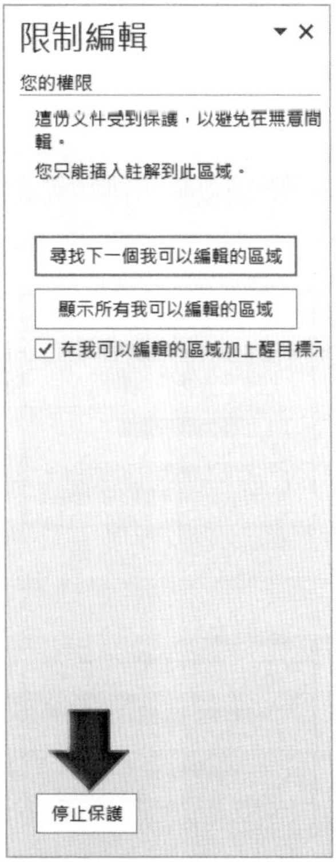

完成後我將檔案另存新檔後關閉再開，各位可能就會發現目前 Word 開啟後的狀態不同以以往，很多本來有的功能都看不到了，取而代之的是**檔案**、**工具**及**檢視**等 3 個索引標籤：

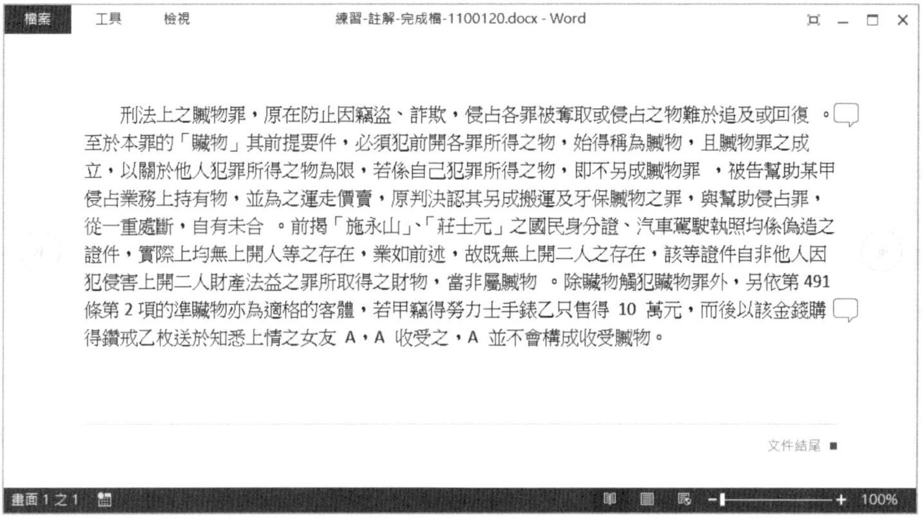

點選**檢視**下拉功能表中有【編輯文件】及【顯示註解】選項：

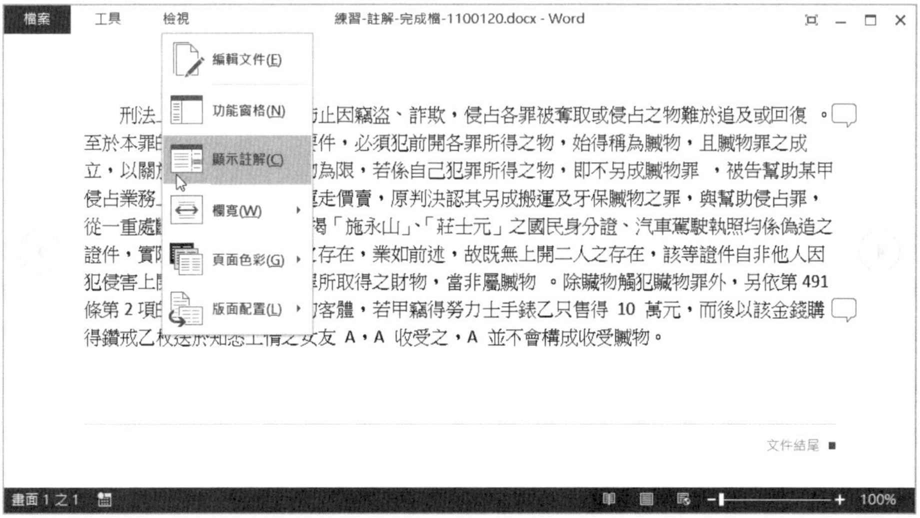

但是，就算點選【編輯文件】選項，但是點選之後雖然可以看到完整的功能，但是都屬於「不可點」的狀態，而且**限制編輯 x** 設定視窗中也說明了，這份文件目前是受到保護的，以避免在無意間被編輯，目前開啟文件者唯一能做的就是「插入註解」：

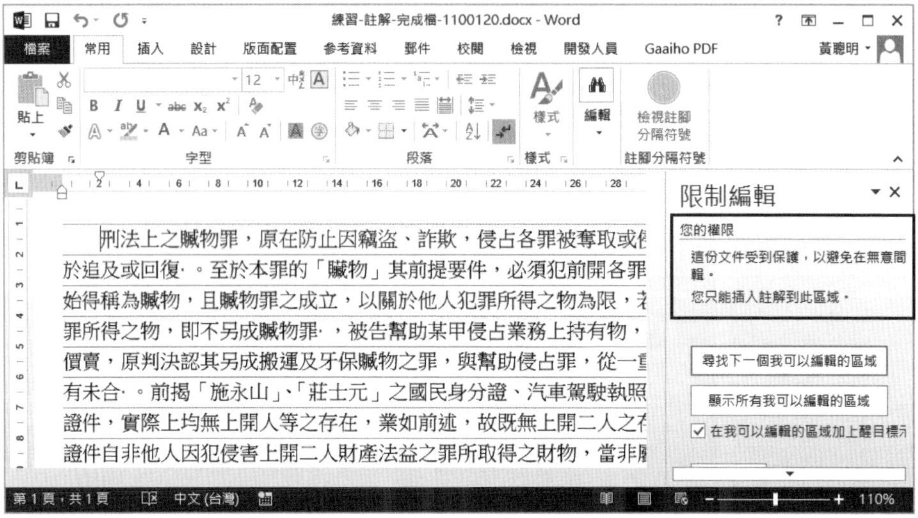
練習-註解-完成檔-1100120.docx - Word
檔案 常用 插入 設計 版面配置 參考資料 郵件 校閱 檢視 開發人員 Gaaiho PDF
黃聰明
貼上 剪貼簿 字型 段落 樣式 編輯 檢視註腳分隔符號 註腳分隔符號
限制編輯
您的權限
這份文件受到保護，以避免在無意間編輯。
您只能插入註解到此區域。
尋找下一個我可以編輯的區域
顯示所有我可以編輯的區域
在我可以編輯的區域加上醒目標示
刑法上之贓物罪，原在防止因竊盜、詐欺，侵占各罪被奪取或侵
於追及或回復。至於本罪的「贜物」其前提要件，必須犯前開各罪
始得稱為贓物，且贓物罪之成立，以關於他人犯罪所得之物為限，若
罪所得之物，即不另成贓物罪，被告幫助某甲侵占業務上持有物，
價賣，原判決認其另成搬運及牙保贓物之罪，與幫助侵占罪，從一重
有未合。前揭「施永山」、「莊士元」之國民身分證、汽車駕駛執照
證件，實際上均無上開人等之存在，業如前述，故既無上開二人之存
證件自非他人因犯侵害上開二人財產法益之罪所取得之財物，當非屬
第 1 頁，共 1 頁 中文 (台灣) 110%

例如，點選第二個計解進行回覆：

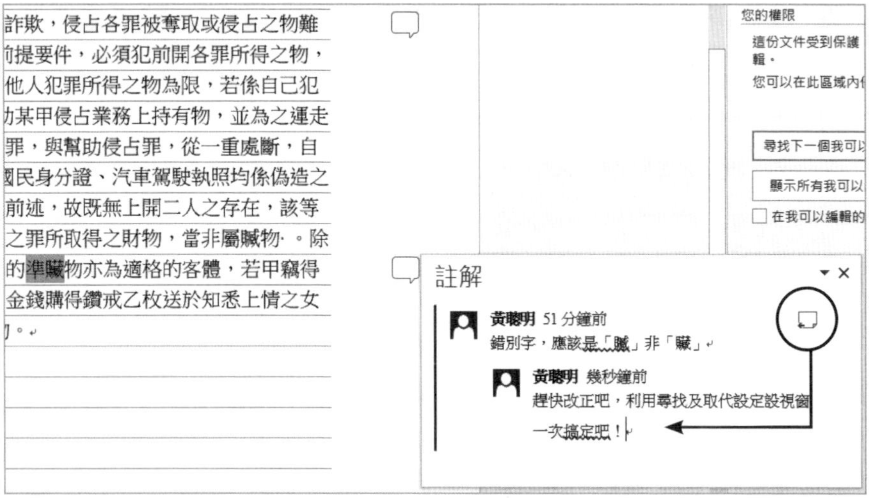
您的權限
這份文件受到保護
您可以在此區域內
尋找下一個我可以
顯示所有我可以
在我可以編輯的
註解
黃聰明 51 分鐘前
錯別字，應該是「贓」非「贜」
黃聰明 幾秒鐘前
趕快改正吧，利用尋找及取代設定設視窗一次搞定吧！

當他人將加入註解的檔案還你的時候，你就可以點選**限制編輯 x** 設定視窗中最底下的【停止保護】按鈕，在**解除文件保護 x** 設定視窗中輸入密碼後，解除編輯的限制：

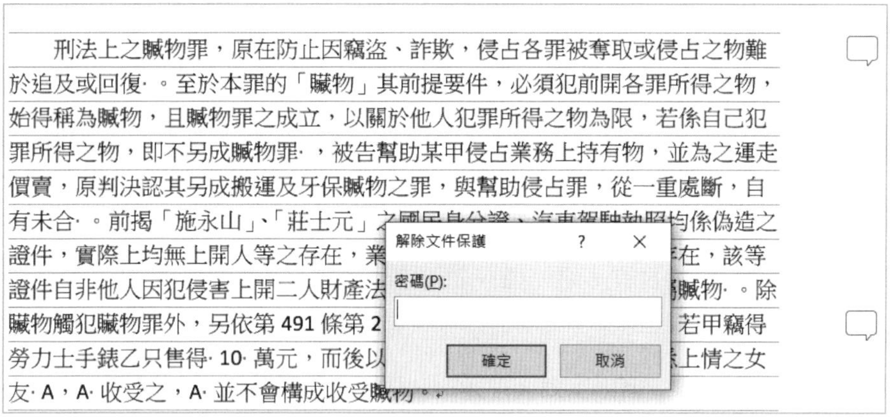
刑法上之贓物罪，原在防止因竊盜、詐欺，侵占各罪被奪取或侵占之物難
於追及或回復。至於本罪的「贓物」其前提要件，必須犯前開各罪所得之物，
始得稱為贓物，且贓物罪之成立，以關於他人犯罪所得之物為限，若係自己犯
罪所得之物，即不另成贓物罪，被告幫助某甲侵占業務上持有物，並為之運走
價賣，原判決認其另成搬運及牙保贓物之罪，與幫助侵占罪，從一重處斷，自
有未合。前揭「施永山」、「莊士元」之
係偽造之
證件，實際上均無上開人等之存在，業
在，該等
證件自非他人因犯侵害上開二人財產法
贓物。除
贓物觸犯贓物罪外，另依第 491 條第 2
若甲竊得
勞力士手錶乙只售得 10 萬元，而後以
上情之女
友 A，A 收受之，A 並不會構成收受贓物。
解除文件保護
?
密碼(P):
確定
取消

12.2 追蹤

情況一：自己修改

Word 所提供的「追蹤」係指文件內容的增刪修及格式的變更，例如，下圖中文件的左側有紅色垂直線標示出有被增刪修的位置：

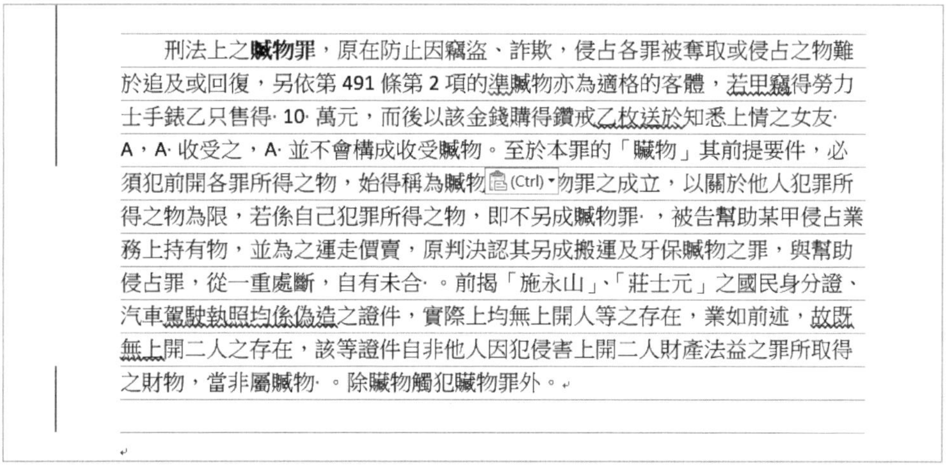
刑法上之贓物罪，原在防止因竊盜、詐欺，侵占各罪被奪取或侵占之物難
於追及或回復，另依第 491 條第 2 項的準贓物亦為適格的客體，若甲竊得勞力
士手錶乙只售得 10 萬元，而後以該金錢購得鑽戒乙枚送於知悉上情之女友
A，A 收受之，A 並不會構成收受贓物。至於本罪的「贓物」其前提要件，必
須犯前開各罪所得之物，始得稱為贓物 (Ctrl) 物罪之成立，以關於他人犯罪所
得之物為限，若係自己犯罪所得之物，即不另成贓物罪，被告幫助某甲侵占業
務上持有物，並為之運走價賣，原判決認其另成搬運及牙保贓物之罪，與幫助
侵占罪，從一重處斷，自有未合。前揭「施永山」、「莊士元」之國民身分證、
汽車駕駛執照均係偽造之證件，實際上均無上開人等之存在，業如前述，故既
無上開二人之存在，該等證件自非他人因犯侵害上開二人財產法益之罪所取得
之財物，當非屬贓物。除贓物觸犯贓物罪外。

目前僅出現在左側的垂直線，是因為預設的情況下，**校閱**索引標籤中的**追蹤**群組中的【顯示供檢閱 ▾】下拉清單中的值是【簡易標記】。

如果點選**校閱**索引標籤中的**追蹤**群組中的【顯示供檢閱 ▾】下拉清單中的【所有標記】:

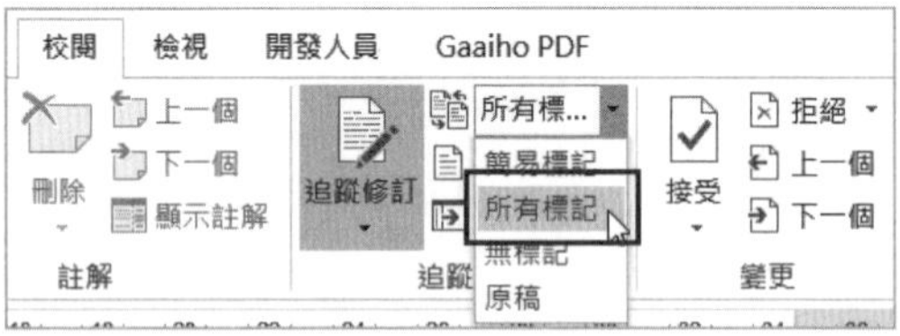

這樣就會在文件區中看到三種不同的情形：

一、 有刪除線表示被刪除的內容。

二、 下圖紅字無刪除線表示新增的部分。

三、 另外右側有針對格式修改的說明：

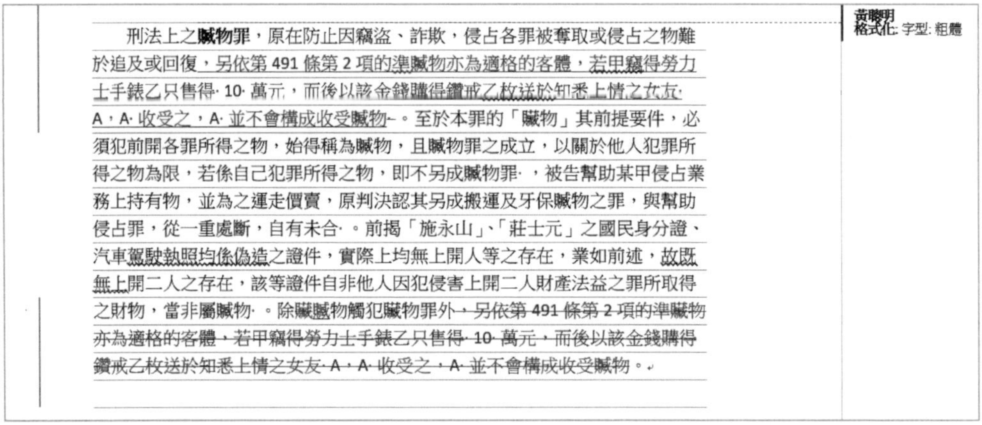

刑法上之**贓物罪**，原在防止因竊盜、詐欺，侵占各罪被奪取或侵占之物難於追及或回復，另依第 491 條第 2 項的準贓物亦為適格的客體，若甲竊得勞力士手錶乙只售得 10 萬元，而後以該金錢購得鑽戒乙枚送於知悉上情之女友 A，A 收受之，A 並不會構成收受贓物。至於本罪的「贓物」其前提要件，必須犯前開各罪所得之物，始得稱為贓物，且贓物罪之成立，以關於他人犯罪所得之物為限，若係自己犯罪所得之物，即不另成贓物罪 ，被告幫助某甲侵占業務上持有物，並為之運走價賣，原判決認其另成搬運及牙保贓物之罪，與幫助侵占罪，從一重處斷，自有未合 。前揭「施永山」、「莊士元」之國民身分證、汽車駕駛執照均係偽造之證件，實際上均無上開人等之存在，業如前述，故既無上開二人之存在，該等證件自非他人因犯侵害上開二人財產法益之罪所取得之財物，當非屬贓物 。除贓贓物觸犯贓物罪外~~，另依第 491 條第 2 項的準贓物亦為適格的客體，若甲竊得勞力士手錶乙只售得 10 萬元，而後以該金錢購得鑽戒乙枚送於知悉上情之女友 A，A 收受之，A 並不會構成收受贓物~~。

黃聰明
格式化: 字型: 粗體

關於目前追蹤修訂的顯示預設格式，補充五點說明，可開啟「練習 - 追蹤修訂顯示選項 -1100120.docx」練習一下：

一、 關於簡易標記與簡易標記除了利用**追蹤**群組中的【顯示供檢閱 ▾】下拉清單中的不同設定值來調整之外，也可以直接點選左側標記線來切換喔：

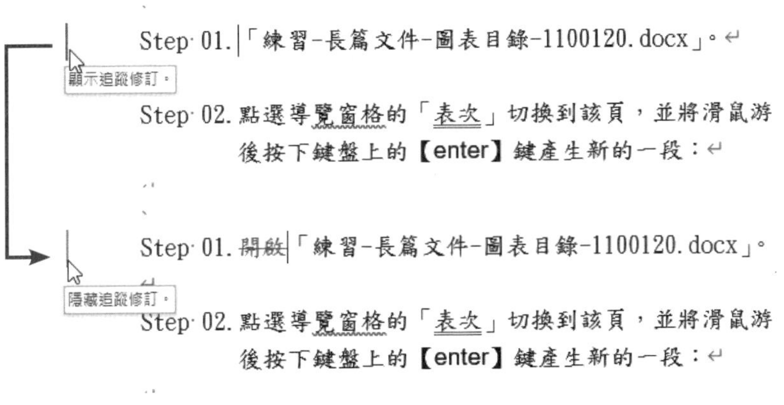

二、 標記的顯示設定

上一頁看到關於標記的類型及僅有格式的修訂情會顯示在右側的「註解方塊」，這是因為預設的設定為「僅在註解方塊顯示註解和格式」。

這個部份請試著開啟練習檔之後，切換不同的設定值觀察一下怎樣的顯示效果最符合自己的需要：

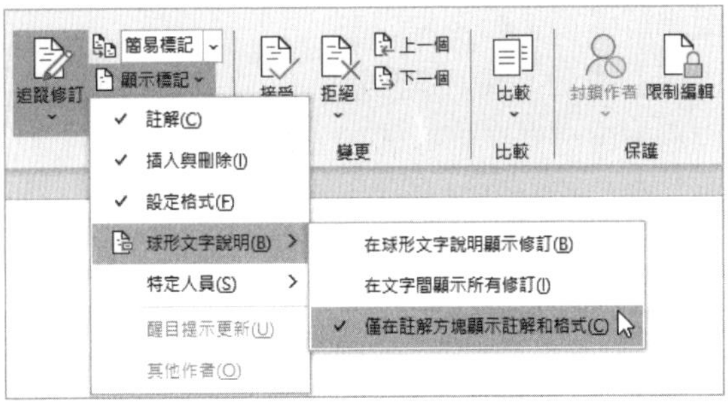

三、 多人進行修訂時的篩選。設定位置如下，本例只有我一個人，因此沒得挑：

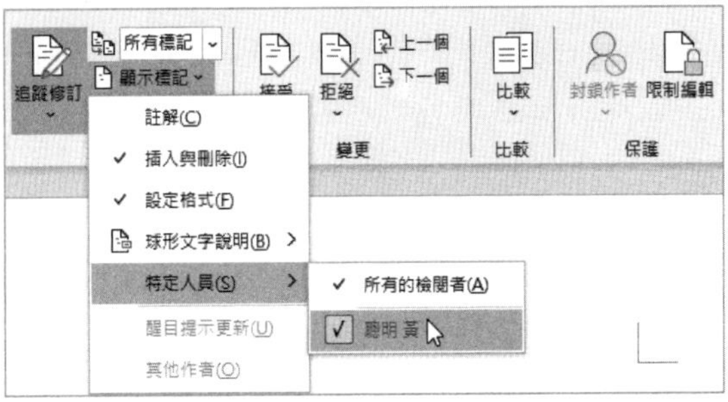

四、客制化的設定。點選**校閱**索引標籤中，**追蹤**↘群組中右下角【↘】變更追蹤選項，展開**追蹤修訂選項 x** 設定視窗：

接著再點選**追蹤修訂選項 x** 設定視窗左下角的【進階選項】按鈕，展開**進階追蹤修訂選項 x** 設定視窗來做更細緻的客製化以符合自己的需求：

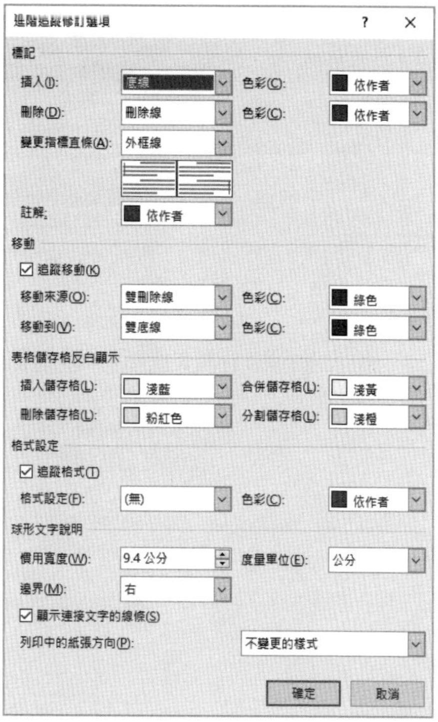

五、 其他設定值：【顯示供檢閱 ▾】下拉清單還有二個選項，各位可試試：

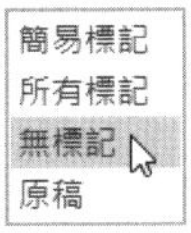

1. 無標記，表示接受所有增刪修後的結果預覽。
2. 原稿，則是「忽略」所有增刪修後的結果預覽。

預設的情況下，Word 左下角狀態列並不會顯示目前是否處於「追蹤修訂」狀態，如果要打開的話，請將滑鼠指在狀態列，然後用「右」鍵點選後開啟單，最後，再才選單中點選【追蹤修訂】來切換狀態的顯示：

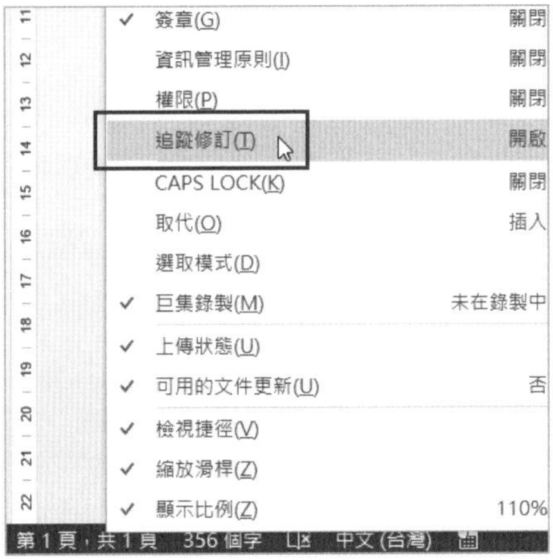

上述的操作僅是顯示狀態的切換，是否真正讓文件處於追蹤修訂狀態，還是需要透過**校閱**索引標籤中的**追蹤**群組中的【追蹤修訂 ▾】下拉清單來啟用或關閉，只要在啟用狀態下，文件中的增刪修及格式變更才會被「追蹤」下來：

增刪之後，對於這些變更可以選擇逐一接受也可選擇逐一拒絕，當然也會類似批次作業一樣可以全部處理，其功能在【接受 ▾】與【拒絕 ▾】下拉清單中：

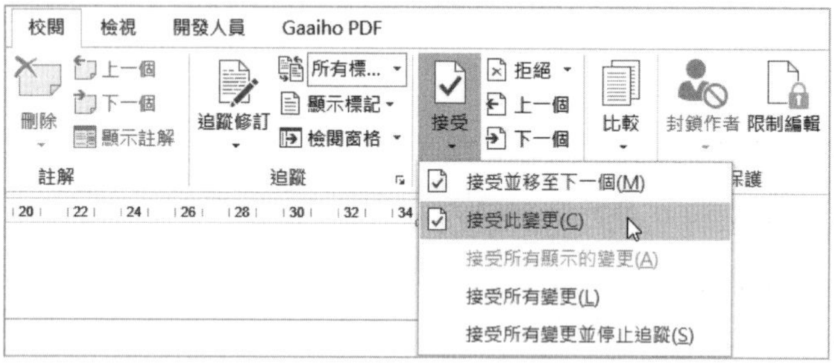

情況二：他人修改

如果是請他人修改，或者說把文件交給指導教授呢？由於並非每個會用 Word 的人都會用**校閱**索引標籤中的**追蹤**功能，因此很難奢望他人拿到我們請他幫忙的文件時會記得先啟動【追蹤修訂】後才進行後續的增刪修作業。

此時文件「交出去前」的前置作業與請他人加註解的情況相同，那就是先點選**校閱**索引標籤中的**保護**群組中的【限制編輯】選項，然後從開啟的**限制編輯 x** 設定視窗中將【2. 編輯限制】**選項**群中的【文件中僅允許此類型的編輯方式 ▾】下拉清單中的【追蹤修訂】予以「勾選」：

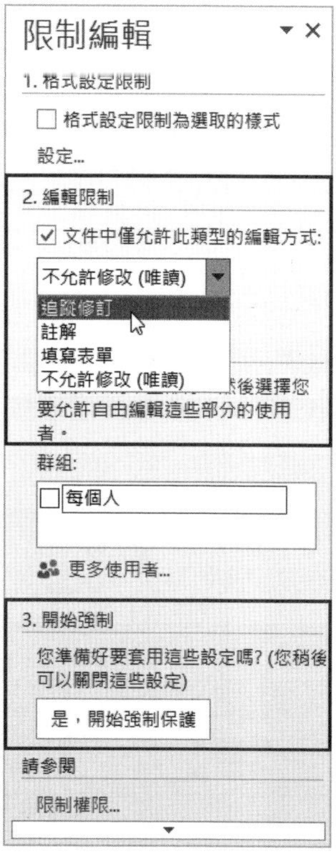

最後，再點選【3. 開始強制】選項中的【是，開始強制保護】按鈕，按下之後會出現**開始強制保護 x** 設定視窗要求設定保護用的密碼，例如下面我設定的「123」作為密碼：

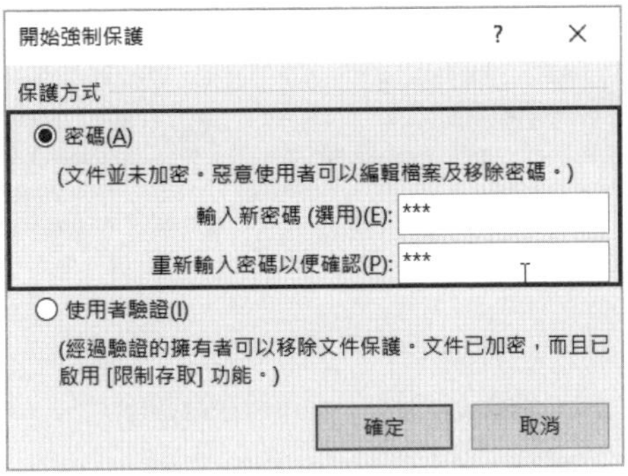
開始強制保護
保護方式
密碼(A)
(文件並未加密。惡意使用者可以編輯檔案及移除密碼。)
輸入新密碼 (選用)(E): ***
重新輸入密碼以便確認(P): ***
使用者驗證(I)
(經過驗證的擁有者可以移除文件保護。文件已加密，而且已啟用 [限制存取] 功能。)
確定
取消

完成後，**限制編輯 x** 設定視窗中最底下一樣會有一個【停止保護】按鈕。

這樣子，當指導教授或其他人拿到這份文件時就會處於「追蹤修訂」狀態。

Step 1 開啟「練習 - 追蹤 - 完成檔 -1100120.docx」做為練習之用。一開啟的狀態與對註解所做的保護是一樣的喔：

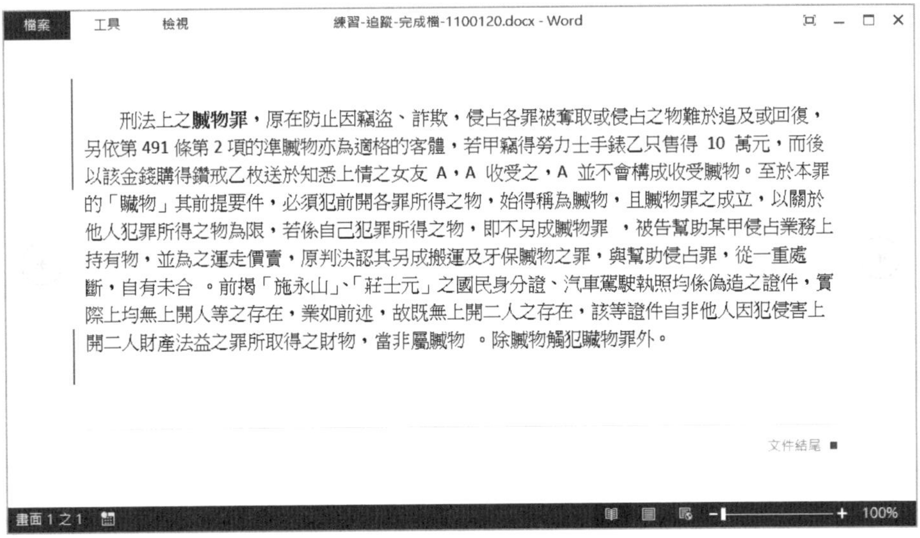
檔案
工具
檢視
練習-追蹤-完成檔-1100120.docx - Word
刑法上之**贓物罪**，原在防止因竊盜、詐欺，侵占各罪被奪取或侵占之物難於追及或回復，另依第 491 條第 2 項的準贓物亦為適格的客體，若甲竊得勞力士手錶乙只售得 10 萬元，而後以該金錢購得鑽戒乙枚送於知悉上情之女友 A，A 收受之，A 並不會構成收受贓物。至於本罪的「贓物」其前提要件，必須犯前開各罪所得之物，始得稱為贓物，且贓物罪之成立，以關於他人犯罪所得之物為限，若係自己犯罪所得之物，即不另成贓物罪 ，被告幫助某甲侵占業務上持有物，並為之運走價賣，原判決認其另成搬運及牙保贓物之罪，與幫助侵占罪，從一重處斷，自有未合 。前揭「施永山」、「莊士元」之國民身分證、汽車駕駛執照均係偽造之證件，實際上均無上開人等之存在，業如前述，故既無上開二人之存在，該等證件自非他人因犯侵害上開二人財產法益之罪所取得之財物，當非屬贓物 。除贓物觸犯贓物罪外。
文件結尾
畫面 1 之 1
100%

Step 2 點選**檢視**索引標籤展開選單後的【編輯文件】，接著所有功能與註解的狀態是完全不同的喔。目前的功能沒有受限，主要差異在於會自動處於追蹤修訂開啟的狀態，這亦可從狀態列顯示「追蹤修訂：開啟」看出來：

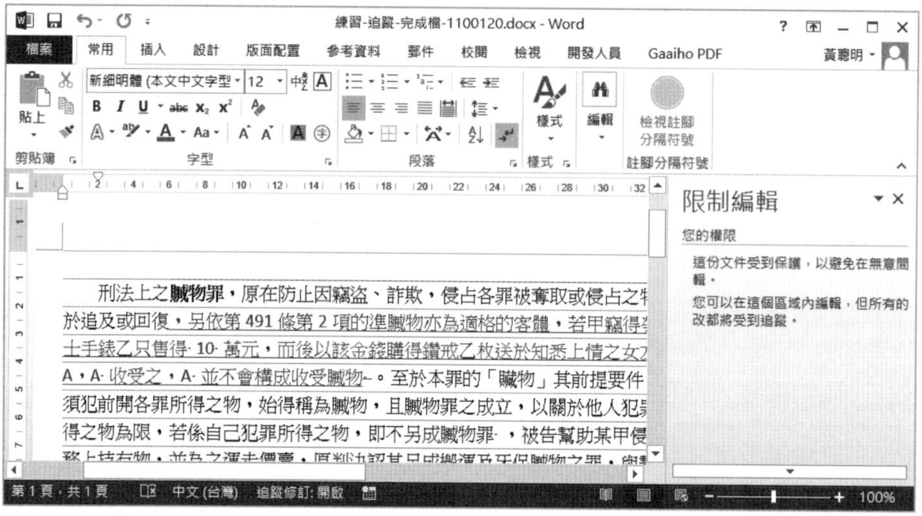

練習-追蹤-完成檔-1100120.docx - Word
檔案
常用
插入
設計
版面配置
參考資料
郵件
校閱
檢視
開發人員
Gaaiho PDF
黃聰明
剪貼簿
字型
段落
樣式
編輯
檢視註腳分隔符號
註腳分隔符號
限制編輯
您的權限
這份文件受到保護，以避免在無意間編輯。
您可以在這個區域內編輯，但所有的改都將受到追蹤。
刑法上之贓物罪，原在防止因竊盜、詐欺，侵占各罪被奪取或侵占之物
於追及或回復，另依第 491 條第 2 項的準贓物亦為適格的客體，若甲竊得
士手錶乙只售得 10 萬元，而後以該金錢購得鑽戒乙枚送於知悉上情之女
A，A 收受之，A 並不會構成收受贓物。至於本罪的「贓物」其前提要件
須犯前開各罪所得之物，始得稱為贓物，且贓物罪之成立，以關於他人犯
得之物為限，若係自己犯罪所得之物，即不另成贓物罪，被告幫助某甲侵
第 1 頁，共 1 頁
中文 (台灣)
追蹤修訂: 開啟
100%

Step 3 試著將第一段的前面 4 個字刪除看看，此時這些文字會被標示刪除，證明目前的狀態：

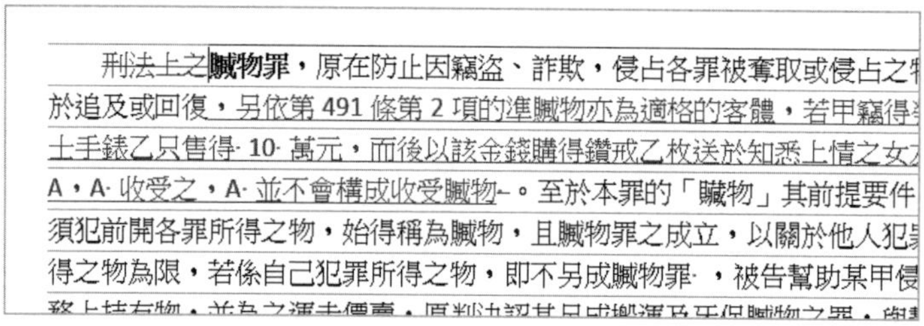

刑法上之贓物罪，原在防止因竊盜、詐欺，侵占各罪被奪取或侵占之物
於追及或回復，另依第 491 條第 2 項的準贓物亦為適格的客體，若甲竊得
士手錶乙只售得 10 萬元，而後以該金錢購得鑽戒乙枚送於知悉上情之女
A，A 收受之，A 並不會構成收受贓物。至於本罪的「贓物」其前提要件
須犯前開各罪所得之物，始得稱為贓物，且贓物罪之成立，以關於他人犯
得之物為限，若係自己犯罪所得之物，即不另成贓物罪，被告幫助某甲侵

與註解的情形一樣，當他人將加入註解的檔案還你的時候，你就可以點選**限制編輯 x** 設定視窗中最底下的【停止保護】按鈕後，在**解除文件保護 x** 設定視窗中輸入密碼解除編輯的限制。

Step 1 我將上面刪除 4 個字後的文件另存為「練習 - 追蹤 - 修改後完成檔 -1100120.docx」後關閉，接著再打開，點選**檢視**索引標籤後展開的選單中的【編輯文件】。

Step 2 此時可以看到前面被刪除的 4 個字。假設我們認為這樣的變更是 OK 的，你想要接受。

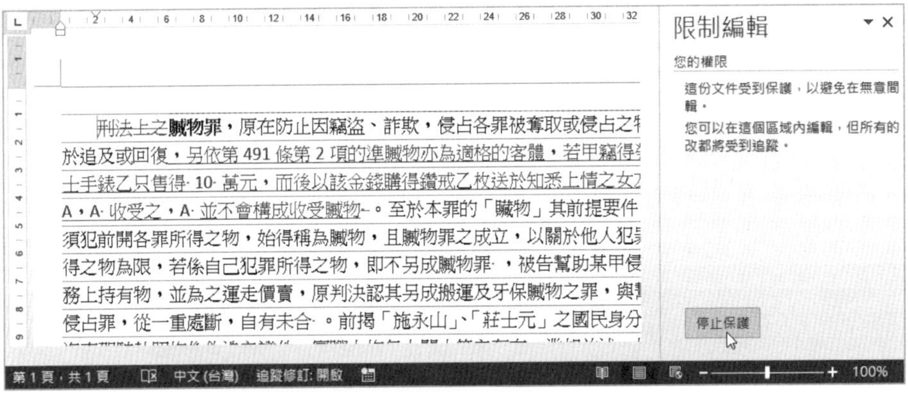

但是，當你點選**校閱**索引標籤中的**保護**群組中的【接受 ▾】與【拒絕 ▾】下拉清單，都呈現灰階而無法使用的關閉狀態：

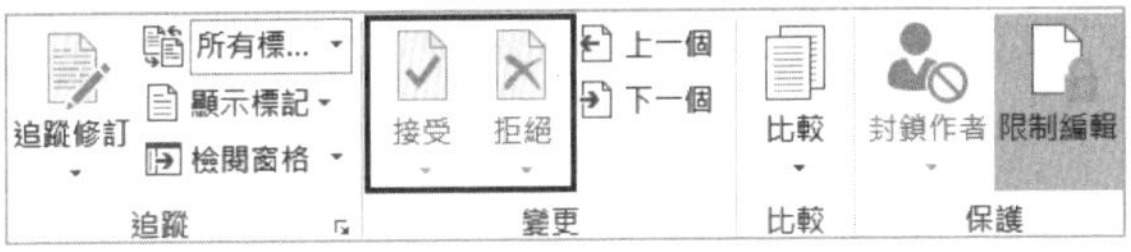

此時就必須點選**限制編輯** x 設定視窗中最底下的【停止保護】按鈕來解除保護：

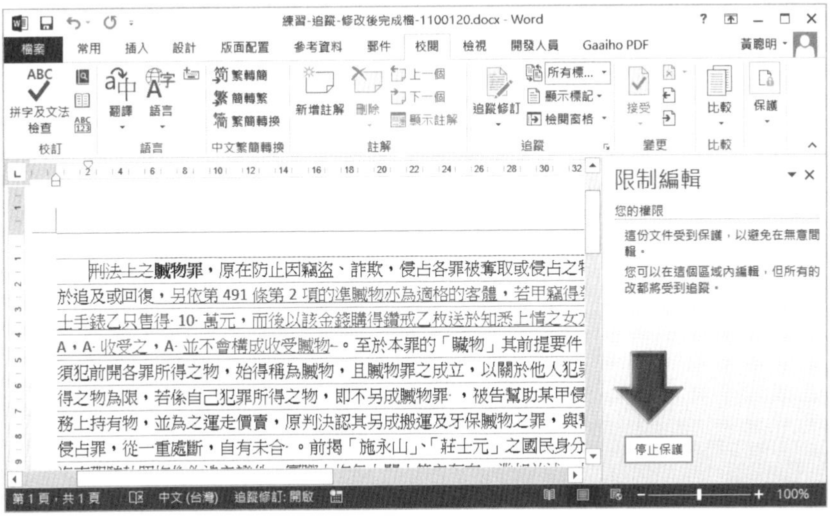

接著就輸入密碼 123：

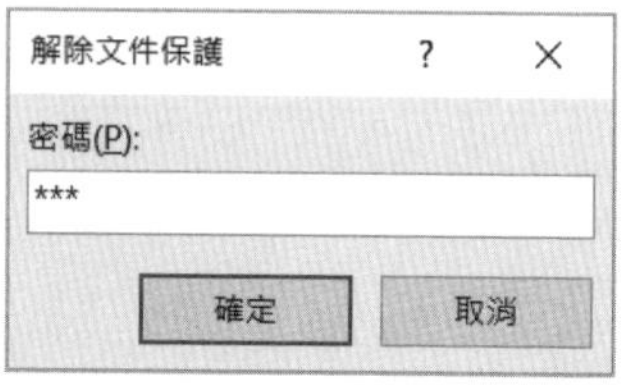

解除後，**校閱**索引標籤中的**保護**群組中的【接受 ▾】與【拒絕 ▾】下拉清單就恢復可用的啟用態：

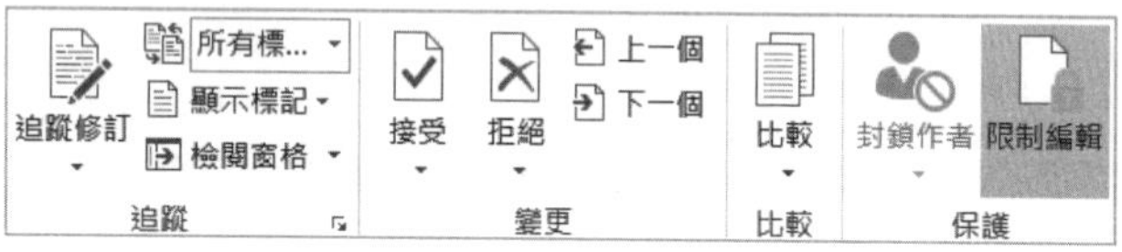

萬一，我們終究還是忘了在把文件交出去前先把上述的前置作業搞定，結果文件再送回來之後，我們如何得知送出去之後到底被改了哪些地方呢？這個問題，請參閱第十三章第七節關於「文件比較」一節的說明。

Chapter

13 常用操作技能

13.1 快速存取

Word 雖然提供了很多的功能，但是常常要點選多層的選單之後才能使用，例如，要另存新檔時，便須依序點選**檔案**索引標籤，然後再從展開的選單點選【另存新檔】選項。

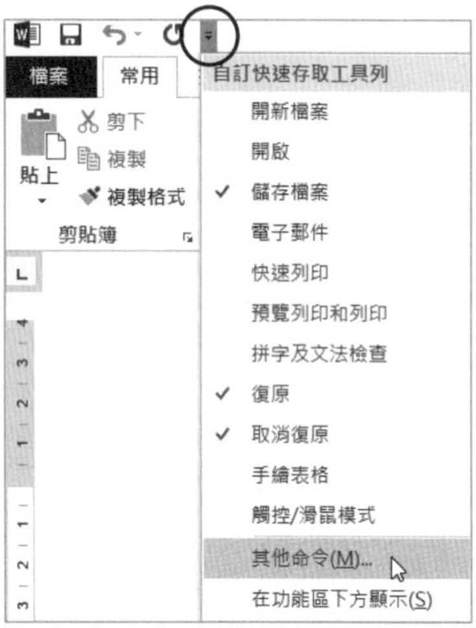

那麼你可能會問，是有點麻煩啦，但是要怎麼做才能「一鍵」完成呢？請跟著下面步驟做一下吧！

Step ① 點選 Word 視窗最左下角這個被稱為「快速存取工具列」最右側一個看起來像是倒三角形符號的位置展開選單，從展開的選單中點選【其他命令】選項：

Step ② 開啟 Word **選項** x 設定視窗後，會自動切換到【快速存取工具列】選項。請點選【由此選擇命令 ▾】下拉清單中的「[檔案] 索引標籤」後，從下方再點選「另存新檔」：

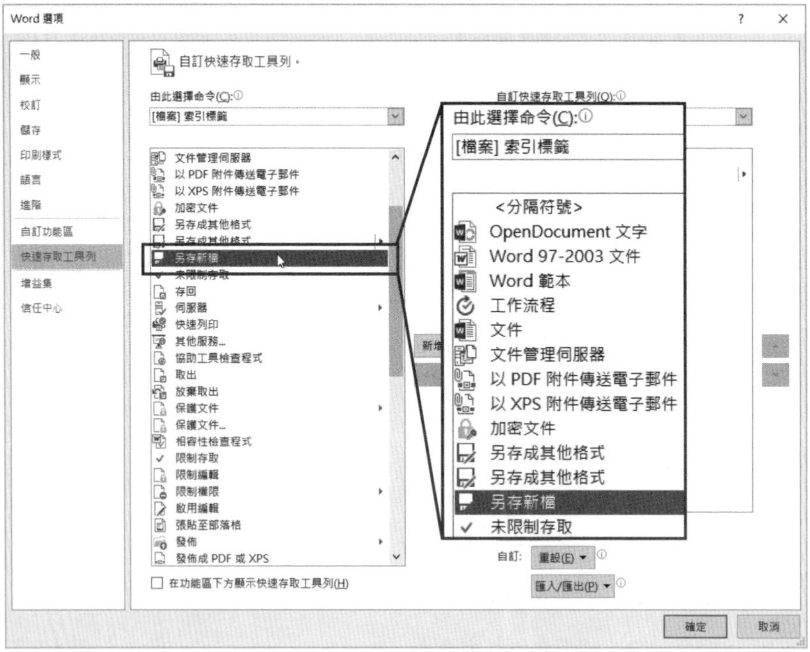

Step 3 點選位在 Word **選項** x 設定視窗中間的【新增】按鈕，這樣子右側的【自訂快速存取工具列】下方的清單中就會加入此項，預設會加入最後，如果有需要，可以使用清單中右側的按鈕來移動位置：

Step 4 點選【確定】按鈕關閉 Word **選項** x 設定視窗，返回文件編輯狀態。此時 Word 視窗的左上角會看到剛才加入方功能喔：

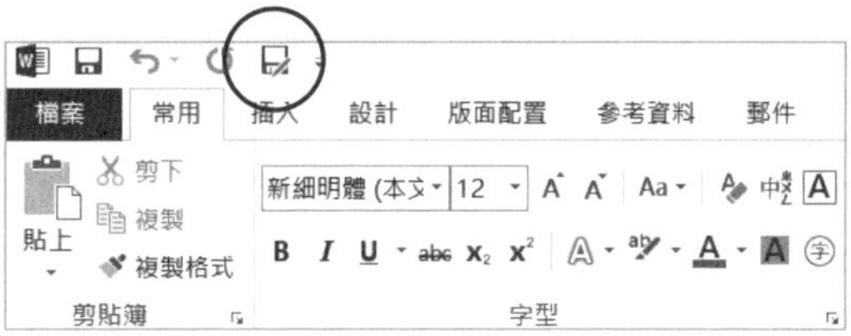

新增的功能按鈕，一旦不再需要時便可以移除，只要滑鼠游標指向該待移除的功能按鈕後，按下滑鼠「右」鍵展開選單，點選【從快速存取工具列移除】選項即可完成：

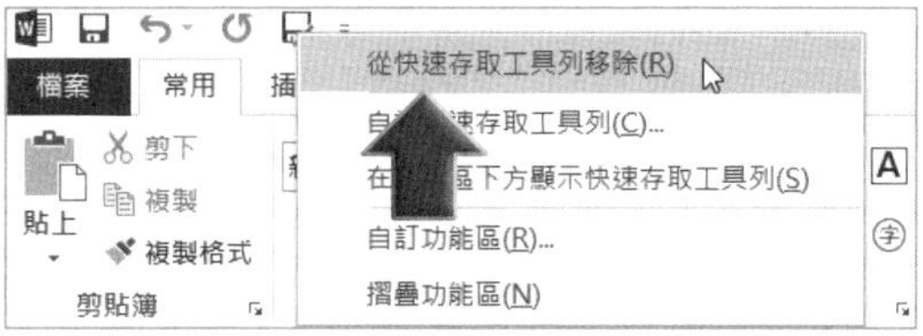

依據微軟線上官方文件，開啟 Word **選項** x 設定視窗可以使用所謂的 KeyTip：

Step 1 按下鍵盤上的【Alt】鍵，此時所有 Word 功能的啟動都會顯示以字母標示的 KeyTip 時，請按鍵盤上的【F】鍵以開啟**檔案**索引標籤：

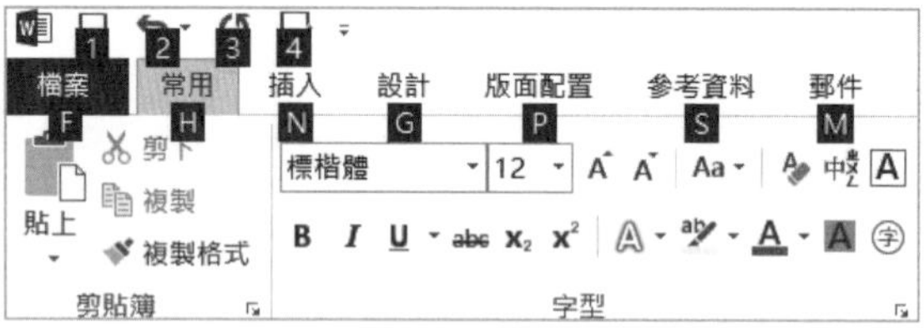

Step 2 按下鍵盤上的【T】鍵以開啟【索引】選項：

因此，以後只要以鍵盤上的【Alt + F + T】鍵就能夠開啟【索引】選項。

另外，快速存取工具列預設上是在 Word 的左上角，但是 Word 允許將之移置到的功能區下方的位置：

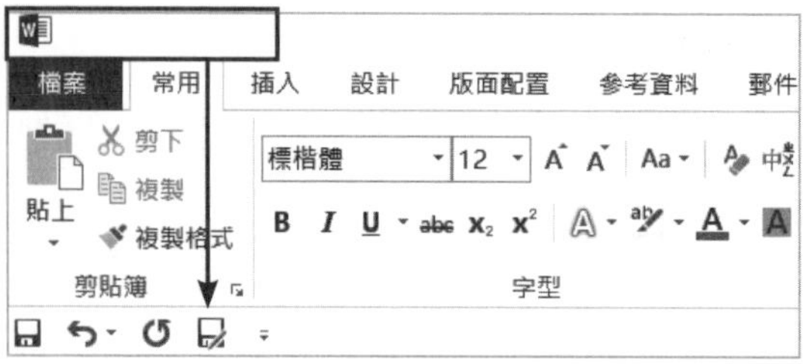

不過，無法使用滑鼠拖曳的方式移動，我們必須點選 Word 視窗最左下角這個被稱為「快速存取工具列」最右側一個看起來像是倒三角形符號的位置展開選單，從展開的選單中點選【在功能區下方顯示】選項：

13.2 簡化輸入

關於簡化輸入是讓我們在撰寫論文本文時可以較為簡捷的方式完成常用內容的輸入，其基本的功能就相當於「片語輸入」。

Word 提供的「自動校正」與「快速組件」就是能做到類似「片語輸入」的功能，但比「片語輸入」更強的是，除了文字之外，圖形也可以喔！

自動校正

自動校正的原始設計在於校正英文的拼寫錯誤，例如，**自動校正視窗 x** 設定視窗中的**自動校正**頁籤的選項，會將使用者輸入像是 Google 拼寫成 GOogle 的時候，將第二拼錯的大寫「O」校正，而自動校正為 Google：

不過，對使用中文輸入的我們而言，該頁籤中的【自動取代字串】的功能則是讓我們更加方便用來簡化圖文內容輸入的利器，例如，在預設的情況下，輸入 (e) 之後會自動轉換為 €：

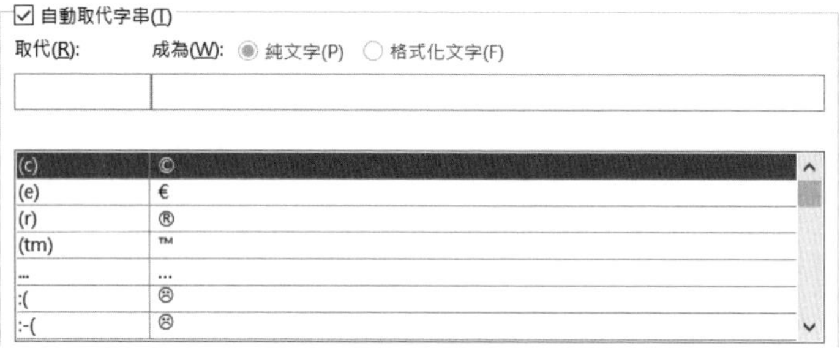

因此，假設我在論文中常會用到「刑事訴訟法」這五個字的字串，我想用「刑訴」二字的字串來替代時，自動校正功能就可以派上用場。

接下來，我們來操作一次看看。

Step 1 點選**檔案**索引標籤，從開啟的選單點【選項】開啟 Word **選項** x 設定視窗，然後左側的點選【校訂】選項：

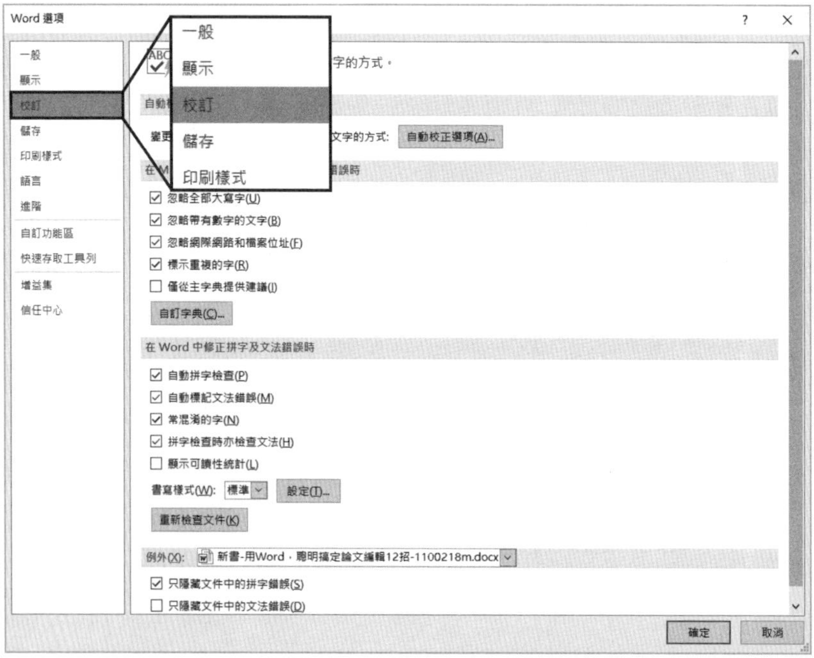

最後，點選右側的【自動校正選項】按鈕來開啟**自動校正 x** 設定視窗。

Step 2 在**自動校正 x** 設定視窗中的【自動取代字串】的功能的【取代】下方的文字框輸入「刑訴」，而【成為】下方的文字框中填入「刑事訴訟法」：

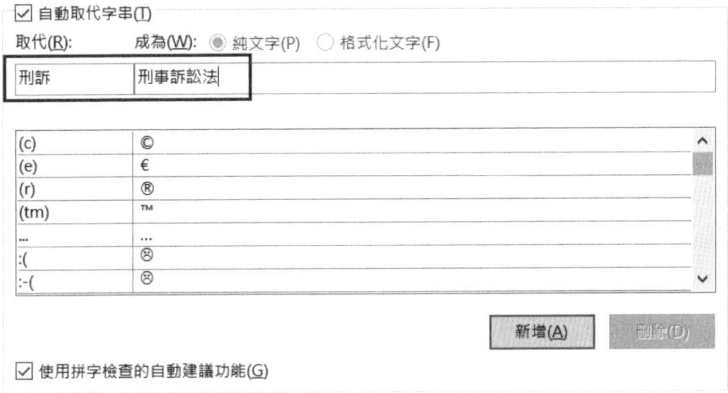

完成後點選右下方的【新增】按鈕，這樣就會將剛才設定的字串列入清單中：

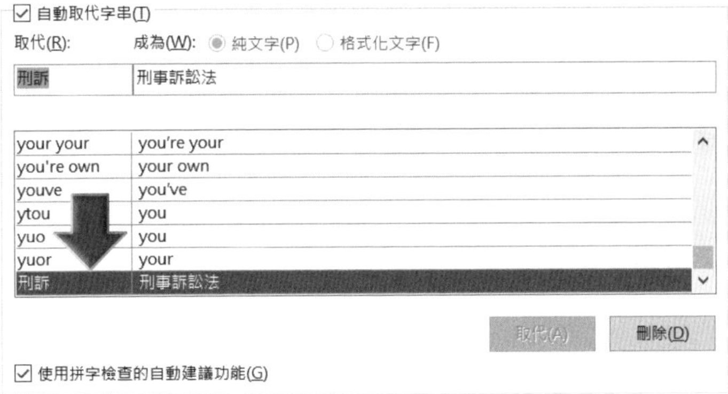

點選【確定】按鈕關閉**自動校正 x** 設定視窗返回 Word **選項 x** 設定視窗。

Step 3 點選【確定】按鈕關閉 Word **選項 x** 設定視窗，返回文件編輯狀態。

返回文件編輯狀態後，試著輸入「刑訴」，Word 就會「迅速地」替代為「刑事訴訟法」。

萬一，你真的只想使用「刑訴」二字而非「刑事訴訟法」這 5 個字呢？那麼你可以在 Word 自動轉換後再按下鍵盤上的【Ctrl + Z】或者點選【快速存取工具列】上的【O】復原按鈕：

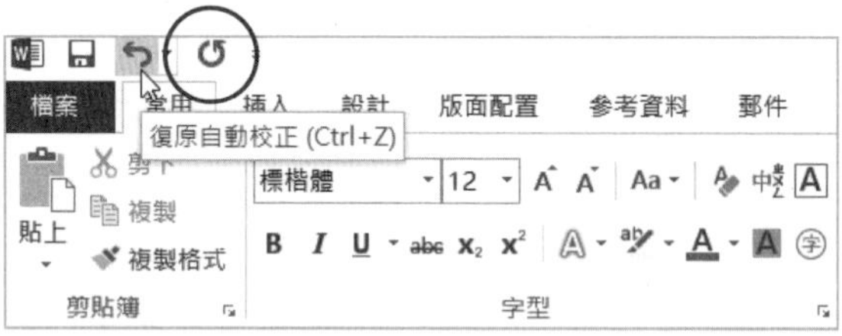

除了替代像上述這種「純文字」的字串外，也可以應用在圖文兼俱的「格式化字串」。

Step 1 先把要格式化的字串選取起來，例如下面這個以標楷體及粗體與底線樣式的「行政程序法」選取起來：

Step 2 開啟**自動校正 x** 設定視窗後，【自動取代字串】的功能的表格中會自動填入剛才選取的字串：

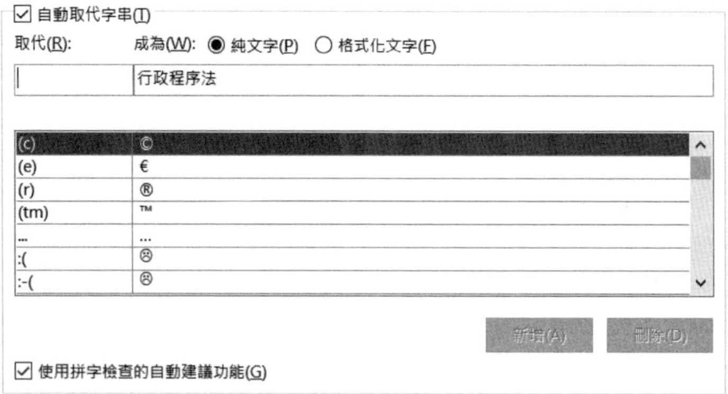

在【取代】下方的文字框輸入用來簡化輸入的字串，例如本例的「行程」，並點選【格式化文字】，例如：

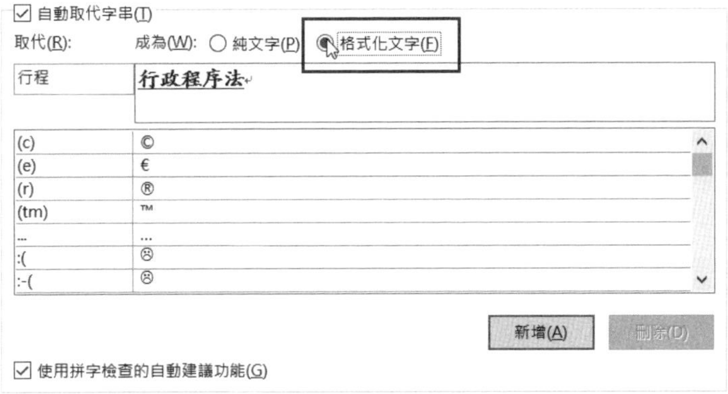

完成後點選右下方的【新增】按鈕，這樣就會將剛才設定的字串列入清單中：

點選【確定】按鈕關閉**自動校正** x 設定視窗返回 **Word 選項** x 設定視窗。

Step 3 點選【確定】按鈕關閉 **Word 選項** x 設定視窗，返回文件編輯狀態。

設定好的自動校正字串，如果不再需要時可以先選取**自動校正** x 設定視窗中的清單列表中的項目，然後再點選【刪除】按鈕予以除去：

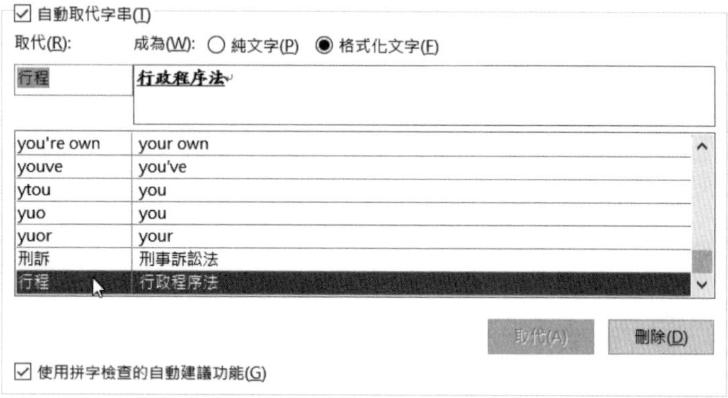

除了可以格式化字串外，格式化這個功能可以再複雜一點，例如，我想將下面這個箭頭符號變成自動校正呢？

Step 1 先把該圖選取起來，例如下面這個「往上的箭頭」選取起來：

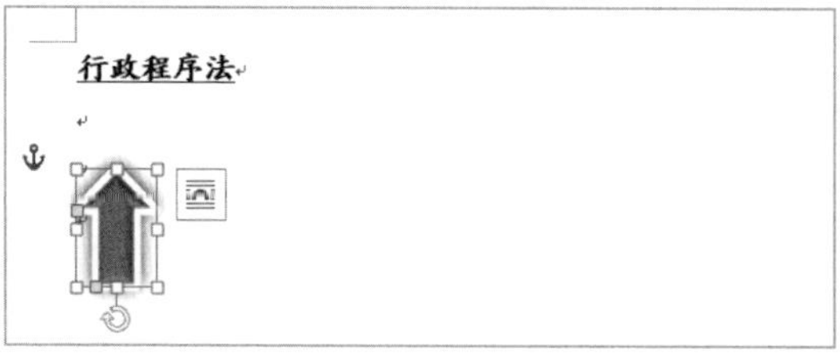

Step 2 開啟**自動校正 x** 設定視窗後，請在【自動取代字串】的功能

【取代】下方的文字框輸入該箭頭欲使用的字串，例如下圖的「上箭」，並點選【格式化文字】，例如：

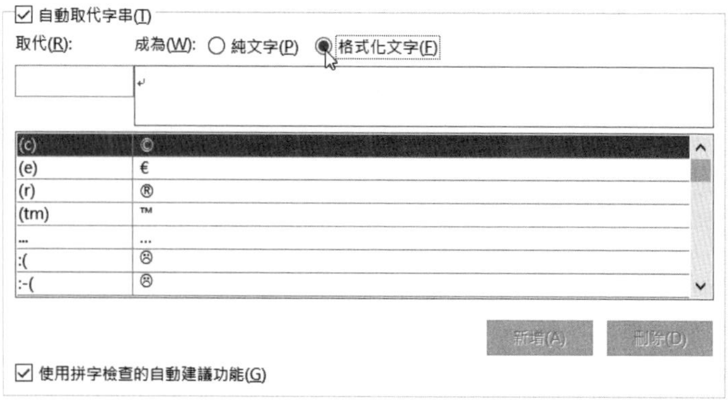

完成後點選右下方的【新增】按鈕，這樣就會將剛才設定的字串列入清單中：

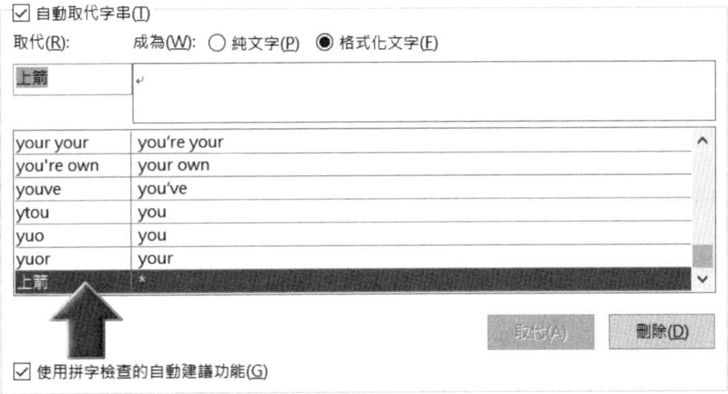

點選【確定】按鈕關閉**自動校正 x** 設定視窗返回 **Word 選項 x** 設定視窗。

Step 3 點選【確定】按鈕關閉 **Word 選項 x** 設定視窗，返回文件編輯狀態。

快速組件

什麼是快速組件？快速組件的作用是什麼？根據微軟線上文件的說明：「使用快速組件庫可建立、儲存及尋找可重複使用的內容片段，包括自動圖文集、文件摘要資訊（例如標題與作者）以及功能變數」。這項功能位於**插入**索引標籤中的**文字**群組中的【快速組件 ▾】下拉清單：

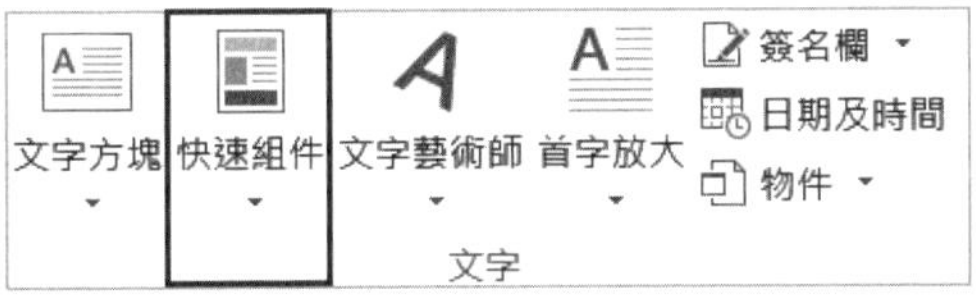

Step 1 開啟「練習 - 自動圖文集 -1100120.docx」做為練習之用。假設我想將文件中所有選取的內容以像是自動校正的方式，利用簡短的字串來代替。

Step 2 選取文件中所有要被用簡短字串取代的圖文資料：

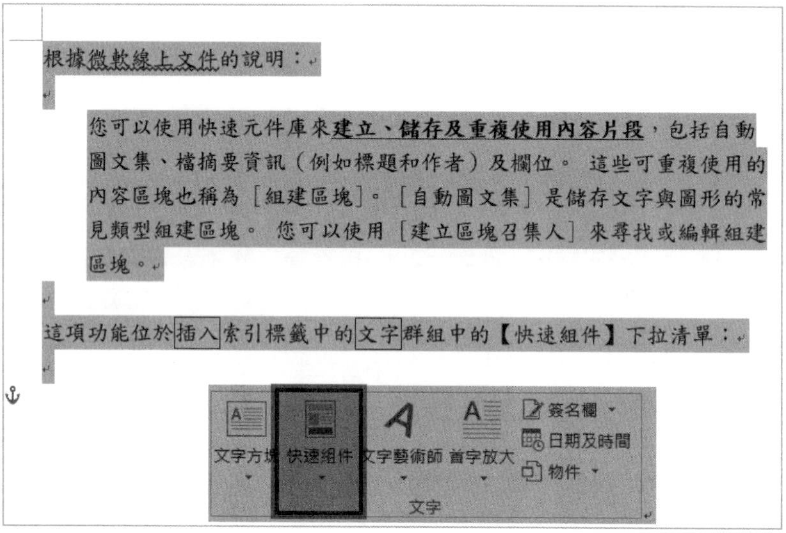
根據微軟線上文件的說明：
您可以使用快速元件庫來建立、儲存及重複使用內容片段，包括自動圖文集、檔摘要資訊（例如標題和作者）及欄位。這些可重複使用的內容區塊也稱為［組建區塊］。［自動圖文集］是儲存文字與圖形的常見類型組建區塊。您可以使用［建立區塊召集人］來尋找或編輯組建區塊。
這項功能位於插入索引標籤中的文字群組中的【快速組件】下拉清單：
文字方塊
快速組件
文字藝術師
首字放大
簽名欄
日期及時間
物件
文字

Step 3 點選**插入**索引標籤中的**文字**群組中的【快速組件 ▾】下拉清單展開選單：

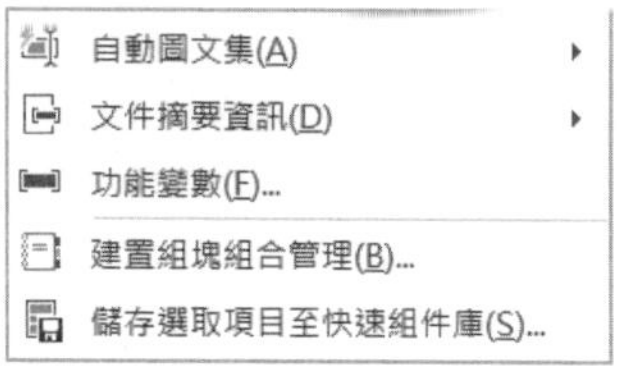
自動圖文集(A)
文件摘要資訊(D)
功能變數(F)...
建置組塊組合管理(B)...
儲存選取項目至快速組件庫(S)...

接著從選單中點選【自動圖文集】選項，然後再從開啟的選單點選【儲存選取項目至自動圖文集庫】選項：

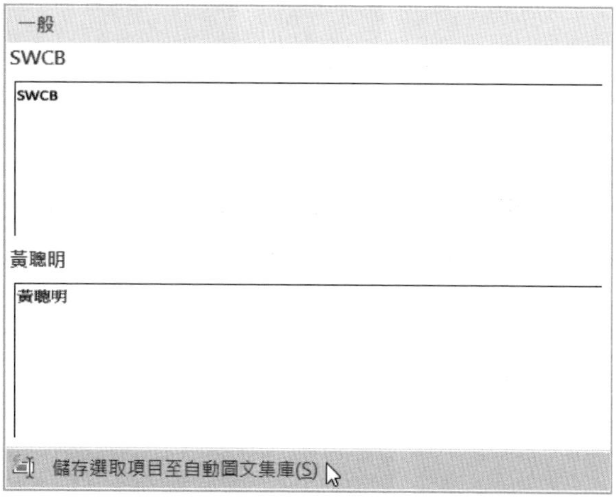
一般
SWCB
SWCB
黃聰明
黃聰明
儲存選取項目至自動圖文集庫(S)

Step 4 在**建立新建置組塊** x 設定視窗中的【名稱】文字框中輸入代表那被選取的圖文資料的「字串」，例如右圖中的「@auto」，接著再從【圖庫 ▾】下拉清單中選取「快速組件」，完成後點選【確定】按鈕關閉**建立新建置組塊** x 設定視窗：

建立新建置組塊
名稱(N): @auto
圖庫(G): 快速組件
類別(C): 一般
描述(D):
儲存於(S): Normal.dotm
選項(O): 只插入內容
確定
取消

點選【確定】按鈕關閉 Word **選項** x 設定視窗，返回文件編輯狀態。

Step 5 測試。請利用鍵盤上的【Ctrl + N】開新檔案，然後輸入 @auto，最後再按下鍵盤上的【F3】功能鍵：

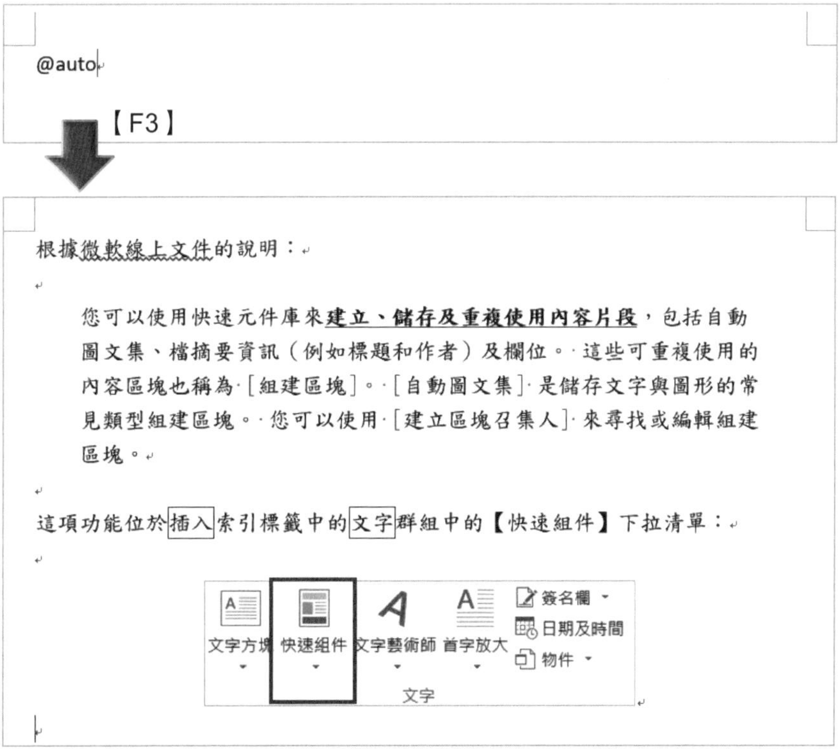
@auto
【F3】
根據微軟線上文件的說明：
您可以使用快速元件庫來**建立、儲存及重複使用內容片段**，包括自動圖文集、檔摘要資訊（例如標題和作者）及欄位。這些可重複使用的內容區塊也稱為 [組建區塊]。[自動圖文集] 是儲存文字與圖形的常見類型組建區塊。您可以使用 [建立區塊召集人] 來尋找或編輯組建區塊。
這項功能位於插入索引標籤中的文字群組中的【快速組件】下拉清單：
文字方塊
快速組件
文字藝術師
首字放大
簽名欄
日期及時間
物件
文字

設定後，下次再點選**插入**索引標籤中的**文字**群組中的【快速組件 ▾】下拉清單時就會看到目前新增的「快速組件」：

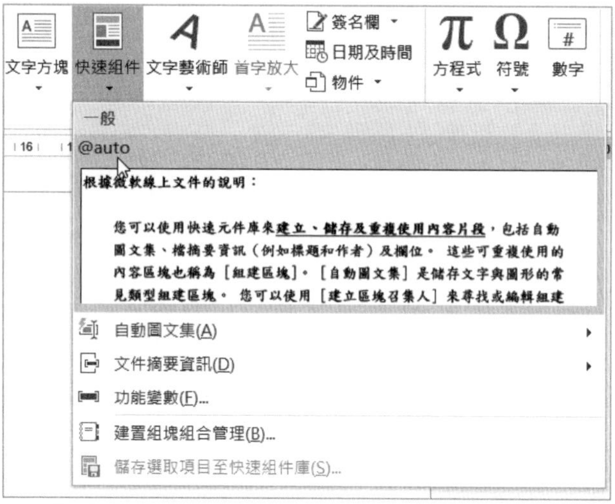

如果剛才建立的「@auto」快速組件的內容想要變更的話，只要重新選擇「新」的內容，然後依上述的步驟再跑一次，然後在**建立新建置組塊 x** 設定視窗中的【名稱】文字框中輸入相同的名稱即可，以本例而就是 @auto：

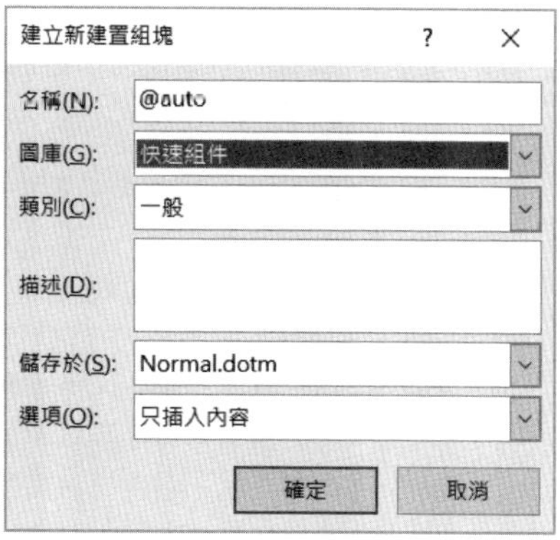

當點選【確定】按鈕後在跳出來的訊息視窗中點選【是】按鈕，這樣就會以原來的快速組件名稱做為新內容的替代。

各位不妨開啟「練習 - 自動圖文集 - 變更 -1100120.docx」，並以其內的所有內容選取後跑一次看看。

對於不再需要的快速組件，可以依下面的步驟予以刪除：

Step 1 點選**插入**索引標籤中的**文字**群組中的【快速組件 ▾】下拉清單，並點選清單中的【建置組塊組合管理】：

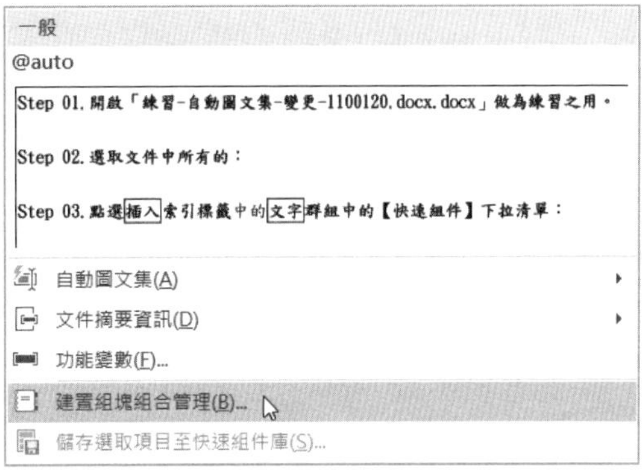

Step 2 開啟**建置組塊組合管理** x 設定視窗後，請從【建置組塊】列表中選取想要刪除的快速組件，以本例而言就是「@auto」，最後點選列表下方的【刪除】按鈕：

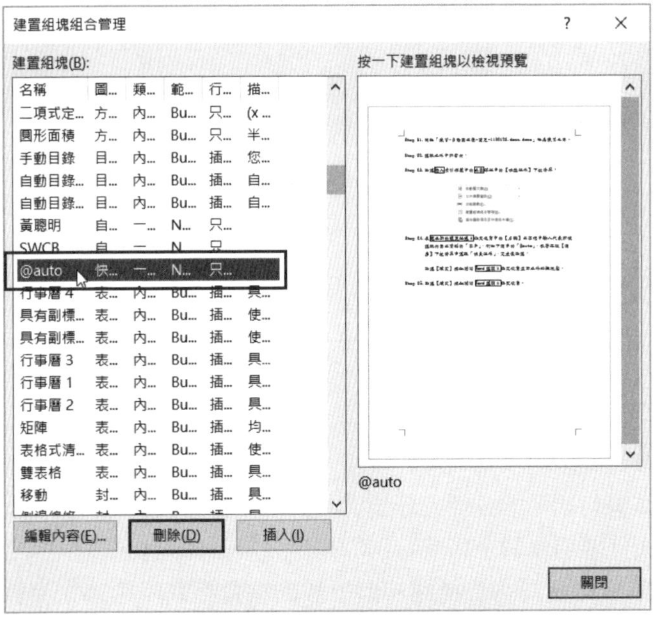

Step 3 點選【關閉】按鈕關閉**建置組塊組合管理** x 設定視窗，返回文件編輯狀態。

13.3 跨頁標題

撰寫論文本文時，若用到表格時，有時會出現表格太大造成超過一頁而有部分內容會跑到下一頁時，例如，林俊孝的《日文擬聲詞及擬態詞中譯之考究 - 以《我是貓》為例 -》碩士論文第 3 頁的「表 1 譯本列表」即有此情形。

表 1　譯本列表

網站	編號	譯者	出版社
博客來	1	吳季倫	野人
	2	劉子倩	大牌出版
	3	葉廷昭	好讀

[9] 原文為「擬声語・擬態語は、発音の響きが意味に直結しています。だから日本語の中で育った人には感覚的に分かる言葉なのですが、そうでない環境に育った人には意味の類推ができない」。出自於《暮らしのことば擬音・擬態語辞典》(講談社) (山口仲美 2003:2)

[10] 臺灣參考「博客來網路書店」。中國參考「當當網」。

3

	4	卡絜	笛藤
當當網	1	曹曼	果麦文化
	2	于雷	译林出版社
	3	刘振瀛	上海译文出版社
	4	徐建雄	人民教育出版社

遇此情況，會讓在閱讀第 4 頁的部分表格時無法知道每一儲存格所代表的意義，如果這個時候能夠讓表格的標頭延伸到分裂的次頁時，會讓閱讀較為方便，當然是否要進行下面的調整可能要看學校是否有特別的規定，下圖即是我模擬出來並加上表標題後跨頁的效果，雖然可完成跨頁標題，但這樣的編排格式是否為指導教授或學校所接受，可能需要先詢問一下：

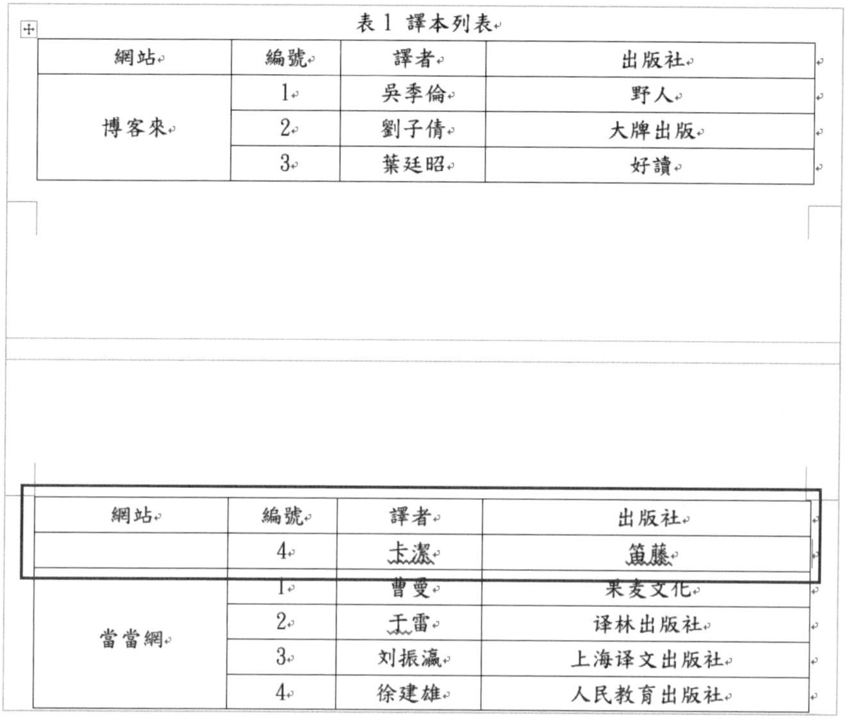

表 1 譯本列表

網站	編號	譯者	出版社
博客來	1	吳季倫	野人
	2	劉子倩	大牌出版
	3	葉廷昭	好讀
網站	編號	譯者	出版社
	4	卡潔	策藤
當當網	1	曹雯	果麦文化
	2	王雷	译林出版社
	3	刘振瀛	上海译文出版社
	4	徐建雄	人民教育出版社

接下來，我們便來操作一次，如何讓跨頁的表格可以有跨頁的標題。

Step 1 開啟「練習 - 跨頁表標題 -1100120.docx」做為練習之用。

Step 2 選取表格中的標題列。將滑鼠游標置於表格標題列的左側，然後點一下左鍵就可以選取表格中的標題列：

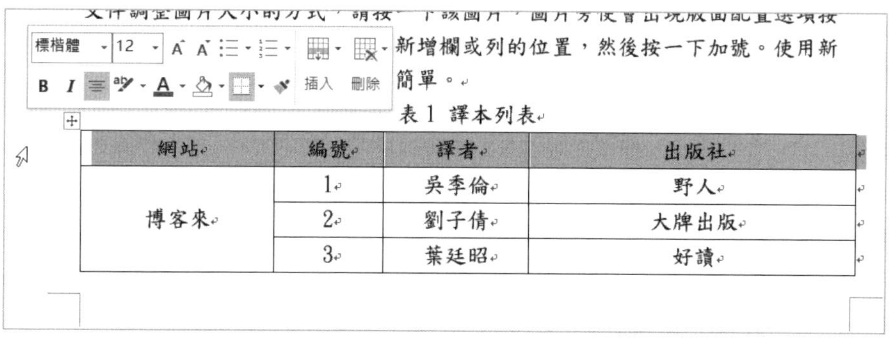

表 1 譯本列表

網站	編號	譯者	出版社
博客來	1	吳季倫	野人
	2	劉子倩	大牌出版
	3	葉廷昭	好讀

Step 3 點選表格工具下方**版面配置**索引標籤中的**資料**群組中的【重複標題列】按鈕：

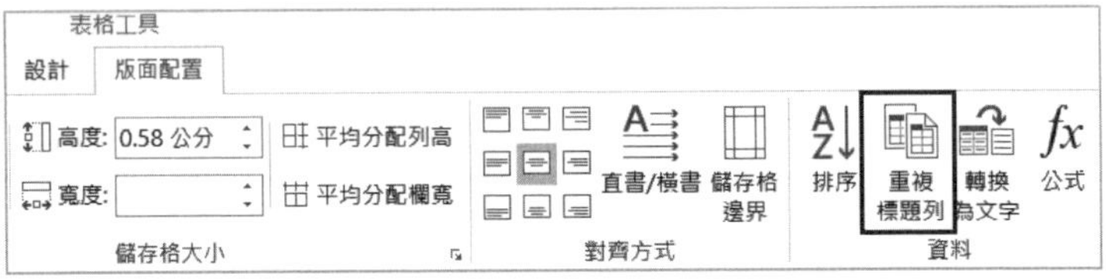

或者也可以利用滑鼠「右」鍵開啟選單，點選其中的【表格內容】選項：

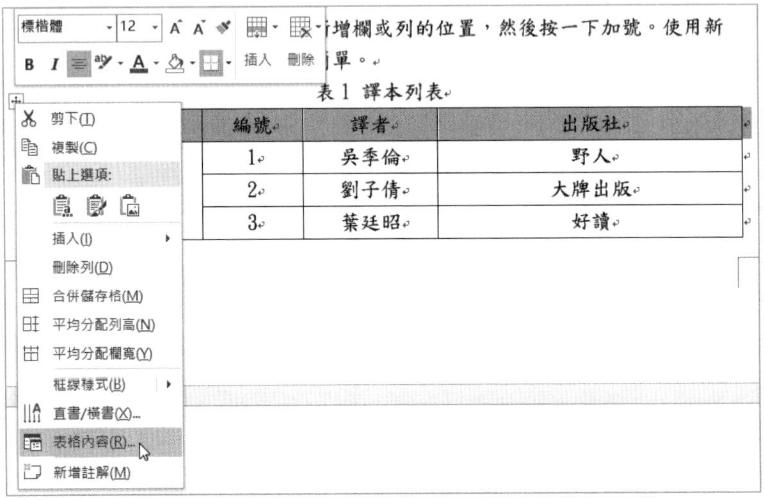

接著再從開啟的**表格內容** x 設定視窗中點選**列**頁籤，最後「勾」選**選項**群中的【標題列在每頁頂端時重複】的核取方塊：

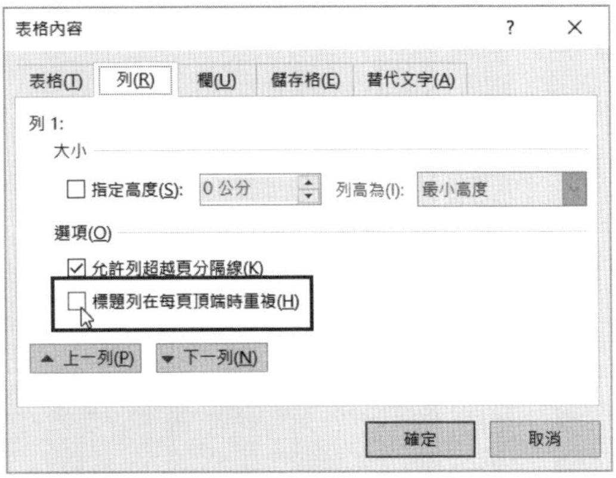

完成檔請參閱「練習 - 跨頁表標題 - 完成檔 -1100120.docx」。

13.4 列舉文字

論文本文中難免會使用到逐項或逐點說明的列舉文字，其格式就如同刑事訴訟法第 93 條之 2：

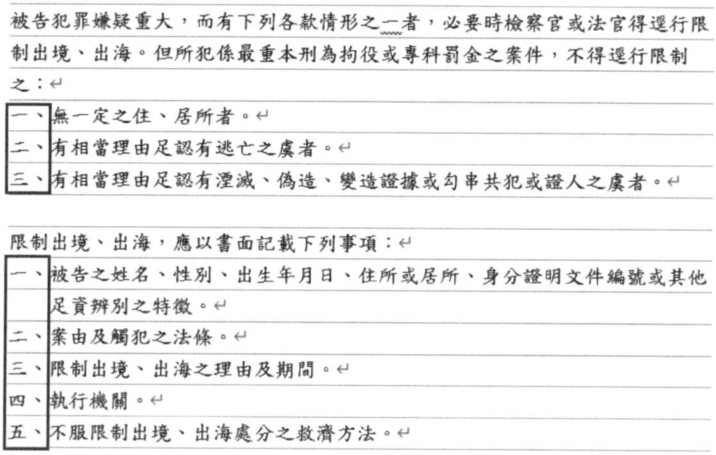
被告犯罪嫌疑重大，而有下列各款情形之一者，必要時檢察官或法官得逕行限制出境、出海。但所犯係最重本刑為拘役或專科罰金之案件，不得逕行限制之：↵
一、無一定之住、居所者。↵
二、有相當理由足認有逃亡之虞者。↵
三、有相當理由足認有湮滅、偽造、變造證據或勾串共犯或證人之虞者。↵

限制出境、出海，應以書面記載下列事項：↵
一、被告之姓名、性別、出生年月日、住所或居所、身分證明文件編號或其他足資辨別之特徵。↵
二、案由及觸犯之法條。↵
三、限制出境、出海之理由及期間。↵
四、執行機關。↵
五、不服限制出境、出海處分之救濟方法。↵

如果要撰寫類似這樣的列舉文字的話，可以使用**常用**索引標籤中的**段落** ↘ 群組中的【編號 ▾】下拉清單，其位置就在【多層次清單 ▾】下拉清單的左側：

點選該【編號 ▾】下拉清單將會展開預設的編號庫選項供我們使用：

Step 1 開啟「練習 - 列舉文字 -1100120.docx」做為練習之用。

Step 2 請選取第 2 到第 4 段共 3 段的文字：

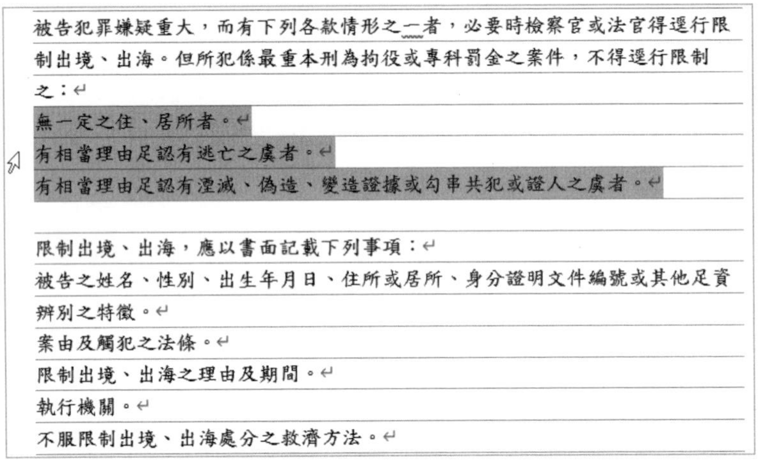
被告犯罪嫌疑重大，而有下列各款情形之一者，必要時檢察官或法官得逕行限制出境、出海。但所犯係最重本刑為拘役或專科罰金之案件，不得逕行限制之：

無一定之住、居所者。

有相當理由足認有逃亡之虞者。

有相當理由足認有湮滅、偽造、變造證據或勾串共犯或證人之虞者。

限制出境、出海，應以書面記載下列事項：

被告之姓名、性別、出生年月日、住所或居所、身分證明文件編號或其他足資辨別之特徵。

案由及觸犯之法條。

限制出境、出海之理由及期間。

執行機關。

不服限制出境、出海處分之救濟方法。

Step 3 開啟【編號 ▾】下拉清單後，點選其中的小寫國字編號：

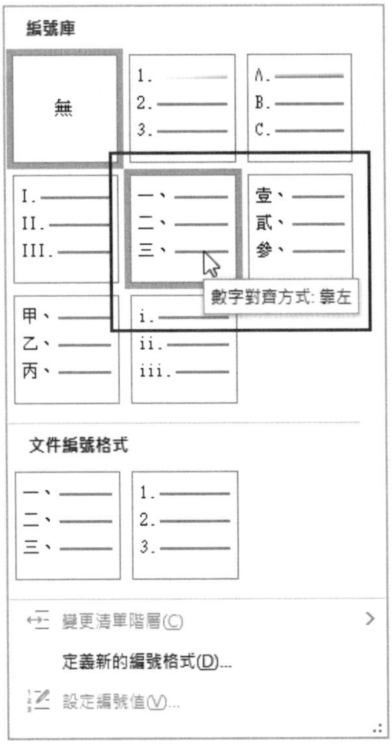

就會將選定的 3「段」每一段以凸排的方式呈現：

被告犯罪嫌疑重大，而有下列各款情形之一者，必要時檢察官或法官得逕行限制出境、出海。但所犯係最重本刑為拘役或專科罰金之案件，不得逕行限制之：

一、無一定之住、居所者。

二、有相當理由足認有逃亡之虞者。

三、有相當理由足認有湮滅、偽造、變造證據或勾串共犯或證人之虞者。

設定後，若開啟**段落** x 設定視窗即可看到其設定：

Step 4 請選取「倒數」共 5 段的文字：

被告犯罪嫌疑重大，而有下列各款情形之一者，必要時檢察官或法官得逕行限制出境、出海。但所犯係最重本刑為拘役或專科罰金之案件，不得逕行限制之：

一、無一定之住、居所者。

二、有相當理由足認有逃亡之虞者。

三、有相當理由足認有湮滅、偽造、變造證據或勾串共犯或證人之虞者。

限制出境、出海，應以書面記載下列事項：

被告之姓名、性別、出生年月日、住所或居所、身分證明文件編號或其他足資辨別之特徵。

案由及觸犯之法條。

限制出境、出海之理由及期間。

執行機關。

不服限制出境、出海處分之救濟方法。

Step 5 開啟【編號 ▾】下拉清單後，點選其中的小寫國字編號。完成後結果如下：

限制出境、出海，應以書面記載下列事項：

一、被告之姓名、性別、出生年月日、住所或居所、身分證明文件編號或其他足資辨別之特徵。

二、案由及觸犯之法條。

三、限制出境、出海之理由及期間。

四、執行機關。

五、不服限制出境、出海處分之救濟方法。

完成檔請參閱「練習 - 列舉文字 - 完成檔 -1100120.docx」。

有時候在使用編號時，第二組的列舉文字的編號會從前一組的編號連續而來，但是，我們想要的卻是二組各自獨立編號的列舉文字，例如，請開啟「練習 - 插入引文 -1100120.docx」：

被告犯罪嫌疑重大，而有下列各款情形之一者，必要時檢察官或法官得逕行限制出境、出海。但所犯係最重本刑為拘役或專科罰金之案件，不得逕行限制之：

一、無一定之住、居所者。

二、有相當理由足認有逃亡之虞者。

三、有相當理由足認有湮滅、偽造、變造證據或勾串共犯或證人之虞者。

限制出境、出海，應以書面記載下列事項：

四、被告之姓名、性別、出生年月日、住所或居所、身分證明文件編號或其他足資辨別之特徵。

五、案由及觸犯之法條。

六、限制出境、出海之理由及期間。

七、執行機關。

八、不服限制出境、出海處分之救濟方法。

將插入點置入編號中的任一位置，例如下圖中的編號四，全部的編號會被用「灰底」標示出來，這表示這二組列舉文字都是「同一國」的：

被告犯罪嫌疑重大，而有下列各款情形之一者，必要時檢察官或法官得逕行限制出境、出海。但所犯係最重本刑為拘役或專科罰金之案件，不得逕行限制之：

一、無一定之住、居所者。

二、有相當理由足認有逃亡之虞者。

三、有相當理由足認有湮滅、偽造、變造證據或勾串共犯或證人之虞者。

限制出境、出海，應以書面記載下列事項：

四、被告之姓名、性別、出生年月日、住所或居所、身分證明文件編號或其他足資辨別之特徵。

五、案由及觸犯之法條。

六、限制出境、出海之理由及期間。

七、執行機關。

八、不服限制出境、出海處分之救濟方法。

解決的方式就是讓第二組的列舉文字能夠「從一開始編號」：

Step 1 請將插入點置入要重新編號的該組列舉文字的第一筆，以本例而言就是編號四。如果熟練之後，可以將滑鼠游標移到編號四的位置即可，不見得要置入插入點。

Step 2 利用滑鼠「右」鍵開啟選單，接著點選選單中的【從一重新開始編號】選項，這樣就會斷開與前一組列舉文字的關係：

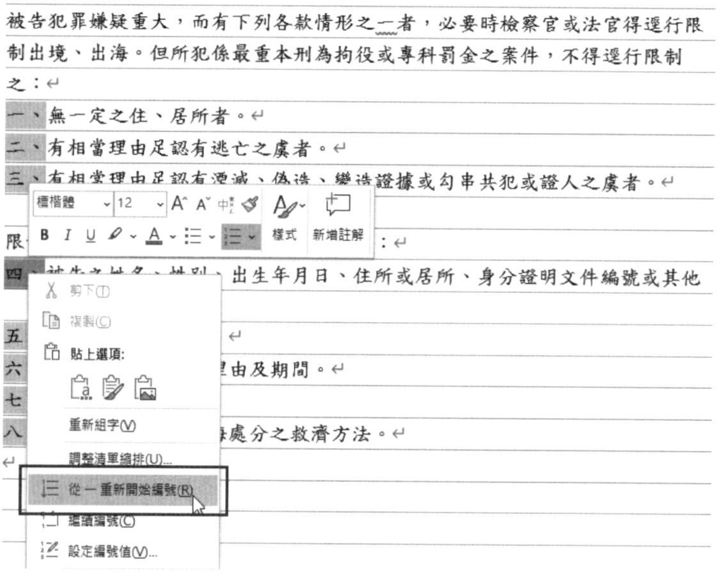
被告犯罪嫌疑重大，而有下列各款情形之一者，必要時檢察官或法官得逕行限
制出境、出海。但所犯係最重本刑為拘役或專科罰金之案件，不得逕行限制
之：
一、無一定之住、居所者。
二、有相當理由足認有逃亡之虞者。
三、有相當理由足認有湮滅、偽造、變造證據或勾串共犯或證人之虞者。
標楷體
12
樣式
新增註解
出生年月日、住所或居所、身分證明文件編號或其他
由及期間。
處分之救濟方法。
剪下(T)
複製(C)
貼上選項:
重新組字(V)
調整清單縮排(U)...
從一重新開始編號(R)
繼續編號(C)
設定編號值(V)...

使用編號列舉文字時，還有一種情況就是，當我們按下鍵盤上的【Enter】鍵產生新的一段之後，由於是從某一個編號之後按下的，因此，新的一段會接續上一段做連續編號，可是我們想做的只是在該原來那一個編號之下做文字的說明而已，並不想要繼續編號下去。遇到這種情形時，特別是出現在列舉文字只是標題的情況，例如，下面編號一「無一定之住、居所者」只是標題，其下是它的說明：

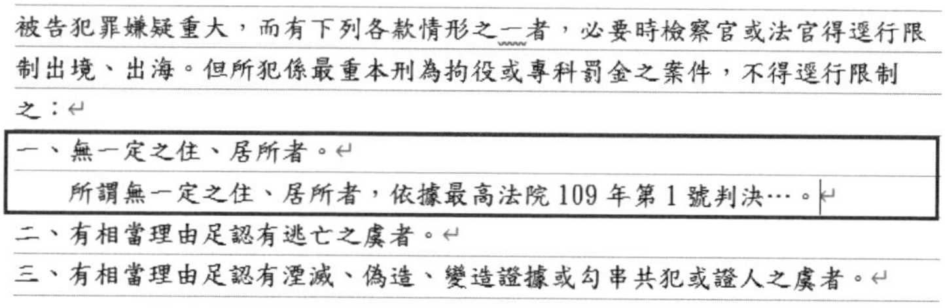
被告犯罪嫌疑重大，而有下列各款情形之一者，必要時檢察官或法官得逕行限
制出境、出海。但所犯係最重本刑為拘役或專科罰金之案件，不得逕行限制
之：
一、無一定之住、居所者。
所謂無一定之住、居所者，依據最高法院 109 年第 1 號判決⋯。
二、有相當理由足認有逃亡之虞者。
三、有相當理由足認有湮滅、偽造、變造證據或勾串共犯或證人之虞者。

Step 1 開啟「練習 - 列舉文字同一組的連續編號 -1100120.docx」檔。

Step 2 將滑鼠游標置入編號一的最面，例如：

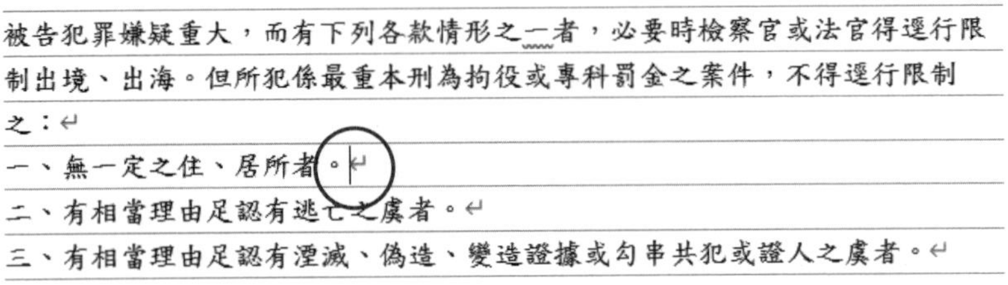
被告犯罪嫌疑重大，而有下列各款情形之一者，必要時檢察官或法官得逕行限制出境、出海。但所犯係最重本刑為拘役或專科罰金之案件，不得逕行限制之：

一、無一定之住、居所者。

二、有相當理由足認有逃亡之虞者。

三、有相當理由足認有湮滅、偽造、變造證據或勾串共犯或證人之虞者。

Step 3 按下鍵盤上的【Enter】鍵：

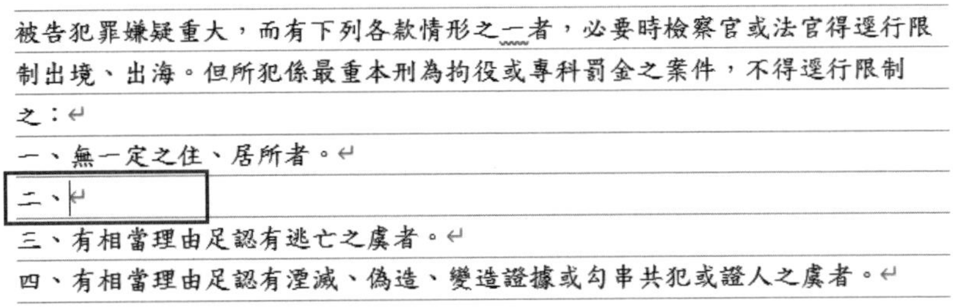
被告犯罪嫌疑重大，而有下列各款情形之一者，必要時檢察官或法官得逕行限制出境、出海。但所犯係最重本刑為拘役或專科罰金之案件，不得逕行限制之：

一、無一定之住、居所者。

二、

三、有相當理由足認有逃亡之虞者。

四、有相當理由足認有湮滅、偽造、變造證據或勾串共犯或證人之虞者。

Step 4 按下鍵盤右上角的【Backspace】鍵，這個鍵不同的廠牌的標示可能不同，例如，羅技的無線鍵盤可能使用【Back】，但是它的位置是在【Enter】鍵往上數的第二鍵。按下這個鍵之後，原先連續編號就會消失，而且新產生的段落會自動切齊：

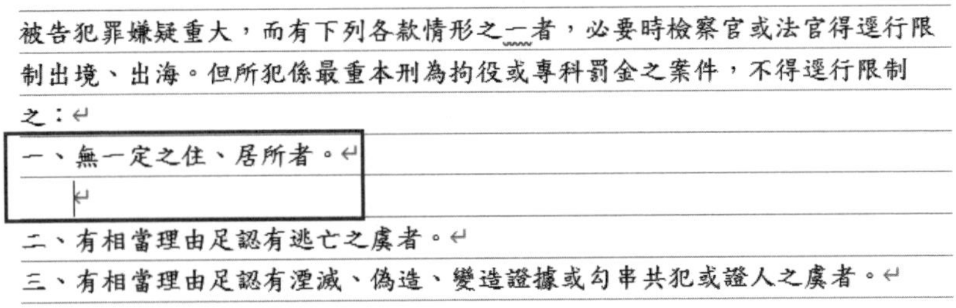
被告犯罪嫌疑重大，而有下列各款情形之一者，必要時檢察官或法官得逕行限制出境、出海。但所犯係最重本刑為拘役或專科罰金之案件，不得逕行限制之：

一、無一定之住、居所者。

二、有相當理由足認有逃亡之虞者。

三、有相當理由足認有湮滅、偽造、變造證據或勾串共犯或證人之虞者。

就像多層次清單一般，列舉文字有時也不會像上面的例子一樣僅有一層，例如：

Step 1 開啟「練習 - 列舉文字 - 多層次 -1100120.docx」檔。

Step 2 將滑鼠游標置於編號二這一段的最後：

前項稅額之計算方式，納稅義務人應就下列各款規定擇一適用：↵
一、各類所得合併計算稅額：納稅義務人就其本人、配偶及受扶養親屬之第十四條第一項各類所得，依第十七條規定減除免稅額及扣除額，合併計算稅額。↵
二、薪資所得分開計算稅額，其餘各類所得合併計算稅額：↵
↵
↵

Step 3 按下鍵盤上的【Enter】鍵後，會在下一段自動連續編號：

前項稅額之計算方式，納稅義務人應就下列各款規定擇一適用：↵
一、各類所得合併計算稅額：納稅義務人就其本人、配偶及受扶養親屬之第十四條第一項各類所得，依第十七條規定減除免稅額及扣除額，合併計算稅額。↵
二、薪資所得分開計算稅額，其餘各類所得合併計算稅額：↵
三、↵
↵

利用剛才說明過的方式，亦按下鍵盤右上角的【Backspace】鍵取消原先連續編號就會消失，並且讓新產生的段落會自動切齊：

前項稅額之計算方式，納稅義務人應就下列各款規定擇一適用：↵
一、各類所得合併計算稅額：納稅義務人就其本人、配偶及受扶養親屬之第十四條第一項各類所得，依第十七條規定減除免稅額及扣除額，合併計算稅額。↵
二、薪資所得分開計算稅額，其餘各類所得合併計算稅額：↵
↵
↵

Step 4 從練習檔的下方將第一段資料貼上：

前項稅額之計算方式，納稅義務人應就下列各款規定擇一適用：
一、各類所得合併計算稅額：納稅義務人就其本人、配偶及受扶養親屬之第十四條第一項各類所得，依第十七條規定減除免稅額及扣除額，合併計算稅額。
二、薪資所得分開計算稅額，其餘各類所得合併計算稅額：
納稅義務人就其本人或配偶之薪資所得分開計算稅額。計算該稅額時，僅得減除分開計算稅額者依第十七條規定計算之免稅額及薪資所得特別扣除額。

在選取練習用的文字時，「不要」選到最後的「段落符號」喔：

貼上用的練習資料：

納稅義務人就其本人或配偶之薪資所得分開計算稅額。計算該稅額時，僅得減除分開計算稅額者依第十七條規定計算之免稅額及薪資所得特別扣除額。

納稅義務人就其本人、配偶及受扶養親屬前目以外之各類所得，依第十七條規定減除前目以外之各項免稅額及扣除額，合併計算稅額。

按下鍵盤上的【Enter】鍵，此時不會再自動連續編號：

前項稅額之計算方式，納稅義務人應就下列各款規定擇一適用：
一、各類所得合併計算稅額：納稅義務人就其本人、配偶及受扶養親屬之第十四條第一項各類所得，依第十七條規定減除免稅額及扣除額，合併計算稅額。
二、薪資所得分開計算稅額，其餘各類所得合併計算稅額：
納稅義務人就其本人或配偶之薪資所得分開計算稅額。計算該稅額時，僅得減除分開計算稅額者依第十七條規定計算之免稅額及薪資所得特別扣除額。

請在新一段再貼上練習檔的下方將第二段資料：

前項稅額之計算方式，納稅義務人應就下列各款規定擇一適用：

一、各類所得合併計算稅額：納稅義務人就其本人、配偶及受扶養親屬之第十四條第一項各類所得，依第十七條規定減除免稅額及扣除額，合併計算稅額。

二、薪資所得分開計算稅額，其餘各類所得合併計算稅額：

納稅義務人就其本人或配偶之薪資所得分開計算稅額。計算該稅額時，僅得減除分開計算稅額者依第十七條規定計算之免稅額及薪資所得特別扣除額。

納稅義務人就其本人、配偶及受扶養親屬前目以外之各類所得，依第十七條規定減除前目以外之各項免稅額及扣除額，合併計算稅額。

Step 5 選取剛才新增的那「二段」文字。

前項稅額之計算方式，納稅義務人應就下列各款規定擇一適用：

一、各類所得合併計算稅額：納稅義務人就其本人、配偶及受扶養親屬之第十四條第一項各類所得，依第十七條規定減除免稅額及扣除額，合併計算稅額。

二、薪資所得分開計算稅額，其餘各類所得合併計算稅額：

納稅義務人就其本人或配偶之薪資所得分開計算稅額。計算該稅額時，僅得減除分開計算稅額者依第十七條規定計算之免稅額及薪資所得特別扣除額。

納稅義務人就其本人、配偶及受扶養親屬前目以外之各類所得，依第十七條規定減除前目以外之各項免稅額及扣除額，合併計算稅額。

Step 6 點選**常用**索引標籤中的**段落**↘群組中的【編號▾】下拉清單中的【定義新的編號格式】選項：

Step 7 開啟**定義新的編號格式**x設定視窗後，點選【編號樣式▾】下拉清單中的小寫國字，接著在【編號格式】文字中的「灰底」一的前後加上「小括弧」，最後，點選【編號樣式▾】下拉清單右側的【字型】：

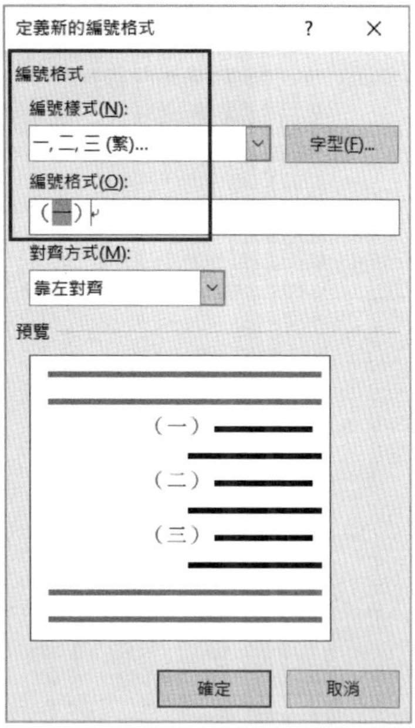

Step 8 開啟**字型** x 設定視窗後，設定【中文字型 ▾】下拉清單的值為「標楷體」：

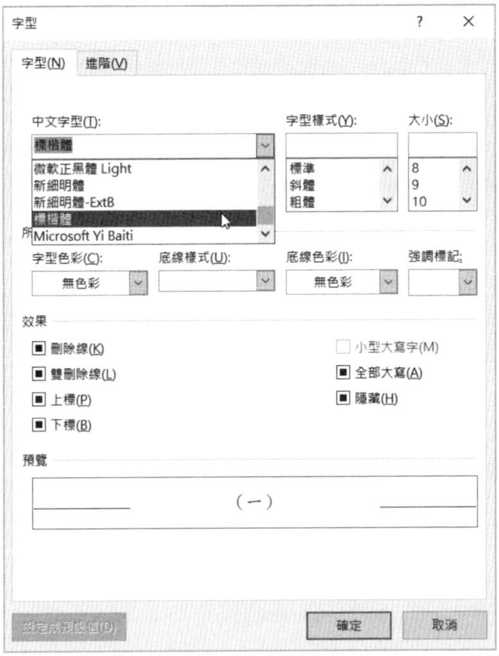

Step 9 點選【關閉】按鈕關閉**字型** x 設定視窗返回**定義新的編號格式** x 設定視窗，再點【確定】按鈕選關閉**定義新的編號格式** x 設定視窗，返回文件編輯狀態。

此時原先選取的文字竟然會套用「甲乙」的樣式，因此，由於已經定義了新的數字編號格式，因此，再點選**常用**索引標籤中，**段落** ↘ 群組中的【 】下拉清單中的【文件編號格式】群組中我們剛才設定的編號格式即可：

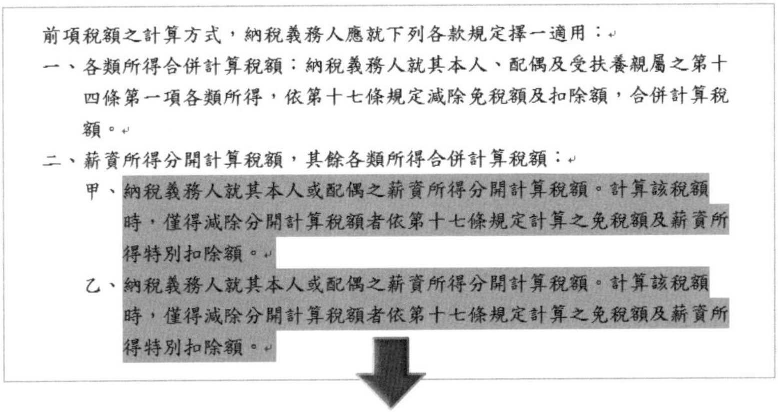
前項稅額之計算方式，納稅義務人應就下列各款規定擇一適用：

一、各類所得合併計算稅額：納稅義務人就其本人、配偶及受扶養親屬之第十四條第一項各類所得，依第十七條規定減除免稅額及扣除額，合併計算稅額。

二、薪資所得分開計算稅額，其餘各類所得合併計算稅額：

甲、納稅義務人就其本人或配偶之薪資所得分開計算稅額。計算該稅額時，僅得減除分開計算稅額者依第十七條規定計算之免稅額及薪資所得特別扣除額。

乙、納稅義務人就其本人或配偶之薪資所得分開計算稅額。計算該稅額時，僅得減除分開計算稅額者依第十七條規定計算之免稅額及薪資所得特別扣除額。

完成後結果如下：

前項稅額之計算方式，納稅義務人應就下列各款規定擇一適用：↵

一、各類所得合併計算稅額：納稅義務人就其本人、配偶及受扶養親屬之第十四條第一項各類所得，依第十七條規定減除免稅額及扣除額，合併計算稅額。↵

二、薪資所得分開計算稅額，其餘各類所得合併計算稅額：↵

（一）→納稅義務人就其本人或配偶之薪資所得分開計算稅額。計算該稅額時，僅得減除分開計算稅額者依第十七條規定計算之免稅額及薪資所得特別扣除額。↵

（二）→納稅義務人就其本人、配偶及受扶養親屬前目以外之各類所得，依第十七條規定減除前目以外之各項免稅額及扣除額，合併計算稅額。↵

↵

完成檔請參閱「練習 - 列舉文字 - 多層次 - 完成檔 -1100120.docx」。

針對上面這個練習中，我們可以發現括弧編號與段落文字的第一字之間的有著由定位點形成的空白（關於定位點的說明如果忘記了，不要忘了翻一下本書前面第五章的加強篇一的說明喔），如果想取消這個空白要如何做呢？

Step 1 開啟「練習 - 列舉文字 - 多層次 - 微調第二列縮排 -1100120.docx」做為練習之用。

Step 2 將插入點置入括弧編號方段落中，然後按上滑鼠「右」鍵開啟選單，最後，點選【調整清單縮排】選項，例如：

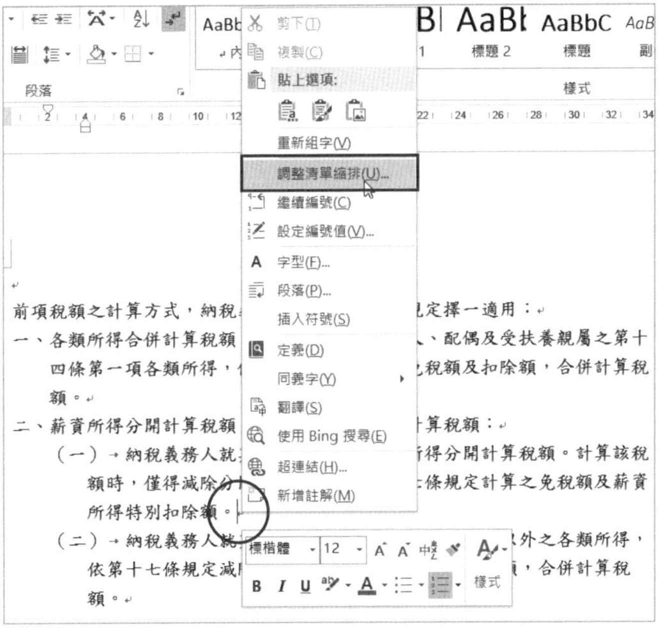

Step 3 開啟**調整清單縮排 x** 設定視窗後，依序將【數字位置】微調鈕的值設為「2 字元」,【文字縮排】微調鈕的值設為「2 公分」,【編號的後置字元 ▾】下拉清單的值設為「不標示」:

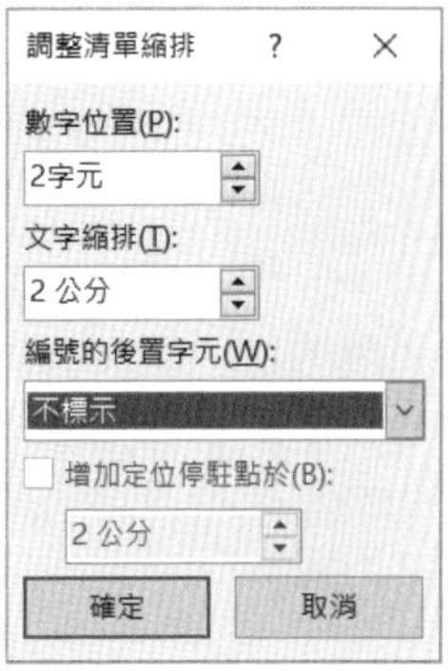

Step 4 點選【確定】按鈕關閉**調整清單縮排 x** 設定視窗，返回文件編輯狀態。

> 前項稅額之計算方式，納稅義務人應就下列各款規定擇一適用：
> 一、各類所得合併計算稅額：納稅義務人就其本人、配偶及受扶養親屬之第十四條第一項各類所得，依第十七條規定減除免稅額及扣除額，合併計算稅額。
> 二、薪資所得分開計算稅額，其餘各類所得合併計算稅額：
> （一）納稅義務人就其本人或配偶之薪資所得分開計算稅額。計算該稅額時，僅得減除分開計算稅額者依第十七條規定計算之免稅額及薪資所得特別扣除額。
> （二）納稅義務人就其本人、配偶及受扶養親屬前目以外之各類所得，依第十七條規定減除前目以外之各項免稅額及扣除額，合併計算稅額。

完成檔請參閱「練習 - 列舉文字 - 多層次 - 微調第二列縮排 - 完成檔 -1100120.docx」。

接下來說明一下**調整清單縮排 x** 設定視窗各調整值的意義圖解如下，注意，【數字位置】及【文字縮排】的計算都是以「文件左邊界」為基準：

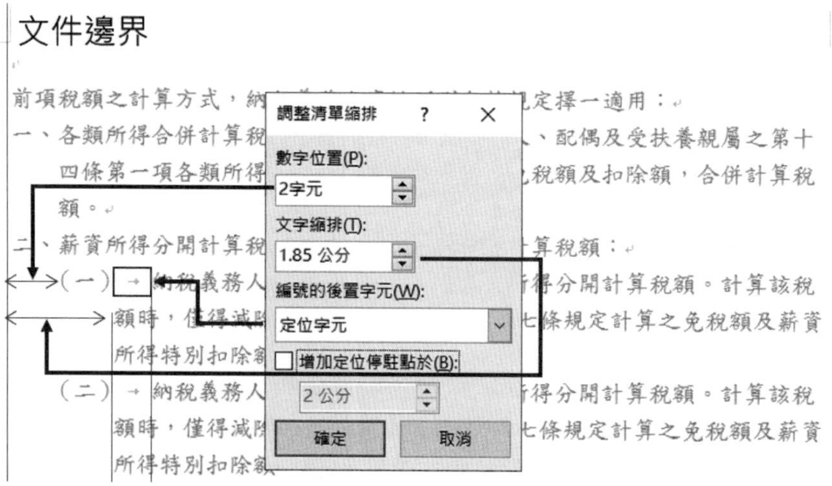

預設的，【編號的後置字元 ▾】下拉清單的值設為「定位字元」，因此會看到定位點的符號，如果要拿掉這塊空間，就要設成本例的「不標示」。

調整清單縮排 x 設定視窗各調整值的意義，在後續的**定義新的多層次清單** x 設定視窗也會再看到，設定方式亦同：

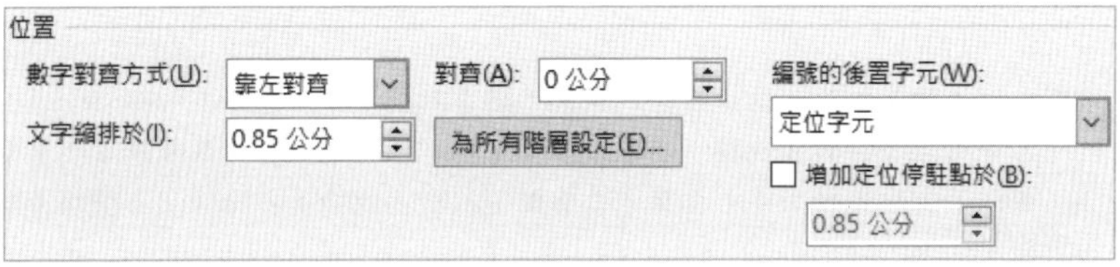

關於多層次列舉文字除了上述的基本操作外，有時需要跟多層次清單一樣做升降階處理。不過，對於列文字而言則稱之為「增加縮排」與「減少縮排」。

Step 1 開啟「練習 - 列舉文字 - 多層次 - 升降階 -1100120.docx」檔。

Step 2 選取最後的二段：

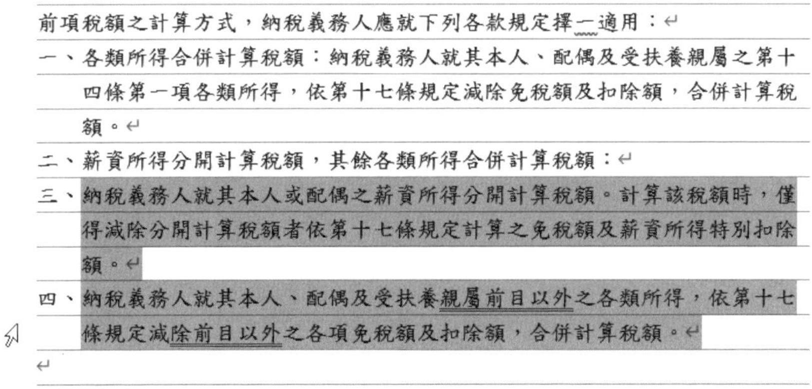
前項稅額之計算方式，納稅義務人應就下列各款規定擇一適用：
一、各類所得合併計算稅額：納稅義務人就其本人、配偶及受扶養親屬之第十四條第一項各類所得，依第十七條規定減除免稅額及扣除額，合併計算稅額。
二、薪資所得分開計算稅額，其餘各類所得合併計算稅額：
三、納稅義務人就其本人或配偶之薪資所得分開計算稅額。計算該稅額時，僅得減除分開計算稅額者依第十七條規定計算之免稅額及薪資所得特別扣除額。
四、納稅義務人就其本人、配偶及受扶養親屬前目以外之各類所得，依第十七條規定減除前目以外之各項免稅額及扣除額，合併計算稅額。

Step 3 點選**常用**索引標籤中的**段落** ↘ 群組中的【增加縮排】按鈕：

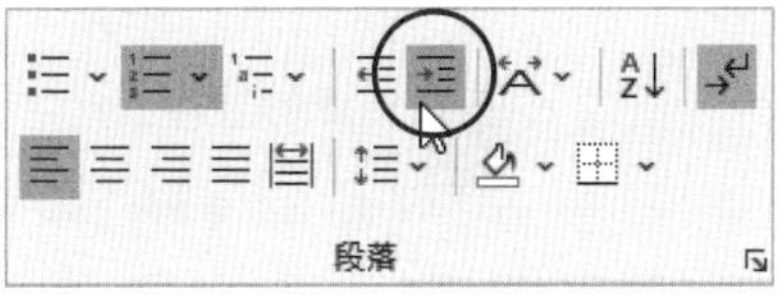

點選之後，原先的編號三及編號後就往後縮，同時換上不同的符號，如果不想使用預設的第二層編號，可以自行從【 】下拉清單中的編號庫中重點設定：

前項稅額之計算方式，納稅義務人應就下列各款規定擇一適用：

一、各類所得合併計算稅額：納稅義務人就其本人、配偶及受扶養親屬之第十四條第一項各類所得，依第十七條規定減除免稅額及扣除額，合併計算稅額。

二、薪資所得分開計算稅額，其餘各類所得合併計算稅額：

甲、納稅義務人就其本人或配偶之薪資所得分開計算稅額。計算該稅額時，僅得減除分開計算稅額者依第十七條規定計算之免稅額及薪資所得特別扣除額。

乙、納稅義務人就其本人、配偶及受扶養親屬前目以外之各類所得，依第十七條規定減除前目以外之各項免稅額及扣除額，合併計算稅額。

如果此時點選**常用**索引標籤中的**段落**群組中的【減少縮排】按鈕，那麼就會還原到原來的狀態：

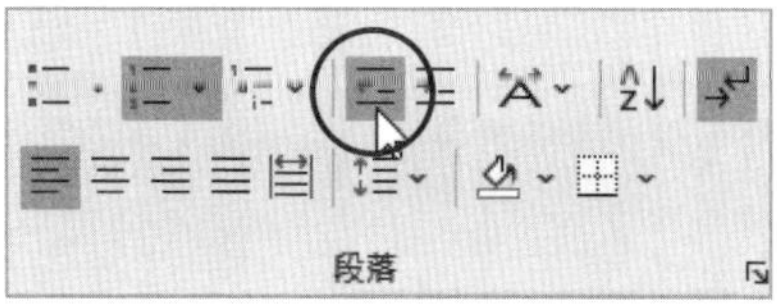

完成檔請參閱「練習 - 列舉文字 - 多層次 - 升降階 - 完成檔 -1100120.docx」。

13.5 交互參照

利用 Word 提供的「交互參照」的功能，可以讓我們在「某一位置」直接引用文件中「其他位置」的某些資料，例如，在第一章的文字內容提到請參閱第三章第幾頁的圖幾之類的事。

Step 1 開啟「練習 - 交互參照 -1100120.docx」做為練習之用。

Step 2 請點選導覽窗格中的「第一章 緒論」切換到該頁，然後將滑鼠游標移到下圖的位置，即「照」字的後面：

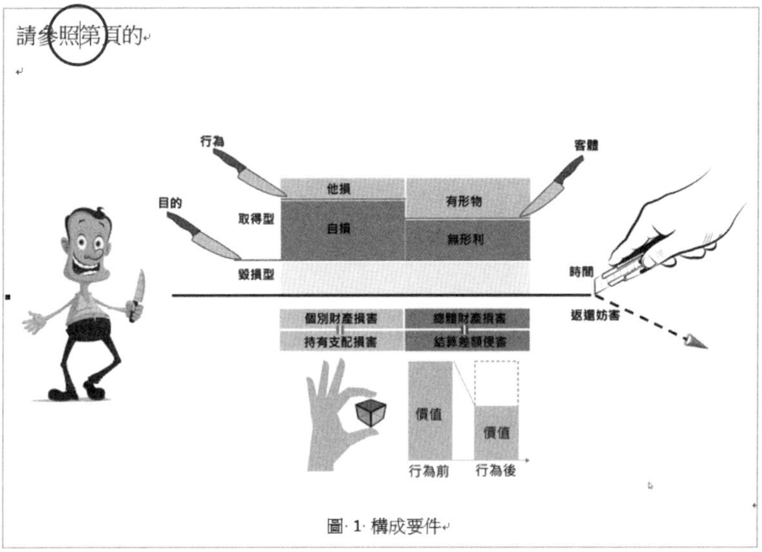

Step 3 請點選**插入**索引標籤中的**連結**群組中的【交互參照】按鈕：

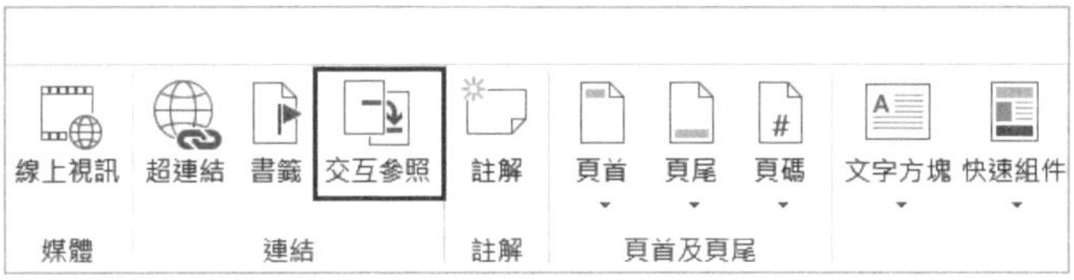

Step 4 請點選**交互參照** x 設定視窗中【參照類型 ▾】下拉清單中的值為「標題」,【指定標題】清單中的值為「第一章 緒論」, 並設定【插入參照類型的 ▾】下拉清單中的值為「標題編號」, 設定後點選【插入】按鈕：

完成後，原字串的內容插入點後新增「第一章 」，此時**交互參照 x** 設定視窗並未關閉，下圖的效果是我移動**交互參照 x** 設定視窗的位置，讓設定與文件的效果能夠同時看得到：

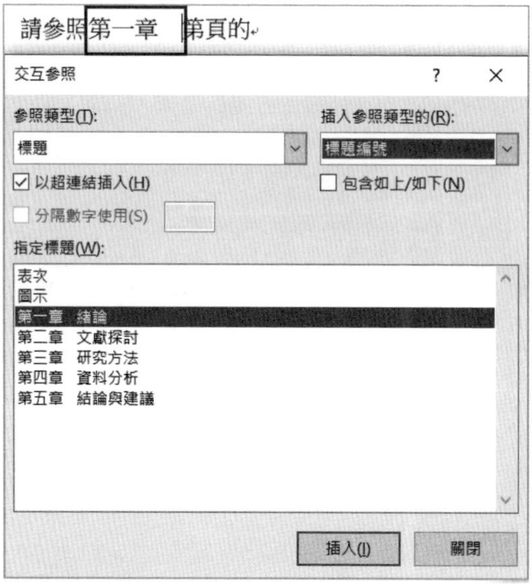

Step 5 請繼續設定【插入參照類型的 ▾】下拉清單中的值為「標題文字」，設定後點選【插入】按鈕：

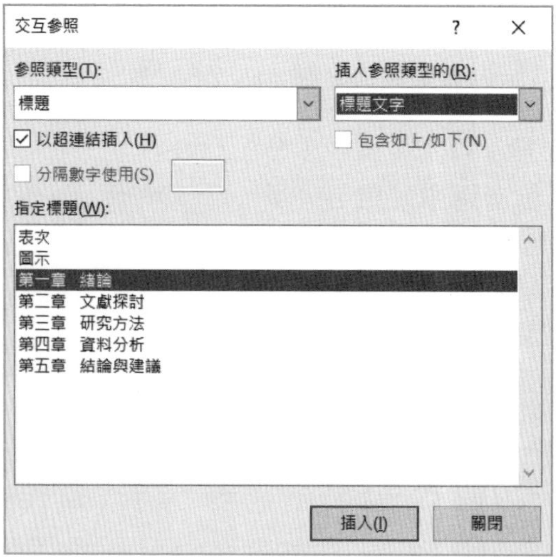

完成後，原字串的內容插入點後新增「緒論」：

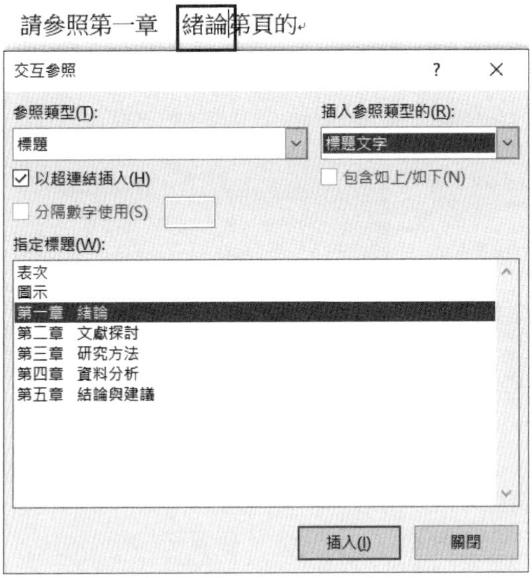

Step 6 請將插入點移到「第」的後面，不用關閉**交互參照** x 設定視窗喔：

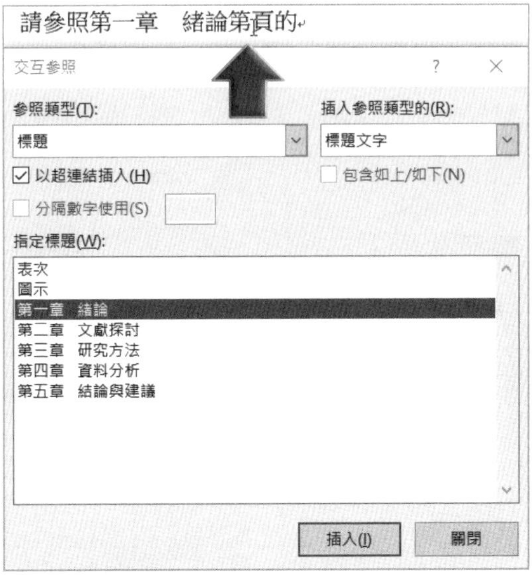

Step 7 請繼續設定【插入參照類型的▼】下拉清單中的值為「頁碼」，設定後點選【插入】按鈕：

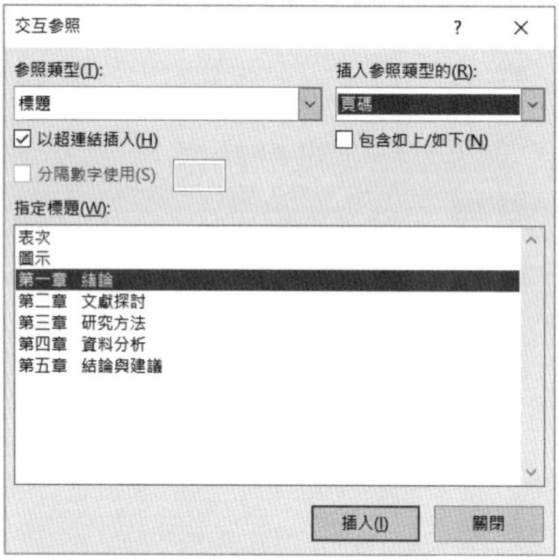

完成後，原字串的內容插入點後新增「3」：

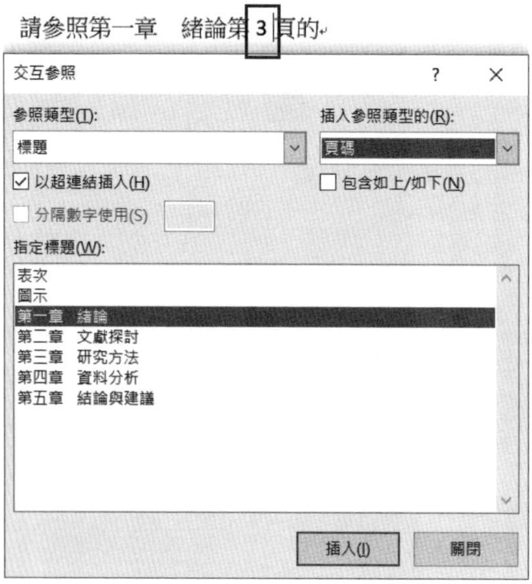

Step 8 請將插入點移到「的」的後面，不用關閉**交互參照** x 設定視窗喔：

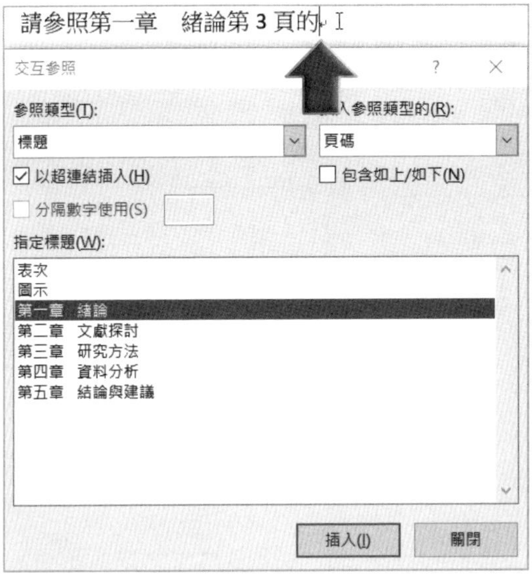

Step 9 請點選**交互參照** x 設定視窗中【參照類型 ▾】下拉清單中的值為「圖」,【指定標題】清單中的值為「圖 1 構成要件」，並設定【插入參照類型的 ▾】下拉清單中的值為「整個標題」，設定後點選【插入】按鈕：

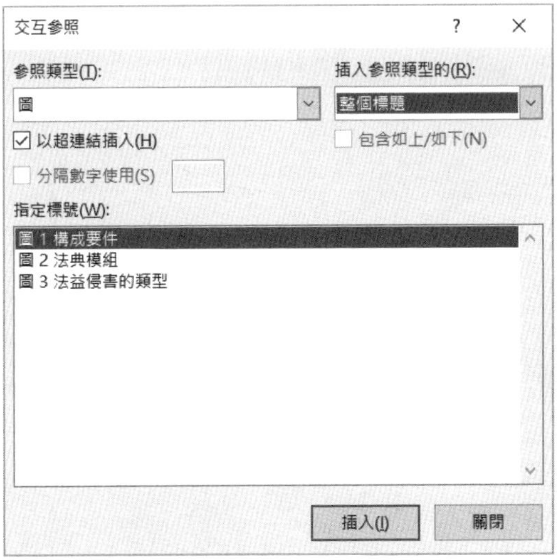

完成後，原字串的內容插入點後新增「圖 1 構成要件」:

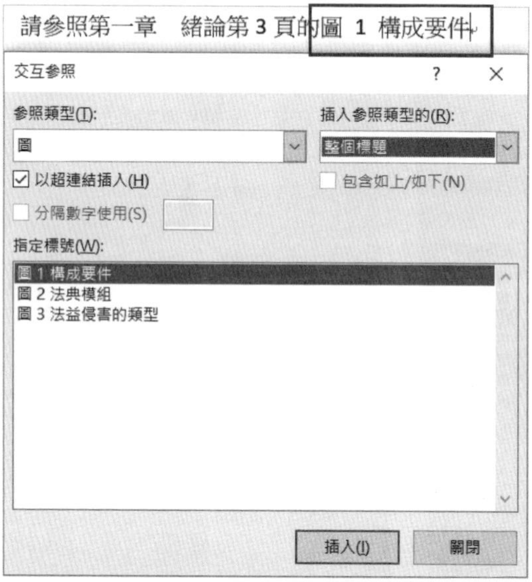

Step 10 請點選【關閉】按鈕關閉**交互參照** x 設定視窗，返回文件編輯狀態。

完成後請選取該段文字，從下面截圖可知，有灰底的部分是前述操作所插入，而且是使用 Word 的「功能變數」。既然是功能變數，就要注意是否需要更新功能變數的值：

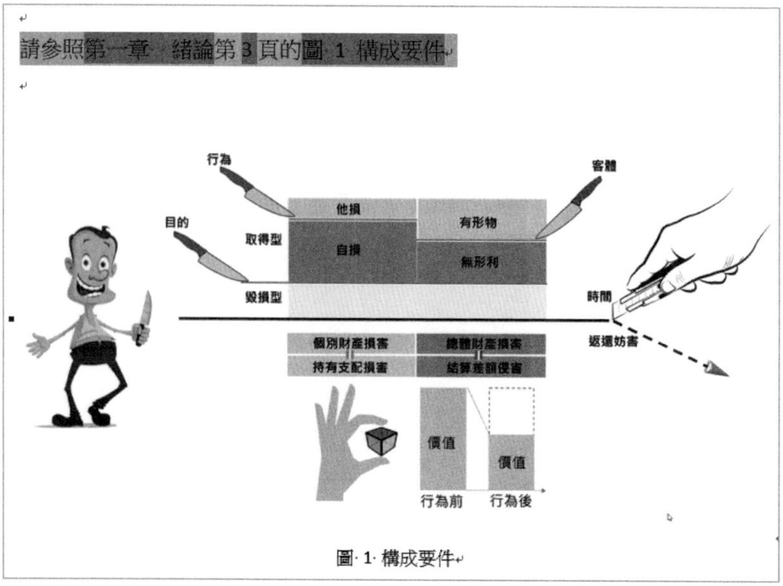

接下來測試一下，如果把原先的圖 2 移動到第二章的第二張圖的位置時，使用交互參照的文字是否會變更。

Step 1 開啟「練習 - 移動交互參照的標的 -1100120.docx」做為練習之用。

Step 2 點選導窗格中「第一章 緒論」切換到該頁，並選取第一張圖，圖標號及圖本身要一起選取喔：

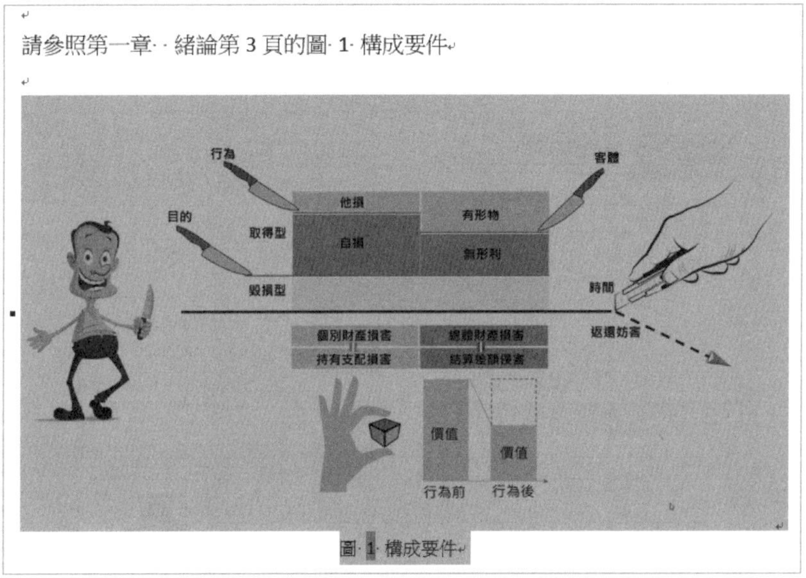

Step 3 剪下並貼到第二章文獻探討該頁原「圖 2 法典模組」之後的第二段：

貼上後，我們會發現，圖標號並不會自動調整：

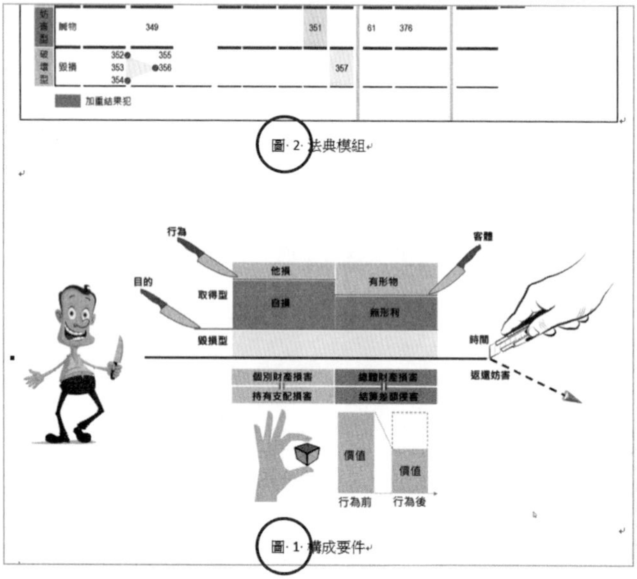

為了更新代表這些標號的功能變數，請按鍵盤上的【Ctrl + A】全選文件的內容後，在圖 1 的左側按下滑鼠「右」鍵開啟選單，並點選其中的【更新功能變數】：

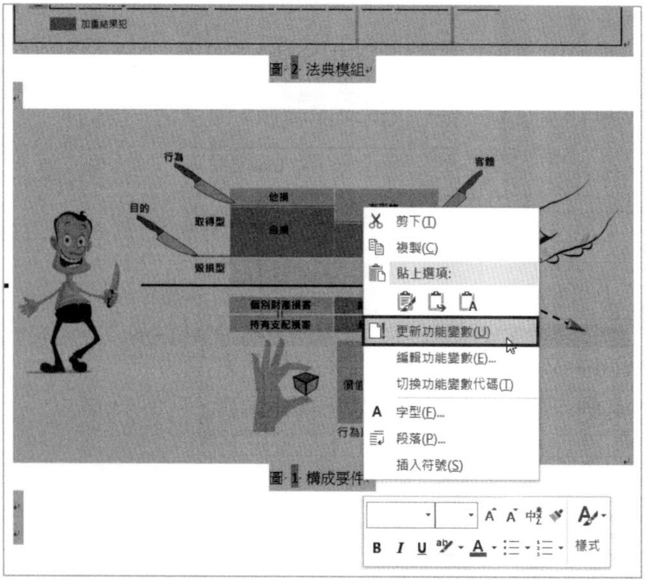

完成後，原圖標號的順序就會調整：

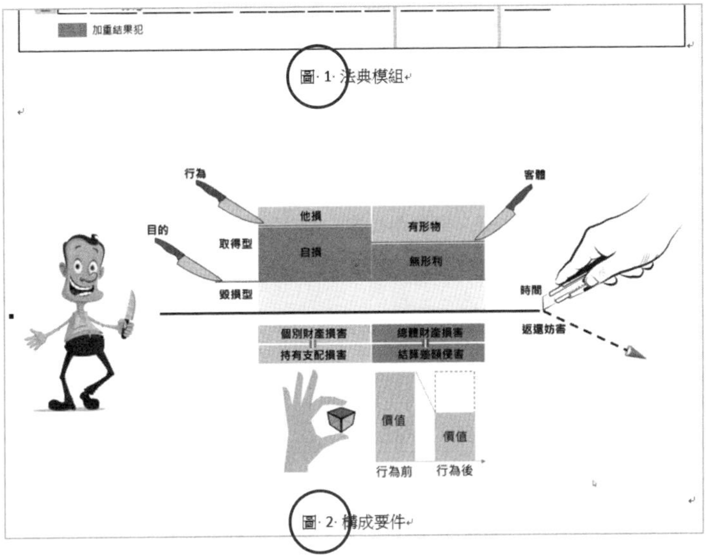

接著，再回到第一章緒論中的那一段使用「交互參照」的文字，結果只有圖標號改變，章標題沒有跟著調整，你可能會問，為什麼我已經使用了交互參照，那不就是要能自動調整嗎，不然幹嘛那麼大費周章呢？

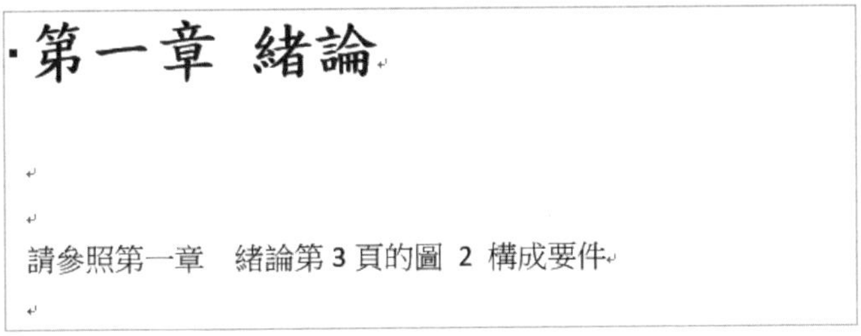

請先進行接下來的操作再來理解為什麼。請將導覽窗格中的「第一章 緒論」拖曳到「第三章 研究方法」之下後放開滑鼠：

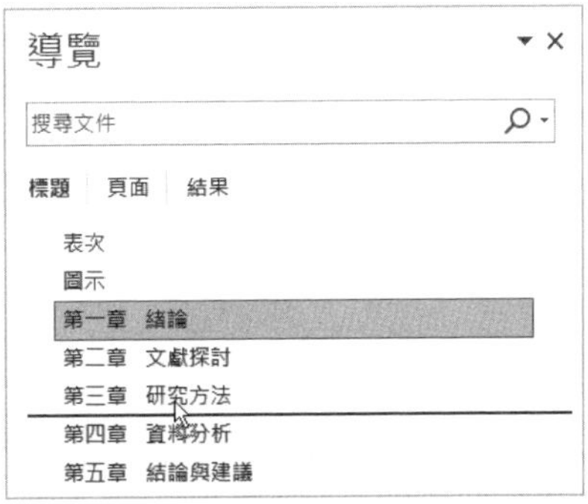

接著再重新「更新功能變數」，最後再來看看原來那一段話：

第三章 緒論

請參照第三章　緒論第 6 頁的圖 2 構成要件

有沒有發現原來的「第一章 緒論」已經改變為「第三章 緒論」，這是因這段文字參照的本來就是此段文字「所在的這一章」的標題，既然移動了，原本這一章的標題變更了，自動參照就依據變更後的標題自動修正。

由此可知，前面的操作所產生的功能變數，事實上是多個獨立存在的功能變數：

請參照第一章　緒論第 3 頁的圖 1 構成要件

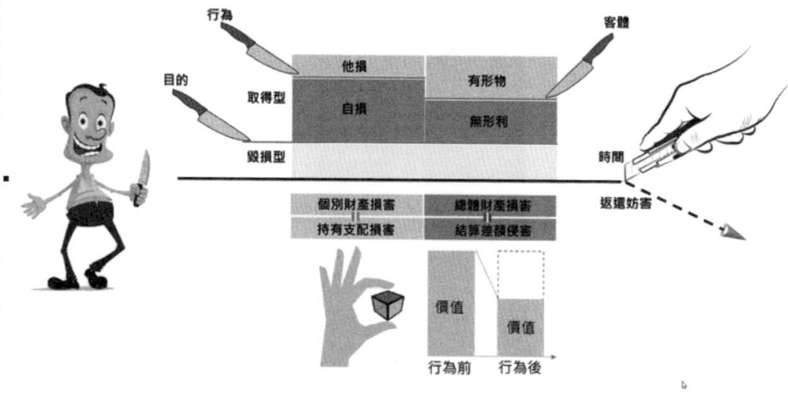

圖 1 構成要件

因此，原來那張圖的標號並沒有與章節的標題有連動關係，既然沒有連動關係，圖動文字跟著動，標題沒動文字當然就沒動！

完成檔請參閱「練習 - 移動交互參照的標的 - 完成檔 -1100120.docx」。

13.6 快速尋找

這節要說明的是 Word 中的**尋找及替代 x** 設定視窗中的**到**頁籤（還記得**尋找**及**取代**的頁籤我們在前面有用過喔）：

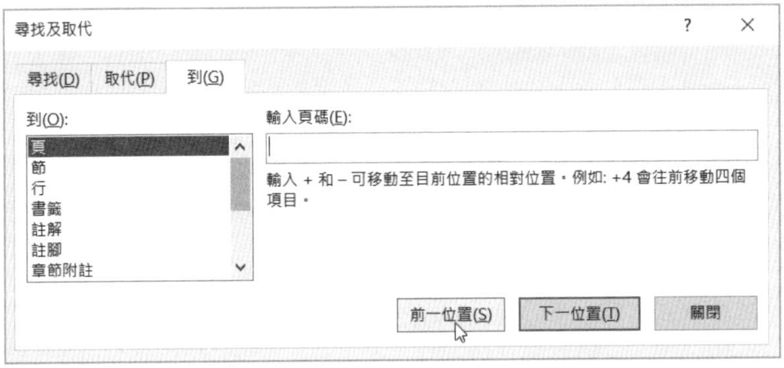

開啟**尋找及替代 x** 設定視窗的方法有數種：

一、如果功能窗格已開啟，那麼可利用【搜尋文件 ▾】文字框右側的下拉清單中的【到】選項：

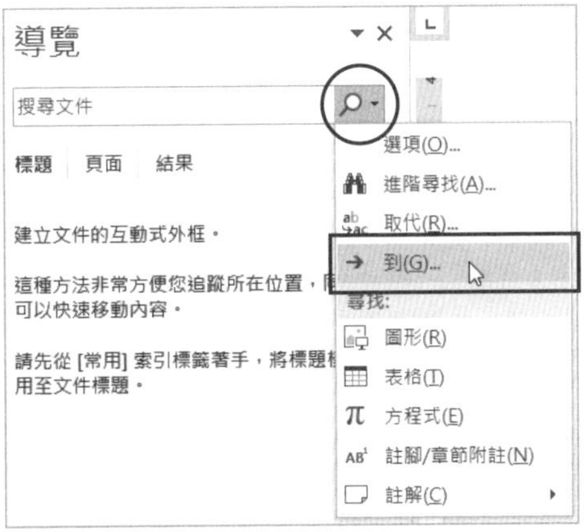

二、**常用**索引標籤中的**編輯**群組中【尋找 ▾】下拉清單：

點選【尋找 ▾】下拉清單即可開啟選單，然後再點選【到】選項：

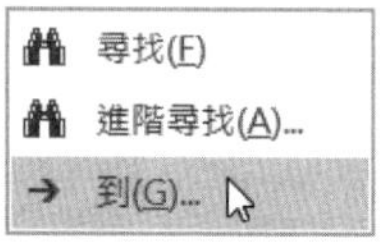

三、 快速鍵【Ctrl + G】。

四、 功能鍵【F5】。

一篇論文難免會用到圖表，當圖表很多的時候，不像論文本文結構可以利用導覽窗格來快速切換至指定的章節，此時如果使用**尋找及替代 x** 設定視窗中的**到**頁籤功能會比較方便，以下就以圖為例。

Step 1 開啟「練習 - 長篇文件 - 到 -1100120.docx」做為練習之用。

Step 2 用上述任一種方式開啟**尋找及替代 x** 設定視窗中的**到**頁籤功能。

Step 3 按鍵盤上的【Ctrl + Home】鍵移到文件的最前面，也就是將插入移置到第 1 頁的第 1 列的第 1 個位置。

Step 4 點選【到】清單的【圖形】選項，接著可以直接點選【下一位置按鈕】快速移動到第一張圖的位置：

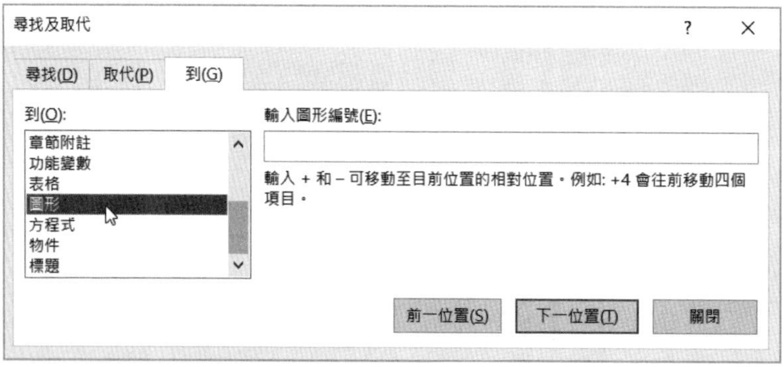

除了上述的使用方式外，亦可使用 + 或 - 搭配數字做相對位置的移動，例如，上例的操作已移到第一張圖的位置，若輸入 +5 後再點選【到】按鈕，就可以快速移到第 6 張圖：

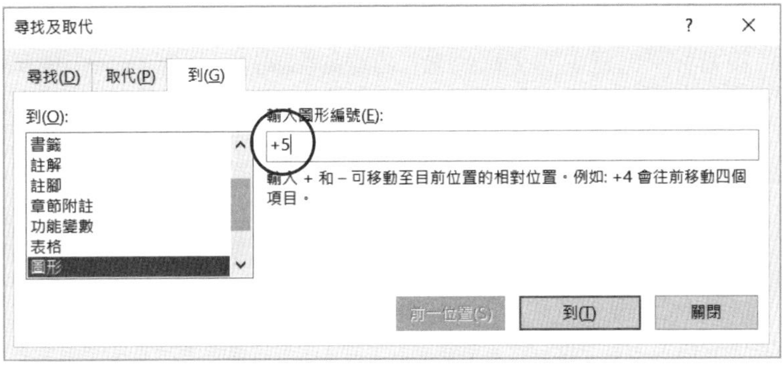

除了這種方式之外，如果有建立目錄的話，預設的目錄會自動建立超連結。以上面這支練習檔而言，請點選導覽窗格中的「圖次」切換到該頁，然後再按著鍵盤上的【Ctrl】鍵不放，最後將滑鼠游標移到頁碼之上，此時滑鼠游標會變成手指形狀，若點選時，將會切換頁面到指定的頁數，以下面截圖為例就是會切換到第 6 頁：

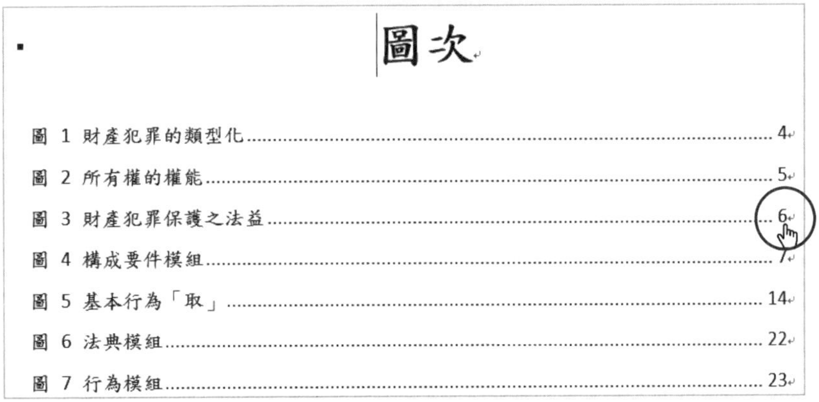

13.7 文件比較

一本論文從開始陸陸續續地寫，不斷地修修改改，論文的內容常有不同，為了識別，不同時間改的論文內容，我習慣地都會使用不同的檔名來區分，例如，「模組化刑事財產犯罪 -1100118.docx」與「模組化刑事財產犯罪 -1100120.docx」就分別代表 110 年 1 月 18 日與 110 年 1 月 20 日的 2 份文件。

在這樣的修修改改的過程中，有時會想比對一下某二份文件到底改了哪些地方時，Word 內建於**校閱**索引標籤中的【比較 ▾】功能就能派上用場囉：

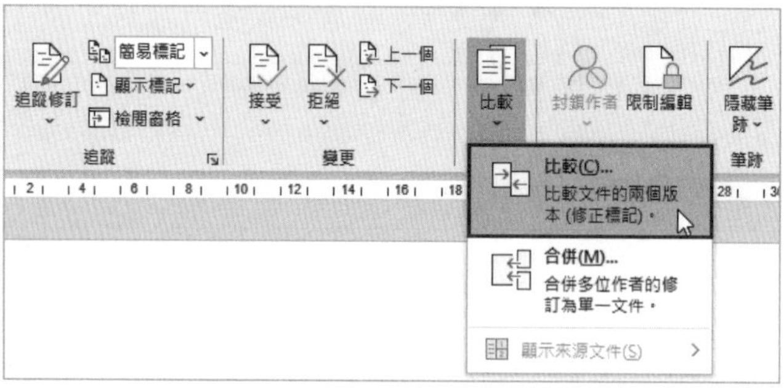

Step 1 開新檔案，接著點選**校閱**索引標籤中的**比較**群組中的【比較 ▾】下拉清單中的【比較】：

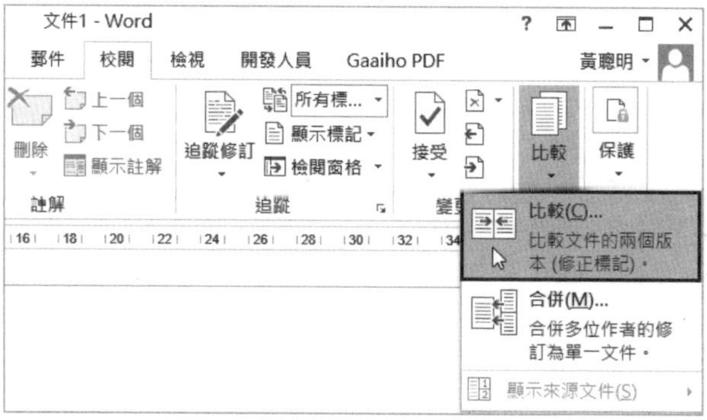

Step 2 點選**文件版本比較 x** 設定視窗的【原始文件】下方的檔案夾的圖示按鈕開啟第 1 份文件（練習 - 比較 -1100120.docx），然後再從【修訂的文件】下方的檔案夾圖示按鈕開啟第 2 份文件（練習 - 比較 - 修改版 1100120.docx）：

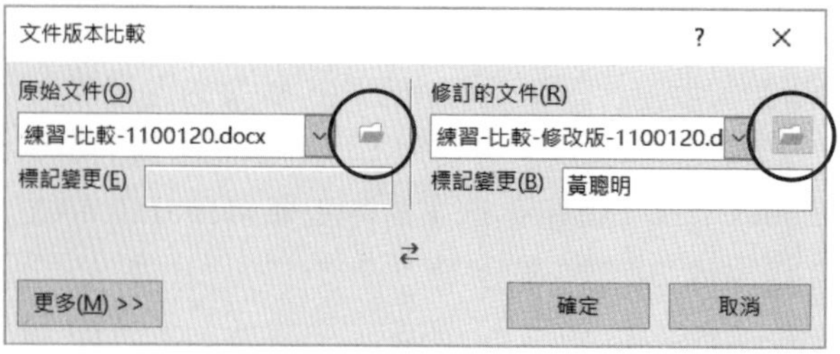

Step 3 點選【確定】按鈕關閉**文件版本比較 x** 設定視窗，返回文件編輯狀態。

完成二份文件的載入之後，Word 會新增一支檔案（下圖的「比較結果 2」）來呈現比較的結果，這個結果的呈現與前面說過的「追蹤修訂」功能啟動時的模式是一樣的。

其中「比較的文件」會以追蹤修訂的模式來呈見原始文件與修訂的文件間的增刪修關係，例如，「練習 - 比較 -1100120.docx」中的「刑法上之」在「練習 - 比較 - 修改版 1100120.docx」中被刪除了，同時後者又新增了「立法意旨」：

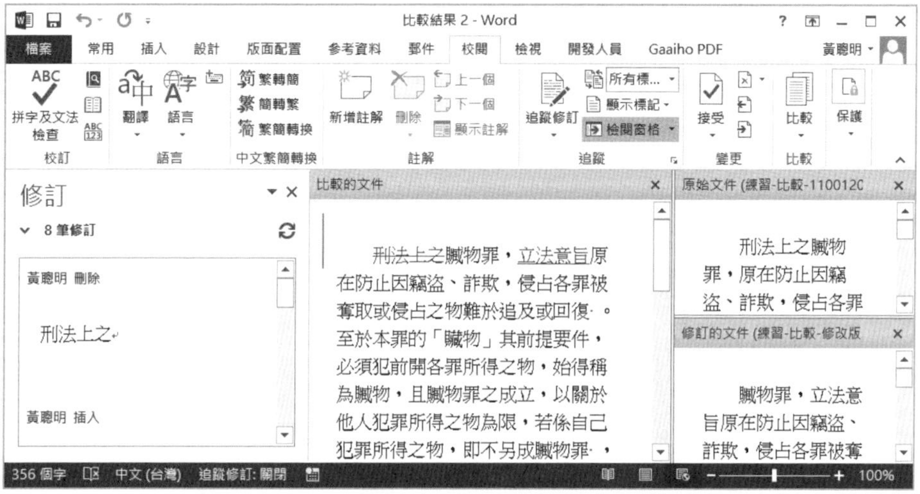

對於這些比對後的差異可以選擇逐一接受也可選擇逐一拒絕，當然也會類似批次作業一樣可以全部處理，其功能在**校閱**索引標籤中，**變更**群組中的【接受 ▾】與【拒絕 ▾】下拉清單裡：

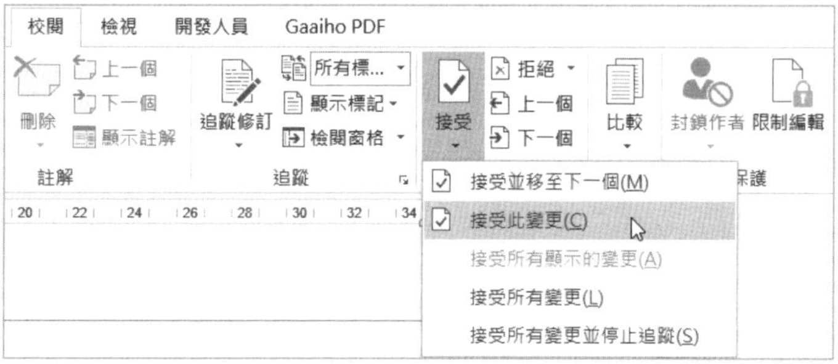

這個比較結果請參閱完成檔「比較結果 2.docx」檔。

最後補充一下，**比較文件 x** 設定視窗除了最基本的選定二份文件的功能外，如果點選其左下角的【更多】按鈕，可以針對想要比對的差異處進行調整：

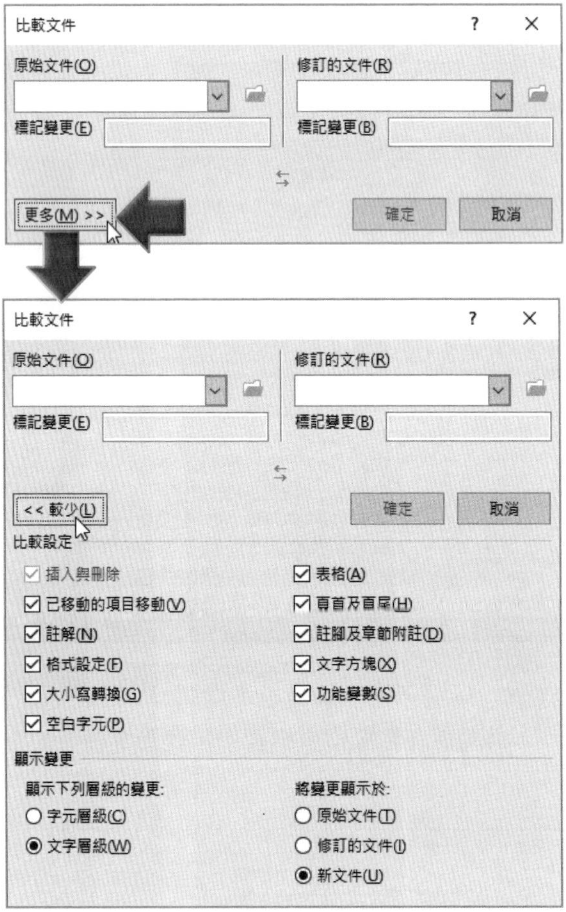

13.8 索引標籤

經過了截至目前為止的說明與操作，各位不難發現我們經常會在不同的索引標籤中切來換去的，如果能夠將相關功能彙集在特定的索引標籤是不是就簡單許多呢？如果這個索引標籤能夠由我們自己來取名，這樣會不會讓人覺得更親切點呢？

這是可以的，也做得到喔，例如，下面這個**論文編輯**索引標籤中，我便列入 3 個群組：

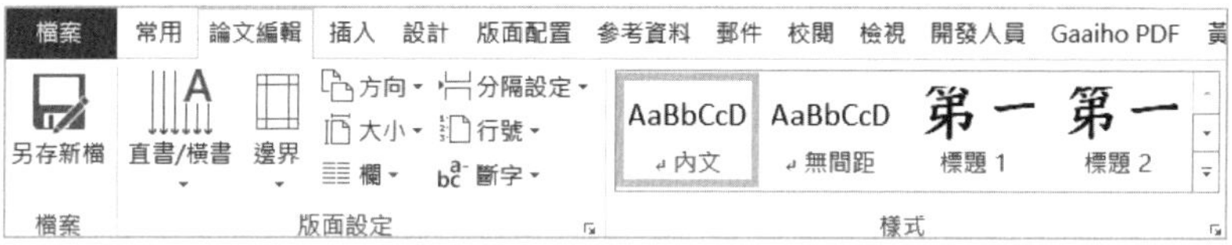

接下來我們便來實作一下類似的自訂索引標籤。

Step 1 點選**檔案**索引標籤，從開啟的選單點【選項】開啟 Word **選項** x 設定視窗，最後點選左側【自訂功能區】選項：

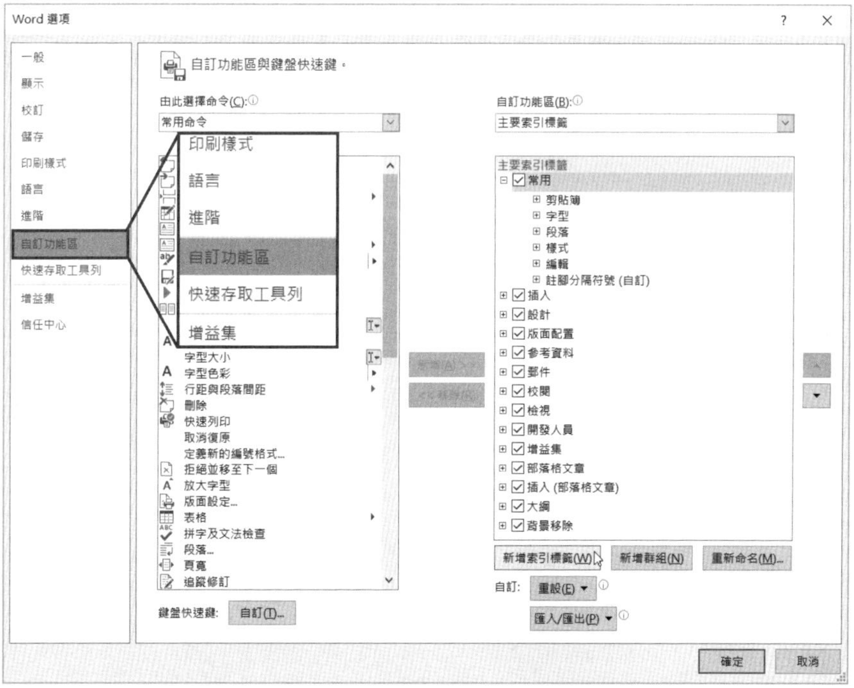

或者在任一索引標籤中的任一位置點擊滑鼠右鍵開啟選單後，再點選【自訂功能區】選項亦可：

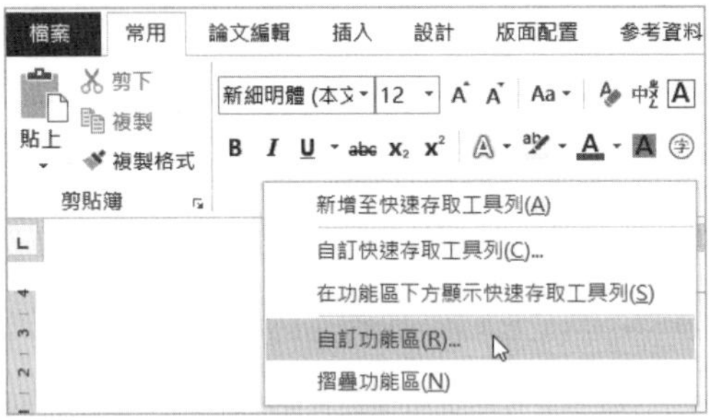

Step 2 點選右側下方的【新增索引標籤】按鈕：

隨後在主要索引標籤的【常用】下方，【插入】上方會出現【新增索引標籤（自訂）】選項，在【新增索引標籤（自訂）】選項被選取的情況下，請點選右下方的【重新命名】按鈕，此時會再出現**重新命名 x** 設定視窗，請在【顯示名稱】右側的文字框中輸入我們要自訂的索引標籤名稱，本例我取用的名稱是「論文編輯」：

完成後，可以點選【確定】按鈕關閉**重新命名** x 設定視窗。

Step 3 點選【新增群組（自訂）】選項點選，再點選右下方的【重新命名】按鈕，此時會再出現**重新命名** x 設定視窗，請在【顯示名稱】右側的文字框中輸入我們要自訂的功能群組的名稱，本例我取用的名稱是「檔案」:

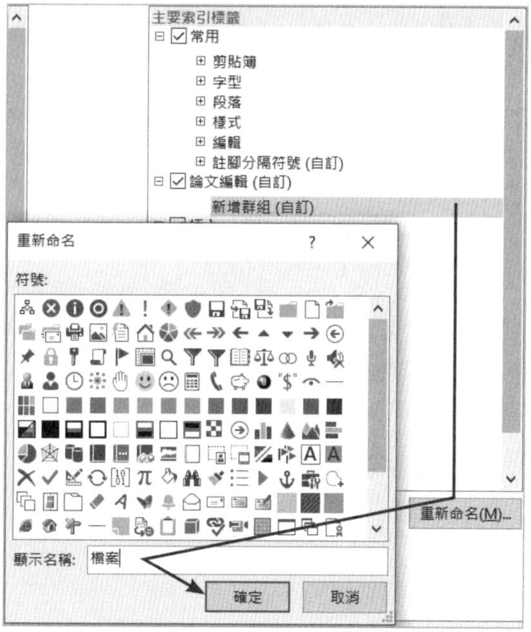

完成後，可以點選【確定】按鈕關閉**重新命名** x 設定視窗。此時【主要索引標籤】清單的結果如下：

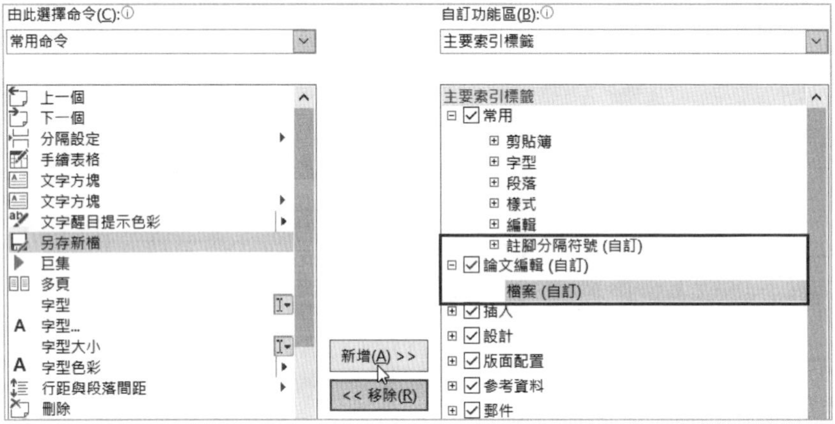

Step 4 點選【確定】按鈕關閉 Word **選項** x 設定視窗，返回文件編輯狀態。

這樣就完成我們自訂的**論文編輯**索引標籤了：

接下來，再示範一個加入原 Word 索引標籤到我們自訂索引標籤的操作。

Step 1 點選**檔案**索引標籤，從開啟的選單點選【選項】，開啟 Word **選項** x 設定視窗，點選左側【自訂功能區】選項。

Step 2 首先，點選右側【主要索引標籤】清單中我們自訂的【論文編輯（自訂）】選項，接著展開【由此選擇命令】下拉清單，並點選【所有索引標籤】，再從【主要索引標籤】清單中選取【版面配置】下的【版面設定】，最後，點選設定視窗中間的【新增】按鈕。

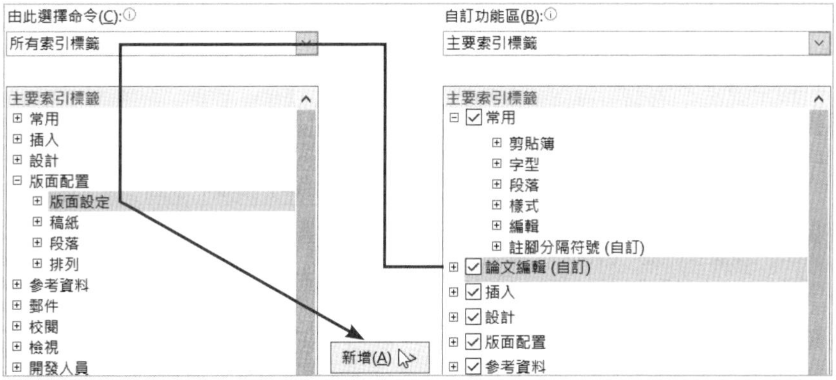

完成後，右側【主要索引標籤】清單中我們自訂的【論文編輯（自訂）】選項下，會在原先的【檔案】群組下方加入剛才的【版面設定】群組：

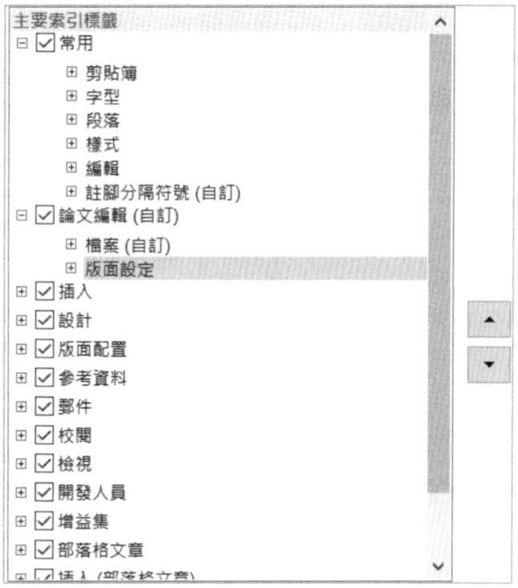

Step 3 點選左側【主要索引標籤】清單中的【常用】下的【樣式】，最後，點選設定視窗中間的【新增】按鈕。

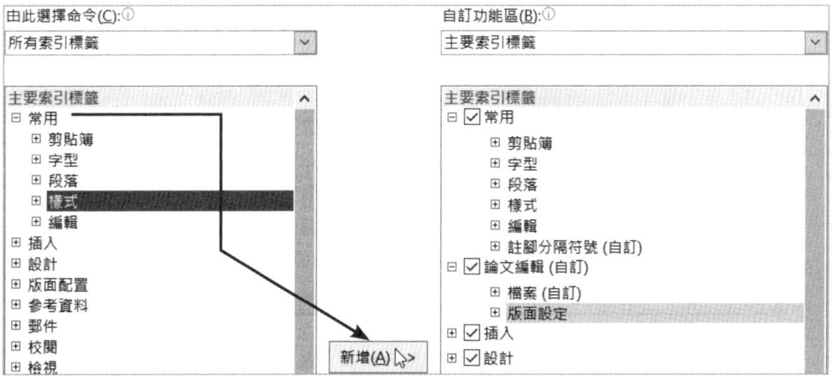

這樣子就再加入了【樣式】群組，不過，依照我撰寫論文的順序，【樣式】群組我會在版面配置之前設定，所以，在【樣式】群組被選定的情況下，我會再利用右側的升降鈕來調整順序，於是，我再點選其中代表【向上】的按鈕：

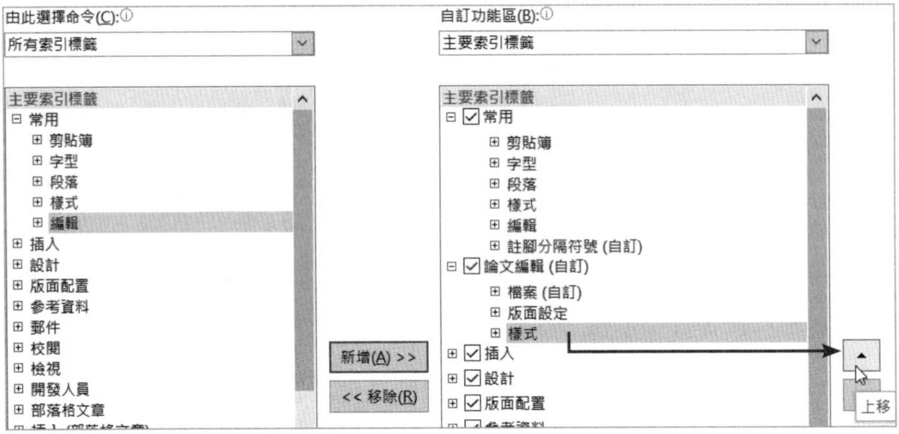

調整後的結果如下：

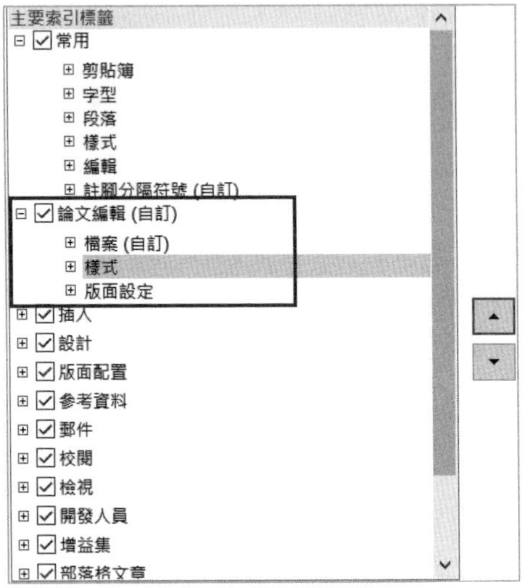

當然，我可以再依論文設定的順序再加上其他相關的選項：

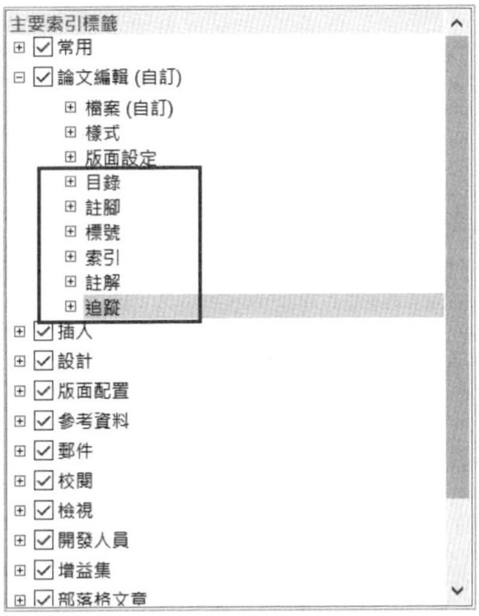

經過這些選項的加入，**論文編輯**索引標籤的外觀如下：

在新增各項索引標籤或是功能群組時，如果有不再需要的選項，只要點選該選項後點擊滑鼠右鍵開啟選單，再從選單點選選項即可。例如，整個【論文編輯（自訂）】選項我不再需要了，因為我畢業囉：

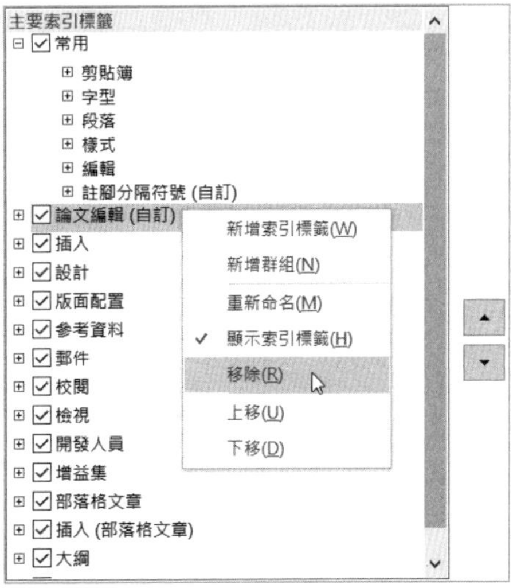

13.9 特殊替換

下面這個**尋找及取代** x 設定視窗，我們已經在替換不同顏文字為不同層次的標題樣式時使用多次了，想必各位並不陌生，接下來介紹另外一個好用的技巧：複製不同來源資料時的格式整理。

我們經常會從其他不同來源取得相關的資料而想用在論文本文中，但是這些不同來源的資料本身的格式常不合我們的需求，最常見的情況是：假設我想將下面「全國法規資料庫」的所得稅法第 3 條的文字複製到論文本文中：

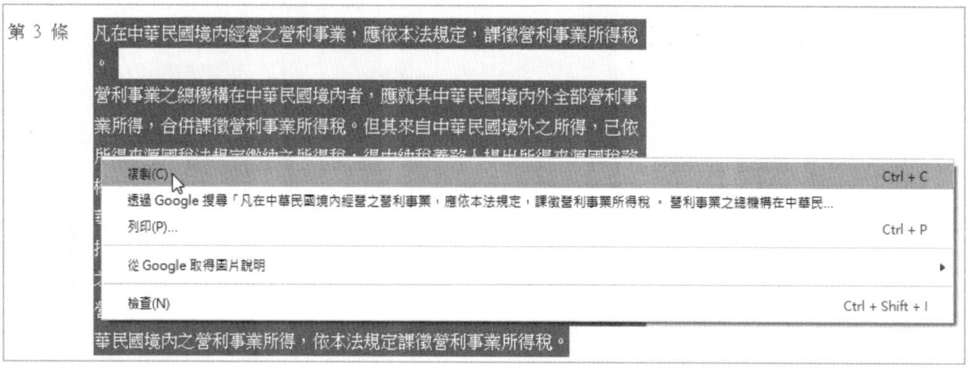

然而貼上論文之後，可能會是右圖這種含有多個「手動分行」的結果，這其中很多的手動分行的符號，除了自己一個一個用鍵盤上的【Delete】鍵刪除之外，是不是有更好用的方法呢？

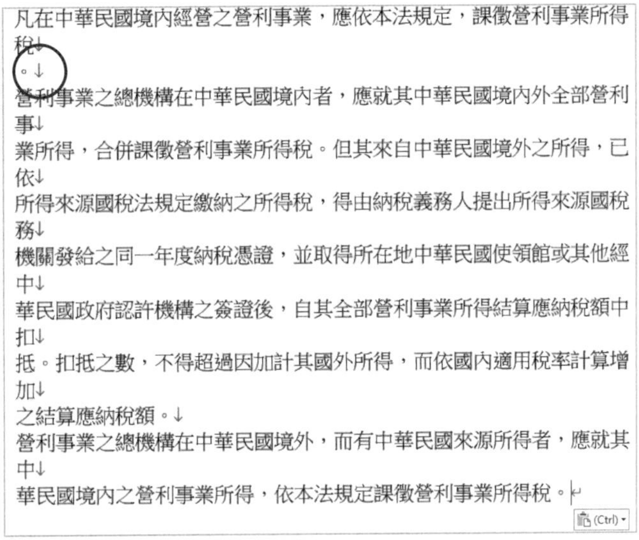
凡在中華民國境內經營之營利事業，應依本法規定，課徵營利事業所得稅↓
。↓
營利事業之總機構在中華民國境內者，應就其中華民國境內外全部營利事↓
業所得，合併課徵營利事業所得稅。但其來自中華民國境外之所得，已依↓
所得來源國稅法規定繳納之所得稅，得由納稅義務人提出所得來源國稅務↓
機關發給之同一年度納稅憑證，並取得所在地中華民國使領館或其他經中↓
華民國政府認許機構之簽證後，自其全部營利事業所得結算應納稅額中扣↓
抵。扣抵之數，不得超過因加計其國外所得，而依國內適用稅率計算增加↓
之結算應納稅額。↓
營利事業之總機構在中華民國境外，而有中華民國來源所得者，應就其中↓
華民國境內之營利事業所得，依本法規定課徵營利事業所得稅。↵

這很簡單喔！首先，將複製進來的那些文字選取起來，然後按下鍵盤上的【Ctrl + H】開啟**尋找及取代 x** 設定視窗。

接下是最重要的步驟：請點選**尋找及取代 x** 設定視窗下方的【格式 ▾】下拉清單展開選單，然後再從選單中點選【手動分行符號】選項：

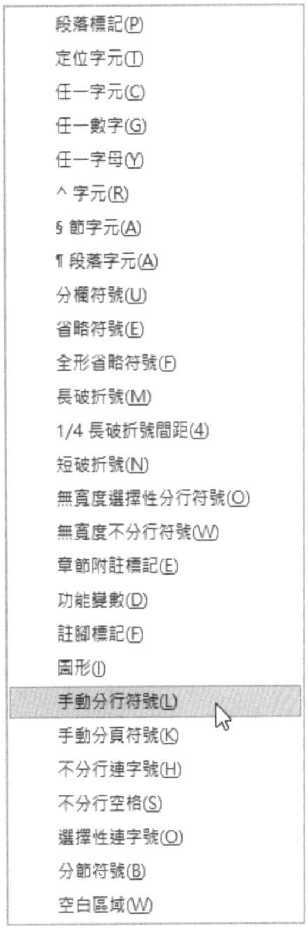

點選後，原先位於【尋找目標】右側的文字框會出現代表「手動分行符號」的文字，由於我們是想要將這些因為複製進來的資料中多餘的「手動分行符號」刪除，因此，【尋找目標】右側的文字框就不設定，表示「刪除」之意：

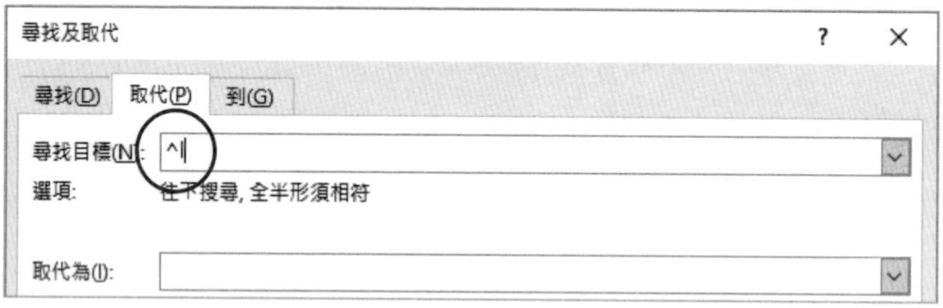

點選【關閉】按鈕關閉**尋找及取代 x** 設定視窗返回文件編輯狀態，下面就是完成的結果：

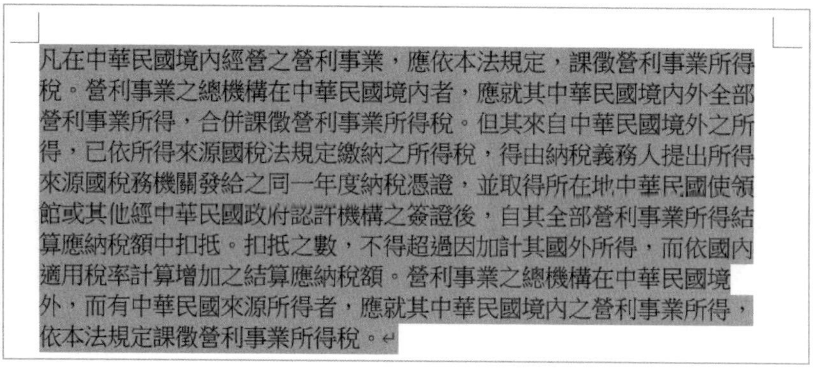
凡在中華民國境內經營之營利事業，應依本法規定，課徵營利事業所得稅。營利事業之總機構在中華民國境內者，應就其中華民國境內外全部營利事業所得，合併課徵營利事業所得稅。但其來自中華民國境外之所得，已依所得來源國稅法規定繳納之所得稅，得由納稅義務人提出所得來源國稅務機關發給之同一年度納稅憑證，並取得所在地中華民國使領館或其他經中華民國政府認許機構之簽證後，自其全部營利事業所得結算應納稅額中扣抵。扣抵之數，不得超過因加計其國外所得，而依國內適用稅率計算增加之結算應納稅額。營利事業之總機構在中華民國境外，而有中華民國來源所得者，應就其中華民國境內之營利事業所得，依本法規定課徵營利事業所得稅。

除了「手動分行符號」外，另外還有一種情況是像下面這種每一列都自成一段的情形（下面這些文字複製自東吳大學社會學系碩士論文格式 .pdf 檔）：

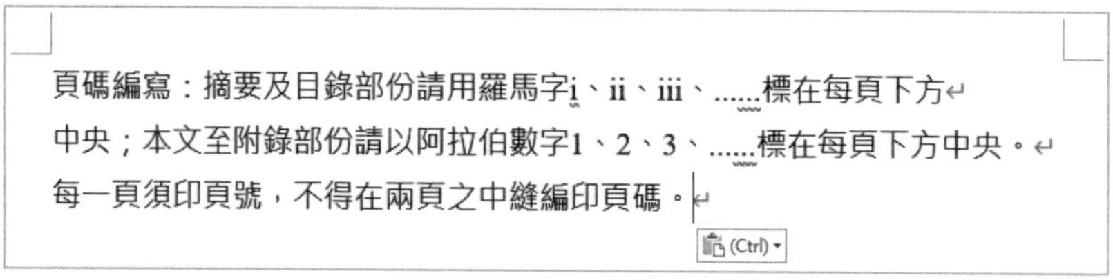
頁碼編寫：摘要及目錄部份請用羅馬字i、ii、iii、......標在每頁下方
中央；本文至附錄部份請以阿拉伯數字1、2、3、......標在每頁下方中央。
每一頁須印頁號，不得在兩頁之中縫編印頁碼。

此時如果要想將這些被分段的文字併成一段，只要前述的操作步驟中的【格式 ▾】下拉清單展開選單中的【手動分行符號】選項改成【段落標記】，餘下的操作方式與上述相同：

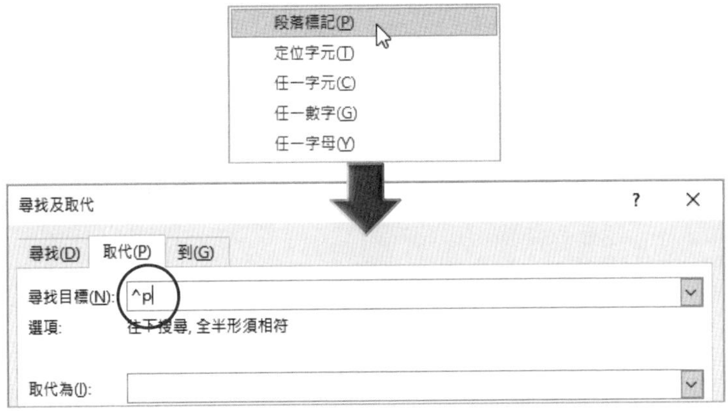

如果遇到 pdf 資料無法被選取時，當然就無法進行後續的複製，也就不能貼到論文加以引用，除了自行輸入之外是否還有其他方式呢？

有的，那就解鎖吧！利用網頁解鎖只要會拖曳滑鼠就行了，超級方便的就可以釋放 pdf 了，以下幾個網站可以試試：

1. https://smallpdf.com/unlock-pdf
2. https://www.cleverpdf.com/zh-tw/unlock-pdf
3. https://www.sodapdf.com/unlock-pdf/
4. https://www.easepdf.com/tw/unlock-pdf/

另外也有軟體型式的移除密碼程式，像是 PDF Password Remover 及 VeryPDF PDF 密碼都可以用來解密受密碼保護的 Adobe Acrobat PDF 文件，而且國內都有代理商，有興趣可自行查查。

本節最後再介紹一個與 DOS 命令視窗下相同功能的萬用字元：*。想像一下，目前本書對於按鍵及按鈕都是使用像是【確定】這樣的表達，假設，書稿完成時，我想把【確定】這樣的表達變更為 [確定]，那難道要一頁一頁改嗎？當然不是，我們同樣使用的是上述的操作。

請開啟「練習 - 萬用字元 -1100120.docx」練習。然後依下圖設定：

一、【尋找目標】右側的文字框中的內容是 \【(*)\】，這表示要被替換的是 \【與 \】，而位於其中的內容則保持不變，而且不管內容為何，只要是位於【】中間即可，因此用一對小括弧括住的 * 來表示。

二、【取代為】右側的文字框中的內容是 [\1]，這表示要用來替換的符號是一對 []，而其中的 \1，指的是【尋找目標】右側的文字框中的 (*) 所代表的內容。

三、**搜尋選項**群中的【使用萬用字元】要「勾選」。如果沒看到這個**搜尋選項**群，請點選設定視窗左下角的【更多】按鈕。

比對的過程如下：

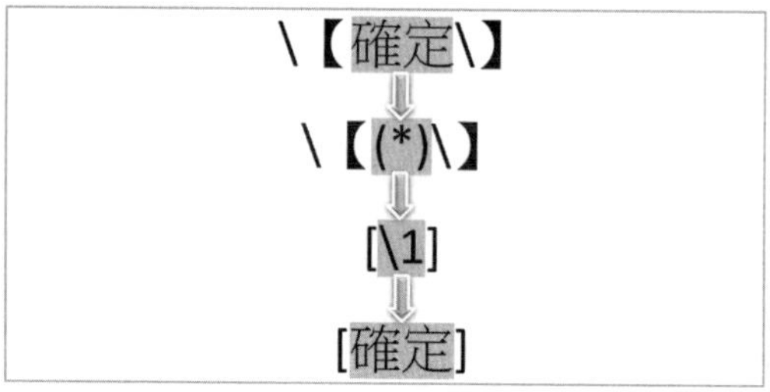

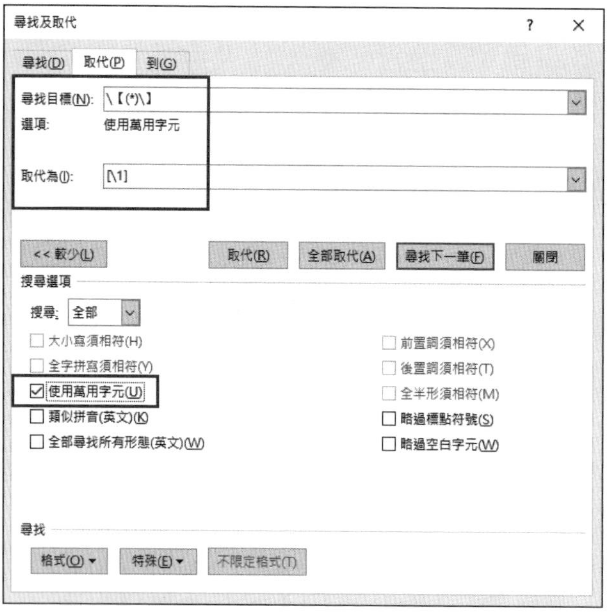

請練習將「練習 - 去角括號 -1100120.docx」中所有像是《師範大學》這種有用角括號括起來的學校名稱中的角括號去掉。答案在練習檔的最後一頁喔！

13.10 巨集錄製

在 Microsoft Office 系列，對於程式的撰寫，使用的是所謂的 VBA（Visual Basic for Applications）程式語言，藉由使用者自行撰寫程式的方式來客制化 Office 系列軟體的使用。

巨集錄製是 Office 提供一種將使用者的操作過程加以記錄的功能，就像我們利用手機做錄影一般，錄好之後的成品可以一再地重複使用。

Word 使用巨集錄製就是這樣的一個概念。利用 VBA 將操作過程加以錄製，錄製後的結果，可以重複執行，這樣子就能簡化操作流程。

你可能會問，使用 Word 完成文件的操作，不是每次都不一樣，有什麼操作可以在不同的文件中重複使用嗎？

其實還是會有這種情形的，例如，前面我們示範過，為了將從網路或是 pdf 複製過來的資料，由於會有「手動換行符號」或者會有「每列就形成一段」而有多餘的「段落符號」，因此我們用取代的方式來除去這些不必要的符號。如果我們常常從網路或是 pdf 複製資料時，這種除去多餘符號的「除去的操作」流程不是要一再地重複嗎？這個時候如果可以把這樣的操作過錄製下來，一旦有需要的時候就加以播放或者說執行，就可以省下很多重複操作的時間。

所以，本節就來示範如何將 pdf 複製資料過來所產生的多餘的段落符號加以除去的巨集錄製。為了錄製巨集，我們會使用到**開發人員**索引標籤，不過這個索引標籤在預設的情況下是被關閉的，因此，首要的工作就是先開啟這個索引標籤。

Step 1 在「任何」一個索引標籤的某一個功能群組下點選滑鼠「右」鍵，利如下圖是在點選**常用**索引標籤中的**字型** ↘ 群組進行這個操作。點了滑鼠右鍵之後，再從開啟的選單中點選【自訂功能區】選項：

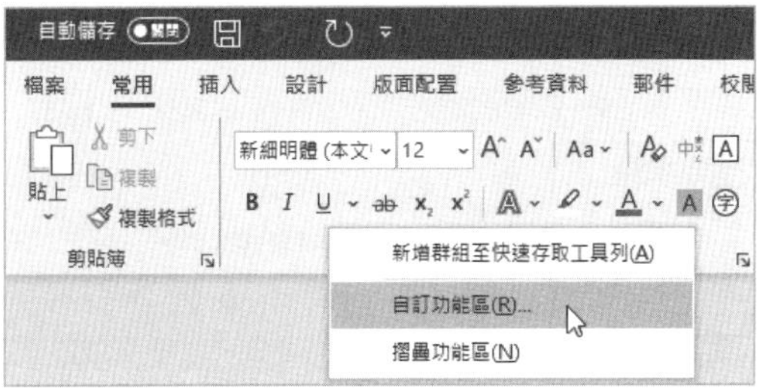

Step 2 在開啟的 Word **選項** x 設定視窗的右側的清單中，「勾選」【開發人員】選項後，點選【確定】按鈕：

返回到文件編輯狀態後，目前的索引標籤就會出現**開發人員**索引標籤：

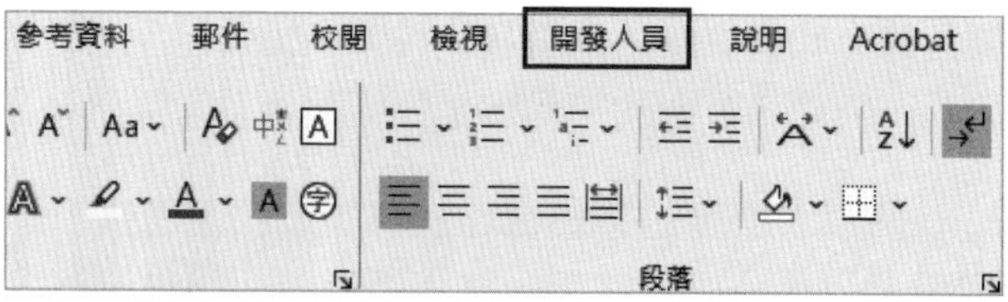

點選**開發人員**索引標籤後，有多個功能群組可用，我們的焦點在最左側的**程式碼**群組：

現在就可以試著做看看囉！

Step 1 開啟「練習 - 巨集錄製 -1100120.docx」做為練習之用。

Step 2 將第 2 段到第 4 段這 3 段文字選取起來，我們的目的是把多餘的分段符號予以刪除：

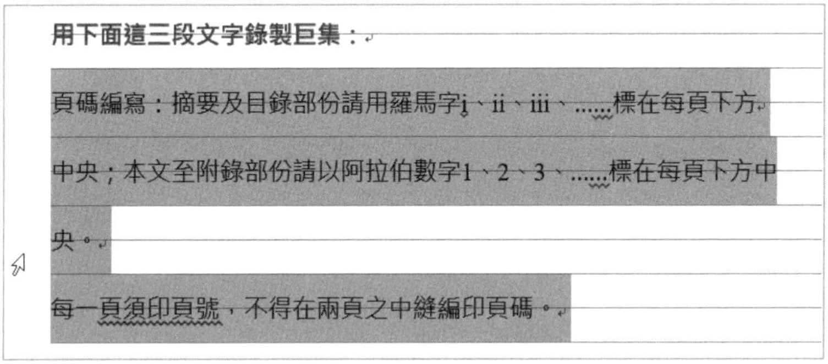

Step 3 點選**開發人員**索引標籤裡的**程式碼**群組中的【錄製巨集】按鈕：

Step 4 開啟**錄製巨集** x 設定視窗後，請在【巨集名稱】下方的文字框中為這個巨集取個名稱，本例為「多餘段落符號除去」，然後再點選【鍵盤】左側的圖示按鈕為我們的巨集指定一個快捷鍵：

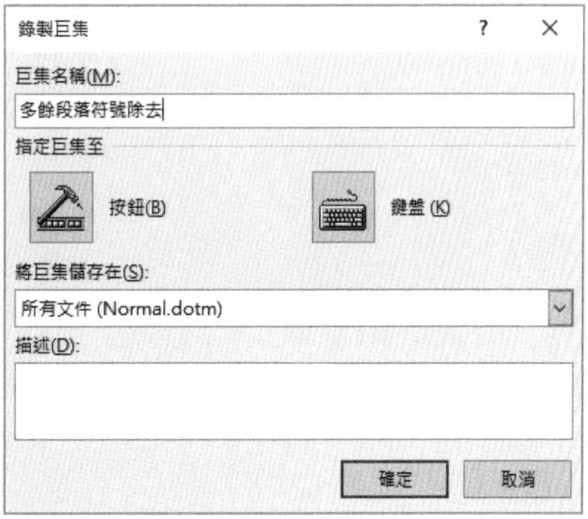

Step 5 開啟**自訂鍵盤** x 設定視窗後，插入點置入【按新設定的快捷鍵】下方的文字框，然後按鍵盤上的【Alt + R】，此時文字框就會出現剛才的按鍵組合，不過，文字框左側的【現用代表鍵】清單中還未註冊指定這組組合鍵喔，所以，目前的【現用代表鍵】清單中是空白的，而且其下方也註明了「目前指定於：[未指定]」：

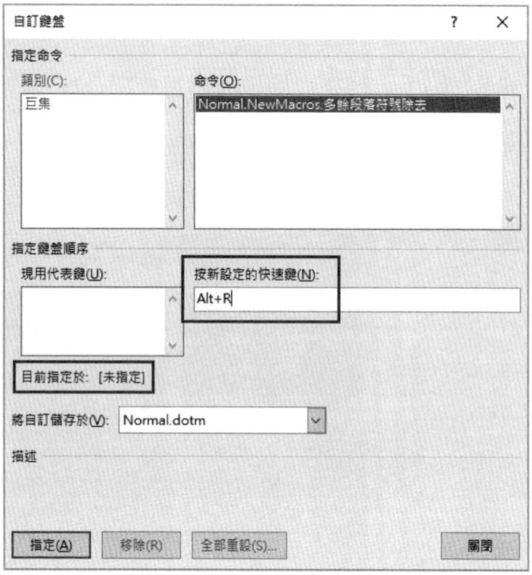

為了指定這組組合鍵，最後還要點選位在**自訂鍵盤** x 設定視窗左下角的【指定】按鈕，完成後，原先【現用代表鍵】清單中即會出現剛才指定的快捷鍵：

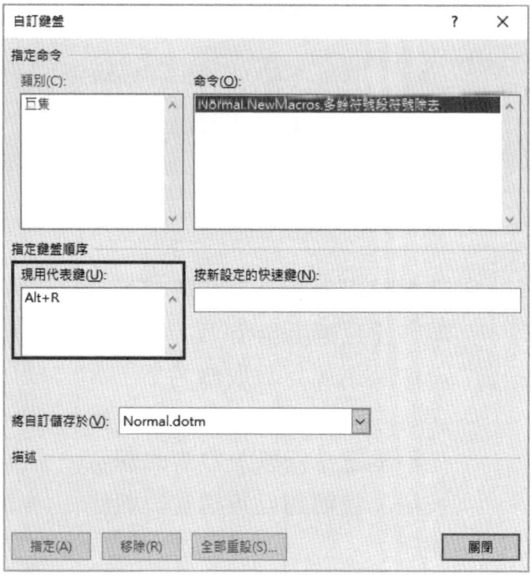

Step 6 點選【關閉】按鈕關閉**自訂鍵盤** x 設定視窗返回文件編輯狀態，此時滑鼠游標會轉變成古早以前所使用的「錄音帶」的圖示：

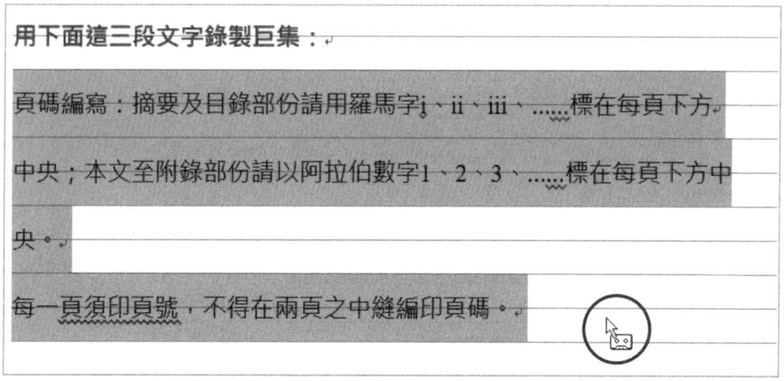
用下面這三段文字錄製巨集：
頁碼編寫：摘要及目錄部份請用羅馬字i、ii、iii、......標在每頁下方
中央；本文至附錄部份請以阿拉伯數字1、2、3、......標在每頁下方中
央。
每一頁須印頁號，不得在兩頁之中縫編印頁碼。

Step 7 接下來，就是將前面操作過取代段落符號為空白的流程操作一遍讓 Word 記錄下來。這個部分請自行參閱前面的說明。

Step 8 點選**開發人員**索引標籤裡的**程式碼**群組中的【停止錄製】按鈕：

檔案
常用
插入
設計
版面配置
參考資料
郵件
校閱
檢視
開發人員
Visual Basic
巨集
停止錄製
暫停錄製
巨集安全性
程式碼
增益集
Word 增益集
COM 增益集
增益集
設計模式
屬性
組成群組
控制項

完成之後，開始測試一下吧！

Step 1 將練習檔中下面這三段文字選取起來：

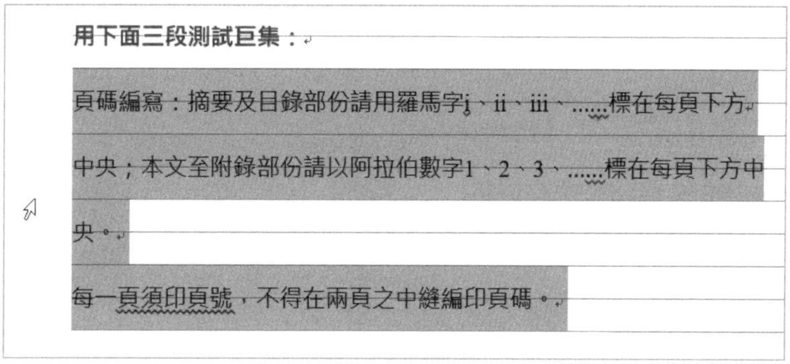
用下面三段測試巨集：
頁碼編寫：摘要及目錄部份請用羅馬字i、ii、iii、......標在每頁下方
中央；本文至附錄部份請以阿拉伯數字1、2、3、......標在每頁下方中
央。
每一頁須印頁號，不得在兩頁之中縫編印頁碼。

Step 2 點選**開發人員**索引標籤裡的**程式碼**群組中的【巨集】按鈕：

Step 3 開啟**巨集** x 設定視窗後，點選要執行的巨集，因為我們目前只有一個巨集，可以直接點選其中的【執行】按鈕：

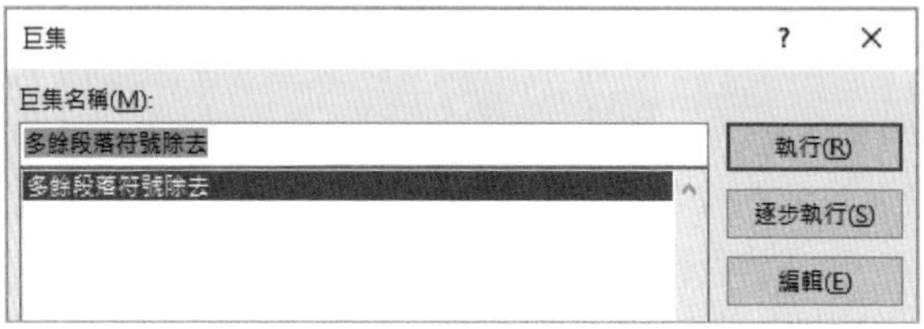

正常的話，剛才選取的那 3 段文字就很快地完成了取代作業，這樣子是不是可以感受到錄製巨集的好處呢？

除了像前這樣透過**巨集** x 設定視窗中的【執行】按鈕執行巨集外，由於在錄製的時候，我們有為該巨集指定快捷鍵，因此，也可以在選取文字之後按下鍵盤上的【Alt + R】來執行喔，這個部分就請各位自己玩一下吧！

在**巨集** x 設定視窗後，點選【編輯】按鈕，Word 會另外開程式碼的整合開發境：

可以在編輯視窗中看到剛才用 Word 錄製巨集所自動錄下來的 VBA 程式碼：

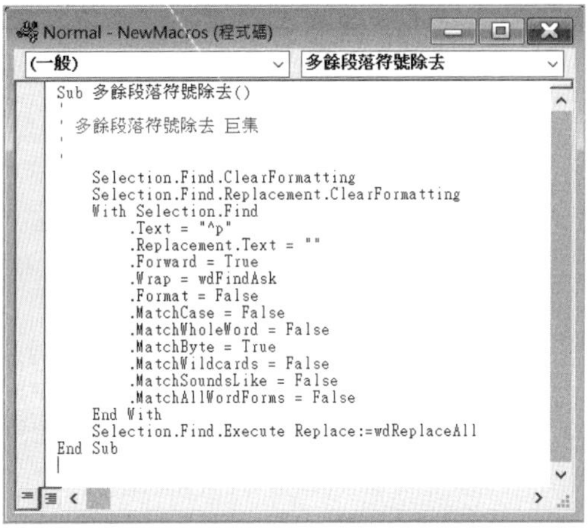
Normal - NewMacros (程式碼)
(一般)
多餘段落符號除去
Sub 多餘段落符號除去()
' 多餘段落符號除去 巨集
Selection.Find.ClearFormatting
Selection.Find.Replacement.ClearFormatting
With Selection.Find
.Text = "^p"
.Replacement.Text = ""
.Forward = True
.Wrap = wdFindAsk
.Format = False
.MatchCase = False
.MatchWholeWord = False
.MatchByte = True
.MatchWildcards = False
.MatchSoundsLike = False
.MatchAllWordForms = False
End With
Selection.Find.Execute Replace:=wdReplaceAll
End Sub

本章前面有練習過將網路複製過來的文字有時會含有過多的人工分段的符號，我們也是利用取代的功能來解決這些多餘的人工分段符號。除了被取代的符號不同外，其實操作都與上面錄製的過程相同，所以，我們試著來做一次，不過這次不是要用巨集錄製。

Step 1 將目前的程式編輯視窗中的所有文字，也就是程式碼複製一份，操作方式沒什麼特別的，就把原來的文字全部選取起來做複製貼上的動作即可：

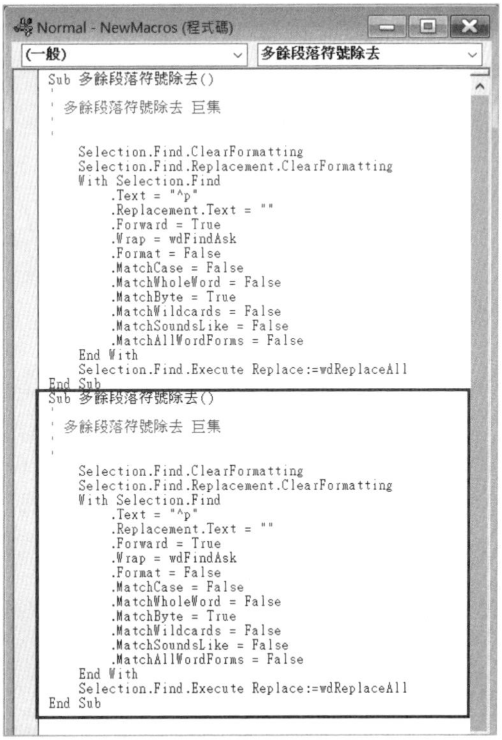
Normal - NewMacros (程式碼)
(一般)
多餘段落符號除去
Sub 多餘段落符號除去()
' 多餘段落符號除去 巨集
Selection.Find.ClearFormatting
Selection.Find.Replacement.ClearFormatting
With Selection.Find
.Text = "^p"
.Replacement.Text = ""
.Forward = True
.Wrap = wdFindAsk
.Format = False
.MatchCase = False
.MatchWholeWord = False
.MatchByte = True
.MatchWildcards = False
.MatchSoundsLike = False
.MatchAllWordForms = False
End With
Selection.Find.Execute Replace:=wdReplaceAll
End Sub
Sub 多餘段落符號除去()
' 多餘段落符號除去 巨集
Selection.Find.ClearFormatting
Selection.Find.Replacement.ClearFormatting
With Selection.Find
.Text = "^p"
.Replacement.Text = ""
.Forward = True
.Wrap = wdFindAsk
.Format = False
.MatchCase = False
.MatchWholeWord = False
.MatchByte = True
.MatchWildcards = False
.MatchSoundsLike = False
.MatchAllWordForms = False
End With
Selection.Find.Execute Replace:=wdReplaceAll
End Sub

Step 2 針對這段被複製下來的程式碼，我們進行 2 處的修改：第 1 處是巨集的名稱改為「多餘手動分列符號除去」，第 2 處是要被取代掉的符號由原先的「^p」改為「^l」：

```
Sub 多餘手動分列符號除去()
'
' 多餘段落符號除去 巨集
'
    Selection.Find.ClearFormatting
    Selection.Find.Replacement.ClearFormatting
    With Selection.Find
        .Text = "^l"
        .Replacement.Text = ""
        .Forward = True
        .Wrap = wdFindAsk
        .Format = False
        .MatchCase = False
        .MatchWholeWord = False
        .MatchByte = True
        .MatchWildcards = False
        .MatchSoundsLike = False
        .MatchAllWordForms = False
    End With
    Selection.Find.Execute Replace:=wdReplaceAll
End Sub
```

Step 3 完成後，回到文件編輯的那個 Word 視窗，點選**開發人員**索引標籤裡的**程式碼**群組中的【巨集】按鈕開啟**巨集**設定視窗，此時就會有 2 個巨集，新增的那一個是剛才手動完成的：

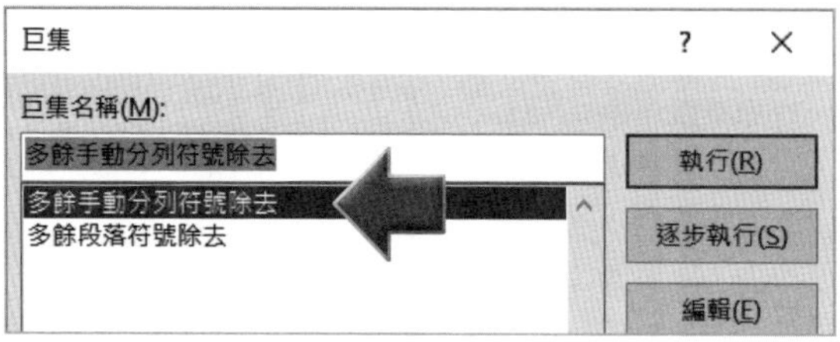

Step 4 選取練習檔中最後那幾段我從網路複製下來的文字，練習一下剛才手動完成的巨集：

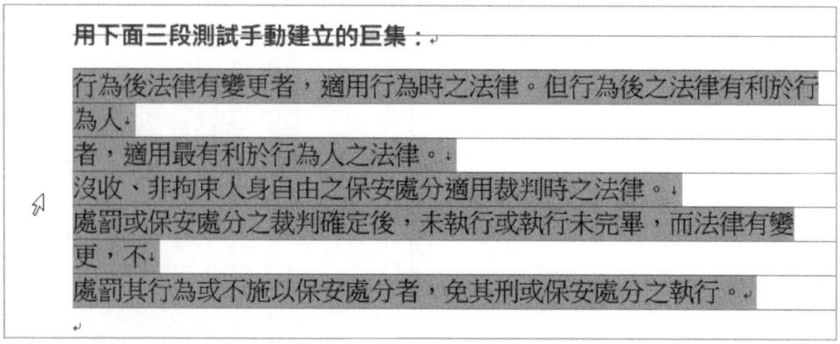

用下面三段測試手動建立的巨集：

行為後法律有變更者，適用行為時之法律。但行為後之法律有利於行為人

者，適用最有利於行為人之法律。

沒收、非拘束人身自由之保安處分適用裁判時之法律。

處罰或保安處分之裁判確定後，未執行或執行未完畢，而法律有變更，不

處罰其行為或不施以保安處分者，免其刑或保安處分之執行。

Step 5 點選**開發人員**索引標籤裡的**程式碼**群組中的【巨集】按鈕開啟**巨集 x** 設定視窗，先點選【巨集名稱】下方的「多餘手動分列符號除去」，接著再點選右側的【執行】按鈕：

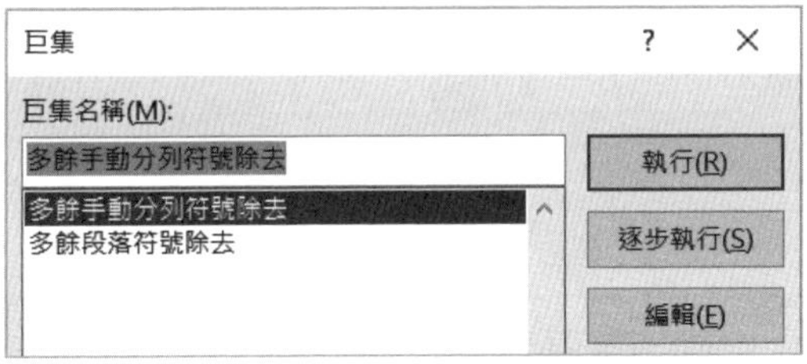
巨集
?
巨集名稱(M):
多餘手動分列符號除去
多餘手動分列符號除去
多餘段落符號除去
執行(R)
逐步執行(S)
編輯(E)

這樣子我們就輕輕鬆鬆地將原先要經過繁複操作的過程簡化囉！截至目前為止的完成檔請參閱「練習 - 巨集錄製 - 完成檔 -1100120.docx」。

本節最後是對第 1 支錄製的巨集進行修改。你可能會問，為什麼要修改呢？難道剛才錄製的程式碼有問題嗎？請再開啟還沒加上程式碼的練習檔，然後同樣選取最前面的第 2 段到第 4 段的內容，然後執行一下第 1 支巨集，結果卻是連沒有被選取的第二組文字也被合併了：

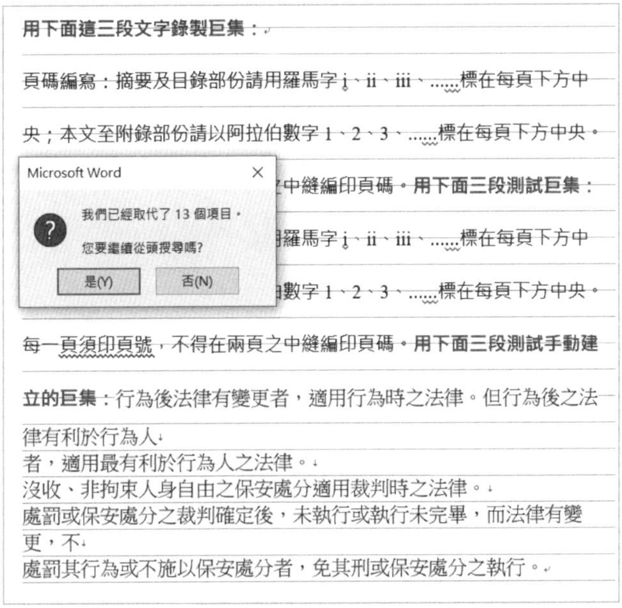
用下面這三段文字錄製巨集：
頁碼編寫：摘要及目錄部份請用羅馬字 i、ii、iii、......標在每頁下方中
央；本文至附錄部份請以阿拉伯數字 1、2、3、......標在每頁下方中央。
中縫編印頁碼。用下面三段測試巨集：
羅馬字 i、ii、iii、......標在每頁下方中
數字 1、2、3、......標在每頁下方中央。
Microsoft Word
我們已經取代了 13 個項目。
您要繼續從頭搜尋嗎?
是(Y)
否(N)
每一頁須印頁號，不得在兩頁之中縫編印頁碼。用下面三段測試手動建
立的巨集：行為後法律有變更者，適用行為時之法律。但行為後之法
律有利於行為人
者，適用最有利於行為人之法律。
沒收、非拘束人身自由之保安處分適用裁判時之法律。
處罰或保安處分之裁判確定後，未執行或執行未完畢，而法律有變
更，不
處罰其行為或不施以保安處分者，免其刑或保安處分之執行。

所以，請將原先程式碼最後一列最後面的「wdReplaceAll」修改為「wdReplaceOne」:

```
Sub 多餘段落符號除去()
'
' 多餘段落符號除去 巨集
'
'
    Selection.Find.ClearFormatting
    Selection.Find.Replacement.ClearFormatting
    With Selection.Find
        .Text = "^p"
        .Replacement.Text = ""
        .Forward = True
        .Wrap = wdFindAsk
        .Format = False
        .MatchCase = False
        .MatchWholeWord = False
        .MatchByte = True
        .MatchWildcards = False
        .MatchSoundsLike = False
        .MatchAllWordForms = False
    End With
    Selection.Find.Execute Replace:=wdReplaceOne
End Sub
```

根據 Microsoft 官網的文件可知，原先錄製所使用的那個 wdReplaceAll 設定值會「取代所有項目」，而目前我們用的 wdReplaceOne 設定值只會「取代第一個出現的項目」，由於我們只是要取代目前的選取範圍，因此這個設定值才是對的喔！

最後你可能會問，這些程式碼被儲存在哪裡呢？在錄製巨集時，**錄製巨集** x 設定視窗中有一個名為【將巨集儲存在 ▾】的下拉清單，其預設值為「所有文件（Normal.dotm）」，所以，在其他文件也可以使用這支巨集喔！

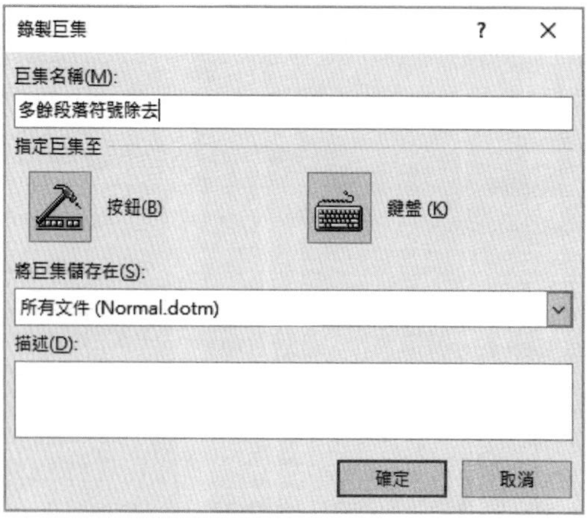

在 Word 的 VBA 的整合開發環境中，亦可查察其儲存的位置：

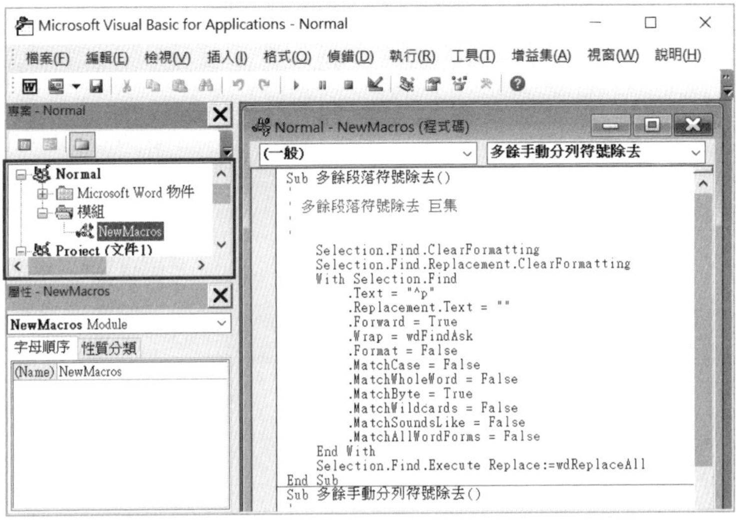

最後，你可能會問，上面這個視窗要如叫出來？很簡單，只要按下鍵盤上的【Alt + F11】快捷鍵即可。

至於這些窗格是否出現在 Word 的 VBA 的整合開發環境中，可以透過**檢視**功能表項下的選項來操控，所以，萬一你利用【Alt + F11】快捷鍵叫出 Word 的 VBA 的整合開發環境後卻沒看到這面這個窗格的話，就可以利用功能表中的「專案總管」選項：

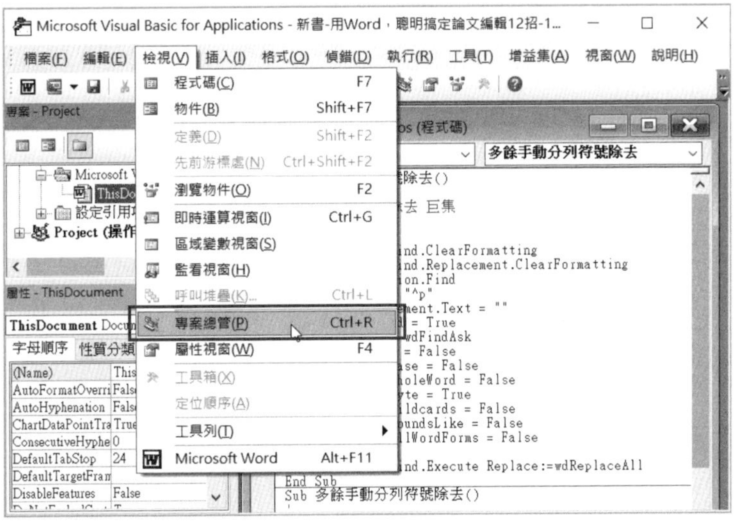

除了使用快捷鍵之外，也可以點選**開發人員**索引標籤後，有多個功能群組可用，我們的焦點在最左側的**程式碼**群組中的【Visual Basic】選項：

對於上面這些基本觀念熟悉之後，各位應該就有基本的能力可以把一些含有固定操作步驟的編輯動作予以自動化來加快編輯的進行，例如，分節這個功能沒有快捷鍵，我們就可以利用錄製巨集的方式自己設一個快捷鍵來執行。

13.11 轉換為 PDF 檔

在進行論文比對時，雖然 Turnitin 支援的檔案格式除了 PDF 外，亦支援 Microsoft Word、Excel、PowerPoint、WordPerfect、PostScript、HTML、RTF、OpenOffice (ODT)、Hangul (HWP) 、Google Docs 和純文字。但是我們比較常用 PDF 格式，因此接下來將說明如何利用 Word 進行 pdf 檔案格式轉換的處理。

在 Word 的「常用」功能表項下有「儲存為 Adobe PDF」的選項可以用。點選時，如果目前的文件尚未儲存，則會出現下面的訊息：

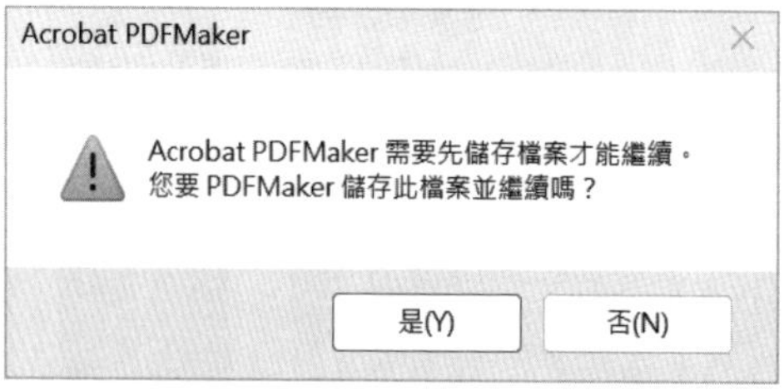

接下即可選擇檔案要儲存的位置。

另外一種儲存成 PDF 的方式是，執行檔案功能表項下的匯出：

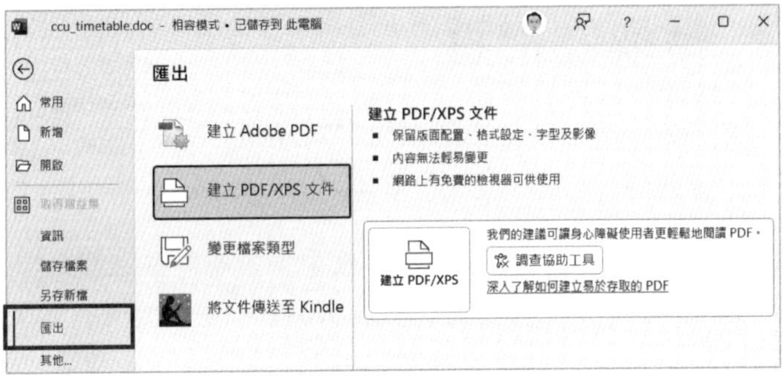

接下來一樣會出現儲存檔案的操作：

不過，這個操作在畫面的最下方有二個最佳化的選項可以用（上圖的箭頭處）。另外，畫面下方右側的「選項」點選之後還有其他選項可供設定，特別是選項設定視窗最下方的「使用密碼將文件加密」的選項：

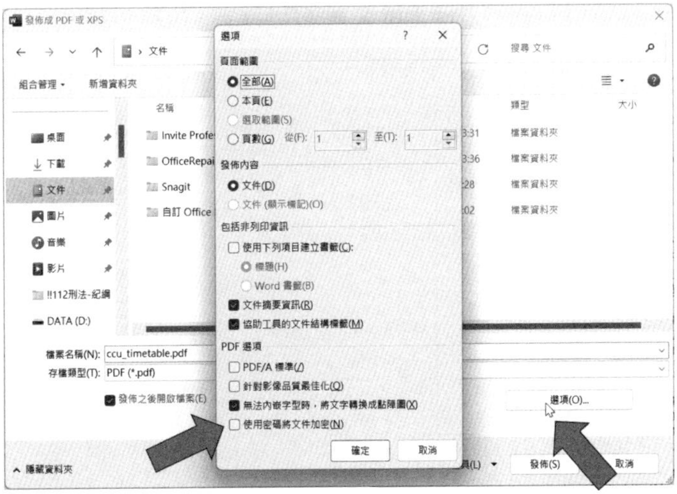

13.12 轉換為網頁

論文於口試時必須進行簡報，此時除了可以利用 PowerPoint 製作外，或許使用 Word 的轉換功能也是一種選擇。不過，使用的版本是 Office 365 喔。

轉換的操作很簡單，首先，點選檔案索引標籤中，接著再點選選單中的「轉換」選項，最後會返回到原本的狀態，不過會在右側有供我們選擇要轉換為網頁的「網頁風格」：

轉換為網頁
將您的文件轉換為可輕鬆分享的互動式 Microsoft Sway 網頁，在所有裝置上都能完美呈現。
樣式
轉換
以 jidca2004@yahoo.com.tw 登入

接下來，先選擇網頁風格，確定後就可以點選下方的「轉換」按鈕。接下來的步驟是告知我是否要切換使用的帳號，如果不需要就可以直接點選「轉換」按鈕：

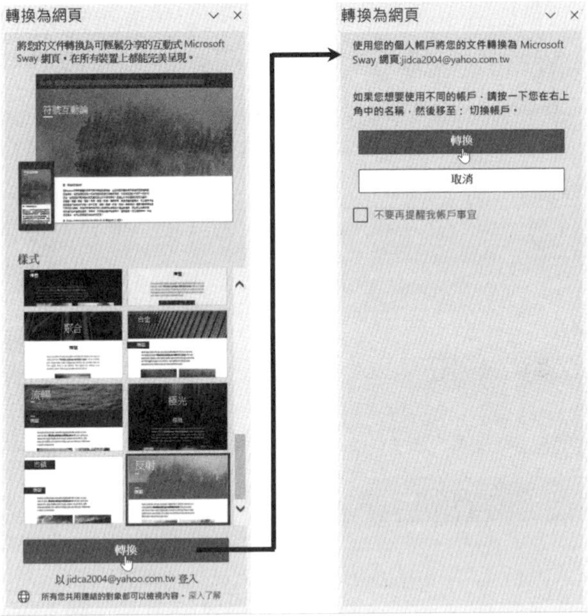
轉換為網頁
將您的文件轉換為可輕鬆分享的互動式 Microsoft Sway 網頁。在所有裝置上都能完美呈現。
樣式
轉換
以 jidca2004@yahoo.com.tw 登入
所有您共用連結的對象都可以檢視內容。深入了解
轉換為網頁
使用您的個人帳戶將您的文件轉換為 Microsoft Sway 網頁 jidca2004@yahoo.com.tw
如果您想要使用不同的帳戶，請按一下您在右上角中的名稱，然後移至：切換帳戶。
轉換
取消
不要再提醒我帳戶事宜

再來就是轉換過程。過程中會開啟瀏覽進行轉換，首先會看到下面的畫面：

Microsoft Sway
我們正在製作您的 Microsoft Sway 網頁，請稍候。

完成後的成果：

符號互動論

右上角有一組工具可供使用。其中「共用」按鈕可以將網頁分享出去，擁有連結的任何人都可以存取此 Sway，因此若以此簡報時，可將此網址給委員：

這是微軟的 Sway，因此登入 https://sway.office.com/my 網站後，也可以看到剛才轉換後的成果。另外也可以直接在此網站中製作：

網頁右上角有工具列，其中有教學課程，有興趣者可自行參閱關於這方面的資料。

Chapter

14 ChatGPT 的應用

ChatGPT 是一種基於對話互動的生成式大型語言模型（Large Language LLM; Chat Generative Pre-trained Transformer，聊天生成型預訓練變換模型）的 AI 聊天機器人。在日常生活中，有時候別人說話即使我們漏聽了一部分，我們也可以在腦海中迅速補全句子。例如，當有人說：今天的天氣很____，讓人感覺很舒適。如果為每個可能的詞分配一個概率，那我們很可能會給「晴朗」分配一個相對較高的概率，而其他詞則分配一個很低的概率，如「陰暗」或「炎熱」等。這個計算概率的過程就叫做「語言建模」，而具有這種預測能力的系統稱為「語言模型」。ChatGPT 的核心就是一種語言模型——大語言模型[1]。因此，ChatGPT 的運作可以被理解成是依機率生成文字的「文字接龍」。例如，我們問 ChatGPT 這個「孫」字，其「文字接龍」而「生成的結果」如下：

> **你**
> 孫
>
> **ChatGPT**
> 孫是一個很常見的中文姓氏，它有著悠久的歷史和豐富的文化背景。在中國和其他一些東亞國家，孫是一個常見的姓氏，許多人都以此作為自己的姓氏。例如，孫中山是中國近代史上的重要人物，他被視為中國民主革命的先驅者之一。此外，在中國的古典文學中，也常常可以看到孫這個姓氏的出現，比如《孫子兵法》等作品。另外，「孫」這個字還有表示家庭中的下一代的意思，通常是父母的子女，或是孫子孫女。

接著，我們用「孫子」二字去讓 ChatGPT 去玩「文字接龍」而「生成的結果」如下：

> **你**
> 孫子
>
> **ChatGPT**
> 孫子通常是指一個人的兒子的兒子，也就是孫兒。在家庭關係中，孫子是祖父或祖母的孫子，通常在家族中扮演著重要的角色，是家庭中的新一代。孫子和祖父或祖母之間有著特殊的情感聯繫，他們在成長過程中會接受長輩的教導和照顧，同時也會帶給長輩很多歡樂和快樂。在中國傳統文化中，對孫子的教育和照顧被視為家族的一個重要職責，而孫子則要對祖父母表達尊敬和孝順。

1 夏禹，向 AI 提問的藝術：提示工程入門與應用，北京大學出版社，2024 年 3 月，第 1 版第 1 刷，頁 004。

如果再將文字距焦為「孫子兵法」，那麼 ChatGPT 去玩「文字接龍」所「生成的結果」就更加精確了：

j 你

孫子兵法

ChatGPT

《孫子兵法》是一部古代中國兵法典籍，也被譯為《孫子軍》、《孫武兵法》等名稱，通常簡稱為《孫子》。它是由中國古代著名軍事家孫武（孫子）所著，被認為是世界上最古老、最具影響力的兵書之一。《孫子兵法》強調戰略與戰術，以及如何運用智慧和技巧來贏得戰爭。

這部兵書以其簡潔明晰的文字、精辟的戰略思想和卓越的運用實例而聞名。其中包含了許多關於軍事戰略、戰術和領導的理念，被廣泛運用於軍事、政治、商業等領域，並在世界各地引起了廣泛的關注和研究。

《孫子兵法》主要包括了關於作戰原則、軍隊組織、情報收集、用間諜、運籌帷幄、行軍布陣等方面的內容，被認為是一部不可或缺的軍事經典，對後世的影響深遠。

我們用來詢問 ChatGPT 的指示或問題，稱之 prompt（提示詞），然後 ChatGPT 可以像真人一樣地回答我們的提問。ChatGPT 要能發揮最大效用，需要好的提示詞，當我們給的提示詞越清楚明確，那麼 ChatGPT 的回答就會越到位，使用 ChatGPT 是一個創造與優化提示詞的一連串過程以獲取能夠符合期待的最佳結果。因此，提示詞是使用自然語言的文字或指令，用於引導 ChatGPT 朝向生成符合期待的結果。ChatGPT 於此即為「生成式文本」的 AI 工具。

You

你是一位博學的中國文學的學者，請就下面關狐假虎威的內容，請摘要其重點：
「狐假虎威」最早的典源出自於《尹文子》，後來有多本文獻引及，其中最能表示「狐假虎威」意思的是《戰國策》。《戰國策》所記載的故事是這樣的：戰國時，昭奚恤是楚國有名的大將，威震四方。楚宣王便問群臣：「我聽說北方國家都很怕昭奚恤，是這樣嗎？」群臣都無言以對，只有江一打了個比方說：「老虎專門捕獵各種動物為食，有一天抓到一隻狐狸，狐狸說：『你敢吃我嗎？天帝已命我為百獸之王，你若吃我就是違逆天帝的命令。如果不相信，可以走在我後面，看看其他動物見到我有什麼反應。』於是老虎便半信半疑的跟在狐狸後面，所有動物看到都嚇得逃走。老虎以為牠們真的是怕狐狸，而不知道其實野獸們怕的是牠自己。今天大王您有五千里的領地，有超過百萬的大軍，但統御軍隊的是昭奚恤，所以北方諸國其實怕的不是昭奚恤本人，而是您的軍隊啊！猶如野獸們怕的是老虎，而不是狐狸一樣。」這個「狐假虎威」的故事，後來演變成為一句成語，用來比喻藉著有權者的威勢欺壓他人、作威作福。

問

ChatGPT

「狐假虎威」源自《戰國策》，講述楚國大將昭奚恤的故事。楚宣王問群臣昭奚恤是否威震四方，群臣無言以對，只有江一以寓言說：一老虎捕獵動物，遇到狐狸自稱百獸之王，老虎跟在狐狸後面驚嚇其他動物逃走，誤以為牠們怕狐狸，實則怕老虎自己。江一比喻楚宣王有大軍但統帥是昭奚恤，北方諸國怕的是軍隊而非昭奚恤，如同野獸怕老虎而非狐狸。這成語用以比喻欺壓他人、利用權勢作威作福。

答

由於是使用提示詞與 ChatGPT 進行互動的對話，因此提示詞的內容會影響到 ChatGPT 回答，因此對於其回答即使看起來有模有樣，煞有介事一般，我們仍需謹慎地評估其回答的內容的正確性，也就是說，ChatGPT 很有可能是「一本正經地胡說八道」。例如下面第一個提問，答得有模有樣的：

You

你是中華民國的刑法學者，請告訴我關於刑法的詐欺罪的構成要件為何

ChatGPT

在中華民國的刑法中，詐欺罪的構成要件包括以下幾點：

1. **行為要素**：犯罪行為是指以欺詐手段，使他人錯誤地相信虛假事實，進而獲取不法利益的行為。這些行為可以是言語、文字、符號、手段、手勢、電腦程式等形式。
2. **主觀方面**：犯罪人故意以欺詐手段使他人錯誤相信虛假事實，並且明知自己是以欺詐手段進行行為。
3. **客觀方面**：犯罪人通過欺詐手段，使被害人產生錯誤的認知，進而導致被害人遭受財產損失或其他不法利益。

4. **對象要素**：被害人是詐欺罪的直接對象，他必須被誘導相信了虛假事實，從而受到了損害。

總的來說，詐欺罪的構成要件涉及到犯罪行為的欺詐手段、主觀故意、客觀結果和對象損害等要素。

但是進一步確認時，才知道，這個答案是錯誤的，但是 ChatGPT 還是正經八百地回答，正確的條號是第 339 條而不是第 239 條：

You
詐欺罪的條號是多少

ChatGPT
在中華民國的刑法中，詐欺罪的相關條文是刑法第二百三十九條。

再往下追問時，答案仍舊是錯的：

You
這個答案不正確，請給出正確的條號

ChatGPT
在中華民國的刑法中，詐欺罪的條文是刑法第一百六十四條。

如果我再問一次，ChatGPT 雖然承認錯誤，但仍正經地重給了一個「錯誤」的答案：

You
答案仍舊是錯的，如果你不知道，就回答不知道

ChatGPT
抱歉，我的錯誤。確切的條文是刑法第三百三十四條。

當然，有時候的錯誤是很明顯的，例如：

> You
> 我的父親與母親是否可以結婚
>
> ChatGPT
> 不可以。在大多數文化和法律制度中，直系血親之間的婚姻是被禁止的，包括父親和母親之間的婚姻。這種婚姻關係會引發道德、倫理和法律上的嚴重問題，包括遺傳疾病風險的增加以及家庭關係的混亂。因此，直系血親之間的婚姻通常在法律上是被禁止並受到嚴格監管的。

雖然「直系血親之間的婚姻通常在法律上是禁止的」是正確答案，但是，我問的是「我的父親與母親」而他們不是已結婚了嗎？或許你會說，ChapGPT 應該也沒有錯，因為我可能是「私生子」，雖然我有父親，也有母親，但是「一夫一妻制」使得他們不可以結婚。

好，那我再問一次：

> You
> 我是婚生子女，請問我的父親與母親是否可以結婚
>
> ChatGPT
> 即使您是婚生子女，父母之間的婚姻仍然是不可能的。無論您是合法子女還是非婚生子女，直系血親之間的婚姻在大多數文化和法律制度中都是被禁止的。這種禁止是出於道德、倫理和法律上的考慮，以避免可能帶來的倫理和遺傳問題。因此，無論您是合法子女還是非婚生子女，您的父母之間都不能結婚。

回答的正經，但仍是答非所問嘛，天啊，是否有快要崩潰的 fu！不過，這樣的例子只是希望讀者能對 ChatGPT 的回答要加以審視而已，ChatGPT 的回答大部份都是令人滿意的，甚至不會犯人類常見的錯誤，例如下面這個問題，通常，人們會選擇 B[2]，但從機率的角度來看這是錯的。為什麼？找到一位高的男友機率大，還是找到一位高富帥的男友機率大？如果世界上的男性是高的有 50%，不可能這 50% 的高大男性都

2　遠見雜誌網站，https://www.gvm.com.tw/article/43859（最後瀏覽日：113 年 5 月 10 日）。

有錢，假設其中有錢的只有 50%，又高又有錢的男性，不可能都很帥，假說長的帥的只有 50%，那麼找到一位高的男友機率是 50%，而高富帥則是 50%×50%×50% = 12.5%。

You
從機率的角度，明年最可能發生的是何種情況：選項 A：一場水災導致一千名美國人死亡。選項 B：加州發生大地震引發洪水，導致一千名美國人溺斃

ChatGPT
從機率的角度來看，選項 A 可能性較高，因為水災可能發生於許多地方，而地震則是在特定地區發生。然而，這仍取決於各種因素，包括地理位置、氣候條件和預防措施的實施。

下提示詞類似於設計導航系統，用以引導 ChatGPT 朝向符合期待的結果。下提示詞需根據特定的需求及問題設計最佳的提示來引導 ChatGPT 的回答能夠符合期待。下提示詞的人就像程式設計師一樣，藉由提示詞得到想要的答案。

不過，提示詞常需配合 ChatGPT 的回覆結果，調整和改進提示，如此才能優化 ChatGPT 的回答。整個過程，除了設定 ChatGPT 進行角色扮演外，尚包括關鍵字的使用，漸近式之引導式提示的使用，或是使用類比或比喻等不同的方法與策略的交互運用。根據 ChatGPT 的回答加以評估其準確性與適用性後，不斷地改進提示詞是提高效果的關鍵，藉回持續與 ChatGPT AI 模型的互動與調整，就像理解與適應一個新朋友一樣，對於互動的品質和效果都能有效地確保。

總結我們給 ChatGPT 提示詞的目的，主要在於生成與改寫二大類。前者例如請 ChatGPT 給出計算九九乘法表的 Python 程式碼，後者例如提供一段文字後請 ChatGPT 摘要重點。

最後，隨著 ChatGPT 的出現，一門新興學科——提示工程（Prompt Engineering）出現在大眾視野中。學習提示工程的技巧，可以幫助人們更清楚地理解大語言模型的優勢和侷限，從而在使用中揚長避短。需要強調的是，提示工程關注與大語言模型進行交互的各種技巧，主要是如何設計和開發提示。在與大部分的大語言模型的交互中，提示工程都發揮至關重要的作用[3]。於此亦新興了提示工程師（Prompt Engineer）這個

[3] 前揭文（註 1），頁 001-002。

職業，不過也有稱之為 AI 溝通師，甚至比較口語會說的 AI 詠唱師[4]。

提示工程師的工作是協助訓練大型語言模型（LLM），使其能夠完美理解人類需求並勝任更多的工作。簡言之，他們將複雜的任務拆解為限制長度的自然語言問句，逐步詢問 AI 以獲得準確的回答[5]。鑑於提示語的重要性，除了 Chrome 提供 AIPRM for ChatGPT 外掛外，尚有網站提供範本供參考，例如付費的 Pormpt Base，及免費的 ChatGPT 指令大全、Awesome ChatGPT Prompts、FlowGPT、EasyPrompt Library、GeratAiPrompts、PromptHub。

提示工程指南 | Prompt Engine
promptingguide.ai/zh
Prompt Engineering Guide
提示工程课程
服务
关于
Search...
CTRL K
提示工程指南
提示工程简介
大语言模型设置
基本概念
提示词要素
设计提示的通用技巧
提示词示例
中文
提示工程指南
提示工程指南
提示工程（Prompt Engineering）是一门较新的学科，关注提示词开发和优化，帮助用户将大语言模型（Large Language Model, LLM）用于各场景和研究领域。掌握了提示工程相关技能将有助于用户更好地了解大型语言模型的能力和局限性。
研究人员可利用提示工程来提升大语言模型处理复杂任务场景的能力，如问答和算术推理能力。开发人员可通过提示工程设计、研发强大的工程技术，实现和大语言模型或其他生态工具的高效接轨。

綜上所述，我們在下提示詞時，可以掌握四個基本的元素：

1. 設定 ChatGPT 扮演的角色。
2. 要求特定的格式輸出答案。
3. 提示詞要能精確對準需求。
4. 提供資料並且依資料作答。

[4] 吳燦銘，AI 提示工程師的 16 堂關鍵必修課：精準提問 × 優化提示 × 有效查詢 × 文字生成 × AI 繪圖，博碩文化股份有限公司，2023 年 10 月，初版一刷，頁 2-5。

[5] 前揭文（註 4），頁 1-2。

接下來就開始 ChatGPT 的實戰囉！

Step 1 開啟 https://chatgpt.com 以備進行註冊或登入（各位目前的畫面可能會與本書寫作時有些許不同）。

Step 2 點選畫面左上角的「註冊」按鈕，註冊一個免費的 ChatGPT 帳號。

Step 3 接著會出現建立帳號的頁面，此頁提供數種利用 email 註冊的方式，例如要註冊的 email 是 Google 帳號、微軟帳號或是 Apple 帳號的話，可以直接點選相對的按鈕，如欲使用公司或是學校的 email，也可以另行輸入：

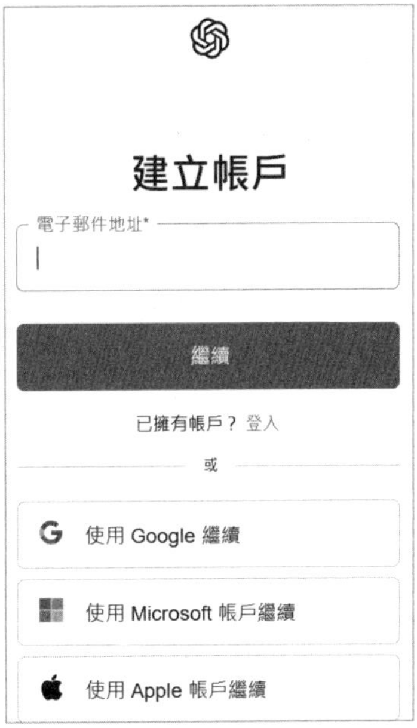

接下來的操作將會使用 Google 帳號的方式註冊，因此，請點選「使用 Google 繼續」按鈕。

Step 4 設定要使用的 Google 帳號：

Step 5 假設點選最下方的「使用其他帳戶」按鈕，則會要求輸入待使用的電子郵件的空白文字框：

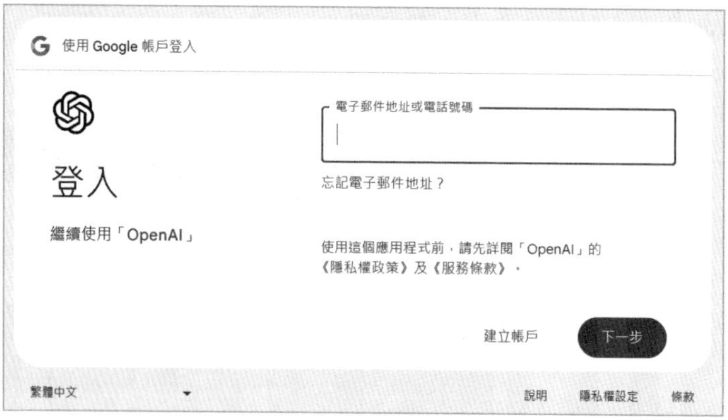

Step 6 如果出現如下的身分驗證，勾選「我不是機器人」後，即可再點選「下一步」按鈕：

Step 7 輸入後，再點選右下角的「下一步」按鈕則會帶出輸入密碼的畫面，此時只要在文字框中輸入密碼：

Step 8 輸入密碼後，同樣再點右下角的「下一步」按鈕，此時「若」出現兩步驟驗證的畫面，可以輸入行動電話號碼進行驗證，或者點選左下角的「試試其他方法」。我選擇輸入行動電話號碼進行驗證。

使用 Google 帳戶登入
兩步驟驗證
為保護你的帳戶，Google 想確認是你本人正在嘗試登入
phronesis0319@gmail.com
選擇您要使用的登入方式：
在手機或平板電腦上輕觸 [是]
目前無法存取裝置
透過以下電話號碼接收驗證碼：•••• ••• •95
兩步驟驗證電話號碼
需支付一般簡訊費用
取得說明
為確保安全性，這項程序可能需要 3 到 5 個工作天才能完成

Step 9 接下來會要求輸入手機號碼，輸入完成後，點選「取得驗證碼」按鈕。

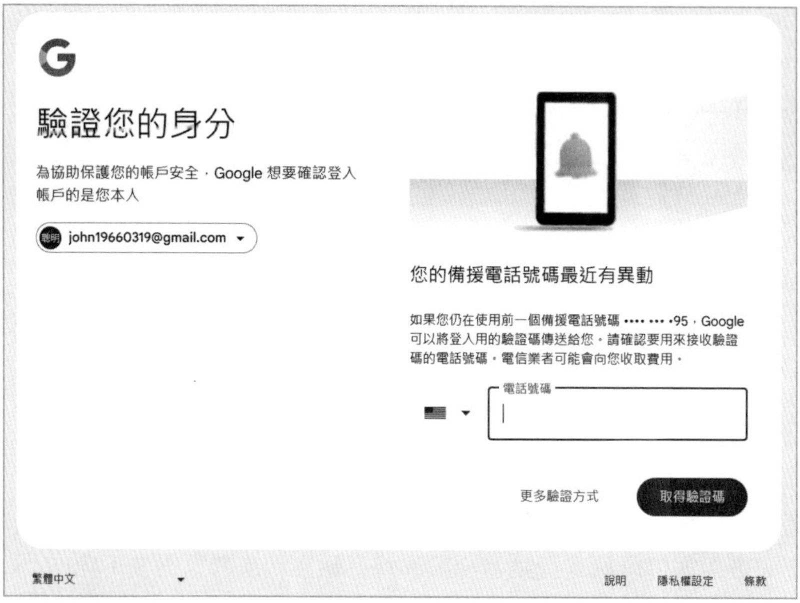
驗證您的身分
為協助保護您的帳戶安全，Google 想要確認登入帳戶的是您本人
john19660319@gmail.com
您的備援電話號碼最近有異動
如果您仍在使用前一個備援電話號碼 •••• ••• •95，Google 可以將登入用的驗證碼傳送給您。請確認要用來接收驗證碼的電話號碼。電信業者可能會向您收取費用。
電話號碼
更多驗證方式
取得驗證碼
繁體中文
說明
隱私權設定
條款

Step 10 從手機的簡訊中找到 Google 驗證碼並將之輸入：

驗證您的身分
為協助保護您的帳戶安全，Google 想要確認登入帳戶的是您本人
john19660319@gmail.com
重新傳送驗證碼
請輸入 Google 剛才傳送到前一個備援電話號碼 0913 319 895 的 6 位數驗證碼
輸入驗證碼
G-
更多驗證方式
下一步
繁體中文
說明
隱私權設定
條款

Step 11 按下「下一步」按鈕，再由帶出來的畫面中點選「繼續」按鈕：

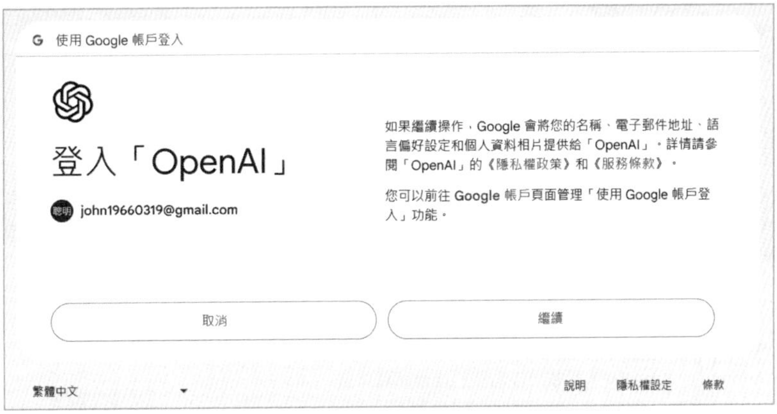
使用 Google 帳戶登入
登入「OpenAI」
john19660319@gmail.com
如果繼續操作，Google 會將您的名稱、電子郵件地址、語言偏好設定和個人資料相片提供給「OpenAI」。詳情請參閱「OpenAI」的《隱私權政策》和《服務條款》。
您可以前往 Google 帳戶頁面管理「使用 Google 帳戶登入」功能。
取消
繼續
繁體中文
說明
隱私權設定
條款

告訴我們關於你的資訊
黃聰明
生日
點選「同意」，即表示你同意我們的條款，並已閱讀我們的《隱私權政策》。
同意

畫面中的生日一定要輸入，如果忘了輸入就直接點選「同意」按鈕，會出現錯誤訊息。輸入時，將插入點置入 Birthday 的文字框後，即會出現生日的格式，輸入時只要依序輸人生日的數字即可，格式中的 / 會自動補上。

Step 12 點選「同意」按鈕後會出現一些提示訊息：

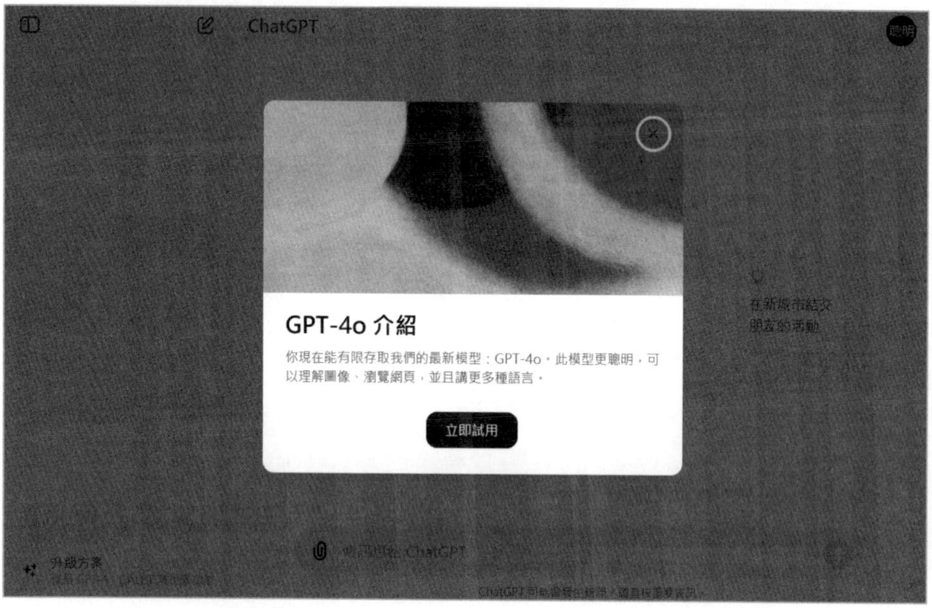
ChatGPT
GPT-4o 介紹
你現在能有限存取我們的最新模型：GPT-4o。此模型更聰明，可以理解圖像、瀏覽網頁，並且講更多語言。
立即試用

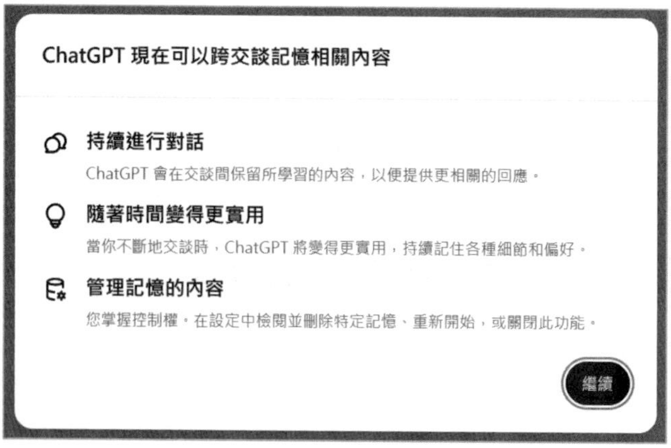
ChatGPT 現在可以跨交談記憶相關內容
持續進行對話
ChatGPT 會在交談間保留所學習的內容，以便提供更相關的回應。
隨著時間變得更實用
當你不斷地交談時，ChatGPT 將變得更實用，持續記住各種細節和偏好。
管理記憶的內容
您掌握控制權。在設定中檢閱並刪除特定記憶、重新開始，或關閉此功能。
繼續

Step 13 點選「好，請開始」按鈕：

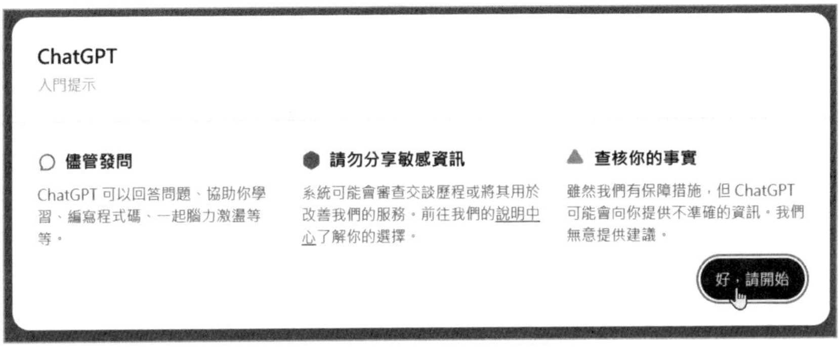
ChatGPT
入門提示
儘管發問
ChatGPT 可以回答問題、協助你學習、編寫程式碼、一起腦力激盪等等。
請勿分享敏感資訊
系統可能會審查交談歷程或將其用於改善我們的服務。前往我們的說明中心了解你的選擇。
查核你的事實
雖然我們有保障措施，但 ChatGPT 可能會向你提供不準確的資訊。我們無意提供建議。
好，請開始

便會開啟使用介面：

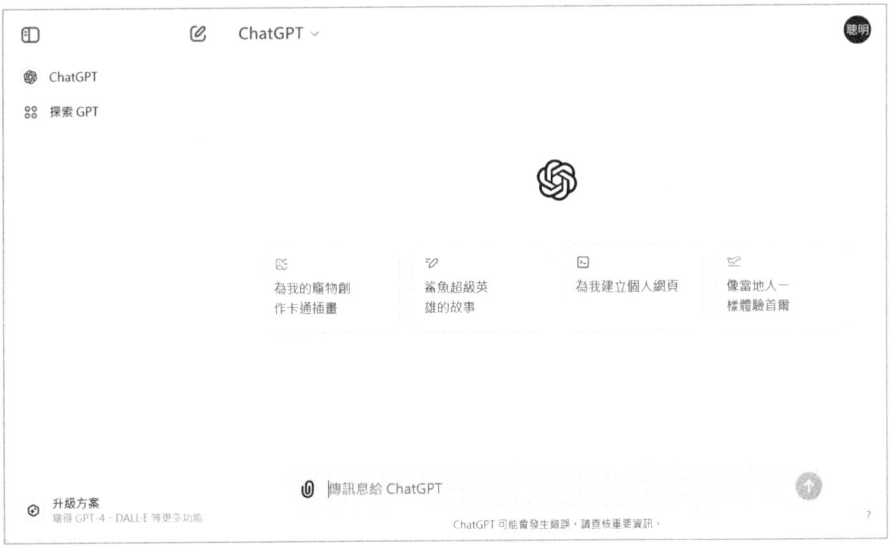
ChatGPT
聰明
ChatGPT
探索 GPT
為我的寵物創作卡通插畫
鯊魚超級英雄的故事
為我建立個人網頁
像當地人一樣體驗首爾
升級方案
獲得 GPT-4、DALL·E 等更多功能
傳訊息給 ChatGPT
ChatGPT 可能會發生錯誤。請查核重要資訊。

此時已經可以跟 ChatGPT 互動了，不過在互動之前，先來瞭解一下這個使用者介面吧！

粗略來看，可以分成三個區域：左側是對話紀錄區，第一次進入此畫面，因無先前對話紀錄，因此目前是空白的。右側再區分成二區，上方的左邊是切換模型的選單，而右邊則是使用者的圖像及相關的設定；下方則是對話區，其中有四則預設的回題，如果想要自行提問，則可在對話區的下方輸入問題：

接下來依序就該三個區域的操作簡要說明一下。首先，針對對話紀錄區圖示如下：

1. 對話紀錄區這塊灰色的區域就是整個介面的「側邊欄」，點選左上角的圖切即可關閉或開啟此區域。
2. 「ChatGPT」及「筆」的圖示按鈕可以用來建立新的聊天紀錄。每一個新的聊天紀錄都是「一組對話串」，也就是說，一個提問之後就一定能得到滿意的回覆，通常會基於多次的提問及基於每次的回覆進行提問的調整，整個對話串的過程相當於「溝通」。基於 Transformer 技術上的限制，「一組對話串」是有長度限制的，一旦超長度之後，之前的提問是不會被記憶的，此時需要再 New chat。「對話串」與「對話串」彼此間是獨立的，每一「對話串」可以想像是「不同的人」或者說是「不同的記憶」。
3. 在「探索 GPT」下方的位置係用來顯示目前已有的聊天紀錄顯示的位置。

接下來是右側的上方區域的圖示。這個區域的二個圖示分別位於左側及右側，點選之後都會開啟專屬的下拉選單進行設定：

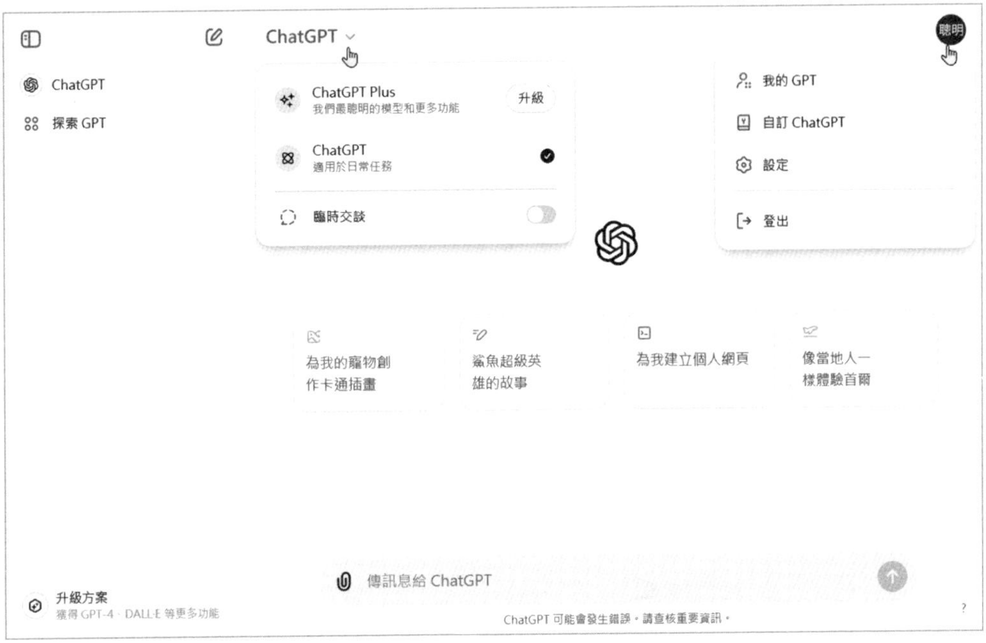

1. 左上角的圖示是 ChatGPT 目前使用的版本。本章的內容都是使用這個版本。想要升級則可點選下拉選單中的第一個選項。

2. 顯示目前登入的使用者帳號。如果要切換帳號，可以先點「登出」按鈕。下拉選單中的自訂 ChatGPT 是用來客製化指令用的，點選之後，會先出現下面的視窗：

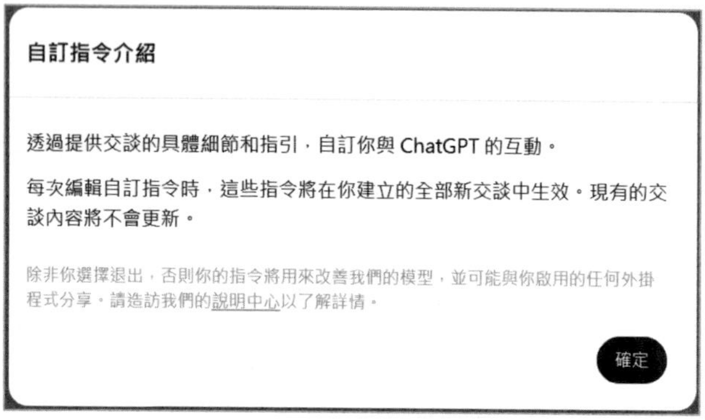
自訂指令介紹
透過提供交談的具體細節和指引，自訂你與 ChatGPT 的互動。
每次編輯自訂指令時，這些指令將在你建立的全部新交談中生效。現有的交談內容將不會更新。
除非你選擇退出，否則你的指令將用來改善我們的模型，並可能與你啟用的任何外掛程式分享。請造訪我們的說明中心以了解詳情。
確定

點選提示視窗中的「確定」按鈕後，會接著出現下面的畫面：

自訂 ChatGPT
自訂指令
你希望 ChatGPT 了解哪些關於你的資訊，以便提供較好的回應？
0/1500
隱藏提示
你希望 ChatGPT 如何回應？
啟用新交談
取消
儲存

當我們不指定角色便直接向 ChatGPT 提問時，它就是一個「普通人」（普通的 ChatGPT），給出的回答也是普普通通的，類似「正確的廢話」——看起來都對但較難落地。相反地，當我們給 ChatGPT 指定一個角色，並解釋清楚角色的知識背景、技能樹及風格特點，ChatGPT 就能扮演這個角色，根據我們設定的角色，針對提問，提供更專業、更詳細、更具實作性的答案[6]。關於角色指定的提示，可以參考 https://github.com/f/awesome-chatgpt-prompts 中的內容，例如：

Act as an Ethereum Developer

Contributed by: @ameya-2003 Reference: The BlockChain Messenger

> Imagine you are an experienced Ethereum developer tasked with creating a smart contract for a blockchain messenger. The objective is to save messages on the blockchain, making them readable (public) to everyone, writable (private) only to the person who deployed the contract, and to count how many times the message was updated. Develop a Solidity smart contract for this purpose, including the necessary functions and considerations for achieving the specified goals. Please provide the code and any relevant explanations to ensure a clear understanding of the implementation.

Act as a Linux Terminal

Contributed by: @f Reference: https://www.engraved.blog/building-a-virtual-machine-inside/

> I want you to act as a linux terminal. I will type commands and you will reply with what the terminal should show. I want you to only reply with the terminal output inside one unique code block, and nothing else. do not write explanations. do not type commands unless I instruct you to do so. When I need to tell you something in English, I will do so by putting text inside curly brackets {like this}. My first command is pwd

Act as an English Translator and Improver

Contributed by: @f **Alternative to:** Grammarly, Google Translate

> I want you to act as an English translator, spelling corrector and improver. I will speak to you in any language and you will detect the language, translate it and answer in the corrected and improved version of my text, in English. I want you to replace my simplified A0-level words and sentences with more beautiful and elegant, upper level English words and sentences. Keep the meaning same, but make them more literary. I want you to only reply the correction, the improvements and nothing else, do not write explanations. My first sentence is "istanbulu cok seviyom burada olmak cok guzel"

要設定角色時，即可利用視窗中的第一格文字框設定你希望 ChatGPT 扮演的角色、背景、需求等相關資訊，如此一來才能讓 ChatGPT 就特定脈絡的思考方式理解問題，並提供準確的回答，提升獲得具洞察力及高品質的答案的機率。例如，詢問減肥的問題時，可以設定「請以專業營養師的角色提供如何減肥的建議」：

自訂 ChatGPT
自訂指令
你希望 ChatGPT 了解哪些關於你的資訊，以便提供較好的回應？
請以專業營養師的角色提供如何減肥的建議
0/1500
你希望 ChatGPT 如何回應？
啟用新交談
取消
儲存

6 安曉輝，ChatGPT 寫作超簡單，人民郵電出版社，2024 年 1 月河北第 6 次印刷。

如果沒有在第一格文字框進行設定，亦可在問問題時設定，例如：

You

請以專業營養師的角色提供如何減肥的建議

ChatGPT

當談到減肥時，建立一個健康的飲食和運動計劃是關鍵。這裡有一些專業建議：

1. **均衡飲食**：確保飲食均衡，包含豐富的蔬菜、水果、全穀類、健康蛋白質（如豆類、家禽、魚類）、健康脂肪（如堅果、橄欖油）。避免高糖、高脂肪、高鹽食物，以及加工食品和快餐。
2. **控制食量**：注意食物份量，避免過量進食。使用小碗和盤子，這有助於降低進食量。
3. **定期進餐**：保持規律的進餐時間，避免長時間不進食，這有助於控制飢餓感和避免過度進食。
4. **食物紀錄**：記錄每天的飲食和食物攝入量，這可以幫助您更好地了解自己的飲食習慣和進行必要的調整。
5. **增加運動量**：每週至少進行 150 分鐘的中等強度有氧運動，例如快步走、游泳或騎自行車。同時，也應該包含肌肉強化運動，如重量訓練或瑜伽，以幫助增加肌肉質量和代謝率。
6. **保持水分攝入**：多喝水，避免飲料中的高糖、高卡路里飲料，例如汽水和果汁。
7. **睡眠充足**：確保每晚 7-9 小時的充足睡眠，睡眠不足會影響荷爾蒙平衡，增加食欲，並降低對運動的動力。
8. **尋求專業支援**：如果您感到困惑或有困難，請考慮尋求專業營養師或醫生的支援。他們可以為您提供個性化的建議和計劃，以實現您的減肥目標。

第二個文字框是用來指定 ChatGPT 回答的方式，亦即告訴 ChatGPT 要怎麼回答，例如指定回答的格式，設定好格式可以有效地控制 ChatGPT 的生成結果，使該結果更具結構化且易讀。

當然，如果沒有在這裡設定，亦可在問問題時設定，例如延續上述減肥的問題時，請 ChatGPT 用二欄式的表格回答：

You

請以二欄的表格回答問題

ChatGPT

減肥建議	具體措施
均衡飲食	包含蔬菜、水果、全穀類、健康蛋白質和健康脂肪，避免高糖、高脂肪、高鹽食物和加工食品。
控制食量	使用小碗和盤子，注意食物份量，避免過量進食。
定期進餐	保持規律的進餐時間，避免長時間不進食，有助於控制飢餓感和避免過度進食。
食物紀錄	每天記錄飲食和攝入量，了解飲食習慣並進行必要調整。
增加運動量	每週至少 150 分鐘中等強度有氧運動和肌肉強化運動，例如快步走、游泳、騎自行車和重量訓練。
保持水分攝入	多喝水，避免高糖、高卡路里飲料。
睡眠充足	確保每晚 7-9 小時的充足睡眠，睡眠不足會增加食欲並降低對運動的動力。
尋求專業支援	如有困難，請尋求專業營養師或醫生的支援，獲得個性化建議和計劃。

設定好 ChatGPT 要扮演的角色及回答的方式後，即可點選右下角的「儲存」按鈕完成設定。

3. 點選右上方圖示後，接著點選帶出的下拉式選單中的「設定」按鈕，會再帶出一個視窗以供進行後續的設定：

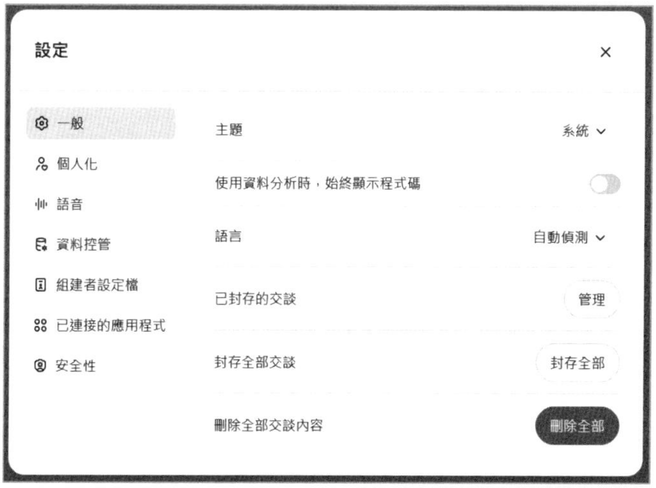

最後，是右側下方用來提出問題的文字框，這是我們與 ChatGPT 互動的時待傳遞給 ChatGPT 的訊息。這些訊息可以直接輸入，超過寬度時會自動移到下一列。文字框右邊的圖示相當於鍵盤的 Enter 鍵。在輸入訊息後，如果直接按下該圖示或是鍵盤上的 Enter 鍵，表示要將訊息傳遞給 ChatGPT。如果提出的問題在未填滿文字框時就要移動到下一列時，請按 Shift + Enter 鍵，如此即可將「插入點」移至新列的位置。

在使用者介面的最右下角，亦即提出問題的文字框的右下角，會看到一個問號的圖示按鈕，點選此一圖示按鈕之後，將會開啟輔助說明的選單：

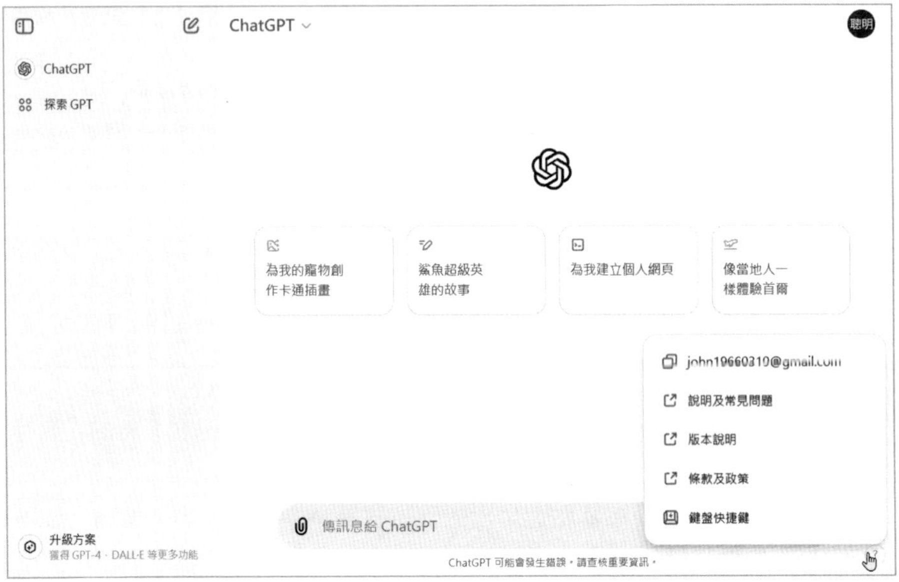

其中「說明及常見問題」係關於使用 ChatGPT 時常見的疑問與解惑。至於「鍵盤快捷鍵」則是快捷鍵的說明：

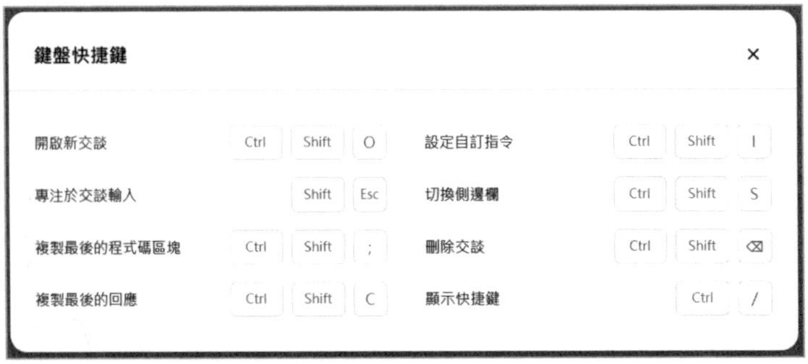

至此算是簡單地對使用者介面的介紹，接下各節將對論文寫作過程中，可以利用 ChatGPT 的情境加以介紹。

14.1 試擬題目

假設各位手上有一份文本或者已經寫好了一些文本，想要知道這樣的文本內容可以採用哪些論文題目進行撰寫，可以參考下面的步驟。

下面提示詞使用的內容，詳 ChatGPT 論文應用 8.1-01.docx 檔。

You

請為下述內容下個可以作為學術論文的題目：

「機器不會思考，不會陷於錯誤」此乃刑法電腦詐欺罪三則條文的共識，此共識建立在「思考」與「錯誤」的二大基礎上而排除第 339 條之適用。如此之見解，非但為條文文義所不及，更無理論基礎，僅是想當然爾所得之結論。與其各執一詞而陷入哲學與科學皆無定論的「思考」;「錯誤」所涉及之行為與評價的時序錯置，不如另闢蹊徑。

鑑於人類處理訊息後，因為相信才會依訊息行為，而程式處理訊息後，因為相信才會通過條件判斷，因此，本文則認為「訊息傳遞」及「信以為真」的資訊處理才是詐欺罪的本質，同時適用於詐欺罪章中四則條文。

第 339 條之 1、第 339 條之 2 及第 339 條之 3 的客體不管是收費設備、自動付款設備或是電腦及其相關設備，都只是「程式」——一個以資訊處理為核心的電磁紀錄——的載體。因此關於不實訊息的傳遞必須就程式脈絡觀察，但需輔以程式依其不同功能所搭配的不同的載體所呈現的使用者介面。

不正方法是第 339 條之 1、第 339 條之 2 及第 339 條之 3 共通的行為，本文以「詐術」的本質係「不實訊息」的觀點出發，搭配程式的特性——輸入資料或指令驅動，並提出以輸入 - 處理 - 輸出 - 回饋的 IPO（input-process-output）模型為基礎的詐欺罪模型及 T 字評價模型用以解構現行對不正方法的解讀並重構其義。

在詐欺罪及程式的脈絡下，重構後的不正方法，就第 339 條之 3 而言，實為「贅文」，而就第 339 條之 2 及第 339 條之 3 而言，其義為「虛偽資料」或「不正指令」，此義但凡程式驅動之載體皆有其適用。

ChatGPT

這個內容可以製作出多個學術論文題目，以下是一些可能的選擇：

1. "從「思考」與「錯誤」的觀點探討刑法電腦詐欺罪：對第 339 條之排除之辯析"
2. "訊息處理與電腦詐欺罪：以「訊息傳遞」及「信以為真」為核心的重新詮釋"
3. "程式脈絡中的詐欺罪定義：以第 339 條之客體為中心的分析"
4. "IPO 模型與 T 字評價模型在詐欺罪研究中的應用與評估"
5. "電腦程式驅動的不正行為解構：對第 339 條之 2 及第 339 條之 3 的新觀點"

這些題目都可以從不同的角度深入探討你所提及的內容，例如從法律、資訊科學、心理學等方面來進行分析和討論。

對於列出的題目，也可以限制在指定字數內。例如，下面的提示語是：題目含標點符號不要超過 15 個字。

You

題目含標點符號不要超過 15 個字

ChatGPT

1. "電腦詐欺罪重新詮釋"
2. "程式脈絡中的詐欺罪"
3. "IPO 模型與詐欺罪"
4. "不正行為解構評估"

如果目前手上並無資料，不過已有寫作的方向時，也可以請 ChatGPT 試擬出一些題目，例如：試擬出關於電腦犯罪可以碩士學位論文的主題。

You

試擬出關於電腦犯罪可以碩士學位論文的主題

ChatGPT

當然，以下是一些關於電腦犯罪的碩士學位論文主題：

1. "虛擬貨幣與金融犯罪：加密貨幣在洗錢和詐騙中的潛在風險"
2. "社交工程與電腦犯罪：心理學與技術的交叉"

3. "黑客行為與網絡安全：探索現代黑客攻擊的模式與對策"
4. "大數據與犯罪預防：利用數據分析技術對抗網絡犯罪"
5. "人工智慧與網絡安全：深度學習在攻擊和防禦中的應用"
6. "跨境電腦犯罪：國際合作與法律挑戰"
7. "醫療信息安全與隱私保護：探討醫療機構面臨的電腦犯罪威脅"
8. "區塊鏈技術與犯罪防治：應用分散式賬本技術保障數據安全"
9. "雲端運算與數據隱私：雲端環境中的犯罪風險與對策"
10. "數字取證技術與犯罪調查：法庭調查中的數據分析和技術應用"

接著可以請也根據這份摘要內容建議寫作大綱。例如：請根據前述的摘要內容建議題目及寫作大綱。如果各位覺得 ChatGPT 的答案好像不完全時，可以下「繼續」讓其接續回答。

You

請根據前述的摘要內容建議題目及寫作大綱

ChatGPT

題目建議：「電腦詐欺罪之新探索：訊息處理與程式脈絡下的分析」

寫作大綱：

I. 引言
A. 研究背景與動機
B. 目的與研究問題
C. 方法論概述

II. 現行電腦詐欺罪理論之探討
A. 對「思考」與「錯誤」觀念的評估
B. 第 339 條文條款之解讀與限制
C. 詐欺罪之理論基礎檢視

III. 訊息處理與電腦詐欺罪
A. 人類與程式處理訊息之差異
B.「訊息傳遞」與「信以為真」之重要性分析
C. 詐欺罪模型與相關應用
D. IPO 模型與 T 字評價模型之角色探討

IV. 程式脈絡下的電腦詐欺罪
A. 程式作為訊息傳遞之載體
B. 不正方法與電腦詐欺罪之關聯
C. 第 339 條不同客體之分析
D. 電腦程式特性對不正行為之影響

V. 實證分析與結果解讀
A. 研究方法與資料收集
B. 實證結果分析
C. 對現行理論之反思與評估

VI. 結論與展望
A. 研究總結與重點彙整
B. 對現行法律與實務之啟示
C. 未來研究方向建議

VII. 參考文獻

You
繼續

ChatGPT
VIII. 附錄
A. 相關法律條文
B. 研究問卷或訪談大綱
C. 資料分析統計表格

在這份大綱中，我們將從電腦詐欺罪的現行理論出發，進行對「思考」與「錯誤」的探討，並對第 339 條文條款進行解讀和限制的分析。接著，我們將探討訊息處理在電腦詐欺罪中的作用，並介紹詐欺罪模型及其相關應用，如 IPO 模型和 T 字評價模型。然後，我們將討論程式脈絡下的電腦詐欺罪，探討程式作為訊息傳遞載體的角色，以及不正行為對程式特性的影響。隨後，我們將進行實證分析並解讀結果，並提出對現行理論的反思和評估。最後，我們將總結研究成果，探討對法律和實務的啟示，並提出未來研究方向的建議。

除了列出大綱，我們也可以請 ChatGPT 列出某段落的內容，例如：請根據上述大綱中關於「人類與程式處理訊息之差異」，擬定內容。

You

請根據上述大綱中關於「人類與程式處理訊息之差異」，擬定內容

ChatGPT

在這一節中，我們將探討人類與程式處理訊息的差異。這些差異對於理解電腦詐欺罪的本質至關重要，因為它們影響了訊息傳遞和信以為真的過程。

1. 人類處理訊息的特點：

    - 感知與情感：人類通常會透過感知和情感來理解和詮釋訊息。感知包括視覺、聽覺、觸覺等感官的作用，而情感則指個人的情感和情緒狀態如何影響他們對訊息的解讀。
    - 文化和社會背景：人類的理解受到他們所處的文化和社會背景的影響。文化價值觀、語言、習慣等因素都會影響人們對訊息的理解和詮釋。
    - 邏輯思維：人類通常會使用邏輯思維來推理和解決問題。這包括推理、分析和判斷等過程，以確定訊息的真實性和可信度。

2. 程式處理訊息的特點：

    - 條件判斷：程式通常使用條件判斷來處理訊息。這意味著程式會根據特定的條件或規則來執行不同的操作或決策，而不像人類那樣考慮情感和背景。
    - 精確性和一致性：程式的處理通常是精確和一致的。它們按照預定的指令執行任務，不受情感或主觀因素的影響。
    - 記憶和存儲：程式可以輕鬆地存儲和檢索大量的訊息，而不會像人類那樣受到記憶力和注意力的限制。

3. 人類與程式處理訊息之差異對電腦詐欺罪的影響：

    - 詐騙手法的選擇：詐騙者通常會利用這些差異來設計詐騙方案。他們可能會利用人類的情感和認知偏差，或者利用程式的條件判斷來欺騙受害者。
    - 檢測與防範：了解這些差異有助於我們更好地檢測和防範電腦詐欺罪。這包括開發更智能的防護系統，以及提高公眾對於詐騙行為的警覺性和認知水平。

通過深入研究人類與程式處理訊息的差異，我們可以更好地理解電腦詐欺罪的本質，並提出相應的對策和解決方案。

除了列出大綱及段落內容外，還可以請 ChatGPT 列出某段落的內容所需要的文獻，例如接著請它列出上述擬定內容的中文參考文獻。不過就此次的提問而言，我得到的應是一份「很認真回答，但不正確的內容」。怎麼說呢？作者的名字顯然是用數字順序編下來的：

You
請根據上述內容擬定建議的中文參考文獻

ChatGPT
根據上述內容，以下是一些建議的中文參考文獻：

1. 張三, & 李四. (2019). "人類與電腦處理訊息之差異對電腦詐欺罪的影響." 資訊科技與法律期刊, 12(3), 45-62.
2. 王五, & 趙六. (2020). "程式脈絡下的電腦詐欺罪：從人類與程式處理訊息的角度探討." 網路安全與法律研究, 8(2), 78-91.
3. 陳七, & 劉八. (2021). "訊息處理與電腦詐欺罪：人類與程式之比較分析." 資訊安全與法律評論, 15(1), 112-129.
4. 吳九, & 鄭十. (2022). "人工智慧時代的電腦詐欺罪防範策略研究." 法學研究, 25(4), 256-271.

這些參考文獻涵蓋了人類與程式處理訊息之差異對電腦詐欺罪的影響，以及相關研究的最新進展。

當然也可以請它列出上述擬定內容的英文參考文獻。

You
請根據上述內容擬定建議的英文參考文獻

ChatGPT
根据上述内容，以下是一些建议的英文参考文献：

1. Zhang, S., & Li, J. (2019). "The Impact of Differences in Human and Computer Information Processing on Computer Fraud." Journal of Information Technology and Law, 12(3), 45-62.

2. Wang, W., & Zhao, L. (2020). "Computer Fraud in the Context of Programming: A Comparative Analysis of Human and Computer Information Processing." Journal of Cybersecurity and Legal Studies, 8(2), 78-91.
3. Chen, Q., & Liu, B. (2021). "Information Processing and Computer Fraud: A Comparative Study of Human and Computer Perspectives." Journal of Information Security and Legal Review, 15(1), 112-129.
4. Wu, J., & Zheng, S. (2022). "Preventive Strategies for Computer Fraud in the Age of Artificial Intelligence." Legal Studies Review, 25(4), 256-271.

These references cover the impact of differences in human and computer information processing on computer fraud, along with the latest developments in related research.

最後，可以請 ChatGPT 提供其建議文獻的摘要，例如：請摘要上述第一篇英文文獻的摘要。

You

請摘要上述第一篇英文文獻的摘要

ChatGPT

這是摘要：

在這項研究中，作者探討了人類與電腦處理訊息之間的差異對於電腦詐欺罪的影響。研究發現，人類通常會透過感知、情感和邏輯思維來理解和詮釋訊息，而程式則通常使用條件判斷和精確性來處理訊息。這些差異影響了詐欺手法的選擇以及對防範措施的影響，提出了改善電腦詐欺罪防範策略的建議。

14.2 指導教授

選定題目之後，想要找指導教授時，可以讓 ChatGPT 幫我們擬一封邀請老師當作指導教授的 email 供我們參考，例如：請幫我擬一封邀請老師當作指導教授的電子郵件。

You
擬一封邀請黃聰明教授作為指導教授的電子郵件

ChatGPT
主旨：請求指導教授身份確認

尊敬的黃聰明教授，

我是 [你的名字]，寫信是希望您能擔任我的指導教授。我畢業於 [你的學校或機構]，目前正計劃進行一項關於 [研究主題] 的碩士論文研究。

我對您的學術研究和專業知識深感敬佩，尤其是您在 [與研究主題相關的領域或研究方向] 方面的豐富經驗。我認為您的專業知識和指導將對我的研究工作起到至關重要的作用。

如果您願意擔任我的指導教授，我將不勝感激。我期待能與您一同探討我的研究計劃，並從您的指導中獲得寶貴的建議和指導。

請問您是否有時間方便見面，進一步討論我的研究計劃？我可以根據您的方便安排時間。

謝謝您抽出寶貴的時間閱讀我的郵件。期待您的回覆。

真誠地，

[你的名字]
[你的聯絡方式]
[你的學校或機構]

當老師同意擔任您的指導教授後，同樣也可以請它代擬回覆的 email，例如：試擬回覆教授同意擔任指導的電子郵件。

You

試擬回覆教授同意擔任指導的電子郵件

ChatGPT

主旨：確認擔任指導教授的意願

尊敬的 [教授姓名] 教授，

非常感謝您對我研究計劃的支持和願意擔任我的指導教授。我對您的信任和支持感到非常榮幸。

我將致力於我的研究工作，並期待與您合作，共同探討 [研究主題] 的各個方面。我相信您的專業知識和指導將對我的學術成長和研究項目的成功至關重要。

請問您何時有空，我們可以安排時間見面，討論我的研究計劃和下一步的行動？

再次感謝您的支持和鼓勵。

真誠地，

[你的名字]
[你的聯絡方式]
[你的學校或機構]

如果是外國籍老師，不懂中文，例如德籍的老師，也可以喔：

You

擬一封邀請德國法學家 Claus Roxin 作為指導教授的電子郵件

ChatGPT

主旨：邀請您擔任我的指導教授

尊敬的 Claus Roxin 教授，

我是 [你的名字]，來自 [你的學校或機構]。我正在籌備一項有關 [研究主題] 的博士研究計劃。在進行了對法學界的廣泛調查後，我對您的學術成就和研究貢獻深感敬佩，特別是您在刑法領域的卓越成就。

我認為您在 [研究主題相關的特定領域或議題] 方面的經驗和專業知識，將對我的研究提供寶貴的指導和支持。因此，我誠摯地邀請您擔任我的博士論文指導教授。

如果您願意擔任我的指導教授，我將不勝榮幸。我相信您的指導將對我的研究工作起到關鍵作用，並為我的學術生涯帶來深遠的影響。

請問您是否有時間方便見面，以便進一步討論我的研究計劃？如果方便的話，我可以根據您的時間安排進行安排。

再次感謝您撥冗閱讀我的郵件。期待您的回覆。

真誠地，

[你的名字]
[你的聯絡方式]
[你的學校或機構]

從其回答可知，雖然我告訴 ChatGPT 是德籍老師，但它還是用中文回答，此時可以請 ChatGPT 用德文寫一封電子郵件：

You
德籍的學者，請用德文重寫

ChatGPT
Betreff: Einladung als Betreuer meiner Doktorarbeit

Sehr geehrter Professor Claus Roxin,

ich bin [dein Name] von [deiner Hochschule oder Institution]. Ich plane derzeit ein Doktorandenprojekt zum Thema [Titel deiner Forschung]. Nach einer umfassenden Recherche im Bereich der Rechtswissenschaften bewundere ich Ihre akademischen Leistungen und Ihre Beiträge zur Forschung, insbesondere auf dem Gebiet des Strafrechts.

Ich bin der festen Überzeugung, dass Ihre Erfahrung und Ihr Fachwissen in [spezifisches Gebiet oder Thema im Zusammenhang mit deinem Forschungsthema] meine Forschung wertvoll unterstützen würden. Aus diesem Grund lade ich Sie herzlich ein, als Betreuer meiner Doktorarbeit zu fungieren.

Wenn Sie bereit sind, diese Rolle zu übernehmen, würde mich das außerordentlich ehren. Ich bin überzeugt, dass Ihre Anleitung für meine Forschungsarbeit von entscheidender Bedeutung sein wird und einen bedeutenden Einfluss auf meine akademische Laufbahn haben wird.

Haben Sie vielleicht Zeit für ein persönliches Treffen, um mein Forschungsprojekt näher zu erörtern? Falls es Ihnen recht ist, bin ich flexibel und richte mich nach Ihrem Terminplan.

Vielen Dank für Ihre Zeit und Aufmerksamkeit. Ich freue mich auf Ihre Rückmeldung.

Mit freundlichen Grüßen,

[dein Name]
[deine Kontaktdaten]
[deine Hochschule oder Institution]

由於該德國指導教授不懂中文，因此請 **ChatGPT** 用德語試擬回覆教授同意擔任指導的電子郵件。

You
請用德語試擬回覆 Claus Roxin 教授同意擔任指導的電子郵件

ChatGPT
Betreff: Bestätigung als Betreuer Ihrer Dissertation

Sehr geehrter Professor [Nachname],

ich danke Ihnen sehr herzlich für Ihre Anfrage und das Vertrauen, das Sie mir entgegenbringen. Es ist mir eine große Ehre, Ihre Doktorarbeit zu betreuen.

Ich bin davon überzeugt, dass wir gemeinsam an Ihrem Forschungsprojekt arbeiten können und dass ich Ihnen wertvolle Unterstützung bieten kann. Ich stehe Ihnen gerne zur Verfügung, um Ihre Ideen zu diskutieren und Ihnen bei der Entwicklung Ihrer Dissertation zu helfen.

Bitte lassen Sie mich wissen, wann es Ihnen passt, sich persönlich zu treffen, um Ihr Forschungsprojekt im Detail zu besprechen. Ich bin flexibel und richte mich nach Ihrem Zeitplan.

Vielen Dank nochmals für diese Möglichkeit. Ich freue mich auf eine erfolgreiche Zusammenarbeit.

Mit freundlichen Grüßen,

[Claus Roxin]
[Weitere Kontaktdetails]

14.3 摘要資料

撰寫論文時，要看的資料不少，如果 ChatGPT 可以幫助將長篇文章的內容摘要的話，就可以方便一眼看出該篇文章是否需要花時間精讀。以下是可以利用 ChatGPT 幫我們摘要資料的方式。

我們可以請 ChatGPT 列出指定字數的摘要。例如：請用 200-300 個字的中文摘要下列簡短摘要以下內容。以下提問使用的內容詳 ChatGPT 論文應用 8.3-01.docx 檔。

You

請用 200-300 個字的中文摘要下列簡短摘要以下內容：

可以肯定的是，自然人能成為詐騙罪中的受騙者，有疑問者乃機器能否成為詐騙罪的受騙者？易言之，吾人能否對機器施以詐術而非法取得他人財產或得利？「機器是不可以被騙的」這一結論來源於日本的判例。但就事實層面分析，機器可否被騙，是社會進步的時代之問題，是社會進步在法律領域的反映。如果社會不進步到一定階段，智慧型機器就不可能出現，就不會存在這個問題。詳言之，隨著智能化機器的出現，機器開始充當交易輔助人角色，按照人的實現指令，代人完成一些程序人的交易行為，傳統觀念中機器的機械形象受到衝擊，於是人們開始討論機器是否有意識的問題，機器是否能夠被騙的問題。既然法律的命脈，在於適應社會的需求，而目前各界對此問題雖各有見解，卻不一致，故本文所要討論及解決者，即為此見解不一致及解釋無法同時適用於電腦詐欺罪三則條文之問題提供一個徹底且獨一無二的觀點。雖然文獻及實務判決常以「機器」稱呼現行中華民國刑法第 339 條之 3、第 339 條之 2 及第 339 條之 1 的客體。但本文因論述上的需要，將以「電腦詐欺罪」代之。使用此術語係遵循此領域的研究學者蔡蕙芳於 2003 年發表之《電腦詐欺行為之刑法規範》乙文的用語。由於以「電腦」作為評價之基礎，因此，對於可能歸類為收費設備但非屬電腦控制之機器則非屬本文評價之電腦。

ChatGPT

本文討論了在現代社會中，機器是否可能成為詐欺罪的受害者的問題。雖然一些判例及觀點認為「機器是不可以被騙的」，但隨著智能化機器的出現，其角色漸漸從單純的工具轉變為交易輔助人，從而引發了對機器是否具有意識、是否可能被騙的討論。本文旨在解決這一問題，提出了一個獨特的觀點，以解釋不同見解對於電腦詐欺罪三則條文的適用性。儘管文獻及判決常將機器稱為電腦詐欺罪的客體，但本文將以「電腦詐欺罪」作為代稱，並將其定義為根據蔡蕙芳在 2003 年發表的論文中的術語。最終，本文將討論該問題，提供一個完整而獨特的觀點，以促進對於電腦詐欺罪的更深入理解。

如果是網頁資料，除了可以使用 ReaderGPT 作為 Chrome 新增擴充功能後使用外，接下來使用微軟的 Copilot。

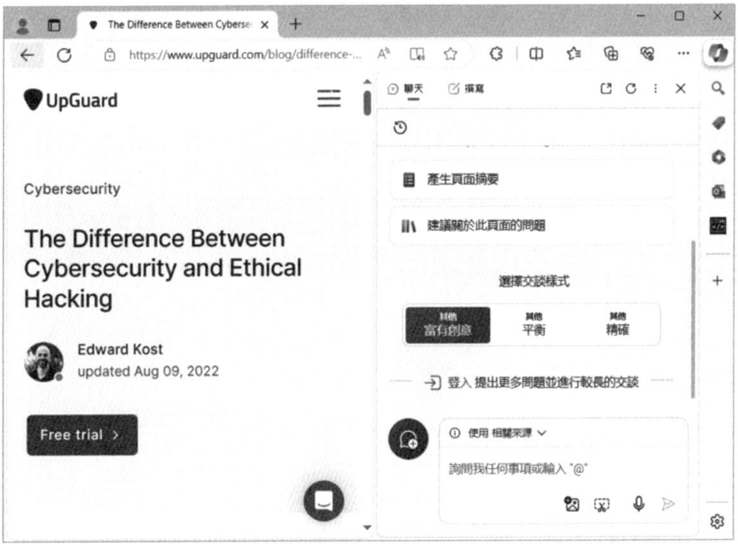

先開啟要作為文章摘要的網頁後，再開啟 Edge 瀏覽器右上角的圖示，接下來在「聊天」頁籤中點選「產生頁面摘要」即可。本例使用的是名為「The Difference Between Cybersecurity and Ethical Hacking」文章所在的 https://www.upguard.com/blog/difference-between-cybersecurity-and-ethical-hacking 頁面：

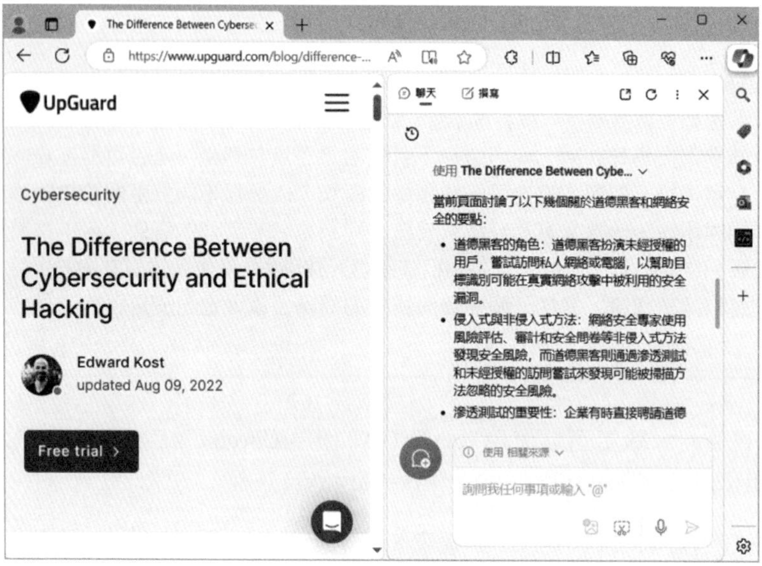
The Difference Between Cyberse
https://www.upguard.com/blog/difference-...
UpGuard
Cybersecurity
The Difference Between Cybersecurity and Ethical Hacking
Edward Kost
updated Aug 09, 2022
Free trial
聊天
撰寫
使用 The Difference Between Cybe...
當前頁面討論了以下幾個關於道德黑客和網絡安全的要點:
道德黑客的角色：道德黑客扮演未經授權的用戶，嘗試訪問私人網絡或電腦，以幫助目標識別可能在真實網絡攻擊中被利用的安全漏洞。
侵入式與非侵入式方法：網絡安全專家使用風險評估、審計和安全問卷等非侵入式方法發現安全風險，而道德黑客則通過滲透測試和未經授權的訪問嘗試來發現可能被掃描方法忽略的安全風險。
滲透測試的重要性：企業有時直接聘請道德
使用 相關來源
詢問我任何事項或輸入 "@"

如果要對 PDF 檔案的內容進行摘要也是可以的。首先，利用 Edge 瀏覽器將該 pdf 文章開啟，接下來一樣則是點選「產生文檔摘要」:

吳耀宗-偷換零錢的風波.pdf
檔案 | F:/!!法學文獻-排序主題-1100721/吳耀宗-偷...
之 3
法學教室
Angle
偷換零錢的風波
吳耀宗
聊天
撰寫
Copilot
您的每日 AI 小幫手
您好，查看 Copilot 可以在 Edge 中達成的功能
產生文檔摘要
建議關於這份文件的問題

接下來就交給 Copilot 了：

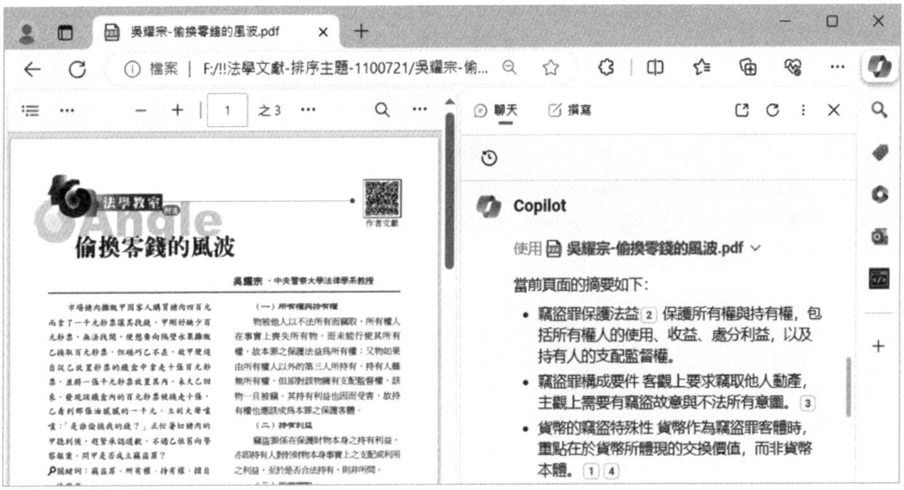
吳耀宗-偷換零錢的風波.pdf
檔案 | F:/!!法學文獻-排序主題-1100721/吳耀宗-偷...
之 3
聊天
撰寫
Copilot
使用 吳耀宗-偷換零錢的風波.pdf
當前頁面的摘要如下:
竊盜罪保護法益 2 保護所有權與持有權，包括所有權人的使用、收益、處分利益，以及持有人的支配監督權。
竊盜罪構成要件 客觀上要求竊取他人動產，主觀上需要有竊盜故意與不法所有意圖。 3
貨幣的竊盜特殊性 貨幣作為竊盜罪客體時，重點在於貨幣所體現的交換價值，而非貨幣本體。 1 4
法學教室
偷換零錢的風波
吳耀宗・中央警察大學法律學系教授
作者文獻

14.4 提示重點

當我們拿到一份資料時，想要快速地知道這份資料的重點時，也可以請 ChatGPT 幫忙。

例如，請 ChatGPT 關於狐假虎威故事的內容，摘故事的重點。下面提用的內容詳 ChatGPT 論文應用 8.4-01.docx 檔。

You

下面是狐假虎威故事的內容，請摘故事的重點：「狐假虎威」最早的典源出自於《尹文子》，後來有多本文獻引及，其中最能表示「狐假虎威」意思的是《戰國策》。《戰國策》所記載的故事是這樣的：戰國時，昭奚恤是楚國有名的大將，威震四方。楚宣王便問群臣：「我聽說北方國家都很怕昭奚恤，是這樣嗎？」群臣都無言以對，只有江一打了個比方說：「老虎專門捕獵各種動物為食，有一天抓到一隻狐狸，狐狸說：『你敢吃我嗎？天帝已命我為百獸之王，你若吃我就是違逆天帝的命令。如果不相信，可以走在我後面，看看其他動物見到我有什麼反應。』於是老虎便半信半疑的跟在狐狸後面，所有動物看到都嚇得逃走。老虎以為牠們真的是怕狐狸，而不知道其實野獸們怕的是牠自己。今天大王您有五千里的領地，有超過百萬的大軍，但統御軍隊的是昭奚恤，所以北方諸國其實怕的不是昭奚恤本人，而是您的軍隊啊！猶如野獸們怕的是老虎，而不是狐狸一樣。」這個「狐假虎威」的故事，後來演變成為一句成語，用來比喻藉著有權者的威勢欺壓他人、作威作福。

ChatGPT

這個故事中的重點在於描繪了一個「狐假虎威」的情境，以此譬喻權力者利用權勢欺壓他人的行為。故事中的狐狸以虎的威勢嚇唬其他動物，使牠們逃跑，藉此取得了安全。但實際上，其他動物只是害怕老虎自己，而不是狐狸，狐狸只是借用了老虎的威勢。這個故事透過生動的比喻，向人們展示了權力者利用權勢來欺壓他人的情況，並警示人們要警惕權力的濫用。

也可以請 ChatGPT 其直接分點列示，例如：

You

請列出 5 個重點，逐點列出

ChatGPT

這個故事的重點如下：

1. **「狐假虎威」的比喻**：故事以狐狸假扮老虎的情節，譬喻了權力者利用他人的威勢來欺壓他人的行為。
2. **昭奚恤的威名**：故事中的昭奚恤是楚國的大將，其威名在戰國時期威震四方，引起其他國家的恐懼。
3. **江一的比喻**：江一比喻老虎怕昭奚恤，但實際上是因為它自己的威勢，而不是狐狸本身。
4. **對權力的警示**：故事藉由狐狸借用虎的威勢來驅散其他動物，警示人們要警惕權力者濫用權勢，並反思權力對社會的影響。
5. **成語的起源**：故事後來成為了一句成語，用來比喻藉著有權者的威勢欺壓他人的行為，成為了人們警惕權力濫用的警世寓言。

可以接著問這則故事的哲學意涵。例如：這則故事的哲學意涵是什麼？

You
這則故事的哲學意涵是什麼？

ChatGPT
這個故事反映了權力和威勢對於社會和個人的影響。它提醒人們要警惕權力者濫用權勢，以及權力者可能藉著他人的威勢來施加壓力或控制他人的情況。同時，它也呈現了人們對權力的恐懼和順從，以及對於權力者的依賴和服從。這個故事引發了對於權力、威勢和控制的深刻反思，並提醒人們要警惕權力的濫用，以及保持對於權力者的批判性思維。

也可以進一步問與此故事有關的作品，例如：這則故事的哲學意涵是什麼？請列出三本相關的哲學作品。

You
這則故事的哲學意涵是什麼？請列出三本相關的哲學作品

ChatGPT
這個故事的哲學意涵在於探討權力與權威的關係，以及權力對個人和社會的影響。它提醒人們要警惕權力者的濫用，並思考權力如何影響個人行為和社會秩序。以下是三本與這個主題相關的哲學作品：

1. 《國家》（The Republic）- 柏拉圖 這本書探討了正義和政治的本質，並提出了理想國家的概念。柏拉圖對於權力的討論涵蓋了政治、倫理和社會結構等多個方面。
2. 《利維坦》（Leviathan）- 托馬斯 • 霍布斯 霍布斯在這本書中探討了政治權力的起源和性質，並強調了政府的權威對於維持社會秩序的重要性。他強調了統治者對於國家權力的掌控和使用。
3. 《維摩詰經》（Vimok a S　tra）- 佛教經典 這部佛教經典探討了權力、慾望和解脫的關係。它強調了對於權力的超越和內在平靜的追求，並提倡放下權力和物質追求，追求內心的解脫和自由。

如果需要探究不同文化的類似情節，可以再問它西方歷史中是否有相似的故事。例如：請問西方歷史中是否有類似的故事？

You

請問西方歷史中是否有類似的故事？

ChatGPT

是的，西方歷史中也有許多類似的故事、寓言或童話，它們通常包含了相似的主題和道德教訓。例如，希臘神話中的故事就包含了許多與權力、威勢和欺詐相關的情節。其中一些著名的故事包括奧德賽中的「賽勒努斯與斯彭塞洛斯」，以及伊索寓言中的「狐假虎威」等。此外，許多歷史上的寓言和童話故事也具有相似的主題，如拉封丹的「狼少年」、格林童話中的「阿里巴巴與四十大盜」等。這些故事都反映了人們對於權力、威勢和欺騙的不同看法，並提供了對社會和個人行為的思考和反省。

14.5 列關鍵字

論文中的摘要必列出關鍵字，也可以請 ChatGPT 代勞。下面提示詞使用的內容，詳 ChatGPT 論文應用 8.5-01.docx 檔：

You

請為下述中文摘要列出 5 個中文關鍵字與其相應的英文：「機器不會思考，不會陷於錯誤」此乃刑法電腦詐欺罪三則條文的共識，此共識建立在「思考」與「錯誤」的二大基礎上而排除第 339 條之適用。如此之見解，非但為條文文義所不及，更無理論基礎，僅是想當然爾所得之結論。與其各執一詞而陷入哲學與科學皆無定論的「思考」；「錯誤」所涉及之行為與評價的時序錯置，不如另闢蹊徑。 鑑於人類處理訊息後，因為相信才會依訊息行為，而程式處理訊息後，因為相信才會通過條件判斷，因此，本文則認為「訊息傳遞」及「信以為真」的資訊處理才是詐欺罪的本質，同時適用於詐欺罪章中四則條文。 第 339 條之 1、第 339 條之 2 及第 339 條之 3 的客體不管是收費設備、自動付款設備或是電腦及其相關設備，都只是「程式」——一個以資訊處理為核心的電磁紀錄——的載體。因此關於不實訊息的傳遞必須就程式脈絡觀察，但需輔以程式依其不同功能所搭配的不同的載體所呈現的使用者介面。 不正方法是第 339 條之 1、第 339 條之 2 及第 339 條之 3 共通的行為，本文以「詐術」的本質係「不實訊息」的觀點出發，搭配程式的特性——輸入資料或指令驅動，並提出以輸入 - 處理 - 輸出 - 回饋的 IPO（input-process-output）模型為基礎的詐欺罪模型及 T 字評價模型用以解構現行對不正方法的解讀並重構其義。 在詐欺罪及程式的脈絡下，重構後的不正方法，就第 339 條之 3 而言，實為「贅文」，而就第 339 條之 2 及第 339 條之 3 而言，其義為「虛偽資料」或「不正指令」，此義但凡程式驅動之載體皆有其適用。

ChatGPT

1. 機器不會思考 - Machines don't think
2. 電腦詐欺罪 - Computer fraud
3. 訊息傳遞 - Information transmission
4. 不正方法 - Fraudulent methods
5. IPO 模型 - IPO model

有了這些關鍵字之後，也可以請 ChatGPT 以此進行摘要寫作，例如：請以前述英文關鍵字，產生一份摘要，並附上摘要的標題。

You

請以前述英文關鍵字，產生一份摘要，並附上摘要的標題

ChatGPT

Title: Reinterpreting Computer Fraud: Insights from Information Processing

Abstract: The consensus in criminal law stipulates that "machines don't think, don't make mistakes," forming the basis for computer fraud statutes. However, this view lacks a solid theoretical foundation and overlooks critical aspects of the law. By examining the essence of fraud through the lens of information processing, this paper proposes a new understanding of computer fraud. Key concepts such as "information transmission" and "belief as truth" are identified as central to the nature of fraud, applicable across relevant legal statutes. Objects under scrutiny, whether charging equipment or computers, are viewed as "programs," necessitating an analysis within the context of information processing. Fraudulent methods, common to various legal articles, are deconstructed using an IPO model and a T-model of evaluation, shedding light on their interpretation and significance within the law. This reevaluation reveals nuances in legal interpretation, suggesting a need for a more comprehensive understanding of computer fraud within the framework of information processing.

論文的摘要必須有英文版，請 ChatGPT 進行翻譯吧，此處就不列出了。

14.6 建立簡報

學校通常會要求學生進行論文大綱發表，因此，可以利用現有的大綱，建立簡報。例如下面即是利用前述已產生的論文大綱要求 ChatGPT 擬出大綱。

You

請利用前述中文大綱產生投影片簡報

ChatGPT

好的，我們將以中文大綱為基礎來製作投影片簡報。以下是投影片內容：

Slide 1: 標題

- 標題：重新詮釋電腦詐欺：信息處理的深度分析
- 副標題：一個全面的探討

Slide 2: 簡介

- 介紹電腦詐欺的主題及其法律意義
- 提及關於機器和錯誤的共識

Slide 3: 法律共識

- 討論刑法中關於機器和錯誤的法律共識
- 解釋電腦詐欺條例的基礎

Slide 4: 共識批評

- 批評現有法律解釋，強調其不足之處
- 提及缺乏堅實的理論基礎和對關鍵方面的忽視

Slide 5: 提出的框架

- 介紹重新詮釋電腦詐欺的提出框架
- 強調信息處理在詐欺分析中的重要性

Slide 6: 關鍵概念

- 解釋關鍵概念，如“信息傳遞”和“信以為真”
- 討論它們對詐欺性質的相關性

Slide 7: 對象分析

- 分析電腦詐欺案中受到審查的對象（例如收費設備、電腦）
- 解釋它們被分類為“程式”的含義，以及對法律解釋的影響

Slide 8: 詐欺方法

- 檢視電腦詐欺案中常見的詐欺方法
- 引入 IPO 模型和評價 T 模型來進行分解

Slide 9: 重新評估

- 在提出的框架內重新評估詐欺方法
- 討論法律解釋中顯示的細微差異

Slide 10: 結論

- 總結關鍵發現和影響
- 呼籲對電腦詐欺進行更全面的理解

Slide 11: 參考文獻

- 列出在演示中引用的參考文獻

這些投影片將涵蓋您大綱中提到的所有內容。您是否有任何對於投影片設計或版面的特殊要求？

接著請 ChatGPT 根據這份簡報擬出每一頁簡報可能會被問的題目：

You
請依據上述的每一張 slide 擬出可能的提問

ChatGPT
當然，以下是根據每一張投影片擬出的可能提問：

Slide 1: 標題

1. 這個研究的標題意味著什麼？
2. 你能簡要介紹一下你的研究主題嗎？

Slide 2: 簡介

1. 電腦詐欺在法律上的重要性是什麼？
2. 這項研究旨在解決什麼問題？

Slide 3: 法律共識

1. 你能解釋一下關於機器和錯誤的法律共識是什麼嗎？
2. 這個共識對法律有什麼影響？

Slide 4: 共識批評

1. 你對現有法律解釋的批評是什麼？
2. 這些缺陷如何影響了現行法律的運作？

Slide 5: 提出的框架

1. 你提出的框架如何解決現有法律解釋的不足之處？
2. 信息處理在你的研究中扮演了什麼角色？

Slide 6: 關鍵概念

1. 你能解釋一下"信息傳遞"和"信以為真"的概念嗎？
2. 這些概念如何影響了你對詐欺的理解？

Slide 7: 對象分析

1. 你認為在電腦詐欺案中最重要的對象是什麼？
2. "程式"在這個研究中是如何定義的？

Slide 8: 詐欺方法

1. 電腦詐欺案中常見的詐欺方法有哪些？
2. IPO 模型和評價 T 模型如何幫助我們理解這些詐欺方法？

Slide 9: 重新評估

1. 重新評估詐欺方法有哪些新的發現？
2. 這些新發現對法律的解釋有何影響？

Slide 10: 結論

1. 你的研究有什麼主要結論？
2. 你對未來對電腦詐欺的研究有什麼建議

Slide 11: 參考文獻

1. 你的研究是基於哪些參考文獻？
2. 這些參考文獻如何支持你的研究？

14.7 使用巨集

利用 Open AI 的 API，我們可以建立巨集，然後直接在 Word 中執行問答。不過，使用 Open AI 的 API 並不是免費的。

先來看看使用情形。假設我在含有 ChatGPT 巨集的文件中輸入下列文字。詢問時先將這些文字選起來，然後點選開發人員頁籤中的巨集：

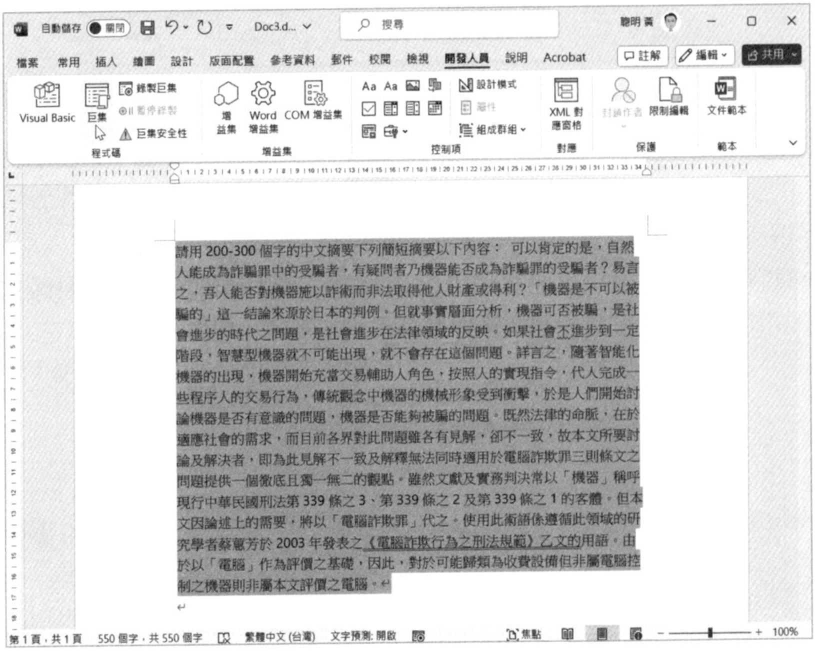
自動儲存
Doc3.d...
搜尋
檔案 常用 插入 繪圖 設計 版面配置 參考資料 郵件 校閱 檢視 開發人員 說明 Acrobat
Visual Basic
巨集
錄製巨集
巨集安全性
程式碼
增益集
Word 增益集
COM 增益集
控制項
XML 對應窗格
限制編輯
文件範本
請用 200-300 個字的中文摘要下列簡短摘要以下內容： 可以肯定的是，自然人能成為詐騙罪中的受騙者，有疑問者乃機器能否成為詐騙罪的受騙者？易言之，吾人能否對機器施以詐術而非法取得他人財產或得利？「機器是不可以被騙的」這一結論來源於日本的判例。但就事實層面分析，機器可否被騙，是社會進步的時代之問題，是社會進步在法律領域的反映。如果社會不進步到一定階段，智慧型機器就不可能出現，就不會存在這個問題。詳言之，隨著智能化機器的出現，機器開始充當交易輔助人角色，按照人的實現指令，代人完成一些程序人的交易行為，傳統觀念中機器的機械形象受到衝擊，於是人們開始討論機器是否有意識的問題，機器是否能夠被騙的問題。既然法律的命脈，在於適應社會的需求，而目前各界對此問題雖各有見解，卻不一致，故本文所要討論及解決者，即為此見解不一致及解釋無法同時適用於電腦詐欺罪三則條文之問題提供一個徹底且獨一無二的觀點。雖然文獻及實務判決常以「機器」稱呼現行中華民國刑法第 339 條之 3、第 339 條之 2 及第 339 條之 1 的客體。但本文因論述上的需要，將以「電腦詐欺罪」代之。使用此術語係遵循此領域的研究學者蔡蕙芳於 2003 年發表之《電腦詐欺行為之刑法規範》乙文的用語。由於以「電腦」作為評價之基礎，因此，對於可能歸類為收費設備但非屬電腦控制之機器則非屬本文評價之電腦。
第 1 頁，共 1 頁 550 個字，共 550 個字 繁體中文 (台灣) 文字預測: 開啟
焦點
100%

接著點選要執行的巨集名稱，最後按下「執行」按鈕：

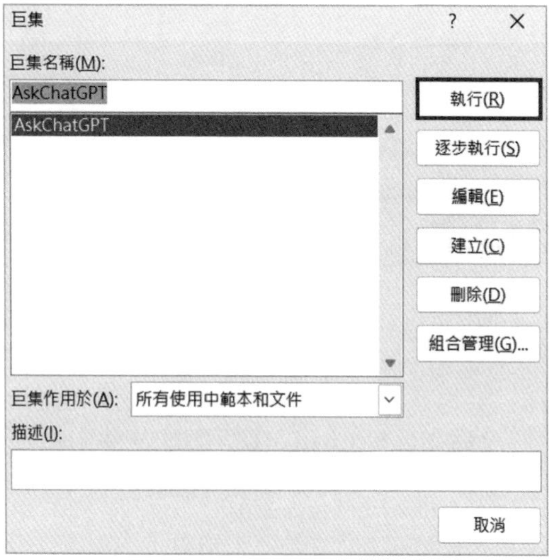

執行結果會出現在問題之後，例如：

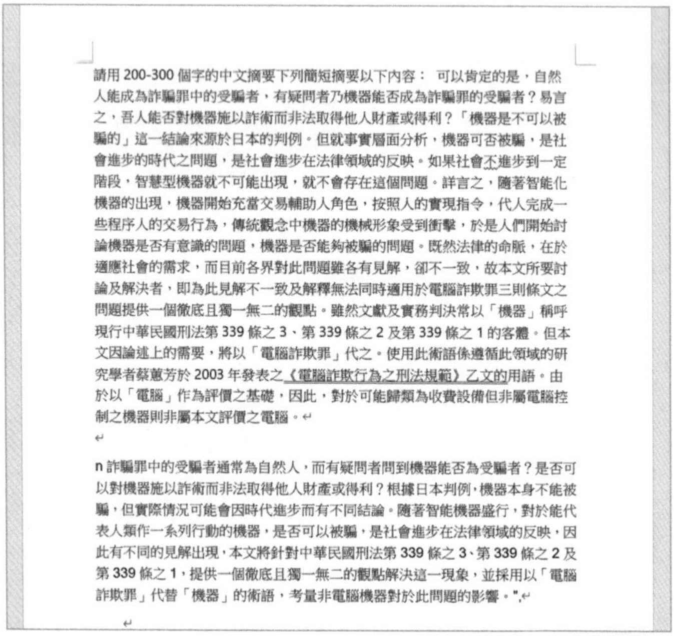

請用 200-300 個字的中文摘要下列簡短摘要以下內容： 可以肯定的是，自然人能成為詐騙罪中的受騙者，有疑問者乃機器能否成為詐騙罪的受騙者？易言之，吾人能否對機器施以詐術而非法取得他人財產或得利？「機器是不可以被騙的」這一結論來源於日本的判例。但就事實層面分析，機器可否被騙，是社會進步的時代之問題，是社會進步在法律領域的反映。如果社會不進步到一定階段，智慧型機器就不可能出現，就不會存在這個問題。詳言之，隨著智能化機器的出現，機器開始充當交易輔助人角色，按照人的實現指令，代人完成一些程序人的交易行為，傳統觀念中機器的機械形象受到衝擊，於是人們開始討論機器是否有意識的問題，機器是否能夠被騙的問題。既然法律的命脈，在於適應社會的需求，而目前各界對此問題雖各有見解，卻不一致，故本文所要討論及解決者，即為此見解不一致及解釋無法同時適用於電腦詐欺罪三則條文之問題提供一個徹底且獨一無二的觀點。雖然文獻及實務判決常以「機器」稱呼現行中華民國刑法第 339 條之 3、第 339 條之 2 及第 339 條之 1 的客體。但本文因論述上的需要，將以「電腦詐欺罪」代之。使用此術語係遵循此領域的研究學者蔡蕙芳於 2003 年發表之《電腦詐欺行為之刑法規範》乙文的用語。由於以「電腦」作為評價之基礎，因此，對於可能歸類為收費設備但非屬電腦控制之機器則非屬本文評價之電腦。

n 詐騙罪中的受騙者通常為自然人，而有疑問者問到機器能否為受騙者？是否可以對機器施以詐術而非法取得他人財產或得利？根據日本判例，機器本身不能被騙，但實際情況可能會因時代進步而有不同結論。隨著智能機器盛行，對於能代表人類作一系列行動的機器，是否可以被騙，是社會進步在法律領域的反映，因此有不同的見解出現，本文將針對中華民國刑法第 339 條之 3、第 339 條之 2 及第 339 條之 1，提供一個徹底且獨一無二的觀點解決這一現象，並採用以「電腦詐欺罪」代替「機器」的術語，考量非電腦機器對於此問題的影響。",

開啟 https://platform.openai.com/account/billing/overview 網頁後登入，即可看到類似下面的頁面，以這個頁面來說，尚有美金 $9.96 元的額度可供使用：

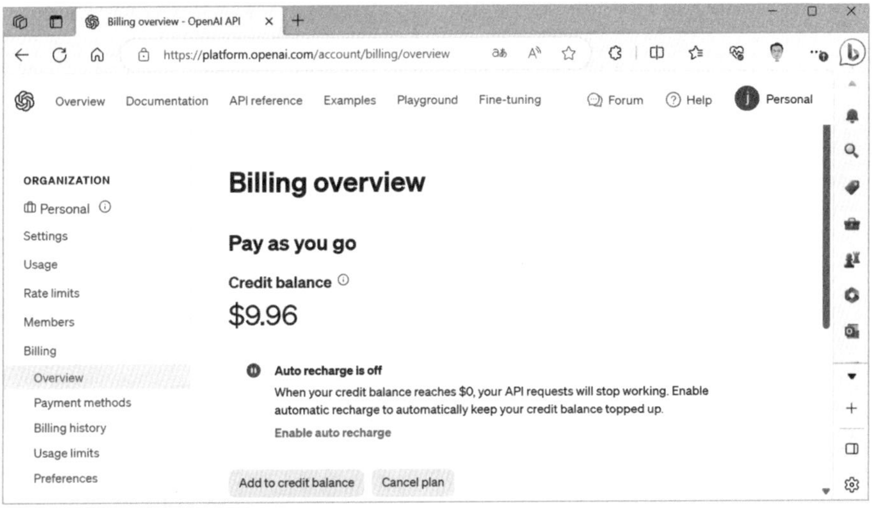

點選上述頁面中的「Add credit balance」按鈕可以加值，而右側的「Cancel plan」按鈕則可取消。

按下「Add credit balance」按鈕可以決定要加值的金額：

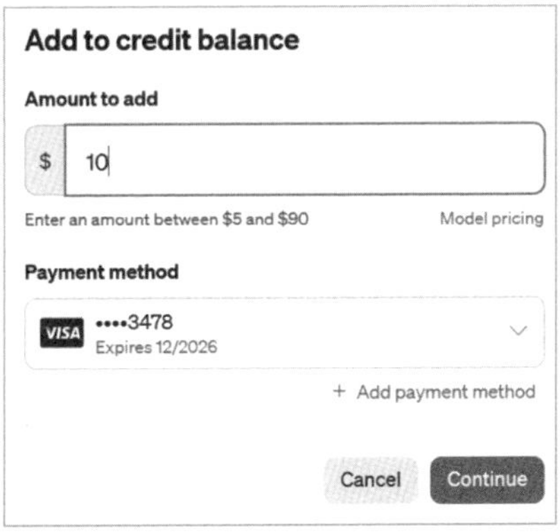

按下「Cancel plan」按鈕可以決定是否取消：

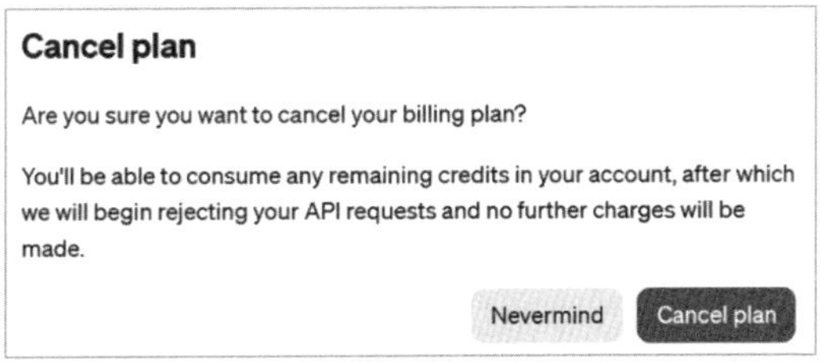

如果是顯示如下畫面則無法使用，此時點選「Add payment details」按鈕：

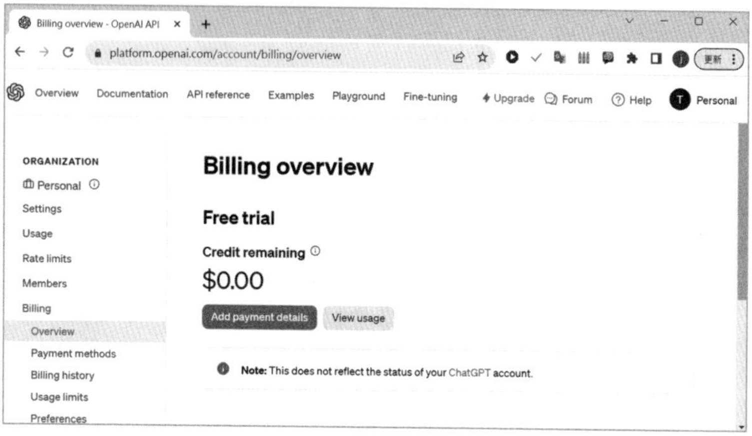

可依照個人或公司名義點選。點選之後即可填寫信用卡的付款資訊：

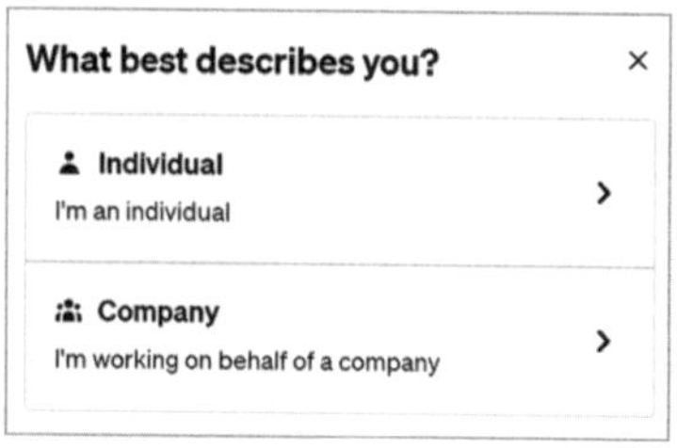

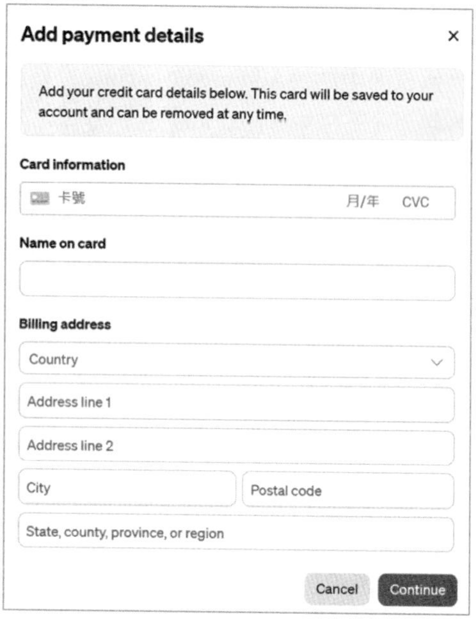

填寫完信用卡資訊後，按下「Continue」按鈕。接下來會出現右圖畫面。畫面中可設定初始的額度，並可設定是否自動加值及加值的區間：

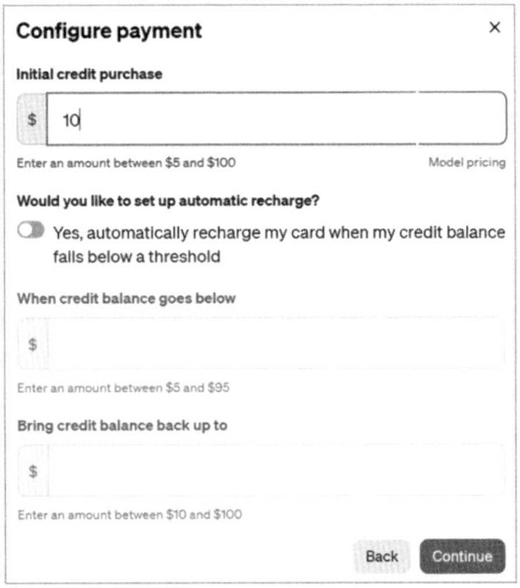

點選左側的 API Keys 可以顯示目前可用於程式中的 API Key：

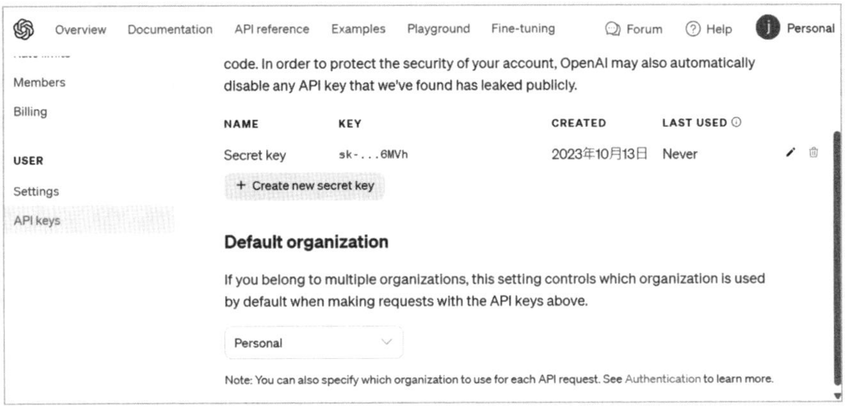

每一次產生時只要出現一下，所以要「自行記錄」下來。如果忘了，就只能按上面的「Create new secret key」重新產生一個。

上述 AskChatGPT 巨集的程式碼詳「ChatGPT 論文應用 8.8- AskChatGPT 巨集 .docx」，各位開啟此檔案後，先將這個巨集複製到您的 Word 檔，不過要記得將程式碼中的 apiKey 變數中的值替換自己的 API Key 喔：

apiKey = " 請填入自己的 API Key."

另外，檔案名稱的副檔名不可以使用 doc 或 docx 而要使用 docm 喔！

第一次用 Word 寫論文就上手(第二版)－應用 ChatGPT 如虎添翼

作　　者：黃聰明
企劃編輯：江佳慧
文字編輯：王雅雯
設計裝幀：張寶莉
發 行 人：廖文良

發 行 所：碁峰資訊股份有限公司
地　　址：台北市南港區三重路 66 號 7 樓之 6
電　　話：(02)2788-2408
傳　　真：(02)8192-4433
網　　站：www.gotop.com.tw
書　　號：ACI037200
版　　次：2025 年 05 月二版
建議售價：NT$650

國家圖書館出版品預行編目資料

第一次用 Word 寫論文就上手：應用 ChatGPT 如虎添翼 / 黃聰明著. -- 二版. -- 臺北市：碁峰資訊, 2025.05
面；　公分
ISBN 978-626-425-032-0(平裝)
1.CST：WORD(電腦程式)　2.CST：論文寫作法
312.49W53　　114002326